国家出版基金资助项目

"新闻出版改革发展项目库"入库项目

国家出版基金项目
NATIONAL PUBLICATION FOUNDATION "十三五"国家重点出版物出版规划项目

特殊冶金过程技术丛书

红土镍矿冶炼

王成彦　马保中　著

北　京

冶金工业出版社

2020

内 容 提 要

本书在全面分析国内外不同产地、不同种类红土镍矿工艺矿物学的基础上，系统讲述了红土镍矿的主要冶炼技术和作者的主要研究成果，包括非熔融态金属化还原—磁选技术、硝酸介质加压浸出技术、还原焙烧—氨浸—萃取技术、回转窑干燥/预还原—电炉熔分技术、硫酸介质浸出技术及电池级硫酸镍制备技术等，并在最后提出了对红土镍矿处理技术发展方向的展望。

本书可供从事红土镍矿冶炼技术开发和应用的科研、教学与生产技术人员阅读，也可作为相关专业本科生和研究生的教学参考书。

图书在版编目(CIP)数据

红土镍矿冶炼/王成彦，马保中著 . —北京：冶金工业出版社，2020. 3

（特殊冶金过程技术丛书）

ISBN 978-7-5024-8410-1

Ⅰ.①红… Ⅱ.①王… ②马… Ⅲ.①红土型矿床—镍矿床—有色金属冶金 Ⅳ.①TF815

中国版本图书馆 CIP 数据核字（2020）第 024901 号

出 版 人　陈玉千
地　　址　北京市东城区嵩祝院北巷 39 号　邮编　100009　电话　(010)64027926
网　　址　www.cnmip.com.cn　电子信箱　yjcbs@cnmip.com.cn
责任编辑　张熙莹　王　双　美术编辑　彭子赫　版式设计　孙跃红
责任校对　李　娜　禹　蕊　责任印制　李玉山
ISBN 978-7-5024-8410-1
冶金工业出版社出版发行；各地新华书店经销；北京捷迅佳彩印刷有限公司印刷
2020 年 3 月第 1 版，2020 年 3 月第 1 次印刷
787mm×1092mm　1/16；41.5 印张；1004 千字；635 页
229.00 元

冶金工业出版社　投稿电话　(010)64027932　投稿信箱　tougao@cnmip.com.cn
冶金工业出版社营销中心　电话　(010)64044283　传真　(010)64027893
冶金工业出版社天猫旗舰店　yjgycbs.tmall.com
（本书如有印装质量问题，本社营销中心负责退换）

特殊冶金过程技术丛书

序

科技创新是永无止境的，尤其是学科交叉与融合不断衍生出新的学科与技术。特殊冶金是将物理外场（如电磁场、微波场、超重力、温度场等）和新型化学介质（如富氧、氯、氟、氢、化合物、络合物等）用于常规冶金过程而形成的新的冶金学科分支。特殊冶金是将传统的火法、湿法和电化学冶金与非常规外场及新型介质体系相互融合交叉，实现对冶金过程物质转化与分离过程的强化和有效调控。对于许多成分复杂、低品位、难处理的冶金原料，传统的冶金方法效率低、消耗高。特殊冶金的兴起，是科研人员针对不同的原料特性，在非常规外场和新型介质体系及其对常规冶金的强化与融合做了大量研究的结果，创新的工艺和装备具有高效的元素分离和金属提取效果，在低品位、复杂、难处理的冶金矿产资源的开发过程中将显示出强大的生命力。

"特殊冶金过程技术丛书"系统反映了我国在特殊冶金领域多年的学术研究状况，展现了我国在特殊冶金领域最新的研究成果和学术思想。该丛书涵盖了东北大学、昆明理工大学、中南大学、北京科技大学、江西理工大学、北京矿冶研究总院、中科院过程所等单位多年来的科研结晶，是我国在特殊冶金领域研究成果的总结，许多成果已得到应用并取得了良好效果，对冶金学科的发展具有重要作用。

特殊冶金作为一个新兴冶金学科分支，涉及物理、化学、数学、冶金、材料和人工智能等学科，需要多学科的联合研究与创新才能得以发展。例如，特殊外场下的物理化学与界面现象，物质迁移的传输参数与传输规律及其测量方法，多场协同作用下的多相耦合及反应过程规律，新型介质中的各组分反应机理与外场强化的关系，多元多相复杂体系多尺度结构与效应，新型冶金反应器的结构优化及其放大规律等。其中的科学问题和大量的技术与工程化需要我们去解决。

特殊冶金的发展前景广阔，随着物理外场技术的进步和新型介质体系的出现，定会不断涌现新的特殊冶金方法与技术。

"特殊冶金过程技术丛书"的出版是我国冶金界值得称贺的一件喜事，此丛书的出版将会促进和推动我国冶金与材料事业的新发展，谨此祝愿。

2019 年 4 月

总　序

　　冶金过程的本质是物质转化与分离过程，是"流"与"场"的相互作用过程。这里的"流"是指物质流、能量流和信息流，这里的"场"是指反应器所具有的物理场，例如温度场、压力场、速度场、浓度场等。因此，冶金过程"流"与"场"的相互作用及其耦合规律是特殊冶金（又称"外场冶金"）过程的最基本科学问题。随着物理技术的发展，如电磁场、微波场、超声波场、真空力场、超重力场、瞬变温度场等物理外场逐渐被应用于冶金过程，由此出现了电磁冶金、微波冶金、超声波冶金、真空冶金、超重力冶金、自蔓延冶金等新的冶金过程技术。随着化学理论与技术的发展，新的化学介质体系，如亚熔盐、富氧、氢气、氯气、氟气等在冶金过程中应用，形成了亚熔盐冶金、富氧冶金、氢冶金、氯冶金、氟冶金等新的冶金过程技术。因此，特殊冶金就是将物理外场（如电磁场、微波场、超重力或瞬变温度场）和新型化学介质（亚熔盐、富氧、氯、氟、氢等）应用于冶金过程形成的新的冶金学科分支。实际上，特殊冶金是传统的火法冶金、湿法冶金及电化学冶金与电磁场、微波场、超声波场、超高浓度场、瞬变超高温场（高达 2000℃ 以上）等非常规外场相结合，以及新型介质体系相互融合交叉，实现对冶金过程物质转化与分离过程的强化与有效控制，是典型的交叉学科领域。根据外场和能量/介质不同，特殊冶金又可分为两大类，一类是非常规物理场，具体包括微波场、压力场、电磁场、等离子场、电子束能、超声波场与超高温场等；另一类是超高浓度新型化学介质场，具体包括亚熔盐、矿浆、电渣、氯气、氢气与氧气等。与传统的冶金过程相比，外场冶金具有效率高、能耗低、产品质量优等特点，其在低品位、复杂、难处理的矿产资源的开发利用及冶金"三废"的综合利用方面显示出强大的技术优势。

特殊冶金的发展历史可以追溯到20世纪50年代，如加压湿法冶金、真空冶金、富氧冶金等特殊冶金技术从20世纪就已经进入生产应用。2009年在中国金属学会组织的第十三届中国冶金反应工程年会上，东北大学张廷安教授首次系统地介绍了特殊冶金的现状及发展趋势，引起同行的广泛关注。自此，"特殊冶金"作为特定术语逐渐被冶金和材料同行接受（下表总结了特殊冶金的各种形式、能量转化与外场方式以及应用领域）。2010年，彭金辉教授依托昆明理工大学组建了国内首个特殊冶金领域的重点实验室——非常规冶金教育部重点实验室。2015年，云南冶金集团股份有限公司组建了共伴生有色金属资源加压湿法冶金技术国家重点实验室。2011年，东北大学受教育部委托承办了外场技术在冶金中的应用暑期学校，进一步详细研讨了特殊冶金的研究现状和发展趋势。2016年，中国有色金属学会成立了特种冶金专业委员会，中国金属学会设有特殊钢分会特种冶金学术委员会。目前，特殊冶金是冶金学科最活跃的研究领域之一，也是我国在国际冶金领域的优势学科，研究水平处于世界领先地位。特殊冶金也是国家自然科学基金委近年来重点支持和积极鼓励的研究

特殊冶金及应用一览表

名称	外场	能量形式	应用领域
电磁冶金	电磁场	电磁力、热效应	电磁熔炼、电磁搅拌、电磁雾化
等离子冶金、电子束冶金	等离子体、电子束	等离子体高温、辐射能	等离子体冶炼、废弃物处理、粉体制备、聚合反应、聚合干燥
激光冶金	激光波	高能束	激光表面冶金、激光化学冶金、激光材料合成等
微波冶金	微波场	微波能	微波焙烧、微波合成等
超声波冶金	超声波	机械、空化	超声冶炼、超声精炼、超声萃取
自蔓延冶金	瞬变温场	化学热	自蔓延冶金制粉、自蔓延冶炼
超重、微重力与失重冶金	非常规力场	离心力、微弱力	真空微重力熔炼铝锂合金、重力条件下熔炼难混溶合金等
气体（氧、氢、氯）冶金	浓度场	化学位能	富氧浸出、富氧熔炼、金属氢还原、钛氯化冶金等
亚熔盐冶金	浓度场	化学位能	铬、钒、钛和氧化铝等溶出
矿浆电解	电磁场	界面、电能	铋、铅、锑、锰结核等复杂资源矿浆电解
真空与相对真空冶金	压力场	压力能	高压合成、金属镁相对真空冶炼
加压湿法冶金	压力场	压力能	硫化矿物、氧化矿物的高压浸出

领域之一。国家自然科学基金"十三五"战略发展规划明确指出，特殊冶金是冶金学科又一新兴交叉学科分支。

加压湿法冶金是现代湿法冶金领域新兴发展的短流程强化冶金技术，是现代湿法冶金技术发展的主要方向之一，已广泛地应用于有色金属及稀贵金属提取冶金及材料制备方面。张廷安教授团队将加压湿法冶金新技术应用于氧化铝清洁生产和钒渣加压清洁提钒等领域取得了一系列创新性成果。例如，从改变铝土矿溶出过程平衡固相结构出发，重构了理论上不含碱、不含铝的新型结构平衡相，提出的"钙化—碳化法"不仅从理论上摆脱了拜耳法生产氧化铝对铝土矿铝硅比的限制，而且实现了大幅度降低赤泥中钠和铝的含量，解决了赤泥的大规模、低成本无害化和资源化，是氧化铝生产近百年来的颠覆性技术。该技术的研发成功可使我国铝土矿资源扩大 23 倍，延长铝土矿使用年限 30 年以上，解决了拜耳法赤泥综合利用的世界难题。相关成果获 2015 年度中国国际经济交流中心与保尔森基金会联合颁发的"可持续发展规划项目"国际奖、第 45 届日内瓦国际发明展特别嘉许金奖及 2017 年 TMS 学会轻金属主题奖等。

真空冶金是将真空用于金属的熔炼、精炼、浇铸和热处理等过程的特殊冶金技术。近年来真空冶金在稀有金属、钢和特种合金的冶炼方面得到日益广泛的应用。昆明理工大学的戴永年院士和杨斌教授团队在真空冶金提取新技术及产业化应用领域取得了一系列创新性成果。例如，主持完成的"从含铟粗锌中高效提炼金属铟技术"，项目成功地从含铟 0.1% 的粗锌中提炼出 99.993% 以上的金属铟，解决了从含铟粗锌中提炼铟这一冶金技术难题，该成果获 2009 年度国家技术发明奖二等奖。又如主持完成的"复杂锡合金真空蒸馏新技术及产业化应用"项目针对传统冶金技术处理复杂锡合金资源利用率低、环保影响大、生产成本高等问题，成功开发了真空蒸馏处理复杂锡合金的新技术，在云锡集团等企业建成 40 余条生产线，在美国、英国、西班牙建成 6 条生产线，项目成果获 2015 年度国家科技进步奖二等奖。2014 年，张廷安教授提出"以平衡分压为基准"的相对真空冶金概念，在国家自然科学基金委—辽宁联合基金的资助下开发了相对真空炼镁技术与装备，实现了镁的连续冶炼，达到国际领先水平。

微波冶金是将微波能应用于冶金过程，利用其选择性加热、内部加热和非接触加热等特点来强化反应过程的一种特殊冶金新技术。微波加热与常规加热不同，它不需要由表及里的热传导，可以实现整体和选择性加热，具有升温速率快、加热效率高、对化学反应有催化作用、降低反应温度、缩短反应时间、节能降耗等优点。昆明理工大学的彭金辉院士团队在研究微波与冶金物料相互作用机理的基础上，开展了微波在磨矿、干燥、煅烧、还原、熔炼、浸出等典型冶金单元中的应用研究。例如，主持完成的"新型微波冶金反应器及其应用的关键技术"项目以解决微波冶金反应器的关键技术为突破点，推动了微波冶金的产业化进程。发明了微波冶金物料专用承载体的制备新技术，突破了微波冶金高温反应器的瓶颈；提出了"分布耦合技术"，首次实现了微波冶金反应器的大型化、连续化和自动化。建成了世界上第一套针对强腐蚀性液体的兆瓦级微波加热钛带卷连续酸洗生产线。发明了干燥、浸出、煅烧、还原等四种类型的微波冶金新技术，显著推进了冶金工业的节能减排降耗。发明了吸附剂孔径的微波协同调控技术，获得了针对性强、吸附容量大和强度高的系列吸附剂产品；首次建立了高性能冶金专用吸附剂的生产线，显著提高了黄金回收率，同时有效降低了锌电积直流电单耗。该项目成果获 2010 年度国家技术发明奖二等奖。

电渣冶金是利用电流通过液态熔渣产生电阻热用以精炼金属的一种特殊冶金技术。传统电渣冶金技术存在耗能高、氟污染严重、生产效率低、产品质量差等问题，尤其是大单重厚板和百吨级电渣锭无法满足高端装备的材料需求。2003 年以前我国电渣重熔技术全面落后，高端特殊钢严重依赖进口。东北大学姜周华教授团队主持完成的"高品质特殊钢绿色高效电渣重熔关键技术的开发与应用"项目采用"基础研究—关键共性技术—应用示范—行业推广"的创新模式，系统地研究了电渣工艺理论，创新开发绿色高效的电渣重熔成套装备和工艺及系列高端产品，节能减排和提效降本效果显著，产品质量全面提升，形成两项国际标准，实现了我国电渣技术从跟跑、并跑到领跑的历史性跨越。项目成果在国内 60 多家企业应用，生产出的高端模具钢、轴承钢、叶片钢、特厚板、核电主管道等产品满足了我国大飞机工程、先进能源、石化和军工国防等领域对高端材料的急需。研制出系列"卡脖子"材料，有力地支持了我国高端装备制造业发展并保证了国家安全。

自蔓延冶金是将自蔓延高温合成（体系化学能瞬时释放形成特高高温场）与冶金工艺相结合的特殊冶金技术。东北大学张廷安教授团队将自蔓延高温反应与冶金熔炼/浸出集成创新，系统研究了自蔓延冶金的强放热快速反应体系的热力学与动力学，形成了自蔓延冶金学理论创新和基于冶金材料一体化的自蔓延冶金非平衡制备技术。自蔓延冶金是以强放热快速反应为基础，将金属还原与材料制备耦合在一起，实现了冶金材料短流程清洁制备的理论创新和技术突破。自蔓延冶金利用体系化学瞬间（通常以秒计）形成的超高温场（通常超过 2000℃），为反应体系创造出良好的热力学条件和环境，实现了极端高温的非平衡热力学条件下快速反应。例如，构建了以钛氧化物为原料的"多级深度还原"短流程低成本清洁制备钛合金的理论体系与方法，建成了世界首个直接金属热还原制备钛与钛合金的低成本清洁生产示范工程，使以 Kroll 法为基础的钛材生产成本降低 30%~40%，为世界钛材低成本清洁利用奠定了工业基础。发明了自蔓延冶金法制备高纯超细硼化物粉体规模化清洁生产关键技术，实现了国家安全战略用陶瓷粉体（无定型硼粉、REB_6、CaB_6、TiB_2、B_4C 等）规模化清洁生产的理论创新和关键技术突破，所生产的高活性无定型硼粉已成功用于我国数个型号的固体火箭推进剂中。发明了铝热自蔓延—电渣感应熔铸—水气复合冷制备均质高性能铜铬合金的关键技术，形成了均质高性能铜难混溶合金的制备的第四代技术原型，实现了高致密均质 CuCr 难混溶合金大尺寸非真空条件下高效低成本制备。所制备的 CuCr 触头材料电性能比现有粉末冶金法技术指标提升 1 倍以上，生产成本可降低 40% 以上。以上成果先后获得中国有色金属科技奖技术发明奖一等奖、中国发明专利奖优秀奖和辽宁省技术发明奖等省部级奖励 6 项。

富氧冶金（熔炼）是利用工业氧气部分或全部取代空气以强化冶金熔炼过程的一种特殊冶金技术。20 世纪 50 年代，由于高效价廉的制氧方法和设备的开发，工业氧气炼钢和高炉富氧炼铁获得广泛应用。与此同时，在有色金属熔炼中，也开始用提高鼓风中空气含氧量的办法开发新的熔炼方法和改造落后的传统工艺。

1952 年，加拿大国际镍公司（Inco）首先采用工业氧气（含氧 95%）闪速熔炼铜精矿，熔炼过程不需要任何燃料，烟气中 SO_2 浓度高达 80%，这是富氧熔炼最早案例。1971 年，奥托昆普（Outokumpu）型闪速炉开始用预热的富氧空气代替原来的预热空气鼓风熔炼铜（镍）精矿，使这种闪速炉的优点得到更好的发挥，硫的回收率可达 95%。工业氧气的应用也推动了熔池熔炼方法的开发和推广。20 世纪 70 年代以来先后出现的诺兰达法、三菱法、白银炼铜法、氧气底吹炼铅法、底吹氧气炼铜等，也都离不开富氧（或工业氧气）鼓风。中国的炼铜工业很早就开始采用富氧造锍熔炼，1977 年邵武铜厂密闭鼓风炉最早采用富氧熔炼，接着又被铜陵冶炼厂采用。1987 年白银炼铜法开始用含氧 31.6% 的富氧鼓风炼铜。1990 年贵溪冶炼厂铜闪速炉开始用预热富氧鼓风代替预热空气熔炼铜精矿。王华教授率领校内外产学研创新团队，针对冶金炉窑强化供热过程不均匀、不精准的关键共性科学问题及技术难题，基于混沌数学提出了旋流混沌强化方法和冶金炉窑动量—质量—热量传递过程非线性协同强化的学术思想，建立了冶金炉窑全时空最低燃耗强化供热理论模型，研发了冶金炉窑强化供热系列技术和装备，实现了用最小的气泡搅拌动能达到充分传递和整体强化、减小喷溅、提高富氧利用率和炉窑设备寿命，突破了加热温度不均匀、温度控制不精准导致金属材料性能不能满足高端需求、产品成材率低的技术瓶颈，打破了发达国家高端金属材料热加工领域精准均匀加热的技术垄断，实现了冶金炉窑节能增效的显著提高，有力促进了我国冶金行业的科技进步和高质量绿色发展。

超重力技术源于美国太空宇航实验与英国帝国化学公司新科学研究组等于1979年提出的"Higee（High gravity）"概念，利用旋转填充床模拟超重力环境，诞生了超重力技术。通过转子产生离心加速度模拟超重力环境，可以使流经转子填料的液体受到强烈的剪切力作用而被撕裂成极细小的液滴、液膜和液丝，从而提高相界面和界面更新速率，使相间传质过程得到强化。陈建峰院士原创性提出了超重力强化分子混合与反应过程的新思想，开拓了超重力反应强化新方向，并带领团队开展了以"新理论—新装备—新技术"为主线的系统创新工作。刘有智教授等开发了大通量、低气阻错流超重力技术与装置，构建了强化吸收硫化氢同时抑制吸收二氧化碳的超重力环境，解决了高选择性脱硫难题，实现了低成本、高选择性脱硫。独创的超重力常压净化高浓度氮氧化物废气技术使净化后氮氧化物浓度小于 $240mg/m^3$，远低于国家标准（GB 16297—1996） $1400mg/m^3$ 的排放限值。还成功开发了磁力驱动超重力装置和亲水、亲油高表面润湿率填料，攻克了强腐蚀条件下的动密封和填料润湿性等工程化难题。项目成果获2011年度国家科技进步奖二等奖。郭占成教授等开展了复杂共生矿冶炼熔渣超重力富集分离高价组分、直接还原铁低温超重力渣铁分离、熔融钢渣超重力分级富积、金属熔体超重力净化除杂、超重力渗流制备泡沫金属、电子废弃物多金属超重力分离、水溶液超重力电化学反应与强化等创新研究。

随着气体制备技术的发展和环保意识的提高，氢冶金必将取代碳冶金，氯冶金由于系统"无水、无碱、无酸"的参与和氯化物易于分离提纯的特点，必将在资源清洁利用和固废处理技术等领域显示其强大的生命力。随着对微重力和失重状态的研究以及太空资源的开发，微重力环境中的太空冶金也将受到越来越广泛的关注。

"特殊冶金过程技术丛书"系统地展现了我国在特殊冶金领域多年的学术

研究成果，反映了我国在特殊冶金/外场冶金领域最新的研究成果和学术思路。成果涵盖了东北大学、昆明理工大学、中南大学、北京科技大学、江西理工大学、北京矿冶科技集团有限公司（原北京矿冶研究总院）及中国科学院过程工程研究所等国内特殊冶金领域优势单位多年来的科研结晶，是我国在特殊冶金/外场冶金领域研究成果的集大成，更代表着世界特殊冶金的发展潮流，也引领着该领域未来的发展趋势。然而，特殊冶金作为一个新兴冶金学科分支，涉及物理、化学、数学、冶金和材料等学科，在理论与技术方面都存在亟待解决的科学问题。目前，还存在新型介质和物理外场作用下物理化学认知的缺乏、冶金化工产品开发与高效反应器的矛盾以及特殊冶金过程（反应器）放大的制约瓶颈。因此，有必要解决以下科学问题：（1）新型介质体系和物理外场下的物理化学和传输特性及测量方法；（2）基于反应特征和尺度变化的新型反应器过程原理；（3）基于大数据与特定时空域的反应器放大理论与方法。围绕科学问题要开展的研究包括：特殊外场下的物理化学与界面现象，在特殊外场下物质的热力学性质的研究显得十分必要（$\Delta G = \Delta G_{重} + \Delta G_{外}$）；外场作用下的物质迁移的传输参数与传输规律及其测量方法；多场（电磁场、高压、微波、超声波、热场、流场、浓度场等）协同作用下的多相耦合及反应过程规律；特殊外场作用下的新型冶金反应器理论，包括多元多相复杂体系多尺度结构与效应（微米级固相颗粒、气泡、颗粒团聚、设备尺度等），新型冶金反应器的结构特征及优化，新型冶金反应器的放大依据及其放大规律。

特殊冶金的发展前景广阔，随着物理外场技术的进步和新型介质体系的出现，定会不断涌现新的特殊冶金方法与技术，出现从"0"到"1"的颠覆性原创新方法，例如，邱定蕃院士领衔的团队发明的矿浆电解冶金，张懿院士领衔的团队发明的亚熔盐冶金等，都是颠覆性特殊冶金原创性技术的代表，给我们从事科学研究的工作者做出了典范。

在本丛书策划过程中，丛书主编特邀请了中国工程院邱定蕃院士、戴永年院士、张懿院士与东北大学赫冀成教授担任丛书的学术顾问，同时邀请了众多国内知名学者担任学术委员和编委。丛书组建了优秀的作者队伍，其中有中国工程院院士、国务院学科评议组成员、国家杰出青年科学基金获得者、长江学者特聘教授、国家优秀青年基金获得者以及学科学术带头人等。在此，衷心感谢丛书的学术委员、编委会成员、各位作者，以及所有关心、支持和帮助编辑出版的同志们。特别感谢中国有色金属学会冶金反应工程学专业委员会和中国有色金属学会特种冶金专业委员会对该丛书的出版策划，特别感谢国家自然科学基金委、中国有色金属学会、国家出版基金对特殊冶金学科发展及丛书出版的支持。

希望"特殊冶金过程技术丛书"的出版能够起到积极的交流作用，能为广大冶金与材料科技工作者提供帮助，尤其是为特殊冶金/外场冶金领域的科技工作者提供一个充分交流合作的途径。欢迎读者对丛书提出宝贵的意见和建议。

张廷安　彭金辉

2018 年 12 月

本 书 序

王成彦教授 1993 年研究生毕业后一直在北京矿冶研究总院工作，曾任北京矿冶研究总院冶金研究设计所副所长；2015 年入职北京科技大学，现任冶金与生态工程学院副院长，教授、博士生导师。他长期从事有色金属的提取分离、复杂矿产资源综合利用、资源循环等方面的研究、工程设计及教学培养工作，在湿法冶金和火法冶金两方面都有深厚的理论功底和丰富的工程实践经验。

王成彦毕业后参与的第一个工程——新疆喀拉通克铜镍矿加压湿法精炼项目，就和镍有着密切联系，该项目后来获得了国家科技进步奖一等奖。1995 年，他研究云南元江镍矿的处理方法，并开始了对红土镍矿的深入研究。针对不同地区不同类型的红土镍矿，先后提出了氯化离析—焙砂氨浸—溶剂萃取—电积镍的技术方案、以煤作为热源和还原剂的二段回转窑选择性还原焙烧—氨浸—萃取/反萃生产高纯硫酸镍—氨浸渣磁选回收铁—尾矿送水泥厂消纳的清洁冶炼技术方案、红土镍矿硝酸加压浸出技术方案、红土镍矿非熔融金属化还原焙烧—磁选镍铁技术方案、镁质红土镍矿常压选择性直接浸出技术方案等，其中一些研究成果已经实现了工业应用并取得了一定的经济效果。2015 年，他到北京科技大学后，进一步提出了褐铁型红土镍矿多组分梯级分离利用技术方案，并实现了专利技术的转让，目前正在进行工业验证。

在总结过去相关研究成果的基础上，他和他的博士马保中副教授共同撰写了《红土镍矿冶炼》一书。

该书在系统分析国内外不同产地不同种类红土镍矿工艺矿物学的基础上，分别论述了红土镍矿的非熔融态金属化还原—磁选镍铁技术、硝酸介质加压浸出技术、还原焙烧—氨浸—萃取技术、回转窑干燥/预还原—电炉熔分技术、硫酸介质常压和加压浸出技术以及由镍钴富集物制备电池级硫酸镍和硫酸钴的技术。书中的数据大部分来源于他们的实验研究和工业实践的结果，包含了大量具有我国自主知识产权的原创性的工艺技术方案。

该书是王成彦和他的团队二十余年深入研究结出的一颗硕果，也反映了我国近年来在红土镍矿冶金领域的最新进展。相信对广大科技人员、大专院校师生、企业家和有关部门管理者都有很好的参考作用。

2020 年 1 月

前　言

　　1995 年的盛夏，在云南元江，我第一次接触到了红土镍矿。此后在北京矿冶研究总院的档案室中，我了解到包括我老师邱定蕃院士在内的北京矿冶研究总院的前辈们在红土镍矿处理方面所完成的卓越工作，也初步了解了红土镍矿的诸多处理工艺，包括还原焙烧—氨浸、中温氯化焙烧、高温氯化焙烧、氯化离析—湿式磁选、硫酸加压浸出以及 RKEF 等。也就在那时，我构思研究了元江高镁贫镍氧化矿的氯化离析—焙砂氨浸—溶剂萃取—电积镍的技术方案，该方案虽然最终没能在元江镍矿实现工业应用，但为日后青海元石山镍矿项目的实施乃至红土镍矿硝酸加压浸出技术和非熔融金属化还原焙烧技术等的开发奠定了很好的基础。

　　和青海元石山镍矿的结缘始于 2004 年，在总结前人研究工作并结合当地环境条件的基础上，我首次提出以煤作为热源和还原剂的二段回转窑选择性还原焙烧—氨浸—萃取/反萃生产高纯硫酸镍—氨浸渣磁选回收铁—尾矿送水泥厂消纳的无渣冶炼技术方案。至 2009 年项目建成投产，作为项目总设计师，期间的艰辛难以言表，留下的唯有对实施企业和项目参与人员深深的谢意。

　　2005 年，我在《中国工程科学》杂志上发表了《云南中低品位氧化锌矿及元江镍矿的合理开发利用》的论文，提出了元江镍矿硝酸加压浸出的技术雏形。此后，在国家自然科学基金和科技部"863 计划"项目的资助下，完成了系统研究。随后又把该技术移植于褐铁型红土镍矿的处理，建成了示范工程。

　　我国镍资源相对匮乏，资源储量以硫化镍矿为主，红土镍矿不仅储量少，而且镍品位较低、镁含量较高，如何实现红土镍矿中镁的利用，是我国高镁贫镍氧化矿开发利用的关键。2007 年以后，我国众多企业积极开展海外红土镍矿的开发利用，掌控了约百亿吨资源，2013 年进口红土镍矿 7120 万吨，并采用传统火法冶炼镍铁或镍锍和湿法提取镍钴工艺处理，并一跃成为全球最大的镍铁生产国。采用 RKEF 技术从红土镍矿生产镍铁再直接生产不锈钢产品的一体化工艺，已成为全球目前最具竞争力的不锈钢生产流程。这虽然有效缓解了我国镍的供需矛盾，但资源利用率低、试剂消耗大、能耗高、环境污染重也是不争的现实。

东南亚是国内红土镍矿的主要供应地，但随着各国环保意识的增强和矿业政策收紧，低附加值原矿石的进口也会越发困难，中国矿冶企业远赴海外投资建厂也将会成为一种必然。东南亚国家的工业基础薄弱，化工落后，矿区交通条件差且几乎没有电力供应，生产所需的大宗化学品和电力只能依靠自身配套解决。为降低企业投资风险，研究开发试剂消耗少、资源综合利用好、用电量低、环境影响小、投资省的红土镍矿处理新技术极为现实和迫切。为此，2009 年以后我又开展了红土镍矿非熔融金属化还原—磁选镍铁技术的研究，并于 2014 年建成了示范工程。

本书是我多年来对红土镍矿研究工作的总结。本书在全面分析国内外不同产地不同种类红土镍矿工艺矿物学的基础上（第 2 章），系统讲述了红土镍矿的主要冶炼技术和我的主要研究成果，包含：非熔融态金属化还原—磁选技术（第 3 章）、硝酸介质加压浸出技术（第 4 章）、还原焙烧—氨浸—萃取技术（第 5 章）、回转窑干燥/预还原—电炉熔分技术（第 6 章）、硫酸介质浸出技术（第 7 章）及电池级硫酸镍制备技术（第 8 章）等，并在第 9 章提出了对红土镍矿处理技术发展方向的展望。本书中的研究成果，部分已经在相关企业实际应用，并取得了良好的应用效果，部分正在工业实施。全书反映了我国近年来在红土镍矿冶金领域的最新研究成果和进展，对我国从事红土镍矿冶炼技术开发和应用的科研、教学与生产技术人员具有一定的参考价值。也希望本书的出版，能够进一步推动我国红土镍矿综合利用技术水平的提升。

本书内容涉及的有关研究得到了国家自然科学基金面上基金项目"高镁红土镍矿非常规介质温和提取基础研究"（项目号：50674014）、国家"973计划"项目"低品位铜/镍/钴多金属复杂矿湿法冶金高效分离提取的新体系/新方法"（项目号：2007CB613505）、国家"863计划"项目"高镁红土镍矿非常规介质温和提取新工艺研究"（项目号：2006AA06Z131）、"十一五"国家科技支撑计划项目"低品位镍铁矿高效绿色提取关键技术研究及示范"（项目号：2007BAB19B00）、国家自然科学基金面上基金项目"残积型红土镍矿低温金属化还原—磁选镍铁新技术基础理论及系统集成"（项目号：51274044）、国家自然科学基金—云南联合基金重点研究项目"云南镁质贫镍氧化矿金属化还原过程中镍铁的迁移聚合微观机制"（项目号：U1302274）、国家自然科学基金青年项目"褐铁型红土镍矿矿相重构常压选择性提取镍钴新技术基础"（项目号：51304023）、国家自然科学基金面上基金项目"硝酸再生/耦合制备大长径比硫酸钙晶须及晶须微波改性的基础研究"（项目号：51674026）、国家自然科学基金面上基金项目"褐铁型红土镍矿有价组分梯级分离及利用，铁/铬富集—分离新技术基础"（项目号：51974025）、北京科技大学人才引进基本科研业务费"复杂多元金属矿产资源低温金属化还原过程中有价组元的迁移聚合微观机制"（项目号：230201606500078）的资助，在此致以诚挚的感谢！

感谢我的导师邱定蕃院士，自1990年拜入师门以来，邱先生在生活和做人方面，给予了我无微不至的关怀、爱护和教导，使我戒骄、戒躁，逐步成长。我很清楚地记得，2002 年我博士论文答辩的前夜，曾和先生有过一次长谈，谈到了做人，谈到了做事，谈到了家庭，受益至今。在青海元石山镍矿的 3100m 高处，在河南小关的生产现场，在浙江泗门基地，在湖南新邵、河南灵宝等地，无不留有先生的足印。时至今日，在我和我指导的博士进行技术方案的讨论时，已近杖朝之年的先生也常常亲临指导。师恩如山！

本书的大部分内容是我在北京矿冶研究总院工作期间的研究成果。马保中参与了全书的撰写及整理工作。汤集刚教授、王飞教授、王玲教授等在工艺矿物学研究方面投入了大量心血。参与本书撰写的还有陈永强、杨永强、张永禄、尹飞、杨卜、阮书峰、揭晓武、邢鹏、张文娟、邵爽、雷蒙恩、曹志河、刘伟等，同时也得到了昆明理工大学王华教授、魏永刚教授、周世伟博士、李博副教授以及江西理工大学徐志峰教授等的大力支持，可以说，本书也是团队成员集体智慧的结晶，在此表示衷心的感谢！

在此，也特别感谢国家出版基金对本书出版的资助。

由于作者水平所限，书中不足之处敬请批评指正，不胜感激。也由衷希望本书能够促成更多的同仁投身到红土镍矿的综合利用中来。

王成彦

2019 年 7 月于北京科技大学

目　　录

1 绪 论

1.1 镍的性质和用途

1.1.1 性质

镍，元素符号 Ni，位于元素周期表中第四周期第Ⅷ族，原子序数为 28，相对原子质量为 58.69，在地球中含量约为 3%，仅次于铁、氧、硅、镁而居第五位，但在地壳中的丰度仅为 0.008%，富集程度远低于丰度更低的其他金属（如铜）[1]。

金属镍是一种银白色金属，熔点和沸点分别为 1453℃ 和 2732℃。金属镍具有面心立方晶格结构，密度为 8.8~8.9g/cm³，莫氏硬度为 5，布氏硬度为 70，极限抗拉强度为 4.4~4.9MPa，伸长率为 25%~45%。镍电阻率为 $6.9×10^{-6}Ω·cm$，最低矫顽力为 1.5A/cm，工业用镍最大饱和极化强度 0.61T[2]。

镍与铁、钴位于同周期同族，三种金属及其化合物的物理性质相似，具有延展性和可塑性，能被压制成 0.02mm 以下的薄片。镍属于铁磁性物质，但在 357.6℃（居里温度）时，即失去磁性。此外，镍的化学性质与铂、钯相似，具有高度的化学稳定性，常温下在潮湿空气中表面能形成一层致密的氧化膜，从而阻止本体金属继续氧化，即便是加热到 700~800℃ 时仍不被氧化，空气、河水、海水对镍的作用也甚微。同时，镍在冷硫酸中相当稳定，但浓度为 13% 以上的热硫酸能与镍反应，释放出氢气生成绿色的正二价镍离子（Ni^{2+}），稀盐酸对镍作用很慢，而镍在稀硝酸中可缓慢溶解，发烟硝酸会使镍表面钝化，镍在钝化时每体积镍能吸收 4.15 体积氢气或 1.15 体积 CO，且粒度越小，吸收量越大。镍可与 CO 生成具有挥发性的无色液相羰基镍 $Ni(CO)_4$，可与除铁外的其他金属分离。各种有机酸和碱性溶液与镍几乎不发生作用，因而实验室中常用镍坩埚来熔融碱性物质。镍还是一种中等强度的还原剂，在氧化性气体如纯氧气、氯气和氟气中镍可燃烧[2]。

1.1.2 用途

镍作为重要的战略金属，具有特殊的物理性质和化学性质，主要被作为合金元素用于生产不锈钢、高温合金钢、高性能特种合金；镍基喷镀材料，用于制造飞机、火箭、坦克、潜艇、雷达和原子能反应堆部件。近年来镍的硫酸盐被广泛用于锂电池正极材料的生产，成为重要的电池正极材料原料。镍的用途主要可归纳为如下几种[3~5]：

（1）不锈钢及特种合金钢。据统计全球每年有约 66% 的镍用于不锈钢，而用于特种合金钢生产的镍也高达 12%。其中典型含镍合金钢有：镍-铬基合金、镍-铜合金、镍-钛合金、镍-铬-钴合金、镍-铬-钼合金及储氢合金材料等。

（2）电镀。因镀镍层防腐蚀性比镀锌层高 20%~25%，近年来，我国全年超过 7% 的镍消耗在电镀领域，电镀镍的加工量仅次于电镀锌。

（3）电池材料。用于电池材料的镍消耗约占总镍消费量的 3.1%。主要包含：镍-氢、镍-镉、镍-锰、镍-铁和镍-锌电池及电池的正负极材料。近年来，镍钴二元及镍钴锰三元锂离子正极电池材料的应用和发展更带动了镍在电池行业的消耗量。

（4）其他用途。镍还可以用于石油/化工镍基催化剂、工业颜料/染料、镍铁素体/镍锌铁素体新型陶瓷等。

1.2 镍的需求和产量

1.2.1 需求

我国原生镍消费量从 2008 年的 32.4 万吨增至 2018 年的约 123.0 万吨，年均递增 14.3%，高居世界首位，其中不锈钢行业用镍量一家独大。2018 年我国不锈钢行业用镍占镍消费总量的 85%，远远高于欧美等发达国家 65% 平均水平。此外，随着新能源汽车的快速发展，未来镍电池领域将是消费增速最快的行业。图 1-1 所示为我国原生镍消费结构图。

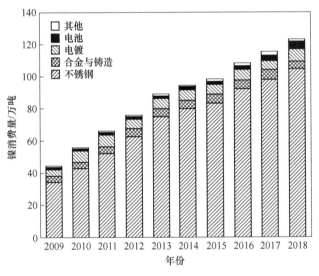

图 1-1　近 10 年中国原生镍消费结构

（数据来源：安泰科）

不锈钢行业的迅猛发展带动我国镍需求量快速增长，而我国本土镍矿资源匮乏，仅为世界储量的 3.7%，且多为难利用的碱性脉石矿物。近 10 年来我国镍矿进口量如图 1-2 所示，数据显示 2014 年前我国镍矿进口量一直呈上升态势，2013 年竟高达 7124 万吨[6, 7]。受 2014 年印度尼西亚推出新的《矿业法》影响（不再允许含镍小于 4% 的镍矿产品出口），2014~2016 年我国镍矿进口量明显下降，2016 年只有 3110 万吨。然而，我国镍的表观消费量却仍呈逐年上升趋势，2018 年镍需求对外依存度高达 85% 以上[8]。2017 年印度尼西亚政府为鼓励企业去当地建冶炼厂，允许出口 1.7% 以下品位的镍矿，2018 年我国镍矿进口量则回升至 4703 万吨。镍矿资源长期受制于人以及镍消费量的居高不下必然制约我国国民经济的发展和国防建设的稳定，开发清洁、高效的含镍多金属矿产资源综合利用新技术和新方法，用于处理我国本土镍资源及海外镍资源，具有重大战略意义。

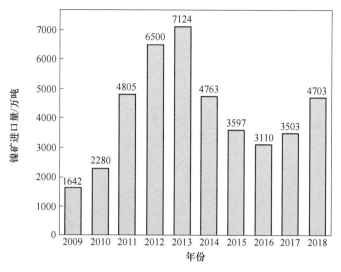

图 1-2 近 10 年来中国镍矿的进口量

（数据来源：安泰科）

1.2.2 产量

我国原生镍产量从 2011 年的 44 万吨增加至 2016 年的 60 万吨，年均递增 6.4%，2013 年我国原生镍产量为 71.6 万吨，达到历史最高点，此后受印度尼西亚禁矿和镍价下跌影响，2014 年我国原生镍产量降至 70 万吨，2015 年继续减少至 63 万吨，2016 年则缩减至 60 万吨。2017 年后，受印度尼西亚政策调整的影响，我国原生镍产量有所回升，2018 年达到了 69.5 万吨。

1.2.2.1 电解镍

据统计，2013~2018 年，我国电解镍产量从 19.5 万吨减少至 15.5 万吨，年均减少 4.5%。减少的主要原因是镍价持续低迷导致国内部分利用氢氧化镍钴原料生产电解镍的企业停产，一些利用硫化镍矿生产电解镍的企业不同程度减产，以及不锈钢生产中镍铁对电解镍的替代。表 1-1 所列为我国部分地区电解镍产量。

表 1-1 我国部分地区电解镍产量 （t）

企业	2013 年	2014 年	2015 年	2016 年
吉恩镍业	3000	5222	3860	3280
元江镍业	1977	2347	1200	0
金川集团	143895	144462	153102	143200
新鑫矿业	10307	11188	11364	11404
尼科国润	13580	13676	6000	0
华泽镍钴	7183	2220	500	0
江锂科技	9064	9840	0	0
广西银亿	5803	10516	13000	10020
全国总计	194809	199471	189026	167904

注：数据来源于安泰科。

1.2.2.2 镍盐

受新能源汽车产量大幅增加的影响，我国三元正极材料产量迅速增长，也使我国镍盐产量明显增加。据统计，2016 年我国硫酸镍产量近 15 万吨（实物量），同比增加 12%。如果包括采用废镍料生产的硫酸镍，则产量近 20 万吨。2018 年我国硫酸镍产量约为 46.3 万吨，年均递增率为 51.7%，是镍消费量增速最快的方向。具体数据如图 1-3 所示。

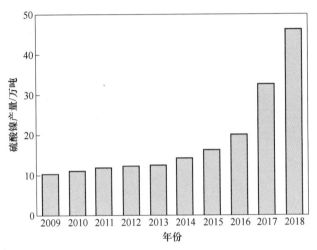

图 1-3 我国硫酸镍产量

（数据来源：安泰科）

作为电镀助剂使用的氯化镍，由于国内电镀市场近年来呈现萎缩的态势，最近几年产量稳定在 1.2 万吨左右，主要生产厂家有金川、金柯和吉恩镍业（见图 1-4），预期未来氯化镍的产量也不会有大幅的增加。

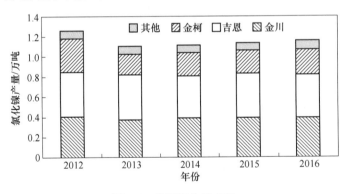

图 1-4 我国氯化镍产量

1.2.2.3 镍粉

中国主要的镍粉生产企业有金川集团股份有限公司、吉林吉恩镍业股份有限公司、深圳格林美高新技术股份有限公司、成都核八五七新材料有限公司和宁波广博纳米新材料有限公司等，总产能大约为 6000t/a，年产量大约 3000t，主要用于电池、硬质合金、金刚石、粉末冶金、电子材料等领域。

1.2.2.4　含镍生铁

据统计，我国含镍生铁产量从 2013 年的 48 万吨减少至 2016 年的 37.5 万吨，年均下降 7.9%（见表 1-2）。目前中国高镍铁有效产能近 100 万吨（镍金属量），2016 年我国镍铁产量为 37.5 万吨，镍铁平均产能利用率还不及 40%，但其中 RKEF 工艺的产能利用率约为 82%。2017 年随印度尼西亚政策调整，我国镍铁产量有所回升，达到 41.3 万吨，2018 年产量则上升为 47.6 万吨。我国镍生铁行业从 2005 年开始逐步发展，经过十多年积淀，镍铁行业优势产能集中分布于具有电价优势的内蒙古自治区及具有运输优势的江苏、山东、福建、广东和广西等东部沿海地区。

表 1-2　2013~2016 年各品位镍铁产量变化分布

年份	低品位/万吨	中品位/万吨	高品位/万吨		总量/万吨	增长率/%
			普通矿热炉	RKEF		
2013 年	5.51	2.16	18.49	22.0	48	29
2014 年	7.46	1.57	15.68	22.27	47	−2
2015 年	6.32	1.18	8.0	23.0	38.5	−18
2016 年	8.73	0.284	3.2	24.5	37.5	−2.6

注：数据来源于安泰科。

1.3　镍矿资源概况

镍原生矿物为橄榄石和硫化镍矿，前者经长期风化淋滤富集成红土镍矿；后者是含镍的辉长岩以岩浆形式注入地表层，与紧密伴生的硫化物一起冷凝形成，并常伴生有铜、钴和铂族元素等有价金属。此外，自然界还有极少量的砷化镍矿[9~11]。从全球镍资源分布情况来看，硫化镍矿资源主要分布在北半球纬度较高的国家，如：加拿大、俄罗斯、中国、芬兰等，以及南半球的非洲、大洋洲以及南美洲沿海区域，如：南非、澳大利亚、巴西等国家；红土镍矿资源集中分布在南北纬 30° 以内的环太平洋热带和亚热带地区，如：新喀里多尼亚、印度尼西亚、菲律宾、澳大利亚、巴布亚新几内亚、古巴、巴西及阿尔巴尼亚等国家。此外，除上述陆基镍资源外，大洋底部锰结核和锰结壳中也含有大量的镍，但受开采技术限制一直未被充分利用。其中陆基氧化镍矿资源、陆基硫化镍矿资源和大洋镍资源占比分别为 55%、28% 和 17%[12~14]。

据美国地质调查局 2015 年发布的数据显示，2013 年和 2014 年世界镍产量和已探明的镍储量见表 1-3。可以看出，澳大利亚镍金属储量居世界首位，达到 1900 万吨，占全球总量的近 23.5%。从世界范围来看，已探明的世界陆基镍资源中氧化矿储量也明显超过硫化矿，赋存在氧化矿中的镍占陆基镍总储量的 65%~70%[15]。

表 1-3　世界镍产量及已探明镍储量

国家或地区	产量/万吨		储量/万吨
	2013 年	2014 年	
澳大利亚	23.4	22	1900
新喀里多尼亚	16.4	16.5	1200

国家或地区	产量/万吨		储量/万吨
	2013 年	2014 年	
巴西	13.8	12.6	910
俄罗斯	27.5	26	790
古巴	6.6	6.6	550
印度尼西亚	44	24	450
南非	5.12	5.47	370
菲律宾	44.6	44	310
中国	9.5	10	300
加拿大	22.3	23.3	290
马达加斯加	2.92	3.78	160
哥伦比亚	7.5	7.5	110
多米尼加	1.58	—	93
美国	—	0.36	16
其他	37.7	41	650
总计	263	240	8100

注：数据来源于美国地质调查局（USGS），储量为 2015 年公布数据。

近 20 年来，除了加拿大 Voisey's Bay 的硫化镍矿床外，几乎没有大的硫化镍矿床发现。而 2002 年以前，从硫化镍矿中提取镍的比例一直维持在 70% 以上。随着硫化镍矿（加拿大 Sudbury、俄罗斯 Norilsk、中国金川、澳大利亚 Kambald 等矿带）的长期开采，以近年来全球镍年产量一半计，即年产 120 万吨镍，加拿大 Voisey's Bay 硫化镍矿床 2 年可采完，我国金川硫化镍矿床 5 年即可采完，硫化镍矿保有储量急剧下降。

随着硫化镍矿资源逐步耗尽，从红土镍矿中提取镍近年来受到了极大重视。从红土镍矿生产金属镍已有 100 年历史，20 世纪 50 年代，从红土镍矿中提取镍金属仅占世界镍产量的 10%；而到 2005 年，该比例则达到 45%，约 51 万吨；目前，该比例已超过 51% 且还呈继续增长的态势[16~18]。

我国已探明镍金属储量为 300 万吨，占世界镍储量 3.7%，居第九位。我国镍矿资源主要分布在西北、西南和东北等 19 个省（区），保有储量占全国总储量比例分别为76.8%、12.1%、4.9%。其中甘肃储量最多，占全国镍矿总储量 62%，其次是新疆（11.6%）、云南（8.9%）、吉林（4.4%）、湖北（3.4%）和四川（3.3%）。我国镍资源主要以铜镍硫化矿物为主，约占总量的 86.2%，其中平均镍含量大于 1% 的硫化镍矿资源约占全国保有储量的 44.1%，且地质工作程度较高，勘探级别的占保有储量的 74%。此外，需要地下开采的镍矿资源居多，占保有储量的 68%，仅有 13% 适合露天开采[19~21]。

总体来看，我国镍资源储量分布不均衡，优质资源较少，中小矿山居多，红土镍矿储量少且品位低，难以满足国民经济快速增长和国防建设对镍需求的增长。随着金川优质硫化镍矿资源不断被开采和利用，我国镍资源供需矛盾日益突出。这促进了我国贫镍红土矿的开发和利用及适用于低品位镍矿资源新技术的研发。

1.4 红土镍矿资源特点及利用

1.4.1 资源特点

红土镍矿是含镍超镁铁基岩长期处于热带雨林气候中，经跨前寒武纪的多种地质变迁、风化、浸淋、蚀变、富集而成的。矿床风化后因铁氧化使矿石呈红色而得名红土镍矿。图 1-5 所示为典型的红土镍矿床化学组分变化剖面图[22]。

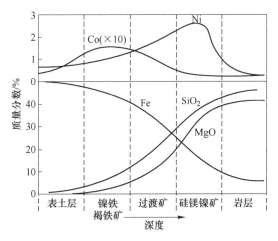

图 1-5 红土镍矿床化学组分变化剖面图

由图 1-5 可见，除去表土层和岩层外矿床从上到下可分为三层：上层含铁多（>40%），硅、镁少（<10%），镍品位较低（约 1%），钴稍高（>0.1%）；主要矿物为针铁矿、赤铁矿，次要矿物为石英、锰氧化物、蒙脱石等；镍主要以晶格取代铁的形式存在，称为褐铁矿型红土镍矿。

下层矿床含硅、镁较高（>25%），镍品位（约 2%）比上层高而含铁较低（<20%）；主要矿物为叶蛇纹石、蒙脱石，次要矿物为绿泥石、滑石、二氧化硅及少量尖晶石和磁铁矿等；主要含镍矿物为硅镁酸盐，镍主要以晶格取代镁的形式存在，称为硅镁镍矿型红土镍矿，即蛇纹石型红土镍矿。处于中间过渡层的红土镍矿元素含量介于上述两层之间，通常硅、镁含量也较高（5%～20%），镍含量在 1%～2%；主要矿物为绿脱石，次要矿物为二氧化硅和少量针铁矿；镍主要以类质同象和氧化物形式赋存于绿脱石和硬锰矿及铁氧化物中，称为过渡层红土镍矿[23~26]。一般来讲，褐铁矿型红土镍矿因伴生钴含量较高，适合采用湿法工艺综合回收；而蛇纹石型红土镍矿镁含量较高并不适合湿法工艺处理，往往采用火法冶炼。过渡层红土镍矿则可根据具体化学含量，采用湿法或火法工艺处理[27, 28]。

1.4.2 利用现状

据统计，全球镍需求量由 20 世纪 50 年代的 20 万吨增加到了 2015 年的 193 万吨，年均增长率约 4%[18]。与此同时，红土镍矿对全球镍产量的贡献由 20 世纪 50 年代的不足 10%增长到了当前的 50%以上。随着全球镍需求的不断上涨和硫化镍矿资源的日趋枯竭，红土镍矿对镍产量的贡献将呈现继续上涨势头。这一点可以从近年来我国红土镍矿进口量占镍矿总进口量的比重得到体现：2009 年我国镍矿总进口量为 1642 万吨，同比增长 33.3%，而红土镍矿进口量为 1586 万吨，同比增长 116%，占当年总进口量的 96.6%；2015 年我国全年镍矿进口量为 3597 万吨，而超过 97.2%的镍矿为从菲律宾进口来的红土镍矿[8]。此外，目前我国企业掌控的海外镍矿资源近 80%为红土镍矿资源。镍资源特点及利用现状势必促使红土镍矿处理工艺的不断开发和改进。

1.5 红土镍矿冶炼技术概述

红土镍矿中镍呈化学浸染状态，很难通过选矿方法富集。虽然处理这种低品位矿加工费用较大，但开采容易、原料成本低弥补了加工费用大的不足。红土镍矿冶炼工艺总体上可分为湿法和火法两种[28~31]。湿法工艺处理红土镍矿主要有两种：一是还原焙烧—常压氨浸法，二是加压硫酸浸出法。火法冶炼处理红土镍矿也主要有两种工艺：一是硫化熔炼产出含铁镍锍，与脉石分开；二是还原熔炼产出镍铁，与脉石分离。

1.5.1 湿法工艺

除还原焙烧—氨浸和加压硫酸浸出外，近年来，酸浸工艺研究相对较多，主要出发点是在保证镍钴浸出率的前提下降低酸耗，其中代表性的主要有两种：一是将加压酸浸与常压酸浸工艺结合，提高酸利用率以降低酸耗，如 HPAL—AL 工艺；二是针对矿的特性，采用可再生浸出介质，实现降低酸耗和富集回收铁的目的，如硝酸加压浸出工艺。

1.5.1.1 还原焙烧—常压氨浸工艺

还原焙烧—氨浸工艺是最早用来处理红土镍矿的湿法工艺，最初由 Caron 教授提出，又被称为 Caron 流程[32]，如图 1-6 所示。该工艺首先在古巴尼加罗冶炼厂得到工业应用，随后在此基础上稍作改进后，在印度苏金达厂、阿尔巴尼亚爱尔巴桑钢铁联合企业、斯洛伐克谢列德冶炼厂、菲律宾诺诺克镍厂、澳大利亚雅布鲁精炼厂及加拿大英可公司铜黄铁矿回收厂等也相继实现工业化[33~36]。本书作者设计的我国青海元石山镍铁矿厂也采用了还原焙烧—氨浸工艺处理红土镍矿，并于 2008 年 8 月进行试生产，经过调试实现正常生产，年处理 30 万吨矿，详细介绍见本书第 5 章[37, 38]。

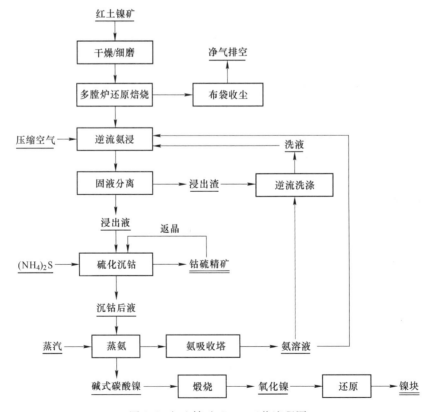

图 1-6 红土镍矿 Caron 工艺流程图

还原焙烧—氨浸工艺通常适合处理含铁较高、含镍1%左右且镍赋存状态不太复杂的红土镍矿。Caron流程主要包括还原焙烧、常压氨浸、氨回收和NiO烧结等工序，工艺中含镍氨浸液经蒸氨得碱式碳酸镍，再煅烧得到NiO；碱式碳酸镍也可酸溶，再经氢还原或电解生产金属镍。改进后的工艺是将红土镍矿破碎后加入少量黄铁矿（FeS_2）造粒，然后进行还原；还原后焙砂制浆，进行常温常压多段氨浸，浸出后矿浆液固分离；清液中镍萃取后用稀硫酸反萃得富镍液送电解生产电镍；电解后液可作反萃液用；留在萃余液中的三价钴用硫化沉淀法回收，沉钴后液则返回浸出工序。

以煤作还原剂为例，有价金属氧化物首先被还原，反应如下[39]：

$$MeO(s) + CO(g) \longrightarrow Me(s) + CO_2(g)(Me = Ni, Co, Fe) \tag{1-1}$$

$$C(s) + CO_2(g) \longrightarrow 2CO(g) \tag{1-2}$$

镍和钴在还原焙砂中以金属态存在，在氨性溶液浸出时主要发生如下反应：

$$2Ni(s) + O_2(g) + 2(n-2)NH_3(g) + 4NH_4^+(aq) \longrightarrow 2[Ni(NH_3)_n]^{2+}(aq) + 2H_2O(l) \tag{1-3}$$

$$2Co(s) + O_2(g) + 2(n-2)NH_3(g) + 4NH_4^+(aq) \longrightarrow 2[Co(NH_3)_n]^{2+}(aq) + 2H_2O(l) \tag{1-4}$$

铁在还原焙砂中主要以 Fe_3O_4 的形态存在，但也有少部分被还原为 FeO 或金属铁，在氨性溶液中发生如下反应：

$$2Fe(s) + O_2(g) + 2(n-2)NH_3(g) + 4NH_4^+(aq) \longrightarrow 2[Fe(NH_3)_n]^{2+}(aq) + 2H_2O(l) \tag{1-5}$$

$$FeO(s) + (n-2)NH_3(g) + 2NH_4^+(aq) \longrightarrow [Fe(NH_3)_n]^{2+}(aq) + H_2O(l) \tag{1-6}$$

生成的铁络离子 $[Fe(NH_3)_n]^{2+}$ 不稳定，在有氧条件下很容易转变为 $Fe(OH)_3$ 沉淀进入渣相，如下：

$$4[Fe(NH_3)_n]^{2+}(aq) + 10H_2O(l) + O_2(g) \longrightarrow 4Fe(OH)_3(s) + 4(n-2)NH_3(g) + 8NH_4^+(aq) \tag{1-7}$$

该工艺本身较为成熟，但存在以下不足：（1）由于采用氨-碳铵浸出体系，镍、钴回收率偏低，分别仅为75%~85%和40%~60%；（2）需要严格控制还原气氛，铁的过还原会造成矿浆液固分离困难及有价元素回收率下降；（3）干燥、还原和蒸氨等工序能耗较高；（4）氨易挥发，吸收处置不当会导致工作环境差。

1.5.1.2 加压硫酸浸出工艺

加压硫酸浸出工艺是继还原焙烧—氨浸工艺后的又一种处理红土镍矿的湿法工艺，因其取消了高耗能的干燥、还原焙烧等工序，且镍、钴浸出回收率较高而受到了更多关注。

加压硫酸浸出工艺可追溯到20世纪50年代，古巴毛阿湾冶炼厂（MOA）最早使用该法处理红土镍矿，如图1-7所示[40]。

自20世纪90年代以来，新的卧式加压浸出釜在黄金冶炼企业普遍应用，以加压酸浸为主的红土镍矿处理技术也在更多的新建项目中使用。澳大利亚在1997~1999年之间，相继建设了三家采用该技术的工厂：穆林穆林（Murrin Murrin）厂、布隆（Bu Long）厂和考斯（Cawse）厂。这三家冶炼厂虽因局部问题没能取得预期目标，但工艺主体是成功的[41~43]。此外，澳大利亚必和必拓公司（BHPB）、巴西国有矿业公司（CVRD）、加拿大鹰桥公司（Falconbridge）等几家大公司也都进行了加压硫酸浸出的技术开发[44~46]。本书对硫酸加压浸出技术也进行过系统研究，详见本书第7章。

加压硫酸浸出适合处理含MgO<5%、含Ni>1.3%、含铝较低的硅质红土镍矿。该法

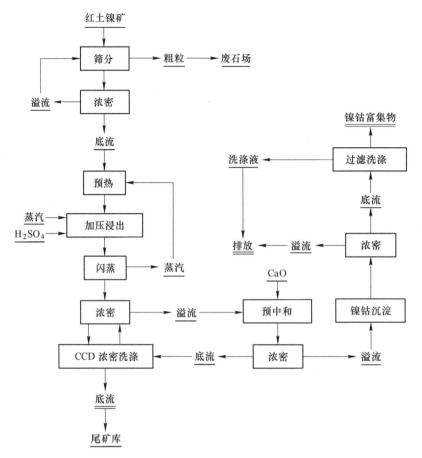

图 1-7 毛阿湾镍厂红土镍矿处理工艺流程图

在高温（230~260℃）和高压（4~5MPa）下用硫酸作浸出剂，控制浸出条件，使镍、钴浸出进入溶液，大部分铁水解入渣，实现选择性浸出；之后将浸出液中杂质（Fe、Al）除去后，再经硫化沉淀或中和沉淀等产出镍、钴含量较高的富集物；镍钴富集物经再溶解、分离纯化后生产电解镍、硫酸镍及钴盐产品。

红土镍矿中镍主要存在于针铁矿[FeO(OH)]和蛇纹石[Mg₃Si₂O₅(OH)₄]中，加压硫酸浸出时发生的主要反应如下[31]：

$$FeO(OH)(s) + 3H^+(aq) \longrightarrow Fe^{3+}(aq) + 2H_2O(l) \tag{1-8}$$

$$Mg_3Si_2O_5(OH)_4(s) + 6H^+(aq) \longrightarrow 3Mg^{2+}(aq) + 2SiO_2(s) + 5H_2O(l) \tag{1-9}$$

$$4Fe_3O_4(s) + 36H^+(aq) + O_2 \longrightarrow 12Fe^{3+}(aq) + 18H_2O(l) \tag{1-10}$$

当体系酸度降低后，会发生式（1-11）的反应，并在160℃以上尤为明显：

$$2Fe^{3+}(aq) + 3H_2O(l) \longrightarrow Fe_2O_3(s) + 6H^+(aq) \tag{1-11}$$

加压硫酸浸出处理红土镍矿可获得90%以上的镍、钴浸出率。然而，式（1-11）显示体系酸度升高浸出液中铁含量会升高，不利于后续除杂和影响镍、钴的最终回收率；式（1-10）则显示若红土镍矿中含有大量的二价铁时浸出过程需鼓入氧气以保证浸出液中的 Fe^{2+} 被氧化为 Fe^{3+}，实现镍、钴选择性浸出。可见，采用加压硫酸浸出处理红土镍矿的操作条件较苛刻，需严格控制以达到最佳浸出效果。

加压硫酸浸出工艺存在几个弊端：（1）浸出在高温、高压下进行，对设备要求较高，投资较大；（2）处理蛇纹石型红土镍矿和过渡层红土镍矿时，硫酸消耗量大，经济性差；（3）浸出渣含硫量高，难被综合利用，需配套尾矿处理系统；（4）硫酸钙/铝矾盐/铁矾盐导致的结垢严重，需定期对高压釜进行除垢，每年因除垢需要浪费 2～3 个月时间；（5）运营费用较高。

1.5.1.3 HPAL—AL 联合工艺

常规 HPAL—AL 联合工艺是指将加压酸浸（HPAL）与常压酸浸（AL）结合起来的两段浸出工艺，主要特点是 HPAL 段浸出液中的游离酸用于 AL 段的浸出，从而提高了酸的利用率，降低了酸耗。HPAL 段处理的矿通常为褐铁型红土镍矿，AL 段处理的矿通常为硅蛇纹石型红土镍矿[31,47,48]，这是因为：

（1）蛇纹石型红土镍矿比褐铁型红土镍矿更易在低酸下反应，原因是前者主要成分为蛇纹石，后者主要成分为针铁矿，蛇纹石在 60℃、0.6mol/L H_2SO_4 中即可发生分解反应，而针铁矿则需要在 80℃、2.5mol/L H_2SO_4 中才能发生分解反应。

（2）相比过渡层红土镍矿和褐铁型红土镍矿，用蛇纹石型红土镍矿中和残酸非常有效。研究表明：100℃时，用蛇纹石型红土镍矿中和 HPAL 浸出液，pH 值从 0.9 升至 1.6 仅需要 20min，高效利用残酸的同时获得了超过 95%的镍、钴浸出率。

在 HPAL—AL 的基础上，澳大利亚 BHP Billtion 公司提出了 EPAL（enhanced pressure acid leach）工艺，如图 1-8 所示[48]。该法与 HPAL—AL 最大的不同是控制浸出液中的铁含量（小于 3g/L）。实现这一目标的工艺步骤为：首先将 AL 段的蛇纹石型红土镍矿进行预混，即往矿浆中混入 Na^+、K^+、NH_4^+ 离子，然后使浸出液中 80%的铁转化成黄铁矾沉淀，从而实现浸出液中铁含量低于 3g/L。

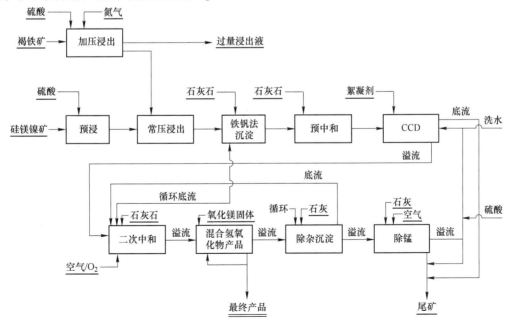

图 1-8　红土镍矿 EPAL 工艺流程图

值得注意的是，EPAL 工艺中铁以黄铁矾的形式存在，而黄铁矾在酸性条件下会缓慢分解并消耗浸出液中的酸，因此，常压浸出过程需严格控制反应的氧化还原电位、反应温度和浸出液 pH 值。此外，还需控制两种红土镍矿的使用比例，确定高镍浸出率和低铁溶出率的平衡点。

在上述工艺的基础上，北京矿冶研究总院开发了 AL—HPAL 联合硫酸浸出法。该法与常规 HPAL—AL 法不同的是在 AL 段用高酸处理褐铁型红土镍矿，而在 HPAL 段用蛇纹石型红土镍矿中和残酸并使铁在高温下以赤铁矿水解沉淀，从而降低了铁的酸耗，如图 1-9 所示。该工艺具有原料适应性强，试剂消耗低、金属回收率高，加压浸出条件温和，显著缓解了加压釜结垢速度，投资和运营成本低等优点。缺点是褐铁型红土镍矿的浸出渣和蛇纹石型红土镍矿的浸出渣混合产出，矿中铁的价值不能很好体现。

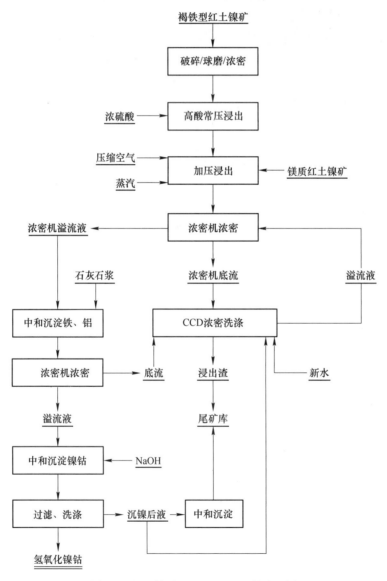

图 1-9　红土镍矿 AL—HPAL 工艺流程图

1.5.1.4 硝酸加压浸出工艺

硝酸加压浸出工艺是以硝酸代替传统加压浸出工艺中的硫酸作为浸出介质，对红土镍矿进行加压浸出，原则流程如图 1-10 所示[49]。该法主要特点是大部分硝酸可再生循环，大幅降低了酸耗及浸出温度和压力，同时红土镍矿中的铁、铬组分在浸出渣中得到了富集，且不含硫，非常有利于铁、铬的综合利用。此外，浸出液的分步处理又实现了镍、钴与铝、钪的富集分离，并最终得到各种有价金属的富集物，包括铁铬富集物（浸出渣）、铝钪富集物及镍钴富集物等，实现了多元组分的高效利用[50~52]。

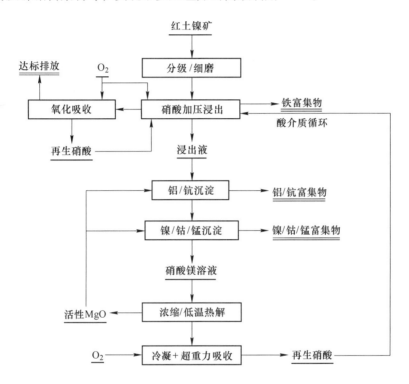

图 1-10 红土镍矿硝酸加压浸出工艺流程图

硝酸介质中加压浸出，可以不用往加压釜中通入氧气或富氧空气，因为 NO_3^- 可代替硫酸介质加压浸出时所需的 O_2 对 Fe^{2+} 进行氧化，硝酸加压酸浸时各组成矿物发生一系列酸浸反应，Fe^{3+} 则按式（1-11）反应转化为赤铁矿进入渣相。与硫酸介质浸出不同的是，Fe_3O_4 不会按照式（1-10）发生反应，而是按照式（1-12）发生氧化反应：

$$3Fe_3O_4(s)+28H^+(aq)+NO_3^-(aq)\longrightarrow 9Fe^{3+}(aq)+NO(g)+14H_2O(l) \qquad (1-12)$$

该工艺是由本书作者在红土镍矿传统加压酸浸技术的基础上，经过系统小型实验研究提出的，已完成工业试验研究，详细介绍见本书第 4 章[51,52]。澳大利亚 DNi 公司也开展了类似的研究并在 Perth 建成了年处理量 1 万吨的中试实验线[53,54]。该工艺因浸出剂可回收，除可用于处理褐铁型红土镍矿外，还可用于处理镁含量高的蛇纹石型红土镍矿，且反应温度和压力低，便于操作控制和实现工业化生产。需要指出的是要根据待处理红土镍矿的性质严格控制酸度，否则会增加经济成本和降低镍、钴回收率。

1.5.2 火法工艺

火法冶炼工艺通常用来处理镁含量较高（10%～35%）、镍品位较高（1.5%～3%）的蛇纹石型红土镍矿。目前，工业上常用的有回转窑干燥预还原—电炉熔炼法（RKEF）、鼓风炉硫化熔炼法、大江山法和高炉还原熔炼法，其中除鼓风炉还原硫化熔炼法生产镍锍外，其余三种工艺均生产镍铁[55~57]。火法冶炼具有共性，相同优点为流程短、处理量大，相同缺点为能耗高。随着全球能源供应日趋紧缺及高品位镍矿资源大幅度减少，火法工艺用于处理贫镍红土镍矿经济性差的弊端日益凸显[58]。

1.5.2.1 回转窑干燥预还原—电炉熔炼工艺

镍铁还原熔炼通常可在电炉、鼓风炉和回转窑中进行。其中回转窑干燥预还原—电炉熔炼工艺（RKEF）是处理红土镍矿的经典工艺，主要用来处理镍含量大于1.8%、硅镁比 $SiO_2/MgO = 1.6～2.2$ 的镁质镍红土矿，原则工艺流程如图 1-11 所示[59]。

炉料在回转窑中实现了炉料预热脱水及预还原，以降低电能消耗并可将炉料熔化时引起的翻料事故的发生概率降到最低。预还原时发生固相反应，温度在 538～980℃ 之间，窑内呈还原气氛。当温度升至 760℃ 时，矿物脱水后失去其原来的晶体结构，成为无定型态，有利于还原反应的进行。之后，矿物又形成新的晶体结构，开始阻止镍的进一步还原。预还原时超过 90% 的镍和钴被还原成金属态，而铁则由加入的还原剂量确定。通常还原剂并不能

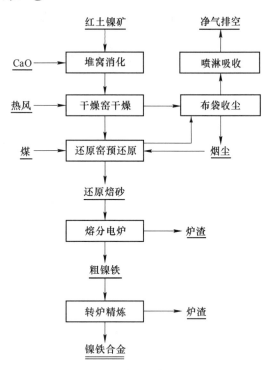

图 1-11 还原熔炼生产镍铁工艺流程图

把氧化铁完全还原成金属铁，而是将一部分还原成氧化亚铁进入炉渣。之所以严格控制铁的还原量，是为了避免过多的铁还原成金属，导致镍铁品位降低。另外，炉渣是由氧化亚铁、氧化镁、二氧化硅组成，增加氧化亚铁含量可以降低炉渣的熔点、操作温度、炉渣中损失的金属镍量以及提高炉渣的导电性。粗镍铁的精炼在电炉或转炉中完成，产出含镍大于 15% 的镍铁合金，供生产不锈钢[60, 61]。

RKEF 法处理红土镍矿，具有工艺适应性强、流程简短、镍回收率高（90%～95%）等特点，表 1-4 列出了 2008 年全球采用 RKEF 工艺处理红土镍矿的主要项目。

近年来，该法工业应用呈井喷式发展，尤其在中国资本的推动下建成了近百座工厂，如中色集团的缅甸达贡山（Tagaung Taung）镍铁项目，中国东盟联合青山集团的印尼苏拉威西岛（Sulawesi）镍铁项目，金川集团的广西防城港镍铁项目，青山集团的福建福安、

表 1-4　2008 年全球采用 RKEF 工艺处理红土镍矿主要项目

项目名称	所在国家和地区	公司	镍生产规模/万吨·年$^{-1}$
Sorowako	印度尼西亚	PT 国际镍业	7.2
Doniambo	新喀里多尼亚	埃赫曼	5.1
Cerro Matoso	哥伦比亚	必和必拓	4.2
Larco-Larymna	希腊	拉科	2.1
Falcondo	多米尼加	斯特拉塔	1.9
Pomalaa	印度尼西亚	PTANTAM	1.8
Kavadarci	北马其顿	费尼工业	1.5
Loma de Niquel	委内瑞拉	英美资源	1.1
Codemin	巴西	英美资源	0.9
Ufaleynickel	俄罗斯	乌法列伊镍业	0.9

浙江青田、广东阳江、河南长葛镍铁项目以及北海诚德集团的广西北海镍铁项目等。该法缺点是设备装机容量大、耗电量高、加工成本高，以中色集团缅甸达贡山投资建设的年产 3 万吨金属镍项目为例，设备装机 21 万千瓦，包括配套高压输电线路，核算投资高达 53 亿元人民币。因此，RKEF 法要求当地有充沛的电力供应。本书作者也对该工艺进行过系统研究，详细介绍见本书第 6 章。

1.5.2.2　鼓风炉硫化熔炼工艺

硫化熔炼一般在鼓风炉中进行，工艺流程如图 1-12 所示[62, 63]。熔炼前因红土镍矿含

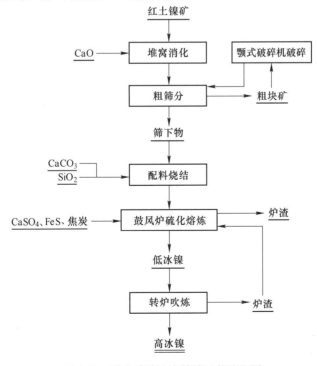

图 1-12　硫化熔炼生产镍锍工艺流程图

水较高，需脱水干燥，有时还需制团或烧结（约1100℃）。红土镍矿鼓风炉硫化熔炼时，需配入含硫物料作为硫化剂，如黄铁矿、石膏等。其中，石膏因为其不含铁，且所含的CaO还可充当熔剂，成为最常用的硫化剂。由矿石、焦炭、石膏和石灰石组成的混合料在鼓风炉中与上行的热还原气体（1300~1400℃）形成对流，换热、还原并熔化，产出低镍锍（8%~15%）和炉渣（Ni<0.15%，Co<0.02%）。镍、铁硫化物组成的低镍锍再经转炉吹炼，产出高镍硫并进一步生产电解镍[64~66]。

目前，生产高镍硫的主要工厂有法国镍公司的新喀里多尼亚多尼安博冶炼厂、印度尼西亚的苏拉威西·梭罗阿科冶炼厂及日本的别子镍厂[67]。高镍硫产品一般镍的质量分数为79%，硫的质量分数为19.5%，全流程镍回收率约为70%~90%。该工艺由于使用大量焦炭，生产成本也较高，目前全球采用该工艺的生产厂家并不多。

1.5.2.3 回转窑还原—磁选工艺

20世纪40年代，日本大江山冶炼厂开发了回转窑还原—磁选工艺，用于处理褐铁矿型红土镍矿生产海绵铁。1952年，该厂以从印度尼西亚、菲律宾进口的蛇纹石型红土镍矿为原料，开始改用该法生产镍铁用于生产不锈钢，并在20世纪80年代实现成熟应用，被称之为大江山法，又称克鲁帕-雷恩法（Krupp-Renn），工艺流程图如图1-13所示[68~70]。

大江山法是公认的处理蛇纹石型红土镍矿最为经济的方法。该法是将磨细的红土镍矿与无烟煤及石灰石均匀混合后制成球团送入回转窑，球团料在高温（约1380℃）半熔融状态下还原焙烧；焙砂水淬后跳汰重选产出含镍大于15%的镍铁球粒送生产不锈钢，重选尾矿再经球磨后磁选回收残余的微细粒镍铁合金后外排，高含杂的镍铁精矿返回还原焙烧球团工序。

和RKEF相比，大江山法不使用昂贵的焦炭；同等规模下的设备装机不到前者的30%，投资也不到前者的50%，但由于在回转窑内进行半熔融还原焙烧，易引起窑内结圈导致作业率低（70%）、耐火材料消耗大等问题。日本大

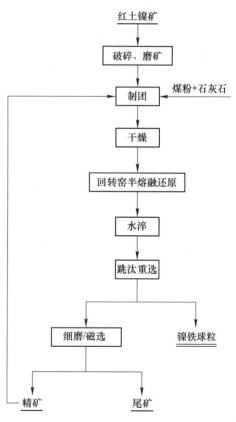

图1-13 还原焙烧—磁选生产镍铁精矿工艺流程图

江山冶炼厂也经历了数十年的探索和实践，并最终通过一整套非常严格的焙烧温度控制措施，较好地解决了回转窑的结圈问题。

由于种种原因，日本大江山冶炼厂目前已经停产。国内以北海承德镍业股份有限公司为代表的厂家采用该技术，并结合RKEF生产镍铁，目前生产正常，但半熔融物料在回转窑内的结圈控制及解决方法，一直是困扰企业的技术难题。本书在该工艺基础上，为解决回转窑的结圈问题，提出了非熔融态下的金属化还原焙烧—磁选生产镍铁精矿的工艺，详细介绍见本书第3章。

1.5.2.4 高炉还原熔炼工艺

早在 18 世纪 70 年代，新喀里多尼亚就采用小高炉熔炼处理蛇纹石型红土镍矿生产镍铁合金，后来欧洲一些国家也尝试应用过这种工艺，但终因焦炭消耗量大、成本高、环境污染严重等被淘汰。2007 年以来，随着我国对钢铁行业进行产业调整，大量 360m³ 以下的炼铁高炉被淘汰。但受同时期国内不锈钢生产用镍紧张以及 2005 年以来镍价大幅攀升的刺激，国内许多被淘汰的小高炉又被用来处理含铁大于 40%、含镍大于 1% 的褐铁型红土镍矿，生产含镍 2%~4% 的含镍生铁或不锈钢基料；后又进一步发展至处理含镍大于 1.5% 的红土镍矿生产含镍 4%~8% 的中镍铁和含镍大于 8% 的高镍铁。高炉还原熔炼法不存在设备投资及技术风险，但由于红土镍矿中铁含量低，Al_2O_3 和 SiO_2 含量较高，高炉体积利用率低、焦炭消耗量大、烧结污染严重，加之镍生铁中所含的铁不计价及 2009 年后镍价持续低迷等，高炉还原熔炼法的经济性每况愈下，现已被国家列入淘汰类技术[19, 67]。

1.5.3 其他工艺

1.5.3.1 堆浸工艺

堆浸工艺始于 20 世纪 60 年代，由美国人开发、研制成功，用于处理低品位铜资源。因其工艺简单、投资低、生产成本低、对环境友好等得到推广。随后，堆浸法被应用于红土镍矿资源处理，希腊人针对该国红土镍矿开展了一系列研究[71]。而我国有关单位针对元江红土镍矿也开展了堆浸工艺的研究[72]。

该法适合处理 Ni、Co 赋存状态不太复杂、含泥量较低的红土镍矿。首先将矿石破碎成粒径 0.15~2mm 的颗粒并直接入堆；然后将一定浓度的硫酸浸出液以喷淋或滴淋的方式送入矿堆分解矿物；浸出液在矿堆内经过缓慢的浸出和渗滤后进入集液池，再经除杂和提镍钴工序，得到镍钴富集物产品。

堆浸法存在以下缺点：（1）镍、钴浸出率低，仅约 60% 和约 40%；（2）金属浸出选择性差，镍、钴提纯工序较繁琐；（3）硫酸消耗量大（吨镍耗酸 50~70t）；（4）硫酸镁溶液直接排放，污染环境；（5）操作周期长，生产规模不易太大。

1.5.3.2 微波预处理工艺

微波预处理工艺是指通过微波对红土镍矿进行改性，改性后再进行浸出的方法[73~76]。微波可在很短的时间内将红土镍矿中吸波性强的矿物加热到很高温度，从而破坏矿物的化学键，改变矿物结构。研究表明，微波改性后的红土镍矿可在较温和的常压或加压浸出条件下获得较高的镍、钴浸出率。微波加热和常规加热方式不同，可直接作用于分子或原子，其热效率高；不同矿物对微波的吸收程度不同，可选择性改变矿物结构，达到选择性改性实现选择性浸出的目的。另外，微波处理法比较清洁，且易实现自动控制。因此，微波法是一种极具前景的原矿改性方法，但由于目前仍存在微波加热装置及技术放大等问题，在红土镍矿的规模工业化方面仍有一定距离。

1.5.3.3 焙烧工艺

焙烧工艺主要分为加碱焙烧和直接焙烧两种。加碱焙烧是将红土镍矿和碱混合，然后在 500~1200℃ 进行焙烧，对原矿改性[77, 78]。研究表明，改性后的红土镍矿矿物发生了改变，晶型矿物很少，大都为无定型的非晶态物质，即 Fe 大部分以非晶态铁氧化物形式存在，如无定型 Fe_2O_3；Ni 则大部分转化为 NiO，小部分直接转化为金属 Ni，NiO 和金属 Ni 都吸附在非晶型铁氧化物表面。改性后的红土镍矿进行加压酸浸，可在较温和的浸出条件下（185℃、1.6MPa）获得较高的 Ni、Co 浸出率，而 Fe 的浸出率则低至 1% 以下，有效地实现了 Ni、Co 和 Fe 的选择性分离。该法在保证 Ni 和 Co 高浸出率的前提下，明显降低了加压酸浸的浸出条件。

直接焙烧是指对红土镍矿进行高温焙烧，改变所含矿物成分实现原矿改性后再进行常压酸浸的方法[79]。高温焙烧一方面可增大矿的比表面积，便于镍浸出；另一方面可使针铁矿和蛇纹石脱水分解，从而获得比常规常压浸出更高的镍浸出率。焙烧温度对镍浸出率的影响很大。一般来说，选择 300℃ 左右为宜，此时改性后的矿在常压、50℃ 的盐酸介质中进行搅拌浸出，可获得高达 93% 的镍浸出率。此法可在一定程度上抑制铁的浸出，但矿的干燥、焙烧工序能耗较高。总的来说，此法具有工艺简单、镍浸出率较高和设备要求低等特点，具有一定的应用前景。

1.5.3.4 硫酸熟化工艺

硫酸熟化工艺，也称为酸解法，是指向红土镍矿中加入一定量浓硫酸并酸解一段时间，所得熟料水浸，浸出渣洗涤脱水后弃去，浸出液经提纯后得到镍、钴产品的方法。酸解后大部分金属以硫酸盐形式存在，再进行水浸或低酸浸出便可实现镍、钴高效浸出[80]。

王德全等人[81]提出了将酸解后熟料水浸和沉铁两个步骤合在一起进行的工艺。由于沉淀方式不同且温度较高，降低了浸出液沉铁、铝带来的镍、钴损失和消除了浸出矿浆沉降过滤难的弊端，同时也减少了工艺操作工序。在最优条件下可获得高达 91% 以上的镍浸出率，过滤速度较常规酸解法提高 5% 以上。Xu Yanbin 等人[82]详细考察了酸解影响因素后提出了三段逆流浸出工艺，可获得 95% 左右的镍、钴浸出率。酸解法具有流程简单、设备要求低、操作容易、成本较低、便于大规模生产的优点。

1.5.3.5 生物冶金技术

生物冶金是微生物学和湿法冶金学科交叉形成的一项新技术[83~86]。因其投资少，成本低且低碳环保，取得了较大进展，并被应用于红土镍矿的处理。该法是利用微生物自身的氧化或还原特性使矿物中某些组分氧化或还原，实现与原矿物分离。同时，某些异养生物对葡萄糖代谢的末端产物为有机酸，如己二酸和甲酸，这些有机酸不仅具有还原性，而且可对矿物进行分解，对有价金属镍和钴起到浸出作用。

生物浸出处理红土镍矿时，细菌数目、培养液 pH 值、矿浆浓度及细菌培养基等都对镍的浸出有重要影响。Behera 和 Sukla 的研究表明[87]，用真菌衍生物对印度 Sukinda 铬铁矿表土镍矿进行浸出实验，优化条件下镍浸出率高达 92% 而铁浸出率却较低。然而，目前可用于处理红土镍矿的微生物较少；细菌分解矿物的反应速度较慢，生产周期较长，效率较低；细菌受环境影响很大，改变环境甚至会导致细菌死亡。要使生物冶金应用到工业生产，必须结合基因工程培养出能适应不同环境、对矿物分解速度较快的菌株。

此外，盐酸法、羰基法、氯化水浸法、氯化挥发法、氯化离析法、转底炉还原熔炼法等也有小规模的生产或进行过实验研究[88~94]。

综上，红土镍矿处理技术的选择应根据所处理矿的不同特征综合考虑。本书将在全面分析国内外不同产地不同种类红土镍矿工艺矿物学的基础上，系统介绍作者近年来在红土镍矿主要冶炼技术方面开展的研究和获得的最新研究成果。

参 考 文 献

[1] 陈浩琉,吴水波,傅德彬,等. 镍矿床 [M]. 北京:地质出版社,1993.

[2] 彭容秋,任鸿九,张训鹏. 镍冶金 [M]. 长沙:中南大学出版社,2005.

[3] Jackson D. The effective application of nickel in stainless steel [J]. Stainless steel:the market and information, 2005, 20:12~18.

[4] 刘岩,翟玉春,王虹. 镍生产工艺研究进展 [J]. 材料导报,2006,20 (3):79~81.

[5] 李博. 硅镁型红土镍矿干燥特性及预还原基础研究 [D]. 昆明:昆明理工大学,2011.

[6] 中国有色金属工业协会. 中国有色金属工业 2014 年年鉴 [M]. 北京:中国有色金属工业协会年鉴社,2015.

[7] 中国有色金属工业协会. 中国有色金属工业 2013 年年鉴 [M]. 北京:中国有色金属工业协会年鉴社,2014.

[8] 中国有色金属工业协会. 中国有色金属工业 2018 年年鉴 [M]. 北京:中国有色金属工业协会年鉴社,2019.

[9] Gleeson S A, Butt C R M, Elias M. Nickel laterites:A review [J]. SEG Newsletter, 2003, 54 (3):11~18.

[10] Schellman W. Composition and origin of lateritic nickel ore at Taguang Taung Burma [J]. Mineralium Deposita, 1995, 24 (3):161~168.

[11] Chen B Y, Liu H T, Yang P, et al. The basic metallogenic regularity of global lateritic nickel ore deposits [J]. Acta Geoscientica Sinica, 2013, 34 (1):202~206.

[12] 王瑞江,聂凤军. 红土镍矿床找矿勘查及开发利用新进展 [J]. 地质论坛,2008,54 (2):215~224.

[13] 江源,侯梦溪. 全球镍资源供需研究 [J]. 有色矿冶,2008,24 (2):55~57.

[14] Boldt J R, Queneau P. The Winning of Nickel:its Geology, Mining, and Extractive Metallurgy [M]. Toronto:Longmans Canada Ltd. , 1967:25~78.

[15] Kempthorne D, Myers D M. Mineral Commodity Summaries 2015 [R]. Washington:US Geological Survey, 2015.

[16] Dalvi A D, Bacon W G, Osborne R C. The Past and the Future of Nickel Laterites [R]. Ontario:Inco Limited, 2004.

[17] Kempthorne D, Myers D M. Mineral Commodity Summaries 2007 [R]. Washington:US Geological Survey, 2007.

[18] 2018 年全球及中国镍矿储量、产量、进口量及价格走势分析 [EB/OL]. 中国产业信息网,2018.

[19] 李栋. 低品位镍红土矿湿法冶金提取基础理论及工艺研究 [D]. 长沙:中南大学,2011.

[20] Chen Y, Mariba E R M, Van D L. A review of non-conventional metals extracting technologies from ore and waste [J]. International Journal of Mineral Processing, 2011, 98 (1~2):1~7.

[21] 宓奎峰,王建平,柳振江,等. 我国镍矿资源形势与对策 [J]. 中国矿业,2013,22 (6):6~10.

[22] Herrington R, Roberts S, Thorne R, et al. Climate change and the formation of nickel laterite deposits [J]. Geology, 2012, 40 (4):331~334.

[23] Brand N W, Butt C R M, Elias M. Nickel laterites:classification and features [J]. AGSO Journal of Australian Geology & Geophysics, 1998, 17 (4):81~88.

[24] Thorne R L, Herrington R, Robert S. Composition and origin of the Caldag oxide nickel laterite, W. Turkey [J]. Mineralium Deposita, 2009, 44:581~595.

[25] 刘成忠,尹维青,涂春根,等. 菲律宾吕宋岛红土型镍矿地质特征及勘查开发进展 [J]. 江西有色

金属, 2009, 23 (2): 3~6.

[26] 何灿, 肖述刚, 谭木昌. 印度尼西亚红土型镍矿 [J]. 云南地质, 2008, 27 (1): 20~26.

[27] Agatzini-Leonardou S, Zafiratos I, Spathis D. Beneficiation of a Greek serpentinic nickeliferous ore Part Ⅰ: Mineral processing [J]. Hydrometallurgy, 2004, 74 (3~4): 259~265.

[28] Senanayake G, Childs J, Akerstrom B D, et al. Reductive acid leaching of laterite and metal oxides: A review with new data for Fe(Ni, Co)OOH and a limonitic ore [J]. Hydrometallurgy, 2011, 110 (1~4): 13~32.

[29] 赵景富. 镍红土矿火法冶金工艺现状及展望 [J]. 中国有色冶金, 2017, 46 (1): 26~29.

[30] Crundwell F K, Moats M S, Ramachandran V, et al. Overview of the hydrometallurgical processing of laterite ores [M] // Extractive Metallurgy of Nickel, Cobalt and Platinum Group Metals. Oxford: Elsevier; 2011: 117~122.

[31] 马保中, 杨玮娇, 王成彦, 等. 红土镍矿湿法浸出工艺及研究进展 [J]. 有色金属 (冶炼部分), 2013 (7): 1~7.

[32] Caron M H. Fundamental and practical factors in ammonia leaching of nickel and cobalt ores [J]. Transactions of AIME, 1950, 188: 67~90.

[33] Stevens L G, Goeller L A, Miller M. The UOP nickel extraction process——an improvement in the extraction of nickel from laterites [C] // Canadian Institute of Mining and Metallurgy. 14th Annual Conference of Metallurgists, 1975.

[34] Chander S, Sharma V N. Reduction roasting/ammonia leaching of nickeliferous laterites [J]. Hydrometallurgy, 1981, 7 (4): 315~327.

[35] Chen S L, Guo X Y, Shi W T, et al. Extraction of valuable metals from low-grade nickeliferous laterite ore by reduction roasting-ammonia leaching method [J]. Journal of Central South University of Technology, 2010, 17 (1): 765~769.

[36] Nikoloski A N, Nicol M J. The electrochemistry of the leaching reactions in the Caron process Ⅱ: Cathodic processes [J]. Hydrometallurgy, 2010, 105 (1~2): 54~59.

[37] 王涛, 王成彦, 金涛, 等. 一种用烟煤干燥还原低品位红土镍矿的方法: 中国, CN 201010284915. 1 [P]. 2010-09-10.

[38] 王涛, 王成彦, 陈胜利, 等. 一种从低品位红土镍矿中强化氨浸取镍钴的工艺: 中国, CN 201010284932. 5 [P]. 2010-09-10.

[39] 阮书锋. 元石山低品位镍红土矿处理工艺及理论研究 [D]. 北京: 北京矿冶研究总院, 2007.

[40] Dufour M F. Processing of nickel-bearing lateritic ores——Moa Bay [M] // Weiss, N. L. (Ed.). SME Mineral Processing Handbook, vol. 2. New York: SME, 1985.

[41] Whittington B I, Muir D M. Pressure acid leaching of nickel laterites: A review [J]. Mineral Processing and Extractive Metallurgy Review, 2000, 21 (6): 527~600.

[42] Whittington B I, Johnson J A, Quan L P, et al. Pressure acid leaching of arid-region nickel laterite ore: Part Ⅱ: Effect of ore type [J]. Hydrometallurgy, 2003, 70 (1~3): 47~62.

[43] Whittington B I, McDonald R G, Johnson J A, et al. Pressure acid leaching of Bulong nickel laterite ore: Part Ⅰ: effect of water quality [J]. Hydrometallurgy, 2003, 70 (1~3): 31~46.

[44] Georgiou D, Papangelakis V G. Sulphuric acid pressure leaching of a limonitic laterite: Chemistry and kinetics [J]. Hydrometallurgy, 1998, 49 (1~2): 23~46.

[45] Rubisov D H, Papangelakis V G. Sulphuric acid pressure leaching of a Limonitic laterites——speciation and prediction of metal solubilities "at temperature" [J]. Hydrometallurgy, 2000, 58 (1): 13~26.

[46] Crundwell F K, Moats M S, Ramachandran V, et al. High-temperature sulfuric acid leaching of laterite ores

［M］∥Extractive Metallurgy of Nickel, Cobalt and Platinum Group Metals. Oxford：Elsevier, 2011：123～134.

［47］ Mcdonald R G, Whittington B I. Atmospheric acid leaching of nickel laterites review：Part Ⅰ：Sulphuric acid technologies ［J］. Hydrometallurgy, 2008, 91 （1～4）：35～55.

［48］ Adams M, Meulen D V D, Czerny C, et al. Piloting of the beneficiation and EPAL circuits for Ravensthorpe nickel operations ［C］∥International Laterite Nickel Symposium –2004, Charlotte, 2004：347～367.

［49］ Ma B Z, Wang C Y, Yang W J, et al. Selective pressure leaching of Fe （Ⅱ）-rich limonitic laterite ores from Indonesia using nitric acid ［J］. Minerals Engineering, 2013, 45：151～158.

［50］ 杨永强. 高镁红土镍矿非常规介质温和提取基础研究 ［D］. 北京：北京矿冶研究总院, 2008.

［51］ Ma B Z, Yang W J, Yang B, et al. Pilot-scale plant study on the innovative nitric acid pressure leaching technology for laterite ores ［J］. Hydrometallurgy, 2015, 155：88～94.

［52］ 马保中, 王成彦, 杨卜, 等. 硝酸加压浸出红土镍矿的中试研究 ［J］. 过程工程学报, 2011, 11 （4）：561～566.

［53］ Ma B Z, Yang W J, Yang B, et al. Pilot-scale plant study on the innovative nitric acid pressure leaching technology for laterite ores ［J］. Hydrometallurgy, 2015, 155：88～94.

［54］ Liu H Y, Gillaspie J D, Lewis C A, et al. Atmospheric pressure leach process for lateritic nickel ore：US, US0226797A1 ［P］. 2005-10-13.

［55］ Matsumori T, Ishizuka T, Uchiyama K. An economical production of ferronickel for stainless steel by the oheyama process ［J］. Nippon Yakin Technical Report, 1992, （1）：41～48.

［56］ Bergman R A. Nickel production from low iron laterite ores：Process descriptions ［J］. CIM Bulletin, 2003, 107 （2）：127～138.

［57］ Warner A E M, Diaz C M, Dalvi A D, et al. World nonferrous smelter survey：Part Ⅲ：Nickel laterite ［J］. The Journal of the Minerals, Metals and Materials Society, 2006, （4）：11～20.

［58］ 何焕华. 氧化镍矿处理工艺述评 ［J］. 中国有色冶金, 2004, （6）：12～15.

［59］ Nayak J. Production of ferro-nickel from Sukinda laterites in rotary kiln-electric furnace ［J］. Transactions of the Indian Institute of Metals, 1985, 38 （3）：241～247.

［60］ Kotzé I J. Pilot plant production of ferronickel from nickel oxide ores and dusts in a DC arc furnace ［J］. Minerals Engineering, 2002, 15 （11）：1017～1022.

［61］ 侯俊京, 贾彦忠, 梁德兰, 等. 红土镍矿回转窑—电炉熔炼生产镍铁的工艺研究 ［J］. 中国有色冶金, 2014, （3）：70～73.

［62］ 黄其兴, 王利川, 朱鼎元. 镍冶金学 ［M］. 北京：中国科学技术出版社, 1990.

［63］ 刘大星. 从镍红土矿中回收镍、钴技术的进展 ［J］. 有色金属 （冶炼部分）, 2002, （3）：6～10.

［64］ 郭学益, 吴展, 李栋. 镍红土矿处理工艺的现状和展望 ［J］. 金属材料与冶金工程, 2009, 37 （2）：3～9.

［65］ 赵昌明, 翟玉春. 从红土镍矿中回收镍的工艺研究进展 ［J］. 材料导报, 2009, 23 （6）：73～76.

［66］ 石文堂. 低品位镍红土矿硫酸浸出及浸出渣综合利用理论及工艺研究 ［D］. 长沙：中南大学, 2011.

［67］ Watanabe T, Ono S, Arai H, et al. Direct reduction of garnierite ore for production of ferro-nickel with a rotary kiln at Nippon Yakin Kogyo Co. Ltd. oheyama works ［J］. International Journal of Mineral Processing, 1987, 19 （1～4）：173～187.

［68］ Ishii K. Development of ferro-nickel smelting from laterite in Japan ［J］. International Journal of Mineral Processing, 1987, 19 （1～4）：15～24.

［69］ Tetsuya W, 吴筱锦. 日本大江山厂用直接还原硅镁镍矿法生产镍铁 ［J］. 有色冶炼, 1989, （3）：

22~27.

[70] Agatzini-Leonardou S, Zafiratos I G. Beneficiation of a Greek serpentinic nickeliferous ore：Part Ⅱ：Sulphuric acid heap and agitation leaching [J]. Hydrometallurgy, 2004, 74 (3~4)：267~275.

[71] 童伟锋, 汪云华, 吴晓峰, 等. 红土镍矿堆浸实验 [J]. 有色金属（冶炼部分）, 2012, 6：4~6.

[72] Harahsheh M A, Kingman S W. Microwave-assisted leaching-a review [J]. Hydrometallurgy, 2004, 73 (3~4)：198~203.

[73] Pickles C A. Microwave heating behavior of nickeliferous limonitic laterite ores [J]. Minerals Engineering, 2004, 17 (6)：775~784.

[74] Che X K, Su X Z, Chi R A, et al. Microwave assisted atmospheric acid leaching of nickel from laterite ore [J]. Rare metals, 2010, 29 (3)：327~332.

[75] Zhai X J, Fu Y, Zhang X, et al. Intensification of sulphation and pressure acid leaching of nickel laterite by microwave radiation [J]. Hydrometallurgy, 2009, 99 (3~4)：189~193.

[76] 董书通, 王成彦, 齐涛, 等. 一种处理褐铁型红土镍矿的碱—酸双循环工艺：中国, CN 200910180397. 6 [P]. 2009-10-27.

[77] 张永禄, 王成彦, 徐志峰. 低品位碱预处理红土镍矿加压浸出过程 [J]. 过程工程学报, 2010, 10 (2)：263~269.

[78] Li J H, Li X H, Hu Q Y, et al. Effect of preroasting on leaching of laterite [J]. Hydrometallurgy, 2009, 99：84~88.

[79] Guo X Y, Li D, Park K H, et al. Leaching behavior of metals from a limonitic nickel laterite using a sulfation-roasting-leaching process [J]. Hydrometallurgy, 2009, 99 (3~4)：144~150.

[80] Harris C T, Peacey J G, Pickles C A. Selective sulphidation of a nickeliferous lateritic ore [J]. Minerals Engineering, 2011, 24 (7)：651~660.

[81] 王德全, 李智才. 一种处理低铁氧化镍矿的常压浸出方法：中国, CN200610046808. 9 [P]. 2006-06-02.

[82] Xu Y B, Xie Y T, Yan L, et al. A new method for recovering valuable metals from low grade nickelferrous oxide ores [J]. Hydrometallurgy, 2005, 80 (4)：280~285.

[83] Ahmadi A, Khezri M, Abdollahzadeh A A, et al. Bioleaching of copper, nickel and cobalt from the low grade sulphidic tailing of Golgohar Iron Mine, Iran [J]. Hydrometallurgy, 2015, 154：1~8.

[84] Deepatana A, Tang J A, Valix M. Comparative study of chelating ion exchange resins for metal recovery from bioleaching of nickel laterite ores [J]. Minerals Engineering, 2006, 19 (12)：1280~1289.

[85] Brierlry J A, Brierlry C L. Present and future commercial application of biohydrometallurgy [J]. Hydrometallurgy, 2001, (59)：233~238.

[86] Simate G S, Ndlovu S. Bacterial leaching of nickel laterites using chemolithot rophic microorganisms：identifying influential factors using statistical design of experiments [J]. International Journal of Mineral Processing, 2008, 88 (1)：31~36.

[87] Behera S K, Sukla L B. Microbial extraction of nickel from chomite overburslens in the presence of surfactant [J]. Transactions of Nonferrous Metals Society of China, 2012, 22 (11)：2840~2845.

[88] Gibson R W, Rice N M. A hydrochloric acid process for nickeliferous laterites [C] // Hydrometallurgy and Refining of Nickel and Cobalt, Canadian Institute of Mining and Metallurgy, Montreal, 1997：247~261.

[89] 郭学益, 吴展, 李栋, 等. 红土镍矿常压盐酸浸出工艺及其动力学研究 [J]. 矿冶工程, 2011, 4 (31)：69~76.

[90] Terekhov D S, Emmanuel N V. Direct extraction of nickel and iron from laterite ores using the carbonyl process [J]. Minerals Engineering, 2013. 54：124~130.

［91］Harris B G, Lakshmanan V I, Sridhar R. Process for the Recovery of Value Metals from Material Containing Base Metal Oxides: US: US228783A1［P］. 2004-11-18.

［92］Kim J, Dodbiba G, Tanno H, et al. Calcination of low-grade laterite for concentration of Ni by magnetic separation［J］. Minerals Engineering, 2010, 23（4）: 282~288.

［93］McDonald R G, Whittington B I. Atmospheric acid leaching of nickel laterites review: Part Ⅱ: Chloride and bio-technologies［J］. Hydrometallurgy, 2008, 91（1~4）: 56~69.

［94］Zhou S W, Wei Y G, Li B, et al. Chloridization and reduction roasting of high magnesium low-nickel oxide ore followed by magnetic separation to enrich ferronickel concentrate［J］. Metallurgical and Materials Transactions B, 2016, 47: 145~153.

2 红土镍矿工艺矿物学研究

2.1 褐铁型红土镍矿

褐铁型红土镍矿是基性-超基性岩石经风化形成的红土镍矿，矿物组成较复杂。原岩经历了长时间的物理和化学的风化过程，母岩的风化和原有矿物的分解，并在水的参与下部分物质被水流带出，部分向下淋滤，部分则形成较稳定的地表残留物，因此在红土镍矿中铁是最主要的产物，同时也有一部分锰、镍、钴等物质和铁一起形成水合氧化物，而残留于其中的还有少量抗风化能力强，在地表相对较稳定的矿物如铬铁矿、辉石、透闪石和滑石等碎屑矿物，也有通过胶体沉淀方式形成的含镍硅酸盐和微晶石英、玉髓等一些硅质物。褐铁型红土镍矿就是由这些矿物组成的。

矿石中金属矿物主要有褐铁矿（针铁矿、水针铁矿、水赤铁矿）、磁铁矿、半假象赤铁矿、水锰矿、锰的水合氧化物、镍纤蛇纹石、铁镍矿、镍黄铁矿、钴镍黄铁矿、锰镍矿、黄铜矿、黄铁矿、铜蓝、铬铁矿和贵金属元素互化物等。脉石矿物有石英、玉髓、蛇纹石、绿泥石、滑石、透闪石、高岭石、辉石、方镁石、方解石、菱镁矿、硅铁土等[1,2]。

2.1.1 印度尼西亚某红土镍矿

2.1.1.1 原矿成分分析

A 化学组成

该红土镍矿样品来自印度尼西亚[3]，其化学组成半定量分析结果列于表2-1，重要元素化学分析结果列于表2-2。该印度尼西亚矿中有用元素主要是镍、钴和铁，铬可综合利用，其他元素含量较低。

表2-1 化学组成半定量分析结果

元素	Ni	Co	Cr	Mn	Fe	Zn	Cu	Pb	Sn	Al	Cd	Bi
含量/%	约0.6	约0.1	约2.2	约0.7	约46	约0.1	<0.05	<0.05	<0.05	约3.6	<0.05	<0.05

元素	SiO_2	Ca	Mg	As	Ba	Be	C	P	S	Ti	V	Sb
含量/%	约5	约0.1	约1.7	<0.05	<0.05	<0.05	3.62	0.027	0.068	0.06	<0.05	<0.05

表2-2 重要元素化学分析结果

成分	Ni	Co	Fe	Mn	Cr	SiO_2	Al_2O_3	CaO	MgO
含量/%	0.60	0.034	46.96	0.24	2.23	5.47	7.28	0.12	2.64

B 矿石中镍、钴的化学物相分析

镍的化学物相分析结果列于表2-3，钴的化学物相分析结果列于表2-4。

表 2-3　镍的化学物相分析结果

物　相	硫酸盐矿物中镍	铁矿物中镍	锰矿物中镍	其他镍①	总镍
含量/%	0.017	0.48	0.036	0.07	0.603
分布率/%	2.82	79.60	5.97	11.61	100.00

① 其他镍主要是硅酸盐矿物中镍。

表 2-4　钴的化学物相分析结果

物　相	硫酸盐矿物中钴	铁矿物中钴	锰矿物中钴	其他钴	总钴
含量/%	0.0025	0.017	0.013	0.0015	0.034
分布率/%	7.35	50.00	38.24	4.41	100.00

矿石中的镍主要在铁矿物中，其次是在硅酸盐矿物中，其他矿物中的镍含量较少；钴主要在铁矿物和锰矿物中，其他矿物中的钴含量较少。

2.1.1.2　筛析结果分析

原矿筛析和主要元素分布结果列于表 2-5。

表 2-5　筛析及各粒级主要元素的分析结果

粒级范围 网目/目	粒度范围/mm	产率/%	化学分析结果/%			
			Ni		Co	
			含量	分布率	含量	分布率
>100	>0.147	7.40	0.54	6.70	0.032	6.04
100~200	0.147~0.074	14.70	0.56	13.80	0.015	5.63
200~400	0.074~0.038	21.50	0.58	20.90	0.043	23.58
400~500	0.038~0.030	1.00	0.62	1.04	0.045	1.15
<500	<0.030	55.40	0.62	57.56	0.045	63.60

由表 2-5 看出，原矿中粒度小于 0.074mm 粒级占 77.9%。镍、钴在小于 0.074mm 粒级范围内虽有富集，但富集比较低。原矿的 X 射线衍射分析结果如图 2-1 所示。

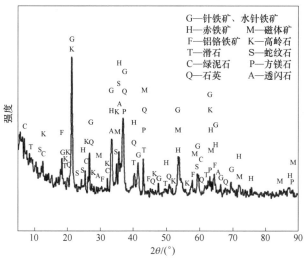

图 2-1　原矿的 X 射线衍射分析结果

2.1.1.3   矿物的工艺特性

由于矿石呈松散土状，矿石中各类矿物互相黏附在一起，因此对褐铁矿型红土镍矿中各类矿物进行精确定量是较困难的。现根据显微镜下观察、化学分析、化学物相分析、X射线衍射分析、扫描电镜能谱分析、透射电镜观察等综合手段确定该红土镍矿的矿物组成及含量，结果列于表2-6。

表 2-6   矿物组成及含量

金 属 矿 物				脉石矿物	
矿　物	含量/%	矿　物	含量/%	矿　物	含量/%
针铁矿、水针铁矿	68.13	锰镍矿	微	石英、玉髓	3.49
磁铁矿	10.79	水锰矿	0.45	蛇纹石	2.87
半假象赤铁矿		锰的水合氧化物		绿泥石	
黄铁矿	微	黄铜矿	微	高岭石	1.94
镍黄铁矿	微	铜蓝	微	方镁石	3.62
钴镍黄铁矿	微	铬铁矿	3.24	硅铁土	2.91
镍纤蛇纹石	0.37	铂钯铜矿	微	其他脉石矿物	2.19
铁镍矿	微	贵金属互化物	微		

A   褐铁矿

褐铁矿是矿石中含量最多，也是最主要的含镍矿物，红土镍矿中褐铁矿的含量占68.13%，而赋存在褐铁矿中的镍又占总镍的63.3%，所以褐铁矿是矿石中最重要的含镍矿物，对镍的提取影响最大。矿石中的褐铁矿是由针铁矿、水针铁矿、水赤铁矿、硅质类矿物和黏土类物质组成，褐铁矿是该类矿物的总称[4,5]。实际上褐铁矿不仅组成最复杂，粒度也很微细。由于褐铁矿形成时的物理化学条件的差异，胶体沉淀、凝结、陈化的不同，晶体转变完全程度也有差异，且组成褐铁矿的各矿物化学组成中铁被其他金属元素（Ni、Co、Ca、Al、Cr 等）置换的数量也有很大的差异，因此褐铁矿的化学组成变化较大。图2-2所示为褐铁矿的X射线能谱图。由能谱图看出，褐铁矿中除铁外，还含数量不等的 Ni、Co、Si、Al、Ca、Cr、Mn、Mg 等元素，而且这些元素分布极不均匀。

矿石中褐铁矿主要呈土状、不规则状、蜂窝状、脉状、胶状、微细粒状、鳞片状等形式产出（见图2-3）。X射线能谱结果列于表2-7。

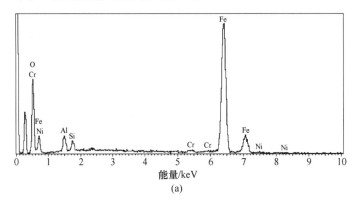

(a)

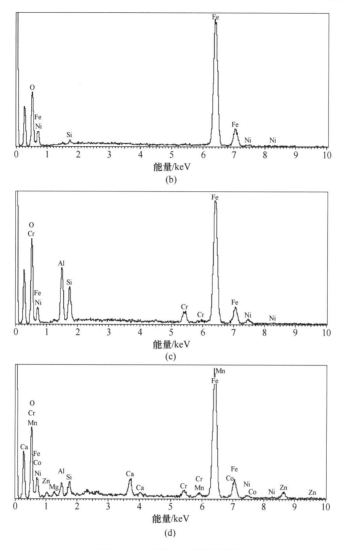

图 2-2 矿石的 X 射线能谱图

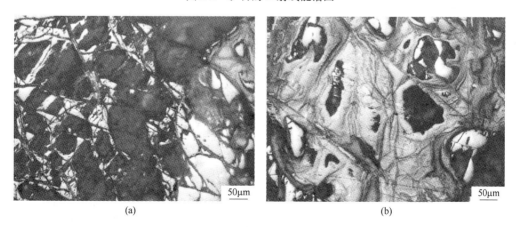

（a）　　　　　　　　　　　　　　　　　（b）

图 2-3 褐铁矿的形状及形式

（a）蜂窝状褐铁矿；（b）胶状、蜂窝状褐铁矿

表 2-7　褐铁矿的 X 射线能谱分析结果

分析序号	分析结果/%									
	Fe	Ni	Co	Mn	Cr	Ti	Si	Al	Mg	O
1	61.06	0.82	—	—	0.80	—	0.65	1.09	—	35.58
2	62.12	0.74	—	—	0.65	—	0.86	1.47	—	34.16
3	62.63	0.23	—	—	0.69	—	1.79	2.75	—	31.91
4	61.32	0.42	—	—	1.34	—	1.05	1.08	—	34.79
5	59.81	0.13	—	—	0.58	—	2.96	3.32	—	33.20
6	51.22	0.68	—	—	2.32	—	4.62	5.66	—	35.50
7	60.89	0.33	—	—	1.38	—	0.81	1.13	—	35.46
8	54.02	1.16	—	—	2.11	—	3.67	4.91	—	34.13
9	55.35	0.81	—	—	2.52	1.00	3.30	4.59	—	32.43
10	57.24	0.46	—	—	1.46	—	0.94	2.15	—	37.75
11	63.38	0.89	—	—	1.02	—	1.28	1.42	—	32.01
12	57.81	0.42	—	—	1.14	—	2.10	2.78	0.98	34.77
13	60.37	0.37	—	—	1.60	0.36	2.08	1.44	—	33.78
14	65.20	0.17	—	—	0.41	—	1.35	1.19	0.23	31.45
15	60.42	0.54	—	—	0.56	—	3.86	2.14	—	32.48
16	60.50	0.46	0.31	1.08	1.24	—	0.95	1.57	0.42	33.47
17	48.35	0.63	0.28	7.30	0.32	—	1.72	3.26	—	38.14
18	55.51	0.70	0.13	4.63	0.73	—	0.77	2.08	—	35.45
19	52.66	0.49	0.08	4.97	—	—	2.61	2.18	—	37.01
20	68.61	0.34	—	—	—	—	0.98	—	—	30.07
21	63.14	0.47	—	—	2.19	0.31	0.61	1.05	—	32.23
22	66.95	0.56	—	—	—	—	1.09	—	—	31.40
23	63.12	1.27	—	—	1.13	—	0.57	2.51	—	31.40
24	58.97	0.38	—	—	0.87	—	3.14	2.02	0.98	33.64
25	64.48	0.59	—	—	1.29	—	0.91	1.29	—	31.44
平均	59.80	0.56	0.032	0.72	1.06	0.07	1.79	2.12	0.10	33.748

由表 2-7 看出，褐铁矿平均含铁 59.80%、镍 0.56%、钴 0.032%、锰 0.72%。褐铁矿中镍、钴、锰的含量波动较大，其中镍的变化范围为 0.13% ~ 1.27%，钴的变化范围为 0 ~ 0.31%，锰的变化范围为 0 ~ 7.30%。此外褐铁矿中还含钛、铬、镁、硅、铝等元素。

　　B　磁铁矿、半假象赤铁矿

矿石中磁铁矿和半假象赤铁矿是磁性产品，是矿石中重要的铁矿物，其含量为 10.79%。磁铁矿多呈粒状与针铁矿、水针铁矿等泥混在一起，赤铁矿常沿磁铁矿的边缘或裂隙、解理交代，有些磁铁矿被交代后呈交代残余，并被赤铁矿包裹，构成半假象赤铁矿，矿石中的磁铁矿大部分为氧化后的交代残余（见图 2-4）。磁铁矿、半假象赤铁矿的粒度为 0.01 ~ 0.1mm。X 射线能谱分析，一部分磁铁矿和半假象赤铁矿中除含 Fe、O 外，不含其他元素；但也有部分磁铁矿和半假象赤铁矿含少量镍；经大量的 X 射线能谱分析和磁性产品的化学分析，磁铁矿和半假象赤铁矿平均含镍为 0.31%。磁铁矿的 X 射线能谱图如图 2-5 所示。

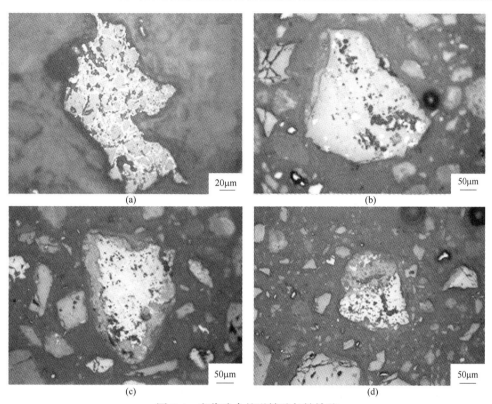

图 2-4 交代残余的磁铁矿与针铁矿

（a）赤铁矿沿磁铁矿的解理和裂隙交代呈网脉状嵌布；（b）针铁矿中包裹的细粒磁铁矿；
（c）针铁矿沿磁铁矿边缘交代并包裹磁铁矿；（d）磁铁矿与针铁矿的嵌布关系

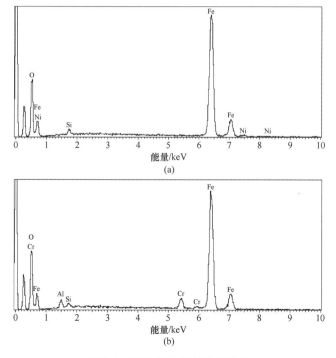

图 2-5 磁铁矿的 X 射线能谱图

C 镍纤蛇纹石

镍纤蛇纹石也称为硅镁镍矿、暗镍蛇纹石、滑硅镍矿,分子式为$(Mg,Ni)_6[Si_4O_{10}](OH)_8$。在体视显微镜下挑选不同颜色的纯矿物进行 X 射线能谱分析发现,镍纤蛇纹石的成分变化很大,特别是 Mg 和 Ni 的含量变化成互相替代关系,当镍含量高时,镁含量就降低,而当镁含量增高时,镍含量就降低;从不同颜色的镍纤蛇纹石的 X 射线能谱图看出,这种镁、镍相互替换的关系相当明显(见图 2-6),镍纤蛇纹石的 X 射线能谱结果列于表 2-8。

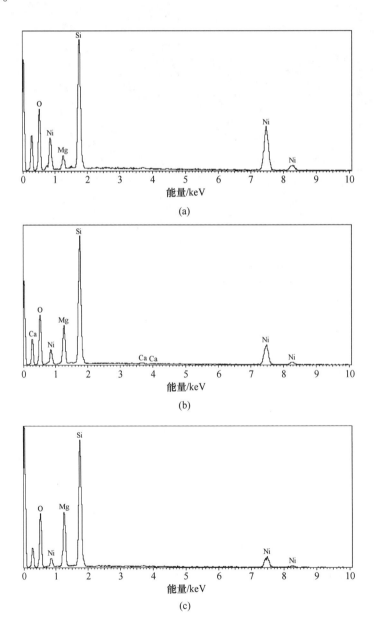

图 2-6 镍纤蛇纹石的 X 射线能谱图

表 2-8　镍纤蛇纹石的 X 射线能谱分析结果

分析序号	分析结果/%									备注
	Si	Mg	Ni	Fe	Mn	Co	Ca	S	O	
1	30.85	13.38	14.14	1.22	—	—	—	—	40.41	
2	33.34	14.08	15.00	—	—	—	—	—	37.47	
3	32.33	15.04	14.17	—	—	—	—	—	38.56	
4	33.78	16.30	11.07	—	—	—	0.29	—	38.57	
5	35.53	14.83	14.36	2.52	0.75	0.24	—	—	31.77	
6	32.33	14.75	15.04	—	—	—	—	—	37.88	
7	32.56	13.69	16.52	—	—	—	—	—	37.22	
8	36.50	17.31	12.65	—	—	—	0.55	—	32.99	含镍、镁相当的镍纤蛇纹石
9	37.24	16.59	14.30	—	—	—	—	—	31.87	
10	34.72	15.69	12.94	0.92	—	—	0.41	—	35.32	
11	39.57	16.19	12.95	2.24	—	—	—	—	29.06	
12	38.71	17.07	11.06	2.40	—	—	—	—	30.75	
13	38.60	16.90	12.07	0.65	—	—	—	—	31.77	
14	38.40	16.43	12.85	—	—	—	—	—	32.31	
15	36.46	18.48	11.27	1.54	—	—	—	—	32.26	
16	37.05	17.10	11.68	—	—	—	—	—	34.16	
平均	**35.50**	**15.86**	**13.25**	—	—	—	—	—	**34.52**	
1	30.08	10.76	21.84	—	—	—	—	—	37.31	
2	30.31	9.89	26.40	—	—	—	—	—	33.40	
3	30.94	11.59	23.68	—	—	—	—	—	33.80	
4	30.71	11.18	24.55	—	—	—	0.33	—	33.23	
5	28.27	8.77	26.60	—	—	—	—	—	36.36	含镍中等的镍纤蛇纹石
6	31.62	11.54	21.35	0.54	—	—	—	—	34.96	
7	32.67	10.77	27.31	—	—	—	—	—	29.25	
8	33.28	11.71	25.94	—	—	—	0.42	—	28.65	
9	32.40	11.67	22.22	—	—	—	—	—	33.71	
平均	**31.14**	**10.88**	**24.43**	—	—	—	—	—	**33.41**	
1	36.45	17.97	5.66	1.76	—	—	0.45	—	37.71	
2	33.87	17.27	9.69	—	—	—	0.32	—	38.85	
3	28.69	23.31	4.38	5.74	—	—	—	—	37.88	
4	39.68	19.27	5.29	—	—	—	—	—	35.75	含镍最低，含镁最高的镍纤蛇纹石
5	36.68	17.44	7.95	1.34	—	—	—	—	36.58	
6	36.71	20.83	6.62	4.90	—	—	—	—	30.93	
7	44.32	18.73	7.28	2.80	—	—	—	—	26.88	
8	33.96	16.47	7.15	0.56	—	—	—	0.55	41.32	

分析序号	分析结果/%									备注
	Si	Mg	Ni	Fe	Mn	Co	Ca	S	O	
9	33.67	17.16	8.64	0.81	—	—	0.29	—	39.44	含镍最低，含镁最高的镍纤蛇纹石
10	35.26	17.98	5.93	0.75	—	—	0.78	—	39.30	
11	37.32	17.94	6.89	1.04	—	—	0.42	—	36.40	
12	35.47	17.10	8.34	1.14	—	—		—	37.96	
13	40.06	18.54	7.05	—	—	—	0.47	—	33.88	
平均	**36.32**	**18.46**	**6.99**	—	—	—	—	—	**36.38**	
1	29.98	8.23	32.25	—	—	—	0.33	—	29.21	含镍最高，含镁最低的镍纤蛇纹石
2	32.67	9.11	36.29	—	—	—	—	—	21.93	
3	26.33	3.76	40.24	—	—	—	—	—	29.68	
4	26.66	3.53	42.64	—	—	—	—	—	27.17	
5	27.01	4.45	39.81	—	—	—	—	—	28.73	
6	26.97	3.77	41.43	—	—	—	—	—	27.84	
7	27.23	3.66	41.23	—	—	—	—	—	27.87	
平均	**28.12**	**5.22**	**39.13**	—	—	—	—	—	**27.49**	
总平均	**33.72**	**13.96**	**17.71**	**0.73**	**0.015**	**0.005**	**0.11**	**0.01**	**33.74**	

镍纤蛇纹石是超基性岩深度风化过程中形成的次生矿物，是胶体吸附、交代形成的，借助胶体从溶液中吸附金属氧化物，而又被金属化合物所代替，简单说就是镍的化合物被胶体吸附，这是较强烈的化学吸附作用。在气候炎热、潮湿条件下由于风化常使超基性岩中部分元素被带出，风化产物中碱金属和碱土金属被带出，而残留下来的 Fe、Si 和 Mg 成为氧化铁、氧化硅和氧化镁的水化物，堆积残留成为红土镍矿的主要化合物。镍纤蛇纹石一般产生在红土镍矿之下或底部，在风化淋滤过程中硅、镁胶体从溶液中吸附镍离子而形成镍纤蛇纹石，它是含镍的纤蛇纹石变种。

镍纤蛇纹石主要呈土状、胶状、皮壳状、钟乳状、豆状、隐晶质致密状（见图 2-7）。在透射电镜下观察，该矿物具有鳞片状、纤维状、不规则状等，颜色呈淡绿色、苹果绿色到淡黄色等。磨细后呈浅白绿色粉末状，很脆，硬度低，手摸有滑感。镍纤蛇纹石与铬铁矿、针铁矿、水针铁矿、石英、玉髓、蛋白石等矿物共生，并常沿脉石矿物的层理或裂隙分布，也有分布在硅质类矿物的片理上。镍纤蛇纹石的 X 射线元素面分布图如图 2-8 所示。

D 镍黄铁矿

矿石中该矿物很少，多呈不规则粒状、脉状等形式产出，常与磁黄铁矿、铁镍矿等矿物共生，并常以包裹体形式被包裹在脉石矿物中（见图 2-9）。镍黄铁矿的粒度特别细小，一般为 0.001~0.020mm。X 射线能谱分析，镍黄铁矿常含少量钴，镍黄铁矿的 X 射线能谱分析结果列于表 2-9，它的 X 射线能谱图如图 2-10 所示。

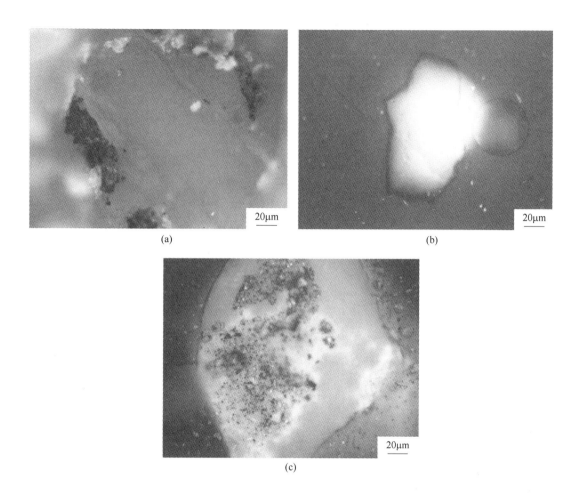

图 2-7 镍纤蛇纹石

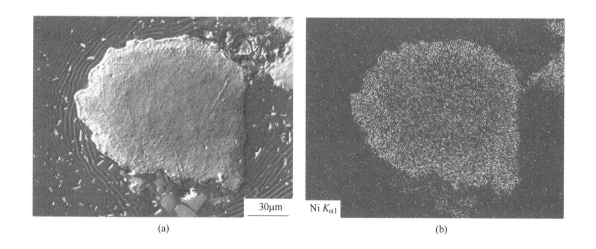

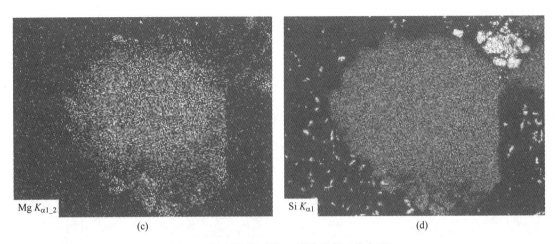

图 2-8 镍纤蛇纹石的 X 射线元素面分布图

图 2-9 镍黄铁矿的分布

（a）脉石矿物中包裹的镍黄铁矿、铁镍矿；（b）脉石矿物中包裹的镍黄铁矿

表 2-9 镍黄铁矿的 X 射线能谱分析结果

分析序号	分析结果/%			
	Ni	Co	Fe	S
1	32.16	4.11	31.27	32.46
2	31.32	4.61	30.10	33.97
3	33.19	2.46	31.02	33.33
4	32.47	3.39	30.98	33.16
平 均	32.29	3.64	30.84	33.23

E   钴镍黄铁矿

钴镍黄铁矿很少见，个别出现。钴镍黄铁矿多呈半自形粒状或不规则粒状等形式产

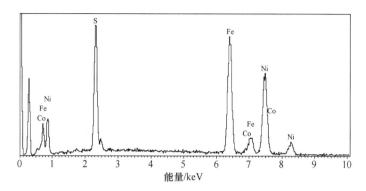

图 2-10　镍黄铁矿的 X 射线能谱图

出，并与磁铁矿、磁黄铁矿等矿物一起被包裹在脉石矿物中（见图 2-11）。钴镍黄铁矿的粒度为 0.003~0.018mm。钴镍黄铁矿的 X 射线能谱分析结果列于表 2-10，它的 X 射线能谱图如图 2-12 所示。

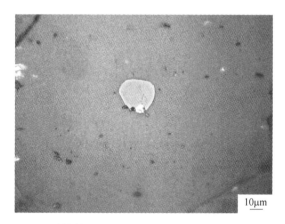

图 2-11　钴镍黄铁矿与磁铁矿一起被包裹在脉石矿物中

表 2-10　钴镍黄铁矿的 X 射线能谱分析结果

分析序号	分析结果/%			
	Ni	Co	Fe	S
1	23.88	11.87	32.33	31.92
2	23.11	12.15	31.89	32.85
3	23.97	11.64	31.95	32.44
平　均	23.65	11.89	32.06	32.40

F　铁镍矿

矿石中铁镍矿物很少见，它是自然镍的富铁变种，其化学式为 Ni_2Fe。铁镍矿常呈不规则粒状，与磁黄铁矿、镍黄铁矿等矿物一起被包裹在脉石矿物中（见图 2-13），粒度较细，一般为 0.005~0.020mm。铁镍矿的扫描电镜 X 射线能谱分析结果见表 2-11，它的 X 射线能谱图如图 2-14 所示。元素面分布图如图 2-15 所示。

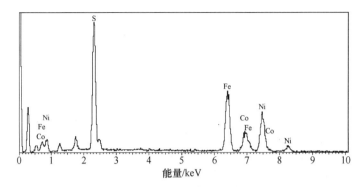

图 2-12 钴镍黄铁矿的 X 射线能谱图

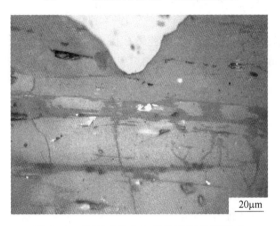

图 2-13 脉石矿物中包裹的微细粒铁镍矿

表 2-11 铁镍矿的 X 射线能谱分析结果

分析序号	分析结果/%			分析序号	分析结果/%		
	Ni	Co	Fe		Ni	Co	Fe
1	70.24	1.25	28.51	6	68.01	1.92	30.07
2	69.39	1.43	29.18	7	68.62	1.48	29.90
3	69.68	1.23	29.09	8	69.85	1.36	28.79
4	68.71	1.85	29.44	平均	69.07	1.47	29.46
5	68.07	1.24	30.69				

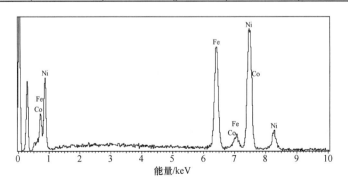

图 2-14 铁镍矿的 X 射线能谱图

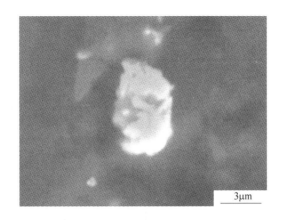

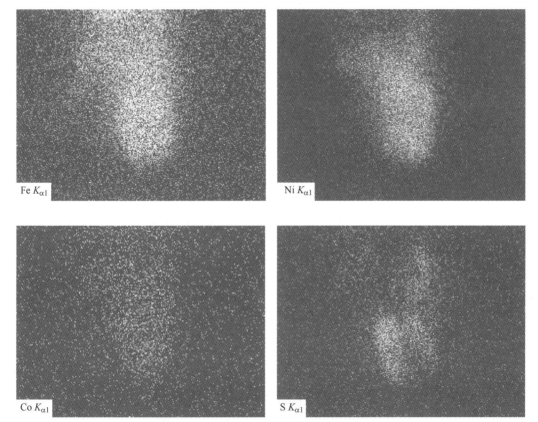

图 2-15　铁镍矿的 X 射线元素面分布图像

G　铁铜蓝

铁铜蓝较少见，常在磁黄铁矿、黄铁矿、黄铜矿等矿物表面呈薄膜状、粉末状、片状等形式产出，粒度为 0.005~0.015mm。经 X 射线能谱分析发现，铁铜蓝含铜 65.26%、铁 9.05%、硫 25.69%。它的 X 射线能谱图如图 2-16 所示。

H　贵金属互化物

矿石中贵金属互化物有锇钌铁铜金属互化物、铂钯铜金属互化物，由于这些贵金属互

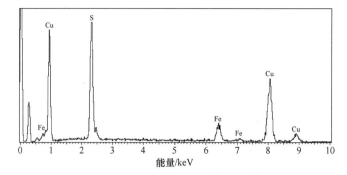

图 2-16 铁铜蓝的 X 射线能谱图

化物量很少，仅个别出现，只能将其主要的组成和特性简述如下。

　　锇钌铁铜金属互化物多呈粒状、六方薄板状等形式产出，横切面呈六边形，与镍黄铁矿、磁黄铁矿、铂钯铜互化物共生（见图2-17）。该金属互化物的粒度为 0.005 ~ 0.014mm。锇钌铁铜互化物的 X 射线能谱分析结果列于表 2-12。锇钌铁铜金属互化物的背散射电子图及 X 射线能谱图如图 2-18 和图 2-19 所示。

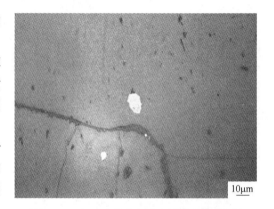

图 2-17 脉石矿物中包裹的贵金属互化物

表 2-12 锇钌铁铜互化物的 X 射线能谱分析结果

分析序号	分析结果/%									
	Ru	Rh	Os	Ir	Fe	Ni	Co	Pt	Pd	Cu
1	22.96	3.43	9.90	7.76	14.70	0.92	2.52	5.34	3.81	28.66
2	22.53	4.50	11.10	6.45	15.16	1.28	2.23	5.38	2.86	28.51
3	20.28	4.72	11.32	6.42	14.61	1.50	2.43	4.56	2.66	31.50
4	21.72	3.47	10.22	7.15	15.24	1.68	2.68	4.56	2.70	30.58
5	21.03	3.79	9.41	6.95	16.13	1.76	2.72	4.65	2.53	31.03
平均	21.70	3.98	10.39	6.94	15.17	1.43	2.52	4.90	2.91	30.06

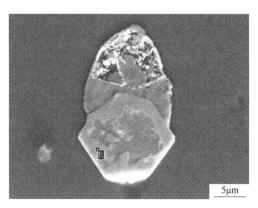

图 2-18 锇钌铁铜金属互化物的背散射电子图

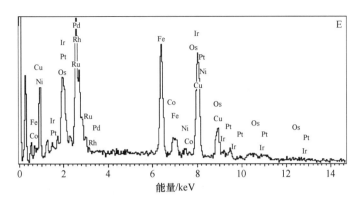

图 2-19 锇钌铁铜金属互化物的 X 射线能谱图

由表 2-12 和图 2-18、图 2-19 看出，锇钌铁铜金属互化物的组成较复杂，该矿物除含锇、钌、铁、铜外，还含铑、铱、铂、钯、钴等元素。

铂钯铜金属互化物呈不规则粒状，并以微细包裹体形式产出，与锇钌铁铜金属互化物紧密共生。铂钯铜金属互化物的粒度为 0.005~0.014mm。铂钯铜金属互化物的 X 射线能谱分析结果列于表 2-13，贵金属元素互化物的面分布图像如图 2-20 所示。铂钯铜金属互化物的背散射电子图像如图 2-21 所示。它的 X 射线能谱图如图 2-22 所示。

表 2-13 铂钯铜金属互化物的 X 射线能谱分析结果

分析序号	分析结果/%			
	Cu	Pt	Pd	Fe
1	72.90	15.11	10.40	1.59
2	73.94	14.98	8.41	2.67
3	74.14	16.30	7.43	2.13
4	73.91	16.06	7.88	2.15
5	74.55	15.37	7.42	2.66
平　均	73.89	15.56	8.31	2.24

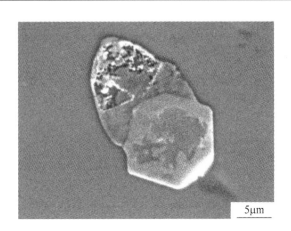

5μm

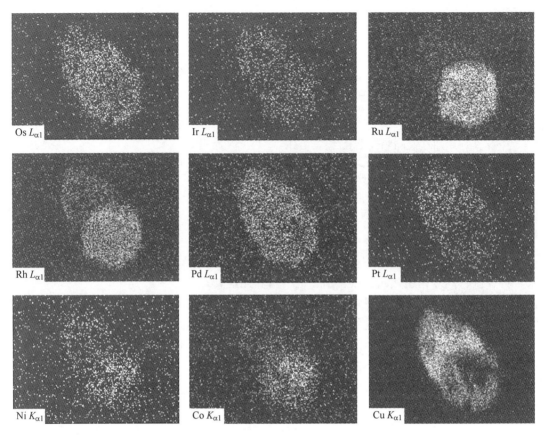

图 2-20   矿石中贵金属元素互化物 X 射线面分布图像

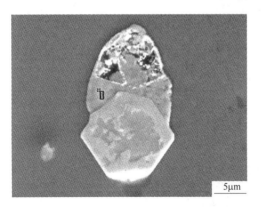

图 2-21   铂钯铜金属互化物的 X 射线电子图像

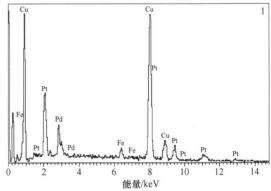

图 2-22   铂钯铜金属互化物的 X 射线能谱图

由表 2-13 和图 2-21、图 2-22 看出，铂钯铜金属互化物的组成相对较稳定，该矿物除含铂、钯、铜外，还含少量铁。铂钯铜金属互化物平均含铜 73.89%、铂 15.56%、钯 8.31%、铁 2.24%。

锇铱钌镍钴硫化矿物呈不规则粒状产出，与铂钯铜金属互化物、锇钌铁铜金属互化物共生，并一起被包裹在脉石矿物中。粒度为 0.003～0.012mm。锇铱钌镍钴硫化矿的 X 射线能谱分析结果列于表 2-14，X 射线能谱图如图 2-23 所示。

表 2-14　锇铱钌镍钴硫化矿的 X 射线能谱分析结果

分析序号	分析结果/%								
	Ru	Rh	Os	Ir	Ni	Co	Cu	Fe	S
1	18.30	2.92	9.93	9.84	7.12	12.82	3.38	21.58	14.11
2	19.37	2.11	9.45	10.05	6.74	11.59	4.17	22.09	14.43
3	20.55	2.14	10.80	10.31	6.90	11.66	2.59	20.19	14.86
4	20.42	2.66	10.82	10.58	6.78	11.80	2.15	20.53	14.26
平均	19.66	2.46	10.25	10.19	6.88	11.97	3.07	21.10	14.42

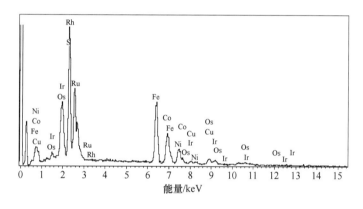

图 2-23　锇铱钌镍钴硫化矿的 X 射线能谱图

　　由于该矿物粒度太细，能谱分析不准确，也有可能是锇钌铁铜金属互化物和镍黄铁矿的混合物。

I 锰的水合氧化物

　　化学分析红土镍矿中含锰 0.24%，含量较低，但矿石中锰的组成比较复杂，它是表生含锰类矿物和其他矿物的机械混合物，成分以二氧化锰为主，并含有一些其他的金属氧化物和锰的水合氧化物，土状集合体。实际上矿石中的锰多以锰的水合氧化物形式存在，锰的水合氧化物集合体中锰镍矿代表了胶体或在不同程度上结晶了的偏胶体，其特征是黑色土状集合体，一般都是疏松的结块或黏团，少量是致密状的细粒或鳞片状、发丝状的集合体。其颜色为深巧克力褐色到黑色，显微结核状或胶状、钟乳状、细晶质构造。经显微镜观察、能谱分析，透射电镜观察、电子衍射等手段观察到结晶或偏胶体的锰的水合氧化物中有锰镍矿和水锰矿等。

　　矿石中锰的水合氧化物较少，该矿物主要呈土状、不规则粒状或葡萄状产出，该矿物与针铁矿、水针铁矿、水锰矿等矿物关系密切，在针铁矿中常见有锰的水合氧化物的包裹体。锰的水合氧化物的 X 射线能谱分析结果列于表 2-15。锰的水合氧化物元素面分布图像如图 2-24 所示。

表 2-15　锰的水合氧化物的 X 射线能谱分析结果

分析序号	分析结果/%				
	Mn	Ni	Co	Fe	Al
1	39.6	8.69	4.47	12.66	10.23
2	12.4	2.99	1.17	53.31	5.77
3	14.48	11.51	2.00	2.33	—
4	13.60	10.95	1.72	7.75	—
5	14.75	8.40	2.02	21.60	—
6	12.13	7.53	2.10	32.65	—
7	15.79	11.37	2.55	21.02	—
8	21.28	13.95	3.11	26.92	—
9	23.85	11.85	3.71	8.31	—
10	15.56	9.66	2.27	20.98	—
11	34.23	9.13	22.38	—	—
12	46.64	19.70	2.10	1.17	—
13	20.97	10.77	0.87	—	—
14	46.46	4.91	0.54	1.68	—
15	39.97	5.09	0.50	1.47	—
平　均	24.78	9.77	3.43	14.12	1.07

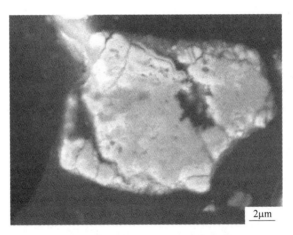

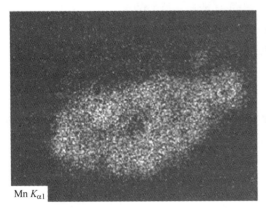

Mn $K_{\alpha 1}$

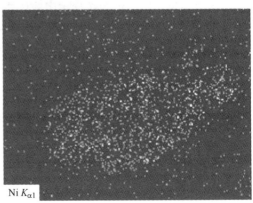

Ni $K_{\alpha 1}$

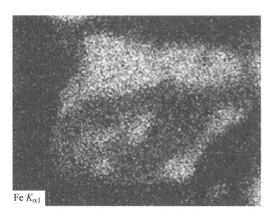
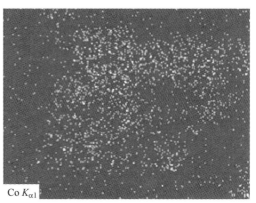

图 2-24　锰的水合氧化物中锰、镍、铁、钴元素 X 射线面分布图像

J　黄铁矿

黄铁矿虽然是矿石中主要的硫化矿物，但量很少。该矿物多呈半自形粒状、不规则状等形式产出，粒度细小，大部分以细小包裹体被包裹在脉石矿物中。针铁矿、水针铁矿常沿黄铁矿的边缘和裂隙解理交代呈镶边状或细网脉状，大部分黄铁矿被交代后呈交代残余（见图 2-25 和图 2-26）。黄铁矿的粒度为 0.005 ~ 0.03mm。经 X 射线能谱分析发现，黄铁矿含铁 45.93%、硫 54.07%；个别黄铁矿中还含少量钴、锰、镍等元素。黄铁矿的 X 射线能谱图如图 2-27 所示。

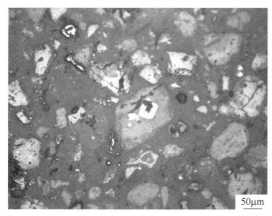
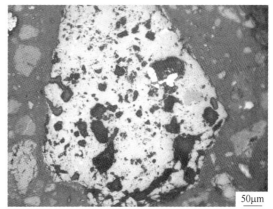

图 2-25　褐铁矿中包裹的黄铁矿　　　　　图 2-26　赤铁矿中包裹的黄铁矿

K　铬铁矿（Al、Mg、Fe）Cr_2O_4

本红土镍矿石含 Cr 2.23%，矿石中铬绝大部分是以铬铁矿的状态存在，只有少量铬分散在褐铁矿等其他矿物中。铬铁矿属尖晶石型结构，所以一般也称为铬尖晶石类矿物。矿石中的铬铁矿呈棕褐色、粒状或粒状集合体产出，并常被铁矿物和脉石矿物包裹；铬铁矿的裂隙发育，在裂隙中常充填辉石、蛇纹石等矿物（见图 2-28 和图 2-29）。另外磨细后的矿石中铬铁矿主要以单体出现，但也有部分铬铁矿被包裹在脉石矿物和褐铁矿中。矿石中铬铁矿的 X 射线能谱分析结果列于表 2-16。它的 X 射线能谱图如图 2-30 所示。

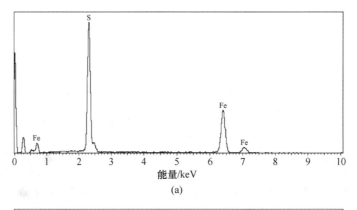

(a)

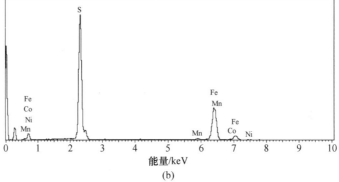

(b)

图 2-27   黄铁矿的 X 射线能谱图 （含少量 Mn、Ni、Co）

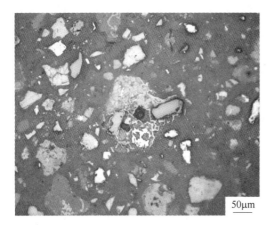

图 2-28   被褐铁矿包裹的铬铁矿

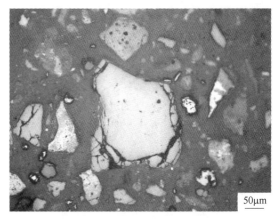

图 2-29   矿石中产出的铬铁矿

表 2-16   铬铁矿的 X 射线能谱分析结果

分析序号	分析结果/%					
	Cr_2O_3	FeO	Al_2O_3	MgO	MnO_2	NiO
1	60.34	18.29	14.51	6.57	—	0.29
2	59.87	17.93	14.86	6.22	1.12	—
3	59.97	18.41	14.69	5.94	0.99	—
4	60.45	17.88	14.17	6.36	0.67	0.47

分析序号	分析结果/%					
	Cr_2O_3	FeO	Al_2O_3	MgO	MnO_2	NiO
5	59.70	17.97	14.83	5.87	1.32	0.31
6	60.68	18.16	14.54	6.35	—	0.27
平均	60.17	18.11	14.60	6.22	0.68	0.22

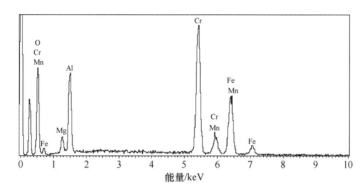

图 2-30 铬铁矿的 X 射线能谱图

由表 2-16 看出，铬铁矿的组成较稳定，其主要成分为 Cr_2O_3 和 FeO，此外还含有较高的 Al_2O_3 和 MgO，个别颗粒还含 MnO_2，可定名为铝-镁铬铁矿。

L 脉石矿物

矿石中脉石矿物主要有石英、玉髓、蛇纹石、绿泥石、滑石、透闪石、高岭石、辉石、方镁石、方解石、菱镁矿、硅铁土类矿物等。

蛇纹石是矿石中主要的含硅、镁矿物，经 X 射线能谱分析发现，大部分蛇纹石除含硅、镁外，还含少量镍，个别还含少量铁、铝、钙等元素。能谱分析证明，蛇纹石的含镍量与风化程度有关，当蛇纹石的风化较浅时，其主要成分为 Si、Mg，另外还含 Fe、Ni、Al、Ca 等元素，当风化程度提高时，超基性岩中不稳定组分淋滤到下部，与蛇纹石化过程中形成的蛇纹石结合成为含镍蛇纹石，由于风化程度的不同，其含镍量也有较大的差别。X 射线能谱分析，蛇纹石含硅 24.82%、镁 25.09%、铁 9.76%、镍 0.3%，此外还含少量铝、氯等元素。蛇纹石的 X 射线能谱图如图 2-31 所示。

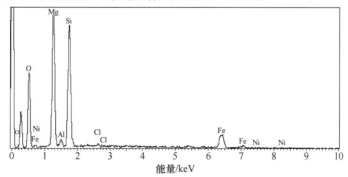

图 2-31 蛇纹石的 X 射线能谱图

硅铁土类矿物是超基性岩风化过程中形成的铁、硅凝胶，这种凝胶产生于氧化硅及氧化铁同时凝结或是从成分复杂的化合物溶液中凝结析出的结果。这种矿物呈黑色、黑褐色、微红褐色块状；性脆，呈偏胶体，隐晶质。硅铁土类矿物是从硅铁土到褐铁矿的过渡矿物，硅铁土类矿物的扫描电镜 X 射线能谱分析结果列于表 2-17。

表 2-17 硅铁土类矿物的 X 射线能谱分析结果

分析序号	分析结果/%					
	Si	Fe	Mg	Al	Ni	O
1	20.70	29.02	0.64	4.31	0.47	44.86
2	21.06	28.55	1.46	4.68	—	44.25
3	20.01	30.57	0.58	2.87	—	45.97
4	20.36	37.16	—	1.49	0.40	40.59
5	21.43	32.77	1.29	0.93	0.38	43.20
6	23.68	29.41	0.64	0.57	0.42	45.28
平均	21.21	31.25	0.77	2.47	0.28	44.02

由表 2-17 可以看出，硅铁土类矿物除含硅、铝外，还含少量镁、铝、镍。

矿石中硅质类矿物主要为石英、玉髓、蛋白石，经 X 射线能谱分析发现，这几种硅质类矿物一般不含镍，对酸浸没有影响。但也有个别硅质类矿物含微量的镍（见图 2-32）。

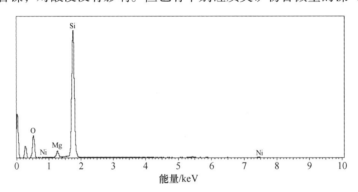

图 2-32 硅质类矿物的 X 射线能谱图

M 有机炭

矿石中有少量有机炭，镜下观察，有机炭呈片状、鳞片状、不规则状等形式产出（见图 2-33），扫描电镜 X 射线能谱分析，有机炭除含 C 外，还含少量 Ca、Si、Mg 等元素。有机炭对镍、钴的浸出有一定的影响，它会吸附已经被浸出的有价元素，并影响镍、钴的提取率。

2.1.1.4 镍、钴的赋存状态

本红土镍矿为基性-超基性岩深度风化的产物，矿石呈土状、粉状、团块状等

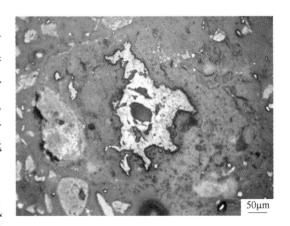

图 2-33 红土矿中产出的有机炭

产出。矿石中除褐铁矿外，还有少量风化残余的碎屑矿物，这些矿物绝大部分结晶程度低，而且彼此的关系也非常密切。镍、钴是红土镍矿的主要元素，是湿法冶金提取回收的对象。由于矿石中镍、钴的赋存状态较复杂，镍、钴主要分散在褐铁矿中，少量分布在硅酸盐矿物中[6]。呈独立矿物存在的镍、钴矿物甚微。由于矿石呈粉状、土状，因此从矿石中提纯单一矿物非常困难。采用光学显微镜观察、扫描电镜X射线能谱分析、X射线衍射分析、透射电镜分析、选择溶解等综合手段对矿石中镍、钴的赋存状态进行的较详细的研究表明，矿石中镍的状态有以下几种形式：镍的独立矿物有镍纤蛇纹石、镍黄铁矿、铁镍矿、钴镍黄铁矿，另外在贵金属互化物中也含少量镍、钴；含镍矿物有褐铁矿、锰的水合氧化物、硅铁土类矿物、绿泥石、蛇纹石等[7]。钴主要分布在锰的水合氧化物和褐铁矿中，镍元素在矿石中的平衡分配计算结果列于表2-18。

表2-18 矿石中镍的平衡计算结果

矿物名称	矿物含量/%	矿物中镍含量/%	镍金属量/%	镍在各矿物中的分布率/%
褐铁矿	68.13	0.56	0.381528	63.30
磁铁矿+半假象赤铁矿	10.79	0.31	0.033449	5.55
镍纤蛇纹石	0.37	17.71	0.065527	10.87
锰矿物	0.45	9.77	0.043965	7.29
铬铁矿	3.24	0.21	0.006804	1.13
其他脉石矿物	17.02	0.42	0.071484	11.86

由表2-18可以看出，矿石中镍主要存在褐铁矿中，其次是在锰矿物和硅酸盐矿物中。将矿石中主要矿物的化学性质列于表2-19。

表2-19 矿石中主要矿物的化学性质

矿物名称	化学性质
褐铁矿（包括针铁矿、水针铁矿、水赤铁矿）	在稀盐酸中溶解得很慢，但可溶解完全。在稀的亚硝酸中溶解慢，易溶于含二氯化锡的盐酸（或溴氢酸）和含硫酸铜的稀硫酸-氢氟酸中。不溶于醋酸、醋酸-过氧化氢、饱和溴水。650℃时可被氢气还原为金属铁。含水越多者越溶于无机酸中。在高压酸浸过程中可完全溶解
磁铁矿	微溶于亚硫酸；完全溶解于盐酸和硝酸中，但在稀硝酸中溶解得特别慢；在盐酸或溴氢酸中加二氯化锡可促进其溶解；在氢氟酸中溶解，但缓慢。醋酸、柠檬酸、酒石酸在短时间内对磁铁矿不起作用。可溶于含硫酸铜的硫酸-氢氟酸混合液中；还可溶于1:1磷酸以及含EDTA的1:3磷酸中。不溶于饱和溴水、饱和氯水。在650℃可被氢气还原为金属铁。在高压酸浸过程中完全溶解
赤铁矿	溶于浓盐酸，但较缓慢，若有二氯化锡及其他还原剂存在时，溶解速度显著加快。难溶于硝酸和王水中。还可溶于含硫酸铜的稀硫酸与氢氟酸的混合物中（水浴）；在溴氢酸（含二氯化锡）中也溶解。在氢氟酸中溶解较难。不溶于醋酸、醋酸-过氧化氢、饱和溴水、酒石酸与亚硝酸钠的混合液
镍纤蛇纹石	能被草酸分解；完全溶于盐酸、硝酸和硫酸中；溶于含硫酸铜的硫酸-氢氟酸及醋酸。在亚硫酸、酒石酸、柠檬酸溶液、氢氧化铵以及过氧化氢中均不溶解。镍纤蛇纹石在高压酸浸过程中完全溶解

矿物名称	化 学 性 质
镍黄铁矿	在水、亚硫酸、有机酸及氢氧化铵中不溶解。用盐酸处理时（特别含镍贫的类质同象）部分溶解；溶于硝酸；被过氧化氢分解后，再以柠檬酸铵溶液处理，即被溶解。在盐酸、亚硫酸、硫酸、含硫酸铜的硫酸-氢氟酸、有机酸、氢氧化铵中均不溶解。在硝酸和王水中溶解并析出硫；被过氧化氢分解后，再以柠檬铵或酒石酸铵溶液处理时完全溶解；还可溶于饱和溴水
钴镍黄铁矿	用过氧化氢分解后，再以柠檬酸铵溶液处理时变成溶液；溶于硝酸中。在盐酸、亚硫酸、氢氧化铵及胺盐溶液中均不溶解
铁镍矿	缓慢溶于盐酸、硫酸，迅速溶于稀硝酸；浓硝酸使镍钝化。还可溶于溴-甲醇、通氯气的甲醇、pH=5.0 的硫氰化银-硫氰化铵-氯化铵-醋酸钠的混合溶液、醋酸-过氧化氢、二氯化汞、硫酸铜、三氯化铁、硫酸-硫酸银、碘-甲醇等溶液
氧化镍	非结晶的氧化镍易溶于强酸；结晶的则难溶于酸。可缓慢地溶于氢氧化铵
锰的水合氧化物	在盐酸中溶解放出氯气；在柠檬酸中煮沸而放出二氧化碳；易溶于亚硫酸和草酸。在浓硫酸、草酸和过氧化氢中均溶解，在酒石酸中溶解；在加热的情况下溶解在醋酸和磷酸中。在亚硫酸中溶解较慢。在硫酸亚铁及其他还原剂中也溶解。在高压酸浸时完全溶解
铬铁石	不被无机酸显著破坏，氢氟酸对铬铁矿不起作用，在浓盐酸中加热时完全溶解。在磷酸和硫酸混合酸中以及高氯酸中加热时，能很好地溶解。不溶于硫酸-氢氟酸，在苛性碱溶液中不溶解。在浓硫酸中在高温时（于密闭管内在压力下）缓慢溶解。在高温时溶于浓磷酸。在磷酸和硫酸混合酸中以及高氯酸中加热时，能很好地溶解。不溶于硫酸-氢氟酸
蛇纹石	能被酸分解，组成为 $H_4Mg_3Si_2O_9$ 的蛇纹石，其 0.074mm（100 目）样品在 85%磷酸中加热到 250℃时，经 10min 溶解；可溶于含二氯化锡的盐酸、3:2 的盐酸、硫酸-氢氟酸，还可溶于盐酸-氟氢化铵的溶液中，少量溶于饱和溴水、含饱和三氯化铝和氯化镁的 10%盐酸中，不溶于醋酸、醋酸-过氧化氢、含菲罗啉的 10%氯化铵溶液。 组成为 $Mg_6[Si_4O_{10}](OH)_8$ 的蛇纹石，在以沸盐酸或硫酸处理时，氧化镁溶解，如有氧化铁也溶解；残留的硅酸溶于煮沸的碳酸钠溶液中；煮沸的碳酸钠溶液不溶解生蛇纹石，灼烧后的矿物能有 2%~6%的二氧化硅进入溶液。在高压酸浸时完全溶解
方镁石	易溶于各种酸中
高岭石	能溶于盐酸、氢氧化钠；在 11.5mol/L 硫酸中于 100℃下处理 10h，约溶 2%，但是在 500℃下脱水的高岭石被 11.5mol/L 的硫酸溶解；在高压酸浸过程中完全溶解
透闪石	与无机酸的作用很弱，盐酸能显著地浸出铁，被氢氟酸分解。磨细样品在磷酸中加热到 270℃时，经 20min 全部溶解；溶于含硫酸铜的硫酸-氢氟酸中；不溶于醋酸、醋酸-过氧化氢、饱和溴水、含二氯化锡的氢溴酸。在 650℃下不被氢还原。高压酸浸时不溶
滑石	不溶于硫酸、盐酸、硝酸中，在高压酸浸时也不溶解；0.074mm（100 目）的样品在浓磷酸中于 270℃下经 20min 溶解
蛋白石	在氢氟酸中易溶；也很易溶于苛性钾或苛性钠；去水后的蛋白石能溶于苏打溶液，放出二氧化碳，不溶于其他酸
石英	在常温常压下盐酸、硝酸和硫酸对石英不起作用。在室温下唯一的溶剂是氢氟酸。0.025mm（300 目）的石英粉，在浓磷酸中加热到 300℃时基本不溶（40min），而在此条件下绝大多数硅酸盐矿物和其他矿物可完全溶解。石英粉末与碱煮沸，随着所用碱的种类和浓度不同，将有不同程度的溶解，如加 15%的苛性钾煮沸 32h，石英可完全溶解
绿泥石	容易为强酸所分解，某些绿泥石被硫酸完全分解；盐酸对原绿泥石作用很弱，以灼烧过的绿泥石作用很强。小于 0.074mm（100 目）的样品在 85%的磷酸中于 270℃下经 20min 可完全溶解。在高压酸浸过程中完全溶解

2.1.2 菲律宾某红土镍矿

2.1.2.1 原矿成分分析

A　化学成分和物相成分

菲律宾某红土镍矿的多元素化学成分分析结果列于表 2-20，铁和镍的化学物相分析结果分别见表 2-21 和表 2-22。

表 2-20　矿石的化学成分

组分	Ni	Co	TFe	FeO	Fe_2O_3	Cr_2O_3	SiO_2	Al_2O_3	CaO
含量/%	1.07	0.089	47.82	1.67	66.51	3.19	2.64	4.30	0.19
组分	MgO	MnO	K_2O	Na_2O	S	P	灼减	TFe/FeO	碱性系数
含量/%	1.63	0.94	0.027	0.018	0.16	0.11	15.18	28.63	0.262

表 2-21　铁的化学物相分析结果

铁相	赤褐铁矿中 Fe	假象赤铁矿中 Fe	磁铁矿中 Fe	硫化物中 Fe	碳酸盐中 Fe	硅铁酸盐中 Fe	合计
金属量/%	41.44	3.40	0.81	0.10	0.08	1.99	47.82
分布率/%	86.66	7.11	1.69	0.21	0.17	4.16	100.00

表 2-22　镍的化学物相分析结果

镍相	氧化铁矿物中 Ni	氧化镍中 Ni	硫化物中 Ni	硅铁酸盐中 Ni	合计
金属量/%	1.030	0.019	0.004	0.020	1.073
分布率/%	95.99	1.77	0.37	1.86	100.00

由表 2-20~表 2-22 可以看出：

（1）矿石中可供选冶回收的主要组分镍的含量为 1.07%，可供综合回收的铁含量达 47.82%，且主要为三价铁（Fe_2O_3）；矿石 TFe/FeO 的比值为 28.63，碱性系数（CaO + MgO）/（SiO_2 + Al_2O_3）= 0.262。

（2）矿石中主要脉石组分含量较少，主要为 Al_2O_3、SiO_2 和 MgO，其总量仅为 8.57%。从矿石中脉石组分含量低，铁含量高，且主要为三价铁，并有较高的烧失量分析，主要为褐铁矿中的结晶水所致。

（3）有害元素磷和硫的含量不高。

（4）铁主要存在于赤（褐）铁矿中，其分布率占 86.66%，其次是有部分铁分布在假象赤铁矿和硅酸盐中。氧化铁矿物中铁的分布总量合计达 95.46%。

（5）矿石中镍的赋存状态较单一，主要存在于以赤（褐）铁矿为主的氧化铁矿物中，其中镍的分布率高达 95.99%。其他矿物相中镍的分布比例很少。

综合化学成分特点，可以认为该矿石属氧化强烈的含镍酸性铁矿石[8]。

B　矿物组成及含量

矿石呈风化强烈的褐黄色松散砂土状，具有结构极为疏松的土状构造。经显微镜鉴定、X 射线衍射分析和扫描电镜分析综合研究表明，矿石中的矿物以不同种类的铁矿物为主，脉石含量较少。铁矿物主要为褐铁矿，其次为赤铁矿、假象赤铁矿、并有少量磁铁矿和磁赤铁矿（γ-Fe_2O_3），此外有一定数量的铬铁矿和铬铁尖晶石；脉石矿物主要为蛇纹石、滑石和泥质物，其次见有少量玉髓等，未发现独立的镍矿物存在。原矿的 X 射线衍射分析图谱如图 2-34 所示。总体来看，矿物结晶程度较差，表现为 X 射线衍射分析图谱中矿物的衍射峰较为弥散、背景值较高，衍射图谱中只显示出含量较高或结晶较好的褐铁矿和滑石。

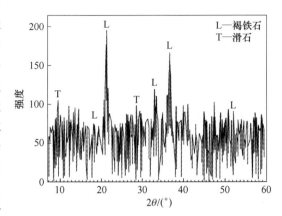

图 2-34 矿石的 X 射线衍射矿物相分析图谱

矿石中主要矿物的质量分数见表 2-23。由表可见，矿石中褐铁矿等不同种类的铁矿物总含量高达近 80%，脉石矿物含量不到 20%。

表 2-23 矿石中主要矿物组成

矿物	褐铁矿赤铁矿	假象赤铁矿	磁铁矿	铬铁矿	滑石	蛇纹石	石英玉髓	黏土质	其他
质量分数/%	71.8	5.8	1.0	5.8	4.5	3.6	1.5	5.0	1.0

2.1.2.2 矿物形态

A 褐铁矿

褐铁矿含量高，是矿石中最重要的铁矿物类型，在矿石中广泛分布。褐铁矿结晶为微晶质和隐晶质，均以集合体状态出现，构成其他矿物的嵌布基底，部分为团块状产出。集合体中因常含有不等量的泥质物等脉石组分，形成向含泥褐铁矿和铁质黏土的过渡，反光镜下显亮度不同的反射色（见图 2-35）。作为嵌布基底，褐铁矿中常嵌布赤铁矿、假象赤铁矿、磁赤铁矿等铁矿物，铬铁矿等铬矿物及脉石（见图 2-36~图 2-39）[9]。

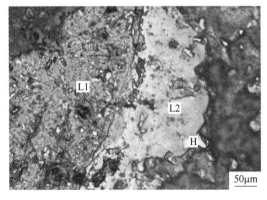

图 2-35 褐铁矿集合体交生产出

L1—含泥较多的褐铁矿；L2—含泥较少的褐铁矿；H—赤铁矿

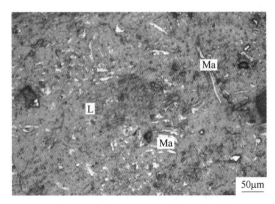

图 2-36 微粒赤铁矿、磁赤铁矿（Ma）

L—褐铁矿

B 赤铁矿

赤铁矿含量较少，主要由磁铁矿氧化蚀变生成，常保留有等轴粒状的形态，部分为碎裂状和不规则粒状。粒度较为细小，一般在 0.01~0.4mm 之间。矿物与褐铁矿紧密交生，多嵌布在褐铁矿中，或分布在褐铁矿集合体边缘（见图 2-35、图 2-37 和图 2-40、图 2-41）。

图 2-37 嵌布赤铁矿（H）及脉石（G）
L—褐铁矿

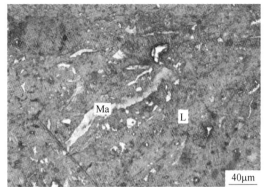

图 2-38 磁赤铁矿（Ma，片状）
L—褐铁矿

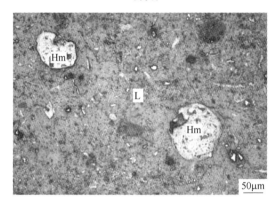

图 2-39 嵌布假象赤铁矿（Hm）
L—褐铁矿

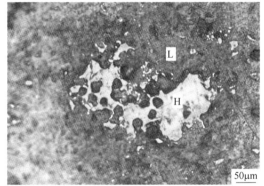

图 2-40 多孔状赤铁矿（H）嵌布
L—褐铁矿

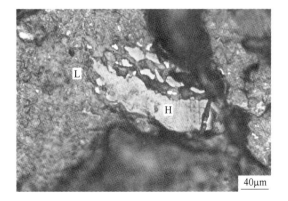

图 2-41 碎裂状赤铁矿（H）
L—褐铁矿

C   假象赤铁矿

假象赤铁矿为磁铁矿氧化的产物，部分较粗粒的矿物中包裹有交代残余的磁铁矿。粒度较赤铁矿略粗，一般在 0.04~1.0mm 之间。矿物也主要嵌布在褐铁矿或含铁泥质物中（见图 2-39、图 2-42 和图 2-43）。

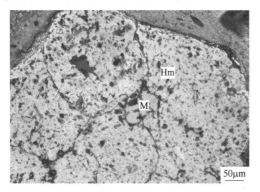

图 2-42   假象赤铁矿（Hm）中包裹交代
的磁铁矿（M）

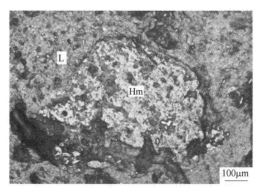

图 2-43   多孔状假象赤铁矿（Hm）嵌布
L—褐铁矿

D   磁赤铁矿

磁赤铁矿含量少，约占铁矿物总量的 2%。呈针片状、微粒状分布在褐铁矿中，粒度十分微细，一般在 0.02mm 以下（见图 2-36、图 2-38 和图 2-44）。

E   磁铁矿

磁铁矿粒度细小，一般在 0.05mm 以下，主要在假象赤铁矿中呈残余微粒状出现，部分呈细粒状嵌布在褐铁矿中（见图 2-42 和图 2-45）。

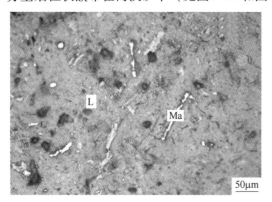

图 2-44   微细针片状磁赤铁矿（Ma）
L—褐铁矿

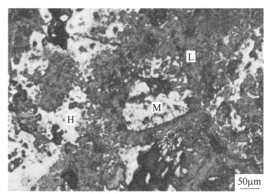

图 2-45   赤铁矿（H）和磁铁矿（M）
L—褐铁矿

F   铬铁矿

铬铁矿呈粒状—不规则粒状，粒度相对其他矿物较粗，一般在 0.03~0.3mm 之间，粗颗粒多有碎裂，矿物主要嵌布在褐铁矿中（见图 2-39 和图 2-46）。

G   脉石矿物

矿石中脉石矿物主要有滑石、蛇纹石及非结晶的泥质物，此外有少量玉髓。滑石为微晶片状，晶粒一般在 0.05mm 以下，多为弥散状分布，部分与蛇纹石交生分布，为蛇纹石蚀变的产物（见图 2-47 和图 2-48）。蛇纹石呈纤维状、波纹状，部分为致密颗粒状，一般以集合体状态产出，其中常有滑石交生（见图 2-49~图 2-51）。玉髓为隐晶质状态的石英，由细小颗粒组成集合体（见图 2-52）。泥质物则呈分散的微粒间杂在褐铁矿间隙中，呈混杂交生状态（见图 2-47）。

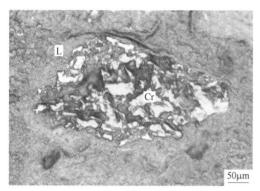

图 2-46　铬铁矿（Cr）呈碎裂状嵌布
L—褐铁矿

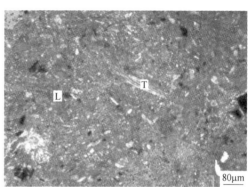

图 2-47　混杂滑石（T）、褐铁矿（L）

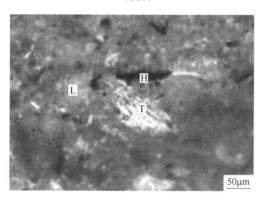

图 2-48　滑石（T）、赤铁矿（H）
L—褐铁矿

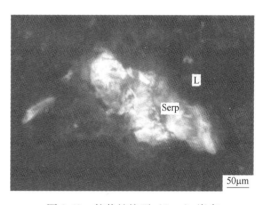

图 2-49　粒状蛇纹石（Serp）嵌布
L—褐铁矿

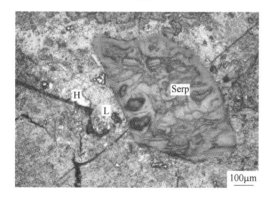

图 2-50　以蛇纹石（Serp）为主的较粗粒脉石
H—赤铁矿；L—褐铁矿

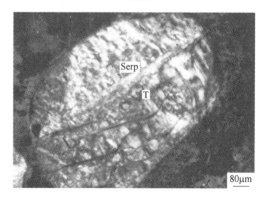

图 2-51　滑石（T，彩色）与蛇纹石（Serp，暗灰色）
交生构成较粗粒的脉石颗粒（周边为铁矿物粒脉石）

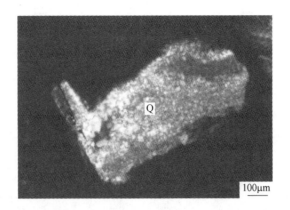

图2-52　微晶玉髓（Q）集合体颗粒嵌布在铁矿物（暗色）中

此外，矿石中有少量的硬锰矿、橄榄石等矿物，并偶见有黄铁矿。

综合矿石中的矿物特点，是以褐铁矿为主的铁矿物与泥质物组成的集合体构成嵌布基底，其中嵌布不同种类的铁矿物和脉石。总体上看，除少量假象赤铁矿、铬铁矿和蛇纹石等脉石粒度稍粗外，主要铁矿物和脉石矿物均为隐晶石或微细粒嵌布，矿物间呈十分复杂交生关系。用选矿方法大幅度富集铁的难度较大。

2.1.2.3　矿物微区成分测定

虽经仔细查定，未在矿石中发现镍的独立矿物，扫描电镜面分析也未见镍的富集区域，说明镍基本以分散状态分布在不同种类的矿物中。为确定不同矿物种类矿物含镍状况，对矿物进行了能谱微区成分测定。

能谱微区分析中典型的背散射电子图像和能谱成分图如图2-53和图2-54所示。能谱定量分析统计结果见表2-24。

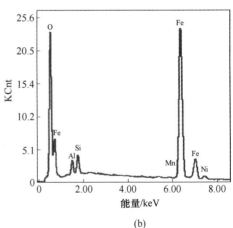

(a)　　　　　　　　　　　　　　(b)

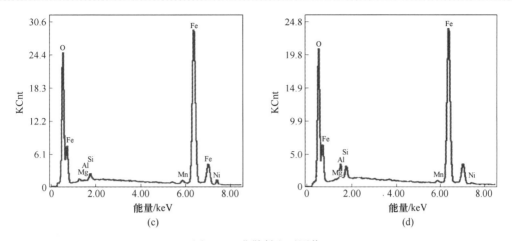

(c)   (d)

图 2-53 背散射电子图像

（a）背散射电子像；（b）褐铁矿；（c）假象赤铁矿；（d）磁赤铁矿

L—褐铁矿，Hm—假象赤铁矿，Ma—磁赤铁矿

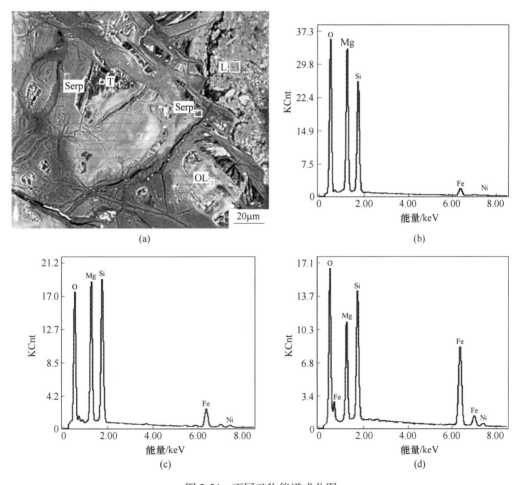

(a)   (b)

(c)   (d)

图 2-54 不同矿物能谱成分图

（a）背散射电子像；（b）蛇纹石；（c）滑石；（d）橄榄石

Serp—蛇纹石，T—滑石，OL—橄榄石，L—褐铁矿

表 2-24　不同种类矿物中镍含量的能谱微区成分分析　　　　　　　　（%）

矿物类型	矿物种类	Ni	Fe$_2$O$_3$	MgO	Al$_2$O$_3$	SiO$_2$	Cr$_2$O$_3$	MnO$_2$	Fe①
铁的氢氧化物	褐铁矿	1.52	80.92	0.00	3.42	3.89	—	0.15	56.59
	褐铁矿	0.94	80.03	0.48	4.25	3.12	—	1.08	55.97
	褐铁矿	0.89	78.32	0.06	5.17	3.69	—	1.76	54.78
	褐铁矿	1.00	80.61	0.31	4.35	3.27	—	0.35	56.38
	褐铁矿	0.96	80.97	0.92	2.52	4.53	—	0.00	56.63
	泥质褐铁矿	0.89	76.93	0.00	7.27	3.37	—	1.44	53.80
	褐铁矿	0.95	80.43	0.00	4.91	3.60	—	0.00	56.26
	含锰褐铁矿	0.88	77.58	0.00	5.29	3.63	—	2.52	54.26
	含锰褐铁矿	0.89	81.42	0.00	2.78	3.37	—	1.44	56.72
	泥质褐铁矿	0.85	66.54	0.72	5.13	15.39	—	1.27	46.54
	平均	0.98	78.38	0.25	4.51	4.79	—	1.00	54.79
氧化铁矿物	赤铁矿	2.04	88.34	0.00	4.26	5.36	—	0.00	63.17
	赤铁矿	2.19	88.36	0.00	4.09	5.36	—	0.00	61.80
	赤铁矿	0.11	95.14	1.00	0.00	2.05	—	1.70	65.89
	赤铁矿	2.46	91.27	2.78	0.09	1.08	—	2.32	65.02
	针状磁赤铁矿	0.69	95.81	0.00	1.34	2.16	—	0.00	67.01
	磁赤铁矿	0.72	90.96	0.28	2.86	3.82	—	1.36	63.62
	平均	1.37	91.65	0.68	2.11	3.31	—	0.90	64.42
铬矿物	铬铁矿	0.12	27.53	5.46	9.47	0.12	56.35	0.95	—
	铬铁矿	0.04	28.27	6.14	10.28	0.08	54.18	1.01	—
	铬铁矿	0.06	26.74	6.59	10.05	0.16	55.35	1.05	—
	铬铁矿	0.05	24.83	5.87	12.97	0.16	55.08	1.04	—
	平均	0.07	26.84	6.02	10.69	0.13	55.24	1.01	—
锰矿物	硬锰矿	0.49	23.81	—	3.14	1.01	—	69.33	2.22
	硬锰矿	0.19	12.13	—	3.28	0.56	—	81.19	2.66
	平均	0.34	17.97	—	3.21	0.79	—	75.26	2.44
脉石矿物	滑石	0.33	5.41	33.45	0.00	56.05	—	—	—
	滑石	0.44	6.14	35.17	0.00	53.49	—	—	—
	滑石	0.20	3.21	36.32	0.00	55.52	—	—	—
	蛇纹石	0.34	5.57	40.01	0.00	41.18	—	—	—
	蛇纹石	0.44	7.80	37.47	0.00	41.38	—	—	—
	蛇纹石	0.79	4.82	36.48	0.00	45.01	—	—	—
	橄榄石	0.53	30.84	25.21	0.00	43.42	—	—	—
	平均	0.44	9.11	34.87	—	48.01	—	—	—

① Fe$_2$O$_3$ 换算结果。

由表 2-24 结果可以看出:

(1) 不同矿物中镍含量均不高。比较而言,以铁的氢氧化物(褐铁矿)和氧化物(赤铁矿)中的镍含量较高,平均分别为 0.98% 和 1.37%,超过原矿镍含量。其他矿物中镍含量均低于原矿,脉石矿物中镍含量平均含镍 0.44%,铬铁矿中含镍甚微。

(2) 可供回收的褐铁矿、赤铁矿等铁矿物含铁较低,成分变化较大,含有较多杂质成分。褐铁矿平均含铁 54.79%,赤铁矿等氧化铁矿物平均含铁 64.42%。

(3) 蛇纹石、滑石、橄榄石等硅酸盐中含有少量的铁,是铁在硅酸盐中存在的主要原因之一。

2.1.2.4　铁和镍的赋存特点

从矿物微区成分测定、化学物相分析结果结合矿物组成、产出形式综合分析,可以对矿石中铁和镍赋存特点概括如下:

(1) 矿石中铁主要以褐铁矿形式存在,褐铁矿集合体中多弥散分布泥质物,并嵌布赤铁矿、假象赤铁矿等铁矿物和脉石矿物。以主要铁矿物褐铁矿纯矿物平均含铁 54.79% 计,烧失后含铁量约为 60.9%,仅较赤铁矿(64.42%)略低。这也是可以接近的回收铁精矿的烧失后理论品位。

(2) 矿石中镍分散在不同的矿物中,未发现独立的镍矿物存在。因此没有明显的镍富集对象,不可能通过选矿方法富集。虽然近 95% 左右的镍分布在赤褐铁矿中,但矿石中褐铁矿和赤铁矿等铁矿物含量高达近 80%,显然通过富集铁矿物不能使镍得到大幅度的富集。况且,矿石中以褐铁矿为主的铁矿物为微晶石和隐晶质矿物,多是与泥质物紧密交生呈集合体出现,不可能进行单体解离状态下的选别,因此富集幅度十分有限,对镍的富集回收只能采取化学方法[10]。

2.1.3　非洲某红土镍矿

2.1.3.1　原矿成分分析

A　化学组成

该红土镍矿样品来自非洲某地区[11],其 X 射线荧光光谱分析(XRF)结果见表 2-25,化学多元素分析结果见表 2-26。

表 2-25　矿石的 X 射线荧光光谱分析(XRF)结果

组分	Ni	Fe	Co	Cu	Si	Al	Ca	Mg	Mn
含量/%	1.431	50.78	0.153	0.497	5.70	4.716	0.036	0.442	0.827
组分	S	Ti	Cr	Cl	P	Zn	Ba	Zr	La
含量/%	0.033	0.196	0.779	0.02	0.038	0.032	0.038	0.004	0.038

表 2-26　矿石的化学多元素分析结果

组分	Au	Ag	Pt	Pd	Ni	Fe	Co
含量/%	0.16g/t	7.24g/t	0.38g/t	0.74g/t	1.14	45.91	0.16
组分	Cu	SiO$_2$	Al$_2$O$_3$	CaO	MgO	K$_2$O	Na$_2$O
含量/%	0.40	12.81	6.06	0.182	1.33	0.006	0.022
组分	Mn	S	Ba	C	Ti	Cr	烧失
含量/%	0.69	0.029	0.008	0.092	0.18	1.02	11.60

从表 2-26 结果可知，该矿石中镍含量为 1.14%，铁含量为 45.91%，为主要回收元素，钴、铜、金、银、铂、钯为伴生有价元素，可考虑综合回收。

B 化学物相

该矿石中镍、铁、钴、铜、金、铂、钯的化学物相分析见表 2-27~表 2-33。

表 2-27 镍的化学物相分析结果

相别	硫酸镍	硫化镍	氧化铁中镍	氧化锰中镍	硅酸镍	合计
镍含量/%	0.027	0.001	0.70	0.16	0.26	1.148
分布率/%	2.35	0.09	60.98	13.94	22.64	100.00

表 2-28 铁的化学物相分析结果

相别	磁铁矿	硫化铁	赤铁矿、褐铁矿	铬尖晶石	硅酸铁	合计
铁含量/%	13.00	0.03	27.51	0.49	4.92	45.95
分布率/%	28.29	0.07	59.87	1.07	10.70	100.00

表 2-29 钴的化学物相分析结果

相别	氧化锰中钴	氧化铁中铁	合计
钴含量/%	0.14	0.02	0.16
分布率/%	87.50	12.50	100.00

表 2-30 铜的化学物相分析结果

相别	自由氧化铜	硫化铜	褐铁矿中铜	氧化锰中铜	硅结合铜	合计
铜含量/%	0.063	0.001	0.30	0.025	0.011	0.40
分布率/%	15.75	0.25	75.00	6.25	2.75	100.00

表 2-31 金的化学物相分析结果

相别	裸露金	氧化铁中包裹金	硅酸盐包裹金	合计
金含量/g·t^{-1}	0.07	0.04	0.06	0.17
分布率/%	41.18	23.53	35.29	100.00

表 2-32 铂的化学物相分析结果

相别	裸露铂	氧化铁中包裹铂	硅酸盐包裹铂	合计
铂含量/g·t^{-1}	0.04	0.28	0.06	0.38
分布率/%	10.53	73.68	15.79	100.00

表 2-33 钯的化学物相分析结果

相别	裸露钯	氧化铁中包裹钯	硅酸盐包裹钯	合计
钯含量/g·t^{-1}	0.11	0.60	0.04	0.75
分布率/%	14.67	80.00	5.33	100.00

该矿石中铁主要以赤铁矿、褐铁矿形式存在，分布率为 59.87%；镍、铜、铂、钯均主要分布于此矿石中，分布率分别为 60.98%、75.00%、73.68% 和 80.00%；钴主要与锰的氧化物结合产出，分布率为 87.50%；金主要分布于硅酸盐矿物中，分布率为 62.50%[12]。

C　矿物组成

结合矿石的化学分析、X 射线衍射分析、显微镜考查及扫描电镜考查，查明了矿石的矿物组成。

该矿石中金属矿物主要为针铁矿、水针铁矿，其次为赤铁矿、磁铁矿、铬尖晶石、铁锰矿、硬锰矿、软锰矿，另可见少量磁黄铁矿、黄铜矿、镍黄铁矿、金红石、自然铋等；金矿物主要为自然金，其次为银金矿及金银矿，铂矿物以自然铂及砷铂矿为主，偶见铂钯矿，未见到独立的钯矿物，含钯矿物主要为铂钯矿及钯金矿，银矿物主要为自然银，其次为碲银矿、辉硒银矿及辉银矿；非金属矿物主要为高岭石、多水高岭石、蒙脱石及绿泥石，其次为石英及蛇纹石，还有少量方解石及微量重晶石、锆石等。

该矿石综合样的 X 射线衍射图如图 2-55 所示，综合样的矿物组成及相对含量见表 2-34。

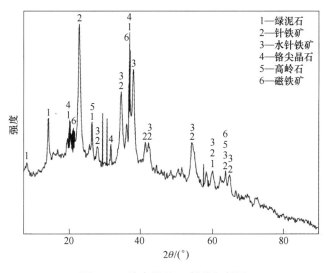

图 2-55　综合样的 X 射线衍射图

表 2-34　矿物组成及相对含量

矿物名称	含量/%	矿物名称	含量/%
针铁矿、水针铁矿、赤铁矿	54.19	绿泥石	6.22
磁铁矿	17.97	蒙脱石、高岭石、多水高岭石	9.37
铬尖晶石	2.95	石英	4.43
铁锰矿、硬锰矿、软锰矿	1.78	方解石	0.77
磁黄铁矿、镍黄铁矿、黄铜矿	0.08	重晶石	0.01
蛇纹石	1.61	其他	0.63

2.1.3.2 矿物的嵌布特征

A 针铁矿、水针铁矿

针铁矿、水针铁矿是该褐铁型矿中最主要的矿物，也是铁、镍、铜的主要载体矿物。针铁矿、水针铁矿常常与高岭石、多水高岭石、蒙脱石等黏土矿物紧密共生呈集合体产出，书中称为褐铁矿。扫描电镜 X 射线能谱分析结果表明，大部分褐铁矿含 Ni、Si、Al，部分含 Mn、S、Cu 等，其典型 X 射线能谱如图 2-56 和图 2-57 所示。

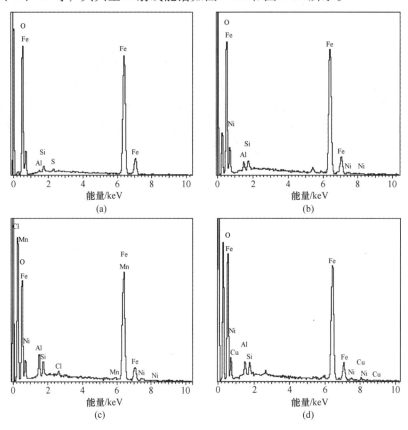

图 2-56 褐铁矿的典型 X 射线能谱图

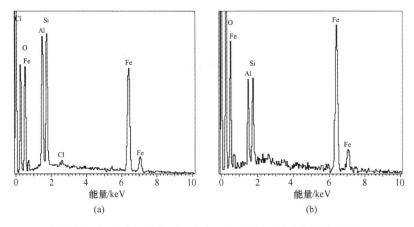

图 2-57 褐铁矿与高岭石、多水高岭石的 X 射线能谱混合谱图

　　褐铁矿主要呈不规则状、胶状、粒状、脉状产出，与高岭石、多水高岭石、蒙脱石等黏土质矿物共生关系密切，常紧密共生呈基质包裹赤铁矿、磁铁矿或铬尖晶石产出。少部分褐铁矿沿黄铁矿边缘交代产出，其中有时可见硫化矿物残余。

　　褐铁矿的产出粒度以细粒、微细粒为主，与磁铁矿、赤铁矿紧密共生的集合体粒度相对较粗，粒度分布范围一般为 0.005~0.104mm。

　　褐铁矿显微镜下产出特征如图 2-58~图 2-62 所示。

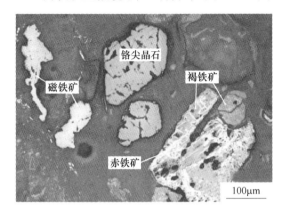

图 2-58　呈不规则状交代赤铁矿产出

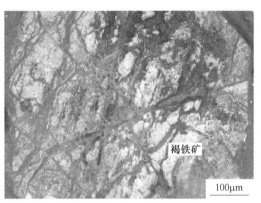

图 2-59　呈磁铁矿假象并与黏土质矿物共生产出

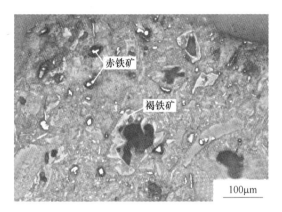

图 2-60　呈不规则状、胶状产出

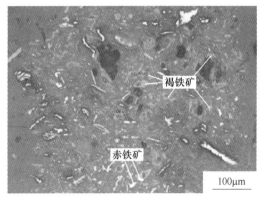

图 2-61　微细粒与黏土质矿物胶结呈基质产出

图 2-62　褐铁矿交代黄铁矿产出

B 赤铁矿

赤铁矿也是矿石中主要的铁矿物。赤铁矿主要呈细粒状产出。部分赤铁矿沿磁铁矿解理交代产出。有时可见赤铁矿沿铬尖晶石边缘产出。赤铁矿的产出粒度以细粒为主,与磁铁矿紧密共生的集合体粒度相对较粗,粒度分布范围一般为 0.010~0.104mm。赤铁矿显微镜下产出特征如图 2-63 和图 2-64 所示。

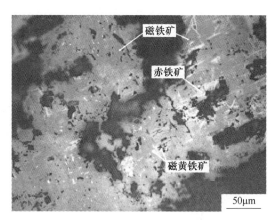

图 2-63 赤铁矿呈细粒状产出   图 2-64 赤铁矿沿磁铁矿解理交代产出

C 磁铁矿

磁铁矿也是褐铁型矿中主要的铁矿物。磁铁矿主要呈粒状、不规则状产出,大部分磁铁矿被赤铁矿或褐铁矿不同程度交代呈集合体产出。

磁铁矿的产出粒度以中细粒为主,粒度分布范围一般为 0.03~0.5mm。

磁铁矿显微镜下产出特征如图 2-65 所示。

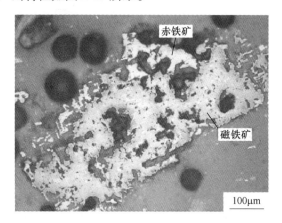

图 2-65 磁铁矿被赤铁矿交代呈不规则状集合体

D 硬锰矿、软锰矿

硬锰矿、软锰矿是矿石中主要的氧化锰矿物,其次可见锰铁矿。氧化锰矿物虽然矿物含量较低,但它是 Co 的主要载体矿物,是 Ni、Cu 的次要载体矿物。

硬锰矿、软锰矿主要呈胶状、结核状、不规则状、放射状产出,硬锰矿与软锰矿共生关系十分密切，部分硬锰矿、软锰矿与褐铁矿紧密共生产出。

硬锰矿、软锰矿的嵌布粒度相对较粗，粒度分布一般大于 0.074mm。氧化锰矿物显微镜下产出特征如图 2-66~图 2-68 所示。氧化锰矿物的 X 射线能谱如图 2-69 所示。

(a)   (b)

图 2-66 硬锰矿与软锰矿紧密共生并呈不规则状集合体产出

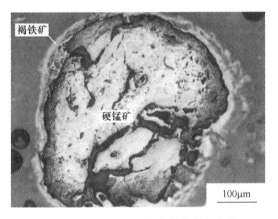

图 2-67 硬锰矿与褐铁矿紧密共生产出

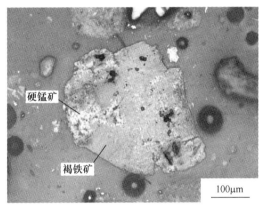

图 2-68 硬锰矿与褐铁矿紧密共生呈集合体产出

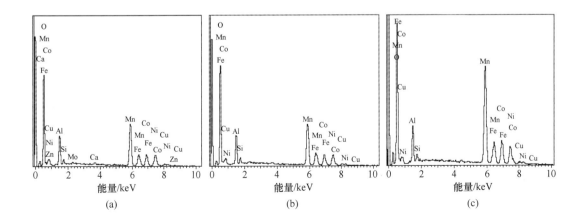

(a)   (b)   (c)

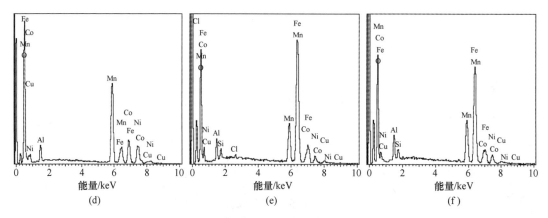

图 2-69　硬锰矿、软锰矿、锰铁矿的典型 X 射线能谱图

E　金矿物

采用 MLA（矿物自动分析仪）考查了该矿石（2~0mm 综合样）中金矿物及含金矿物的种类及相对含量，金矿物及含金矿物的嵌布特征及粒度组成，结果分别见表 2-35~表 2-37。矿石中金矿物及含金矿物的嵌布特征如图 2-70 和图 2-71 所示。

表 2-35　金矿物及含金矿物的种类及相对含量

矿物名称	自然金	银金矿	金银矿	合计
金矿物颗粒数/颗	105	3	5	113
金矿物面积相对含量/%	83.00	10.64	6.36	100.00
金矿物平均含金量/%	88.34	71.15	40.33	—
各金矿物中金分布率/%	87.86	9.07	3.07	100.00

由表 2-35 可知，该矿石中金矿物主要为自然金，其次为银金矿及金银矿。

表 2-36　2~0mm 综合样中金矿物及含金矿物的嵌布特征统计

嵌布特征	占有率/%
单体	36.37
嵌布于褐铁矿裂隙或包裹于其中	17.90
嵌布于硅酸盐矿物裂隙或包裹于其中	23.30
嵌布于褐铁矿与硅酸盐矿物粒间	9.38
嵌布于铬尖晶石裂隙或与赤铁矿等粒间	13.04
合计	100.00

表 2-36 统计结果表明，该矿石中金矿物嵌布特征复杂，与褐铁矿、铬尖晶石及硅酸盐矿物共生关系均较为密切，还有部分呈单体产出。

表 2-37　2~0mm 综合样中金矿物及含金矿物的嵌布粒度统计

粒度范围/mm	<0.005	0.005~0.010	0.010~0.020	>0.020	合计
占有率/%	17.29	24.27	40.68	17.76	100.00

　　表 2-37 统计结果表明，该矿中金矿物嵌布粒度以细粒为主，在磨矿过程中部分可单体解离，在重选过程中有一定的富集性，但由于该矿中铁矿物含量大于 50%，金的富集比例不明显。

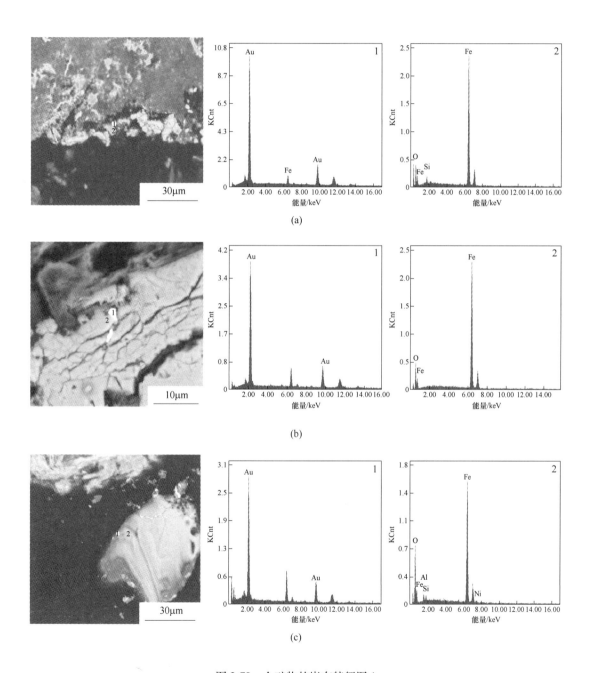

图 2-70　金矿物的嵌布特征图 1

（a）自然金嵌布于褐铁矿与硅酸盐矿物粒间；（b）自然金嵌布于褐铁矿裂隙；（c）自然金包裹于褐铁矿中

1—自然金；2—褐铁矿

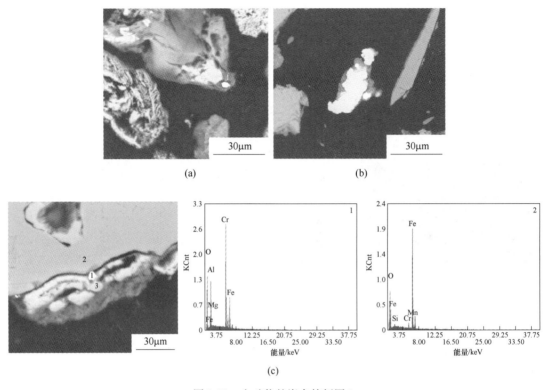

图 2-71 金矿物的嵌布特征图 2

（a）自然金包裹于高岭石中产出；（b）银金矿呈单体产出；（c）自然金嵌布于铬尖晶石与褐铁矿粒间

1—自然金；2—铬尖晶石；3—褐铁矿

F 铂、钯矿物

采用 MLA（矿物自动分析仪）考查了该矿（2~0mm 综合样）中铂、钯矿物的种类及相对含量，统计了铂矿物的嵌布特征及粒度组成，结果分别见表 2-38~表 2-40。该矿中铂、钯矿物的嵌布特征如图 2-72~图 2-75 所示。

表 2-38 铂、钯矿物的种类及相对含量

矿物名称	自然铂	砷铂矿	铂钯矿	钯金矿	合计
铂矿物颗粒数/颗	22	2	1	1	26
铂矿物面积相对含量/%	32.02	60.14	0.67	7.16	100.00
铂矿物含铂量/%	82.98	58.75	77.26	—	—
铂矿物中铂分布率/%	42.57	56.60	0.83	—	100.00

由表 2-38 可知，该矿中铂矿物以自然铂及砷铂矿为主，偶见铂钯矿。未见到独立的钯矿物，含钯矿物主要为铂钯矿及钯金矿。

虽然考查中所见到的自然铂的颗粒度最多，砷铂矿只有 2 颗，但由于自然铂粒度微细，砷铂矿产出粒度较粗，用加权平均值算得该褐铁型矿中铂主要分布于砷铂矿中。

表 2-39　2～0mm 综合样中自然铂的嵌布粒度统计

粒度范围/mm	<0.005	0.005～0.010	0.010～0.015	合计
占有率/%	32.95	38.10	28.95	100.00

表 2-40　2～0mm 综合样中自然铂的嵌布特征统计

嵌布特征	单体	嵌布于褐铁矿裂隙或包裹其中	嵌布于褐铁矿与硅酸盐矿物粒间	合计
占有率/%	18.03	66.18	15.79	100.00

　　表 2-39 及表 2-40 统计结果表明，该矿中自然铂嵌布粒度以微细粒为主，与褐铁矿关系密切。该矿中所见到的 2 颗砷铂矿长径分别为 0.050mm 及 0.006mm。其中一颗与自然铂连生产出，另一颗嵌布于褐铁矿与黏土矿物粒间。该矿中所见到的铂钯矿及钯金矿产出粒度微细，矿物边界不清晰，呈弥散态分散于褐铁矿中。

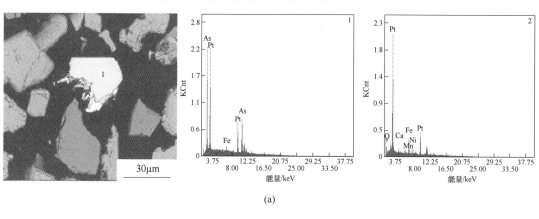

(a)

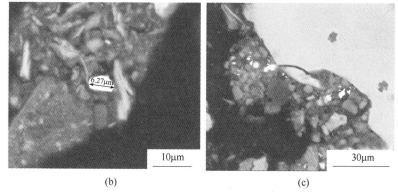

(b)　　　　　　　　　　　(c)

图 2-72　铂钯矿物的嵌布特征图 1

（a）砷铂矿及自然铂连生产出；（b）砷铂矿呈单体产出；

（c）自然铂嵌布于铁矿物与黏土矿物粒间

1—砷铂矿；2—自然铂

G　银矿物

　　该矿中银矿物主要为自然银，其次为碲银矿、辉硒银矿及辉银矿，还有部分银与金共生以金银矿及银金矿形式产出。

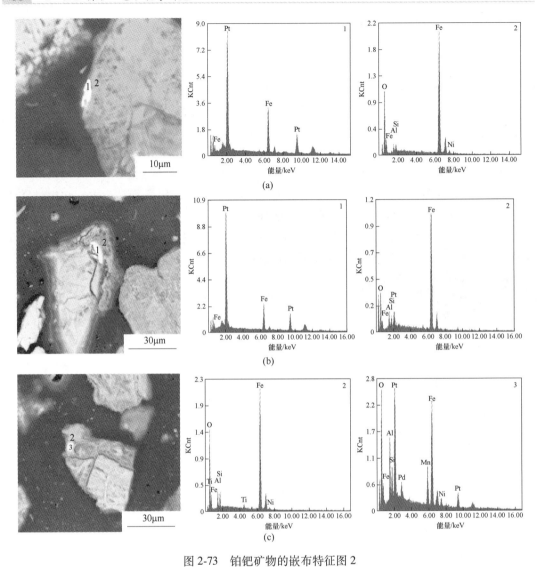

图 2-73 铂钯矿物的嵌布特征图 2

（a）自然铂嵌布于褐铁矿边缘；（b）自然铂嵌布于褐铁矿裂隙；（c）铂钯矿呈弥散态嵌布于褐铁矿与黏土矿物集合体中

1—自然铂；2—褐铁矿；3—铂钯矿

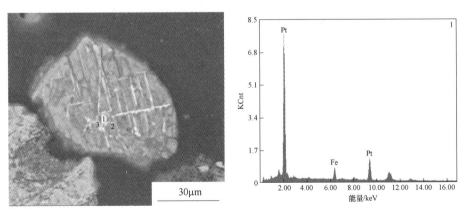

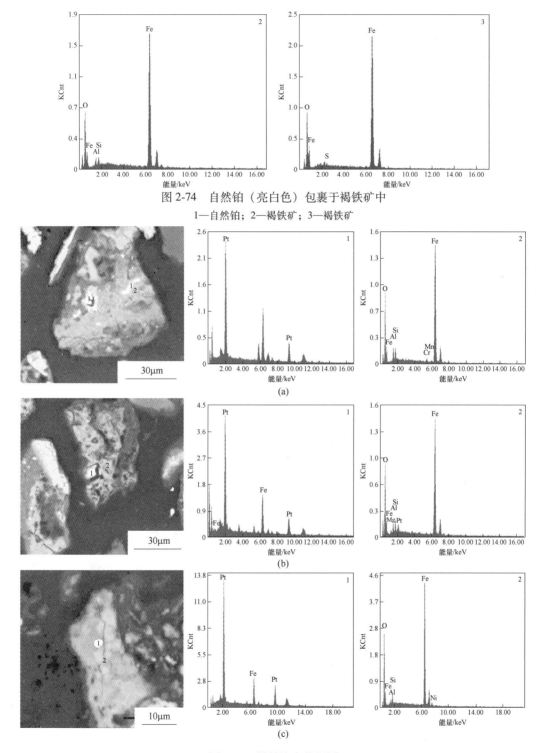

图 2-74　自然铂（亮白色）包裹于褐铁矿中

1—自然铂；2—褐铁矿；3—褐铁矿

图 2-75　铂的嵌布特征图

（a）自然铂（亮白色）呈微粒包裹于褐铁矿中；（b）自然铂（亮白色）弥散于褐铁矿中；

（c）自然铂（亮白色）包裹于褐铁矿中

1—自然铂；2—褐铁矿

　　自然银、碲银矿、辉硒银矿及辉银矿嵌布粒度以微细粒为主，个别呈细粒产出，与褐铁矿嵌布关系密切，有时呈单体产出。银矿物的嵌布特征如图 2-76 所示。

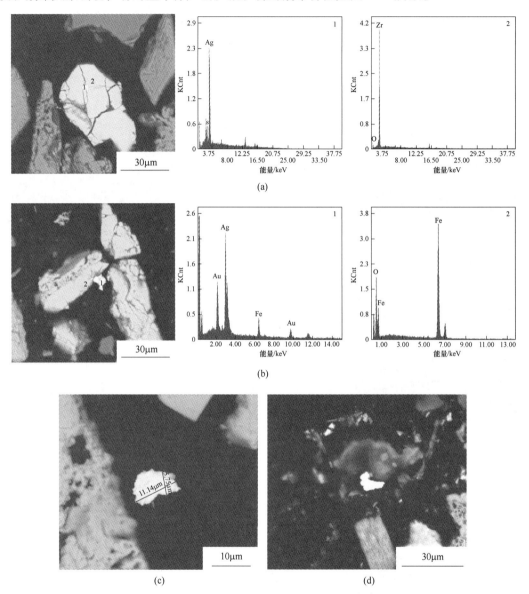

图 2-76　银矿物的嵌布特征图

（a）辉银矿包裹于锆石中（1—辉银矿，2—锆）；（b）金银矿沿赤铁矿边缘产出（1—金银矿，2—赤铁矿）；
（c）自然银呈单体产出；（d）辉硒银矿呈单体产出

　　H　铬尖晶石

　　铬尖晶石主要呈半自形晶或它形晶粒状产出。部分铬尖晶石与赤铁矿或褐铁矿紧密伴生产出。

　　铬尖晶石的 X 射线能谱图如图 2-77 所示。铬尖晶石的显微镜下产出特征如图 2-78（a）和（b）所示。

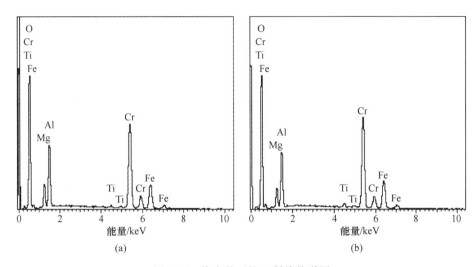

图 2-77 铬尖晶石的 X 射线能谱图

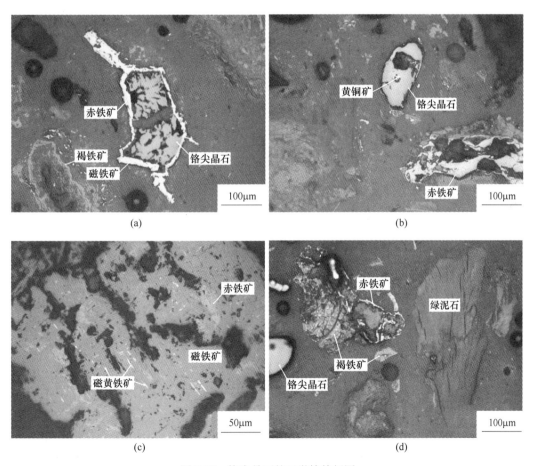

图 2-78 铬尖晶石的显微镜特征图

（a）铬尖晶石与赤铁矿、磁铁矿紧密伴生产出；（b）铬尖晶石包裹微粒黄铜矿产出；

（c）磁黄铁矿呈微细粒交代残余嵌布；（d）绿泥石的产出特征于磁铁矿与赤铁矿集合体中

I 硫化矿物

该矿中硫化矿物主要为磁黄铁矿，其次为黄铁矿、黄铜矿及镍黄铁矿等。磁黄铁矿主要呈微细粒交代残余嵌布于磁铁矿与赤铁矿集合体中；黄铁矿、黄铜矿、镍黄铁矿主要呈交代残余嵌布于褐铁矿中，黄铜矿有时包裹于铬尖晶石中。

磁黄铁矿等硫化矿物嵌布粒度以微细粒为主，其显微镜下产出特征如图 2-78（c）所示。

J 高岭石、绿泥石等

高岭石、多水高岭石、蒙脱石及绿泥石是该矿中主要的非金属矿物，绿泥石是镍的主要载体矿物之一，扫描电镜 X 射线能谱分析结果表明，大部分高岭石、多水高岭石、蒙脱石不含镍，而绿泥石普遍含 Ni（见图 2-79 和图 2-80）。大部分绿泥石呈结晶较好的片状、鳞片状产出。高岭石、多水高岭石及蒙脱石与褐铁矿等共生关系十分密切，常常团聚在一起呈集合体产出。绿泥石的显微镜下产出特征如图 2-78（d）所示。

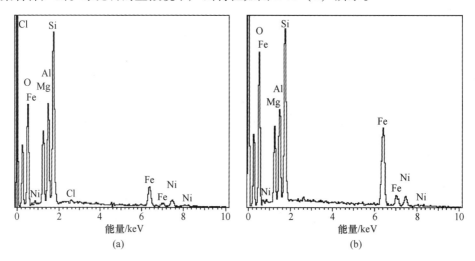

图 2-79　绿泥石的 X 射线能谱图

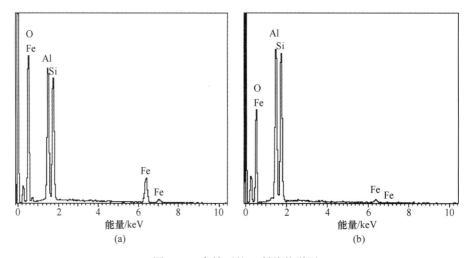

图 2-80　高岭石的 X 射线能谱图

2.1.3.3　元素的赋存状态[13]

该矿中铁主要以赤、褐铁矿形式存在，分布率为59.87%；其次以磁铁矿和含铁绿泥石形式存在，分布率分别为28.29%和10.71%；少部分以铬尖晶石形式存在，分布率为1.07%；还有微量以磁黄铁矿等硫化铁形式存在，分布率为0.07%。

镍主要呈类质同象存在于褐铁矿中，分布率为60.98%；其次呈类质同象分布于绿泥石中，分布率为22.65%；部分呈吸附态存在于氧化锰矿物中，分布率为13.94%；少量以可溶性硫酸镍形式存在，分布率为2.35%；还有微量以镍黄铁矿形式存在，分布率为0.09%。

铜主要呈吸附态形式存在。化学物相分析结果表明，15.75%的铜以自由氧化铜形式存在，75.00%的铜分布于褐铁矿中产出。MLA考查过程中并未发现独立的氧化铜矿物，自由氧化铜实际是吸附于褐铁矿表面的氧化铜被选择性溶解的结果，因此，实际上分布于褐铁矿中铜的分布率为90.75%；部分铜与锰的氧化物结合产出，分布率为6.25%；还有微量以黄铜矿的形式存在，分布率为0.25%。

钴主要与锰的氧化物结合产出，分布率为87.50%；其次分布于褐铁矿中产出，分布率为12.50%。

金主要与银形成金银互化物产出，以自然金形式为主，其次为银金矿及金银矿，还有少量存在于自然银中。

铂主要以砷铂矿和自然铂形式存在，还有微量与钯构成铂钯矿产出。

钯主要呈分散态存在于褐铁矿等铁矿物中，少量与铂构成铂钯矿产出。

银主要以自然银形式存在，其次以碲银矿、辉硒银矿及辉银矿形式存在，还有少量以类质同象存在于银金矿及自然金中。

2.1.3.4　筛析结果分析

将10~0mm综合样进行湿法筛分分级，并化验各粒级样品中重要元素的含量，结果见表2-41。

表2-41　10~0mm综合样的筛分结果

粒级/mm	产率/%	品位/%				分布率/%			
		Ni	Fe	Cu	Co	Ni	Fe	Cu	Co
10~2	0.80	1.50	18.43	0.30	0.40	1.11	0.33	0.63	2.20
2~0.5	3.05	1.23	44.78	0.44	0.60	3.44	3.02	3.48	12.54
0.5~0.15	11.69	1.26	42.32	0.37	0.33	13.52	10.95	11.23	26.44
0.15~0.074	12.80	1.25	44.13	0.37	0.19	14.69	12.50	12.30	16.67
0.074~0.038	17.42	1.14	47.88	0.38	0.12	18.23	18.46	17.19	14.33
0.038~0.025	10.15	1.09	45.26	0.40	0.087	10.16	10.17	10.54	6.05
0.025~0	44.09	0.96	45.70	0.39	0.072	38.85	44.58	44.64	21.76
合计	100.00	1.09①	45.19①	0.39①	0.15①	100.00	100.00	100.00	100.00

① 实测值，也可以基于产率和各粒级品位计算得到。

由表2-41看出，10~0mm矿综合样的粒级分布集中在细粒级，10~2mm的粗粒级的产率只有 0.80%, 0.025mm 粒级以下的产率高达 44.08%, 泥化严重。由此可见, 10~0mm 综合样干样中的大部分颗粒为假颗粒, 在水介质中由针铁矿、水针铁矿与高岭石、多水高岭石及蒙脱石组成的集合体呈分散状态。

从不同粒级产品中镍、铁、铜、钴的品位及分布率来看, 随着粒级由粗变细, 镍的品位呈现缓慢下降趋势, 钴的品位呈现明显下降趋势, 铁和铜的品位变化不大, 相应地, 铁和铜在不同粒级的分布率与产率基本一致, 而镍与钴在细粒级中的分布率低于其产率。

综合样的筛分结果与镍、铁、铜、钴的赋存状态是一致的。铜主要赋存于褐铁矿, 在筛分过程中与铁的分布规律基本一致; 镍除了分布于褐铁矿中外, 还有部分分布于氧化锰矿物及绿泥石中, 钴主要分布于氧化锰矿物中。氧化锰矿物及绿泥石产出粒度相对较粗, 在水介质中保持原来颗粒形状, 所以镍与钴在筛分过程中在粗粒级稍有富集的趋势。

2.1.4 青海元石山红土镍矿

青海元石山红土镍矿样品来自我国青海省元石山地区[14]。对从元石山红土镍矿矿床不同取样点取回的矿样经过破碎、磨矿、混样、缩分和取样后, 进行了光谱定量化学分析和多元素化学分析。矿样 ICP 半定量化学分析结果见表 2-42, 多元素化学分析结果见表 2-43。

表 2-42 元石山红土镍矿 ICP 半定量化学分析结果

元素	Al	As	Ba	Be	Bi	Ca	Cd
含量/%	0.14	0.03	0.14	<0.001	<0.01	0.24	<0.005
元素	Co	Cr	Cu	Fe	K	Li	Mg
含量/%	0.06	0.64	0.007	32.6	<0.005	<0.005	0.77
元素	Mn	Mo	Na	Ni	Pb	Sb	Se
含量/%	0.68	<0.005	0.009	0.86	0.006	<0.01	<0.01
元素	Sn	Sr	Ti	V	Zn	W	
含量/%	<0.01	<0.02	0.009	<0.005	0.026	<0.01	

表 2-43 元石山红土镍矿多元素化学分析结果

成分	Ni	Co	Fe	SiO_2	Al_2O_3	Mg
含量/%	0.90	0.072	38.24	21.27	0.26	1.63
成分	As	CaO	Cr	Mn	Zn	Pb
含量/%	0.03	1.04	3.09	0.72	0.026	0.006

元石山红土镍矿含铁较高, 含硅、镁较低, 属于铁质红土镍矿又称镍铁矿, 含镍 0.9% 左右, 还含有少量钴和砷。

多元素化学分析结果显示, 元石山镍铁矿铁含量高达 38.24%, 二氧化硅含量 21.27%, 而镍、钴含量分别只有 0.90% 和 0.072%, 均偏低, 为明显的低品位镍铁矿。

2.1.4.1 原矿成分分析

图 2-81 所示为元石山镍铁矿综合样的 X 射线衍射图。从图可见, 矿石内的主要金属

矿物为形态各异的氧化铁矿，其中褐铁矿和赤铁矿含量最多，有少量硬铬尖晶石。脉石矿物以游离石英为主，还有少量白云石和铁菱镁矿。

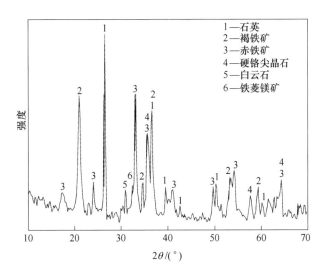

图 2-81　原矿综合样的 X 射线衍射图

　　显微镜观察（见图 2-82~图 2-87）进一步证实，褐铁矿为矿石主要金属矿物，并可分为两类：（1）FeOOH 结构的针铁矿；（2）FeOOH·nH$_2$O 结构的水针铁矿。前者结构较致密，多呈条带状、不规则块状或浸染状在矿石内嵌生；后者常形成结构疏松的条带状、环带状、鱼鳞状或鲕状。二者相比，水针铁矿含量要高得多。

　　矿石中的赤铁矿也大致分成两类：（1）颗粒粗大且结晶完整的赤铁矿；（2）呈微细粒（<0.003mm）与石英微粒交织在一起构成矿石的基底，并时常沿褐铁矿边界充填（见图 2-84）。

　　矿石中的硬铬尖晶石和少量磁铁矿结晶程度最好，它们多呈不规则块状，分别在矿石内富集，很多硬铬尖晶石也经常单独呈粗大的块状沿赤铁矿-石英混合体微粒充填。

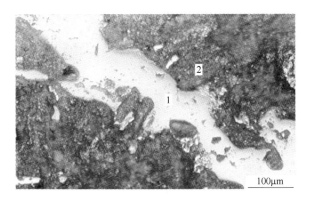

图 2-82　矿石中条带状的针铁矿（100 倍）
1—针铁矿；2—赤铁矿-石英的微粒杂相

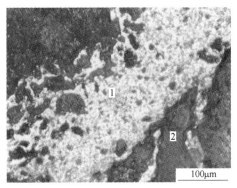

图 2-83　矿石中条带状水针铁矿
1—水针铁矿；2—赤铁矿-石英的微粒杂相

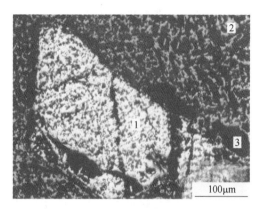

图 2-84 粗大的赤铁矿和细粒水针铁矿

1—赤铁矿；2—水针铁矿；3—赤铁矿-石英的微粒杂相

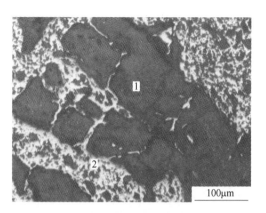

图 2-85 赤铁矿和石英微粒的宽大杂相带

1—赤铁矿-石英的微粒杂相；2—水针铁矿

图 2-86 硬铬尖晶石聚合体

1—硬铬尖晶石；2—水针铁矿

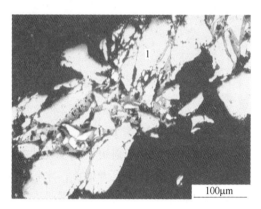

图 2-87 矿石中的磁铁矿聚合体

1—磁铁矿

从显微镜图中还可以看出，各类矿物的原始嵌布共同点是：均在赤铁矿-石英混合体微粒内充填。比较而言，针铁矿、硬铬尖晶石、磁铁矿的结晶程度要较水针铁矿、赤铁矿好，且嵌布粒度普遍较粗，多在 0.074mm 以上。在实际的磨矿物料内，绝大部分针铁矿、硬铬尖晶石、磁铁矿可以实现单体解离，部分粗粒的水针铁矿、赤铁矿也会单体解离，但粒度较细的水针铁矿、赤铁矿-石英微粒聚合体则很难解离，多以连生体或杂相的形式分布，焙烧时极易形成铁橄榄石。

扫描电镜能谱分析（见图 2-88~图 2-92）证实，部分针铁矿和水针铁矿不仅普遍含有硅、镁等非金属元素，而且含锰，有时还含镍和少量铬。此类含锰针铁矿和水针铁矿的成分变化极大，根据含锰量的不同分别命名为：含锰针铁矿、含锰水针铁矿、方锰铁矿、黑镁铁锰矿和富铁水锰矿等。

脉石矿物的扫描电镜能谱分析（见图 2-92）证实，粗粒石英非常纯净，结构内不含杂质。细粒石英因与赤铁矿微粒混杂，很难测出它们的准确含量。但在测定时发现，几乎每个点上都明显含有钙、镁。这表明，矿石中的少量白云石及铁菱镁矿也多呈微细粒（<0.005mm）浸染在赤铁矿和石英微粒构成的杂相内。

综上所述，元石山镍铁矿主要由铁、锰的氧化物和水合氧化物构成。其中不仅包括了大量结晶程度较好的针铁矿、赤铁矿、硬铬尖晶石和少量磁铁矿，还有大量结晶程度较差的水针铁矿和少量含锰针铁矿、含锰水针铁矿、含铁水锰矿、方锰铁矿、黑镁铁锰矿等。此外，矿石中还有大量石英和少量白云石、铁菱镁矿等脉石矿物。

2.1.4.2 赋存状态

图 2-88~图 2-91 所示分别为矿石中各种含镍矿物的显微结构和相应点的 X 射线能谱图。从图中可见，各类含锰或不含锰的针铁矿、水针铁矿以及富铁水锰矿普遍含镍，而锰、铁含量均较高的黑镁铁锰矿和方锰铁矿含镍更加明显，其中许多颗粒还同时含有少量的钴。

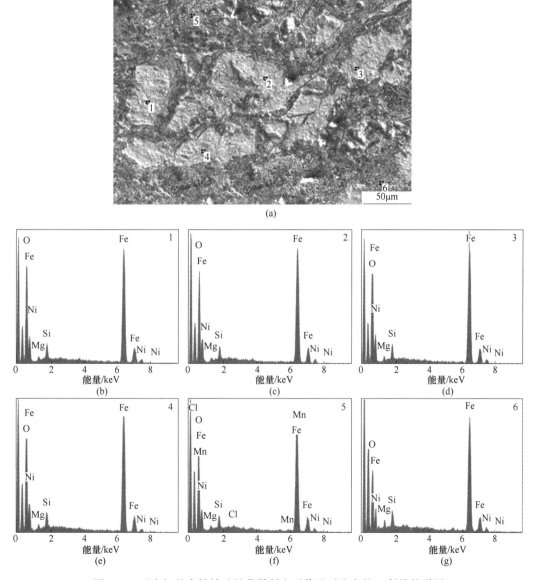

图 2-88　不含锰的水针铁矿的背散射电子像及对应点的 X 射线能谱图

1~5—水针铁矿；6—针铁矿

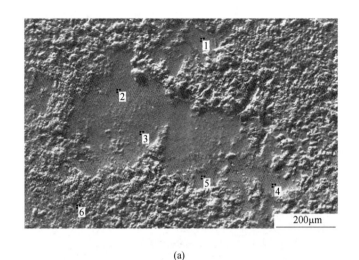

(a)

(b) 　　　　(c) 　　　　(d)

(e) 　　　　(f) 　　　　(g)

图 2-89　富铁水锰矿和含锰水针铁矿的背散射电子像及对应点的 X 射线能谱图
1，5—富铁水锰矿；2，3—含锰水针铁矿；4—方锰铁矿；6—针铁矿

　　扫描电镜能谱分析发现，同为铁矿物的赤铁矿和铬铁矿却基本不含镍。图 2-92 所示
为赤铁矿和针铁矿的显微结构及相应点的 X 射线能谱图。从图中可见，赤铁矿比较纯净，
结构内含杂很少，而针铁矿不仅含镍，同时还含有一定量的硅、铝、镁和少量钙。

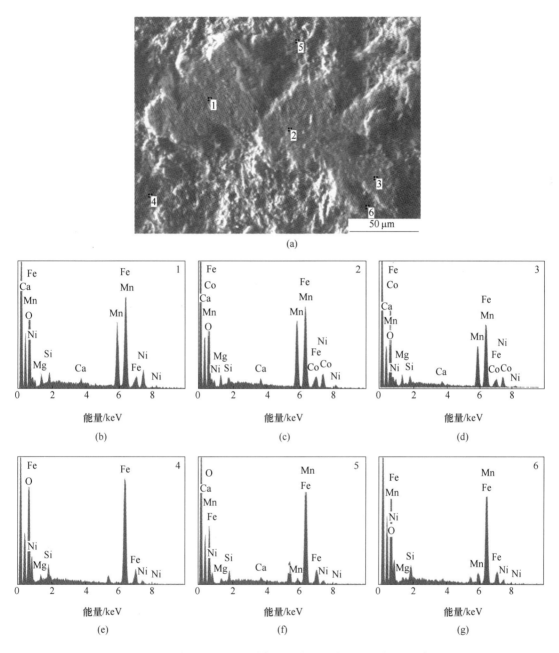

图 2-90 黑镁锰铁矿的背散射电子像及对应点的 X 射线能谱图

1~3—黑镁锰铁矿；4—水针铁矿；5, 6—含锰水针铁矿

为了能够准确了解各含镍矿物中镍的分布状态，特利用扫描电镜的元素面扫描功能对它们进行了元素面分布的测定，结果如图 2-93 和图 2-94 所示。从图 2-93 可以清楚地看出，在针铁矿中，镍的元素分布与铁完全相同，中间未出现任何颗粒状亮点，这证明镍在针铁矿中以类质同象的形式存在。与镍类似，针铁矿中的硅、镁也基本呈均匀分布（图 2-93 中的个别亮点系颗粒边界嵌入的微粒石英或铁菱镁矿），这说明针铁矿内的硅、镁也同样呈类质同象存在。对于含镍较高的黑镁铁锰矿（见图 2-94）而言，镍的元素

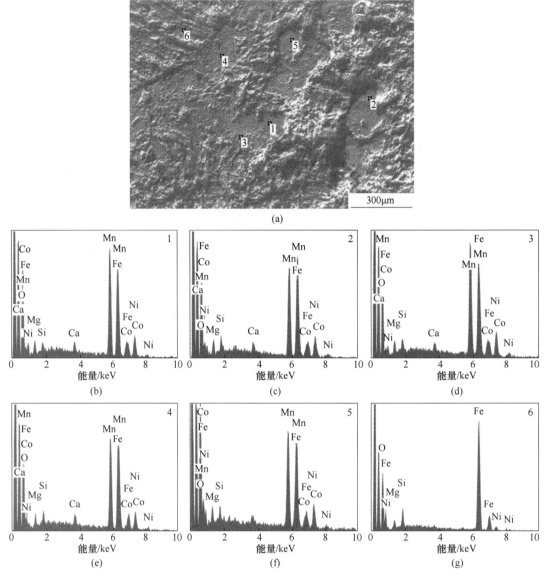

图 2-91 方锰铁矿的背散射电子像及对应点的 X 射线能谱图

1~5—方锰铁矿；6—针铁矿

分布出现了与锰完全相同的趋势，在含锰较高的区域，镍的含量明显增加，而铁含量却大大降低。在此类富锰矿物的结构内，镍始终均匀地沿锰的走向富集，未出现细粒的富镍矿物包体。同时在黑镁铁锰矿周围的水针铁矿也均匀分布有镍，但分布密度要低得多[15]。

表 2-44 和表 2-45 所列分别为扫描电镜能谱分析技术测定的各类含镍矿物的成分。从表中可见，针铁矿含镍量平均可达 2.53%，而水针铁矿仅为 1.16%。含锰针铁矿含镍平均可达 3.78%，含锰水针铁矿平均含镍仅为 0.92%。可见，针铁矿和含锰针铁矿中含镍比水针铁矿和含锰水针铁矿要高[16]。

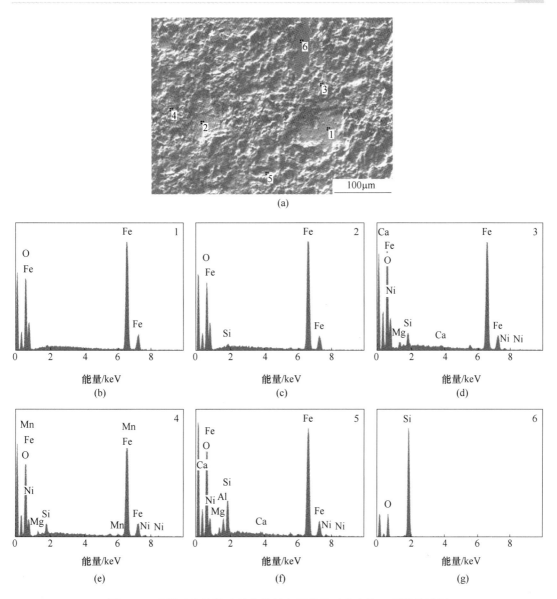

图 2-92 赤铁矿和针铁矿的背散射电子像及对应点的 X 射线能谱图

1，2—赤铁矿；3~5—针铁矿；6—石英

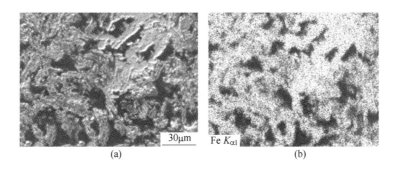

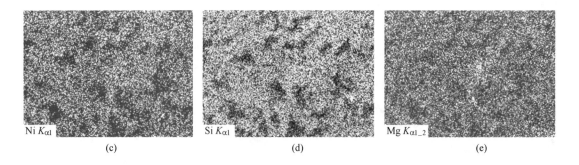

(c)   (d)   (e)

图 2-93   针铁矿的背散射电子像及相关元素的面分布图

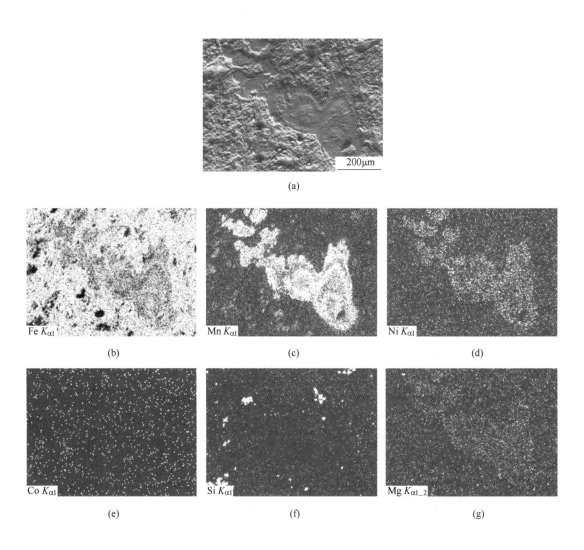

图 2-94   黑镁铁锰矿和周围载体矿物—含锰水针铁矿的背散射电子像及相关元素的面分布图

表 2-44　针铁矿和水针铁矿的扫描电镜能谱分析　　（%）

矿物		O	Mg	Si	Ca	Mn	Fe	Ni	累计
针铁矿	1	37.44	2.90	2.89	1.12	—	52.83	2.82	100
	2	37.87	0.52	1.54	—	—	58.65	1.42	100
	3	38.82	2.03	2.33	—	—	54.11	2.71	100
	4	38.25	1.45	2.40	0.36	—	54.87	2.67	100
	5	38.26	0.93	1.91	—	—	56.26	2.64	100
	6	38.20	1.97	2.11	0.38	0.64	54.11	2.59	100
	7	37.43	0.97	2.66	0.33	—	56.27	2.34	100
	8	38.14	1.18	2.21	0.36	—	55.34	2.77	100
	9	38.09	0.73	1.91	—	—	56.40	2.87	100
	10	38.06	0.77	1.91	—	—	56.78	2.48	100
	平均	38.06	1.34	2.19	0.26	0.06	55.56	2.53	100
水针铁矿	1	52.42	4.90	2.57	—	—	37.54	2.57	100
	2	48.42	2.69	3.06	—	—	44.86	0.97	100
	3	50.35	2.92	3.32	—	—	42.49	0.92	100
	4	50.64	2.47	3.12	—	—	42.35	1.42	100
	5	50.16	2.19	3.03	—	0.52	43.22	0.88	100
	6	49.36	1.98	2.64	—	0.48	44.41	1.13	100
	7	49.96	2.23	2.82	—	—	43.84	1.15	100
	8	50.82	1.72	2.74	—	0.59	43.68	0.45	100
	9	51.26	2.52	3.18	0.43	—	41.67	0.94	100
	平均	50.38	2.62	2.94	0.05	0.18	42.67	1.16	100

表 2-45　含锰针铁矿和含锰水针铁矿的扫描电镜能谱分析结果　　（%）

矿物		O	Mg	Si	Ca	Mn	Fe	Co	Ni	Ba	累计
含锰针铁矿	1	38.04	—	1.75	0.99	9.38	46.57	—	3.27	—	100
	2	37.88	1.29	1.51	0.92	13.66	39.39	—	5.35	—	100
	3	38.68	1.38	1.41	0.95	14.14	37.86	—	5.58	—	100
	4	37.75	1.24	1.82	—	7.01	48.73	—	3.45	—	100
	5	37.91	1.02	1.82	0.29	3.96	52.45	—	2.55	—	100
	6	37.86	1.23	1.92	0.32	6.35	49.44	—	2.88	—	100
	7	37.64	1.35	1.68	0.40	8.47	47.61	—	2.85	—	100
	8	38.18	0.96	1.64	0.29	6.63	49.63	—	2.67	—	100
	9	38.09	1.42	1.72	0.49	9.59	44.27	—	4.42	—	100
	10	37.78	1.25	1.99	0.52	9.58	44.54	—	4.84	—	100
	平均	37.98	1.11	1.68	0.52	8.88	46.05	—	3.78	—	100

矿物		O	Mg	Si	Ca	Mn	Fe	Co	Ni	Ba	累计
含锰水针铁矿	1	48.58	1.71	2.54	—	9.24	36.49	—	0.66	0.78	100
	2	51.01	1.73	1.83	0.38	11.48	31.75	—	0.89	0.93	100
	3	50.63	1.25	1.88	0.30	14.12	29.98	—	0.68	1.16	100
	4	50.59	1.73	2.21	0.77	13.39	29.42	—	0.73	1.16	100
	5	51.79	2.29	1.94	0.49	10.59	29.15	2.07	1.68	—	100
	6	51.89	1.85	2.02	0.64	14.82	26.67	—	1.01	1.10	100
	7	52.60	2.60	1.71	0.45	7.83	31.26	1.96	1.59	—	100
	8	52.44	2.38	1.90	0.40	9.66	31.75	—	0.89	0.58	100
	9	51.79	2.49	1.64	0.42	12.74	29.14	—	0.89	0.89	100
	平均	51.30	2.00	1.90	0.48	11.91	30.31	0.40	0.92	0.78	100

从表2-46中还可以看出，黑镁铁锰矿和方锰铁矿中不仅含镍高，而且还含钴，比较各金属矿物的能谱分析结果可知，此类锰铁氧化物是矿石中钴的主要载体。同时，比较黑镁铁锰矿和方锰铁矿的成分还可看到，方锰铁矿比黑镁铁锰矿含镍更高，平均含量分别可达9.61%和7.77%。

表2-46 黑镁铁锰矿和方锰铁矿的扫描电镜能谱分析结果　　　　　（%）

矿物		O	Mg	Si	Ca	Mn	Fe	Co	Ni	累计
黑镁铁锰矿	1	27.96	2.59	1.14	0.71	22.55	36.75	—	8.30	100
	2	27.64	2.08	1.27	0.58	19.54	40.66	—	8.23	100
	3	27.81	1.64	1.00	0.86	20.67	37.09	3.47	7.46	100
	4	27.27	1.26	1.18	0.71	20.21	39.35	2.76	7.26	100
	5	27.74	1.99	1.05	0.68	19.81	37.85	4.08	6.80	100
	6	27.56	1.67	0.94	0.84	20.27	37.37	3.20	8.15	100
	7	27.69	1.90	1.07	0.68	21.07	36.08	3.57	7.94	100
	8	27.50	1.61	1.36	0.89	22.01	36.15	2.45	8.03	100
	平均	27.65	1.84	1.13	0.74	20.77	37.66	2.44	7.77	100
方锰铁矿	1	29.83	1.78	0.90	0.91	23.09	31.25	2.61	9.63	100
	2	30.09	2.38	1.01	0.89	26.76	27.94	—	10.93	100
	3	29.98	2.17	1.00	0.60	24.87	28.22	3.72	9.44	100
	4	29.87	2.32	0.75	0.85	31.24	20.57	4.08	10.32	100
	5	29.36	2.87	—	1.28	32.90	18.60	4.67	10.32	100
	6	29.73	2.95	1.22	1.03	28.88	22.13	3.17	10.89	100
	7	29.96	2.20	0.84	0.89	30.93	23.52	2.94	8.72	100
	8	29.86	1.73	0.90	1.25	23.83	30.41	3.28	8.74	100
	9	29.80	2.09	1.12	1.07	26.13	30.02	2.00	8.77	100
	10	30.02	2.07	1.14	1.53	28.80	27.03	—	9.41	100
	平均	29.85	2.26	0.89	1.03	27.74	25.97	2.65	9.61	100

为了确定镍在各矿物中的总矿物含量,特利用硫酸羟胺作试剂选择性浸取含锰针铁矿和含锰水针铁矿中的镍,结果列于表 2-47。从表中可见,与锰有关的黑镁铁锰矿、方锰铁矿以及含锰针铁矿和含锰水针铁矿累计含镍高达 0.83%,占原料总镍的 84.69%。而针铁矿、水针铁矿等铁的氧化物累计含镍仅为 0.15%,占原料总镍的 15.31%。

表 2-47 试验用红土镍矿中镍的物相分析结果

矿相	含锰氧化物中镍①	赤铁矿及不含锰褐铁矿中镍②	累计
含量/%	0.83	0.15	0.98
占有率/%	84.69	15.31	100

① 该相包括黑镁铁锰矿、方锰铁矿、含锰针铁矿、水针铁矿;
② 该相包括赤铁矿以及所有不含锰的氧化物或水合氧化物。

综上所述,矿石中的镍大多赋存在含锰针铁矿和含锰水针铁矿以及黑镁铁锰矿和方锰铁矿中,其次分散于针铁矿和水针铁矿内,并均匀分散于各矿物中表现出类质同象性质,不存在独立的富镍氧化物或硅酸盐。

钴主要赋存在富锰的黑镁铁锰矿和方锰铁矿中,在含锰较低的矿物中几乎不含钴[17]。

2.2 蛇纹石型红土镍矿

蛇纹石是一种含水的富镁硅酸盐矿物的总称,因其花纹类似蛇皮而得名,包括叶蛇纹石、利蛇纹石、纤蛇纹石等,它们的颜色一般常为绿色,但也有浅灰、白色或黄色等。蛇纹石含大量的镁,源于火成岩。硬度不大,一般在 2~3.5 之间。蛇纹石的主要成分是硅酸镁,并含有结晶水,其化学组成为 $3MgO \cdot 2SiO_2 \cdot 2H_2O$。纯净蛇纹石含 SiO_2 44.1%、MgO 43%、结晶水 12.9%。蛇纹石矿中常伴生有铁、镍、钴、铬及少量的铂族元素(如铂、铑、铱等)。

我国蛇纹石资源十分丰富,以镍为代表的有价金属元素具有十分重要的开发和利用价值。蛇纹石型红土镍矿即蛇纹石型矿,以高镍低铁、高镁富硅为特征。蛇纹石型红土镍矿主要含硅、镁矿物,大部分蛇纹石型红土镍矿除含硅、镁外,还含少量镍,个别还含少量铁、铝、钙等元素。能谱分析证明,蛇纹石型红土镍矿的含镍量与风化程度有关,当蛇纹石的风化较浅时,其主要成分为 Si、Mg,另外还含 Fe、Ni、Al、Ca 等元素,当风化程度提高时,超基性岩中不稳定组分淋滤到下部,与蛇纹石化过程中形成的蛇纹石结合成为含镍蛇纹石,由于风化程度的不同,其含镍量也有较大的差别。

2.2.1 缅甸莫苇塘红土镍矿

2.2.1.1 原矿成分分析

A 原矿的化学组成

该红土镍矿样品来自缅甸莫苇塘[18]。将矿石原料分为三种:一种称为红土矿,含镍 1.86%、铁 20.22%、镁 7.02%、二氧化硅 34.70%;另一种称为土状矿,含镍 1.40%、铁 19.99%、镁 4.62%、二氧化硅 42.47%;第三种称为岩质矿,含镍 1.62%、铁 5.72%、镁 17.59%、二氧化硅 47.58%,其 ICP 分析结果列于表 2-48。主要化学元素分析列于表 2-49。三种氧化镍矿的水分检测列于表 2-50。

表 2-48　氧化镍矿的 ICP 分析结果　　　　　　　　　　（%）

元素	Al	As	Ba	Be	Bi	Ca	Cd
红土矿	2.49	<0.005	0.04	<0.01	<0.01	0.48	<0.005
土状矿	2.38	<0.005	<0.005	<0.01	<0.01	0.035	<0.005
岩质矿	0.17	<0.005	<0.005	<0.01	<0.01	0.23	<0.005
元素	Co	Cr	Cu	Fe	K	Li	Mg
红土矿	0.045	0.35	0.022	58.02	0.085	<0.005	7.18
土状矿	0.055	0.33	0.015	63.53	0.11	<0.055	5.31
岩质矿	0.016	0.022	0.006	13.94	0.016	<0.005	15.92
元素	Mn	Mo	Na	Ni	Pb	Sb	Se
红土矿	0.33	<0.01	0.026	2.02	0.02	<0.01	<0.01
土状矿	0.34	<0.01	<0.01	1.69	<0.005	<0.01	<0.01
岩质矿	0.086	<0.01	0.054	17.9	<0.005	<0.01	<0.01
元素	Sn	Sr	Ti	V	Zn		
红土矿	<0.01	<0.005	<0.005	<0.01	0.27		
土状矿	<0.01	<0.005	0.093	0.01	0.44		
岩质矿	<0.01	<0.005	<0.005	0.01	0.42		

表 2-49　氧化镍矿主要化学元素分析　　　　　　　　　　（%）

元素	Ni	Co	Cu	Fe	SiO_2	Al_2O_3	CaO	MgO
红土矿	1.86	0.042	0.012	20.22	34.70	4.67	0.11	11.64
土状矿	1.40	0.05	0.012	19.99	42.47	4.01	0.07	7.66
岩质矿	1.62	0.018	0.008	5.72	47.58	0.42	0.04	29.17
元素	Pb	Zn	Mn	S	As	Cr	P	
红土矿	0.006	0.042	0.30	0.008	<0.001	0.86	0.016	
土状矿	0.011	0.03	0.27	0.006	<0.001	0.96	0.014	
岩质矿	0.05	0.05	0.076	0.008	<0.001	0.24	<0.005	

表 2-50　红土矿、土状矿、岩质矿含水量　　　　　　　　　　（%）

项目	物理水	结晶水	总水
红土矿	9.6	10.6	20.2
土状矿	13.6	8.0	21.6
岩质矿	3.8	10.7	14.5

B　试验用矿的化学组成

三种氧化镍矿按红土矿：土状矿：岩质矿 = 10：60：30 的比例混合后作为试验用矿，混合矿样 ICP 分析结果和主要化学成分分析结果见表 2-51 和表 2-52。

表 2-51　混合矿样 ICP 分析结果

元素	Al	As	Ba	Be	Bi	Ca	Cd
含量/%	1.68	<0.005	<0.005	<0.01	<0.01	0.23	<0.005
元素	Co	Cr	Cu	Fe	K	Li	Mg
含量/%	0.042	0.04	0.018	46.54	0.062	<0.005	8.63
元素	Mn	Mo	Na	Ni	Pb	Sb	Se
含量/%	0.26	<0.01	0.011	1.71	0.010	<0.01	<0.01
元素	Se	Sn	Sr	Ti	V	Zn	
含量/%	<0.01	<0.01	<0.005	0.063	<0.01	0.36	

表 2-52　混合氧化镍矿化学成分分析结果

元素	Ni	Co	Cu	Fe	Pb	Zn	Mn	SiO_2	Al_2O_3	CaO	MgO
含量/%	1.46	0.040	0.01	15.60	0.01	0.03	0.02	39.79	0.071	3.23	14.84

2.2.1.2　筛析结果分析

为了考察缅甸莫苇塘镍矿中不同粒度镍的分布状况，对试验用混合氧化镍矿进行了筛析，筛析结果见表 2-53。

表 2-53　试验用混合氧化镍矿筛析结果

粒度/mm	质量分数/%	镍含量/%	镍分配比/%
>0.45	4.57	0.60	1.98
0.45~0.30	7.01	0.84	4.26
0.30~0.154	13.21	1.15	10.98
0.154~0.102	7.02	1.34	6.80
0.102~0.088	4.78	1.38	4.77
0.088~0.076	5.08	1.38	5.07
0.076~0.065	3.96	1.48	4.24
0.065~0.050	3.76	1.50	4.08
<0.050	50.61	1.58	57.82
合计	100.00		100.00

筛析结果表明，试验用矿粒度越细，镍含量越高。矿中镍的分布小于 0.050mm 占 50% 以上（Ni 1.58%），0.30~0.154mm 占 10% 以上（Ni 1.15%），大于 0.45mm 占 4.57%（Ni 0.60%）[19]。

2.2.1.3　工艺矿物学研究

通过对岩质矿、红土矿和土状矿的物质组成研究认为，3 个样品只是超基性岩-蛇纹岩风化、淋滤不同阶段的产物而已，因此，彼此间的矿物组成及镍的状态有相当部分是一样的，只是数量上有差异而已。具体而言，岩质矿是经受风化—淋滤作用较浅的下部矿石，而土状矿是居间的中度风化—淋滤产物，最上部的红土矿则是经受风化—淋滤作用最强的产物，原岩破坏较彻底而镁质淋失较多，铁铝质明显富集，形成含 Ni 的红土矿。为避免内容重复，在描述矿物时将不分类型进行描述[20]。

原矿主要由含镍蛇纹石、针铁矿、石英（包括玉髓）组成，另见少量作为风化残余物存在的辉石、橄榄石、闪石和铬尖晶石；蛇纹石本身的结晶程度是有差异的，作为变种，既有结晶较好的叶蛇纹石和纤维蛇纹石，也有结晶程度较低的胶蛇纹石；矿石中 Ni 绝大部分存在于蛇纹石类硅酸盐，其他矿物中含 Ni 较少。因此，在含 Ni 蛇纹石类矿物脱水分解后 Ni 易于还原为金属态，但粒度极细，其进一步富集需要有较多的 Fe 同时也还原为金属以形成足够大的合金粒；熔炼条件下可将镍很好地还原并与铁组成合金态。

A 原矿的化学组成特征

对各类原矿的综合样进行了能谱分析，结果如图 2-95 所示。

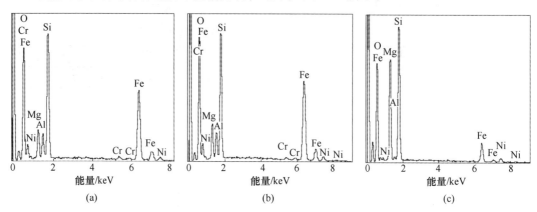

图 2-95 三种类型矿石能谱对比

（a）红土型矿；（b）土状矿；（c）岩质矿

和岩质矿相比，红土矿和土状矿中的 Mg 明显淋失而 Fe、Al 明显富集，这正是基性-超基性岩（包括蛇纹岩）风化过程中元素重新组合的结果。

三种类型矿石的化学分析结果见表 2-54。

表 2-54 三种矿石的主要元素含量分析结果（干基） （%）

矿石	Ni	Co	Cu	Fe	Pb	Zn	Mn	SiO$_2$
红土型	1.86	0.042	0.012	20.22	0.006	0.042	0.30	34.76
土状矿	1.40	0.05	0.012	19.99	0.011	0.03	0.27	42.54
岩质矿	1.62	0.018	0.008	5.73	0.021	0.05	0.076	47.66
矿石	Al$_2$O$_3$	Cr$_2$O$_3$	CaO	MgO	S	As	P	烧损
红土型	4.68	1.26	0.11	11.64	0.008	<0.001	0.016	12.53
土状矿	4.00	1.40	0.07	7.66	0.006	<0.001	0.014	14.94
岩质矿	0.42	0.35	0.04	29.16	0.008	<0.001	<0.005	12.08

注：由于 CaO 含量很低，因此烧损主要是由含水硅酸盐及针铁矿脱水引起的。

红土矿、土状矿和岩质矿 3 种矿石按 10∶60∶30 比例混合后作为试验使用的综合样，其基本化学组成为：SiO$_2$ 39.79%、CaO 0.071%、Al$_2$O$_3$ 3.23%、MgO 14.84%、Ni 1.46%、Fe 15.6%、Co 0.04%。

B　原矿的矿物组成特征

自岩质矿到风化程度最高的红土矿间在矿物组成上具有过渡性质，它们在矿物种类上是一样的，但数量上有明显差别。经鉴定，可认为莫韦塘镍矿中最主要的矿物有蛇纹石类矿物（含镍蛇纹石-镍绿泥石、纤维蛇纹石、胶蛇纹石）、石英-燧石和结晶程度很差的褐铁矿，而辉石、铬尖晶石则作为风化残余物存在，橄榄石和闪石很少见；此外，尚见一些原超基性岩在蛇纹石化过程中形成的细脉状磁铁矿，风化过程中还形成很少量的富含 Co 的 Mn-Fe 氧化物相。

a　辉石

辉石作为原岩矿物组成在风化后依然保留下来的主要矿物，实际上在各类型矿石中能见到，只不过在岩质矿中更为常见。

矿石蛇纹石化一般沿辉石的解理及横向裂理进行，如图 2-96 所示。

显微镜下特征（浅褐色至无色，平行消光及低干涉色）认为辉石属斜方辉石；能谱分析证明，它本身不含显著量的 Ni，基本上由 Mg、Si 组成而另含少量 Al、Ca、Fe，定名为古铜辉石为宜，如图 2-97 所示。

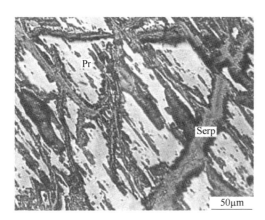

图 2-96　蛇纹石（Serp）沿辉石（Pr）
柱状解理和横向裂理

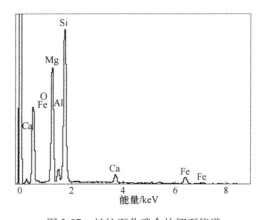

图 2-97　蛇纹石化残余的辉石能谱

b　橄榄石

和辉石相比，橄榄石残晶在矿石中少见得多，说明它更易遭受蛇纹石化和风化，其形态也与辉石不同，如图 2-98 所示。能谱分析也证明它本身含 Ni 很低，据成分（高镁低铁）可将其定为镁橄榄石。

c　铬尖晶石

铬尖晶石作为风化残余存在的矿物，能谱分析证明，虽然化学组成相对含量有些变化，但 Al、Mg 高而 Cr、Fe 较低是共同特征，属造岩的硬铬尖晶石，能谱如图 2-99 所示。

一般呈自形或半自形状，后一情况下常常是由于晶体存在裂纹而受到交代的结果，如图 2-100 和图 2-101 所示。

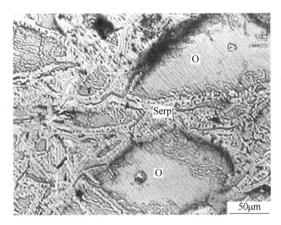

图 2-98　作为蛇纹石化残余存在的橄榄石（O）

（蛇纹石（Serp）沿橄榄石的裂理交代）

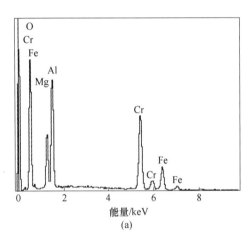

(a)

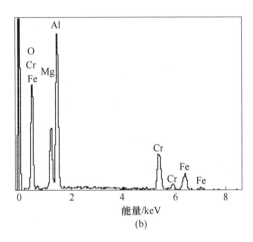

(b)

图 2-99　矿石中典型铬尖晶石能谱

（低 Fe 而富含 Al、Mg，属硬铬尖晶石）

图 2-100　呈自形嵌布的铬尖晶石（Cr）

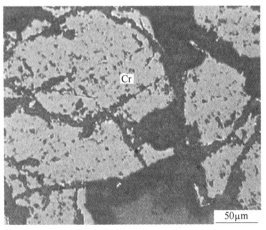

图 2-101　呈碎裂状的铬尖晶石（Cr）

d 铁的氧化物

这里所说的铁的氧化物不包括作为深度风化产物的褐铁矿,而是指纯橄榄岩蛇纹石化过程中形成的磁铁矿和后来又氧化形成的赤铁矿。实际上它们的数量不多,但分布较广泛。扫描电镜能谱分析证明它们不含 Ni,因此其对工艺的影响可忽视。嵌布特征如图2-102 所示,能谱如图 2-103 所示。

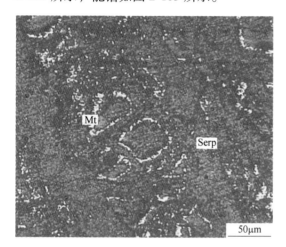

图 2-102 蛇纹石 (Serp) 化过程析出
尘点状磁铁矿 (Mt)

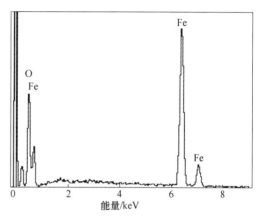

图 2-103 尘点状磁铁矿能谱

e 蛇纹石类矿物

蛇纹石类矿物是该矿石中最主要的含 Ni 矿物。能谱分析证明蛇纹石几乎都含 Ni,只是在数量上有差别。矿石中的大部分的 Ni 都和这种矿物相关。成分特征上表现为主要含 Mg、Si 外,也常常含有一定数量的 Al、Fe。X 射线衍射分析结果与镍蛇纹石($Ni_3Si_2O_5(OH)_4$)吻合,对其中结晶较好者可能属于所谓的"利蛇纹石"($Mg_3Si_2O_5(OH)_4$),无疑将这类矿物表示为 $(Mg, Ni)_3Si_2O_5(OH)_4$ 更确切。

由于原生矿物中含 Ni 很低,因此蛇纹石化及随后的风化使 Ni 富集了,典型成分如图2-104 所示。当蛇纹石中浸染有较高的 Fe、Mn 时,可以看到其中的 Ni 也明显增加,而且Co 含量也变得明显,如图 2-105 所示。

橄榄石或辉石的蛇纹石化产物是各式各样的,该矿石中既可看到结晶程度很低的胶蛇纹石,也可看到呈叶片状的叶蛇纹石,以及在裂隙中结晶良好呈纤维状的纤维蛇纹石,如图 2-106~图 2-109 所示。

3 种类型矿石中的蛇纹石数量在岩质矿中最多,在 Ni 品位都为 1.5% 左右时,岩质矿中蛇纹石的 Ni 品位相对低些,占有率相对较高。

f 褐铁矿

虽然褐铁矿是红土矿的重要组成部分,但在各种抛光片的显微镜下鉴定中都没有见到作为它的主要矿物的具有明确晶型的针铁矿,而是掺杂了显著含量硅镁质的混合物,它在透光镜下显不均匀的红色-红褐色(见图 2-106~图 2-108),在单偏光下和蛇纹石难以区分,在扫描电镜能谱分析中,任何这类颗粒都显示不同程度上同时含有 Si、Al、Fe、Ni等,而 Mg 量已明显降低(淋失),如图 2-110 所示。

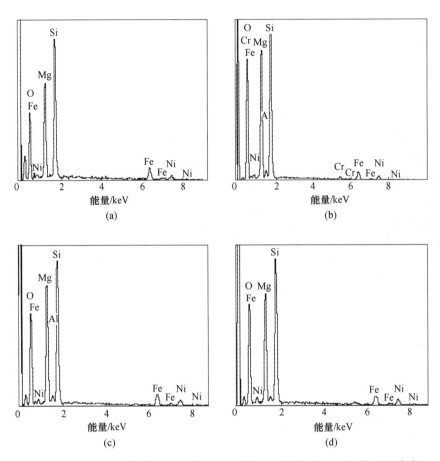

图 2-104　各种蛇纹石的能谱（不同程度上都含 Ni，浸染有 Fe-Mn 者 Ni 更富集）

（a）含少量 Fe 的蛇纹石能谱；（b）~（d）含少量 Fe、Al 的蛇纹石能谱

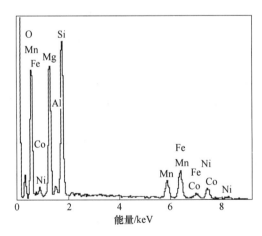

图 2-105　局部含 Fe、Mn 高的蛇纹石能谱

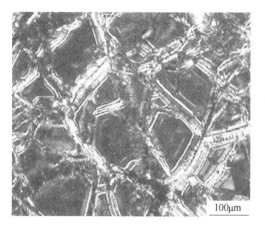

图 2-106　叶蛇纹石或纤维蛇纹石

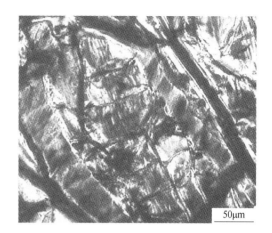

图 2-107　叶蛇纹石

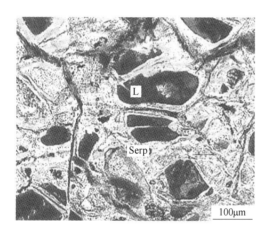

图 2-108　褐铁矿（L）和蛇纹石（Serp）

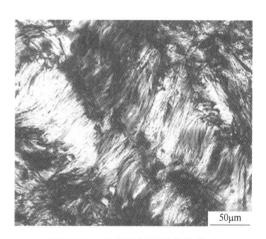

图 2-109　结晶较好的纤维蛇纹石

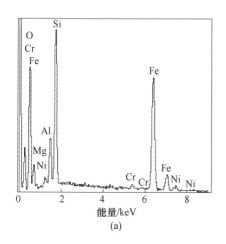

(a)

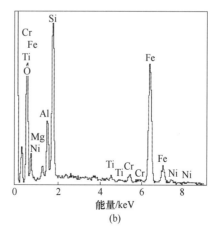

(b)

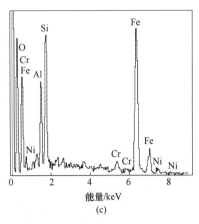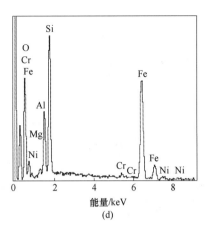

图 2-110　富铁颗粒的典型能谱

　　由于褐铁矿总是含有 Si、Al，因此难以判断能谱分析中显示的 Ni 究竟是存在于镍蛇纹石中还是存在于针铁矿中。曾对蛇纹石裂隙内偶见的褐铁矿脉进行能谱分析，结果未见显著含量的 Ni，如图 2-111～图 2-113 所示。

图 2-111　蛇纹石（Serp）裂隙中的褐铁矿细脉

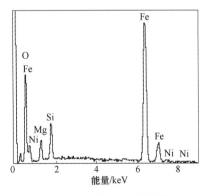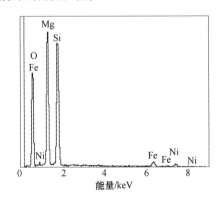

图 2-112　褐铁矿细脉能谱　　　　　　　图 2-113　含 Ni 蛇纹石能谱

　　蛇纹石中存在一些铁锰氧化物的细脉，其中 Ni、Co 比较富集，如图 2-114 所示。

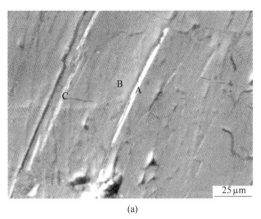

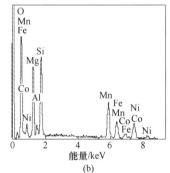
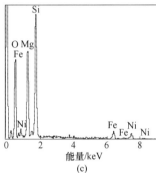
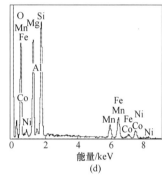

图 2-114　蛇纹石中充填的铁锰氧化物扫描电镜图像及能谱

（a）蛇纹岩（B，灰色）裂隙中充填的铁锰氧化物（A、C灰白色）；（b）A点能谱；

（c）B点能谱；（d）C点能谱

g　硅质（石英和玉髓）

风化作用也形成了一定数量的游离硅质，它主要以燧石或石英的形式充填在裂隙中，矿样中可发现较大的硅质碎片，其显微镜下特征如图 2-115 和图 2-116 所示。

图 2-115　蛇纹岩裂隙中充填的燧石脉（Ch）

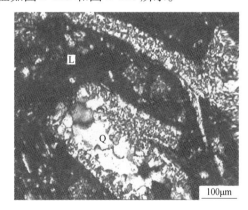

图 2-116　硅质碎片（Q）

L—褐铁矿

各类原矿综合样的 X 射线衍射分析结果如图 2-117 所示。其中，岩质矿中镍蛇纹石衍射谱线最完整，而石英则普遍存在于各矿石中，针铁矿则在红土型矿石中发育，由 3 个样品混配的火法冶金用样衍射谱与此无本质差异，不单独列出。

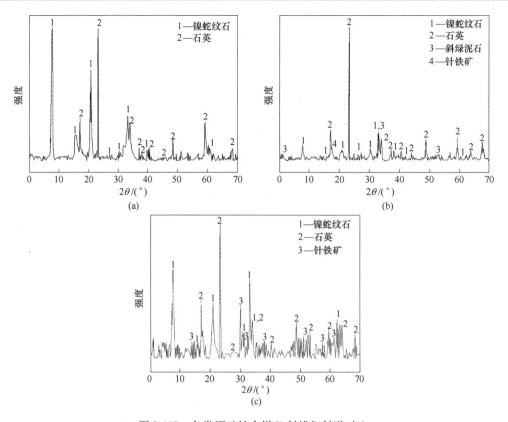

图 2-117　各类原矿综合样 X 射线衍射谱对比
（a）岩质矿衍射谱；（b）土状矿衍射谱；（c）红土型矿石衍射谱

C　Ni、Co 在矿石中的分配

通过扫描电镜分析可看出，矿石中的 Ni 主要存在于蛇纹石类矿物中，即使是在红土型矿石中，铁矿物本身的 Ni 含量也相对少。选择性溶解试验也证明只有在加入氟化物（以尽可能分解硅酸盐）条件下 Ni 的绝大部分才能溶出。因此，以稀硝酸溶液中加入氟化铵作为选择性溶解硅酸盐的介质，来考查分配于蛇纹石类矿物中的 Ni 数量，该条件下褐铁矿的溶解率有限。结果见表 2-55。

表 2-55　Ni 在各类型矿石中的分配

矿石类型	硅酸盐中 Ni		其他矿物中 Ni		总　　计	
	含量/%	分配/%	含量/%	分配/%	含量/%	分配/%
岩质矿	1.53	96.71	0.052	3.29	1.582	100.00
土状矿	1.30	95.17	0.066	4.83	1.366	100.00
红土矿	1.65	94.02	0.105	5.98	1.755	100.00

由于矿石中 Co 含量低，只对其在土状矿中的分配进行了类似的考查，结果同样表明大部分 Co 也存在于蛇纹石类矿物中，不过其比例有所降低，见表 2-56。

表 2-56　Co 在土状矿中的分配

矿石类型	硅酸盐中 Co		其他矿物中 Co		总　　计	
	含量/%	分配/%	含量/%	分配/%	含量/%	分配/%
土状矿	0.038	86.36	0.006	13.64	0.044	100.00

显然，Ni 的绝大部分都分散分布于硅酸盐中，火法富集必将经历 Ni 还原及在熔体中与金属铁组成足够大的合金颗粒以实现与脉石的分离过程[21]。

2.2.2 缅甸达贡山红土镍矿

2.2.2.1 原矿成分分析

该红土镍矿样品来自缅甸达贡山[22]。该矿石样品分为两种，一种为含镍 1%左右的低镍氧化镍矿，另一种为含镍大于 2%的高镍氧化镍矿，其 ICP 分析结果列于表 2-57。

表 2-57　镍氧化镍矿的 ICP 分析结果　　　　（%）

元素	Ni	Fe	Cu	Pb	Zn	Co	As
低镍氧化矿	0.76	22.29	0.009	0.007	0.03	0.048	<0.01
高镍氧化矿	2.18	13.48	0.010	0.006	0.027	0.044	<0.01
元素	Ti	Sn	SiO$_2$	CaO	MgO	Al$_2$O$_3$	S
低镍氧化矿	0.15	<0.01	35.47	0.21	1.82	7.72	—
高镍氧化矿	0.02	<0.01	43.27	0.41	8.29	1.55	—
元素	Cr	Mn	Ba	Bi	Cd	Mo	Na
低镍氧化矿	0.31	0.29	0.035	<0.01	<0.005	<0.005	0.029
高镍氧化矿	0.28	0.25	0.18	<0.01	<0.005	<0.005	0.24
元素	V	Be	C	Sb	K	Au/g·t^{-1}	Ag/g·t^{-1}
低镍氧化矿	0.01	0.002	—	<0.01	0.33	0.11	3.82
高镍氧化矿	<0.005	<0.001	—	<0.01	0.076	0.16	3.90

为保证所处理矿样的代表性，对低镍氧化矿和高镍氧化矿矿样进行了配矿处理，得到了含镍约 2.1%的试验用矿样。该样品的 ICP 分析和化学全分析结果见表 2-58 和表 2-59。

表 2-58　试验用氧化镍矿的 ICP 分析结果

元素	Ni	Fe	Cu	Pb	Zn	Co	As
含量/%	1.89	12.2	0.006	<0.005	0.013	0.03	<0.01
元素	Ti	Sn	Cr	Mn	Mg	Al	Ca
含量/%	0.018	<0.01	0.22	0.19	9.20	0.76	0.25
元素	Ba	Bi	Be	K	Cd	Mo	Li
含量/%	0.004	<0.01	<0.001	0.077	<0.001	<0.005	<0.001
元素	Na	Sb	Se	Sr	W	V	
含量/%	0.045	<0.01	<0.01	<0.001	—	<0.005	

表 2-59　试验用氧化镍矿的化学全分析结果

成分	Ni	Fe	Cu	Pb	Zn	Co	As	Ti
含量/%	2.12	13.38	0.008	0.001	0.031	0.036	—	—
成分	Sn	SiO$_2$	CaO	MgO	Al$_2$O$_3$	S	Cr	Mn
含量/%	—	43.90	0.46	17.73	1.71	0.0058	—	0.21
成分	Ba	Bi	Cd	Mo	C	Au/g·t^{-1}	Ag/g·t^{-1}	
含量/%					0.088	0.12	3.82	

2.2.2.2　筛析结果分析

对含镍 1%~2% 的镍矿，经颚式破碎机破碎后进行了筛析，筛析结果见表 2-60。

表 2-60　缅甸达贡山镍矿筛析结果

粒度/mm	质量分数/%	镍含量/%	镍分配比/%
>4	11.31	1.40	8.84
4~3.327	5.14	1.50	4.27
3.327~2.5	9.67	1.61	8.62
2.5~1.6	12.09	1.71	11.47
1.6~0.71	20.88	2.11	24.42
0.71~0.45	14.23	2.03	16.78
0.45~0.3	8.89	1.86	9.14
0.3~0.2	5.48	1.26	3.82
0.2~0.125	1.43	1.18	0.94
0.125~0.105	0.68	1.38	0.52
0.105~0.076	0.68	1.35	0.51
0.076~0.065	0.58	1.76	0.57
0.065~0.060	0.77	1.59	0.68
<0.060	8.17	2.08	9.42
合计	100.00		100.00

筛析结果表明，缅甸达贡山镍矿中镍的分布比较均匀，不存在镍的偏析现象，因此，不能采用抛尾的办法来提高矿石的镍品位，只能全部入炉冶炼[23]。

2.2.2.3　工艺矿物学研究

利用显微镜观察、X 射线粉末衍射以及扫描电镜能谱分析完成了样品矿物组成的研究。图 2-118 所示为缅甸红土镍矿综合样的 X 射线粉末衍射图。从图中可见，它们主要是由各种蛇纹石、滑石、石英、蒙脱石、少量伊利石及针铁矿构成，其他矿物因数量少或结晶较差在衍射图中反映不出来。

显微镜观察发现，除上述矿物外，不同矿块的样品中还存在着数量不等的磁铁矿、铬铁矿、褐铁矿、硬锰矿以及极少量的黄铁矿、黄铜矿、镍黄铁矿、辉铜矿以

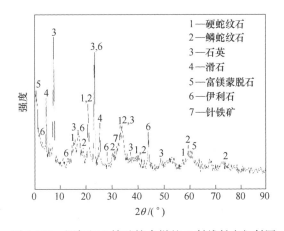

图 2-118　缅甸红土镍矿综合样的 X 射线粉末衍射图

及金属铜，在很多矿块的铬铁矿结构内，可见数量明显的铬镁尖晶石或硬铬尖晶石。有时这些硬铬尖晶石呈不规则块状单独嵌生在蛇纹石中，少量的硫化物多数呈细粒（小于

0.043mm）沿脉石裂隙或晶界处充填，有时也在褐铁矿中残存，一般情况下这些少量硫化物均各自单独存在，有时镍黄铁矿、辉铜矿、金属铜等交代在一起形成共生结构。磁铁矿大多呈自形晶，半自形晶在镁铁闪石、滑石及蛇纹石中嵌生，粒度极不均匀，粗者可达0.10mm，细者在0.010~0.043mm之间。图2-119~图2-124所示分别为矿石中各主要矿物的显微结构，从中可见，它们中有相当数量呈粗粒嵌布[24]。

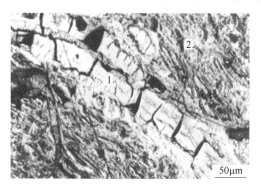

图 2-119　各类蛇纹石的显微结构
1—硬蛇纹石；2—鳞蛇纹石

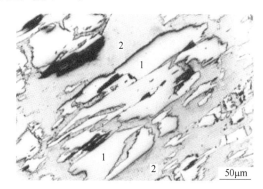

图 2-120　蒙脱石及滑石的显微结构
1—蒙脱石；2—滑石

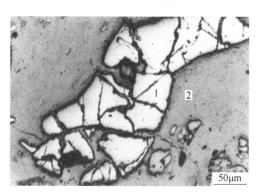

图 2-121　粗粒的铬铁矿
1—铬铁矿；2—脉石

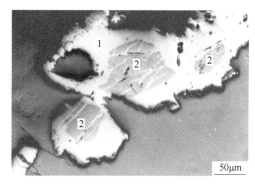

图 2-122　铬铁矿中的铬镁尖晶石（200倍）
1—铬铁矿；2—铬镁尖晶石

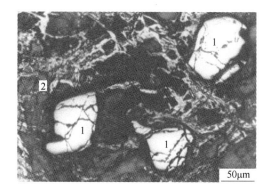

图 2-123　铁闪石中的粗粒磁铁矿
1—磁铁矿；2—铁闪石

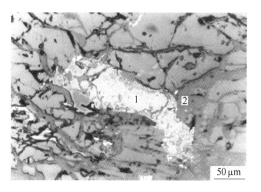

图 2-124　脉石中嵌生的粗粒硫化物聚合体
1—硫化物；2—脉石

尽管样品含镍较高，但矿石中真正构成富镍矿物的数量并不多，大部分镍都不同程度地浸染在蛇纹石、滑石、绿泥石、铁闪石以及少量褐铁矿中。这些富镍的矿物主要为镍蛇纹石、镍绿泥石、镍硬锰矿、少量镍黄铁矿以及数量更少的六方硫镍矿、黑硫铜镍矿等镍的硫化矿。图2-125~图2-130所示分别为矿石中主要富镍矿物及含镍矿物的显微结构及对应的元素组成。从图中可见，矿石中含镍矿物种类繁多，既有大量的硅酸盐，也有数量明显的硬锰矿、褐铁矿以及少量的硫化物。镍在这些矿物中的明显富集构成了富镍滑石、镍绿泥石、含镍铁闪石、镁铁闪石以及含镍褐铁矿和钡硬锰矿的存在。扫描电镜能谱分析同时发现，硅酸盐含镍只是出现在矿石的部分矿块中，多数矿块石的蛇纹石、滑石、闪石等硅酸盐中不含镍，特别是结晶完整的磁铁矿、铬铁矿、铬铁尖晶石等氧化物中也不含镍，并且在扫描电镜区分析过程中同时发现不含镍的铅硬锰矿及黑锌锰矿。

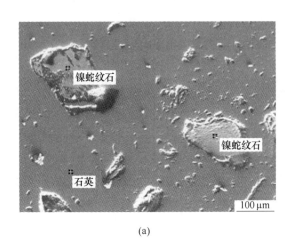

(a)

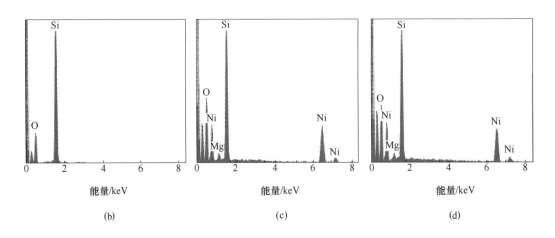

图 2-125   镍蛇纹石的背散射电子像及对应点成分

(a) 镍蛇纹石的背散射电子像；(b) 石英成分；(c)，(d) 镍蛇纹石成分

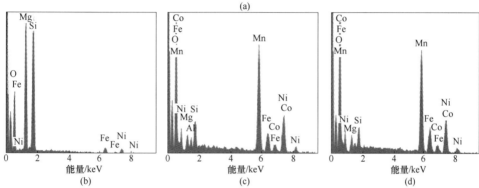

图 2-126　镍硬锰矿的背散射电子像及对应点成分

（a）镍硬锰矿的背散射电子像；（b）含镍蛇纹石成分；（c），（d）镍硬锰矿成分

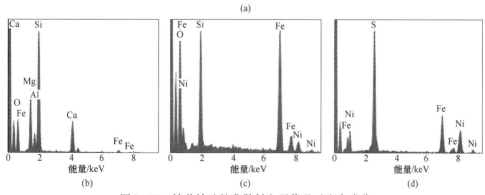

图 2-127　镍黄铁矿的背散射电子像及对应点成分

（a）镍黄铁矿的背散射电子像；（b）普通辉石成分；（c）含镍铁闪石成分；（d）镍黄铁矿成分

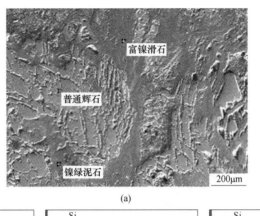

(a)

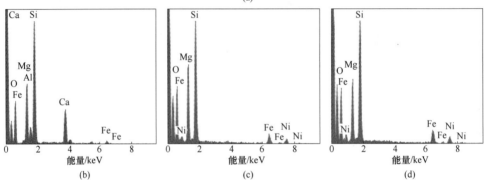

(b)   (c)   (d)

图 2-128 富镍滑石及镍绿泥石的背散射电子像及对应点成分

（a）富镍滑石及镍绿泥石的背散射电子像；（b）普通辉石成分；（c）镍绿泥石成分；（d）富镍滑石成分

(a)

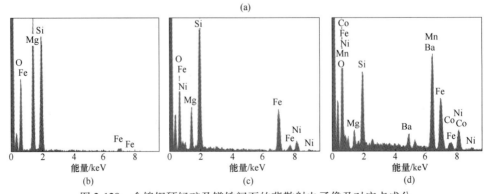

(b)   (c)   (d)

图 2-129 含镍钡硬锰矿及镁铁闪石的背散射电子像及对应点成分

（a）含镍钡硬锰矿及镁铁闪石的背散射电子像；（b）蛇纹石成分；（c）含镍镁铁闪石成分；（d）含镍钡硬锰矿成分

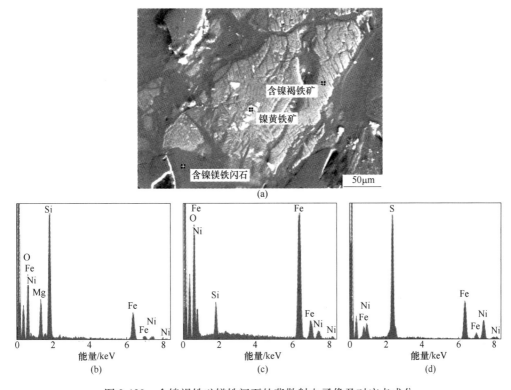

图 2-130 含镍褐铁矿镁铁闪石的背散射电子像及对应点成分

（a）含镍褐铁矿镁铁闪石的背散射电子像；（b）含镍镁铁闪石成分；（c）含镍褐铁矿成分；（d）镍黄铁矿成分

表 2-61 列出了矿石的矿物组成汇总及估量。由于大量硅酸盐的化学成分接近，且溶解性相同，考虑到准确的矿物定量对冶金工艺没有实质的意义，因此表 2-61 仅根据矿物数量的多少做了简单的分类，并给出了相应的估量。

表 2-61 缅甸红土镍矿的矿物组成汇总及估量

矿物类型	主要矿物		次要矿物		少量矿物	
	名称	估量/%	名称	估量/%	名称	估量/%
氧化物	铬铁矿	约 2.5	褐铁矿	<0.5	铅硬锰矿	<0.1
	磁铁矿	约 1.5	硬锰矿	<0.5	黑锌锰矿	<0.1
	铬镁尖晶石	约 2.0	钡硬锰矿			
	硬铬尖晶石		镍硬锰矿	约 0.3		
硫化物	黄铁矿	<0.1	磁黄铁矿	<0.05	辉铜矿	<0.01
	镍黄铁矿	约 0.1	黄铜矿	<0.03	金属铜	<0.01
					黑硫铜镍矿	<0.01
					六方硫镍矿	<0.01
硅酸盐	硬蛇纹石	约 35	伊利石	约 7	镍蛇纹石	约 1
	鳞蛇纹石		绿泥石	约 3	富镍滑石	约 1
	滑石	约 15	镁铁闪石	约 2	镍绿泥石	约 1
	富镁蒙脱石	约 12	铁闪石	约 2		
	石英	约 10	普通辉石	约 2		

2.2.2.4　元素的赋存状态

考虑到矿石中镍、铁的赋存状态对冶金过程的方法选择有明显影响，现重点分述如下。

A　镍的赋存状态

通过扫描电镜能谱分析确认，在部分矿块中不仅随处可见富镍的镍蛇纹石、镍硬锰矿、镍绿泥石、富镍滑石等硅酸盐矿物，而且还能检测到含镍极高的镍硬锰矿、少量镍黄铁矿、六方硫镍矿及黑硫铜矿等镍的硫化物，另外，在这些富镍相的载体矿物中或其他含镍较低的矿块中，也经常可以检测到蛇纹石、镁铁闪石、绿泥石等脉石矿物含有数量不等的镍。一般来讲，这些矿物的镍含量在 1%~3% 之间。尽管较富镍矿物低得多，但由于这些低镍矿物的数量较大，因此也构成了矿石中镍的重要载体，褐铁矿虽然数量不多，但因系硫化物的氧化产物，所以镍的浸染也相当明显。

图 2-131 和图 2-132 所示分别为富镍矿物和含镍矿物的 X 射线能谱图。镍主要赋存在硅酸盐、硬锰矿、褐铁矿及各类硫化物中，比较表 2-61 中各矿物的相对数量可知，硅酸盐的数量要远远大于硬锰矿、褐铁矿及硫化物。因此，矿石中的大部分镍赋存在蛇纹石、滑石、绿泥石及镁铁闪石构成的脉石主体中。硫化物因数量过低，尽管含镍较高也不会成为镍的主要载体。

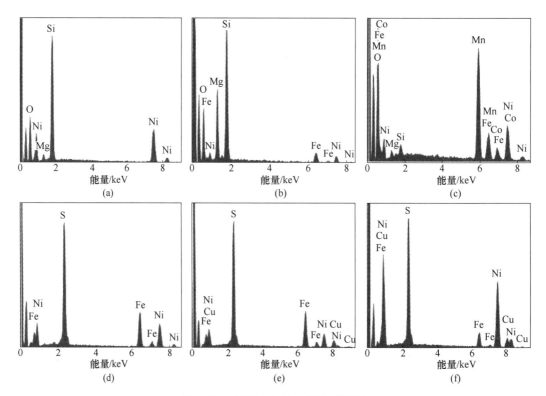

图 2-131　富镍矿物的 X 射线能谱图

（a）镍蛇纹石；（b）富镍滑石；（c）镍硬锰矿；（d）镍黄铁矿；（e）黑硫铜镍矿；（f）六方硫镍矿

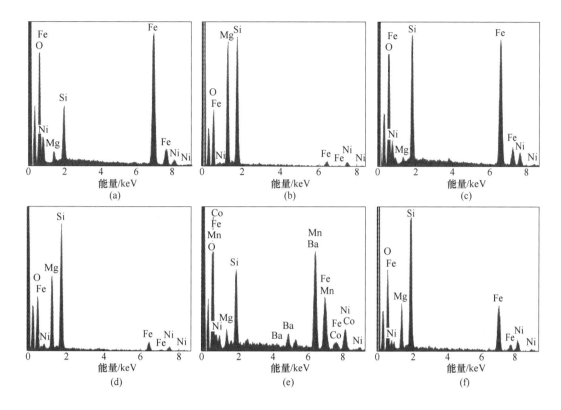

图 2-132　含镍矿物的 X 射线能谱图

（a）含镍褐铁矿；（b）含镍蛇纹石；（c）含镍铁闪石；（d）镍绿泥石；（e）含镍钡硬锰矿；（f）含镍镁铁闪石

　　表 2-62~表 2-66 分别表示了各类镍矿物及含镍矿物的扫描电镜能谱分析结果。像蛇纹石、绿泥石、镁铁闪石等低含镍矿物因测定的点数较少而未进行列表统计。从表中可见，镍硬锰矿中不仅含有大量的镍，而且还含有数量明显的钴，这表明镍硬锰矿也是钴的重要载体。另外，在镍硬锰矿及富镍滑石中都含有一定量的铁，说明成矿过程中铁的浸染是比较普遍的。

表 2-62　镍蛇纹石（$Ni_3Si_2O_5(OH)_4$）的能谱分析结果　　　　　　（%）

序号	O[①]	Mg	Si	Ni	累计
1	29.35	1.17	32.77	36.71	100
2	27.82	1.97	29.47	40.74	100
3	31.53	1.21	29.54	37.72	100
4	33.72	0.94	27.81	37.53	100
5	31.88	1.69	28.73	37.70	100
平均	30.86	1.40	29.66	37.08	100

①　该项目包括（OH）⁻。

表 2-63 镍硬锰矿的扫描电镜能谱分析结果 （%）

序号	O[①]	Mg	Si	Mn	Fe	Co	Ni	累计
1	26.19	1.44	1.22	37.31	6.99	5.64	21.21	100
2	23.18	2.54	2.37	41.13	6.70	4.96	19.12	100
3	25.37	1.45	1.30	35.18	10.29	4.28	22.13	100
4	30.90	1.21	2.30	41.58	4.82	2.55	16.64	100
5	28.81	1.70	2.02	37.19	3.62	3.98	22.68	100
平均	26.89	1.67	1.84	38.48	6.48	4.28	20.36	100

① 该项目包括 (OH)⁻。

表 2-64 镍黄铁矿的扫描电镜能谱分析结果 （%）

序号	S	Fe	Co	Ni	累计
1	34.83	32.10	—	33.07	100
2	35.52	33.65	—	30.83	100
3	34.82	31.67	—	33.51	100
4	34.88	33.16	—	31.96	100
5	35.04	31.87	—	33.09	100
6	33.13	30.86	1.71	34.30	100
平均	34.70	32.22	0.29	32.79	100

表 2-65 富镍滑石的扫描电镜能谱分析结果 （%）

序号	O	Mg	Si	Fe	Ni	累计
1	35.73	16.47	31.88	8.25	7.67	100
2	36.70	20.78	27.64	9.02	5.86	100
3	34.98	16.53	30.97	9.77	7.75	100
4	33.15	16.74	31.14	10.20	8.77	100
5	35.18	21.54	29.85	8.00	5.43	100
平均	35.15	18.41	30.30	9.04	7.10	100

表 2-66 含镍和铁矿的扫描电镜能谱分析 （%）

序号	O	Mg	Si	Cr	Mn	Fe	Ni	累计
1	30.11	3.60	11.29	—	—	50.92	4.08	100
2	30.20	3.09	8.28	—	—	56.08	2.35	100
3	26.53	5.80	7.21	—	1.02	58.06	1.38	100
4	26.89	1.88	7.60	0.59	1.12	58.88	3.04	100
5	28.52	1.93	7.21	—	—	58.80	3.54	100
平均	28.45	3.26	8.32	0.12	0.43	56.55	2.87	100

B 铁的赋存状态

矿石中铁的浸染非常明显，在绝大部分矿物中都能测到数量较高的铁，其中不仅包括磁铁矿、铬铁矿、褐铁矿、黄铁矿、磁黄铁矿、镍黄铁矿等富铁矿物，而且还包含了蛇纹石、滑石、绿泥石、闪石、辉石、伊利石、尖晶石、硬锰矿等含铁矿物。在样品中，除石英、镍蛇纹石等少数矿物不含铁外，几乎所有的矿物都构成了铁的载体。图 2-133 和图 2-134 所示分别为矿石中富铁矿物及含铁矿物的 X 射线能谱图。

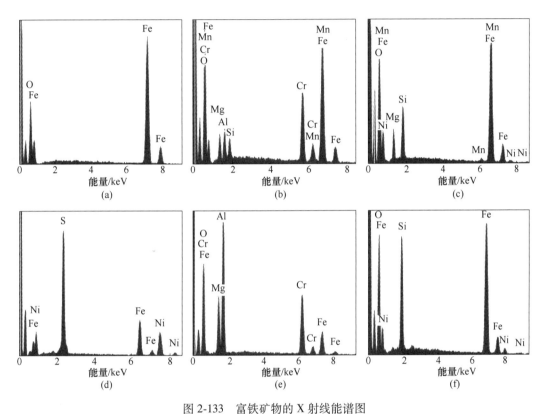

图 2-133 富铁矿物的 X 射线能谱图
（a）磁铁矿；（b）铬铁矿；（c）褐铁矿；（d）镍黄铁矿；（e）硬铬尖晶石；（f）铁闪石

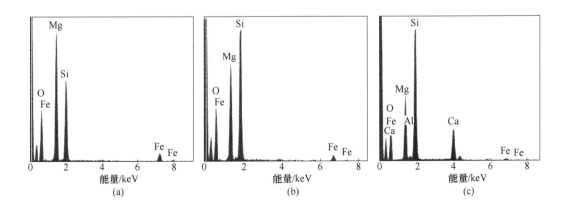

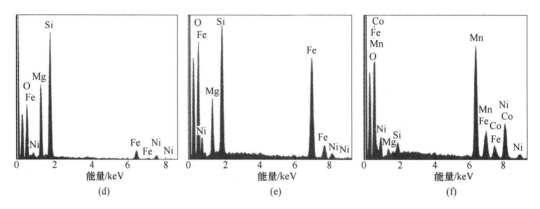

图 2-134 含铁矿物的 X 射线能谱图

（a）含铁蛇纹石；（b）含铁滑石；（c）普通辉石；（d）镍绿泥石；

（e）镁铁闪石；（f）镍硬锰矿

表 2-67 列出了扫描电镜能谱分析测定的矿石中各类铁氧化物的成分分析结果。从表中可见，结晶完好的磁铁矿、铬铁矿及铬铁尖晶石中基本不含镍。但铬与镁的关系比较密切，铬铁矿及铬镁尖晶石中普遍含镁，而铬铁矿中还含有少量的硅、铝、锰。

表 2-67 矿石中各类铁氧化物的能谱分析　　　　　　　　　　　（%）

矿物	序号	O	Mg	Al	Si	Cr	Mn	Fe	累计
磁铁矿	1	27.74	—	—	—	—	—	72.26	100
	2	27.55	—	—	—	—	—	72.45	100
	3	26.87	—	—	—	—	—	73.13	100
	4	27.93	—	—	—	—	—	72.07	100
铬铁矿	1	22.70	4.41	3.60	2.23	17.07	2.86	47.3	100
	2	22.21	4.15	1.45	2.72	17.71	1.97	49.79	100
	3	22.32	3.87	2.65	2.24	17.89	2.03	49.00	100
各类尖晶石[①]	1	28.36	9.77	23.03	—	24.78	—	14.06	100
	2	25.53	7.22	15.34	—	34.66	—	16.75	100
	3	29.49	5.04	9.65	—	36.09	—	19.73	100
	4	23.21	5.67	10.26	—	39.79	—	21.07	100
	5	23.05	6.51	12.37	—	38.03	—	20.04	100

① 各类尖晶石包括硬铬尖晶石及铬铁尖晶石。

显微镜观察及扫描电镜能谱分析证实，尽管矿石中存在有数量明显的富铁氧化矿，但其矿物量与硅酸盐相比却相差甚远。正是这些大量存在的含铁硅酸盐构成了矿石中铁的主要载体，而富铁氧化矿仅成为铁的重要载体。硫化物尽管含铁较高，但因数量极少而不可能变成载铁的主体[25]。

2.2.3　非洲某红土镍矿

2.2.3.1　原矿成分分析

A　原矿的化学组成

该红土镍矿样品来自非洲某地区[11]，其 X 射线荧光光谱分析（XRF）结果见表 2-68。化学多元素分析结果见表 2-69。

表 2-68　矿石的 X 射线荧光光谱分析（XRF）结果

组分	Ni	Fe	Co	Cu	Si	Al	Ca	Mg	Mn
含量/%	2.645	15.93	0.055	0.228	19.29	1.262	0.085	17.33	0.184
组分	S	Ti	Cr	Cl	P	Zn	Y	K	La
含量/%	0.012	0.049	0.265	0.031	0.041	0.045	0.003	0.009	0.036

表 2-69　矿石的化学多元素分析结果

组分	Au	Ag	Pt	Pd	Ni	Fe	Co
含量/%	0.10g/t	4.10g/t	0.10g/t	0.27g/t	2.04	14.53	0.056
组分	Cu	SiO$_2$	Al$_2$O$_3$	CaO	MgO	K$_2$O	Na$_2$O
含量/%	0.19	40.39	1.79	0.308	22.75	0.010	0.022
组分	Mn	S	Ba	C	Ti	Cr	烧失
含量/%	0.18	0.016	0.007	0.069	0.078	0.38	12.77

从表 2-69 结果可知，矿石中镍含量为 2.04%，铁含量为 14.52%，伴生有价元素钴、铜、金、银、铂、钯，也可考虑综合回收。

B　重要元素的化学物相分析

矿石中镍、铁、钴、铜的化学物相分析分别见表 2-70~表 2-73。

表 2-70　矿石中镍的化学物相分析结果

相别	硫酸镍	硫化镍	氧化铁中镍	氧化锰中镍	硅酸镍	合计
镍含量/%	0.048	0.012	0.51	0.05	1.42	2.04
分布率/%	2.35	0.59	25.00	2.45	69.61	100.00

表 2-71　矿石中铁的化学物相分析结果

相别	磁铁矿	硫化铁	赤铁矿、褐铁矿	铬尖晶石	硅酸铁	合计
铁含量/%	2.65	0.02	3.73	0.18	8.05	14.63
分布率/%	18.11	0.14	25.50	1.23	55.02	100.00

表 2-72　矿石中钴的化学物相分析结果

相别	氧化锰中钴	氧化铁中钴	合计
钴含量/%	0.043	0.011	0.054
分布率/%	79.63	20.37	100.00

表 2-73　矿石中铜的化学物相分析结果

相别	自由氧化铜	硫化铜	褐铁矿中铜	氧化锰中铜	硅结合铜	合计
铜含量/%	0.044	0.001	0.045	0.009	0.09	0.189
分布率/%	23.28	0.53	23.81	4.76	47.62	100.00

矿石中铁、镍、铜均主要分布于硅酸盐矿物中，分布率分别为55.02%、69.61%及47.62%；还有部分铜分布于褐铁矿中，分布率为23.81%；钴主要与锰的氧化物结合产出，分布率为79.63%。

C　矿石的矿物组成及相对含量

工艺矿物学研究表明，矿石中金属矿物主要为针铁矿、水针铁矿，其次为赤铁矿、磁铁矿、铬尖晶石、硬锰矿、软锰矿，另可见少量镍黄铁矿、磁黄铁矿、黄铜矿、金红石；非金属矿物主要为蛇纹石，其次为绿泥石、石英，还有少量高岭石、多水高岭石、方解石、重晶石、锆石等[26]。

矿石综合样的 X 射线衍射图如图 2-135 所示，综合样的矿物组成及相对含量见表2-74。

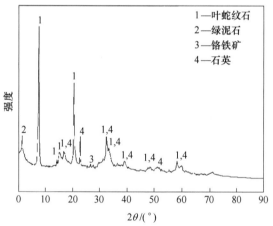

图 2-135　综合样的 X 射线衍射图

表 2-74　矿物组成及相对含量

矿物名称	含量/%	矿物名称	含量/%
针铁矿、水针铁矿、赤铁矿	7.67	绿泥石	9.82
磁铁矿	3.68	蒙脱石、高岭石、多水高岭石	0.22
铬尖晶石	1.10	石英	9.55
铁锰矿、硬锰矿、软锰矿	0.54	方解石	0.58
磁黄铁矿、镍黄铁矿、黄铜矿	0.05	重晶石	0.01
蛇纹石	66.18	其他	0.61

2.2.3.2 矿物的嵌布特征

A 针铁矿、水针铁矿

针铁矿、水针铁矿是蛇纹石型矿（蛇纹石型红土镍矿）中主要的金属矿物，是镍的次要载体矿物。扫描电镜 X 射线能谱分析结果表明，大部分褐铁矿含 Ni、Cu、Si、Al，部分含 Mn、S 等，其典型 X 射线能谱如图 2-136 所示。

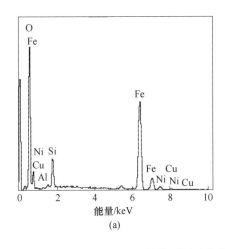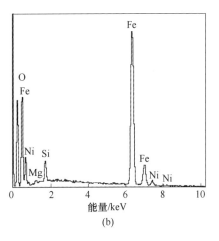

图 2-136　蛇纹石型矿中褐铁矿的典型 X 射线能谱图

褐铁矿主要呈不规则状、胶状、粒状、脉状产出，常常深度交代赤铁矿、磁铁矿或硫化矿物产出，有时呈脉状或格状沿蛇纹石等非金属矿物边缘产出显微镜下产出特征如图 2-137 所示。

B 赤铁矿

赤铁矿也是矿石中主要的铁矿物，主要呈细粒状产出。大部分赤铁矿呈交代残余包裹于褐铁矿中产出，有时呈针状沿硅酸盐矿物颗粒边缘产出，有时交代磁铁矿产出。赤铁矿嵌布粒度以细粒、微细粒为主，产出特征如图 2-138 所示。

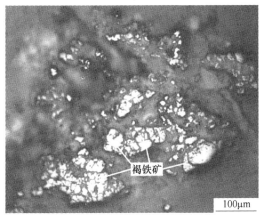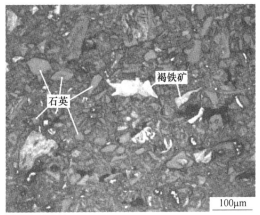

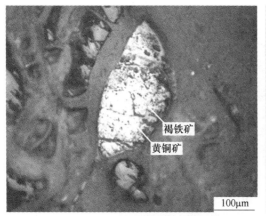
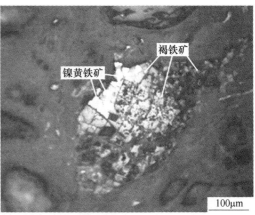

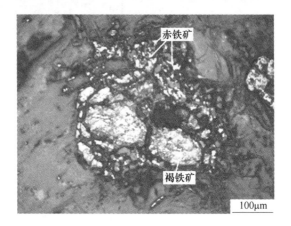

图 2-137　蛇纹石型矿中褐铁矿的产出特征

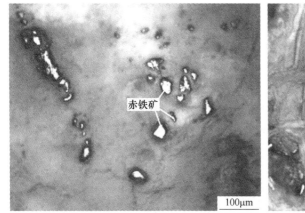
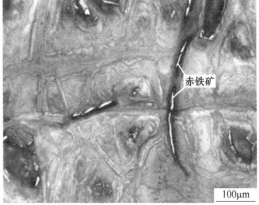

图 2-138　蛇纹石型矿中赤铁矿的产出特征

C　磁铁矿

磁铁矿也是该褐铁型矿中主要的铁矿物，主要呈粒状、不规则状产出，大部分磁铁矿被赤铁矿不同程度交代而紧密共生产出，嵌布粒度以中细粒为主。在显微镜下产出特征如图 2-139 所示。

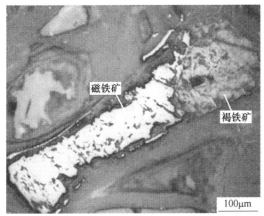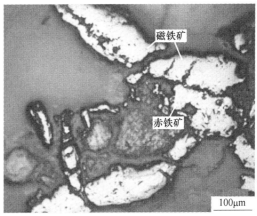

图 2-139　蛇纹石型矿中磁铁矿的产出特征

D　硬锰矿、软锰矿

硬锰矿、软锰矿也是蛇纹石型矿中主要的氧化锰矿物，是钴的主要载体矿物、镍和铜的次要载体矿物。

与褐铁型矿相比较，蛇纹石型矿中硬锰矿、软锰矿嵌布粒度细。软锰矿可见呈微细粒浸染于石英中产出。硬锰矿主要呈胶状、不规则状产出，与蛇纹石、褐铁矿嵌布关系密切。氧化锰矿物显微镜下产出特征如图 2-140 和图 2-141 所示。

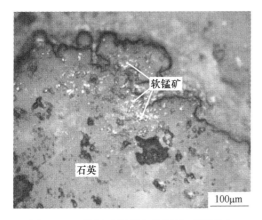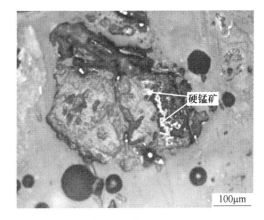

图 2-140　软锰矿呈微细粒浸染于石英中　　　图 2-141　蛇纹石型矿中呈胶状硬锰矿

E　铬尖晶石

铬尖晶石主要呈半自形晶或它形晶粒状产出。部分铬尖晶石与赤铁矿或褐铁矿紧密伴生产出。铬尖晶石的显微镜下产出特征如图 2-142 所示。

F　硫化矿物

蛇纹石型矿中硫化矿物主要为镍黄铁矿，其次为磁黄铁矿、黄铁矿、黄铜矿等。镍黄铁矿主要呈交代残余嵌布于褐铁矿中。

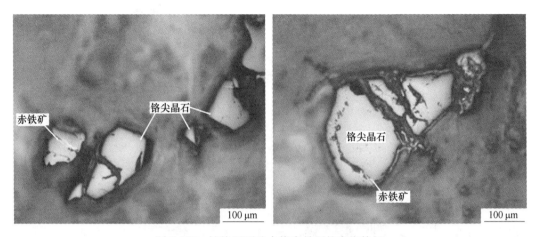

图 2-142   蛇纹石型矿中铬尖晶石的产出特征

蛇纹石型矿中镍黄铁矿含量高于该褐铁型矿，蛇纹石型矿中镍黄铁矿的嵌布粒度也稍粗，以细粒为主产出。镍黄铁矿镜下产出特征如图 2-143 和图 2-144 所示。

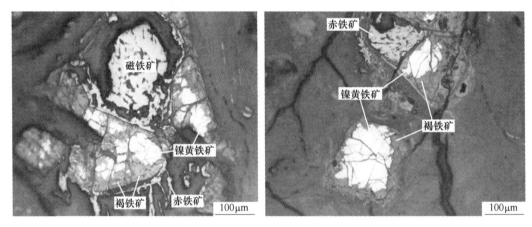

图 2-143   蛇纹石型矿中镍黄铁矿的产出特征

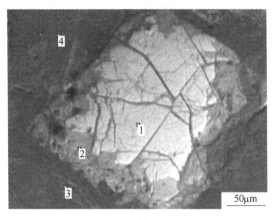

(a)

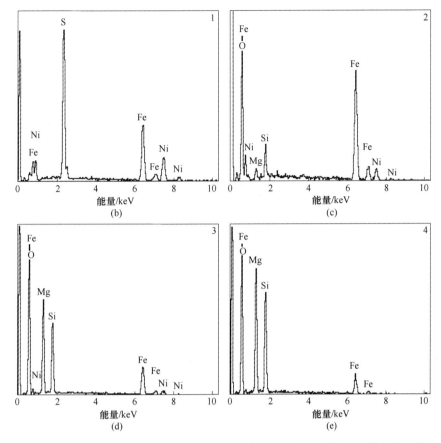

图 2-144 蛇纹石型矿中镍黄铁矿的产出特征扫描电镜背散射图及 X 射线能谱图

1—镍黄铁矿；2—褐铁矿（含 Ni）；3—蛇纹石（含 Ni）；4—蛇纹石

G 蛇纹石、绿泥石

蛇纹石是蛇纹石型矿中最主要的非金属矿物，也是镍的主要载体矿物，扫描电镜 X 射线能谱分析结果表明，大部分蛇纹石含 Ni（见图 2-145）。

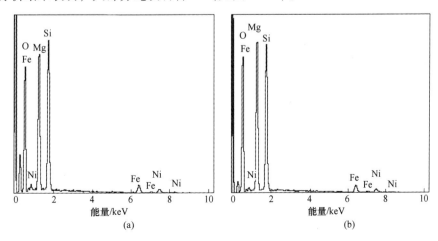

图 2-145 蛇纹石型矿中蛇纹石的 X 射线能谱图

　　绿泥石是蛇纹石型矿中次要的非金属矿物，是镍的次要载体矿物之一，扫描电镜 X 射线能谱分析结果表明，大部分绿泥石含 Ni（见图 2-146）。

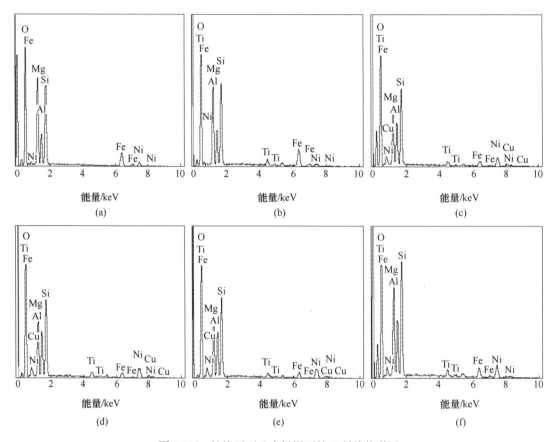

图 2-146　蛇纹石型矿中绿泥石的 X 射线能谱图

　　大部分蛇纹石与绿泥石共生关系十分密切，常常胶结呈集合体产出。显微镜下蛇纹石与绿泥石的嵌布特征如图 2-147 所示。

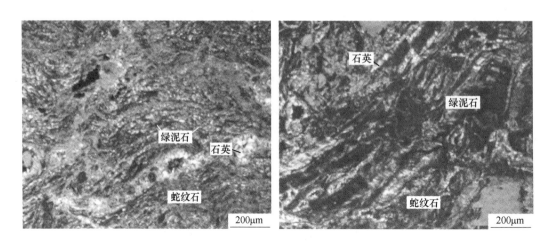

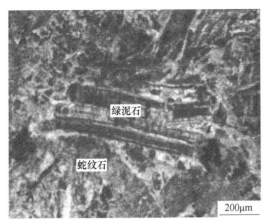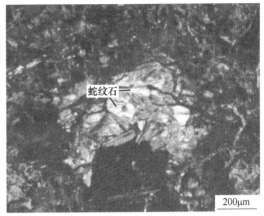

图 2-147 蛇纹石与绿泥石产出特征

2.2.3.3 元素的赋存状态

该矿中铁主要以绿泥石等硅酸铁形式存在,分布率为 55.02%;其次以赤铁矿、褐铁矿及磁铁矿形式存在,分布率分别为 25.50% 及 18.11%;少部分以铬尖晶石形式存在,分布率为 1.23%;还有微量以黄铁矿、镍黄铁矿等硫化铁形式存在,分布率为 0.14%。

镍主要呈类质同象分布于蛇纹石及绿泥石中,分布率为 69.61%;其次分布于褐铁矿中,分布率为 25.00%;少量呈吸附态分布于锰的氧化物中,分布率为 2.45%;2.35% 以可溶性硫酸镍的形式存在;还有微量以镍黄铁矿形式存在,分布率为 0.59%。

铜主要以吸附态分布于绿泥石中产出,分布率为 47.62%;其次分布于褐铁矿中,分布率为 23.81%;部分以自由氧化铜形式存在,分布率为 23.32%。MLA 考查蛇纹石型矿过程中并未发现独立的氧化铜矿物,自由氧化铜实际是吸附于绿泥石及褐铁矿表面的氧化铜被选择性溶解的结果。少量铜与锰的氧化物结合,分布率为 4.76%;还有微量以黄铜矿形式存在,分布率为 0.53%[27]。

2.2.3.4 筛析结果

将 10~0mm 综合样及 2~0mm 综合样分别进行湿法筛分分级,并化验各粒级样品中重要元素的含量,结果分别见表 2-75 和表 2-76。

表 2-75 10~0mm 综合样的筛分结果

粒级/mm	产率/%	品位/%				分布率/%			
		Ni	Fe	Cu	Co	Ni	Fe	Cu	Co
10~2	31.64	1.66	10.37	0.13	0.029	26.45	22.20	22.46	19.29
2~0.5	15.21	1.75	11.96	0.15	0.034	13.41	12.31	12.46	10.87
0.5~0.15	12.31	1.83	15.23	0.17	0.064	11.35	12.69	11.43	16.57
0.15~0.074	9.58	2.02	18.03	0.21	0.072	9.75	11.69	10.98	14.50
<0.074	31.26	2.48	19.43	0.25	0.059	39.04	41.10	42.67	38.77
原矿	—	1.99	14.78	0.18	0.048	—	—	—	—
合计	100.00	—	—	—	—	100.00	100.00	100.00	100.00

表 2-76   2~0mm 综合样的筛分结果

粒级/mm	产率/%	品位/%				分布率/%			
		Ni	Fe	Cu	Co	Ni	Fe	Cu	Co
2~0.5	25.07	1.59	11.61	0.13	0.040	19.92	18.96	16.50	19.47
0.5~0.15	19.61	1.81	14.56	0.17	0.053	17.74	18.60	16.88	20.18
0.15~0.074	14.95	1.98	16.80	0.20	0.059	14.80	16.36	15.14	17.13
0.074~0.038	13.54	2.28	17.62	0.24	0.060	15.44	15.54	16.46	15.78
0.038~0.025	3.08	2.35	17.47	0.24	0.058	3.62	3.50	3.74	3.47
0.025~0	23.75	2.40	17.48	0.26	0.052	28.49	27.04	31.27	23.98
原矿	—	2.00	15.35	0.20	0.052	—	—	—	—
合计	100.00	—	—	—	—	100.00	100.00	100.00	100.00

由表 2-75 及表 2-76 看出，该矿综合样的粒级分布较为分散，泥化不明显。从不同粒级产品中镍、铁、铜、钴的品位及分布率来看，随着粒级由粗变细，镍、铁、铜的品位均呈现缓慢上升趋势，钴的品位呈现粗粒级及细粒级品位较低，而中间粒级品位稍高的趋势，与前述镍、铁、铜、钴的赋存状态及载体矿物的嵌布粒度相关。

2.2.4   云南元江红土镍矿

该红土镍矿样品来自我国云南省元江地区[28]。由于样品风化较严重，大部分粒度为 5mm 以下的碎粒，矿石部分构造被破坏。赋存状态分析所用的是大样中取 6 个分点样进行研究，每个分点样磨光片，薄片各 3 片，磨电镜片 1 片，共计 42 片，进行光薄鉴定、电子显微镜能谱分析和电子探针分析。剩余样品混合后作为大样，进行矿物成分、嵌布特征、人工重砂分析和单矿物分析等。

2.2.4.1   原矿成分分析

A   原矿的光谱分析

原矿的光谱分析结果见表 2-77。

表 2-77   原矿光谱分析结果

元素	Ba	Be	As	Si	Sb	Ge	Mn	Mg
含量/%	<0.01	<0.001	<0.01	>5	<0.02	<0.001	<0.1	>1
元素	Pb	W	Sn	Ga	Cr	Bi	Al	Mo
含量/%	<0.01	<0.01	<0.01	<0.001	0.02	<0.001	3	<0.001
元素	V	Ti	Li	Cd	Ca	Cu	Zn	Ni
含量/%	<0.01	<0.1	<0.01	<0.001	<1	<0.1	0.01	0.5

续表 2-77

元素	Co	Fe	Y	Yb	La	Nb	Zr	Sr
含量/%	<0.02	>5	<0.01	<0.001	<0.003	<0.001	<0.01	<0.01

元素	K	Na	Ag	Sc	P	B		
含量/%	<1	<0.1	0.001	<0.001	<0.1	<0.1		

B 矿石的元素化学分析和镍化学物相分析

矿石的多元素化学分析和镍化学物相分析分别见表 2-78 和表 2-79。

表 2-78 矿石的多元素化学分析

成分	TiO_2	Al_2O_3	CaO	K_2O	Na_2O	MgO	FeO	TFe
质量分数/%	0.042	1.89	0.033	0.01	0.01	31.49	0.59	10.90
成分	SiO_2	Mn	Co	Ni	S	P	As	
质量分数/%	37.37	0.083	0.033	0.78	0.01	0.015	0.002	

表 2-79 矿石的镍化学物相分析

成分	Ni	氧化镍	硅酸镍	硫化镍	硫酸镍
质量分数/%	0.78	0.08	0.66	0.03	0.01
分配率/%	100.0	10.26	84.6	3.8	1.3

注：化学物相分析误差较大，此结果仅供查考。

根据样品的光谱分析和化学结果分析，矿石主要由硅、镁、铁三种元素的氧化物组成，这三种元素的氧化物占 79.76%，镍品位 0.78%。

C 矿石的矿物成分

样品经光薄片鉴定、电子显微镜、X 射线衍射和人工重砂等分析，矿石中共发现氧化物、硅酸盐、硫化物、硫酸岩等 12 种矿物，各矿物的化学分子式和嵌布粒度见表 2-80。原矿 X 射线衍射分析结果如图 2-148 所示。

表 2-80 矿石的矿物成分和嵌布粒度简表

类型	矿物名称	分子式	矿物含量/%	嵌布粒度/mm		
				最大	一般	最小
氧化物	石英	SiO_2	<1	0.2	0.01~0.15	0.002
	褐铁矿	$(Fe_2O_3) \cdot nH_2O$	10	0.3	0.01~0.1	0.002
	磁铁矿	Fe_3O_4	0.2	0.6	0.01~0.03	0.002
	赤铁矿	Fe_2O_3	极少	0.2	0.03~0.05	0.005
	铬铁矿	$FeCr_2O_4$	偶见	1	0.06~0.25	0.005

续表 2-80

类型	矿物名称	分子式	矿物含量/%	嵌布粒度/mm		
				最大	一般	最小
硅酸盐	斜长石	$Ca[Al_2Si_2O_8]$	偶见	0.8	0.03~0.3	0.01
	（含镍）蛇纹石	$(Mg,Al_2)_3[Si_3O_5](OH)_4$	87	9	0.05~2	0.01
	透闪石	$Ca_2Mg_5[Si_4O_{11}]_2(OH,F)_2$	少	0.3	0.02~0.1	0.002
	高岭石/埃洛石	$Al_4[Si_4O_{10}](OH)_8$	1~2		<0.005	
	蒙脱石	$(Na,Ca)_{0.33}(Al,Mg)_2(Si_4O_{10})(OH)_2 \cdot nH_2O$	少		<0.005	
	绿脱石	$Na_{0.33}Fe_2^{3+}(Al,Si)_4O_{10}(OH)_2 \cdot nH_2O$	少	0.5	0.06~0.3	0.005
硫化物	黄铁矿	FeS_2	极少	0.7	0.05~0.2	0.002
	铁-方硫镍矿	$(Ni,Fe)S_2$	偶见		0.005~0.03	

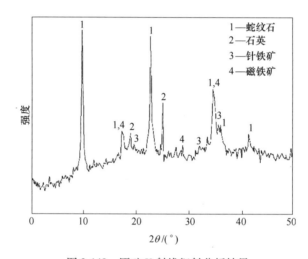

图 2-148 原矿 X 射线衍射分析结果

2.2.4.2 矿物的嵌布特征

A 石英

矿石石英含量小于 1%，分子式为 SiO_2。主要由后期硅化形成，呈脉状分布，显微镜下呈灰白色，常被铁质染成红褐色，玻璃光泽，六方晶系。石英部分呈半自形-它形粒状，粒度较大，常充填岩石的局部原生裂隙中，形成石英脉，石英脉中常浸染分布少量星散状的黄铁矿。经电子探针成分分析，其结果见表 2-81。石英中也含少量的氧化镍。

表 2-81 石英电子探针成分分析结果 （%）

位置	SiO_2	CuO	MgO	TiO_2	FeO	Cr_2O_3	MnO	NiO	Al_2O_3
1	99.54	0.01	0.005	0.025	0.025	0.017	0.041	0.103	0.005
2	98.69	—	0.099	0.035	0.281	0.012	0.043	0.010	—

B 褐铁矿

矿石中褐铁矿含量为 10%，分子式为 $(Fe_2O_3) \cdot nH_2O$。矿石中褐铁矿为隐晶质集合体，由纤铁矿、针铁矿、水针铁矿、赤铁矿等隐晶质铁矿物和少量其他吸附状的元素和黏土矿物等组成，如图 2-149 所示。矿石中的褐铁矿部分为原含镍黄铁矿等蚀变而成。褐铁矿大部分以集合体的形式分布，如图 2-150 所示；部分还可见原含镍黄铁矿的假象，部分呈粉末浸染状或吸附状分布于蛇纹石中。经电子探针成分分析，褐铁矿中常分布氧化镍，最高可达 18.64%。经过褐铁矿单矿物分析可知，褐铁矿含镍为 1.3% 左右。褐铁矿电子探针分析结果具体见表 2-82。

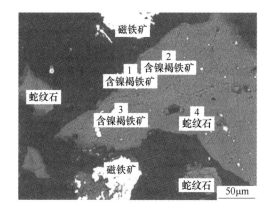 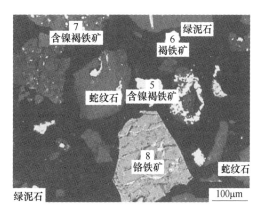

图 2-149 电子显微照片

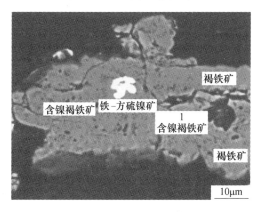

图 2-150 褐铁矿集合体状

表 2-82 褐铁矿电子探针分析结果 （%）

位置	Al_2O_3	SiO_2	MgO	FeO	CuO	Cr_2O_3	MnO	NiO	CoO
图 2-149 中 1	0.025	1.027	0.385	79.29	0.041	0.087	0.008	11.35	0.173
图 2-149 中 2	0.024	0.478	0.49	71.79	—	0.049	—	18.641	0.673
图 2-149 中 3	0.039	0.509	0.830	89.91	—	0.729	0.013	1.734	0.306
图 2-149 中 5	—	0.247	0.165	89.52	0.059	0.328	0.068	0.915	0.236
图 2-149 中 6	0.033	0.687	0.406	87.51	0.041	0.378	0.079	2.466	0.281

续表 2-82

位置	Al_2O_3	SiO_2	MgO	FeO	CuO	Cr_2O_3	MnO	NiO	CoO
图 2-149 中 7	0.044	2.557	1.399	88.51	0.063	0.048	0.073	2.110	0.257
图 2-150 中 1	0.042	1.696	0.652	86.01	0.023	0.043	0.066	1.306	0.155
平均	0.03	1.029	0.093	84.65	0.032	0.237	0.044	5.503	0.297

　　C　磁铁矿

　　矿石中磁铁矿含 0.2% 左右,分子式为 Fe_3O_4。多呈自形-半自形显微粒状,部分呈它形粒状,粒度极细,大部分粒度为 0.01~0.03mm,个别粒度较大,常呈稀疏浸染状或脉状浸染状分布,如图 2-151 所示。少部分磁铁矿粒度较大,可见和赤铁矿共生,或被赤铁矿交换,部分磁铁矿受应力作用发生破碎,构成碎裂结构。磁铁矿电子探针分析见表 2-83,经电子探针分析磁铁矿中含镍变化较大,部分磁铁矿不含镍。经挑单矿物分析,磁铁矿中的镍含量为 1.24%。

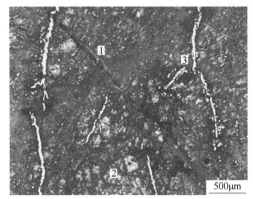

图 2-151　磁铁矿脉状浸染状

表 2-83　磁铁矿电子探针分析结果　　　　　　　　　　　　（%）

位置	Al_2O_3	SiO_2	MgO	FeO	TiO_2	Cr_2O_3	MnO	NiO	CoO
图 2-151 中 1	0.014	0.417	0.075	98.99	—	0.049	0.164	—	0.293
图 2-151 中 2	0.008	0.624	0.462	98.34	0.034	0.201	0.094	0.113	0.120
图 2-151 中 3	0.063	0.757	1.095	96.44	—	0.557	0.101	0.826	0.156

　　D　赤铁矿

　　矿石中赤铁矿含量少,分子式为 Fe_2O_3。主要由磁铁矿蚀变而成,呈隐晶质或显微鳞片状。

　　E　铬铁矿

　　矿石中偶见铬铁矿,分子式为 $FeCr_2O_4$。多呈半自形粒状,粒度一般为 0.01~0.04mm,常和褐铁矿连生,如图 2-152 所示。经电子探针分析,部分铬铁矿中也含少量的氧化镍和氧化钴,电子探针分析结果见表 2-84。

　　F　硅酸盐

　　(1)斜长石。矿石中斜长石偶见,分子式为 $Ca[Al_2Si_2O_8]$。矿石中原斜长石含量为 3%~5%,现大部分已蚀变成高岭石或蒙脱石,现已很难辨认。

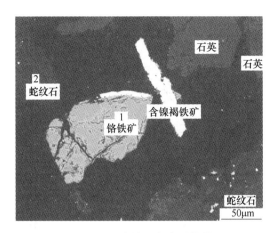

图 2-152　铬铁矿半自形粒状

表 2-84　铬铁矿电子探针分析结果

位置	Al$_2$O$_3$	SiO$_2$	MgO	FeO	TiO$_2$	Cr$_2$O$_3$	MnO	NiO	CoO
图 2-149 中 8	25.535	0.020	13.23	17.24	—	43.437	0.320	0.079	0.080
图 2-152 中 1	25.283	0.062	14.40	15.79	0.023	44.023	0.318	0.110	0.00

（2）含镍蛇纹石（利蛇纹石和纤蛇纹石）。矿石中蛇纹石含量占 87%，其中主要为利蛇纹石和纤蛇纹石，两者紧密共生在显微镜下不易区分，但化学成分基本一致。仅在 X 射线衍射分析中区分难度较大。矿石中蛇纹石主要由原橄榄石蚀变而成，部分集合体呈原橄榄石的假象。蛇纹石单体多呈片状或纤维状、薄板状、纤维鳞片状产出，常以集合体的形式产出，有丝绢光泽，薄片中大多无色，中正突起，多色性弱。矿石部分风化严重，部分蛇纹石呈隐晶质集合体或粉末状产出，常吸附褐铁矿，经电子探针成分分析，蛇纹石中常混入铁、镍、铝和铬等氧化物，是主要的含镍矿物。蛇纹石中部分的镁和硅原子被铁、铝、铬、镍以类质同象的形式代替，形成混入的杂质元素，经电子探针成分分析蛇纹石中都常含有镍，一般含镍在 0.5%~2% 之间，电子探针分析结果具体见表 2-85。矿石中少部分蛇纹石常蚀变呈绿脱石、蒙脱石，少量蚀变成绿泥石，同时原蛇纹石中的铁质（褐铁矿）析出，浸染蚀变矿物，使部分矿石呈红褐色，呈松散状。经单矿物分析，蛇纹石中的镍含量为 0.64%。

表 2-85　蛇纹石电子探针分析结果　　　　　　　　　　　　　　　（%）

位置	Al$_2$O$_3$	SiO$_2$	MgO	FeO	TiO$_2$	Cr$_2$O$_3$	MnO	NiO	CoO
图 2-149 中 4	0.479	45.03	38.06	3.698	—	0.221	0.036	0.635	0.002
图 2-152 中 2	2.838	39.88	34.11	5.349	—	1.105	0.021	0.277	0.000

（3）透闪石。矿石中透闪石含量为 2% 左右，分子式为 $Ca_2Mg_5[Si_4O_{11}]_2(OH,F)_2$。主要由原岩中的铁镁硅酸盐矿物破碎后蚀变而成，单体多呈纤维状、柱状，为后生蚀变矿物，如图 2-153 所示。

（4）高岭石、蒙脱石、绿泥石、绿脱石（黏土矿物）。矿石中高岭石、蒙脱石、绿泥石、绿脱石（黏土矿物）含量为 2% 左右，主要由蛇纹石蚀变而成，常互相掺合在一起，显微镜下呈粉末状、泥状，彼此不易区分确认。多分布于风化的矿石中，部分呈云雾状分布于蛇纹石中。绿泥石在蛇纹石中的分布如图 2-154 所示，电子探针分析结果见表 2-86。经电子探针分析，这些黏土矿物中也含少量的镍，一般为 0.06%～1.5%。

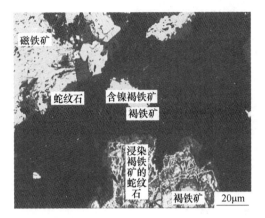

图 2-153　透闪石充填鳞片状蛇纹石　　　　　图 2-154　绿泥石（Chl）充填鳞片状蛇纹石（Serp）

表 2-86　绿泥石电子探针分析结果 （%）

位置	Al_2O_3	SiO_2	MgO	FeO	TiO_2	Cr_2O_3	MnO	NiO	CoO
图 2-154 中 1	23.123	31.83	28.04	4.533	0.040	—	0.181	0.858	0.043
图 2-154 中 2	19.285	34.12	27.28	4.811	0.044	0.098	0.111	0.993	0.018

G　金属硫化物

（1）黄铁矿。矿石中黄铁矿含量极少，分子式为 FeS，呈星点浸染状分布，常呈自形粒状，可见自形粒状的假象（完全蚀变呈褐铁矿）。如图 2-155 所示，自形粒状黄铁矿（Py）分布于矿物（Lm）。

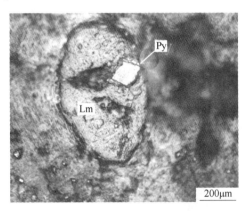

图 2-155　自形粒状黄铁矿

（2）铁-方硫镍矿（硫铁镍矿）。矿石中铁方硫镍矿偶见，仅在电子探针分析时见到几粒。分子式为 $(Ni, Fe)S_2$，呈星点浸染状分布，常呈它形粒状，经电子探针分析，含镍可达 58.51%，电子探针结果见表 2-87。由于矿物含量是偶见，研究意义不大[29,30]。

表 2-87 含镍黄铁矿电子探针分析结果 （%）

图 2-155 中位置	FeO	Cu	S	Ni	Ag
Py	19.424	0.101	21.95	58.51	0.014

2.2.4.3 矿物的嵌布特征

矿石中的镍都是以类质同象或吸附氧化物形式存在，其中以类质同象形式分布在蛇纹石中的镍占 80.5%，蛇纹石中镍平均含量为 0.64%；以类质同象或吸附状态分布于褐铁矿中的氧化镍占 16.7%，褐铁矿中镍的平均含量为 1.3%；以吸附状态分布于绿泥石、高岭石、蒙脱石等黏土矿物中的镍占 2.6%，这些黏土矿物中的镍平均品位只有 0.71%，见表2-88。矿石中的主要矿物分布较为均匀，铁的分布在局部有所聚集，如图 2-156 所示。矿石中偶见镍的独立矿物铁-方硫镍矿，但含量极少[31~33]。

表 2-88 镍在含镍矿物的分配率 （%）

矿物	矿物含量	矿物中镍品位	矿物中的总镍	镍的分配率
磁铁矿	0.2	1.24	0.002	0.3
褐铁矿	10.00	1.30	0.13	16.7
镍蛇纹石	87.00	0.64	0.63	80.4
绿脱石、蒙脱石、透闪石等	≤2.8	0.71	0.020	2.6
合计			0.78	100.0

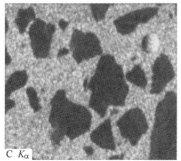
C K_α

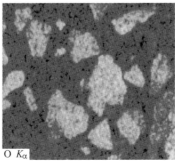
O K_α

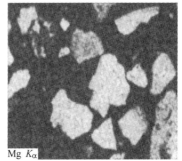
Mg K_α

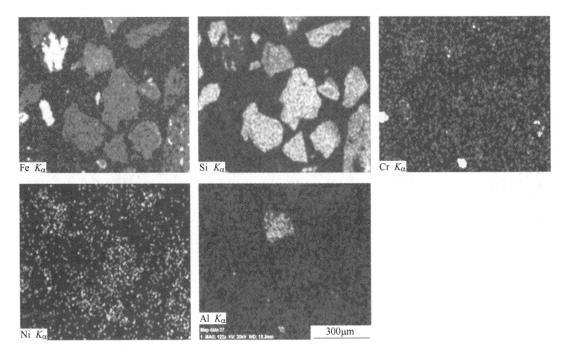

图 2-156 电子显微相成照片

图 2-156 分别以 C、O、Mg、Fe、Si、Cr、Ni、Al 显示出的成分相，在以某元素显示成分照片时，该元素含量越高的越亮。从成分相分析，Ni 基本是均匀分布的，没在某一个颗粒上富集；大部分颗粒含镁，含量较均匀；少部分颗粒含铁。

参 考 文 献

[1] 裴彦林. 褐铁型红土镍矿硫酸熟化—水浸镍钴过程及其机理研究 [D]. 昆明：昆明理工大学, 2016.

[2] 彭志伟. 红土镍矿有机酸浸提取镍钴的研究 [D]. 长沙：中南大学, 2008.

[3] 汤集刚. 印度尼西亚红土型镍矿工艺矿物学研究 [R]. 北京：北京矿冶研究总院, 2009.

[4] Zhu D Q, Cui Y, Sarath H, et al. Mineralogy and crystal chemistry of a low grade nickel laterite ore [J]. Transactions of Nonferrous Metals society of China, 2012, 22 (4)：907~916.

[5] 崔瑜. 低品位红土镍矿选择性还原—磁选富集镍的工艺及机理研究 [D]. 长沙：中南大学, 2011.

[6] 蔡文. 褐铁矿型红土镍矿中镍和铁的常压酸浸行为研究 [D]. 长沙：中南大学, 2013.

[7] 佚名. 菲律宾某红土型镍矿石工艺矿物学研究 [R]. 长沙：长沙矿冶研究院有限责任公司, 2009.

[8] 肖仪武. 红土型镍矿工艺矿物学研究 [C] // 矿山深部找矿理论与实践暨矿山工艺矿物学研究学术交流会. 2012.

[9] 张超. 红土镍矿的选冶提取工艺研究 [D]. 长沙：中南大学, 2012.

[10] 刘建东, 孙伟. 湖南张家界杆子坪黑色岩系型镍钼矿床工艺矿物学研究 [J]. 矿物学报, 2014, 34 (2)：267~271.

[11] 王玲. 红土型镍矿工艺矿物学研究 [R]. 北京：北京矿冶研究总院, 2011.

[12] 李艳峰, 费涌初. 金川二矿区富矿石选矿的工艺矿物学研究 [J]. 矿冶, 2006, 15 (3)：98~101.

[13] 廖乾. 金川低品位镍矿矿物学特性及选矿工艺技术研究 [D]. 长沙：中南大学，2010.

[14] 阮书锋. 元石山低品位镍红土矿处理工艺及理论研究 [D]. 北京：北京矿冶研究总院，2007.

[15] 袁致涛，程少逸，赵礼兵，等. 朝鲜某铜镍矿石工艺矿物学研究 [J]. 金属矿山，2009（6）：95~98.

[16] Canterford J H. The treatment of nickelferous laterites [J]. Minerals Sci. Engng. , 1995, 7（1）：3~17.

[17] Power L F, Geiger G H. The application of the reduction roast-ammoniacal ammonium carbonate leach to nickel laterites [J]. Minerals Science, 1997, 9（1）：32~50.

[18] 黄振华，刘三平. 缅甸莫苇塘镍矿常压硫酸浸出制取氢氧化镍、钴工艺的研究 [R]. 北京：北京矿冶研究总院，2008.

[19] 熊雪良，钟彪，张丽芬. 硅镁型红土镍矿的工艺矿物学研究 [J]. 矿冶工程，2012，32（s1）：309~311.

[20] 罗伟. 腐泥土型红土镍矿高效提取及阻燃型氢氧化镁的制备研究 [D]. 长沙：中南大学，2009.

[21] 周晓文，龚恩毅，陈江安. 赣南某红土镍矿工艺矿物学研究及选矿方案论证 [J]. 有色金属工程，2011，63（2）：194~198.

[22] 揭晓武，王振文，尹飞. 褐铁矿型红土镍矿还原熔炼试验研究报告 [R]. 北京：北京矿冶研究总院，2014.

[23] 王春梅. 青海某含铜红土型硅酸镍矿的湿法处理工艺研究 [D]. 昆明：昆明理工大学，2013.

[24] 武彪，陈勃伟，刘学，等. 低品位硫化镍钴铜矿生物浸出试验研究 [C] // 首届全国红土镍矿冶炼技术研讨会. 2012.

[25] 肖军辉. 某硅酸镍矿离析工艺试验研究 [D]. 昆明：昆明理工大学，2007.

[26] 罗永吉. 墨江硅酸镍矿湿法工艺试验研究 [D]. 昆明：昆明理工大学，2008.

[27] 刘葵，陈启元，尹周澜，等. 矿物间的嵌布特征与元江红土矿物溶出行为的关系 [C] // 全国冶金物理化学学术会议. 2010.

[28] 王玲. 墨江硅酸镍矿镍的赋存状态研究 [R]. 北京：北京矿冶研究总院，2014.

[29] 武俊杰，李青翠，刘杨. 陕西某镍矿工艺矿物学研究 [J]. 矿产综合利用，2018，210（2）：71~74.

[30] 刘晓民，高双龙，李杰，等. 金川镍沉降渣的工艺矿物学 [J]. 工程科学学报，2017，39（3）：349~353.

[31] 周虎英，杨洪，赖秋生. 某铜镍混合低精铜镍分离选矿工艺矿物技术研究 [J]. 金川科技，2017（3）：32~35.

[32] 杨伟. 某低品位混合铜镍矿石浮选工艺研究 [J]. 新疆有色金属，2017（1）：92~95.

[33] 徐飞飞，于雪，陈新林，等. 印尼某含镍钴氧化铁矿工艺矿物学及选矿试验研究 [J]. 有色矿冶，2016，32（5）：24~28.

3 非熔融态金属化还原—磁选

3.1 工艺介绍

3.1.1 工艺的提出

我国云南、四川地区红土镍矿资源储量较丰富,如元江镍矿、滇西镍矿、文山镍矿和会理镍矿等,据不完全统计,其金属镍储量分别达到43万吨、60万吨、100万吨和40万吨,但开发利用率不足25%[1,2]。上述红土镍矿的典型特点是贫镍高镁,含镍0.7%~1.2%,含氧化镁高达20%~25%,属于典型的蛇纹石型贫镍红土矿[3~5]。由于含镍量低,采用现有的经典工艺处理很难取得较好的经济效益。例如,投资较低的常压硫酸直接浸出工艺存在酸耗高、渣量大、除杂过程中镍钴损失率高,且含硫酸镁和硫酸锰的废水处理困难等不足[6~8];RKEF法存在投资高、电耗大,生产成本高等弊端,适用于处理含镍大于1.8%的镁质红土镍矿的处理[9]。

由日本大江山冶炼厂开发的镁质氧化镍矿回转窑高温(约1350℃)半熔融还原焙烧生产粒铁工艺(大江山法)是目前为止最为成功的技术,并被业界公认为是最经济的镁质氧化镍矿处理方法。工艺的实质是以矿物自身被还原的金属铁作为镍的捕收剂,实现镍的高效捕集和回收[10~13]。和RKEF相比较,大江山法不使用昂贵的焦炭,仅使用价格低廉的煤进行加热和还原;同等规模下的设备装机容量不到前者的40%,投资也只有前者的50%。和常压硫酸直接浸出工艺相比,大江山法不消耗化学试剂,无废水外排,固态玻璃渣对环境影响很小。但大江山法的关键——半熔融物料在回转窑内的结圈控制技术,掌控难度很大(温度低,无法形成镍铁合金颗粒,镍磁选回收率低;温度高,物料完全熔融,镍铁合金将会在回转窑内聚合为近百千克的块状物,损坏耐火材料),日本大江山冶炼厂也经历了十多年的探索和实践,并最终通过一整套非常严格的焙烧温度控制措施,较好地解决了回转窑的结圈问题,但其回转窑的作业率也不到70%。国内许多单位虽然进行了多年大量的研究,但进展有限。究其原因,没能突破镍铁合金只有在熔融/半熔融状态下才能聚合长大的传统认知是关键之一。如果能在非熔融状态下实现物料中镍、铁的金属化还原及镍铁合金的聚合,就可避免回转窑的结圈。

蛇纹石型红土镍矿中的镍主要以类质同象赋存于橄榄岩中。理论上讲,采用碳质还原剂,在非熔融状态下完全可实现镍、铁氧化物金属化的原位还原[14]。因此,如何强化橄榄岩中镍、铁组元的低温迁移,如何降低镍、铁金属微粒之间的界面聚合阻力,以促进并实现镍铁微粒的聚合成长,是非熔融金属化还原的关键。

基于经典的熔渣理论,本书作者发现了能促进金属迁移、降低晶粒界面聚合阻力和促进镍铁合金晶粒成长的促进剂,打破了只有在熔融态镍铁合金才能聚合长大的传统理念,发明了煤基非熔融态金属化还原—球磨—磁选新技术[15~27]，原则工艺流程如图 3-1 所示。

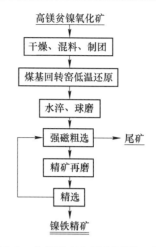

图 3-1 非熔融态金属化还原—球磨—磁选制备镍铁精矿原则流程

3.1.2 热力学分析

红土镍矿组成成分复杂，通常可看做是由多种金属氧化物组成的复杂矿物。以无烟煤作还原剂常压下 NiO、Fe_2O_3 和 Fe_3O_4 和固定碳发生还原反应生成金属 Ni、Fe_3O_4 和 FeO 的反应式见式（3-1）~ 式（3-3）。这些金属氧化物在该反应体系的标准吉布斯自由能如图 3-2 所示。从图中数据可得出，常压下反应式（3-1）~ 式（3-3）发生的最低温度分别为 435℃、798℃ 和 1187℃。

$$NiO(s) + C(s) \longrightarrow Ni(s) + CO(g)$$
$$\Delta G_T^{\ominus} = 122207 - 172.8T(J/mol) \tag{3-1}$$

$$3Fe_2O_3(s) + C(s) \longrightarrow 2Fe_3O_4(s) + CO(g)$$
$$\Delta G_T^{\ominus} = 237700 - 222.0T(J/mol) \tag{3-2}$$

$$Fe_3O_4(s) + C(s) \longrightarrow 3FeO(s) + CO(g)$$
$$\Delta G_T^{\ominus} = 262350 - 179.7T(J/mol) \tag{3-3}$$

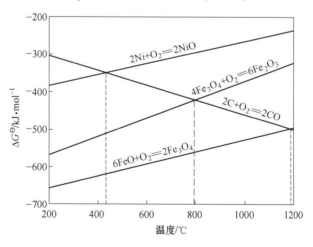

图 3-2 几种金属氧化物的标准吉布斯自由能

上述反应体系中，固定碳还可能与金属氧化物反应生成 CO_2，反应式如下：

$$2NiO(s) + C(s) \longrightarrow 2Ni(s) + CO_2(g)$$
$$\Delta G_T^{\ominus} = 73707 - 169.6T(J/mol) \tag{3-4}$$

$$3Fe_2O_3(s) + 1/2C(s) \longrightarrow 2Fe_3O_4(s) + 1/2CO_2(g)$$
$$\Delta G_T^{\ominus} = 36721 - 269.5T(J/mol) \tag{3-5}$$

$$Fe_3O_4(s) + 1/2C(s) \longrightarrow 3FeO(s) + 1/2CO_2(g)$$
$$\Delta G_T^{\ominus} = 353993 - 184.9T(J/mol) \tag{3-6}$$

根据反应吉布斯自由能计算得知 FeO 则很难被固定碳进一步还原成金属铁，需要 1500℃ 以上的温度反应才能发生。一般来讲，煤作还原剂时被认为是间接还原反应和 Boudouard 反应的结合，即固定碳与生成的 CO_2 反应产生 CO，CO 充当还原剂再与各金属氧化物发生反应，Boudouard 反应见式 (3-7)。随着固定碳还原金属氧化物反应的不断发生，式 (3-7) 反应 CO_2 平衡分压超过其余金属氧化物还原产生 CO_2 的分压，固定碳将按式 (3-7) 转变为 CO。此时对于无烟煤作还原剂的反应体系来说 CO 将成为起作用的主要还原剂，使原来的固-固反应变为气-固反应，改善了体系传质过程，使反应物更容易扩散、接触并最终完成反应直至还原煤消耗完或金属氧化物被彻底还原，发生的反应方程式见式 (3-8)~式 (3-10)[28]。

$$C(s) + CO_2(g) \longrightarrow 2CO(g)$$
$$\Delta G_T^{\ominus} = 166550 - 171.1T(J/mol) \tag{3-7}$$

$$NiO(s) + CO(g) \longrightarrow Ni(s) + CO_2(g)$$
$$\Delta G_T^{\ominus} = -37600 - 11.8T(J/mol) \tag{3-8}$$

$$3Fe_2O_3(s) + CO(g) \longrightarrow 2Fe_3O_4(s) + CO_2(g)$$
$$\Delta G_T^{\ominus} = -52130 - 41.0T(J/mol) \tag{3-9}$$

$$Fe_3O_4(s) + CO(g) \longrightarrow 3FeO(s) + CO_2(g)$$
$$\Delta G_T^{\ominus} = 35380 - 40.2T(J/mol) \tag{3-10}$$

通过计算标准吉布斯自由能知反应式 (3-7) 在温度超过 701℃ 后为负值，即此时反应会自发进行，且温度越高越容易发生。同时，在本试验条件下反应式 (3-8)~式 (3-10) 标准吉布斯自由能也均为负值，且反应发生的温度较固定碳充当还原剂时更低，表明红土镍矿中的 NiO、Fe_2O_3 和 Fe_3O_4 等金属氧化物更容易被 CO 还原。Boudouard 反应受温度影响较大，而反应式 (3-8) 进行得很快，可促进 Boudouard 反应的进行，使反应式 (3-7) 活化能从 300kJ/mol 降到 90kJ/mol[29]。在还原剂充足及合适反应温度下，FeO 将按式 (3-11) 进一步被 CO 还原为金属铁并与金属态镍结合生成镍铁合金。

$$FeO(s) + CO(g) \longrightarrow [Fe]_{Ni}(s) + CO_2(g)$$
$$\Delta G_T^{\ominus} = -22800 + 24.3T(J/mol) \tag{3-11}$$

此外，Fe_3O_4 可以被 CO 直接还原为金属铁，反应方程式如下：

$$1/4Fe_3O_4(s) + CO(g) \longrightarrow 3/4[Fe]_{Ni}(s) + CO_2(g)$$
$$\Delta G_T^{\ominus} = -9832 + 8.58T(J/mol) \tag{3-12}$$

红土镍矿非熔融态金属化还原过程是在常压下完成的，总压一定时体系气相组成随温度变化而变化。同时，反应式 (3-7) 焓变 $\Delta_r H^{\ominus} = 172269J/mol$ 为正，说明 Boudouard 反应是吸热反应，由此断定体系温度升高反应向正反应方向进行，即升高温度有利于 CO 生成。当体系总压恒定时，CO 分压增加，体系 CO 质量分数 (w_{CO}) 增加。

红土镍矿煤基还原热力学平衡图如图 3-3 所示[30]。Boudouard 反应平衡曲线将坐标平面划分为碳稳定区和碳气化区两区域。当 400℃ ≤ T ≤ 1000℃ 时，w_{CO} 随温度升高逐步增大，此时 CO 和固定碳同时起还原作用；低于 400℃ 时没有 CO 生成，仅有固定碳起还原作用；而高于 1000℃ 则固定碳全部转化为 CO，完全由 CO 充当还原剂。在图 3-3 中，Ⅰ 区为

Fe_3O_4 和 NiO 的稳定区，Ⅱ区为 Fe_3O_4 和金属态 Ni 的稳定区，Ⅲ区为 FeO 和金属态 Ni 的稳定区，Ⅳ区为金属态 Fe 和金属态 Ni 的稳定区。当温度大于 370℃时，理论上 Boudouard 反应产生的 CO 将使还原反应不断进行，直至系统中的 NiO 或炭消耗完为止，因此在炭过剩的情况下，系统最终存在的是金属态镍。同样，当温度大于 705℃时，铁理论上最终以金属态存在，随后，金属态镍和金属态铁聚合成镍铁合金。

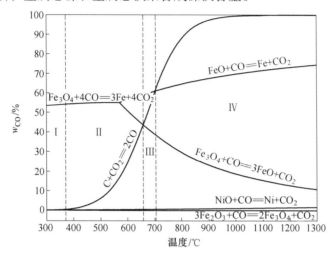

图 3-3　红土镍矿煤基还原热力学平衡曲线图

Fe-Ni 二元相图[31]如图 3-4 所示，可以看出：（1）在 400℃时形成以 Fe 为主并溶有少量 Ni 的 α 相以及出现 α 相与 γ 相平衡的二相区；（2）温度低于 503℃时，γ 相中会形成不稳定的固溶体 $FeNi_3$；（3）温度高于 1400℃，在镍含量较低时又会生成 δ 相；（4）在 910~1390℃的反应温度范围内，任意 Ni、Fe 比都将形成 Ni、Fe 连续固溶体——奥氏体（γ），且 γ 相很稳定，快速冷却至很低温度不会发生相转变，也不会发生晶粒细化和强硬度变化。M. Valix 和 W. H. Cheung[32]通过试验研究也证实了金属氧化物在高温反应过程生成的新矿物相是稳定的，即红土镍矿金属化还原过程不可逆。

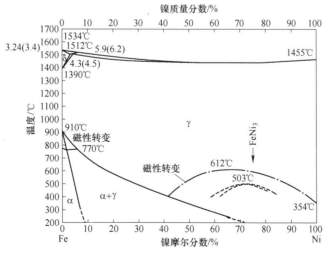

图 3-4　Fe-Ni 二元系相图

试验用红土镍矿 Ni 摩尔分数为 6.5%，结合图 3-4 可知生成 γ 相镍铁固溶体的温度需要在 750℃以上，这与上述热力学平衡曲线得出的结果基本一致。而图 3-4 还显示 1400℃以下任意比例的镍铁合金均为固相。此外，蛇纹石型红土镍矿及无烟煤煤灰的高温变形温度基本均高于 1300℃，结合上述分析可得出，控制反应体系温度为 750~1250℃，可以实现红土镍矿非熔融态金属化还原。

但红土镍矿金属化还原过程并不完全等同于金属氧化物 NiO、Fe_2O_3 和 Fe_3O_4 等的单一还原反应。对于蛇纹石型红土镍矿而言，大于 80%的镍及大于 40%的铁以类质同象或吸附状态赋存于蛇纹石为主的复杂硅酸盐矿物，其还原过程应该分两步完成：首先是复杂硅酸盐矿物解离出金属氧化物，随后是简单金属氧化物的还原反应。目标金属氧化物的解离过程实质上就是硅酸盐矿物的相转化过程，而蛇纹石型红土镍矿中的原硅酸盐矿物通常随温度升高先脱羟基转化为无定型态之后再随温度上升重新结晶成新硅酸盐矿相，有必要对反应过程平衡相图进行分析。对于蛇纹石型红土镍矿，主要成分可看作是 SiO_2、MgO 和 Fe_2O_3，占矿物总量的 80%以上，还原时 Fe_2O_3 往往被还原为 FeO 再与 SiO_2 或 MgO 结合，图 3-5 给出了采用 Factsage 软件计算的 1100℃时 SiO_2-MgO-FeO 三元系相图[33]。可发现相图被分为 5 个区域，分别为 $MgSiO_3$+SiO_2 稳定区（Ⅰ区），$MgSiO_3$+Mg_2SiO_4（Fe_2SiO_4）+SiO_2 稳定区（Ⅱ区），Fe_2SiO_4+SiO_2 稳定区（Ⅲ区），$MgSiO_3$+Mg_2SiO_4 稳定区（Ⅳ区）以及 Mg_2SiO_4（Fe_2SiO_4）+FeO+MgO 稳定区（Ⅴ区）。

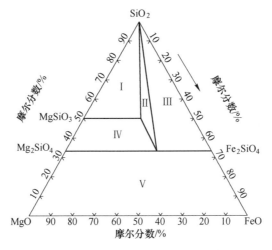

图 3-5 SiO_2-MgO-FeO 三元系相图

如前所述，以某代表性蛇纹石型红土镍矿为对象，通过分析和研究红土镍矿煤基金属化还原过程目标元素镍、铁氧化物反应吉布斯自由能、热力学平衡曲线及 Fe-Ni 二元系相图等热力学基础可得出控制反应体系温度为 750~1250℃，可实现红土镍矿煤基非熔融态金属化还原。然而，对于蛇纹石型红土镍矿，金属化还原过程是由目标金属氧化物解离和解离后的简单氧化物金属化还原两步组成，前一过程实质上是硅酸盐矿物的相转化过程，即矿中原硅酸盐矿物随温度升高脱羟基为无定型态之后再重结晶成新硅酸盐矿相。通过进一步对蛇纹石型红土镍矿主要成分 SiO_2-MgO-FeO 三元系相图进行研究，可计算出表 3-1 所列的云南元江某代表性蛇纹石型红土镍中的 SiO_2、MgO 和 FeO 摩尔比为 3∶4∶1，比对图

3-5 三元相图可知，该红土镍矿位于 IV 区且更靠近 $\mathrm{Mg_2SiO_4}$ 与 MgO 相界线，即赋存镍和铁的硅酸盐矿物发生矿相转变后的主要物相为 $\mathrm{Mg_2SiO_4}$，其次为 $\mathrm{MgSiO_3}$。

由此可知，蛇纹石型红土镍矿煤基非熔融态金属化还原过程为矿中原硅酸盐矿物首先发生矿相转化，使赋存其中的氧化镍和氧化铁解离，随后解离后的简单金属氧化物进一步发生金属化还原。

3.2 红土镍矿特性

红土镍矿组成成分复杂，不同类型、不同地区红土镍矿物理、化学性质不尽相同。研究红土镍矿与非熔融态金属化还原关联的特性十分必要。

3.2.1 基本特征

取代表性矿石样品经破碎、球磨后 80% 以上粒度小于 $74\mu m$，其主要化学成分见表 3-1，可发现矿石中 Ni、Fe 含量较低，分别仅有 0.78%、10.90%，MgO 和 $\mathrm{SiO_2}$ 含量分别高达 31.49% 和 35.37%。

表 3-1 试验用蛇纹石型红土镍矿化学成分

组分	TFe	Ni	Co	$\mathrm{Al_2O_3}$	MgO	CaO	$\mathrm{SiO_2}$	Mn	烧失
含量/%	10.90	0.78	0.033	1.89	31.49	0.03	35.37	0.08	11.89

该矿的 X 射线衍射分析（XRD）结果如图 3-6 所示，图谱显示原矿主要成分为蛇纹石、铁氧化物及石英。结合表 3-1 化学分析结果可知，该红土镍矿为典型的蛇纹石型红土镍矿。在上述分析的基础上，借助扫描电子显微镜（SEM）对该矿的矿物形貌做了初步分析，结果如图 3-7 所示，发现组成矿物上有明显裂纹，说明该矿在成矿过程中受自然界强烈应力作用，风化蚀变较严重。表 3-2 所列为弱还原气氛下该红土镍矿高温熔融温度测定结果。

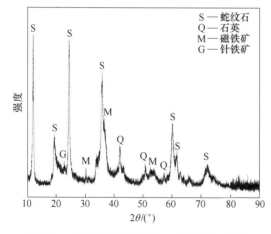

图 3-6 试验用蛇纹石型红土镍矿 XRD 图谱

图 3-7 试验用蛇纹石型红土镍矿表面形貌 SEM 图

表 3-2 试验用蛇纹石型红土镍矿熔融时几个温度点测定结果

温度	变形点	软化点	半球点	流动点
测定值/℃	1359	1397	1405	1577

3.2.2　结构特性

首先，采用低温液氮吸脱附方法对云南元江蛇纹石型红土镍矿内部孔隙结构及比表面积进行了分析并绘制相应等温液氮吸脱附曲线，如图 3-8 所示。基于国际理论与应用化学联合会（IUPAC）分类可知该矿吸附曲线及滞后环分别属于Ⅲ型和 H3 型[34]，具有此类吸附曲线及滞后环的矿石样品内部通常具有裂隙[35~37]，对该红土镍矿的显微镜下观测（见图 3-9）和 SEM 检测结果证实了这一推论，裂隙结构可归因于红土镍矿成矿过程强烈的应力作用。图 3-8 还显示了该红土镍矿的平衡吸附能力随着相对压力（p/p_0）增大而提高，而在相对高压区域并未发现氮气吸附饱和现象，这可能是由于矿样内部存在较大孔隙及检测过程矿样颗粒与颗粒之间具有间隙导致了高压区域氮吸附量急剧增加。该蛇纹石型红土镍矿比表面积测定结果为 74.1m^2/g，比表面积较大。

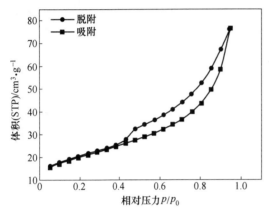

图 3-8　试验用蛇纹石型红土镍矿
低温液氮吸脱附曲线

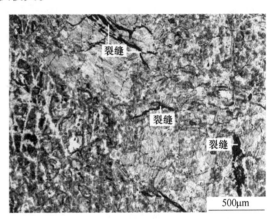

图 3-9　试验用蛇纹石型红土镍矿
显微镜下的孔隙结构

综上，研究用蛇纹石型红土镍矿的孔隙结构特性便于气体扩散至矿石内部与组成矿物接触，有利于气-固相反应进行。而前文中的研究分析表明，红土镍矿煤基非熔融态金属化还原过程主要在 Boudouard 反应生成的 CO 与镍、铁负载矿物间进行，可见，该红土镍矿的结构特性为其非熔融态金属化还原提供了有利条件，同时也起到了促进作用。

3.2.3　还原特性

借助 H_2-TPR 分析，检测了研究用蛇纹石型红土镍矿升温过程的还原特性，结果如图 3-10 所示。热力学分析表明氧化镍易在较低温度下被直接还原成金属镍，而氧化铁的还原则是逐级进行的。一般来说，当温度高于 570℃ 时，氧化铁还原分三步进行：$Fe_2O_3 \rightarrow Fe_3O_4 \rightarrow FeO \rightarrow Fe$；当温度低于 570℃ 时，FeO 不能存在，氧化铁还原分为两步进行：$Fe_2O_3 \rightarrow Fe_3O_4 \rightarrow Fe$[38,39]。还原过程发生的化学反应见式（3-13）~式（3-17）。

$$NiO(s) + H_2(g) \longrightarrow Ni(s) + H_2O(g)$$

$$\Delta G_T^{\ominus} = -15050.2 - 27.7T(J/mol) \tag{3-13}$$

$$3Fe_2O_3(s) + H_2(g) \longrightarrow 2Fe_3O_4(s) + H_2O(g)$$

$$\Delta G_T^{\ominus} = -5565.2 - 81.1T(J/mol) \tag{3-14}$$

$$Fe_3O_4(s) + H_2(g) \longrightarrow 3FeO(s) + H_2O(g)$$
$$\Delta G_T^{\ominus} = 48136.1 - 69.1T(J/mol) \tag{3-15}$$

$$FeO(s) + H_2(g) \longrightarrow Fe(s) + H_2O(g)$$
$$\Delta G_T^{\ominus} = 23430.3 - 16.2T(J/mol) \tag{3-16}$$

$$1/4Fe_3O_4(s) + H_2(g) \longrightarrow 3/4Fe(s) + H_2O(g)$$
$$\Delta G_T^{\ominus} = 29856.2 - 24.2T(J/mol) \tag{3-17}$$

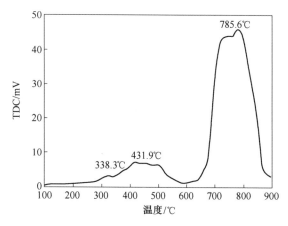

图 3-10　试验用蛇纹石型红土镍矿 H_2-TPR 图

一般来讲，纯氧化镍的还原峰通常位于 360℃ 左右，而纯氧化铁在该试验温度范围内（100~900℃）有两个还原峰，分别位于 420℃（$Fe_2O_3 \rightarrow Fe_3O_4$）和 750℃（$Fe_3O_4 \rightarrow FeO$）[40]。图 3-10 出现 3 个还原峰，分别位于 338.3℃、431.9℃ 和 785.6℃。对于镍和铁氧化物还原峰出现的位置通常与其存在形式及矿物粒度有很大关系，红土镍矿中镍和铁的氧化物并不是以简单化合物形式存在，如前所述它们是以弱吸附或类质同象的形式存在于硅酸盐矿物，即便是单独存在的铁氧化物结构也并不单一，镍和铁氧化物与红土镍矿中其他矿物的相互作用导致了其在 H_2-TPR 分析结果中的还原峰与纯物质存在一定偏差。由此判断，图 3-10 中低温部分（338.3℃）的弱还原峰为弱吸附形式存在的具有较细粒度的氧化镍被还原生成金属镍产生，此时式（3-13）反应 $\Delta G_T^{\ominus}$ 为负；431.9℃ 处的还原峰较宽，应该为类质同象存在的氧化镍还原为金属镍及氧化铁还原生成四氧化三铁的峰，此时式（3-13）和式（3-14）的 $\Delta G_T^{\ominus}$ 均为负；在温度相对较高（785.6℃）时产生的还原峰，可归因于四氧化三铁的还原，生成了氧化亚铁，对应反应的 $\Delta G_T^{\ominus}$（见式（3-15））为负。可以发现该氧化镍中除少量以弱吸附存在的氧化镍还原温度较低外，其余金属氧化物还原峰对应的温度与纯物质还原峰对应的温度相比，均向高温方向发生了偏移，这表明试验用红土镍矿中金属氧化物还原特性较弱，从另一个角度也说明了镍、铁氧化物在该蛇纹石型红土镍矿中的存在形式较复杂。

由此可见，需要在热力学理论还原温度更高的温度下才能使矿中镍、铁氧化物完全还原，实现该蛇纹石型红土镍矿非熔融态金属化还原。

3.2.4　热力学特性

蛇纹石是该红土镍矿的主要组成矿物，占比达到 87%，同时超过 80% 的镍分布于蛇纹石矿物。鉴于此，从金属化还原回收镍的角度考虑，镍在该红土镍矿的赋存状态不利于其还原/聚合。要实现该蛇纹石型红土镍矿中镍迁移并与铁聚合，必须首先破坏硅酸盐矿物，使镍解离并发生迁移，迁移出的镍和铁聚合生成镍铁合金。图 3-11 中 TG-DSC 分析结果显示云南元江蛇纹石型红土镍矿在 450~700℃温度区间内发生蛇纹石脱羟基反应生成无定型硅酸盐，之后在 825℃处无定型硅镁酸盐矿物重新结晶为晶型良好的硅酸盐矿物。这表明以吸附方式和部分以类质同象方式存在于硅酸盐矿物的镍从 450℃开始将会随硅酸盐结晶水脱除解离并按式（3-4）发生金属化还原反应；而大部分以类质同象存在于硅酸盐矿物的镍则在 825℃硅酸盐相变前解离按式（3-4）和式（3-8）金属化还原。

可见，如果能使硅酸盐矿物更易分解且镍铁相更易生成/生长将成为非熔融温度下镍铁固溶体形成/聚合的关键。图 3-11 中实线为试验用蛇纹石型红土镍矿加入促进剂后的 TG-DSC 分析结果，为更好对比添加 CaF_2 对硅酸盐矿物转变的影响。结果显示：（1）添加促进剂后，DSC 曲线上硅酸盐矿物脱羟基产生的吸热谷向低温方向发生偏移，相比未加入促进剂降低了 10℃；（2）无定型硅酸盐矿物相转变温度也发生了明显变化，由原来 825℃降低到 802℃。这表明促进剂在 600℃以下并不起作用，随温度升高促进剂中活性物能使硅酸盐矿物的复合阴离子团（$Si_xO_y^{n-}$）解体，促进红土镍矿中含镍硅酸盐矿物转变为简单氧化物，使反应向低温方向移动。换句话说，促进剂改变了试验用红土镍矿热力学特性，可有效破坏负载镍的硅酸盐矿物，解离出镍氧化物，最终促进了红土镍矿非熔融态金属化还原的完成。

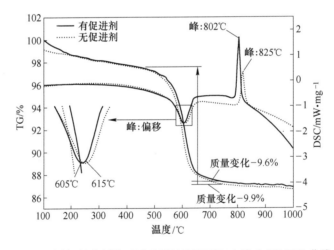

图 3-11 添加促进剂前后试验用蛇纹石型红土镍矿 TG-DSC 曲线

综上所述，研究用红土镍矿具有的裂隙结构特性便于 CO 扩散，有利于金属化还原反应，然而该矿还原特性较弱，需要比理论温度更高的还原温度才能完成金属化还原，通过添加促进剂可以改变矿的热力学特性，使矿中硅酸盐矿物脱羟基反应及相转化反应向低温方向移动，导致赋存在硅酸盐中的氧化镍提前解离，从而在一定程度上改善了矿的还原特性。

结合上述热力学分析和矿物特性研究可得出，研究用蛇纹石型红土镍矿煤基非熔融态金属化还原完全可行且不可逆。而热力学计算往往是在理想状态下进行的，反应平衡通常需无限长的时间。实际上，红土镍矿的复杂组分及反应条件协同作用均会影响矿物中氧化镍的活性，需要系统研究其在非熔融温度下的金属化还原行为。

3.3 升温过程分解动力学

蛇纹石型红土镍矿 X 射线衍射图谱结果显示，矿石中利蛇纹石为主要物相。利蛇纹石在升温过程中的热平衡及质量变化如图 3-11 所示。由 TG 曲线可知，利蛇纹石质量损失达 12%；根据理论计算，利蛇纹石中结晶水质量分数约为 13%，试验值与理论值的微小差异主要归因于样品中的杂质。此外，图 3-12 显示了在温度范围 580~700℃之间存在一个吸热峰，而在 825℃ 左右具有一个较强的放热峰。这两个明显的吸放热峰分别对应于利蛇纹石的脱羟基作用（$Mg_3Si_2O_5(OH)_4 \rightarrow Mg_3Si_2O_7 + 2H_2O$）和相转变作用（$Mg_3Si_2O_7 \rightarrow Mg_2SiO_4 + MgSiO_3$）。

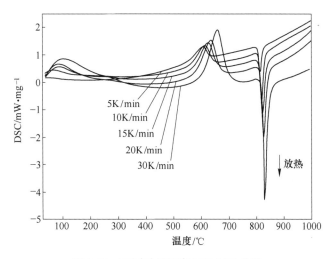

图 3-12　不同升温速率下的 DSC 曲线

3.3.1　动力学方法

采用非等温热重分析方法研究利蛇纹石脱羟基作用过程的动力学。速率方程如下所示：

$$\frac{d\alpha}{dt} = k(T)f(\alpha) \tag{3-18}$$

反应模型 $f(\alpha)$ 描述了转化率 α 与反应过程的关系，由 Arrhenius 方程可得速率常数 $k(T)$ 的表达式如下：

$$k(T) = A\exp\left(\frac{-E}{RT}\right) \tag{3-19}$$

由式（3-18）与式（3-19）可得：

$$\frac{d\alpha}{dt} = A\exp\left(\frac{-E}{RT}\right)f(\alpha) \tag{3-20}$$

3.3.1.1　Friedman 方法

利用微分等转化率 Friedman 方法可以从式（3-20）的对数形式中计算反应活化能，因此：

$$\ln\left(\frac{\mathrm{d}\alpha}{\mathrm{d}t}\right)_{\alpha,i} = \ln\left[Af(\alpha)\right] - \frac{E_\alpha}{RT_{\alpha,i}} \tag{3-21}$$

首先进行一系列的不同升温速率的热重试验，5K/min、10K/min、15K/min、20K/min、30K/min；随后可以在相同转化率 α 下根据 $\ln(\mathrm{d}\alpha/\mathrm{d}t)_{\alpha,i}$ 与 $1/T_{\alpha,i}$ 的关系得到活化能。

3.3.1.2 Master plots 方法

利用 $z(\alpha)$ 主曲线法与推广的时间主曲线法推测反应的限制步骤环节和反应模型。通过观察由试验数据所得的曲线与理论曲线的匹配度，从而确定最合适的反应模型。

$z(\alpha)$ 可由反应模型的微分与积分式结合而得，对式（3-20）积分可得反应模型的积分式：

$$g(\alpha) = \int_0^\alpha \frac{\mathrm{d}\alpha}{f(\alpha)} = A\int_0^t \exp\left(\frac{-E}{RT}\right)\mathrm{d}t = A\theta \tag{3-22}$$

对于常数升温速率，式（3-22）可变形为：

$$g(\alpha) = \frac{A}{\beta}\int_0^T \exp\left(\frac{-E}{RT}\right)\mathrm{d}T \tag{3-23}$$

β 为速率常数：

$$\beta = \frac{\mathrm{d}T}{\mathrm{d}t} = \mathrm{const} \tag{3-24}$$

式（3-23）中的温度积分可用 $\pi(x)$ 表示：

$$g(\alpha) = \frac{AE}{\beta R}\exp(-x)\left[\frac{\pi(x)}{x}\right] \tag{3-25}$$

$x = E/RT$，结合式（3-18）与式（3-25）可得出 $z(\alpha)$ 公式：

$$z(\alpha) = f(\alpha)g(\alpha) = \left(\frac{\mathrm{d}\alpha}{\mathrm{d}t}\right)_\alpha T_\alpha^2\left[\frac{\pi(x)}{\beta T_\alpha}\right] \tag{3-26}$$

当 $\alpha = 50\%$ 时，$z(\alpha)$ 公式变为：

$$z(\alpha) \approx \frac{\left(\dfrac{\mathrm{d}\alpha}{\mathrm{d}t}\right)_\alpha}{\left(\dfrac{\mathrm{d}\alpha}{\mathrm{d}t}\right)_{0.5}}\left(\frac{T_\alpha}{T_{0.5}}\right)^2 \tag{3-27}$$

此外，式（3-26）中括号中数值较小，对 $z(\alpha)$ 的形状影响很小，因此可忽略。

$$\theta = \int_0^t \exp\left(\frac{-E}{RT}\right)\mathrm{d}t \tag{3-28}$$

一阶导数可得：

$$\frac{\mathrm{d}\theta}{\mathrm{d}t} = \mathrm{e}^{-\frac{E}{RT}} \tag{3-29}$$

将式（3-20）与式（3-29）结合：

$$\frac{\mathrm{d}\alpha}{\mathrm{d}\theta} = Af(\alpha) = \frac{\mathrm{d}\alpha}{\mathrm{d}t}\exp\left(\frac{E}{RT}\right) \tag{3-30}$$

取 $\alpha = 50\%$，则：

$$\frac{\mathrm{d}\alpha/\mathrm{d}\theta}{(\mathrm{d}\alpha/\mathrm{d}\theta)_{0.5}} = \frac{f(\alpha)}{f(0.5)} = \frac{\mathrm{d}\alpha/\mathrm{d}t}{(\mathrm{d}\alpha/\mathrm{d}t)_{0.5}} \cdot \frac{\exp\left(\dfrac{E}{RT_\alpha}\right)}{\exp\left(\dfrac{E}{RT_{0.5}}\right)} \qquad (3\text{-}31)$$

由此，将试验数据与表 3-3 中的理论公式可确定合适的反应模型。

表 3-3　常用固态反应动力学模型微分与积分方程

反应模型	类型	$f(\alpha)$	$g(\alpha)$
一维扩散	D1	$1/(2\alpha)$	α^2
二维扩散	D2	$[-\ln(1-\alpha)]^{-1}$	$(1-\alpha)\ln(1-\alpha)+\alpha$
Avrami-Erofeev 方程，$n=2$	A2	$2(1-\alpha)[-\ln(1-\alpha)]^{1/2}$	$[-\ln(1-\alpha)]^{1/2}$
Avrami-Erofeev 方程，$n=3$	A3	$3(1-\alpha)[-\ln(1-\alpha)]^{2/3}$	$[-\ln(1-\alpha)]^{1/3}$
Avrami-Erofeev 方程，$n=4$	A4	$4(1-\alpha)[-\ln(1-\alpha)]^{3/4}$	$[-\ln(1-\alpha)]^{1/4}$
相界面反应控制 （contracting cylinder）	R2	$2(1-\alpha)^{1/2}$	$[1-(1-\alpha)^{1/2}]$
相界面反应控制 （contracting sphere）	R3	$3(1-\alpha)^{2/3}$	$[1-(1-\alpha)^{1/3}]$
Mampel（一级）	F1	$1-\alpha$	$-\ln(1-\alpha)$

3.3.2　脱羟基过程

3.3.2.1　热分解动力学

采用非等温热重分析研究利蛇纹石脱羟基作用过程的动力学。图 3-13 所示为转化率 $0.1<\alpha<0.9$ 范围之间 $\ln(\mathrm{d}\alpha/\mathrm{d}t)$ 与 $1/T$ 的关系。由图可知，两者呈直线关系，其活化能变化见表 3-4。活化能整体变化微小，平均值约为 218.65kJ/mol。由此可以推断，利蛇纹石脱羟基为单步反应过程。

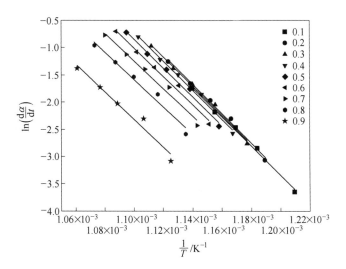

图 3-13　不同升温速率下反应速率 $\ln(\mathrm{d}\alpha/\mathrm{d}t)$ 与 $1/T$

表 3-4   由 Friedman 法所得活化能与转化率关系

转化率 α	$E/\mathrm{kJ \cdot mol^{-1}}$	相关系数
0.1	223	0.99731
0.2	225	0.99687
0.3	224	0.99663
0.4	223	0.99641
0.5	222	0.99500
0.6	217	0.99560
0.7	211	0.99120
0.8	210	0.98736
0.9	212	0.98420
平均	219	

图 3-14 描绘了试验数据与理论曲线 $z(\alpha)$ 图，由此可推断脱羟基过程的反应机理。利蛇纹石脱羟基反应在氮气气氛下受升温速率的影响较小。由图 3-14 可知，试验数据与 Avrami-Erofeev（A3）反应模型接近。此外，试验数据在 $z_{\max}(\alpha)$ 处，转化率的值为 0.632，由此证明了该模型的可靠性。

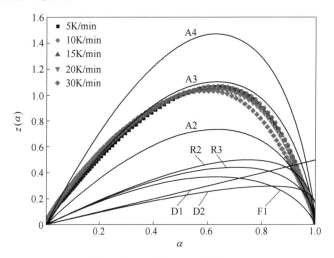

图 3-14   脱羟基作用非等温试验数据与理论 $z(\alpha)$

利蛇纹石的理想分子式为 $Mg_3Si_2O_5(OH)_4$，具有扁平结构，如图 3-15 所示。OH^- 在利蛇纹石结构中具有两种位置：内表面的 OH^- 位于三八面体片的顶部；内部的 OH^- 位于三八面体和四面体之间。相关学者认为利蛇纹石脱羟基作用主要由扩散控制，认为控制步骤环节是由缓慢成核率与扩散。基于动力学分析以及利蛇纹石的结构，脱羟基反应模型可分为三种类型：（1）断裂的氢键与相邻的 OH^- 结合再次形成 H—O 键，随后与 Mg—O 键结合形成水分子，水分子通过二维扩散脱除；（2）在 Mg—OH 族的 Mg—O 键断裂与 H 键结合形成 OH^- 随后扩散脱除；（3）H 键的断裂，随后 H 扩散脱除。图 3-16 显示了三种不同扩散途径与活化能。本试验结果所得活化能为 218.65kJ/mol，由此与第三种扩散途径大致相同。

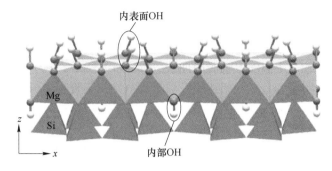

图 3-15 利蛇纹石的结构图

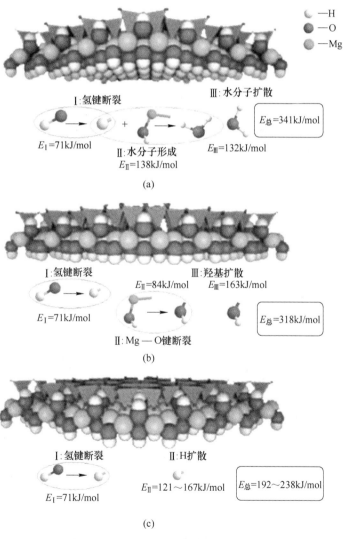

图 3-16 脱羟基过程的机理图

3.3.2.2 分子动力学

蛇纹石是一种天然产出的1∶1型（TO型）三八面体结构层状硅酸盐矿物，空间群为 $FD3$，晶格常数为8.0042nm，其单胞分子模型如图3-17所示。

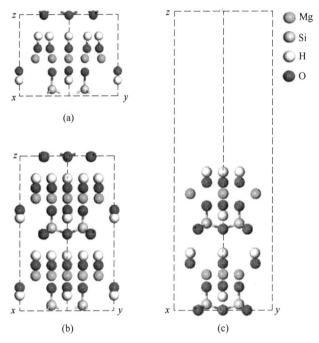

图 3-17 $Mg_3Si_2O_5(OH)_4$ 单胞、超胞、超胞（100）晶面分子模型

（a）单胞；（b）超胞；（c）（100）晶面

$Mg_3Si_2O_5(OH)_4$ 分子动力学模拟计算模型如下：构建 $1×1×2$ 的超晶胞，如图3-17（b）所示；截取（100）晶面，添加真空层厚度为1.5nm，如图3-17（c）所示，此晶面共包含6个Mg原子、4个Si原子、18个O原子和8个H原子，共36个原子。在优化步骤过程中，使各原子充分弛豫到能量和应力最低的位置，使后续模拟计算过程更契合实际情况。

基于密度泛函从头算量子力学理论，本节使用 Materials Studio 中的 CASTEP 模块进行结构优化和动力学过程模拟，交换关联能泛函选用广义梯度近似 GGA 中 PBE 形式，是目前较为准确的电子结构计算理论方法。本书参考其他学者方法测试确定了平面波截断能（energy cutoff）和能带结构在布里渊区 k 值，通过曲线的收敛性测试和分子模拟要求精度，确定平面波截断能为360eV，k 值为 $4×4×1$，随后进行结构优化。在模型结构优化中使用了（BFGS），赝势采用倒易空间表征中的超软赝势。能量收敛准确性优于每个原子 $2×10^{-5}eV$，每个原子上的应力小于0.3eV/nm，应力偏差小于0.05GPa。

采用 CASTEP 模块进行 Dynamics 模拟，以 DSC 曲线上的吸放热峰温度作为模拟温度。模拟分为两个阶段：第一，设置模拟温度为612℃，对优化完成的 $Mg_3Si_2O_5(OH)_4$（100）晶面升温过程进行动力学模拟。在 NVT 系下模拟10ps，步长为1.0fs，共10000步；第二，设置温度为817℃，对第一阶段模拟完成的分子模型，再次模拟升温。NVT 系下模拟10ps，步长为1.0fs，共10000步。在动力学模拟计算中，每运行完一步后，均通过优化电子结构使电子保持在波恩-奥本海默面上，使计算步长对模拟试验的影响降至最低。

根据试样的 TG-DSC 曲线，蛇纹石在 612℃ 温度下发生了脱羟基相转变过程。初始态的 $Mg_3Si_2O_5(OH)_4$ 超晶胞经过 612℃ 动力学模拟计算后，表 3-5 所列为最优结构和动力学模拟后结构中 O—H 键的键长和布居数，表 3-6 所列为最优结构和 612℃ 动力学模拟后结构中 Mg 离子间距，表 3-7 所列为最优结构和动力学模拟后结构中 Si—O 键的键长和布居数，图 3-18 所示为动力学模拟前后的 $Mg_3Si_2O_5(OH)_4$ 构型。

表 3-5　最优结构和 612℃ 动力学模拟后结构中 O—H 键的键长和布居数

键	最优结构		动力学模拟结构	
	键长 h/nm	布居数	键长 h/nm	布居数
O(1)—H(1)	0.097	0.67	0.118	0.29
O(2)—H(2)	0.097	0.67	0.107	0.32
O(3)—H(3)	0.097	0.67	0.101	0.35
O(4)—H(4)	0.097	0.56	0.097	0.57

表 3-6　最优结构和 612℃ 动力学模拟后结构中 Mg 离子间距

键	最优结构	动力学模拟结构
	键长 h/nm	键长 h/nm
Mg(1)—Mg(2)	0.136	0.297
Mg(2)—Mg(3)	0.137	0.331
Mg(4)—Mg(5)	0.136	0.138
Mg(5)—Mg(6)	0.137	0.137

表 3-7　最优结构和 612℃ 动力学模拟后结构中 Si—O 键的键长和布居数

键	最优结构		动力学模拟结构	
	键长 h/nm	布居数	键长 h/nm	布居数
Si(1)—O(5)	0.164	0.56	0.165	0.56
Si(1)—O(6)	0.164	0.56	0.165	0.56
Si(1)—O(7)	0.162	0.63	0.163	0.62

表 3-5 与图 3-18 表明，反应前初始结构键长均为 0.097nm，动力学模拟后得到的表层氢氧根 O(1)—H(1)、O(2)—H(2)、O(3)—H(3) 等键长增大。密立根数由 0.67 降至 0.29、0.32 和 0.35，表明当模拟时间进一步延长后，此类 O—H 键发生断裂的趋势将更加显著，生成 O^{2-} 和 H^+。而内层 O(4)—H(4) 未发生明显变化，可以认为在 612℃ 下保持完整的氢氧根形态。

对比图 3-18（a）和（b）可知，在 612℃ 下，单个硅酸盐分子基本保持着本身的晶格规律性，但共用氧原子消失，超晶胞整体性被破坏，晶格间距增大。升温过程中发生了氢氧根的断裂与脱除，表层氢氧根有分离成 H^+ 与 O^{2-} 的趋势；同时 Mg^{2+} 之间呈离散化分布。蛇纹石内部氢氧根 O(4)—H(4) 远离硅氧四面体，表明蛇纹石脱除羟基过程首先发生于表

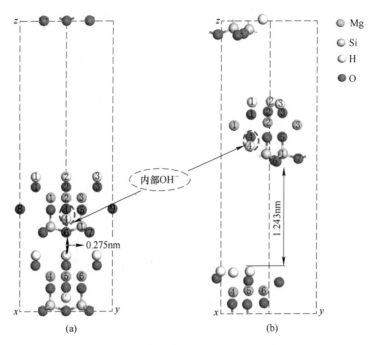

图 3-18 动力学模拟前后的 $Mg_3Si_2O_5(OH)_4$ 构型

（a）结构优化后的 $Mg_3Si_2O_5(OH)_4$ 超晶胞；（b）612℃模拟后 $Mg_3Si_2O_5(OH)_4$ 最终构型

层氢氧根断裂，脱除的活性 H^+ 使连接在 Mg 原子上的内部氢氧根团簇发生离解反应，致使蛇纹石内部的氢氧根以羟基形式脱离，但仍然存在于蛇纹石内部。在脱离过程中氢氧根相互结合生成水，随后被脱除至体系外部，蛇纹石发生物相变化，生成非晶态硅酸盐。

3.3.3 相转变过程

3.3.3.1 热分解动力学

当升温速率大于 30℃/min 时，其中间相滑石消失。因此，相转变过程会受较高的升温速率影响。在当前试验中，采用 5℃/min、10℃/min、15℃/min、20℃/min 来研究蛇纹石相转变过程。通过不同的方法得到相转变过程活化能随转化率变化关系，结果见表 3-8。表观活化能随着转化率增加而降低。研究表明，活化能随着转化率的升高而降低主要是因为复杂的多步反应引起，如扩散等。

表 3-8 不同方法下活化能与转化率之间的关系

转化率 α	$E/kJ \cdot mol^{-1}$		
	KAS 方法	Tang 方法	Starink 方法
0.1	1319	1322	1321
0.2	1219	1222	1221
0.3	1168	1171	1170
0.4	1074	1077	1076

续表 3-8

转化率 α	$E/kJ \cdot mol^{-1}$		
	KAS 方法	Tang 方法	Starink 方法
0.5	1016	1019	1018
0.6	957	959	958
0.7	922	924	924
0.8	832	834	833
0.9	743	745	746

3.3.3.2 相转变过程分析

样品中主要物相为利蛇纹石、石英、赤磁铁矿等，图 3-19 显示了在加热过程中，利蛇纹石的相转变过程。当温度低于 600℃ 时，X 射线衍射结果显示利蛇纹石与赤铁矿、石

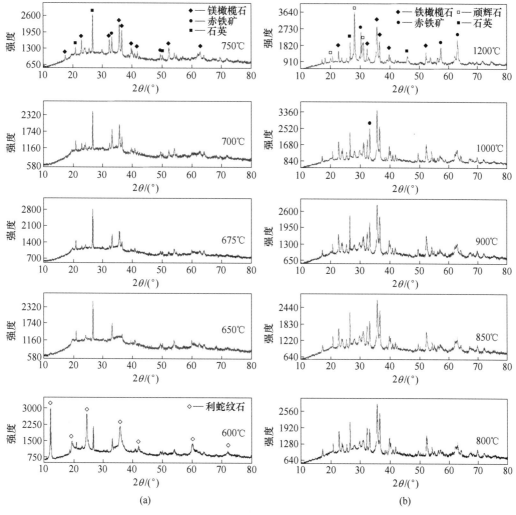

图 3-19　利蛇纹石在不同温度焙烧后的 XRD 图谱

（a）600~750℃；（b）800~1200℃

英共同存在于样品中。当温度升高至700℃时，利蛇纹石相消失，然而并没有新的物相出现。只有在温度高于675℃时，橄榄石才出现明显的衍射峰。这些现象表明，利蛇纹石在675℃时左右完全分解，伴随着橄榄石相的生成。此外，橄榄石衍射峰随着温度升高至1000℃而逐渐增强。当温度高于800℃时，顽辉石出现较小的衍射峰。因此在DSC曲线上出现较强的放热峰可归因于橄榄石相的增加以及重结晶。到温度升高1200℃，顽辉石衍射峰显著增强，并伴随着橄榄石衍射峰强度的降低。这主要在于橄榄石与样品中的石英结合产生顽辉石（$Mg_2SiO_4 + SiO_2 \rightarrow 2MgSiO_3$）。

从XRD图谱（见图3-19）中，滑石相很难发现。根据文献报道，亚稳态的滑石相主要出现于利蛇纹石脱羟基作用前期，同时升温速率应低于30℃/min。在本试验的研究过程中，当温度升高到设定温度时，直接将样品转入管式炉内，因此升温速率过快，这不利于滑石相的生成。图3-20显示了利蛇纹石在程序升温过程中各个物相的转变规律。在温度低于600℃时，主要发生脱羟基作用；随后橄榄石相的增加以及重结晶；当温度高于675℃时，主要发生顽辉石的结晶过程。

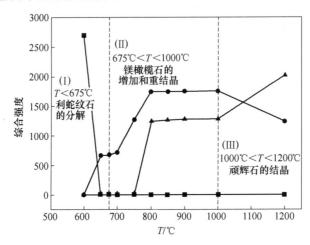

图3-20　利蛇纹石在非等温过程焙烧中相转变的规律

3.3.3.3　分子动力学

经过动力学模拟计算，表3-9所列为612℃和817℃动力学模拟Mg离子间距，表3-10所列为612℃与817℃动力学模拟后Si—O键的键长和布居数，图3-21所示为817℃动力学模拟前后的$Mg_3Si_2O_5(OH)_4$构型。

表3-9　612℃和817℃动力学模拟Mg离子间距

键	612℃ 动力学模拟结构	817℃ 动力学模拟结构
	键长 h/nm	键长 h/nm
Mg(1)—Mg(2)	0.297	0.295
Mg(2)—Mg(3)	0.331	0.312
Mg(4)—Mg(5)	0.138	0.135
Mg(5)—Mg(6)	0.137	0.132

根据表3-9结果，Mg离子间距均有所减小，最大减小幅度发生在Mg(2)—Mg(3)离

子之间，由 0.331nm 减小至 0.312nm，Mg^{2+} 作为结构骨架离子存在类硅酸盐中，距离的减小导致了结构致密度增加，说明升温过程中生成了结构更致密的物相。

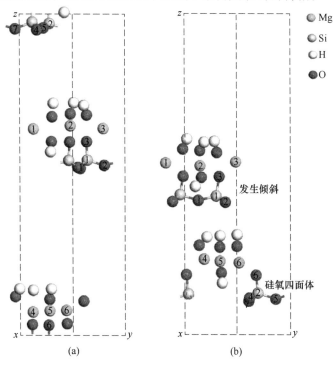

图 3-21　动力学模拟前后的 $Mg_3Si_2O_5(OH)_4$ 构型

（a）612℃模拟后 $Mg_3Si_2O_5(OH)_4$ 最终构型；（b）817℃模拟后 $Mg_3Si_2O_5(OH)_4$ 最终构型

表 3-10 显示了 612℃与 817℃动力学模拟后 Si—O 键长和布居数。结合图 3-21 可知硅酸盐中的硅氧四面体空间构型改变，大部分保持硅氧四面体原始构型，但键角发生改变，如 Si(1)—O(1)、Si(1)—O(2) 与 Si(1)—O(3) 所构成的正四面体，键角由 109.21°增大至 112.52°，导致正四面体发生倾斜，晶格类型随之改变。同时 Si—O 键长与布居数均发生变化，物相也随之改变。少量硅氧四面体中硅氧键将发生断裂，发生于两个相邻四面体之间的共用氧原子与相邻硅原子形成的硅氧键之间。图 3-21（b）显示，随着 Si(2)—O(7) 键生成与共用氧原子的硅氧键断裂，形成 SiO_2 晶格结构，并有远离硅酸盐整体结构的趋势。表 3-10 中 Si(2) 与相连各氧原子间的键长与相关报道中 SiO_2 结构的 Si—O 键长（0.162nm）相近，由此表明 SiO_2 的生成。

表 3-10　612℃与 817℃动力学模拟后 Si—O 键的键长和布居数

键	612℃动力学模拟结构		817℃动力学模拟结构	
	键长 h/nm	布居数	键长 h/nm	布居数
Si(1)—O(1)	0.165	0.56	0.166	0.48
Si(1)—O(2)	0.165	0.56	0.161	0.56
Si(1)—O(3)	0.163	0.62	0.171	0.87
Si(2)—O(4)	0.165	0.56	0.161	0.55
Si(2)—O(5)	0.165	0.56	0.163	0.54
Si(2)—O(6)	0.163	0.62	0.158	0.71
Si(2)—O(7)	0.354	—	0.163	0.57

根据上述分析，蛇纹石在 612℃升温至 817℃过程中转变规律可归纳为反应式（3-32）和式（3-33），此反应为放热反应，对应于 DSC 曲线在 817℃时的放热峰。继续升温使蛇纹石发生重结晶反应生成镁橄榄石，导致晶体结构致密性与晶格规律性增加，由离散型非晶态硅酸盐生成结晶态良好的致密镁橄榄石相和少量的顽辉石相。而由蛇纹石分解产生的镁橄榄石及二氧化硅随着温度的升高则进一步反应生成顽辉石相（见式（3-33））。

$$2Mg_3Si_2O_5(OH)_4 \longrightarrow 3Mg_2SiO_4 + SiO_2 + 4H_2O \qquad (3-32)$$

$$3Mg_2SiO_4 + SiO_2 \longrightarrow 2Mg_2SiO_4 + 2MgSiO_3 \qquad (3-33)$$

3.4 直接金属化还原

3.4.1 还原过程影响因素

3.4.1.1 温度

温度对反应的影响十分明显，可通过速率常数 k 反映出来，k 与温度的关系可由阿累尼乌斯方程 $k = A\exp[-E_a/(RT)]$ 来表述。随着反应温度的提高，k 值增大，加速反应的进行，物相化学反应速度和扩散速度都随反应温度升高而提高。固定还原时间 60min，煤用量 8%，在保证反应体系处于非熔融态的温度范围内（小于 1300℃），考察还原温度对镍、铁元素金属化/迁移/聚合等富集效果的影响，如图 3-22 所示。

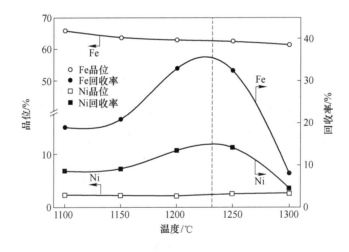

图 3-22 温度对镍、铁富集效果的影响（时间 60min，煤用量 8%）

结果表明，1225℃以下，随温度升高镍、铁回收率均呈上升趋势，且在该温度下铁回收率达到峰值，镍峰值温度则略高（1232℃）；温度从 1100℃上升到 1225℃的过程中，镍、铁回收率增速很快，说明镍、铁元素在此温度区间内迁移/聚合明显加快。从动力学角度来看，低温时镍、铁金属化速度较慢，有限反应时间不利于镍铁合金聚合；当温度继续上升超过 1232℃，镍、铁回收率呈下降趋势，这可能是因为此温度下开始生成铁橄榄石（Fe_2SiO_4），导致铁还原受到抑制，影响了镍铁合金生成；整个过程磁选精矿镍、铁品位变化不大，镍品位略有提高而铁品位略有降低。综上，选择还原温度 1200~1250℃时镍、铁富集效果最好。

3.4.1.2　时间

固定还原温度 1250℃，煤用量 8%，考察还原时间对镍、铁元素金属化/迁移/聚合等富集效果的影响，如图 3-23 所示。

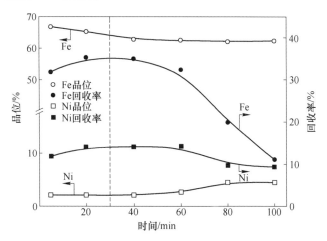

图 3-23　时间对镍、铁富集效果的影响（温度 1250℃，煤用量 8%）

结果表明，恒温时间低于 20min 时镍、铁回收率随时间延长逐步增大，且此时铁回收率达到峰值而镍回收率在 30min 附近达到峰值，之后至 60min 几乎维持不变；当反应时间超过 60min，镍、铁回收率显著减小；在 60~90min 范围内，磁选精矿镍品位有所提高。以上数据显示蛇纹石型红土镍矿煤基金属化还原反应过程进行得很快，结合较低金属回收率（Ni<10%，Fe<35%）可推断金属化还原过程进行得不完全且生成的镍铁合金粒度很小，聚合程度不好，导致随反应时间延长生成的镍铁微细粒容易进入硅酸盐矿相，不利于磁选分离、富集。综上所述，选最佳还原时间 20~40min。

3.4.1.3　配煤量

固定还原温度 1250℃，还原时间 60min，考察煤用量对镍、铁元素金属化/迁移/聚合等富集效果的影响，如图 3-24 所示。结果显示，配煤量低于 8%，煤用量对镍、铁富集效

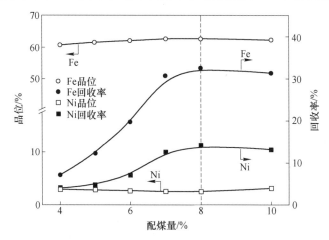

图 3-24　配煤量对镍、铁富集效果的影响（温度 1250℃，时间 60min）

果影响明显，随配煤量增加，磁选精矿镍、铁回收率不断增加并达到最高值；配煤量继续增加，镍、铁回收率略有下降；整个过程磁选精矿镍、铁品位并没有太大变化。可见，配煤能够加速还原，但当超过8%，过多的配煤量会造成残炭量增高且产生更多灰分，从而导致磁选精矿品位下降。为获得最佳分离、富集效果，还原剂用量定为8%。

综上所述，研究用蛇纹石型红土镍矿煤基较低温直接金属化还原工序最佳工艺参数为：1200~1250℃，20~40min，配煤量8%。在该优化条件下产出的镍铁精矿镍、铁品位分别为2.6%和62.6%，镍、铁回收率仅有14.2%和32.5%，回收率不高。

3.4.2　还原过程分析

结合前述热力学分析可知，在系统单因素试验优化条件下进行蛇纹石型红土镍矿金属化还原完全可行且不可逆，但试验取得的镍、铁回收率并不高（Ni 14.2%，Fe 32.5%）。图3-25所示为优化条件下红土镍矿非熔融态金属化还原产物XRD图，从图中可发现明显镍铁合金相特征峰，即证明镍、铁元素确实发生了金属化并聚合成镍铁合金相。

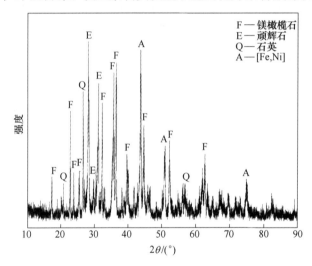

图3-25　最优条件下红土镍矿直接金属化还原产物XRD图谱

图3-26所示为管式炉内直接还原优化条件下产物SEM/EDS分析结果。从图中可发现有大量亮白色颗粒物生成，为新生镍铁合金相，这些已聚合的镍铁合金除少数粒径大于10μm外，其余合金相粒径均在5μm以下，甚至大多数在1μm左右。微细的新生镍铁合金颗粒分散在灰色硅酸盐矿物基底，聚合效果不明显。EDS分析结果显示，新生镍铁合金相中镍含量较低，铁含量较高，可能是由于镍金属化程度不高引起；而EDS结果还显示硅酸盐矿物基底仍含有少量镍，也说明了镍金属化不完全；硅酸盐矿物同样含有少量铁，可归因于该温度下部分铁进入硅酸盐相取代镁形成了铁橄榄石，证实了前述反应过程生成铁橄榄石的推断。

表3-11和表3-12所列分别为直接金属化还原产物中镍和铁的化学物相分析结果，可看出约有45.2%的镍和81.5%的铁进入新生镍铁合金相，相比之下铁金属化程度更高，镍则仍有近55%残留在硅酸盐矿物中，与上述SEM/EDS分析结果完全吻合。这主要是因为镍、铁主要赋存状态不同所致，如矿物学分析所述镍主要赋存于硅酸盐矿物，铁则主要分布于铁氧化物，镍还原前必须先从硅酸盐矿物中解离，显然，铁比镍更容易金属化。

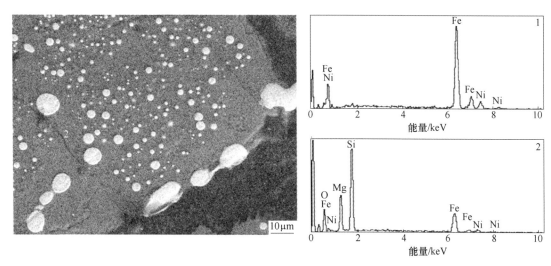

图 3-26　最优条件下红土镍矿直接金属化还原产物 SEM/EDS 图

表 3-11　最优条件下直接金属化还原产物中镍化学物相分析结果

相别	矿物量/%	矿物中镍含量/%	产物中镍金属量/%	镍分布率/%
镍铁合金	9.40	3.84	0.361	45.02
硫化相	0.05	2.56	0.001	0.12
硅酸盐相	87.63	0.50	0.440	54.86
合计	97.08	0.80	0.802	100.00

表 3-12　最优条件下直接金属化还原产物中铁化学物相分析结果

相别	矿物量/%	矿物中铁含量/%	产物中铁金属量/%	铁分布率/%
镍铁合金	9.40	94.61	8.89	81.48
铬尖晶石	0.07	15.03	0.01	0.009
硫化相	0.05	58.77	0.04	0.37
硅酸盐相	87.63	2.25	1.97	18.06
合计	97.15	10.90	10.91	100.00

由此可见，要想获得较高的镍回收率必须将硅酸盐中的镍尽可能多地解离出来，而从试验结果来看，镍的解离度还不够。不过，在试验条件下部分镍、铁元素已经完成了金属化还原并发生了迁移和聚合，而聚合长大效果却并不理想，形成的细小颗粒状金属相很难通过磁选分离、富集，也是镍和铁回收率不高的原因。

3.5　氯化物体系

以云南元江代表性蛇纹石型红土镍矿为研究对象，系统研究其在较低温度下的金属化还原行为及磁选分离富集镍和铁。研究选择了不同体系的促进剂，包括氯化物和氟化物，本节阐述氯化物体系的研究结果[5,19~26]。

3.5.1 氯化钠强化还原影响因素

本节研究了焙烧温度、焙烧时间、添加剂的量、还原剂的量等因素对矿石中有价金属镍、铁氧化物还原焙烧过程的影响，以及焙砂粒度对磁选富集过程的影响。表3-13列出了试验过程中各个参数的变化规律。

表 3-13 试验过程中参数变化规律

研究参数	范围	固 定 参 数				
		T	t	NaCl	R	G_t
焙烧温度/℃	900，1000，1100，1200，1300	—	60	8	8	2
焙烧时间/min	10，20，40，60，80	1200	—	8	8	2
NaCl的量（质量分数）/%	0，4，6，8，10，12	1200	20	—	8	2
还原剂的量（质量分数）/%	4，6，8，10，12	1200	20	10	—	2
磨矿时间/min	2，4，8，12，16	1200	20	10	8	—

注：T 为焙烧温度；t 为焙烧时间；NaCl 为 NaCl 的用量；R 为还原剂的用量；G_t 为磨矿时间。

3.5.1.1 促进作用初步分析

蛇纹石型红土镍矿的氯化焙烧还原过程主要分为以下三个阶段：（1）氯化氢气体的产生；（2）矿石中有价金属氧化物的氯化；（3）金属氯化物的离析过程。氯化钠在酸性氧化物如二氧化硅的作用下，会发生高温水解产生氯化氢气体，作为金属氧化物的直接氯化剂。在氯化氢气体产生过程中，水分主要来自原料（矿石与无烟煤）。此外，氧化铁很难直接与氯化氢气体反应形成氯化铁，其首先是被还原生成四氧化三铁或氧化亚铁，随后与氯化氢反应生成金属氯化物，相关化学式方程如下所示：

$$2NaCl(s) + SiO_2(s) + H_2O(g) === Na_2 \cdot SiO_2(s) + 2HCl(g)$$
$$\Delta G^{\ominus} = 136.185 - 0.104T(kJ/mol) \tag{3-34}$$

$$3Fe_2O_3(s) + C(s) === 2Fe_3O_4(s) + CO(g)$$
$$\Delta G^{\ominus} = -119.874 - 0.218T(kJ/mol) \tag{3-35}$$

$$Fe_3O_4(s) + CO(g) === 3FeO(s) + CO_2(g)$$
$$\Delta G^{\ominus} = -2157.356 - 4.016T(kJ/mol) \tag{3-36}$$

$$FeO(s) + 2HCl(g) === FeCl_2(s) + H_2O(g)$$
$$\Delta G^{\ominus} = -60.831 + 0.094T(kJ/mol) \tag{3-37}$$

$$NiO(s) + 2HCl(g) === NiCl_2(s) + H_2O(g)$$
$$\Delta G^{\ominus} = -88.419 + 0.125T(kJ/mol) \tag{3-38}$$

碳在离析过程中通常作为还原剂。在高温条件下，碳颗粒与水分发生水煤气反应生成氢气和一氧化碳或二氧化碳，生成的金属氯化物吸附在碳颗粒表面被生成的还原性气体离析，从而形成金属，其反应过程如下：

$$C(s) + H_2O(g) === H_2(g) + CO(g)$$
$$\Delta G^{\ominus} = 60.434 - 0.146T(kJ/mol) \tag{3-39}$$

$$C(s) + 2H_2O(g) === 2H_2(g) + CO_2(g)$$

$$\Delta G^{\ominus} = 109.698 - 0.118T(\text{kJ/mol}) \tag{3-40}$$

$$FeCl_2(s) + H_2(g) \Longrightarrow Fe(s) + 2HCl(g)$$

$$\Delta G^{\ominus} = 72.949 - 0.105T(\text{kJ/mol}) \tag{3-41}$$

$$FeCl_2(s) + CO(g) + H_2O(g) \Longrightarrow Fe(s) + 2HCl(g) + CO_2(g)$$

$$\Delta G^{\ominus} = 54.52 - 0.072T(\text{kJ/mol}) \tag{3-42}$$

$$NiCl_2(s) + H_2(g) \Longrightarrow Ni(s) + 2HCl(g)$$

$$\Delta G^{\ominus} = 24.679 - 0.146T(\text{kJ/mol}) \tag{3-43}$$

$$NiCl_2(s) + CO(g) + H_2O(g) \Longrightarrow Ni(s) + 2HCl(g) + CO_2(g)$$

$$\Delta G^{\ominus} = 6.249 - 0.113T(\text{kJ/mol}) \tag{3-44}$$

反应式（3-39）和式（3-40）与式（3-41）~式（3-44）对应的标准吉布斯自由能与温度的关系分别如图 3-27 和图 3-28 所示。由图 3-27 可得，反应式（3-39）和式（3-40）的反应趋势均随着反应温度的升高而逐渐加强，两直线相交于 814℃ 处，表明在温度高于814℃时，水煤气反应更有利于一氧化碳的生成。同时，基于热力学吉布斯自由能的计算，反应式（3-41）~式（3-44）呈现同样的趋势，均随温度的升高反应趋势逐渐增大。如图3-28 所示，$NiCl_2$ 和 $FeCl_2$ 被氢气还原成金属的最低开始温度分别为 442℃ 和 967℃，被一氧化碳还原生成金属的最低温度分别为 328℃ 和 1030℃。此外，与一氧化碳相比，在温度超过831℃时，氢气对于还原金属氯化物具有更高的还原势能。因此，通过控制焙烧温度可使金属氯化物选择性地被还原成金属，而氢气在离析过程中起主要还原剂的作用。

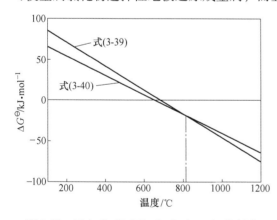

图 3-27　反应式（3-39）和式（3-40）的标准
反应吉布斯自由能

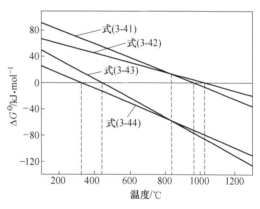

图 3-28　反应式（3-41）~式（3-44）的标准
反应吉布斯自由能

3.5.1.2　焙烧温度的影响

图 3-29 和图 3-30 所示分别为焙烧温度对精矿中镍、铁品位和回收率的影响，试验条件如下：焙烧温度 900~1300℃、焙烧时间 60min、氯化钠用量（质量分数）8%、无烟煤用量（质量分数）8%、磁选强度 150mT。由图 3-29 和图 3-30 可知，当温度从 900℃ 升高至 1100℃ 时，镍、铁品位及回收率有显著的增加，镍、铁品位分别从 1.65% 和 17.46% 提高到 3.06% 和 26.90%；与之相对应的回收率分别从 32.56% 和 25.68% 提高到 67.63% 和62.13%。从热力学观点上分析，这一现象主要归因于氯化钠在高温条件下水解加剧，产生氯化氢气体使金属氧化物随着温度的升高而逐渐被氯化，从而促进了镍、铁还原。

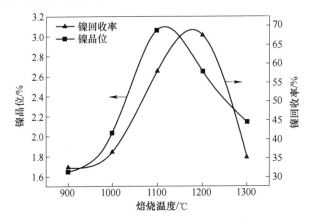

图 3-29　焙烧温度对金属镍的品位及回收率的影响

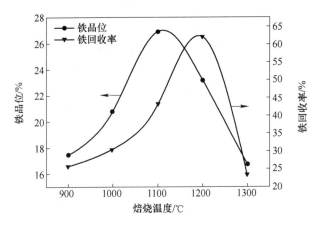

图 3-30　焙烧温度对金属铁的品位及回收率的影响

　　当温度由 1100℃ 升高至 1200℃ 时，镍、铁品位略降低；反之，镍、铁回收率具有很明显的提升。在原矿中，镍、铁主要以类质同象的形式存在于硅酸盐中，当镍、铁被还原为金属之后仍然与硅酸盐共存，导致磁选过程中硅酸盐与金属镍铁一起进入精矿中，当金属镍铁生成越多，夹杂进入精矿中的硅酸盐量就会增加，从而降低了精矿中镍、铁的品位，使回收率有显著提升。氯化镍与氯化亚铁均属于低熔点易挥发的化合物，当温度进一步升高（大于1200℃），金属氯化物分子热运动加剧，使挥发强度增大。因此，在焙烧温度大于1200℃时，镍、铁品位及回收率呈逐渐下降的趋势。

3.5.1.3　焙烧时间的影响

　　为了研究焙烧时间对氯化还原焙烧过程的影响，设定焙烧温度为1200℃、氯化钠用量（质量分数）8%、无烟煤用量（质量分数）8%、磁选强度150mT、焙烧时间 10～80min，其结果如图3-31和图3-32所示。在焙烧时间变化过程中，镍品位在20min时达到最大值，为5.10%；随后镍品位随着焙烧时间的延长逐渐下降。铁的品位及回收率随着焙烧时间的增加呈现出先升高后降低的趋势，并且在焙烧时间为40min处达到最大值。

　　镍、铁品位及回收率在焙烧时间变化过程中呈现出的不同趋势，主要归因于两者的金属氯化物在离析过程中其反应速率不同。根据动力学的研究，在离析阶段氯化镍很容易被

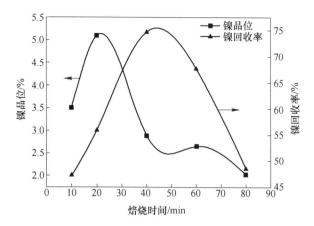

图 3-31　焙烧时间对金属镍的品位及回收率的影响

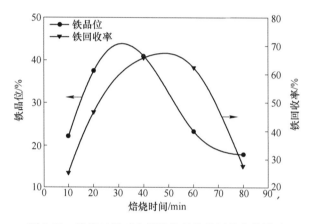

图 3-32　焙烧时间对金属铁的品位及回收率的影响

氢气还原成金属镍,且还原速率迅速;然而,氯化亚铁在离析过程中,与氢气反应速率相对缓慢,导致体系中氯化亚铁的分压较高,阻碍了铁氧化物的氯化反应,从而使铁在整个氯化离析过程中反应缓慢。因此,在离析反应开始阶段,氯化镍为主要的反应物,使镍、铁在焙烧时间变化中体现出不同的变化趋势。随着反应时间进一步延长,镍、铁品位及回收率逐渐下降。从镍、铁选择性还原以及节能角度方面考虑,选取焙烧时间 20min 为最优还原时间。

3.5.1.4　添加剂量的影响

添加不同量的氯化钠对蛇纹石型红土镍矿氯化焙烧还原过程,磁选富集镍铁精矿的影响如图 3-33 和图 3-34 所示。试验条件:焙烧温度 1200℃、焙烧时间 20min、无烟煤用量(质量分数)8%、磁选强度 150mT、氯化钠用量(质量分数)控制范围为 0~12%。

蛇纹石型红土镍矿在未添加氯化钠时,还原焙烧—磁选不能使镍、铁富集于精矿中。随着氯化钠用量的增加,镍、铁品位与回收率呈现出先升高随后降低的趋势。尤其在氯化钠用量(质量分数)从 8% 增加至 10% 的过程中,镍的品位及回收率分别从 5.10% 和 55.87% 增加至 6.65% 和 58.70%;相反,铁的品位及回收率分别从 37.40% 和 46.62% 降低至 35.52% 和 40.74%。随着氯化钠的用量增加,加强了氯化离析过程的进行,使炉内产生

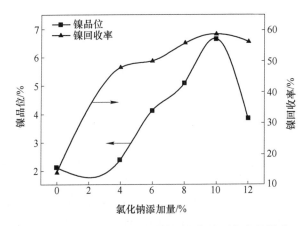

图 3-33　添加剂的量对金属镍的品位及回收率的影响

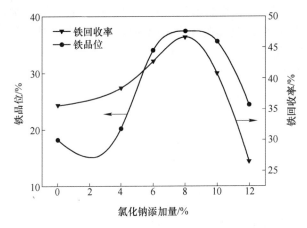

图 3-34　添加剂的量对金属铁的品位及回收率的影响

的氯化亚铁量增加。从动力学观点分析，氯化镍能够迅速被还原成金属镍，因此增加氯化钠的用量促进了氧化镍的整个氯化离析过程，使镍的品位和回收率都增加；然而氯化亚铁的离析过程比较缓慢，使体系中未及时还原成金属铁的氯化物部分以气态形式挥发损失。当进一步增加氯化钠用量时，镍、铁品位及回收率均呈下降趋势，此现象归因于氯化钠用量过多，使体系中产生的氯化物大量增加，如氯化氢、氯化镍及氯化亚铁，这些氯化物在1200℃时均极易挥发，直接导致镍、铁的损失，降低了在精矿中的含量。因此，从镍品位及回收率考虑，选择氯化钠用量为10%。

3.5.1.5　还原剂用量的影响

采用含固定碳质量分数为76.43%的无烟煤作为还原剂。还原剂用量对氯化还原焙烧过程的影响如图 3-35 和图 3-36 所示，试验焙烧温度为1200℃、焙烧时间20min、添加剂用量（质量分数）10%、磁选强度150mT、还原剂用量（质量分数）范围4%～12%。根据理论计算，还原剂用量为4%就能将矿石中有价金属镍、铁氧化物还原成为金属，因此该试验从还原剂用量为4%开始研究。由图 3-35 可知，铁的品位及回收率均随着无烟煤用量的增加而提高；然而，镍的品位则不随无烟煤用量的增加而一直提高。当无烟煤用量从

4%增加至8%时，镍的品位逐渐提高；当无烟煤用量从8%增加至10%时，镍品位逐渐降低，随着无烟煤用量的进一步增加，镍品位又逐渐提高，与之相对应的回收率也呈同样的变化趋势。

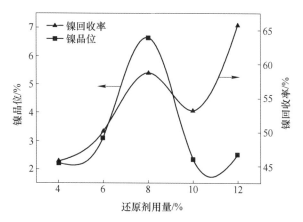

图 3-35　还原剂的量对金属镍的品位及回收率的影响

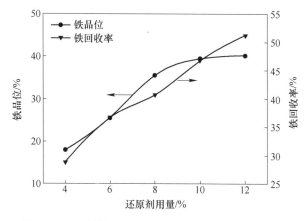

图 3-36　还原剂的量对金属铁的品位及回收率的影响

从反应平衡观点分析，随着无烟煤用量的增加，体系中水煤气反应越剧烈，产生的氢气和一氧化碳的量越多。因此，在离析阶段逐渐生成金属铁，使精矿中铁的品位及回收率提高。氯化镍在弱还原气氛下便能被还原为金属镍；当还原气氛增强时，部分金属镍在一氧化物固溶体中会被再次氧化而转变为氧化镍；进一步增强还原气氛时，氧化镍会再次被还原形成金属。根据以上分析，矿石中氧化镍在不同还原强度气氛下的还原过程影响了金属镍在精矿中品位及回收率的变化趋势。基于节能因素考虑，无烟煤用量（质量分数）为8%被认为是最合理的量。

3.5.1.6　焙砂粒度的影响

蛇纹石型红土镍矿氯化焙烧还原后，镍铁氧化物被还原生成镍铁合金颗粒，通过振动磨样机可减小焙砂粒度，使镍铁合金颗粒与部分硅酸盐分离。在上述操作的试验过程中，磨矿时间均控制为2min。为了研究焙烧粒度对磁选富集镍铁精矿的影响，表3-14列出了磨矿时间与焙砂粒度分布的关系。从表中可得，随着磨矿时间的延长，焙砂粒度逐渐降低。当延长磨矿时间至 16min 时，焙砂的平均粒度 D_{50} = 4.6μm。图 3-37 和图 3-38 显示了不同磨矿时间对磁选富集精矿中镍、铁品位及回收率的影响，试验焙烧温度为 1200℃、焙烧时间 20min、添加剂用量（质量分数）10%、还原剂用量（质量分数）8%、磁选强度 150mT，将磨矿时间范围控制为 2~16min。

表 3-14   不同磨矿时间后焙砂粒度

磨矿时间/min	焙砂粒度/μm			
	D_{10}	D_{50}	D_{90}	D_{97}
2	2.26	16.12	41.54	56.72
4	2.01	13.88	34.06	45.35
8	1.48	10.10	25.66	34.30
12	1.20	7.38	18.69	25.41
16	1.06	4.60	14.67	20.68

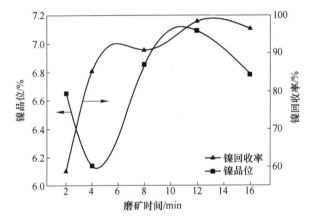

图 3-37   磨矿时间对精矿中镍品位及回收率的影响

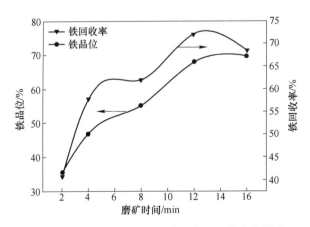

图 3-38   磨矿时间对精矿中铁品位及回收率的影响

结果显示，镍、铁品位及回收率随着磨矿时间的延长均有显著的提高。当磨矿时间延长至 12min 时，焙砂粒度 D_{50} 与 D_{97} 分别为 7.38μm 和 25.41μm；精矿中镍、铁品位达到最大值，分别为7.09%和67.90%，而对应的回收率则分别高达98.31%及72.08%。焙砂中镍铁小颗粒随着磨矿时间的延长，从硅酸盐中分离出来，在磁选富集过程中进入精矿中，从而提高了镍、铁品位及回收率。然而，进一步延长磨矿时间，焙砂粒度过细。超细粉末具有较小的颗粒尺寸和较大的表面积，致使颗粒的比表面积与表面能急剧增加，从而形成一个不稳定的热力学体系。细小颗粒之间具有自发聚集以降低系统自由焓的趋势，逐步变大形成二次颗粒，构成软团聚[41]。因此，相互聚集的二次颗粒使镍铁颗粒很难与非磁性物质磁选分离。与此同时，较大的镍铁颗粒同样会随着磨矿时间的延长而被破坏。综上，磨矿时间过分延长（大于12min）会导致精矿中镍铁品位及回收率降低。

3.5.2 氯化钠强化还原过程分析

3.5.2.1 焙砂物相组成

为了研究焙烧温度对矿石氯化还原焙烧的影响，开展了不同焙烧温度的试验研究，焙烧温度范围900~1300℃、焙烧时间20min、添加剂用量（质量分数）10%、还原剂用量（质量分数）8%。不同焙烧温度下焙砂的XRD结果如图3-39所示，由XRD图谱分析可得，在不同温度焙烧后的矿石主要物相均为镁橄榄石，其主要原因在于原矿中的蛇纹石在焙烧过程中会发生物相转变形成镁橄榄石，另外部分硅酸盐焙烧过程中再结晶形成镁橄榄石[42]。镁橄榄石在形成过程中通常富含铁，因此在XRD图谱中具有富铁镁橄榄石衍射峰。

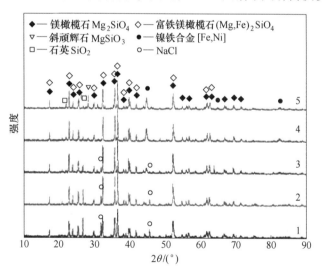

图 3-39　不同温度下焙砂 XRD 图谱

1—900℃；2—1000℃；3—1100℃；4—1200℃；5—1300℃

此外，从图3-39中1~5可以看出，石英与氯化钠的衍射峰逐渐减弱，氯化钠衍射峰在焙烧温度大于1100℃时彻底消失。此现象表明，氯化钠在1100℃以下未能完全分解。相反，从图3-39中3、4可以看出，镍铁开始出现，并且衍射峰强度随着温度的升高而逐渐增强。与图3-39中4相比，图3-39中5的中镍铁衍射峰的强度相对减弱；即当温度进一步升高时，镍铁的衍射峰会逐渐减弱。上述原因可能是焙烧温度的升高促进了氯化钠在体系中的分解，致使焙砂中的二氧化硅及氯化钠的衍射峰减弱。当焙烧温度大于1100℃

时，氯化钠彻底分解产生大量氯化氢气体，使镍铁氧化物发生充分的氯化反应，间接促进了镍铁颗粒的生成。然而，当焙烧温度升高至1300℃，由于分子热运动的增强引起了金属氯化物挥发加剧，部分氯化镍、氯化亚铁未能及时被还原形成金属而损失，造成了镍铁衍射峰的减弱。综上所述，氯化还原焙烧温度在1200℃时被认为是最佳焙烧温度，此结果与焙烧试验过程中的分析结果相符合。

3.5.2.2 焙烧温度对焙砂形貌的影响

图3-40显示了蛇纹石型红土镍矿在添加10%（质量分数）氯化钠、8%（质量分数）无烟煤在不同焙烧温度（900～1300℃）下还原20min的SEM结果，经能谱分析，图中亮白色颗粒为镍铁合金。

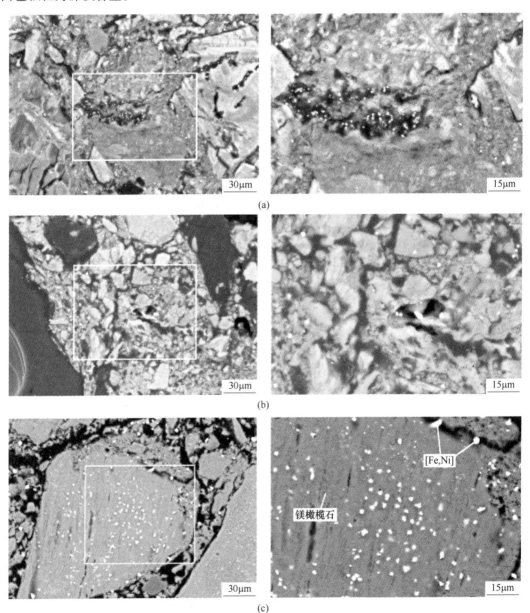

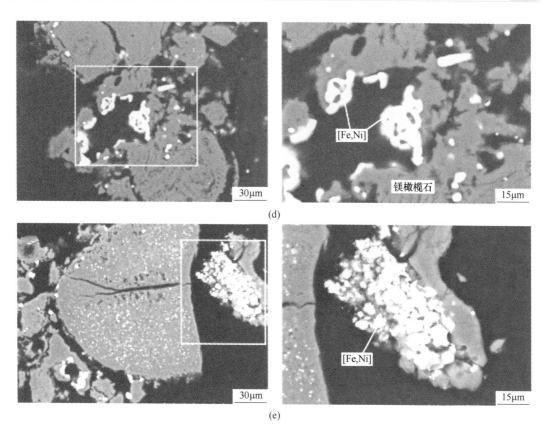

图 3-40 原矿在氯化钠作用下不同温度还原焙烧后的 SEM 图
(a) 900℃；(b) 1000℃；(c) 1100℃；(d) 1200℃；(e) 1300℃

如图 3-40 所示，当焙烧温度在 1000℃以下时，焙烧矿中具有少量镍铁颗粒，并且极其细小；镍铁在该条件下的还原效果不佳，不能有效地聚集，导致在磁选过程中不能使镍铁进入精矿中。随着焙烧温度的升高，焙烧矿中的镍铁颗粒逐渐增多，并且颗粒粒度也逐渐增大，尤其在焙烧温度为 1200~1300℃时，镍铁颗粒高度聚集。表明蛇纹石型红土镍矿在焙烧还原过程中，由于氯化离析的作用可使镍铁颗粒聚集长大，主要原因在于矿物在氯化过程中，镍铁氧化物被氯化氢气体氯化生成低熔点镍铁氯化物，低熔点的镍铁氯化物吸附在固体碳颗粒表面相互迁移并聚合，随后被氢还原生成金属镍铁致使镍铁颗粒长大。随着温度的升高，加剧了氯化钠的分解与氯化氢的生成，同时促进了镍铁氯化物的迁移。因此在图 3-40 中镍铁衍射峰在 1200℃以上明显增强。

3.5.2.3 不同条件下焙砂的 SEM 分析

为了研究蛇纹石型红土镍矿在还原焙烧过程中，是否添加氯化钠条件下的微观形貌以及镍铁颗粒的变化，图 3-41 显示了在两种不同条件下的 SEM 图。图 3-41（a）和（b）所示分别为焙烧矿在未添加与添加 10%（质量分数）氯化钠的扫描电子显微镜图，右图为左图中标识区域的放大图，试验条件：焙烧温度 1200℃、焙烧时间 20min、无烟煤用量 8%、添加剂用量为零或 10%。图 3-42 所示为最优工艺参数（以上试验所确定）条件下焙烧矿的晶粒能谱分析图。图 3-41 与图 3-42 相结合观察得出，焙烧矿中亮白色与碳灰色物质分别为镍铁合金与镁橄榄石。镁橄榄石在焙烧矿中为主要物相，与上述 XRD 图谱中相符合。

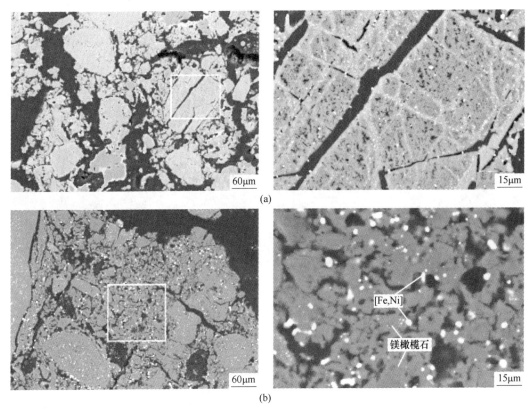

图 3-41   矿石在不同条件下的焙砂 SEM 图

（a）未加添加剂；（b）添加 10%氯化钠

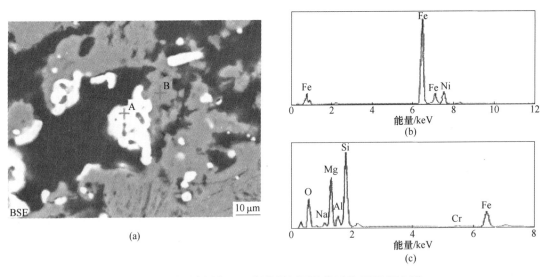

图 3-42   矿石在添加 10%氯化钠还原焙烧后的 SEM-EDS 图

（a）焙砂 SEM 图；（b）A 点的能谱成分图；（c）B 点的能谱成分

如图3-41（a）所示，镍铁颗粒尺寸极其细小，并且分散镶嵌在镁橄榄石中。此结果主要由以下3个原因引起：（1）镍、铁主要以类质同象的形式分布于原矿石中，而镍的分布均匀；（2）在没有添加剂作用条件下，镍、铁氧化物只能发生就地还原；（3）在1200℃非熔融状态下，镍铁颗粒不能发生迁移聚合，导致镍铁颗粒不能生长。与图3-41（a）相比，图3-41（b）所示的镍铁颗粒尺寸有非常显著的改善，其镍铁发生聚集致使镍铁颗粒得到生长，形成大颗粒并聚集在镁橄榄石的边界或表面。此结果的形成主要归因于氯化过程，镍铁氧化物经过氯化之后形成氯化镍和氯化亚铁，该两种氯化物均属于低熔点易挥发性物质，在高温条件下，两种氯化物在矿石体系中挥发迁移聚合；随后，聚合物被吸附在碳颗粒表面并迅速还原成为金属镍铁。此外，图3-42（c）显示，部分铁仍然存在于镁橄榄石中，此观察结果与图3-39中所示的物相分析一致。包裹在镁橄榄石中的铁无法通过磁选使其进入精矿中，因此在氯化焙烧还原试验中，铁的回收率（质量分数）最大值仅为72.08%。此部分铁未能迁移聚集的主要原因可能在于以下因素：（1）部分铁在矿石中分散均匀，并且颗粒细小，很难聚集长大；（2）在选取试验参数时，本试验过程主要考虑精矿中镍品位及回收率，尤其在选取还原时间时，忽略了对铁品位及回收率的影响，致使部分铁未被全部氯化还原。

3.5.2.4 精矿与尾矿矿物组成

在焙烧温度为1200℃下添加10%氯化钠和8%无烟煤，焙烧20min可得到含镍、铁品位分别为6.65%和35.52%的镍铁精矿；而镍、铁对应回收率仅为58.70%和40.74%，未能使原矿中镍高效富集。图3-43所示为磁性分离后，精矿与尾矿的XRD图谱。由图可知，精矿中主要物相为镁橄榄石、铁镁橄榄石及镍铁合金，尾矿中主要包括镁橄榄石、铁镁橄榄石、顽火辉石、二氧化硅及镍铁合金等物相。经过磁性分离，精矿中镍铁合金衍射峰明显比尾矿中衍射峰强。此外，由尾矿中的镍铁合金衍射峰可知，当焙砂经磁性分离后，仍有一部分镍铁存在于尾矿中，致使镍、铁回收率较低。

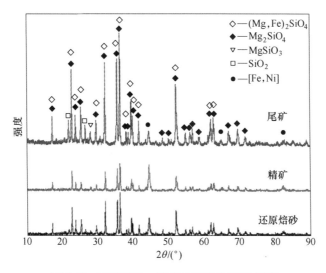

图3-43 还原焙砂、精矿及尾矿的XRD图谱

图3-44所示为精矿与尾矿的SEM结果，右图为左图标记区域的放大图。尾矿SEM图

（见图 3-44（a）） 显示的主要特点如下：部分镍铁仍与镁橄榄石相连，并镶嵌在橄榄石中；镍铁颗粒细小、分散、不易磁选富集。精矿 SEM 图（见图 3-44（b）） 显示的主要特点如下：精矿中仍然存在大量的脉石；镍铁颗粒主要与镁橄榄石相连；镍铁合金颗粒较大、聚集程度高。

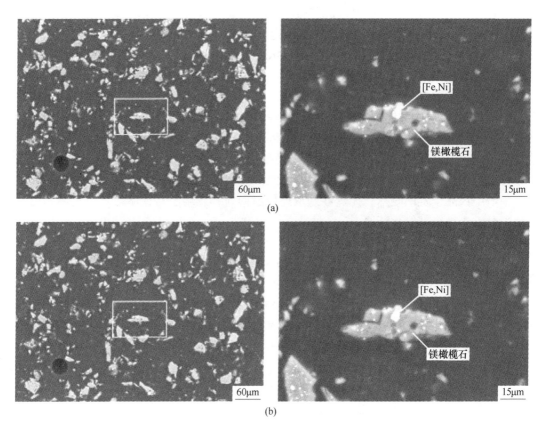

图 3-44　焙砂磁选后尾矿与精矿的 SEM 图
（a）尾矿；（b）精矿

　　根据以上分析，精矿中镍、铁品位及回收率较低的主要原因为镍铁合金颗粒与镁橄榄石未能完全分离。为改善精矿中镍、铁品位及回收率，可考虑将焙砂粒度减小，使镍铁与镁橄榄石充分分离。因此研究了焙砂在不同粒度下对磁选富集镍铁的影响。

3.5.3　氯化钙强化还原影响因素

　　氯化钙强化蛇纹石型红土镍矿煤基还原—磁选试验目的是通过加入的氯化钙使矿石中的金属氧化物转化为金属氯化物，进一步被还原剂还原，然后经过湿磨、磁选实现镍铁精矿与脉石的分离，实现对金属镍提取和富集。本试验主要研究了还原温度、还原时间、还原剂用量、氯化钙用量、焙砂粒度等因素对矿石中金属镍、铁氧化物还原焙烧过程的影响，在热力学分析的基础上，并参考相关文献后，确定了试验过程中条件参数，其具体参数变化见表 3-15。

表 3-15　试验过程参数

试验参数	范围	固　定　参　数
还原温度/℃	1100、1150、1200、1250、1300	还原时间 40min，8%无烟煤，12%氯化钙，湿磨时间 12min
还原时间/min	20、40、60、80、100	还原温度 1150℃，8%无烟煤，12%氯化钙，湿磨时间 12min
还原剂用量（质量分数）/%	4、6、8、10、12	还原温度 1150℃，还原时间 40min，12%氯化钙，湿磨时间 12min
氯化钙用量（质量分数）/%	4、8、12、16、20	还原温度 1150℃，还原时间 40min，8%无烟煤，湿磨时间 12min
磨矿时间/min	2、4、8、12、16	还原温度 1150℃，还原时间 40min，8%无烟煤，12%氯化钙

3.5.3.1　还原温度的影响

在添加 12% $CaCl_2 \cdot 2H_2O$，还原剂为无烟煤，粒度为 74μm，用量（质量分数）为 8%，还原温度从 1100℃到 1300℃中还原焙烧—磁选结果如图 3-45 所示。在研究还原温度对富集镍的过程中，还原时间固定为 40min，还原焙砂经转速为 960r/min 的振动磨样机湿磨 12min 后在磁场强度为 250mT 的磁选管中进行磁选分离。

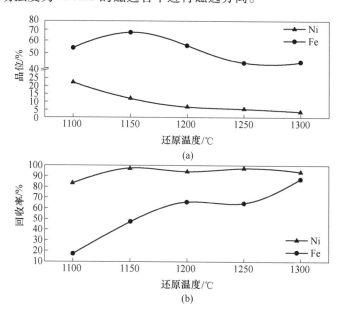

图 3-45　还原温度对富集镍、铁的影响

从图 3-45 可以看出，当还原温度从 1100℃升高到 1150℃的过程中，磁选精矿中镍品位由 22.08% 下降到 11.83%，镍回收率由 83.47% 增加到 97.38% 并在 1150℃达到最大值。这与图 3-46 所示矿石不同还原温度下 XRD 图谱一致。从图 3-46 可以看出，镍铁衍射峰分别出现在 44.8°、65.0° 和 82.2° 且 1150℃下的镍铁峰明显强于 1100℃，这表明 1100℃下矿石中的氧化镍没有被充分的还原成金属镍。当在相对较低的温度（1100℃）下进行还原焙烧时，限制了氯化氢气体释放和原硅酸钙（$CaSiO_3$）的生成，氯化氢气体的不完全释放

导致其不能充分氯化矿石中的金属氧化物为金属氯化物（NiCl$_2$、FeCl$_2$），进而影响金属镍铁的还原，1100℃条件下还原焙砂 XRD 图谱中更弱的 CaSiO$_3$ 特征峰证明了以上结论。

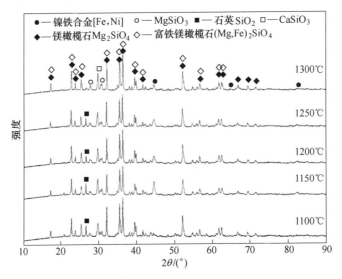

图3-46 不同温度下还原焙砂 XRD 图谱

另外，还原焙烧过程中氧化镍的还原优先于氧化铁，这使得矿石中氧化铁被还原成金属铁的量较少，从而导致精矿中较高的镍品位和较低的铁回收率。随着还原焙烧温度进一步升高到1300℃，镍的回收率有小幅度的波动和下降，其品位一直呈下降趋势并在1300℃达到最低值4.01%；而铁的回收率在此阶段一直保持上升趋势并在1300℃达到82.59%。随着还原温度的上升，加快了氯化钙的水解速度，继而促进了金属氧化物的氯化，更多镍、铁氧化物可以被很好地氯化还原。图3-46所示顽辉石（MgSiO$_3$）和原硅酸钙（CaSiO$_3$）衍射峰随着温度升高而加强，同时伴随着SiO$_2$特征峰的减弱。一方面，蛇纹石（Mg$_3$Si$_2$O$_5$(OH)$_4$）脱水生成的镁橄榄石（Mg$_2$SiO$_4$）在高温下可与SiO$_2$反应生成顽辉石；另一方面，在水蒸气气氛下氯化钙与二氧化硅反应生成原硅酸钙并释放出HCl气体，这导致SiO$_2$特征峰逐渐减弱，同时物相中没有氯化钙的衍射峰存在。此外，首先被还原成的金属镍对氧化铁的还原具有催化作用进而使得铁回收率呈增长趋势。随着铁回收率的升高，精矿质量显著增加，镍品位从11.83%下降到4.01%，因此从镍回收率及能耗方面考虑，最佳还原温度选定为1150℃。

3.5.3.2 还原时间的影响

还原温度为1150℃，CaCl$_2$·2H$_2$O 用量（质量分数）为12%，还原剂无烟煤用量（质量分数）为8%，焙砂湿磨时间为12min，磁选强度为250mT 条件下，一系列试验研究还原时间对氯化钙强化蛇纹石型红土镍矿富集镍的影响结果如图3-47所示。从图3-47可知，当还原时间由20min 延长到40min 过程中，镍的品位和回收率都呈现上升趋势，镍品位由9.33%增长到11.83%，同时镍回收率由85.90%增长到97.38%，此时镍的品位和回收率在40min 分别达到最大值。继续延长还原时间，镍的回收率有不超过3%的小幅度波动和下降，而镍品位则一直呈现下降趋势，由11.83%逐渐下降到6.58%。这表明40min 是矿石中氧化镍氯化、还原所必需的反应时间，镍回收率的小幅度下降可能主要取决于

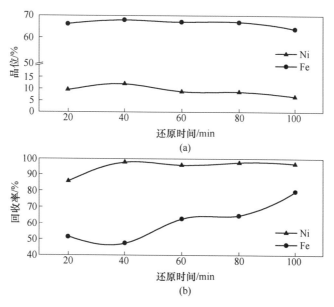

图 3-47 还原时间对富集镍、铁的影响

HCl 气体的浓度和分压。随着反应的进行，氯化氢气体氯化矿石中的金属氧化物而被消耗从而使得体系中 HCl 气体分压降低，更低的 HCl 气体分压导致氯化氢扩散到反应物的速度降低从而不利于氯化过程的进行。动力学研究表明，该过程生成的氯化镍被氢气还原相对容易，且与氢气反应速率迅速；而氯化亚铁被氢气还原的速率相对缓慢，使得体系中氯化亚铁的分压较高，不利于与氧化铁的氯化，这就导致铁在整个还原焙烧过程中反应较慢，铁回收率在短时间内都较低。另外，随着还原时间的延长，还原气氛逐渐减弱导致金属氯化物的挥发容易发生，容易造成镍的损失，从而镍的回收率有小幅度的下降。当还原时间超过 40min，矿石中的氧化镍已经被充分氯化、还原，但由于矿石中铁含量大大高于镍含量以及氯化铁还原速率较慢，铁的还原会随着还原时间延长继续发生，使得铁回收率随着还原时间延长而增加，最终导致磁选精矿中较高的铁回收率和较低镍品位。综上所述，40min 被确定为最优还原时间。

3.5.3.3 还原剂用量的影响

本试验采用价格便宜、固定碳含量高的无烟煤作为还原剂。原矿添加 12%（质量分数）$CaCl_2 \cdot 2H_2O$ 在 1150℃还原 40min，6% ~ 14%（质量分数）的还原剂对富集镍的影响如图 3-48 所示。根据理论计算，4% 的还原剂就能将矿石中镍、铁氧化物还原成为金属，但是试验结果表明添加 4% 的还原剂对镍的富集效果极差，所以本试验还原剂用量从 6% 开始研究。

由图 3-48 可知，当无烟煤用量由 6% 增加到 8% 时，镍的回收率由 72.53% 提高到97.38%，此时镍的品位却从 17.24% 下降到 11.83%。这表明 8% 的无烟煤可以产生足够的还原气体 H_2 还原矿石中的氧化镍以及氯化镍成金属镍。随着无烟煤用量增加，体系中参加水煤气反应的碳也增加，导致更多的还原性气体产生，增强了还原性气氛有利于与镍的还原。进一步提高无烟煤用量到 12%，镍的品位出现明显的下降并且其回收率也有一个小的降低趋势，这极有可能是因为无烟煤用量增加使得还原气氛增强导致氧化物固溶体中的

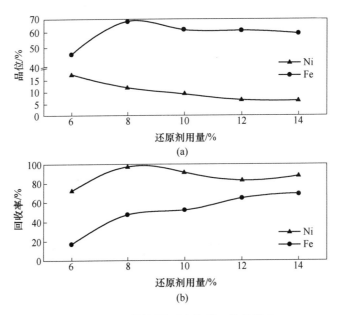

图 3-48 还原剂用量对富集镍、铁的影响

镍重新氧化进入到浮氏体固溶体中，从而金属镍含量降低。为了进一步还原被氧化的镍，必须增强还原气氛，当还原剂用量增加到 14% 时，更强的还原气氛使得镍的回收率重新升高。而随着还原剂用量的增加导致镍品位降低，这期间伴随着铁的回收率从 16.48% 升高到 68.79% 明显的增长。这是由于更多的还原剂产生更强的还原气氛，使 Fe_2O_3 被还原成金属铁而不是氧化亚铁，从而导致磁选精矿中较低的镍品位。基于节能方面考虑，8% 无烟煤用量为最佳还原剂用量。

3.5.3.4 氯化钙用量的影响

为了研究 $CaCl_2 \cdot 2H_2O$ 用量对富集镍的影响，选定还原温度为 1150℃，还原时间 40min，还原剂无烟煤用量（质量分数）为 8% 时，不同氯化钙用量对富集镍的影响结果如图 3-49 所示。由图 3-49 可知，$CaCl_2 \cdot 2H_2O$ 用量对镍的品位和回收率有显著的影响。当 $CaCl_2 \cdot 2H_2O$ 用量由 4% 提高到 12% 的过程中，镍的回收率由 80.62% 提高到 97.38%，镍的品位也由 7.07% 增加到 11.38%。镍回收率和品位升高是因为 12% 的氯化钙会释放出足量的 HCl 气体氯化矿石中的镍、铁氧化物，使之生成金属氯化物有利于还原成金属颗粒。当氯化钙添加量继续增加到 20% 的过程中，镍的回收率则由 97.38% 降低到 66.31%，同时镍品位也出现明显的下降趋势。铁的品位和回收率也出现了下降趋势，回收率从 67.78% 下降到 42.67%，其品位也由 47.31% 降低到 14.78%。镍铁回收率发生下降是因为过量的氯化钙分解产生的氯化氢气体使镍、氧化物氯化成金属氯化物，导致部分未被还原的金属氯化物溶解于水中在后续的湿式磁选中进入到尾矿中。

图 3-50 所示为不同用量氯化钙下还原焙砂 XRD 图，由图中可见添加 12% 氯化钙时，原硅酸钙（$CaSiO_3$）特征峰明显强于 4% 和 8%，这表明 12% 的氯化钙在高温水蒸气条件下与矿石的 SiO_2 反应能更彻底地生成更多的原硅酸钙以及氯化氢气体，以增加系统中的氯化镍和氯化铁。从动力学的角度分析，氯化镍能在较短时间内被还原性气体还原成金属

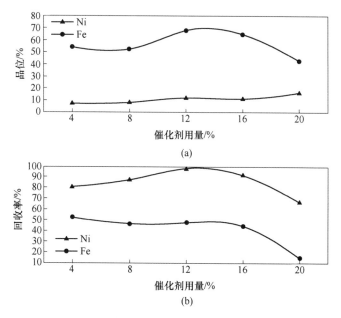

图 3-49 氯化钙用量对富集镍、铁的影响

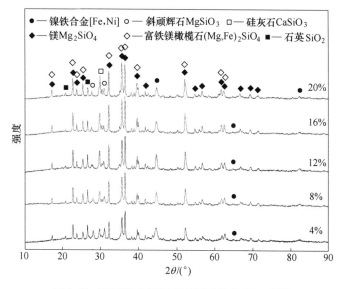

图 3-50 不同氯化钙用量下还原焙砂 XRD 图谱

镍,因此随着氯化钙添加量的增加会促进氧化镍的氯化、还原过程,提高精矿中镍的品位和回收率。随着氯化钙用量由 12% 增加到 20% 时,图 3-50 中原硅酸钙特征峰强度随着氯化钙添加量增加而增强,这表明矿石中二氧化硅会继续和氯化钙反应生成原硅酸钙和氯化氢气体,使更多的金属氧化物被氯化生成金属氯化物。另外,氯化生成的部分金属氯化物会在高温时容易以气态的形式挥发损失,导致部分镍、铁的流失,尤其是铁损失严重。铁回收率的急剧下降使得镍铁精矿中镍品位出现继续升高。综上所述,从镍的回收率及品位方面考虑,12% 为最佳氯化钙用量。

3.5.3.5 还原焙砂粒度的影响

蛇纹石型红土镍矿在氯化钙作用下经过还原焙烧后,镍、铁氧化物被氯化、还原生成镍铁合金颗粒,为了促使磁选过程中镍铁颗粒与脉石成分的分离,对还原焙砂进行湿磨可使焙砂粒度减小,使镍铁合金颗粒与脉石成分分离效果更佳。在前面进行的单因素试验中,为了能更好地实现焙砂中镍铁颗粒与硅酸盐的分离,焙砂湿磨时间均固定为12min,振动磨样机转速为960r/min。表3-16所列为磨矿时间与焙砂粒度分布的关系,从表中可以得知,随着磨矿时间的增加,焙砂粒度逐渐减小;当磨矿时间由2min延长到16min时,焙砂的平均粒度从16.12μm降低到4.60μm,可见,磨矿时间对焙砂粒径大小影响较大。

表 3-16   不同湿磨时间后焙砂粒度

湿磨时间/min	焙砂粒度/μm			
	D_{10}	D_{50}	D_{90}	D_{97}
2	2.26	16.12	41.54	56.72
4	2.01	13.88	34.06	45.35
8	1.48	10.10	25.66	34.30
12	1.20	7.38	18.69	25.41
16	1.06	4.60	14.67	20.68

为了研究还原焙砂粒度对磁选富集镍的影响,将原矿添加12%的氯化钙和8%的无烟煤在1150℃下还原焙烧40min,磁选强度为250mT,不同磨矿时间下镍铁精矿中的镍、铁的品位及回收率如图3-51所示。

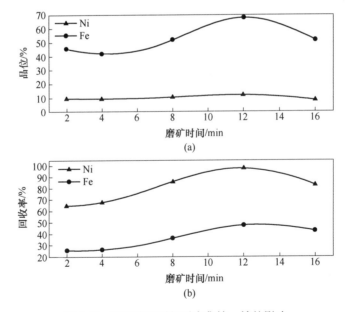

图 3-51   不同磨矿时间对富集镍、铁的影响

从图3-51可看出,磨矿时间对镍的品位及回收有着显著的影响,在一定范围内,镍的品位及回收率随着磨矿时间的增加而增加。当磨矿时间由2min延长到12min,精矿中镍

的品位由 9.71% 提高到 11.83%，同时其回收率也从 64.54% 增加到 97.28%，铁的回收率和回收率和镍有着相同的趋势。镍、铁品位及回收率的升高是由于随着磨矿时间的延长，焙烧的平均粒度由 16.12μm 减小到 7.38μm，焙砂粒度的减小有利于镍铁颗粒从脉石中剥离出来，从而提高镍、铁的品位和回收率。继续增加磨矿时间到 16min，焙砂粒度继续降低到 4.60μm，但此时，镍的品位和回收率都呈现出下降的趋势，分别从 11.83%、97.38% 下降到 8.6%、82.85%，同时铁的品位和回收率也和镍保持同样的降低趋势。这是由于随着磨矿时间进一步延长，一方面，较大的镍铁颗粒会被破坏成小颗粒不利于磁选；另一方面，磨矿时间过长导致焙砂粒度过细，更细的粉末拥有较小的颗粒尺寸和较大的表面积，从而增大颗粒比表面积与表面能，导致一个不稳定的热力学体系在磁选过程中形成。细小颗粒之间更容易自发聚集来降低系统自由焓的趋势，进而逐步聚集变大形成二次颗粒，构成软团聚；聚集变大的二次颗粒造成镍铁合金颗粒与非磁性物质磁选分离的困难性。因此，还原焙砂的湿磨时间选定为 12min。

3.5.4　氯化钙强化还原过程分析

3.5.4.1　不同温度下还原焙砂物相组成

为了研究还原焙烧过程中镍铁颗粒的富集状态的变化情况，对不同还原温度下还原焙砂进行了扫描电镜能谱分析（SEM-EDS）。图 3-52 所示为原矿添加 12% $CaCl_2 \cdot 2H_2O$ 和

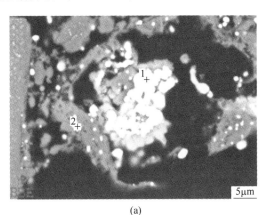

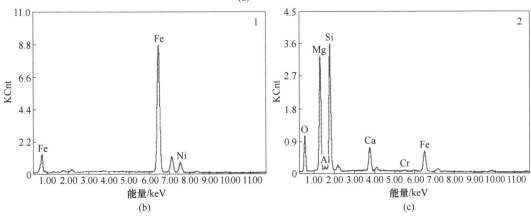

图 3-52　原矿添加 12% $CaCl_2 \cdot 2H_2O$ 和 8% 无烟煤还原焙烧后焙砂的 SEM-EDS 图

8%无烟煤在 1150℃下还原 40min 的还原焙砂 SEM-EDS 图。

　　EDS 分析（见图 3-52）显示，图中白色亮度极高的物质为镍铁颗粒，灰色较暗的物质为硅酸盐（Mg_2SiO_4,$(Mg,Fe)_2SiO_4$,$CaSiO_3$）。图 3-53 所示为不同还原温度下焙砂 SEM 图，从图 3-53（a）可以得出，细小的镍铁颗粒散布于硅酸盐边缘，其平均粒径小于 5μm，这导致了镍铁颗粒很难与硅酸盐在磁选过程中分离继而导致磁选精矿中较低的镍品位和回收率。此条件下镍铁颗粒细小且分布分散的原因可能是原矿中镍主要嵌布于硅酸盐矿石导致其还原极其困难，同时在此温度下添加剂氯化钙没有彻底水解，导致金属氯化物的生成和还原都不够充分。

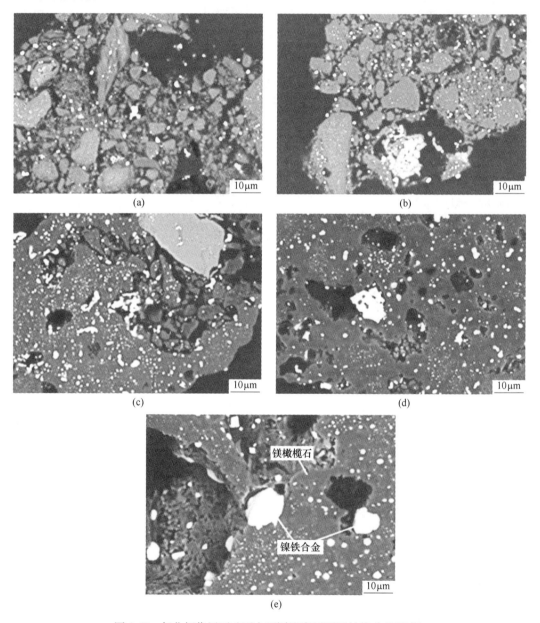

图 3-53　氯化钙作用下矿石在不同温度还原后的焙砂 SEM 图
（a）1100℃；（b）1150℃；（c）1200℃；（d）1250℃；（e）1300℃

随着温度升高到1150℃，图3-53（b）表明部分细小的镍铁颗粒开始在硅酸盐边缘聚集成长条形较大颗粒。随着温度进一步升高到1300℃，图3-53（c）～（e）表明镍铁颗粒聚集、长大的趋势越来越明显，1200℃时大部分的颗粒开始聚集成长条形颗粒，长条形颗粒随着温度升高进一步聚集成10μm左右的大颗粒。随着温度升高，氯化钙与二氧化硅水解生成的氯化氢气体逐渐氯化镍、铁氧化物，形成一层金属氯化物，然后金属氯化物在高温下气化、吸附、沉积在固定碳表面聚集并长大。另外，高温有利于传质特别是金属原子的流动，使得镍铁合金颗粒得以聚集。虽然高温有助于镍铁颗粒明显聚集和长大，但是还原温度单因素试验表明温度升高不利于镍的品位提高，这可能是由于在相同磁场强度下（250mT），较大的镍铁颗粒拥有更强磁性更容易被磁选分离，这直接导致磁选精矿质量得到提高特别是铁的质量，从而间接导致了精矿中镍品位的下降。

3.5.4.2 不同用量氯化钙下还原焙砂的SEM分析

为了研究还原焙烧过程中 $CaCl_2 \cdot 2H_2O$ 用量对镍铁颗粒富集状态的影响，对不同 $CaCl_2 \cdot 2H_2O$ 用量下的还原焙砂进行了扫描电镜分析，结果如图3-54所示。

图3-54中暗黑的物质为硅酸盐成分，主要包括镁橄榄石和硅酸钙；白色亮度极高的颗粒为镍铁合金。从图3-54（a）可以看出当氯化钙用量（质量分数）为4%时，物相中镍铁颗粒分布比较分散，颗粒细小且数量不多；随着氯化钙用量提高到8%，镍铁颗粒数量还是较少，但是细小的颗粒开始出现聚合的形态，形成长条状的镍铁合金。镍铁富集状态发生变化的原因当氯化钙不足时，其与矿石中的二氧化硅生成的氯化氢气体有限，从而使得矿石中的金属氧化物的氯化受到一定程度限制，而更多金属氧化物难以被还原出来；

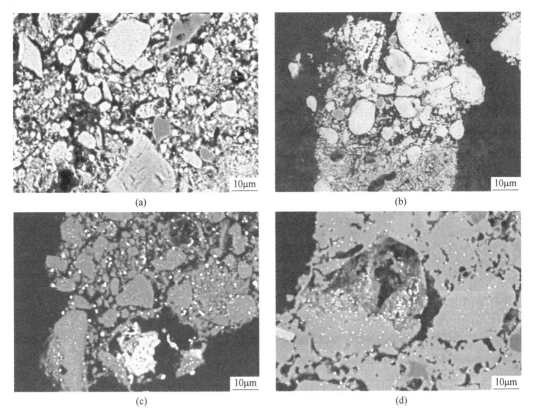

(a)　　　　　　　　　　　　　(b)

(c)　　　　　　　　　　　　　(d)

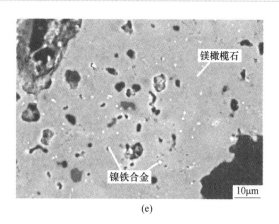

(e)

图3-54 不同用量 $CaCl_2 \cdot 2H_2O$ 作用下还原焙砂的 SEM 图

(a) 4%；(b) 8%；(c) 12%；(d) 16%；(e) 20%

随着氯化钙用量的升高，更多的金属氧化物被氯化生成金属氧化物，在强还原性气氛下被还原成金属镍铁，并沉淀在碳表面呈现一定的聚集状态。

当氯化钙用量增加到12%时，发现扫描电镜图3-54（c）相对图3-54（b）发生了巨大的变化，在此条件下镍铁颗粒的数量出现了成倍的增加，而且镍铁颗粒大小也有一定程度的增大，长条形的镍铁颗粒进一步开始迁移、聚合成大颗粒。这表明12%氯化钙能充分氯化矿石中的金属氧化，并且进一步还原成金属镍铁。继续增加氯化钙用量到20%时，从图3-54（d）和（e）分析得出，$CaCl_2 \cdot 2H_2O$ 用量的增加并没有继续增多物相中的镍铁颗粒，反而随着 $CaCl_2 \cdot 2H_2O$ 用量增加，镍铁越来越分散，颗粒也越来越细小，这与前面的单因素试验和XRD分析结果相一致。造成这样的原因可能是过量的 $CaCl_2 \cdot 2H_2O$ 条件下，被氯化生成金属氯化物随着还原性气氛的减弱不能被完全的还原成金属状态，从而部分的金属氯化物在高温下挥发被带走，造成镍的回收率下降和镍铁颗粒减少。在图3-54（d）中，焙砂中出现明显的空洞，这是金属氯化挥发所导致的。

3.5.4.3 有无氯化钙作用下还原焙砂的 SEM 分析

为了研究氯化钙的加入对还原焙烧过程中镍铁颗粒富集状态的变化。将添加12%氯化钙的原矿和未添加氯化钙的原矿配入8%无烟煤在1150℃还原40min后的焙砂进行扫描电镜分析，结果如图3-55所示。

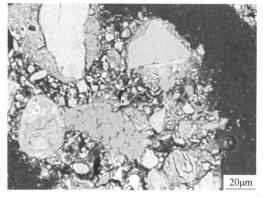
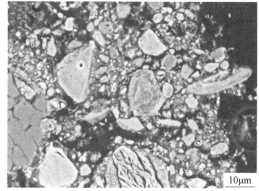

(a)

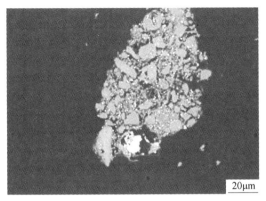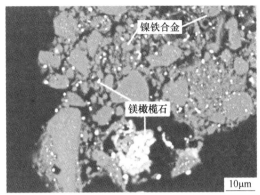

(b)

图 3-55 有无氯化钙作用下还原焙砂的 SEM 图
(a) 无 $CaCl_2 \cdot 2H_2O$；(b) 添加 $12\% CaCl_2 \cdot 2H_2O$

从图 3-55（a）可以得知，矿相中大部分物质是镁橄榄石等硅酸盐物质，少量极小的镍铁颗粒分布于镁橄榄石相。镍、铁没有被有效地还原从而不能富集在磁选精矿中，导致精矿中镍较低的品位和回收率。当添加氯化钙时，矿相中镍铁颗粒数量明显增多而且镍铁颗粒开始聚集成较大颗粒。这表明氯化钙的加入显著提高了镍的富集效果，这得益于氯化钙的加入使矿石中的 NiO 更容易被还原，金属氯化的形成及挥发使得反应界面新表面的形成促进了 NiO 被氯化还原成金属镍。SEM 结果与表 3-17 所列添加和未添加氯化钙对镍的回收率和品位的影响相一致。相比于未添加氯化钙，氯化钙的加入使镍的品位提高了 9.4个百分点，其回收率提高了 59.75 个百分点，镍的富集比由 3∶1 提高到 14∶1，氯化钙的添加显著提高了镍的富集效果。

表 3-17　添加和未添加氯化钙对镍品位和回收率影响对比

还原条件	镍品位/%	镍回收率/%	镍富集比
未添加氯化钙	2.43	37.63	3∶1
添加氯化钙	11.83	97.38	14∶1

3.5.4.4　氯化钙作用下还原—磁选产物结果与分析

A　还原焙砂、精矿、尾矿的物相分析

原矿在添加 $12\% CaCl_2 \cdot 2H_2O$、8% 无烟煤、1150℃下焙烧 40min 后的焙砂经湿磨、磁场强度为 250mT 的湿式磁选分离得到磁选精矿和尾矿，还原焙烧所得的焙砂、精矿和尾矿 XRD 图如图 3-56 所示。从精矿的 XRD 图可看出，杂质峰较少，主要物相为镍铁合金，其中夹杂着少量的镁橄榄石和富铁镁橄榄石（$(Mg,Fe)_2SiO_4$）。Ni 以镍铁合金的形式存在，说明还原焙烧过程中加入的氯化物分解生成 HCl，HCl 与金属氧化物反应生成金属氯化物，金属氯化物气化并首先吸附在炭的表面上被氢还原为金属，紧接着在金属表面上沉淀、聚集和长大。由图可以看出，精矿中有一定数量的镁橄榄石，这是由于原矿中的利蛇纹石脱羟基生成，镍铁合金附着在镁橄榄石上没有剥离开来而被一起磁选进入精矿。从焙砂 XRD

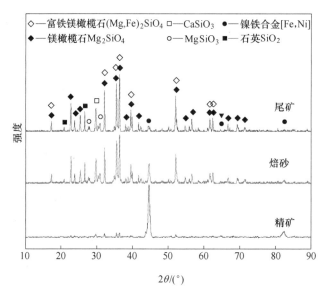

图 3-56　还原焙烧焙砂、精矿、尾矿的 XRD 图谱

图可以看出，焙砂中主要存在的主要物相跟精矿差不多，但镍铁合金衍射峰较精矿相比，强度有所减弱，说明焙砂相比于精矿，铁、镍的含量都有所下降；而硅酸盐和二氧化硅等脉石成分特征峰明显高于精矿。尾矿的主要物相包括镁橄榄石和富铁镁橄榄石、二氧化硅以及少量的顽辉石和原硅酸钙。还原焙烧过程中蛇纹石在高温下发生相转变分解生成了部分 MgSiO₃，加入的氯化钙与二氧化硅在高温水蒸气气氛下反应生成了原硅酸钙，通过磁选分离，焙砂中的镍铁等磁性物质被磁选进入精矿中，而非磁性的脉石成分进入到尾矿中。

　　B　还原磁选精矿、尾矿的扫描电镜分析

　　分别对磁选精矿、尾矿做扫描电镜分析，结果如图 3-57 所示。从精矿 SEM 图（见图3-57（a））中可以看出，镍铁颗粒主要与镁橄榄石紧密相连，中间仍存在一些脉石；镍铁颗粒较大、聚集程度较高。而尾矿 SEM 图（见图 3-57（b））则显示，少量的镍铁颗粒散布于橄榄石相中，镍铁颗粒较少，分布稀松。通过磁选实现了对镍铁精矿和脉石的有效分离，提高了镍的富集效果。

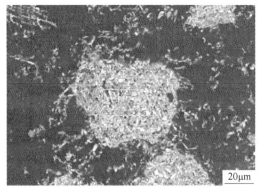

(a)

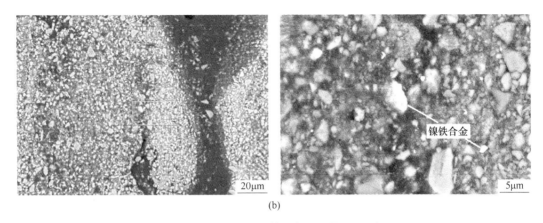

(b)

图 3-57　还原-磁选精矿与尾矿的 SEM 图

（a）精矿；（b）尾矿

C　磁选精矿高温熔分

还原焙砂经过湿式磁选，精矿中镍的品位为 11.82%，其回收率达到 97.38%，结合精矿的物相分析及扫描电镜能谱分析，可见磁选实现了对镍铁精矿和脉石成分的分离。为了进一步减少精矿中的硅酸盐杂质，将镍铁精矿进行高温熔分，其熔分温度为 1550℃，熔分时间为 60min。在此条件下，精矿中的镍铁合金颗粒在高温下迁移、聚合成镍铁珠，结果如图 3-58 所示。

图 3-58　磁选精矿高温熔分后的镍铁珠

3.5.5　氯化物促进作用还原机理

3.5.5.1　氯化钠体系

A　干燥温度对矿石中镍、铁还原的影响

为了研究水分在氯化离析过程中的影响，将蛇纹石型红土镍矿在不同温度干燥后氯化还原焙烧—磁选，其精矿中镍、铁品位及回收率的变化如图 3-59 所示，试验条件：焙烧温度 1200℃、焙烧时间 20min、氯化钠用量（质量分数）10%、无烟煤用量（质量分数）

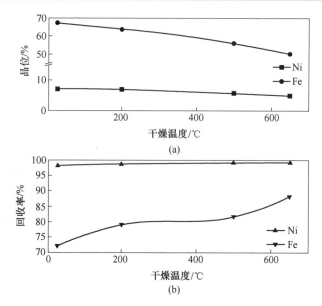

图 3-59   干燥温度对镍铁品位（a）及回收率（b）的影响

8%、磁选强度 150mT。从图中可知，镍、铁品位随着干燥温度的升高都略有降低，而两者回收率都有明显的提高。尤其是铁的回收率具有显著的变化，从 72.08% 提高至 88.06%。采用 TG/DSC 及 BET 方法对在不同干燥温度后的矿石进行分析测试，研究矿石的变化情况，其结果分别如图 3-60 和图 3-61 所示。

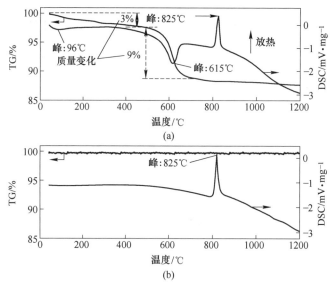

图 3-60   原矿在不同条件下的热重图
（a）原矿未干燥；（b）原矿在 650℃ 下干燥

图 3-60（a）显示了原矿含水量约为 12%。矿石中自由水在焙烧温度约为 100℃ 时会蒸发去除，同时产生一个微弱吸热峰；而与蛇纹石相结合的结晶水完全去除所需的温度约为 615℃，脱除过程中产生一个较强的吸热峰；此外，当焙烧温度达到 825℃ 时，DSC

曲线中出现一个很强的放热峰，主要是因为蛇纹石转变成为橄榄石过程中所释放的热量。由图 3-60（b）可知，矿石在 650℃干燥后的热重分析测试中，其质量没有变化，并且在 615℃时的吸热峰消失，由此说明，蛇纹石型红土镍矿在 650℃干燥之后水分全部去除。

图 3-61 所示为矿石在不同温度干燥之后的 BET 结果，由图可知，矿石内部的孔隙结构没有发生明显变化，比表面积随着干燥温度的升高而逐渐下降。当干燥温度由 500℃升高至 650℃时，比表面积显著减小，由 70.692m²/g 减小至 50.671m²/g。此现象产生的主要原因可能在于矿石中结晶水的去除，当焙烧温度在 615℃时，矿石中与蛇纹石相结合的结晶水会挥发去除；当进一步升高焙烧温度时，蛇纹石相互之间发生烧结，致使比表面积降低。

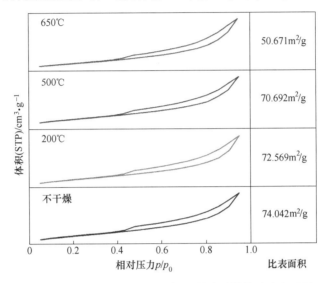

图 3-61　原矿在不同温度下干燥后的孔隙结构及比表面积

　根据以上分析，蛇纹石型红土镍矿在 650℃干燥后，矿石主要发生以下两方面的变化：一是矿石中水分完全去除，二是比表面积减小。在气-固两相反应过程中，矿石比表面积的减小阻碍了气体的扩散，不利于矿石中金属氧化物的还原。此外，升高焙烧温度可能使矿石中生成一些不易还原的物相，从而致使矿石的还原特性降低。

　图 3-59 磁选结果表明，从镍、铁回收率方面考虑，矿石中镍、铁氧化物随着干燥温度的升高而还原效果越好。结合上述分析，减少体系中水分的含量有利于矿石中金属氧化物的氯化焙烧还原。据相关文献报道，在焙烧还原过程中，氯化离析主要发生在有水分存在的条件下；然而，由上述试验结果证明，在没有水分存在条件下，氯化钠在体系中也可促进矿石中镍、铁氧化物的还原，而此试验结果在现有文献中并未报道过。因此，为了研究氯化钠在没有水分存在的条件下对蛇纹石型红土镍矿焙烧还原促进机理，本节在以下试验讨论过程中主要采用干燥温度为 650℃，使蛇纹石型红土镍矿中水分完全去除。

　B　氯化钠在矿石中的氯化行为
　氯化钠在有水分存在的条件下，发生高温水解产生氯化氢气体，从而氯化金属氧化物。同样地，氯化钠与矿石中金属氧化物发生交互反应也为氯化的一种途径。在高温（大于 801℃）条件下，氯化钠与矿石中的组分充分接触；继续升高温度，氯化物的挥发加剧，可使产生的氯化物（$NiCl_2$、$FeCl_2$）活度降低，从而破坏体系的平衡，使反应得以继续进行；此外，在较高温度下，氯化钠分解产生的氧化钠与物料中的二氧化硅、氧化铝、氧化铁等氧化物反应形成复杂化合物，以及氧化钠熔于熔融氯化钠中的可能性均会增大，因此会使氧化钠的活度降低，从而使反应得以进行。相关的方程式如下所示：

$$NiO + 2NaCl \Longrightarrow Na_2O + NiCl_2 \tag{3-45}$$

$$FeO + 2NaCl \Longrightarrow Na_2O + FeCl_2 \tag{3-46}$$

$$Na_2O + SiO_2 \Longrightarrow Na_2SiO_3 \tag{3-47}$$

为了验证氯化钠与矿石中金属氧化矿物焙烧过程的交互反应，在干燥矿石中添加10%氯化钠连续升温至1200℃，收集从管式炉中挥发的物质，并进行 X 射线衍射分析，其结果如图 3-62 所示。挥发物中主要物相为氯化亚铁及氯化镍的水合物（$FeCl_2 \cdot 2H_2O$，$Ni_{0.5}Fe_{0.5}Cl_2 \cdot 4H_2O$）。由图 3-60（b）可知，蛇纹石型红土镍矿在 650℃干燥之后水分完全去除，因此挥发物的水分可能主要来自空气。

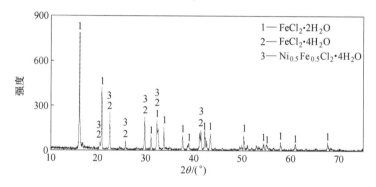

图 3-62　挥发物的 XRD 图谱

氯化亚铁和氯化镍是极易水解的化合物，难免与空气接触吸收水分，从而形成结晶水合物，由此说明氯化钠与矿石中的金属氧化物在高温条件下可发生交互反应。XRD 分析结果间接证实了交互反应发生的可能，从动力学观点分析，交互反应是在接触不良的固相之间进行，反应速度会大大地受到限制，因此氯化钠与矿石组分交互反应并不能成为氯化钠氯化作用的主要途径，尤其是在中低温氯化焙烧的条件下。有关氯化物水解的方程式如下所示：

$$NiCl_2 + 6H_2O \Longrightarrow NiCl_2 \cdot 6H_2O \tag{3-48}$$

$$FeCl_2 + 2H_2O \Longrightarrow FeCl_2 \cdot 2H_2O \tag{3-49}$$

$$FeCl_2 + 4H_2O \Longrightarrow FeCl_2 \cdot 4H_2O \tag{3-50}$$

C　氯化钠对矿石焙烧过程相变的影响

a　氯化钠作用下矿石 TG/DSC 分析

前面试验结果已经证实了氯化钠在没有水分条件下也可促进蛇纹石型红土镍矿的还原。由于受到动力学条件的限制，体系中交互反应的发生不能成为主要的氯化作用方式。因此，为了证明氯化钠在干燥蛇纹石型红土镍矿体系中促进还原的主要方式，进行了一系列的试验研究。图 3-63 所示为干燥矿在添加 10%氯化钠条件下的 TG/DSC。与图 3-60（b）相比，除了质量损失差异以外，两种试验条件下的 DSC 曲线也有很大的差异，尤其体现在 DSC 吸放热峰出现的位置。此外，在图 3-63 中出现了两个新的吸热峰，由于试验原料中加入氯化钠，因此在 802℃ 附近出现的吸热峰主要是因为氯化钠的熔化，而在温度为 969℃ 附近出现的弱吸热峰，可能是由氯化物的挥发引起的。751℃ 附近出现的强放热峰与图 3-60（b）中的 825℃ 相比，向低温方向移动了约 74℃，根据分析，该放热峰为蛇纹石矿相转变为橄榄石所释放热量引起的。由此说明，氯化钠能够促进蛇纹石的矿相转变，为整个矿相转变过程节省时间。

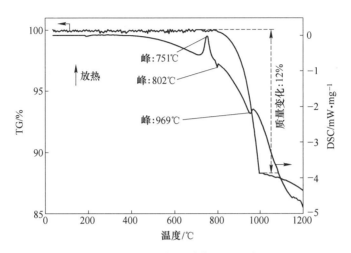

图 3-63　干燥矿在氯化钠作用下的热重图

为了研究在这两种温度下，蛇纹石型红土镍矿的转变情况，X 射线衍射结果如图 3-64 所示。在两种不同的试验条件下，其 XRD 结果大致相同。

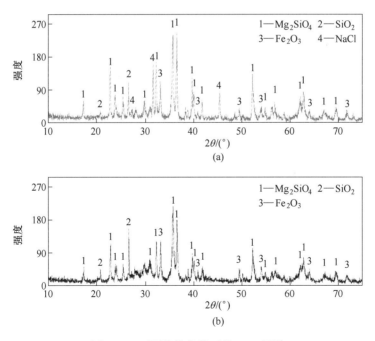

图 3-64　不同焙烧条件下的 XRD 图谱

（a）氯化钠作用下 751℃ 焙烧；（b）未添加氯化钠在 825℃ 焙烧

镁橄榄石为主要特征峰，二氧化硅和氧化铁衍射峰强度较弱，由图 3-64（a）中可观察到氯化钠衍射峰的存在。氧化铁衍射峰强度在两种条件下并没有明显区别，表明氯化钠在低温下对氧化铁的影响并不明显。然而，在氯化钠作用时，镁橄榄石衍射峰强度增强，而二氧化硅衍射峰强度则减弱。此明显变化表明了氯化钠能够促进镁橄榄石的生成，使蛇纹石矿相转变温度向低温移动。氯离子在矿石体系中能够进入蛇纹石颗粒边界，使 Si—O 键在这外力作用下优先被破坏。根据研究证明，氧化镍赋存于镁橄榄石中不利于还原，镁橄榄石的生成从某种程度分析是不利于矿石中金属氧化物的还原；然而提前产生镁橄榄石有利于顽辉石的生成，其转变关系见反应式（3-51），镶嵌在顽辉石中的氧化镍则比镁橄榄石中的更容易还原。因此，氯化钠能够降低反应温度、缩短反应时间提高效率。

$$2Mg_2SiO_4 + SiO_2 === Mg_2SiO_4 + 2MgSiO_3 \tag{3-51}$$

b 矿石在升温过程中的相转变

为了研究蛇纹石型红土镍矿在高温焙烧条件下的矿相转变，将矿石经 700~1200℃ 不同温度焙烧后的样品进行 XRD 分析，其结果如图 3-65 所示。

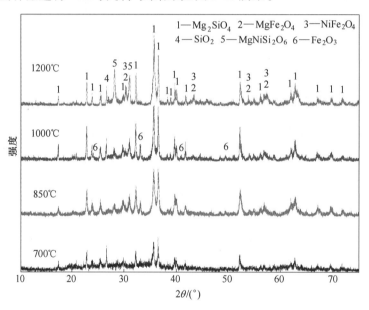

图 3-65 原矿在不同焙烧温度下的 XRD 图谱

XRD 图谱（见图 3-65）表明，镁橄榄石（Mg_2SiO_4）、氧化铁（Fe_2O_3）为主要特征峰，尖晶石、镍硅酸镁（$MgNiSi_2O_6$）及石英（SiO_2）为次要特征峰。随着焙烧温度的升高，矿石中衍射峰强度增加，如镁橄榄石、尖晶石等。当焙烧温度由 700℃ 升高至 1000℃，氧化铁衍射峰逐渐增强，而进一步升高温度至 1200℃ 时，氧化铁衍射峰彻底消失，伴随着尖晶石衍射峰的出现，其中，尖晶石主要包括铁酸镍及铁酸镁两种物相。由此说明，在温度高于 1000℃，矿石中物相会再次发生变化，由氧化铁转变生成铁酸镍及铁酸镁等，反应关系见反应式（3-52）~式（3-53）。

$$Fe_2O_3 + MgO === MgFe_2O_4 \tag{3-52}$$
$$Fe_2O_3 + NiO === NiFe_2O_4 \tag{3-53}$$

此外，随着焙烧温度升高至 1200℃，镍硅酸镁衍射峰逐渐增强。由此表明，当温度升高至矿石熔点以下（小于1400℃），氧化镍主要赋存于硅酸盐中，阻碍了镍的还原，并不利于镍铁的聚集。因此，在未添加促进剂作用下，为了有效还原矿石中镍铁氧化物，并使镍铁颗粒聚集，其还原焙烧温度应在矿石熔点以上。

　　c　矿石在氯化钠作用下的矿相转变

　　蛇纹石型红土镍矿在氯化钠作用下矿相转变如图3-66所示，焙烧温度为700~1200℃。样品的X射线衍射分析结果显示，镁橄榄石为主要特征峰，氧化铁、尖晶石及石英为次要特征峰。镁橄榄石衍射峰与图3-65中趋势基本一致，均随着焙烧温度的升高而增强。随着温度由700℃升高至1000℃，氧化铁衍射峰逐渐增强，温度由1000℃升高至1200℃时，氧化铁衍射峰逐渐减弱至彻底消失，此现象与图3-65中所示也保持一致。在焙烧温度为1000℃时，矿石中尖晶石相开始出现，随着温度升高至1200℃，尖晶石衍射峰进一步增强。由于样品中添加10%氯化钠，因而在焙烧温度为700℃时样品体系中出现氯化钠衍射峰，随着温度的升高氯化钠衍射峰逐渐消失。整个升温过程中，镍硅酸镁（$MgNiSi_2O_6$）衍射峰并未出现。

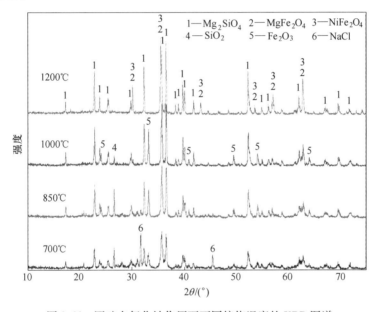

图3-66　原矿在氯化钠作用下不同焙烧温度的XRD图谱

　　为了对比在有无氯化钠作用下矿石在焙烧过程中的矿相变化特点，将两组样品分别在1200℃条件下焙烧20min，其XRD分析结果如图3-67所示。图3-67（a）所示为添加氯化钠作用下的XRD，由图可知，在氯化钠作用下，镁橄榄石和尖晶石衍射峰显著增强，而镍硅酸镁衍射峰彻底消失。这两种差异表明氯化钠在蛇纹石型红土镍矿矿相转变过程中起促进作用。此外，镍硅酸镁衍射峰消失的原因可能在于氯化钠作用下，镍硅酸镁在高温条件下的分解，生成蛇纹石及氧化镍，反应式（3-54）显示了镍硅酸镁分解过程。随后，生成的氧化镍与矿石中氧化铁相结合反应生成铁酸镍，致使了氧化铁衍射峰的消失以及铁酸镍衍射峰的增加，其反应式见式（3-53）。在还原条件下，铁酸镍被还原气氛还原生成镍铁合金，因此铁酸镍的生成对于镍铁合金的聚集有促进作用，同时有利于镍、铁的迁移。

$$MgNiSi_2O_5 \Longrightarrow NiO + MgSi_2O_4 \tag{3-54}$$

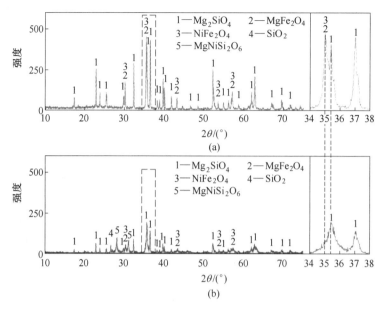

图 3-67   原矿在 1200℃ 焙烧后的 XRD 图谱

（a）添加氯化钠；（b）未添加氯化钠

D   氯化钠作用下焙砂的 SEM 分析

图 3-68 所示为蛇纹石型红土镍矿在氯化钠作用下，不同焙烧温度（700～1200℃）过程中矿石形貌的变化，矿石中主要元素由能谱分析可得。在图 3-68（a）~（c）中，通过 SEM 以及 EDS 可分析出白灰色与黑灰色物质分别为铁氧化物和镁橄榄石；然而通过 EDS 分析，在图 3-68（d）中，白灰色物质主要为尖晶石成分，如铁酸镍。由于原料中加入 10% 的氯化钠，在图 3-68（a）中可检测到氯化钠的存在，其主要与铁氧化物共存，并使铁氧化物相互聚集，形成链状。

通过从观察结果可推测，在氯化钠作用下，温度升高可使矿石中的铁氧化物聚集。当焙烧温度升高至 850℃ 时，氯化钠完全熔化渗入橄榄石中，因此通过 SEM 未能观察到氯化钠的存在；同时，含铁橄榄石的结构遭到破坏并使铁氧化物聚集于橄榄石裂缝处（见图 3-68（b））。当焙烧温度升高至 1000℃ 时，橄榄石结构破坏进一步加重，裂缝增大，铁氧化物颗粒明显聚集增大（见图 3-68（c））。当焙烧温度进一步升高至 1200℃ 时，蛇纹石型红土镍矿熔化并发生烧结，铁氧化物形貌及物相发生变化，主要转变为铁酸镍成分的尖晶石相，同时颗粒形貌也明显变化；橄榄石裂缝消失，而矿石内部出现大量气孔。

综上所述可以得出，温度低于氯化钠熔点时，橄榄石结构并未破坏，氯化钠与铁氧化物相互共存聚集于矿石中。然而，在氯化钠熔融之后，橄榄石结构发生显著变化，并随着温度的升高破坏程度越严重。从晶体结构学观点分析，氯化钠的热动力学以及反应分子动力学均随着温度的变化而逐渐改变，如随着温度升高，密度逐渐降低、马德隆常数增加、体积热膨胀系数增大以及扩散系数增大。由于温度升高氯化钠晶体的马德隆常数增大，熔融氯化钠体系无序度增大，形成一个不稳定的氯化钠晶体结构；此外，密度的减小以及扩散系数的增大均使氯化钠在高温条件下的扩散能力加强，使之更容易扩散进入蛇纹石颗粒边界。在高温条件下，熔融态氯化钠的体积热膨胀系数显著增大，这一分子动力学参数的

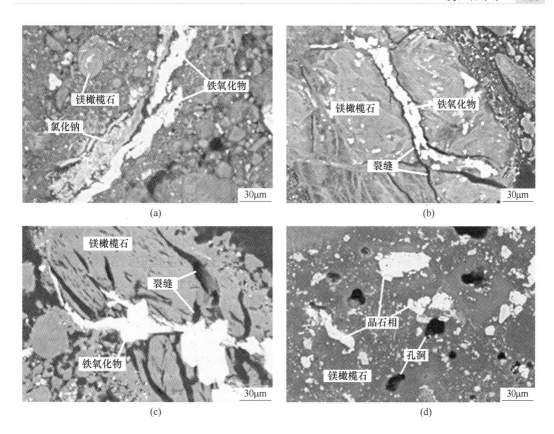

图 3-68　原矿在氯化钠作用下不同焙烧温度后的 SEM 图
(a) 700℃；(b) 850℃；(c) 1000℃；(d) 1200℃

变化可能是图 3-68 中橄榄石结构破坏的主要原因。图 3-68（d）中清晰显示了矿石在 1200℃条件下发生烧结形成的致密结构。在 1150℃焙烧条件下，氯化钠为矿石体系提供一个液相，使矿石中橄榄石发生烧结，这一现象的发现与其他学者研究成果一致。

在图 3-68（d）中存在的孔结构表明，矿石在高温氯化焙烧过程中产生一种气相从体系中挥发出去，从而留下孔洞。为了研究在 1200℃焙烧条件下从体系中挥发的物质成分，一组氯化焙烧试验在管式炉中进行，试验过程中将装有样品的坩埚加盖，使挥发分在挥发过程中残留一部分在盖子上，冷却之后对残留有挥发分的坩埚盖进行 SEM/EDS 分析。图 3-69（a）所示为盖子在焙烧结束之后的实物照片；图 3-69（b）所示为挥发分的 SEM 形貌。挥发分中主要含有两种形貌的组分：一种是块状，另一种是絮状。基于能谱分析结果（见图 3-70）显示，呈块状结构的组成成分单一，主要为铁和氧两种元素组成，根据推测块状物质主要为铁氧化物；而呈絮状结构组成成分相对较复杂，其中氧、铁、镍为主要含量元素，镁和硅为次要含量元素，由此可推测呈絮状结构的物质成分主要为铁、镍氧化物。挥发分形成的主要原因可以归纳为以下两点：一是熔融氯化钠与矿石中的镍铁氧化物聚集在一起，当氯化钠高温条件下挥发时会带走一部分与它相连的物质；二是由交互反应生成的氯化镍以及氯化亚铁在高温条件下挥发，随后坩埚盖上的氯化物被再次氧化从而形成镍铁氧化物。

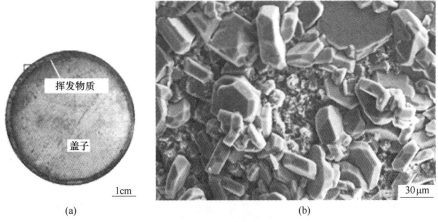

图 3-69   凝聚在坩埚盖上物质的 SEM 图

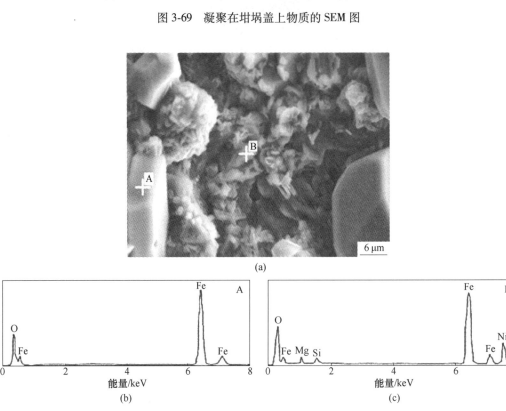

图 3-70   凝聚物的 SEM-EDS 图

E   氯化还原焙烧后矿石物相及形貌分析

为了进一步研究干燥蛇纹石型红土镍矿在氯化还原焙烧后矿相转变，一组氯化还原焙烧试验在温度为 1200℃、焙烧时间 20min、无烟煤用量（质量分数）8%、氯化钠用量（质量分数）10%条件下进行，焙砂 XRD 分析结果如图 3-71 所示。图谱中镁橄榄石和镍铁合金衍射峰为主要特征峰，同时也可观察到较弱的顽辉石衍射峰。镍、铁在焙烧矿中主要以镍铁合金形式存在，而镍、铁元素在原矿石中均为分散赋存，由此说明，在氯化还原焙烧过程中，镍、铁发生迁移聚合。从顽辉石衍射峰的出现可以得出，镁橄榄石在高温条件下进一步发生了矿相转变，生成顽辉石并消耗了二氧化硅，致使焙烧矿中无二氧化硅衍射峰的存在。

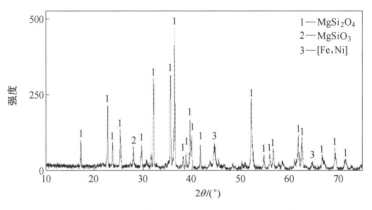

图 3-71　原矿氯化还原焙烧后的 XRD 图谱

图 3-72 显示了焙烧矿的微观形貌，由图可观察到，矿石在氯化还原焙烧之后结构遭到破坏，由蛇纹石的致密结构变得疏松。焙烧矿中亮白色物质经能谱分析结果显示为镍铁合金颗粒，合金最大颗粒粒度达到 80μm，聚集于镁橄榄石孔隙处，此观察结果与图 3-66 一致，表明镍铁在被还原之前形成铁酸镍，完成了镍铁的聚集。焙烧矿中大颗粒合金的存在有利于后续磁选工艺进行，使镍铁颗粒与脉石磁性分离。此观察结果证实了磁选结果，镍铁回收率均随着干燥温度的升高而增加。

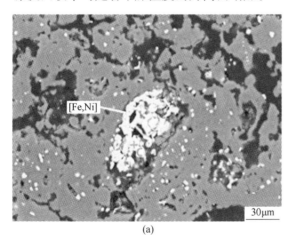

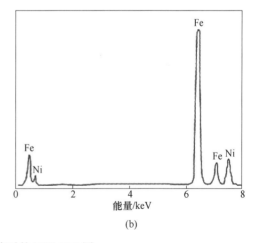

(a)　　　　　　　　　　　　　　　(b)

图 3-72　矿石氯化还原焙烧后的 SEM-EDS 图

综上所述，氯化钠促进蛇纹石型红土镍矿焙烧还原的作用方式如图 3-73 所示。当体系中有水分存在时，氯化钠在高温下发生水解，产生氯化氢气体，使矿石中有价金属氧化物直接与氯化氢作用形成金属氯化物；此外，金属氧化物与氯化钠之间在高温条件下可发生交互反应，随后生成的金属氯化物被还原剂离析产生镍铁金属。当体系中水分完全去除之后，氯化钠也可促进矿石的还原。在氯化钠作用下，矿石中含镍蛇纹石可热分解产生蛇纹石与氧化镍，使氧化镍更容易被还原。由于镍铁氧化物在焙烧过程中赋存状态发生改变，由原来的类质同象或吸附状转变为氧化物游离态，从而使镍、铁氧化物在加热过程中发生化学反应产生铁酸镍，促进了镍铁聚集。

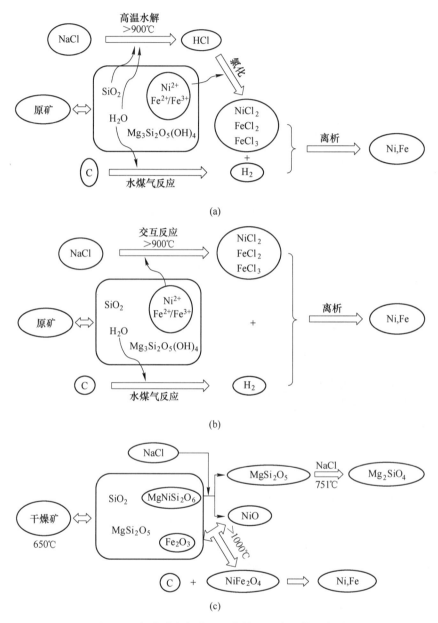

图 3-73 氯化钠在氯化还原焙烧过程中的作用方式

3.5.5.2 氯化钙体系

A 氯化钙在矿石中的氯化行为

氯化钙加入的主要目的是与矿石中的二氧化硅在高温水蒸气气氛下反应生成氯化氢气体，进而氯化矿石中的金属氧化物。将 100℃ 干燥后的原矿与 $CaCl_2 \cdot 2H_2O$ 混合均匀后加入磁舟中，放入管式炉中连续升温到 1150℃ 并保温 40min。试验结束后，对磁舟中的焙砂及管式炉炉口的挥发物进行 X 射线衍射分析，其结果分别如图 3-74（a）和（b）所示。

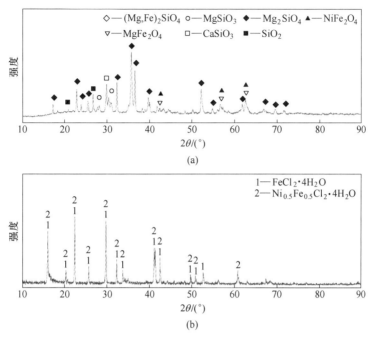

图 3-74　原矿与 $CaCl_2 \cdot 2H_2O$ 焙烧后焙砂及挥发物 XRD 图谱

（a）焙砂；（b）挥发物

从图 3-74（a）中可看出，原矿在添加氯化钙进行焙烧后，焙砂中主要的物相包括镁橄榄石（Mg_2SiO_4）、富铁镁橄榄石（$(Mg, Fe)_2SiO_4$）、顽辉石（$MgSiO_3$）、原硅酸钙（$CaSiO_3$）、二氧化硅（SiO_2）、铁酸镁（$MgFe_2O_4$）以及铁酸镍（$NiFe_2O_4$），焙砂中 $MgSiO_3$ 特征峰的出现表明加入的氯化钙可能使矿石中的二氧化硅在 1150℃并有水蒸气存在下发生反应，生成原硅酸钙同时释放出氯化氢气体。

由图 3-74（b）可知，挥发物中的主要物质为氯化亚铁水合物（$FeCl_2 \cdot 4H_2O$）和氯化镍水合物（$Ni_{0.5}Fe_{0.5}Cl_2 \cdot 4H_2O$）。氯化亚铁和氯化镍的生成则表明添加氯化钙水解生成的氯化氢气体已经氯化矿石中的氧化铁和氧化镍生成相应的金属氯化物。由于氯化亚铁和氯化镍极易水解，在降温过程中，难免吸收空气中的水分，从而形成结晶水合物，因此挥发物中的水分可能主要来自空气。

为了进一步验证氯化钙是否与矿石中的二氧化硅发生反应，将纯物质 $CaCl_2 \cdot 2H_2O$ 与 SiO_2 细磨按摩尔比 1∶1 进行配料并混匀，将管式炉分别升温到 600℃、800℃和 1150℃并恒温，将物料迅速放入并焙烧 40min。对焙砂结束后所得产物进行 XRD 分析，所得产物的物相结果如图 3-75 所示。从图 3-75 可以看出，在 600℃下，产物中的主要物相是二氧化硅和氯化钙，同时含有少量的 $Ca_{1.5}SiO_{3.5} \cdot H_2O$，由此可见，该温度下少量的氯化钙与二氧化硅可能发生如下反应：

$$1.5CaCl_2(s) + 2.5H_2O + SiO_2(s) = Ca_{1.5}SiO_{3.5} \cdot H_2O(s) + 3HCl(g) \qquad (3-55)$$

当温度达到 800℃时，物相中出现了 $Ca_2SiO_3Cl_2$，同时二氧化硅的特征峰强度也有所减弱。据此可以推测，氯化钙和二氧化硅发生如下反应：

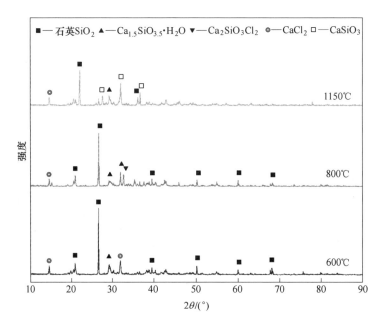

图 3-75　$CaCl_2 \cdot 2H_2O$ 与 SiO_2 焙烧后焙砂 XRD 图谱

$$2CaCl_2(s) + SiO_2(s) + H_2O(g) = Ca_2SiO_3Cl_2(s) + 2HCl(g) \qquad (3\text{-}56)$$

随着温度继续升高到 1150℃，产物中出现了 $CaSiO_3$ 的特征峰，同时伴随着 SiO_2 和 $Ca_2SiO_3Cl_2$ 特征峰的减弱，因此我们推测，产物中的 $Ca_2SiO_3Cl_2$ 继续和物料中的 SiO_2 在高温水蒸气气氛下发生如下反应：

$$Ca_2SiO_3Cl_2 + SiO_2 + H_2O = 2CaSiO_3 + 2HCl \qquad (3\text{-}57)$$

B　氯化钙中结晶水对富集镍的影响

根据试验试剂的选择和对蛇纹石型红土镍矿的 TG-DSC 分析，还原焙烧过程中的水分主要来源于矿石中的自由水、结构水以及氯化钙的结晶水。蛇纹石型红土镍矿在未干燥条件下的 TG-DSC 分析如图 3-60（a）所示。据图 3-60 分析得知，原矿含水量（质量分数）约为 12%，矿石中自由水在焙烧温度约为 100℃ 时会蒸发脱除，对应的 DSC 曲线上产生一个较弱吸热峰；随着焙烧温度升高到约 615℃，矿石中的蛇纹石相中的结晶水被完全脱除，去除过程中产生一个较强的吸热峰；此外，当焙烧温度达到 825℃ 时，DSC 曲线中出现一个较强的放热峰，这主要是由于由蛇纹石转变成为橄榄石过程中放热造成的。原矿的热重分析表明，如果需要完全去除矿石中的结构水，焙烧温度需高于 615℃。为此，选定 650℃ 进行干燥原矿理论上可达到完全脱除结构水的目的，对在 650℃ 干燥后的原矿进行热重分析，其结果如图 3-60（b）所示。由图 3-60（b）可知，原矿经 650℃ 干燥后，其质量没有变化，并且在 615℃ 时并没有出现吸热峰，这说明蛇纹石型红土镍矿在 650℃ 干燥之后水分已经全部脱除。

为了研究氯化钙中的结晶水对氯化作用的影响，将 650℃ 干燥后的原矿与 $CaCl_2 \cdot 2H_2O$ 混合后在不同温度干燥后进行还原焙烧—磁选试验，其具体试验条件：还原温度

1150℃、还原时间 40min，还原剂用量（质量分数）8%、氯化钙用量（质量分数）12%，焙砂湿磨时间为 12min，湿式磁选强度为 250mT。磁选精矿中镍、铁的品位及回收率结果如图 3-76 所示。从图 3-76 可得知，随着干燥温度升高到 300℃，镍的品位和回收率有小幅度的下降，分别从 11.83% 和 97.38% 下降到 6.59% 和 90.42%。由此可见，随着氯化钙中结晶水的脱除，镍的品位和回收率也降低。

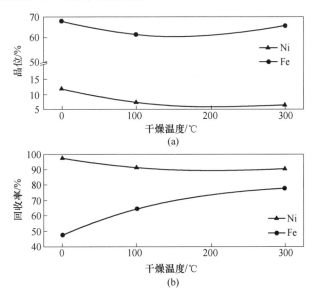

图 3-76　不同干燥温度对镍、铁品位及回收率的影响

不同干燥温度下还原焙砂的物相分析结果如图 3-77 所示。还原焙烧产物中主要含有镁橄榄石、富铁镁橄榄石、顽辉石、原硅酸钙、二氧化硅和镍铁合金。随着干燥温度的增加，焙砂中镍铁合金特征峰逐渐减弱，这与上述试验结果相吻合。

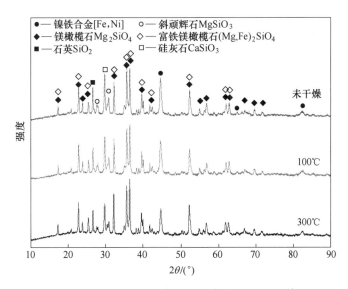

图 3-77　不同干燥温度下还原焙砂的 XRD 图谱

C 氯化钙作用下矿石焙烧过程的物相转变

a 氯化钙作用下的矿石热重分析

前面对氯化钙作用下原矿还原焙烧焙砂及挥发物进行物相分析，并且结合纯物质的氯化钙和二氧化硅焙砂产物 XRD 分析，推测氯化钙和矿石中的二氧化硅在高温水蒸气条件下反应释放出氯化氢气体，以达到氯化矿中的金属氧化物的目的。为了验证氯化钙对蛇纹石型红土镍矿焙烧过程中物相转变的作用，对添加氯化钙的矿石进行了 TG-DSC 分析，其结果如图 3-78 所示。从图中可以看出，添加质量分数为 12% 的 $CaCl_2 \cdot 2H_2O$ 的 TG-DSC 曲线与未添加氯化钙的原矿 TG-DSC 曲线相比较，两者的差异除了质量损失差异外，主要体现在吸放热峰的位置的改变。图 3-78 中的 DSC 曲线上，200℃ 以内出现了一个新的吸热峰，这主要是由于 $CaCl_2 \cdot 2H_2O$ 脱结晶水。在 599℃ 出现的吸热峰与图 3-60（a）相比，向低温方向移动了 15℃，据分析，599℃ 出现的吸热峰为蛇纹石脱除结构水以及可能为氯化钙与矿石反应所吸收的热量。因此添加氯化钙能够促进蛇纹石羟基脱除，同时该温度下氯化钙已与矿石发生反应。热力学计算表明，只有当温度高于 900℃，氯化钙才能与矿石中的二氧化硅反应，但实际反应温度低于热力学计算。这可能是因为该温度下水蒸气分压较高，生成的氯化氢分压较低，有利于反应向正方向进行，因此反应温度低于热力学计算。在 810℃ 出现的放热峰为蛇纹石矿相转变为橄榄石所释放热量引起的，与未添加氯化钙的相比向前移动 15℃。由此分析，氯化钙促进了蛇纹石的矿相转变。

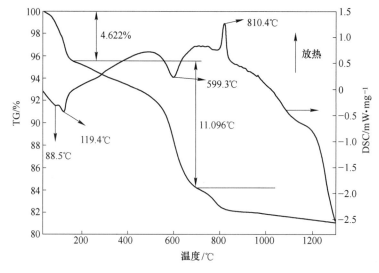

图 3-78 氯化钙作用下矿石的 TG-DSC 图

为了对比氯化钙对矿相转变的影响，首先对添加质量分数为 12% $CaCl_2 \cdot 2H_2O$ 的原矿在 600℃ 焙烧后的焙砂与 615℃ 焙烧后的原矿进行 XRD 分析，其结果如图 3-79 所示。从图中可知，两种不同的试验条件下，其物相组成大致相同；不同的是，在添加氯化钙情况下，矿石物相出现原硅酸钙和氯化钙的衍射峰，这表明部分氯化钙与矿石反应生成原硅酸钙和氯化氢，氯化氢气体氯化矿石中的金属氧化物，而未反应的氯化钙残留于焙砂中。另外，添加氯化钙下镁橄榄石特征峰更强，二氧化硅和三氧化二铁特征峰稍弱一些，这表明氯化钙的加入有利于蛇纹石脱除结构水，进一步向镁橄榄石转化。

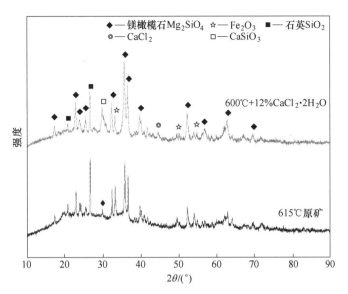

图 3-79 添加 12% $CaCl_2 \cdot 2H_2O$ 的原矿在 600℃焙烧后的
焙砂和 615℃焙烧后的原矿的 XRD 图谱

其次对添加质量分数为 12% $CaCl_2 \cdot 2H_2O$ 的原矿在 810℃焙烧后的焙砂与 825℃焙烧后的原矿进行 XRD 分析，如图 3-80 所示。对比发现，添加氯化钙的物相中原硅酸钙和氯化钙的特征峰依然稳定存在，同时伴随着二氧化硅特征峰的减少，说明氯化钙的加入会继续与矿石中的二氧化硅发生反应生成原硅酸钙和氯化氢气体。

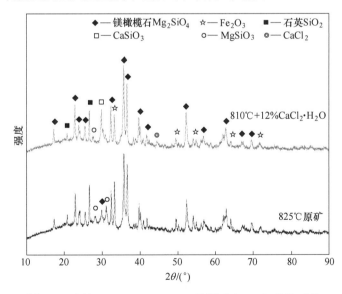

图 3-80 添加 12% $CaCl_2 \cdot 2H_2O$ 的原矿在 810℃焙烧后的
焙砂和 825℃焙烧后的原矿的 XRD 图谱

b 焙烧过程中的矿石物相转变

基于对蛇纹石型红土镍矿的 TG-DSC 分析，对蛇纹石型红土镍矿直接焙烧过程的物相进行研究，将原矿石在 400~1150℃ 焙烧 40min 并对焙烧后样品进行 XRD 表征，结果如图 3-81 所示。从图中可以发现，原矿经 600℃ 焙烧后的物相组成基本与原矿一样，这表明在 600℃ 焙烧后，蛇纹石型红土镍矿矿相基本未发生转变。当温度升高到 800℃，蛇纹石型红土镍矿相发生明显变化，在此期间蛇纹石脱水生成无定型镁硅酸盐，镁硅酸盐重结晶形成镁橄榄石和顽辉石，因此矿相中开始出现镁橄榄石和部分顽辉石相。随着温度进一步升高到 1150℃，氧化铁的特征峰先增强后消失，同时出现铁酸镍和铁酸镁的特征峰。这表明在此过程中，氧化铁转变成铁酸镁和铁酸镍等，而镁橄榄石和顽辉石仍稳定存在。

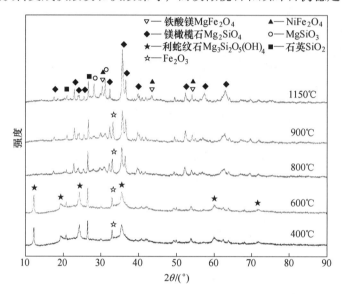

图 3-81　原矿在不同温度下焙烧后的 XRD 图谱

c　氯化钙作用下的矿石物相转变

氯化钙作用下蛇纹石型红土镍矿从 400℃ 到 1150℃ 焙烧过程中物相转变如图 3-82 所

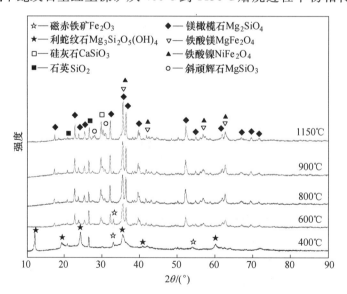

图 3-82　氯化钙作用下原矿在不同焙烧温度下的 XRD 图谱

示。根据 XRD 分析显示，400℃时矿石与原矿物相几乎一致，主要包含利蛇纹石、二氧化硅和磁赤铁矿。矿石中并没出现氯化钙衍射峰，一方面可能是因为氯化钙自身的晶型导致出峰位置发生偏移，另一方面可能是因为复杂的矿石物相对其产生了干扰。随着温度升高到 600℃，矿石中开始出现镁橄榄石、原硅酸钙和尖晶石衍射峰，这表明，添加的氯化钙和矿石中的二氧化硅在 600℃反应生成原硅酸钙，同时氧化铁转变成尖晶石相。继续升高温度到 1150℃，镁橄榄石、原硅酸钙和尖晶石的衍射峰随着温度升高逐渐增强同时伴随着氧化铁特征峰的消失，这表明高温有利于氯化钙与二氧化硅的反应以及物相转变。

对比有无氯化钙对矿石焙烧过程中物相转变的影响发现，在 600℃下两者开始出现明显的差异，具体如图 3-83 所示。从图中可以看出，无 CaCl$_2$·2H$_2$O 作用下，矿石在 600℃时的矿相与原矿几乎相同；而添加质量分数为 12%CaCl$_2$·2H$_2$O 后矿相与原矿相比发生了巨大的改变，物相中出现原硅酸钙的衍射峰，表明 600℃时加入的氯化钙已经与二氧化硅开始反应；镁橄榄石特征峰的出现则表明氯化钙的加入促进了矿石中的利蛇纹石脱水转变成不定型的硅酸盐，硅酸盐进而重结晶形成镁橄榄石相；同时氧化亚铁衍射峰减弱伴随着尖晶石特征峰的出现，由此可见，氯化钙有利于促进利蛇纹石的结构破坏和尖晶石的形成。

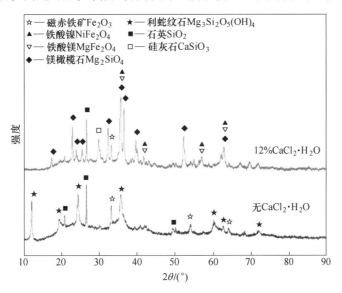

图 3-83　600℃下有无氯化钙焙烧矿石的 XRD 图谱

D　氯化钙作用下还原焙烧矿石物相及 SEM 分析

为了研究氯化钙作用下还原焙烧蛇纹石型红土镍矿的矿相转变，将蛇纹石型红土镍矿在还原焙烧温度为 1150℃、还原焙烧时间为 40min、无烟煤用量（质量分数）为 8%、CaCl$_2$·2H$_2$O 用量（质量分数）为 12%条件下进行还原焙烧，对焙烧后焙砂进行 XRD 分析，其结果如图 3-84 所示。从图中可见，还原后焙砂中主要以镁橄榄石、富铁镁橄榄石和镍铁合金衍射峰为主，同时还含有一定量的二氧化硅和原硅酸钙和顽辉石。焙砂中镍主要以镍铁合金的形式富集，而在原矿石中镍分散的分布于硅酸盐物相中，由此可见，氯化钙作用下的还原焙烧实现了镍从硅酸盐中的释放，并和铁迁移、聚合在一起形成镍铁合金。

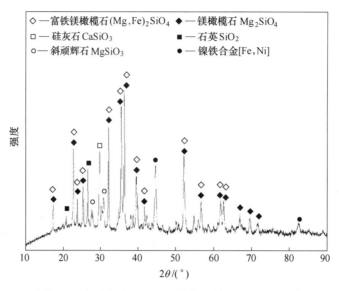

图 3-84   氯化钙作用下还原焙烧后焙砂的 XRD 图谱

图 3-84 中原硅酸钙衍射峰的出现，表明添加的氯化钙与矿石中的二氧化钙在高温水蒸气气氛下发生反应，生成 $CaSiO_3$ 和 HCl 气体，氯化氢气体继而氯化矿石中的氧化镍和氧化铁生成相应的金属氯化物。金属氯化物在高温下气化吸附在固体碳表面，被还原成金属镍铁，从而实现镍铁的迁移、聚集和长大。该温度下的 XRD 分析还显示，矿石中出现了一定的顽辉石特征峰，这可能是由于镁橄榄石在高温下与矿石中的二氧化硅反应生成了顽辉石。对氯化钙作用下还原焙烧后焙砂进行扫描电镜分析，其结果如图 3-85 所示。由图可见，还原焙烧后焙砂结构比较松散，可见氯化钙的加入对蛇纹石结构的破坏起了一定的作用。根据图 3-85（b）中能谱分析显示，图 3-85（a）中白色亮度极高的物质为镍铁合金颗粒，镍铁合金颗粒数量和大小相比于未添加氯化钙条件下有了明显的改变，其数目增加了数倍且最大颗粒粒度达到了 $30\mu m$。由此可见，氯化钙的加入通过改变矿石中氧化物的还原路径，实现了镍铁的有效还原以及迁移聚合并使镍铁颗粒长大到一定的粒径，有利于后续的磁选分离，从而实现矿石中镍的高效回收。

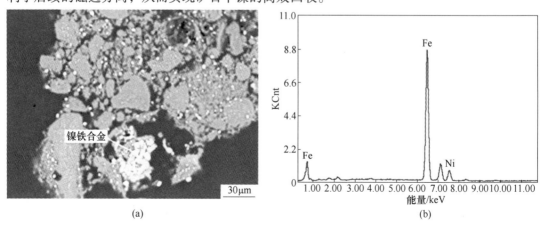

(a)   (b)

图 3-85   氯化钙作用下还原焙烧后焙砂 SEM-EDS 图谱

以上试验研究了氯化钙对还原焙烧蛇纹石型红土镍矿富集镍的促进行为，结果表明，氯化钙的加入使矿石中有价金属的直接还原路径改变为氯化、还原路径；另外，氯化钙的加入能够促进蛇纹石脱羟基转变为镁橄榄石，有利于蛇纹石中氧化镍的释放和还原。在高温水蒸气条件下，氯化钙和矿石中二氧化硅在600℃时已经开始反应，生成原硅酸钙和氯化氢气体；氯化氢气体继而与矿石中的铁、镍氧化物发生氯化作用生成相应的金属氯化物；在还原剂存在的条件下，金属氯化物气化并吸附在固体碳表面继而被还原成金属镍铁。由于氯化钙使蛇纹石提前脱羟基转变为镁橄榄石，蛇纹石中氧化镍释放，被释放的氧化镍进一步与氧化铁生成铁酸镍以及被氯化，促进了镍铁的迁移和聚集。

3.5.6 金属化还原过程动力学

3.5.6.1 红土镍矿的一氧化碳还原动力学研究

本节拟采用热重分析法针对CO还原红土镍矿动力学进行研究，为从该红土镍矿中生产镍铁合金提供理论参考。主要基于程序升温还原热重试验（10℃/min）和等温还原热重试验，对温度对还原动力学的依赖性进行评估。结合试验结果和理论计算的质量损失以及XRD分析，得到不同还原阶段的组分。采用模型拟合方法进一步确定等温试验中的速率控制步骤，并通过改变CO流速和样品质量进行两组TG试验，验证CO通过红土镍矿样品层的扩散是其控速环节。

A 非等温还原试验

红土镍矿CO还原的TGA结果如图3-86所示。结果表明，该红土镍矿中大部分镍和铁的氧化物的还原主要在600~1000℃的温度范围内。

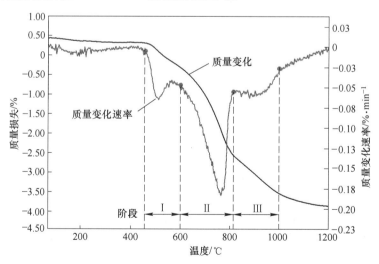

图3-86 红土镍矿CO还原TGA结果（升温速率：10℃/min）

根据TGA曲线可将红土镍矿CO还原过程划分为三个阶段，每个阶段的质量损失以及可能发生的反应列于表3-18中。第一个还原阶段为460~600℃，该阶段质量损失为0.63%，这是由于该阶段同时发生Fe_2O_3还原为Fe_3O_4的反应和NiO还原为金属Ni的反应（见式（3-1）和式（3-2））。第二个还原阶段为600~820℃，该阶段的理论质量损失是在

假设 Fe_3O_4 完全还原为金属铁的基础上得出的，从该阶段红土镍矿还原失重曲线可得出其质量损失为 2.28%，小于其理论质量损失 3.59%。因此认为该阶段 Fe_3O_4 并未完全还原为金属铁。因而将第二个还原阶段理论与实际质量损失的差值（1.31%）作为第三个阶段的理论质量损失。对于第三个还原阶段（820~1000℃），实际质量损失只有 0.97%，其远小于该阶段的理论质量损失值（1.31%），这应该是因为镁橄榄石相（Mg_2SiO_4）的生成抑制了磁铁矿（Fe_3O_4）的还原，还需进一步验证。

表3-18 CO还原红土镍矿的实际和理论质量损失以及可能发生的反应

温度范围/℃	TG/%	理论值/%	可能发生的反应
460~600	0.63	0.68	$NiO \rightarrow Ni$；$Fe_2O_3 \rightarrow Fe_3O_4$
600~820	2.28	3.59	$Fe_3O_4 \rightarrow FeO \rightarrow Fe(FeAl_2O_4)$
820~1000	0.97	1.31	$FeO \rightarrow Fe(FeAl_2O_4)$

为了研究焙烧矿中铁的氧化物在不同还原温度下相的变化，对一系列的非等温还原试验（温度从室温升至 200℃、600℃、800℃ 和 1000℃）所得的样品进行 XRD 分析。四组非等温还原产物 XRD 分析结果如图 3-87 所示。据文献报道，CO 和 CO_2 的混合气还原镍和铁的氧化物的温度在 1200℃ 以下，并且氧化铁的还原是按 $Fe_2O_3 \rightarrow Fe_3O_4 \rightarrow FeO \rightarrow Fe$ 的顺序逐级进行的。然而在实际的 Fe_2O_3 还原过程中，还原机理可能和热力学预测的有所不同，由于各种因素如还原温度、气体组分、颗粒尺寸等的影响，该过程变得更加复杂。

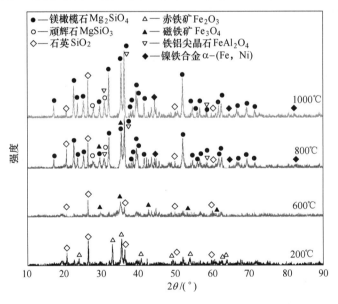

图3-87 样品经不同温度下 CO 等温还原后 XRD 结果

XRD 结果表明，温度为 200℃ 时磁赤铁矿（γ-Fe_2O_3）的峰消失，并且能够观察到强烈的赤铁矿（α-Fe_2O_3）衍射峰。然而由于磁赤铁矿转变为赤铁矿的不可逆反应温度需达到 400℃ 以上，因此磁赤铁矿向赤铁矿的转变主要是因为样品在热重试验前于马弗炉中 650℃ 下焙烧 4h 引起的。还原温度升高至 600℃ 时赤铁矿被还原为磁铁矿（Fe_3O_4）。

热重试验前红土镍矿样品于马弗炉中 650℃ 下焙烧 4h 导致利蛇纹石脱羟基转变为无定

型镁硅酸盐，这使得 XRD 图谱中没有观察到利蛇纹石的衍射峰。温度进一步增加至 800℃ 时，可以观察到镁橄榄石相（Mg_2SiO_4）和辉石相（$MgSiO_3$）的衍射峰，这是由于增加温度至 800℃ 引起无定型镁硅酸盐重结晶生成镁橄榄石相和辉石相。经 800℃ 还原后，大部分的磁铁矿峰消失，并且能清楚地观察到强烈的铁尖晶石相（$FeAl_2O_4$）衍射峰和一些镍铁合金（α-(Fe, Ni)）衍射峰。然而，该温度下并未观察到方铁矿（FeO）的衍射峰，这主要是因为 800℃ 下大部分的方铁矿已经转变为镍铁合金相和铁尖晶石相。当还原温度达到 1000℃ 时，镍铁合金相和尖晶石相成为含铁的主要物相。温度升高促进了镍和铁氧化物的还原，由于原矿中存在镍的物相，经式（3-58）和式（3-59）两步还原得到金属镍和金属铁在高温下形成镍铁合金。虽然 600℃ 的还原温度下 CO 可将氧化镍完全还原为金属镍，但是该温度下并未观察到含镍物相的衍射峰，这可能是因为镍的含量低于检测限。

$$NiO(s) + CO(g) === Ni(s) + CO_2(g) \tag{3-58}$$

$$Fe_3O_4(s) + 4CO(g) === 3Fe(s) + 4CO_2(g) \tag{3-59}$$

以上结果表明，用 CO 还原该红土镍矿产生镍铁合金是按照 $Fe_2O_3+NiO \rightarrow Fe_3O_4+NiO \rightarrow Fe_3O_4+Ni \rightarrow FeO+Ni \rightarrow Fe[Ni](FeAl_2O_4)$ 的顺序进行的。部分还原得到的 FeO 和脉石矿物反应生成铁尖晶石（$FeAl_2O_4$），铁尖晶石比铁的氧化物更难还原，而且需要更高的还原温度。因此，产生的金属铁主要来自铁氧化物的还原。

B 等温还原试验

为了进一步探讨该红土镍矿 CO 还原动力学，做了不同温度下（500~1000℃）的等温还原热重试验，其结果如图 3-88 所示。随着温度的增加，TG 曲线的斜率改变量逐渐增加，表明 CO 还原该红土镍矿的还原速率随着还原温度的增加而增加。在相对较低的温度下（如 500℃ 或 600℃），总的质量损失相对较小，这可能受扩散速率的限制。当还原时间达到 20min 后，质量几乎不发生改变。根据 XRD 分析结果，还原温度为 600℃ 时，赤铁矿完全还原为磁铁矿，而磁铁矿该温度下不会进一步被还原。通过绘制各温度下样品质量损失达 95.00% 时所需的时间和温度的关系图（见图 3-89），可以很容易看出温度对还原速率的影响。当还原温度超过 700℃ 时，镍和铁的氧化物的还原程度随温度急剧增加，温度从 700℃ 到 1100℃ 时质量损失达 95.00% 所需的时间由 27min 缩短到 17min。

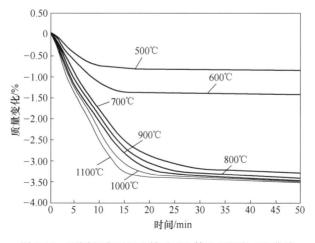

图 3-88 不同温度下红土镍矿 CO 等温还原的 TG 曲线

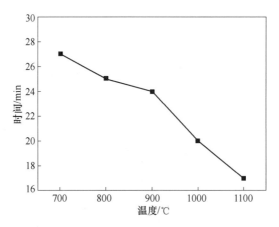

图 3-89 各温度下 CO 还原红土镍矿质量损失达 95.00% 所需的时间

CO 气体还原红土镍矿是典型的气-固反应，其动力学可由如下方程表述：

$$\frac{\mathrm{d}\alpha}{\mathrm{d}t} = k(T)f(\alpha) \tag{3-60}$$

式中，α 为转化率（还原程度）；t 为反应时间；T 为反应温度；$k(T)$ 为速率常数；$f(\alpha)$ 为动力学模型函数。

速率常数 $k(T)$ 可由式（3-61）表示：

$$k(T) = A\exp\left(\frac{-E_a}{RT}\right) \tag{3-61}$$

式中，A 为指前因子；E_a 为活化能；R 为理想气体常数；T 为反应温度。

由式（3-60）和式（3-61）可得机理函数的积分形式 $g(\alpha)$ 如式（3-62）所示：

$$g(\alpha) = \int_0^\alpha \frac{\mathrm{d}\alpha}{f(\alpha)} = A\int_0^t \exp\left(\frac{-E_a}{RT}\right)\mathrm{d}t = A\exp\left(\frac{-E_a}{RT}\right)t \tag{3-62}$$

对式（3-62）两边取对数，并经过调整可得到式（3-63）：

$$\ln t_{\alpha,i} = \ln\left[\frac{g(\alpha)}{A_\alpha}\right] + \frac{E_a}{RT_i} \tag{3-63}$$

式中，$t_{\alpha,i}$ 为不同温度下（T_i）达到一定还原程度所需的时间。

由图 3-88 可得到 $\ln t$ 与 $1/T_i$ 之间的关系，根据不同还原程度 α 拟合直线的斜率，可得到不同还原温度下表观活化能 E_a 与还原程度 α 之间的关系，如图 3-90 所示。

从图 3-90 中可以看出，随着还原程度的增加（$\alpha = 0.2 \sim 0.9$），表观活化能从 8.61kJ/mol（$\alpha = 0.2$）增加到 14.73kJ/mol（$\alpha = 0.9$），这些相对较低的表观活化能表明该还原过程容易实现，并且速率控制机理很可能是气体扩散控制而非化学反应控制。还原速率随着还原温度的增加而增加，在还原温度从 700℃ 提高到 1100℃ 的过程中镍铁合金的形成越来越多，随着反应的逐步进行（$Fe_3O_4 \rightarrow FeO \rightarrow Fe(FeAl_2O_4)$），反应后期 FeO 还原为金属 Fe 的反应较难进行，从动力学计算结果中可以看出其表观活化能也逐渐增加（从 8.61kJ/mol 增加到 14.73kJ/mol）。

为进一步探究等温还原速率控制步骤，采用模型拟合方法进行研究。常用固相反应动力学模型列于表 3-19 中。经过验证，只有应用 2D 扩散模型时，反应速率 $\mathrm{d}\alpha/\mathrm{d}t$ 与该模型

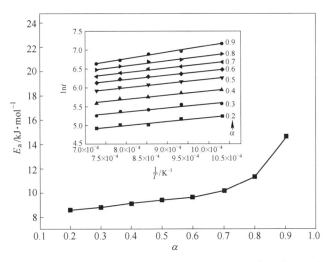

图 3-90　等温还原阶段表观活化能与还原程度的关系

的微分形式 $f(\alpha)$ 才有较好的线性关系，其微分形式如式（3-64）所示。不同温度下 CO 还原红土镍矿的线性相关率 R^2 也在图 3-91 中示出。

$$f(\alpha) = [-\ln(1-\alpha)]^{-1} \tag{3-64}$$

表 3-19　固态反应常用机理函数

模型	反应机理	微分形式 $f(\alpha)$	积分形式 $g(\alpha)$
D_1	1D 扩散	$1/2\alpha^{-1}$	α^2
D_2	2D 扩散（Valensi）	$[-\ln(1-\alpha)]^{-1}$	$(1-\alpha)\ln(1-\alpha)+\alpha$
D_3	3D 扩散（Jander）	$3/2[1-(1-\alpha)^{1/3}]^{-1}(1-\alpha)^{2/3}$	$[1-(1-\alpha)^{1/3}]^2$
D_4	3D 扩散（Ginstein-Brounshtein）	$3/2[(1-\alpha)^{1/3}-1]$	$1-2/3\alpha-(1-\alpha)^{2/3}$
F_1	一级反应（Mampel power）	$1-\alpha$	$-\ln(1-\alpha)$
R_2	相界面控制（contracting cylinder）	$(1-\alpha)^{1/2}$	$1-(1-\alpha)^{1/2}$
R_3	相界面控制（contracting sphere）	$(1-\alpha)^{2/3}$	$1-(1-\alpha)^{2/3}$
A_2	2D 晶核生长（Avrami-Erofeev）	$2(1-\alpha)[-\ln(1-\alpha)]^{1/2}$	$[-\ln(1-\alpha)]^{1/2}$
A_3	3D 晶核生长（Avrami-Erofeev）	$3(1-\alpha)[-\ln(1-\alpha)]^{2/3}$	$[-\ln(1-\alpha)]^{2/3}$

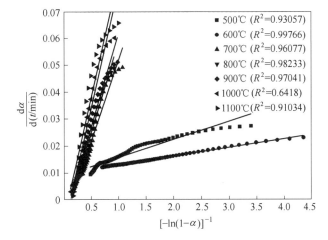

图 3-91　等温还原（500~1100℃）反应速率和 2D 扩散模型 $f(\alpha) = [-\ln(1-\alpha)]^{-1}$ 之间的线性关系

根据式（3-60）和式（3-61）及图 3-91 中各曲线拟合得到直线的斜率，$k(T)$ 的对数 $\ln k_T$ 与 $1/T$ 的关系绘制于图 3-92 中。温度为 500℃和 600℃时拟合直线偏离其他几组拟合直线，并且通过拟合直线的斜率得到的表观活化能为 41.55kJ/mol，这说明 600℃以下的还原可能受化学反应和扩散共同控制。当还原温度超过 700℃时，表观活化能达到 12.05kJ/mol，这和图 3-90 中还原程度 α 为 0.8 时的活化能（11.37kJ/mol）值接近。低于 700℃和高于 700℃的活化能之间的差异表明随温度升高还原反应也变容易。

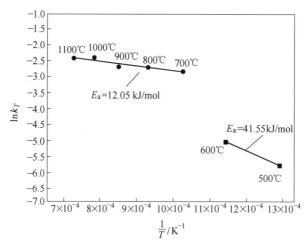

图 3-92　不同温度（500~1100℃）等温还原测试的 Arrhenius 拟合

为了研究 CO 流速对红土镍矿等温还原的影响，采用不同 CO 流速（如 50mL/min、100mL/min、150mL/min）对 500mg 样品在 800℃的温度下进行热重试验。结果（见图 3-93）表明，CO 气体流速从 50mL/min 增加到 150mL/min 时，该红土镍矿的还原速率随之增加，这说明速率控制步骤是 CO 气体向样品层的扩散。还原时间超过 12min 后，还原速率保持不变。此外，为了研究样品质量对红土镍矿等温还原的影响，对不同质量的红土镍矿（如 200mg、350mg、500mg）在气体流速为 50mL/min、温度为 800℃的条件下进行热重试验，

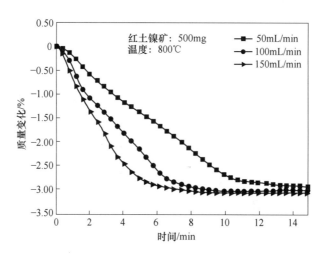

图 3-93　CO 流量的变化对红土镍矿等温还原的影响

结果如图 3-94 所示。从图 3-94 中可以看出该红土镍矿样品质量越大，还原速率相对越小，这表明在整个样品中还原反应是不一致的，从而导致样品主体中的传质（气体扩散）受到影响。图 3-93 和图 3-94 所示结果共同证明了速率控制受 CO 在红土镍矿样品中扩散的影响。

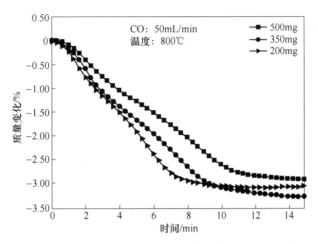

图 3-94　样品质量的变化对红土镍矿等温还原的影响

3.5.6.2　NaCl 作用下干燥矿还原焙烧动力学

A　动力学方法

动力学方法包括 Kissinger 法、Friedman 法和 Flynn-Wall-Ozawa（FWO）法。

（1）Kissinger 法。Kissinger 法通过恒定升温速率试验的最大反应速率处升温速率对数对温度的倒数作图来确定固态反应的表观活化能。

Kissinger 法不需要对反应机理有准确的了解就可以得到表观活化能，通过式（3-65）得到：

$$\ln \frac{\beta}{T_{\max}^2} = \ln \frac{AR}{E_a} + \ln \left[n(1 - \alpha_{\max})^{n-1} \right] - \frac{E_a}{RT_{\max}} \tag{3-65}$$

式中，β 为升温速率；$T_{\max}$，$\alpha_{\max}$ 分别表示温度和转化率在最大质量损失率 $(d\alpha/dt)_{\max}$ 处的值；A 为指前因子；n 是反应级数，当 $n = 1$ 时，$n(1 - \alpha_{\max})^{n-1} \approx 1$，Kissinger 得出式（3-66）：

$$\ln \frac{\beta}{T_{\max}^2} = \ln \frac{AR}{E_a} - \frac{E_a}{RT_{\max}} \tag{3-66}$$

根据 $\ln \dfrac{\beta}{T_{\max}^2}$ 对 $1/T_{\max}$ 作图并拟合出一条直线，指前因子 A 和表观活化能 E_a 能够通过截距和斜率分别计算出来。

（2）Friedman 法。基于式（3-67），Friedman 提出了等转化率微分法：

$$\ln \left[\beta \left(\frac{d\alpha}{dT} \right)_{\alpha_i} \right] = \ln \left[Af(\alpha_i) \right] - \frac{E_{a, \alpha_i}}{RT_{\alpha_i}} \tag{3-67}$$

式中，下标 i 表示特定的转化率处 α 对应的值；E_{a,α_i} 为表观活化能在这个特定的 α 处，通过 $\ln\left[\beta\left(\dfrac{d\alpha}{dT}\right)_{\alpha_i}\right]$ 对 $1/T_{\alpha_i}$ 作图的斜率计算得到的，在文献中被称为等转化率线，在这种方法中，E_a 被表示为一个转化率的函数，E_a 在反应过程中的任何变化都表示限速步骤的变化。

（3）Flynn-Wall-Ozawa 法。Flynn-Wall-Ozawa 法是一个等转化率的积分方法，使用温度积分的 Doyle 近似值 $p(x)$（$x = E/RT$），基于式（3-68）：

$$\ln\beta = \ln\frac{AE_a}{Rg(\alpha)} - 5.331 - 1.052\frac{E_a}{RT} \qquad (3\text{-}68)$$

式中，$g(\alpha)$ 为反应模型积分形式的代数表达式；α 为一个常数，根据不同升温速率的 $\ln\beta$ 对 $1/T$ 作图并拟合直线，该直线的斜率就可以计算表观活化能。

当 $x<20$，Doyle 近似值导致的误差高于 10%。因此，Flynn 建议修正以便得到活化能的准确值。

B 样品表征

图 3-95 所示为红土镍矿样品在 650℃氮气气氛焙烧 2h 后的 X 射线衍射图谱。可以看出，原矿经过焙烧后，利蛇纹石脱羟基转变为镁橄榄石；此外，样品中还有少量的石英和赤铁矿，这是由于在焙烧过程中磁赤铁矿发生相变，生成赤铁矿。

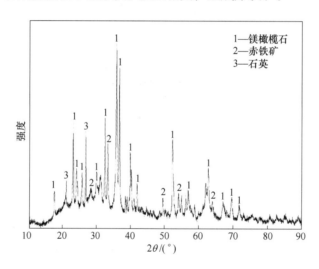

图 3-95 红土镍矿在 650℃焙烧后的 XRD 图谱

图 3-96 所示为红土镍矿添加 10%氯化钠（质量分数）和 6%碳（质量分数）的碳热氯化 TG/DTG 曲线。在升温过程中，样品的质量损失包括氧化物被还原，生成 CO_2、CO 气体逸出。矿物与氯化钠反应生成的氯化物的挥发，还有少量氯化钠直接挥发，TG 曲线显示总的质量损失大约是 11.2%。DTG 曲线可以看出，大约在 1050℃时存在最大质量损失速率。升温至 1080℃后还有不到 1%的质量损失，在这之后样品的质量几乎不变，可能是剩余氯化钠的挥发。TG/DTG 曲线在 500℃之前几乎没有变化。因此，我们对 500~1080℃温度范围的反应进行动力学分析。

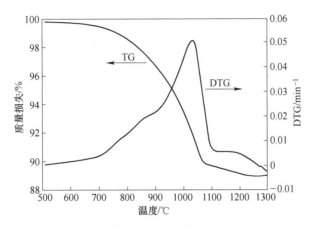

图 3-96 红土镍矿氯化还原焙烧 TG/DTG 曲线（$\beta = 10℃/min$，氮气气氛）

C 动力学特征

红土镍矿氮气气氛不同升温速率下碳热氯化过程的 $\alpha\text{-}T$ 曲线如图 3-97 所示。表 3-20 体现了升温速率对还原过程中特征温度的影响。

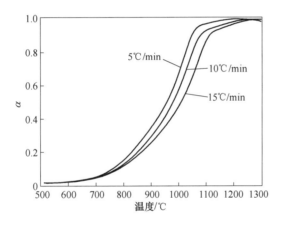

图 3-97 红土镍矿氯化还原焙烧转化率 α 随温度的变化（氮气气氛）

表 3-20 升温速率对红土镍矿氯化焙烧特征温度的影响

$\beta/℃ \cdot min^{-1}$	$T_i/℃$	$T_p/℃$	$T_f/℃$	$\Delta T/℃$
5	700	1020	1100	400
10	710	1035	1120	410
15	720	1060	1150	430

注：T_i—初始温度；T_p—拐点温度；T_f—终止温度；ΔT—温差，$\Delta T = T_f - T_i$。

加热速率与 T_i、T_p、T_f 和 ΔT 变化趋势呈正相关规律。图 3-98 所示为在不同升温速率条件下通过 $d\alpha/dt$ 对 T 作图。随着升温速率的增加，红土镍矿碳热氯化的反应速率也加快。图 3-99 所示为根据红土镍矿碳热氯化反应的 $\ln(\beta/T_{max}^2)$ 对 $1/T_{max}$ 所作的图。由 Kissinger 法得到的活化能 $E_a = 303kJ/mol$。

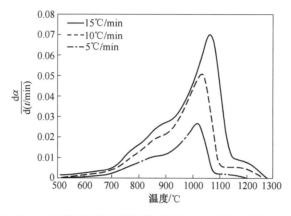

图 3-98　红土镍矿氯化还原焙烧的反应速率曲线（氮气气氛）

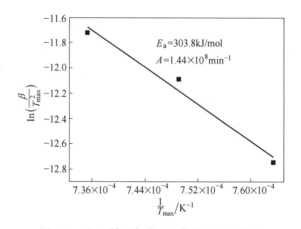

图 3-99　红土镍矿氯化还原焙烧的基辛格图

　　图 3-100 所示为在转化率 $0.1 < \alpha < 0.9$ 范围内 $\ln\beta$ 与 $1/T$ 的关系图。可以得到一组平行的直线，表明不同转化率之间的活化能非常接近。表 3-21 所列为由图 3-99 中直线斜率计算得到活化能的值 E_a。$\alpha = 0.1$ 时计算得到的活化能 $E_a = 426.46$kJ/mol，显然比其他转化率时的活化能要高，这可能是由于 $\alpha = 0.1$ 时，计算的结果非常容易受到某些条件的影响，导致计算结果误差较大，一般 FWO 法不考虑 $\alpha = 0.1$ 时的活化能。反应刚开始进行时，活化能比较大，此时氯化钠与矿物还没有生成金属氯化物，而是矿物中的氧化物被 CO 还原。当温度逐渐增大（800~1000℃），氯化钠与矿石中的组分充分接触，在较高温度下，氯化钠分解产生的氧化钠与物料中的二氧化硅、氧化铝、氧化铁等氧化物反应形成复杂化合物，以及氧化钠溶解于熔融氯化钠中的可能性均会增大，因此会使氧化钠的活度降低，反应所需温度降低，从而使得反应得以进行。氯化钠与矿物生成的金属氯化物开始被 CO 还原，而氯化物比氧化物更容易被还原，因此反应的活化能开始降低。当温度再升高（1000~1100℃）时，活化能又有增加的趋势，这是因为样品中的氯化物被反应完，剩下的氧化物再被还原，此时反应活化能升高。这一阶段大致可以分为三个步骤：第一步，氧化物被直接还原，同时和氯化钠反应生成金属氯化物；第二步，被还原的反应物主要是在第一步中生成的氯化物，生成的氯化物使脉石结构被破坏，更容易被还原气体还原；第三

步，剩余氧化物被还原，这时的活化能比直接还原金属氯化物要高，但是比第一步中氧化物的还原要低，可能是因为此时有 CO 进行气固反应还原，而第一步中有一部分是 C 对金属氧化物进行直接还原。

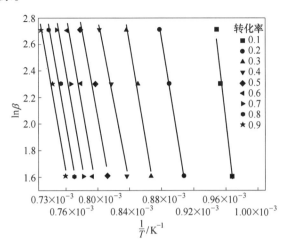

图 3-100　$\ln\beta$ 与 $1/T$ 的关系图

表 3-21　**FWO 法计算得到的活化能**

转化率 α	$E/\mathrm{kJ \cdot mol^{-1}}$	相关系数
0.1	426.46	0.98661
0.2	297.84	0.99989
0.3	284.79	0.99329
0.4	250.82	0.99387
0.5	259.75	0.97692
0.6	274.66	0.98413
0.7	260.50	0.98367
0.8	267.57	0.98728
0.9	272.40	0.99108

由表 3-21 可以看出，活化能在整个还原反应过程中并不是一个常数。转化率为 $0<\alpha<1$ 时，活化能的值在 180kJ/mol 和 390kJ/mol 之间。也就表明红土镍矿的碳热氯化反应并不遵循单独一个机制，因为在反应进行时活化能和指前因子不是一个常数。动力学参数对反应进度的依赖是非常明显的。这个现象表明红土镍矿碳热氯化是复杂的反应，不能被单一的阿仑尼乌斯参数和通用的反应模型所描述。

红土镍矿添加氯化钠的碳还原过程用一个活化能值来体现，大大降低了反应描述的准确性。DTG 曲线如图 3-101 所示，有 3 个不同升温速率的曲线。如果这个还原过程遵循单一的机制，那么此反应就可以用一组阿仑尼乌斯参数来描述，并且通用一组反应模型。但是这种方法是不适用于绝大多数还原反应，图 3-101 表示的 Friedman 分析图可以看出，活化能对反应进度有很高的依赖性。不同加热速率下 $\ln(\mathrm{d}\alpha/\mathrm{d}t)$ 对 $1/T$ 作图，可以得到动力学参数 A 和 E，活化能随转化率 α 的变化如图 3-102 所示。

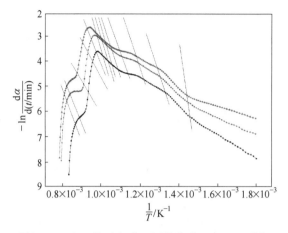

图 3-101   红土镍矿氯化还原焙烧的 Friedman 分析

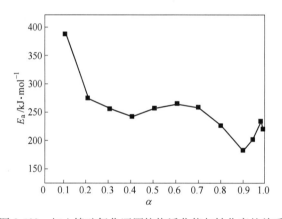

图 3-102   红土镍矿氯化还原焙烧活化能与转化率的关系

3.6   氟化物体系

由 3.4 节研究结果表明，直接金属化还原铁和镍的回收率较低，这是因为新生的镍铁合金没有聚合。为使新生镍铁合金相有效聚合及促使负载于硅酸盐矿物的镍较彻底解离，在 3.4.1 节已确定的非熔融态直接金属化还原优化条件下探索研究了不同钙质促进剂对该红土镍矿金属化还原的影响。

研究结果表明，促进剂的加入可以有效促使已金属化的镍铁合金聚合，表现为磁选精矿中镍、铁品位均提高，金属回收率更是得到大幅提升。其中，综合金属回收率和精矿镍、铁品位来看以 CaF_2 作用最为明显（Ni、Fe 品位分别从 2.6%、62.6% 升高到 5.6%、66.8%；Ni、Fe 回收率分别从 14.2%、32.5% 升高到 92.8%、83.4%）。研究还发现，添加 CaF_2 能促进氧化镍矿硅酸盐矿物转变，使反应向低温方向移动，有利于镍氧化物解离。添加 CaF_2 后镍回收率高达 92.8%，较未加促进剂提高了 78.6%，而铁回收率提高了50.9%，说明负载于硅酸盐矿物的镍受 CaF_2 加入影响更大，同样也证明了加入 CaF_2 可有效地破坏硅酸盐矿物，和图 3-22 分析结果完全吻合。而两种金属回收率和精矿品位的提高还证实了 CaF_2 可降低矿物相界面表面张力，利于新生的镍铁固溶体聚合、生长。

本节以云南元江代表性蛇纹石型红土镍矿为对象，在氯化物研究的基础上，重点阐述氟化物体系的研究结果[15,16,18,29]。

3.6.1 氟化钙强化还原影响因素

3.6.1.1 管式炉内金属化还原

A CaF₂加入量的影响

固定还原温度1200℃，还原时间60min，煤用量8%，考察不同CaF₂用量对镍、铁元素金属化/迁移/聚合等富集效果的影响，如图3-103所示。

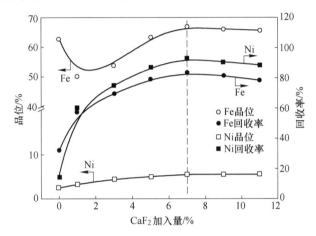

图3-103 CaF₂加入量对镍、铁富集效果的影响

（温度1200℃，时间60min，煤用量8%）

结果显示，促进剂CaF₂的使用对镍、铁回收率影响相当明显，随CaF₂用量增加，镍、铁回收率在加入CaF₂7%时达到最大值，之后略有下降；磁选精矿镍品位随CaF₂增加稳步上升，从2.6%上升到5.6%，而铁品位则呈现先下降后上升的趋势，主要是因为开始随促进剂加入，铁回收率显著增加，伴随磁性物进入精矿的微细非磁性物增多致使铁品位下降；随着CaF₂加入量增大，磁性物聚集程度变好与非磁性物脱离从而使磁选精矿铁品位不断升高，在加入CaF₂7%时磁选精矿中铁品位也达到最大值，之后基本保持不变。图3-103还显示加入过量CaF₂并不利于镍、铁回收。可见，选择7%的CaF₂加入量为宜。

B 温度的影响

固定CaF₂加入量7%，还原时间60min，煤用量8%，考察CaF₂作用下还原温度对镍、铁元素金属化/迁移/聚合等富集效果的影响，如图3-104所示。结果表明，1160℃以下，随着温度升高镍、铁回收率均呈上升趋势，且在该温度下铁回收率达到峰值，之后略有下降，镍峰值温度则略高（1200℃），之后基本保持不变；温度从1000℃上升到1160℃的过程中，镍、铁回收率增速很快，说明在此温度区间镍、铁元素迁移/聚合受温度影响明显。与未加入促进剂时变化规律相似，虽然热力学分析可行，但在低温时镍、铁金属化速度较慢，有限反应时间不利于镍铁合金的聚合；当温度继续上升并超过1160℃时，铁回收率呈下降趋势，这是因为在此温度下开始生成了铁橄榄石（Fe₂SiO₄），导致铁还原受到抑制，影响了铁的回收率。

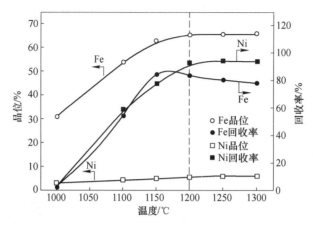

图 3-104   温度对镍、铁富集效果的影响
（时间 60min，CaF$_2$ 加入量 7%，煤用量 8%）

金属化产物 XRD 分析结果（见图 3-105）显示有 Fe$_{1.6}$Mg$_{0.4}$SiO$_4$ 物相生成，证实了上述推断的正确性。整个过程磁选精矿镍、铁品位随温度升高不断增大，直到体系温度达到 1200℃后趋于平稳，原因是低温下金属化的镍铁微粒很细，磁选时容易将非磁性物质一并带入精矿，影响了镍铁精矿品位，而随温度升高，镍铁合金微粒聚合程度变好则很容易通过磁选将之与非磁性物分离，提高了精矿中镍和铁的品位。综上所述，还原温度为 1200℃时镍、铁富集效果最好。

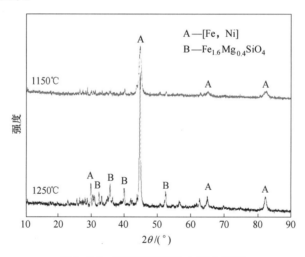

图 3-105   不同温度下精矿 XRD 图谱

C   时间的影响

固定 CaF$_2$ 加入量 7%，还原温度 1200℃，煤用量 8%，考察 CaF$_2$ 作用下还原时间对镍、铁元素金属化/迁移/聚合等富集效果的影响，如图 3-106 所示。结果表明，恒温时间低于 10min 时，镍、铁回收率随时间延长增速十分明显，尤其是铁回收率，10min 后铁回收率增速放缓，镍回收率则在 30min 后增速放缓；当时间超过 60min，镍、铁回收率虽有增大但增大幅度很小，相比之下镍回收率受时间影响更小；在时间小于 15min 时，磁选精

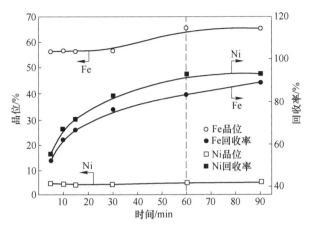

图 3-106 时间对镍、铁富集效果的影响

（温度 1200℃，CaF$_2$ 加入量 7%，煤用量 8%）

矿镍品位略有减小，之后基本维持不变，而铁品位则随还原时间增加逐渐升高，到 60min 后保持不变。可看出 CaF$_2$ 作用下蛇纹石型红土镍矿煤基金属化还原反应过程较未加入 CaF$_2$ 进行得更快，相比未加入 CaF$_2$ 时较低的金属回收率（Ni<10%，Fe<35%），可知加入 CaF$_2$ 能很好地促进镍、铁金属化及聚合，便于通过磁选和硅酸盐矿物分离。综上所述，最佳还原时间为 60min。

D 配煤量的影响

固定 CaF$_2$ 加入量 7%，还原温度 1200℃，还原时间 60min，考察 CaF$_2$ 作用下配煤量对镍、铁元素金属化/迁移/聚合等富集效果的影响，如图 3-107 所示。

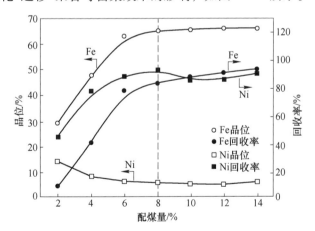

图 3-107 还原剂用量对镍、铁富集效果的影响

（温度 1200℃，时间 60min，CaF$_2$ 加入量 7%）

结果显示，配煤量低于 8% 时，煤加入量对镍、铁富集效果影响明显，之后镍回收率略有下降，铁回收率则继续小幅上升；随配煤量增加磁选精矿中镍品位有所下降，在煤量增加到 8% 后才开始基本维持不变，而磁选精矿中铁品位则随配煤量增加不断上升，直到煤量增加到 8% 以后，维持不变。由此可知，配煤能够加速还原，但当其超过 8%，体系还

原气氛进一步加强，部分在弱还原气氛下生成的金属镍会在体系一氧化物固溶体中被再次氧化而转变为氧化镍，从而导致镍回收率略有减小；当配煤量继续增加，还原气氛进一步增强氧化镍则会再次被还原形成金属态；随煤量增加，镍品位降低，则充分表明镍先于铁被还原为金属态。综上可知，为获得最佳分离富集效果，还原剂用量定为8%。

综上所述，在CaF_2作用下该蛇纹石型红土镍矿煤基非熔融态金属化还原工序最佳工艺参数为：CaF_2加入量7%，温度1200℃，时间60min，配煤量8%。在该条件下产出的镍铁精矿镍、铁品位分别为5.6%和67.7%，具体见表3-22，镍、铁回收率则分别可达92.9%和84.6%。

表3-22　试验室镍铁精矿化学成分

成分	Fe	Ni	MgO	Al_2O_3	SiO_2	S	其他
含量/%	67.7	5.6	6.3	1.3	10.2	0.1	8.8

3.6.1.2　箱式炉内金属化还原

在管式炉内进行红土镍矿金属化还原试验便于控制反应体系的还原气氛，取得更好的还原效果。而由管式炉试验产出的金属化还原产物需在氮气保护下冷却，工业生产难以实现，工业上往往采用水淬的方式对还原产物进行急冷避免高温下炽热的还原产物与氧气结合再氧化。鉴于此，在上述管式炉内还原试验的基础上，进一步开展蛇纹石型红土镍矿马弗炉中的煤基非熔融态金属化还原试验，反应后产物直接水淬，水淬后产物球磨、磁选分离富集镍和铁。

A　温度的影响

固定还原时间60min，煤用量8%，考察还原温度对镍、铁元素金属化/迁移/聚合等富集效果的影响，如图3-108所示。

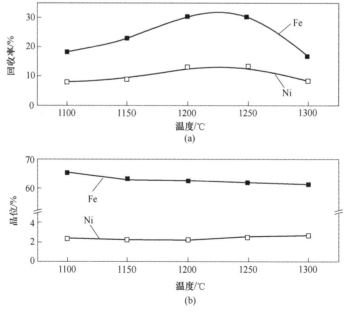

图3-108　温度对镍、铁富集效果的影响
（时间60min，煤用量8%）

结果表明，镍、铁回收率均呈抛物线，1225℃之前随温度升高增速加快并在1225℃附近达到最大值，说明镍、铁在此温度区间内随温度升高迁移/聚合行为明显增强。从动力学角度来看，低温时镍、铁金属化速度较慢，有限反应时间不利于镍铁合金的生成、聚合。当温度继续上升超过1250℃，镍、铁回收率呈下降趋势，铁下降趋势尤其明显，这应该是由于在此温度下铁取代了镁橄榄石中的镁生成了铁橄榄石，铁还原受到抑制，影响了镍铁合金的生成，该推断已经在前述管式炉相应试验中得到证实；整个过程磁选精矿镍品位呈现先降后升趋势，但均保持在2.5%左右，而铁品位则降低约4个百分点（65.6%降至61.5%）。这一现象主要是因为1250℃之前随镍、铁氧化物金属化还原率逐渐增大，金属回收率大幅上升，更多硅酸盐伴随着磁选进入精矿，镍、铁品位变化趋势一致，均略有降低；超过1250℃后铁回收受阻，镍则受橄榄石生成影响较小，镍、铁品位变化趋势相悖，出现了镍品位升高铁品位下降的现象。综上，选择最优还原温度为1200~1250℃。

B 时间的影响

固定还原温度1250℃，煤用量8%，考察还原时间对镍、铁元素金属化/迁移/聚合等富集效果的影响，如图3-109所示。

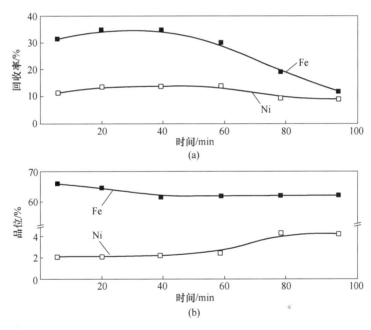

图3-109 时间对镍、铁富集效果的影响
（温度1250℃，煤用量8%）

结果表明，恒温时间低于20min时镍、铁回收率随时间延长逐步增大，且时间为20min时镍、铁回收率均达最大值，40min后铁回收率逐渐降低，尤其在60min后下降趋势明显，镍回收率则在60min后开始略有下降。磁选精矿中镍品位在时间小于40min时基本维持不变，之后逐步增大，60min后增大效果明显，铁品位则在时间小于40min时呈略微下降趋势，之后基本保持不变。可见，该蛇纹石型红土镍矿在煤作还原剂的反应体系中金属化还原过程进行很快，结合较低的金属回收率（Ni<15%，Fe<35%）可推断生成的镍

铁合金颗粒较细，聚合程度不好，不利于磁选分离。镍和铁回收率均随时间延长不断减小可能是由于生成的镍铁微细粒随反应时间延长进入硅酸盐矿相，从而进入磁选尾矿。综上可知，还原时间为20~40min最佳。

C 配煤量的影响

固定还原温度1250℃，还原时间60min，考察煤用量对镍、铁元素金属化/迁移/聚合等富集效果的影响，如图3-110所示。

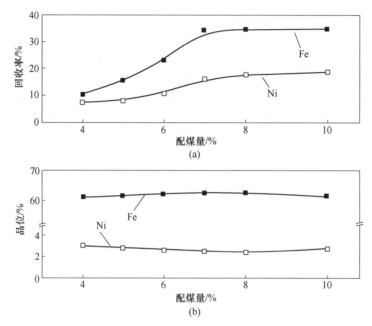

图3-110 煤用量对镍、铁富集效果的影响

（温度1250℃，时间60min）

结果显示，配煤量低于7%时，煤量对镍、铁回收率影响明显，随煤量增加磁选精矿中镍、铁回收率不断增加并达到峰值；煤量继续增加，镍、铁回收率基本维持不变。整个过程随煤的增加磁选精矿中铁品位呈先略提高后略下降的趋势（60.8%到62.6%，再到61.4%）；精矿镍品位则呈先降后升的趋势（3.1%到2.5%，再到2.9%）。通过计算，理论上配煤量3%即可将矿中铁和镍全部金属化还原，而实际耗煤量却远大于该值，且适当增加煤量有利于还原。当超过8%，过多的煤量会造成残炭量增高，产生更多灰分，造成磁选精矿品位略有下降。为获得最佳镍、铁富集效果，煤用量定为8%。

D CaF_2 加入量的影响

同管式炉内试验相同，在优化条件下产出的镍铁精矿镍、铁品位分别为2.5%和62.6%，镍、铁回收率分别仅有13.9%和30.3%，效果并不理想。试验通过加入 CaF_2 促进镍铁合金的生成和聚合，提高镍、铁回收率及精矿金属品位，结果如图3-111所示。结果显示，随 CaF_2 用量增加，镍、铁回收率不断增大，并在 CaF_2 加入量为7%时达到最大值，之后基本保持不变；随 CaF_2 增加，磁选精矿镍、铁品位变化没有回收率明显，但也呈上升趋势，在 CaF_2 加入量为7%时也达到最大值，之后基本保持不变。CaF_2 的加

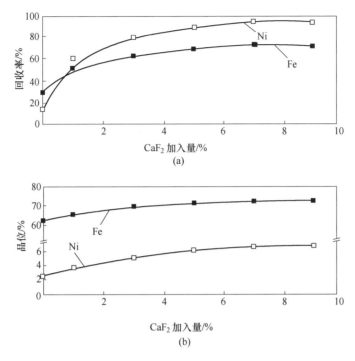

图 3-111　CaF_2 加入量对镍、铁富集效果的影响

（温度 1250℃，时间 60min，煤用量 8%）

入对镍、铁回收率影响很大，可见试验条件下 CaF_2 能促进镍铁合金生成/聚合，有利于镍、铁的富集。综上可知，CaF_2 最优加入量为 7%。

综上，可得出 CaF_2 作用下以廉价煤作还原剂在马弗炉中非熔融温度下金属化还原该蛇纹石型红土镍矿最佳工艺参数为：温度 1200～1250℃，时间 20～40min，配煤量 8%，CaF_2 加入量 7%。

3.6.2　氟化钙强化还原过程分析

前述研究结果显示加入 CaF_2 后蛇纹石型红土镍矿中硅酸盐矿物脱羟基及相转变温度均明显降低，也就是说加入 CaF_2 后硅酸盐矿物中负载的镍更容易解离出来。进一步测定加入 CaF_2 前后物料的熔点，结果见表 3-23。结果表明 CaF_2 的加入可降低物料熔点，且新的熔点仍在试验温度范围之上，可见，CaF_2 的加入改变了原有矿物转化途径，有利于反应进行。另外，CaF_2 还可降低炉渣黏度，有利于镍铁合金的聚合长大。

表 3-23　加入 CaF_2 前后体系物料熔点

物料	软化点/℃	半球点/℃	流动点/℃
未加 CaF_2 红土镍矿	1397	1405	1577
CaF_2 作用下磁选精矿	1379	1400	1564
CaF_2 作用下磁选尾矿	1332	1350	1526

图 3-112 所示为 CaF$_2$ 作用下金属化还原产物 SEM/EDS 分析结果。从图中可发现，相比图 3-26 添加 7% 的 CaF$_2$ 后镍铁固溶体由原来颗粒状变为带状，最长达 150μm，最短 20μm 以上，聚合效果明显。表明 CaF$_2$ 可有效地破坏镍、铁负载矿物晶体结构并降低矿物表面张力，促进镍、铁在非熔融温度下金属化并形成带状固溶体。EDS 分析结果显示，与未添加 CaF$_2$ 的金属化还原产物（见图 3-26）相比，添加 CaF$_2$ 后金属化还原产物中新生镍铁合金相的镍含量明显升高，表明镍金属化率得到提升；EDS 分析结果还显示硅酸盐矿物中并未检测到镍的存在，也证明了镍金属化更加完全，而仍有少量铁存在于硅酸盐矿物，则说明本试验条件下同样生成了铁橄榄石，与图 3-105 所示的镍铁精矿 XRD 分析结果完全吻合。

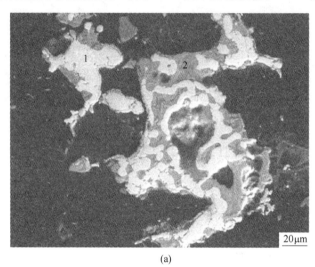

(a)

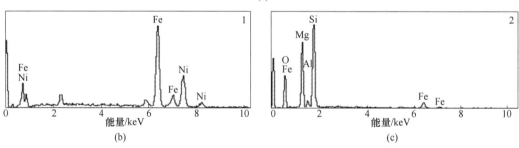

(b)　　　　　　　　　　　　　(c)

图 3-112　CaF$_2$ 作用下蛇纹石型红土镍矿金属化还原产物 SEM/EDS 图

表 3-24 和表 3-25 所列分别为最优条件下金属化还原产物中镍和铁的化学物相分析结果。可看出：（1）由于原矿中镍、铁金属量低，金属化还原产物中镍铁合金相只有不足 10%，选出率仅有 13.6%；（2）CaF$_2$ 作用下金属化还原后有 89.13% 的镍和 81.37% 的铁进入合金相，与未加入 CaF$_2$ 相比金属化率明显增高，尤其是镍金属化率从 45.2% 提高到了 89.1%；（3）仍有约 10% 的镍和近 20% 的铁赋存于硅酸盐矿物，这些赋存在硅酸盐矿物的镍和铁有一部分是未解离出来的金属残留，另一部分是随金属化还原温度升高硅酸盐发生相变，镍和铁进入橄榄石晶格所致，如图 3-105 所示的 XRD 分析结果和图 3-112 所示的 SEM/EDS 分析结果；（4）随金属化还原反应进行，少量镍和铁进入硫化物矿相；（5）赋存铁的铬尖晶石为原矿未被破坏的矿物残留。

表 3-24 加入 CaF_2 后试验室试验金属化还原产物中镍化学物相分析结果

相别	矿物量/%	矿物中镍含量/%	产物中镍金属量/%	镍分布率/%
镍铁合金	9.67	7.39	0.715	89.13
硫化相	0.06	2.85	0.002	0.18
硅酸盐相	87.12	0.10	0.087	10.69
合计	96.85	0.80	0.804	100.00

表 3-25 加入 CaF_2 后试验室试验金属化还原产物中铁化学物相分析结果

相别	矿物量/%	矿物中铁含量/%	产物中铁金属量/%	铁分布率/%
镍铁合金	9.67	91.81	8.88	81.37
铬尖晶石	0.07	15.33	0.01	0.10
硫化相	0.06	58.65	0.04	0.32
硅酸盐相	87.12	2.28	1.99	18.21
合计	96.92	10.91	10.92	100.00

箱式炉内研究结果显示同管式炉内结果一致，未加 CaF_2 时在温度 1200~1250℃、时间 20~40min、配煤量 8% 的优化条件下镍、铁回收率很低（Ni 13.9%，Fe 30.3%）。图 3-113 所示为未加 CaF_2 时温度 1250℃ 下金属化还原后磁选精矿的 XRD 图。从图中可发现主要矿相为镍铁合金 [Fe，Ni]，且其特征峰很强，证明在 1250℃ 时非熔融状态下镍、铁发生了金属化还原生成了镍铁合金；同管式炉内试验产出的磁选精矿相同，通过 XRD 也检测到了铁橄榄石相（$Fe_{1.6}Mg_{0.4}SiO_4$），说明在 1250℃ 时铁取代了镁橄榄石中的部分镁进入了硅酸盐矿物，这与图 3-108 所示的铁回收率在 1250℃ 后降低结果正好吻合。

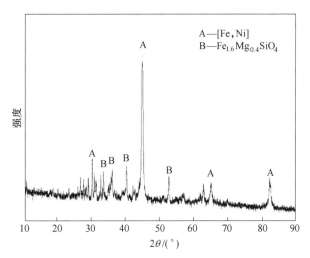

图 3-113 1250℃ 未加 CaF_2 时精矿 XRD 图谱
（时间 60min；煤用量 8%）

图 3-114 所示为未加 CaF_2 时优化条件下金属化还原产物 SEM/EDS 分析结果。从图中可发现有大量嵌布于灰色基底的亮白色颗粒物生成，EDS 分析结果表明这些新生矿相为镍铁合金相，除少数粒径达到 $2\mu m$ 外大部分粒径在 $1\mu m$ 左右甚至更细。也就是说，在试验

条件下镍、铁已被金属化还原并聚合成了镍铁合金，这与 XRD 分析结果一致，但聚合、长大效果却并不理想，形成的细小颗粒状金属相很难通过磁选分离富集。灰色基底为镍、铁金属化还原后的硅酸盐矿物，EDS 分析结果显示硅酸盐基底矿物里含有少量的铁，证明部分铁以类质同象的方式取代了硅酸盐矿物晶格中的阳离子，结合 XRD 分析结果可知这部分铁以铁橄榄石形式存在，阻碍了铁的回收。此外，与前述管式炉试验产物（见图3-26）对比发现马弗炉试验产物中的镍铁合金相更细，表现为 10μm 以上合金相晶粒彻底细化、消失，可见，水淬急冷方式会使已聚合的镍铁合金相晶粒细化，更不利于磁选分离、富集镍和铁。

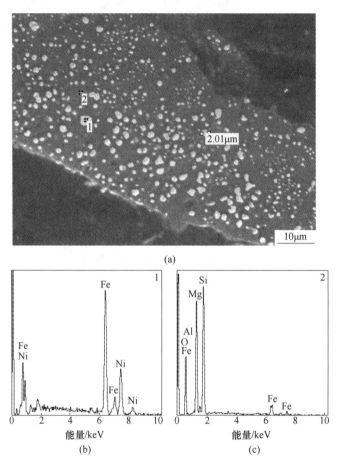

图 3-114 未添加 CaF₂ 时金属化还原产物 SEM/EDS 分析结果
（温度 1250℃，时间 60min，配煤量 8%）

添加 CaF₂ 前后镍、铁富集结果列于表 3-26。可发现加入 CaF₂ 极大地提升了镍、铁回收率，分别从 13.9%、30.3%升高到 96.5%、73.4%，同时磁选精矿镍、铁品位也分别从 2.5%、62.6%升高到 6.9%、71.4%。从试验数据可推断，CaF₂ 的加入可有效促进已金属化的镍铁合金聚合长大。

图 3-115 所示为添加 CaF₂ 后优化条件下金属化还原产物 SEM/EDS 分析结果。由图可知，添加 7% CaF₂ 后几乎所有镍铁固溶体由原来零星的细小颗粒状聚合为首尾相连的带

状，最长超过 200μm，少数独立合金颗粒直径也达到 10μm 左右，仅极少部分 2μm 左右颗粒没有聚合，这与上述推断完全吻合。显然加入 CaF_2 对镍、铁回收率的提升并不同步，铁提升幅度小于镍，EDS 结果显示金属化还原后矿物基底仍含有少量铁，该部分铁同样是以类质同象的形式存在于硅酸盐矿物，这是造成铁回收率提升幅度受限的主要原因。与前述管式炉试验结果相比，发现水淬急冷方式虽然会造成部分已聚合的合金相晶粒细化，但因加入 CaF_2 的金属化还原产物中新生镍铁合金相聚合程度很高，晶粒细化的影响并不明显。

表 3-26　添加 CaF_2 对镍、铁富集效果的影响

试验	精矿品位/%		金属回收率/%	
	Ni	Fe	Ni	Fe
未加 CaF_2	2.5	62.6	13.9	30.3
添加 CaF_2	6.9	71.4	96.5	73.4

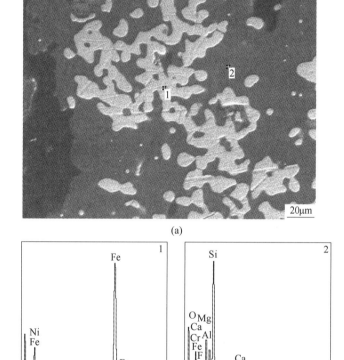

图 3-115　添加 CaF_2 后金属化还原产物 SEM/EDS 分析结果

（温度 1250℃，时间 60min，配煤量 8%，CaF_2 加入量 7%）

因为 NiF_2 沸点高达 1750℃，在试验条件下不会发生挥发迁移，由此推断 CaF_2 对矿的作用机理与氯化离析并不相同。由上述研究结果可看出，添加 CaF_2 利于金属态的镍、铁质点扩散、迁移，并降低了镍铁合金颗粒表面张力，从而促进蛇纹石型红土镍矿中镍、铁

在非熔融温度下金属化并聚合成带状固溶体。

综上，CaF_2作用下蛇纹石型红土镍矿在非熔融温度下金属化还原程度十分彻底，生成的镍铁合金微粒聚集程度较高，便于通过磁选分离、富集镍铁。

3.6.3 磁选分离富集镍铁

3.6.3.1 粒度的影响

红土镍矿经金属化还原后，镍、铁元素聚集成合金相，硅酸盐则发生相变重新结晶成新的硅酸盐矿相，通过磁选可将二者分离。为了获得品位较高的镍铁精矿及较高的金属回收率，考察了不同粒度对镍、铁分离富集效果的影响。金属化还原产物粒度受磨矿时间制约，统计了金属化还原产物经不同时间磨矿后对应的粒度，结果见表3-27。结果表明，金属化还原产物粒度随磨矿时间延长不断减小。平均粒度（D_{50}和D_{90}）数据显示，起初随磨矿时间延长产物粒度变化量很大，当时间从6min延长到8min产物粒度变化量缩小，之后变化量又开始增大，磨矿时间6min时，金属化还原产物平均粒度D_{50}和D_{90}分别为11.99μm和28.88μm，此时，进一步通过筛析发现产物粒度全部小于74μm（200目）。固定还原温度1200℃，还原时间60min，配煤量8%，CaF_2加入量7%，磨矿时间对磁选镍铁精矿品位及金属回收率的影响如图3-116所示。

表3-27 金属化还原产物经不同时间磨矿后对应粒度

磨矿时间/min	金属化还原产物粒度/μm			
	D_{10}	D_{50}	D_{90}	D_{97}
1	4.25	19.39	46.55	62.18
2	2.55	16.32	40.78	57.01
4	2.11	13.45	34.36	45.86
6	1.87	11.99	28.88	39.66
8	1.50	10.10	25.71	34.32
10	1.20	7.58	18.49	25.49
12	1.01	4.67	14.39	20.18

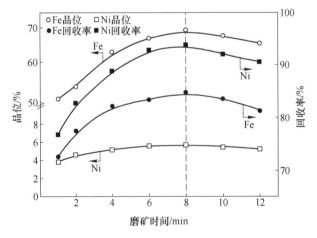

图3-116 粒度对镍、铁富集效果的影响

（温度1200℃，时间60min，煤用量8%，CaF_2加入量7%，150mT）

结合表3-27和图3-116可看出，随磨矿时间延长金属化还原产物粒度变小，磁选精矿中镍、铁品位及镍、铁回收率均呈先上升后下降的趋势。研究数据还显示恰好在磨矿时间为8min时金属回收率和品位达到最大值，此时金属化还原产物粒度D_{50}与D_{97}分别为10.10μm和34.32μm。上述试验结果可归因于金属化还原产物中镍铁合金颗粒随磨矿时间延长和硅酸盐矿物剥离，便于磁选分离，但当金属化还原产物粒度进一步减小变为超细粉末后具有较大的比表面积致使表面能急剧增大，形成了不稳定的热力学体系。在不稳定的体系中，超细颗粒之间会发生自发团聚形成二次颗粒以降低体系自由焓使体系趋于稳定，而新生成的二次颗粒为软团聚，可阻止镍铁合金颗粒和非磁性硅酸盐矿物分离[43]。综上所述，磨矿时间为8min时对应的金属化还原产物粒度$D_{97}=34.32$μm，此时可获得最佳镍、铁分离富集效果。

3.6.3.2　磁场强度的影响

磁选是分离磁性物和非磁性物的有效手段，在合适磁场强度下进行磁选可获得更高的金属回收率及较高的产物品位。固定还原温度1200℃，还原时间60min，配煤量8%，CaF_2加入量7%，磨矿时间8min（产物粒度$D_{97}=34.32$μm），考察不同磁场强度对镍、铁分离富集效果的影响，结果如图3-117所示。

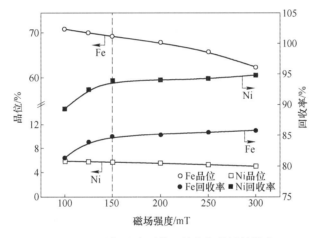

图3-117　磁场强度对镍、铁富集效果的影响

（温度1200℃，时间60min，煤用量8%，CaF_2加入量7%）

结果显示，随磁场强度增大镍、铁回收率逐渐增大，在150mT之前增幅格外明显，之后增幅放缓；磁选精矿镍、铁品位则随磁场强度增大不断下降。这是因为磁场强度增大会使一些弱磁性矿物选入磁选精矿，从而提高了金属回收率却降低了磁选精矿金属品位；而磁场强度过低时，部分磁性金属矿物和细小镍铁合金进入尾矿，造成镍和铁回收率较低，却在一定程度提升了磁选精矿金属品位。综上，选择在150mT的磁场强度下进行磁选为宜。

综上所述，可归纳出CaF_2作用下煤作还原剂元江蛇纹石型红土镍矿非熔融态金属化还原—磁选分离富集镍、铁的最佳工艺参数为：温度1200℃，时间60min，配煤量8%，CaF_2添加量7%，磨矿时间8min（$D_{97}=34.32$μm）和磁场强度150mT。在此条件下产出的磁选精矿镍、铁品位分别为5.7%、70.8%，镍、铁回收率分别为93.8%、84.8%。

3.6.3.3　磁选产物的表征

对上述最佳工艺条件下产出的磁选精矿和尾矿进行 XRD 分析，结果如图 3-118 所示。可以看出，磁选精矿主要物相为新生镍铁合金，其次含有少量镁橄榄石及铁橄榄石相；磁选尾矿主要物相则为蛇纹石相变后生成的镁橄榄石、顽辉石及少量的铁橄榄石和石英，同时观测到了部分新生镍铁合金相，不过其特征峰明显弱于精矿，未分离的镍铁合金夹杂进入尾矿，造成了镍、铁回收不完全。

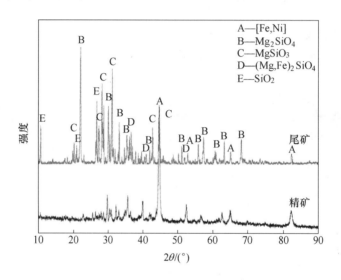

图 3-118　优化条件下磁选精矿及尾矿 XRD 图谱

对最佳工艺条件下得到的磁选精矿进行了 SEM 和 EDS 面扫描分析，结果如图 3-119 所示。SEM 图中呈亮白色矿相为新生矿相，聚集效果十分明显，大都在几十微米甚至上百微米；镍富集区域和铁富集区域完全一致，二者结合较好，集中在上述亮白色矿相中，证明新生矿相为镍铁合金相；精矿中存在少量镁硅酸盐矿物，其中铁和镍含量较低，尤其是镍基本不在硅酸盐矿物中富集，说明镍从原硅酸盐矿物迁移较彻底；未聚集的镍铁合金颗粒与镁硅酸盐相连，不利于磁选分离。

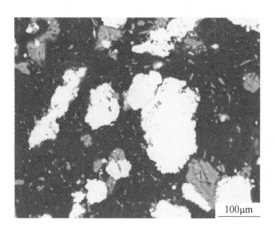

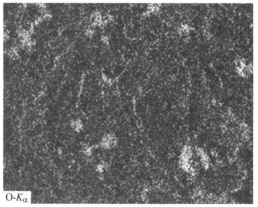

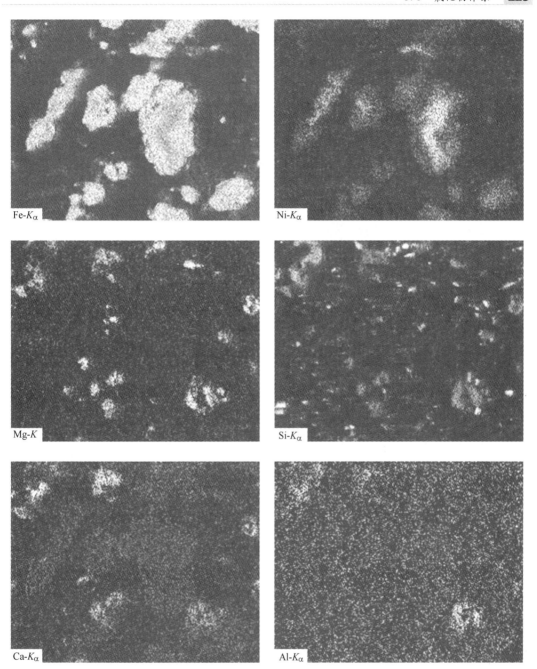

图 3-119　优化条件下磁选精矿 SEM 图和 EDS 元素面扫描图

　　进一步对最佳工艺条件下得到的磁选尾矿进行了 SEM/EDS 分析，结果如图 3-120 所示。可以看出，磁选尾矿主要矿相为灰色的镁硅酸盐，但仍有少量镍铁合金相呈零星状嵌布于镁硅酸盐矿相，这部分镍铁合金颗粒较小，聚集效果不好。这是因为尽管铁（镍铁）是强磁性物质，但由于量较大，或因部分聚集程度不高被包覆在硅酸盐矿相，导致少量未被磁选入精矿，造成该部分镍和铁无法回收。上述磁选精矿和磁选尾矿的 SEM/EDS 分析结果与图 3-118 所示的 XRD 分析结果完全吻合。

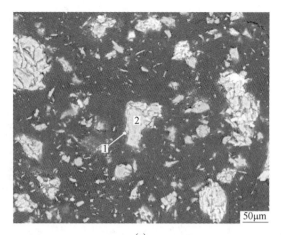

(a)

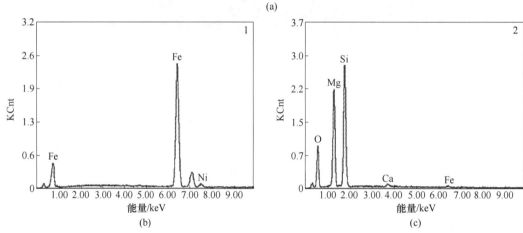

(b)　　　　　　　　　　　　　　　　(c)

图 3-120　优化条件下磁选尾矿 SEM/EDS 分析结果

3.6.4　氟化物促进作用还原机理

在系统分析蛇纹石型红土镍矿非熔融态金属化还原可行性的基础上，详细研究了不同影响因素下有价组元镍和铁的迁移、聚合行为，得出 CaF_2 能促进矿中硅酸盐矿物相转变并使反应向低温方向移动，改变镍铁合金生成方式及降低矿物相界面表面张力等利于金属氧化物解离及新生镍铁合金聚合、生长的重要结论。本节将进一步深入研究蛇纹石型红土镍矿非熔融态金属化还原机理及动力学调控机制，明确反应过程镍、铁负载矿物的转化行为并对反应过程进行优化，完善该新技术理论体系及为后续工业化应用提供可靠理论支撑。

3.6.4.1　镍铁合金生长机理探讨

固体 CaF_2 的热力学性质稳定，不易分解，对红土镍矿金属化还原过程的促进作用可比照氯化还原焙烧进行分析。氯化法是处理红土镍矿的一种有效方法[43]，氯化剂在高温条件下发生水解反应，产生氯化氢气体，进而使矿石中镍、铁氧化物氯化转变成金属氯化物，随后被还原成为金属态镍和铁，实现对矿石中有价金属氧化物还原的促进作用。可概括氯化离析三个阶段分别为氯化氢气体产生、金属氧化物氯化和金属氯化物离析。碳颗粒作为还原剂在离析过程与水分发生水煤气反应生成氢气和一氧化碳，上述生成的金属氯化物在高温下挥发并吸附在碳颗粒表面被生成的还原性气体离析形成金属态。对于红土镍矿而言，新生镍铁合金颗粒在碳颗粒周围聚合、长大，呈现出以碳颗粒为生长基底的微观形态[44]。

不难发现，氯化氢气体的产生及金属氯化物的挥发将成为决定该过程能否顺利完成的两个重要环节。以 NaCl 充当氯化剂为例，氯化焙烧过程氯化氢气体产生的化学方程式见式（3-69）。可以发现，当反应体系温度超过 1036℃，NaCl 可以与矿石中的水分及 SiO_2 发生水解反应产生 HCl 气体。

$$2NaCl(s) + SiO_2(s) + H_2O(g) \Longrightarrow Na_2O \cdot SiO_2(s) + 2HCl(g)$$
$$\Delta G_T^{\ominus} = 136.185 - 0.104T(kJ/mol) \tag{3-69}$$

结合式（3-69），可假设 CaF_2 高温也发生水解反应产生 HF 气体，化学反应方程式见式（3-70）。然而，查阅热力学数据[28]，通过计算发现 1200℃时该反应的吉布斯自由能 $\Delta G_T^{\ominus} = 16.45kJ/mol$，证明该反应无法自发进行，即对于 CaF_2 存在的反应体系 HF 气体无法产生。

$$CaF_2(s) + SiO_2(s) + H_2O(g) \longrightarrow CaSiO_3(s) + 2HF(g)$$
$$\Delta G_T^{\ominus} = 149.021 - 0.090T(kJ/mol) \tag{3-70}$$

以 NaCl 为促进剂的氯化还原焙烧体系，还可发生固-固相间的交互反应生成镍和铁的金属氯化物[45]，反应方程式见式（3-71）和式（3-72）。生成的 $NiCl_2$ 和 $FeCl_2$ 分别在 973℃和 319℃即可挥发并很容易扩散、吸附到炭颗粒表面完成还原反应。

$$NiO(s) + 2NaCl(s) \longrightarrow Na_2O(s) + NiCl_2(s) \tag{3-71}$$
$$FeO(s) + 2NaCl(s) \longrightarrow Na_2O(s) + FeCl_2(s) \tag{3-72}$$

结合式（3-71）和式（3-72），可假设高温下 CaF_2 也会与镍和铁的氧化物发生交互反应生成金属氟化物，对应化学反应方程式见式（3-73）和式（3-74）。

$$NiO(s) + CaF_2(s) \longrightarrow CaO(s) + NiF_2(s)$$
$$\Delta G_T^{\ominus} = 177.12kJ/mol(T = 1127℃) \tag{3-73}$$

$$FeO(s) + CaF_2(s) \longrightarrow CaO(s) + FeF_2(s)$$
$$\Delta G_T^{\ominus} = 169.51kJ/mol(T = 1027℃) \tag{3-74}$$

$$Fe_3O_4(s) + 4CaF_2(s) \longrightarrow 4CaO(s) + FeF_2(s) + 2FeF_3(s)$$
$$\Delta G_T^{\ominus} = 726.09kJ/mol(T = 1027℃) \tag{3-75}$$

查阅相应氟化物物性数据[46]，可发现镍氟化物（NiF_2）熔点和沸点均很高，分别为 1474℃和 1750℃，在试验条件下（小于 1300℃）即便按式（3-73）生成了 NiF_2 也无法挥发及吸附到炭表面完成金属化还原反应，由此可断定对镍来讲固-固相间的交互反应不会发生。通过热力学计算，可知式（3-73）反应在 1127℃时的吉布斯自由能为 177.12kJ/mol，表明 CaF_2 和 NiO 的固-固相交互反应无法自发进行。而铁氟化物则不同，FeF_3 和 FeF_2 分别在 1027℃和 1100℃升华，看似有利于促进固-固相交互反应发生。通过热力学计算，可知反应式（3-74）和式（3-75）在 1027℃吉布斯自由能分别为 169.51kJ/mol 和 726.09kJ/mol，即两个反应均无法自发进行。

在上述分析的基础上，为了确定 CaF_2 作用下蛇纹石型红土镍矿非熔融态金属化还原过程镍铁合金的生成和生长情况，进一步借助光学显微镜研究了镍铁合金的嵌布基底。结合前述金属化还原过程工艺优化条件，对保温 30min 和 60min 金属化还原产物在显微镜下进行仔细观察，结果如图 3-121 所示。可看出，CaF_2 作用下形成的镍铁合金嵌布基底为硅酸盐矿物，在残存的炭周围并未发现明显镍铁合金聚集现象，可见，CaF_2 与 NaCl 对红土镍矿还原过程的促进机理并不相同，与上述分析结果完全吻合。

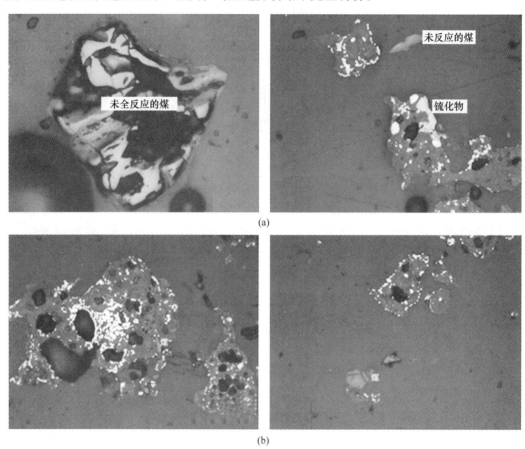

图 3-121　金属化还原产物 OM 照片

（a）保温 30min；（b）保温 60min

综上所述，结合图 3-121 中红土镍矿的结构特性分析结果及图 3-26 和图 3-114 中金属化还原产物中镍、铁发生原位还原微观形貌表征，可确定 CaF_2 作用下蛇纹石型红土镍矿金属化还原过程应该是 CO 经矿物间微细孔道扩散到镍、铁化合物表面发生还原反应，并不是形成挥发性镍、铁化合物吸附到碳颗粒表面发生还原反应。此外，CaF_2 性质较稳定，熔点为 1423℃，沸点则高达 2500℃，在本试验条件下自身并不熔化和分解，进一步说明 CaF_2 促进红土镍矿金属化还原的作用机理与易高温发生熔化和分解的氯化物氯化离析作用机理完全不同。

3.6.4.2　镍铁合金生成聚合行为

通过前述热力学分析可知，镍和铁在温度超过 750℃ 时，以稳定金属态形式存在，并生成镍铁合金。对添加 CaF_2 前后不同温度下产出的金属化还原产物形貌进行系统分析，从微观尺度上对 CaF_2 作用下蛇纹石型红土镍矿金属化还原机理进行探究。

无 CaF_2 作用时元江蛇纹石型红土镍矿在配煤量 8% 的不同温度下反应 60min 金属化还原产物微观形貌如图 3-122 所示。由图 3-122（a）可见，蛇纹石型红土镍矿内有很多裂隙，与图 3-9 分析结果一致，而 900℃ 下反应产物中并未观测到镍铁合金相，与热力学分析并不相符。这可能是由于镍、铁元素发生了金属化但颗粒较细，被掩盖在深灰色硅酸盐矿物基底，也可能是因为前述图 3-10 所示该红土镍矿还原特性较弱，镍和铁的实际还原温度与理论分析有所偏差。由图 3-122（b）可见，生成了亮白色合金颗粒，颗粒较细且大都零星嵌布于硅酸盐矿物基底，少量已迁移出的合金相在硅酸盐矿物边缘完成聚合，形成颗粒较大的镍铁合金，最大粒度 5μm 左右。由图 3-122（c）和（d）可见，镍铁合金相的生成、分布情况与图 3-122（b）相似，大部分新生镍铁合金颗粒仍零星嵌布于硅酸盐矿物基底，不过可发现随着温度不断升高，新生镍铁合金相在硅酸盐矿物边缘聚合效果更明显，产出的镍铁合金颗粒更大。很明显升高温度有利于镍、铁组元由硅酸盐矿物内向外迁移，但能够从硅酸盐矿物中迁移出的镍、铁合金相仍相当有限，大部分镍、铁组元发生原

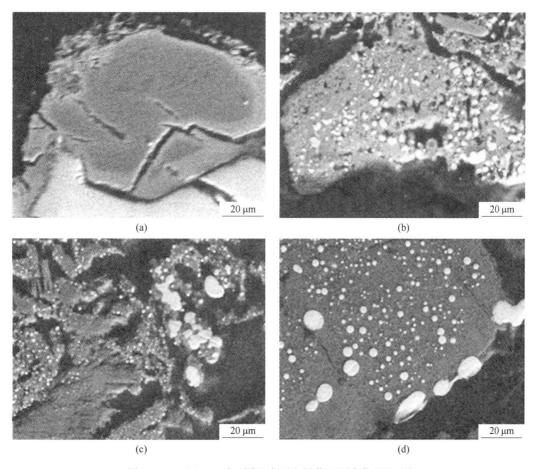

(a)   (b)

(c)   (d)

图 3-122   无 CaF_2 时不同温度下金属化还原产物 SEM 图

(a) 900℃；(b) 1000℃；(c) 1100℃；(d) 1200℃

位还原，仍停留在相变后矿物中，无明显迁移、聚合，导致磁选分离富集效果不佳。可得出，原位金属化的镍、铁质点无法从硅酸盐矿物基底迁移出来是制约镍铁合金聚合的主要因素。

CaF_2 作用下元江蛇纹石型红土镍矿在配煤量 8%、CaF_2 添加量 7%的不同温度下反应 60min 金属化还原产物微观形貌如图 3-123 所示。由图 3-123（a）可见，900℃时产物的结构与图 3-122（a）相比变化不大，同样没有明显的镍铁合金颗粒出现。由图 3-123（b）可见，产物出现很多亮白色镍铁合金颗粒，颗粒较细且大部分呈零星分布，但对比图 3-122（b）不难看出此时大部分零星颗粒从硅酸盐矿物基底内部迁移到了矿物边缘，同时聚合程度高的颗粒由原来 5μm 增大到了 20μm 以上。由图 3-123（c）可见，新生镍铁合金颗粒迁移、聚合更明显，沿硅酸盐矿物基底边缘产出的镍铁合金首尾相连成带状，长度超过 100μm，不过仍有部分未迁移合金颗粒嵌布于硅酸盐矿物基底，同时还可发现产出的零星合金颗粒数目较图 3-122（c）更多，分布密集，说明该条件下镍、铁金属化程度更高。由图 3-123（d）可见，已金属化的镍铁金属相已全部完成迁移、聚合，并与灰色硅酸盐矿相界面分明，有利于磁选分离、富集镍铁。

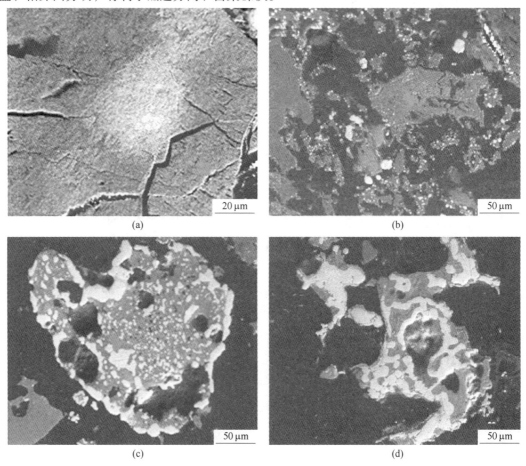

图 3-123 有 CaF_2 时不同温度下金属化还原产物 SEM 图
（a）900℃；（b）1000℃；（c）1100℃；（d）1200℃

综上，CaF_2能够促使镍、铁组元突破硅酸盐矿物基底束缚，从基底内部迁移到边缘，完成镍铁合金生成和聚合。同时，CaF_2的加入明显提高了蛇纹石型红土镍矿中镍、铁组元的金属化率，这一观察结果同第3.4和3.5节中金属化还原产物化学物相分析结果（见表3-11、表3-12、表3-24和表3-25）完全吻合。

3.6.4.3 镍、铁负载矿物矿相转化

为了明确CaF_2在促进镍、铁组元迁移及促进镍、铁金属化率显著提高过程的作用机理，对镍、铁负载矿物在不同反应条件下的矿相转化、金属转移及与CaF_2相互作用进行系统研究。

为确定升温过程蛇纹石型红土镍矿矿物转化，不添加CaF_2将矿石在氮气气氛中经不同温度焙烧，产物XRD分析如图3-124所示。XRD图谱显示：（1）400℃时矿相组分变化不大，仍是以镍蛇纹石[$(Mg_x,Ni_y)_3Si_2O_5(OH)_4$]为主，不过与原矿相比蛇纹石特征峰开始减弱；（2）500℃时蛇纹石晶型变得更差，但依然能够辨识出蛇纹石几个主要特征峰；（3）600℃时除位于36°的特征峰外，其余基本消失，组成矿物非晶型化，与图3-11的

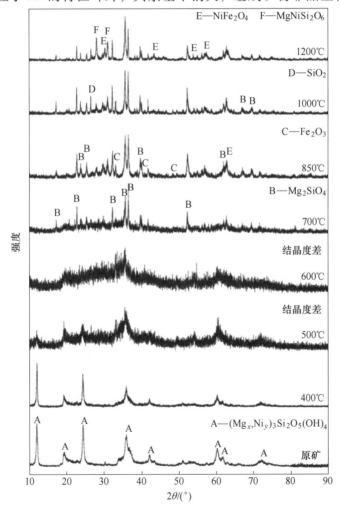

图3-124 蛇纹石型红土镍矿在不同焙烧温度下的XRD图谱

TG-DSC 分析结果一致；（4）700℃ 时位于 36° 的蛇纹石特征峰彻底消失，镁橄榄石（Mg_2SiO_4）、氧化铁（Fe_2O_3）为主要矿相；（5）随温度升高，850℃ 开始出现明显镍硅酸镁（$MgNiSi_2O_6$）特征峰，位于 28.2° 和 31.1°，与此同时铁镍尖晶石（$NiFe_2O_4$）也开始形成；（6）继续升高温度，尖晶石特征峰逐渐增强，同时镁橄榄石特征峰也进一步增强；（7）氧化铁随温度升高到 1200℃ 时完全消失。

由此得出：（1）随温度升高，含镍蛇纹石脱羟基（615℃）后晶体结构崩塌变为无定型硅酸盐，与此同时赋存在蛇纹石中的镍发生解离，以不稳定镍氧化物（NiO）形式存在，镍氧化物无法通过 XRD 检测到原因为含量太低、颗粒细和无定型态；（2）继续升高温度，部分无定型硅酸盐开始转变为镁橄榄石晶体结构，表现为 700℃ 时镁橄榄石呈现的结晶度较差，达到硅酸盐矿物相转化温度（825℃），镁橄榄石结晶度变好，XRD 图谱中特征峰显著增强；（3）随无定型硅酸盐晶体化，部分无定型硅酸盐矿物与部分镍氧化物重新结合生成镍硅酸镁；（4）尽管热力学上 Fe_2O_3 和 NiO 在低于 1000℃ 便可生成铁镍尖晶石（$0<T<1000℃$，$\Delta G_T^{\ominus} \approx -19kJ/mol$），但本试验条件下直到 1000℃ 以上，才观测到部分已解离的镍氧化物和氧化铁结合生成铁镍尖晶石。结合图 3-11 所示的 TG-DSC 曲线，上述蛇纹石型红土镍矿氮气氛围焙烧过程发生的矿相转化可用化学方程式（见式（3-76）~ 式（3-81））来表示：

$$2(Mg_x，Ni_y)_3Si_2O_5(OH)_4(s) \longrightarrow$$

$$3xMg_2SiO_{4(无定型)} + 6yNiO(s) + (4 - 3x)SiO_{2(无定型)} + 4H_2O(g) \tag{3-76}$$

$$Mg_2SiO_{4(无定型)} + 2NiO(s) + 3SiO_{2(无定型)} \longrightarrow 2MgNiSi_2O_{6(无定型)} \tag{3-77}$$

$$Mg_2SiO_{4(无定型)} \longrightarrow Mg_2SiO_{4(晶型)} \tag{3-78}$$

$$MgNiSi_2O_{6(无定型)} \longrightarrow MgNiSi_2O_{6(晶型)} \tag{3-79}$$

$$SiO_{2(无定型)} \longrightarrow SiO_{2(晶型)} \tag{3-80}$$

$$NiO(s) + Fe_2O_3(s) \longrightarrow NiFe_2O_4(s)（无 CaF_2，程度不高）\tag{3-81}$$

综上，当金属化还原反应在矿石熔点以下的非熔融态进行，随硅酸盐矿物重结晶进入镍硅酸镁的镍将被锁定在矿物晶格内呈惰性，阻止该部分镍的金属化，影响镍铁聚集。也就是说，在未添加 CaF_2 时要使蛇纹石型红土镍矿中镍铁氧化物充分金属化还原并聚集，反应体系温度应在矿石熔点以上，即金属化还原应在熔融状态下进行。

基于上述分析，进一步研究了加入 7% CaF_2 后红土镍矿氮气气氛中经不同温度焙烧后产物的矿相转变行为，XRD 图谱如图 3-125 所示。结果显示：（1）低于 1000℃ 的产物中均可观测到 CaF_2 特征峰，位于 28.2°、46.5° 和 59.9°，且随温度升高呈减弱趋势，1200℃ 产物中 CaF_2 特征峰消失，观测到了 $Mg_9F_2(SiO_4)_4$ 的特征峰，位于 25.8°、35.7°、36.5° 和 52.5°，但多数与 Mg_2SiO_4 特征峰交叠，且强度较弱；（2）850℃ 时产物中仍可观测到微弱的镍硅酸镁特征峰，位于 31.1°，随温度升高镍硅酸镁特征峰彻底消失；（3）随温度升高，位于 30.1°、43.1°、57.1° 和 62.7° 的铁镍尖晶石特征峰显著增强，并在 35.5° 和 53.5° 出现了新的铁镍尖晶石特征峰；（4）1200℃ 时的产物与 1000℃ 时相比，铁氧化物与二氧化硅特征峰消失，镁橄榄石特征峰加强。由此得出，蛇纹石型红土镍矿在 CaF_2 作用下非熔融态金属化还原反应过程生成 $NiFe_2O_4$ 且反应过程得到强化。相关文献[47]的研究表明，$NiFe_2O_4$ 比 Fe_2O_3 和 NiO 更容易还原，有利于镍、铁金属化。

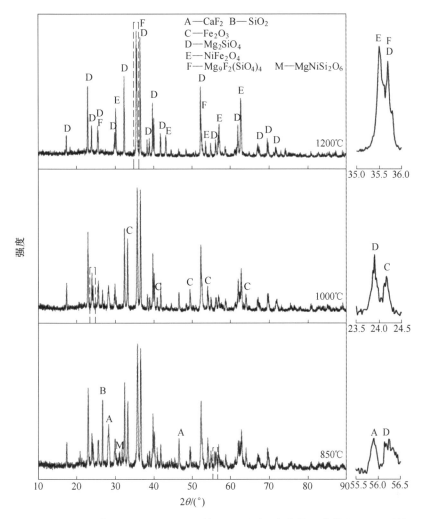

图 3-125 CaF₂ 存在时蛇纹石型红土镍矿经不同温度焙烧后产物的 XRD 图谱

图 3-126 所示为加入 CaF₂ 后金属化还原产物的 XRD 图谱。可发现，还原产物主要矿相为镁橄榄石，与图 3-5 的 SiO₂-MgO-FeO 三元系相图分析结果完全吻合；铁镍尖晶石相消失，镍铁合金相［Fe，Ni］生成；另外产物中出现了顽辉石（MgSiO₃）的特征峰，位于 28.2° 和 31.5°。结合图 3-125 所示的二氧化硅特征峰消失及图 3-126 所示的顽辉石衍射峰出现的试验结果可知，镁橄榄石在高温条件下进一步发生转变，生成顽辉石并消耗二氧化硅。相关研究[32]表明结构致密、稳定的镁橄榄石不利于还原剂扩散到内部，阻碍赋存其中金属的还原，顽辉石则具有相对松散的结构，便于还原剂扩散和负载金属还原。

由此得出：（1）低于 1000℃ 时，部分 CaF₂ 仍保留原晶体结构，当反应温度高于 1000℃ 时，CaF₂ 逐步参与到化学反应中，晶体结构彻底消失，可见，CaF₂ 破坏了硅酸盐矿物结构并与之生成新的复杂矿物；（2）CaF₂ 抑制了镍硅酸镁矿相生成或是促使了该矿相进一步快速转化；（3）CaF₂ 促进了铁镍尖晶石生成；（4）CaF₂ 促使二氧化硅与镁橄榄

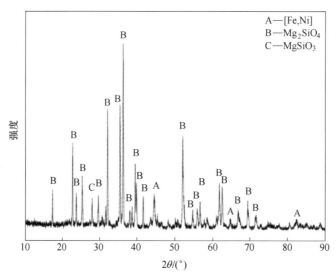

图 3-126 CaF_2 作用下蛇纹石型红土镍矿金属化还原产物 XRD 图谱

石反应生成顽辉石。综合以上分析可确定在 CaF_2 作用下蛇纹石型红土镍矿煤基非熔融态金属化还原过程发生的系列反应，除发生式（3-76）~ 式（3-80）反应外，还将发生下列反应：

$$2MgNiSi_2O_{6(无定型)} \longrightarrow 2NiO(s) + Mg_2SiO_4(s) + 3SiO_2(s)(快速反应) \quad (3-82)$$

$$Fe_2O_3(s) + NiO(s) \longrightarrow NiFe_2O_4(s)(有\ CaF_2，显著增强) \quad (3-83)$$

$$NiFe_2O_4(s) + C(s) \longrightarrow [Fe，Ni](s) + CO_2(g) \quad (3-84)$$

$$NiFe_2O_4(s) + CO(g) \longrightarrow [Fe，Ni](s) + CO_2(g) \quad (3-85)$$

$$Mg_2SiO_4(s) + SiO_2(s) \longrightarrow 2MgSiO_3 \quad (3-86)$$

图 3-127 所示为蛇纹石型红土镍矿 1100℃ 金属化还原产物的 SEM/EDS 图谱。由图 3-127（a）可看出，负载镍的硅酸盐矿物轮廓依然清晰可见，但明显被残蚀分解。此外，还发现若干亮白色颗粒物生成，均分布于硅酸盐矿物边缘，将最大亮白色颗粒放大后如图 3-127（b）所示。借助 EDS 对该区域不同点进行分析，结果显示：（1）亮白色物质为镍铁合金相（见图 3-127（c）），镍、铁含量分别为 10.2%、89.8%；（2）图 3-127 中微区 2 含有 Fe、Ni、Si、Mg、O、F 和 Ca 等多种元素；（3）图 3-127 中微区 4 与微区 2 成分相似但并未检测到 F；（4）被镍铁合金包裹的图 3-127 中微区 3 显示，铁、镍和氧含量分别为 67.5%、11.9% 和 19.6%，为被新生镍铁合金包裹的未金属化还原完全的镍、铁矿物相。

从图 3-127 中微区 1 成分（Fe、Ni 含量分别为 89.8%、10.2%）可发现生成的镍铁合金中铁和镍质量比与铁镍尖晶石并不匹配，铁比重大于铁镍尖晶石中铁、镍配比对应的铁比重（65.9%）。同时，计算图 3-127 中微区 3 对应原子比为 Fe：Ni：O≈6：1：6，应该为未金属化还原完全的铁镍尖晶石、铁氧化物及少量金属铁的混合物。由此推断，除铁镍尖晶石被还原转变为镍铁合金外仍有其他金属化还原过程。如前述分析以吸附方式存在于硅酸盐矿物的镍 450℃ 开始将会随蛇纹石结晶水脱除解离，而热力学上镍、铁氧化物金属化还原分别在 435℃ 和 710℃ 即可发生，因此推断在 CaF_2 作用下，镍氧化物和铁氧化物仍

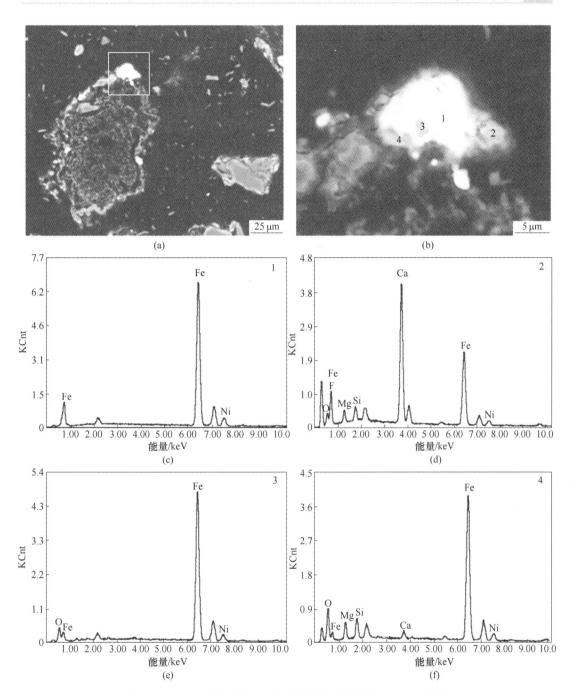

图 3-127　CaF_2 作用下 1100℃时金属化还原产物 SEM/EDS 图

会被单独还原为相应金属态。金属化还原产物中经原位还原生成的镍铁合金零星嵌布于硅酸盐矿物基底的微观形貌（见图 3-99 和图 3-123）与上述推论恰好吻合。

　　为进一步确定促进剂 CaF_2 作用下镍氧化物和铁氧化物各自分别发生金属化还原反应的行为，借助 SEM/EDS 对 1000℃金属化还原产物进行表征，如图 3-128 所示。结果显示：（1）图 3-128 中微区 1 为镍铁合金相，且镍含量高达 56.3%，铁则只有 43.7%；（2）金属化还原产物中仍可观测到 CaF$_2$ 存在（见图 3-128（d）），且靠近含镍高的镍铁合金相；（3）有纯金属铁物相存在（见图 3-128（e））；（4）图 3-128 中微区 4 为未金属化还原完全的铁化合物。由纯金属铁物相及镍含量高达 56.3% 的镍铁合金相存在的试验结果，可确定镍氧化物和铁氧化物会在较低温度下各自还原成金属态，之后再相互聚合，即按照反应式（3-1）~式（3-12）完成金属化还原。

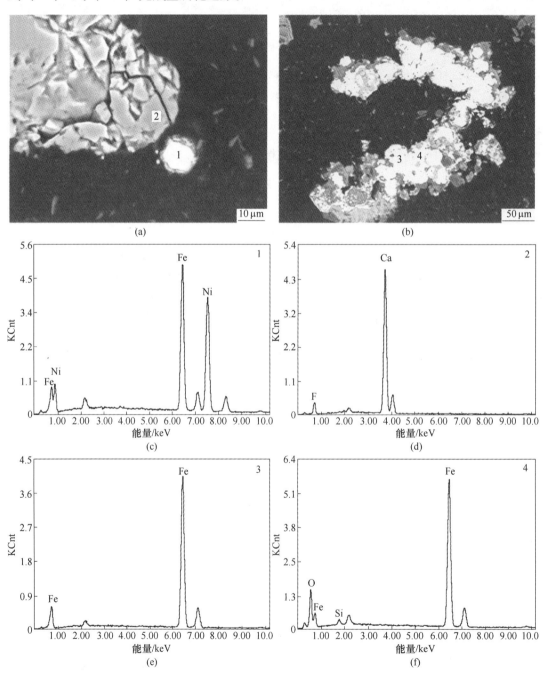

图 3-128　CaF$_2$ 作用下蛇纹石型红土镍矿 1000℃时金属化还原产物 SEM/EDS 图

在上述推论的基础上，借助 TG-DSC 对加入 7% CaF_2 的蛇纹石型红土镍矿煤基（8%）非熔融金属化还原过程进行动态分析，结果如图 3-129 所示。结合图 3-11 加入 CaF_2 前后蛇纹石型红土镍矿 TG-DSC 结果，可判知图 3-129 中 DSC 曲线显示的 3 个吸热谷和 2 个放热峰，分别对应内配煤挥发分热解（415℃）、蛇纹石脱羟基（605℃）、无定型硅酸盐重结晶（806℃）、镍铁合金相生成（1105℃）和镁橄榄石向顽辉石转化（1176℃）。图 3-129 中 TG 曲线显示，位于 415℃ 吸热谷对应失重 1.7%，与所用煤的挥发分完全吻合；位于 605℃ 吸热谷对应失重 9.5%，与图 3-11 所示的蛇纹石失重数据基本匹配；而 700℃ 后蛇纹石脱羟基全部完成，TG 曲线出现两个阶段失重则都归因于镍、铁氧化物逐步脱氧还原。第一阶段为 690~990℃，该区间失重基本平缓，尤其在 800℃ 后失重趋势进一步放缓，说明该过程氧脱除速率较小，还原过程较慢；第二阶段为 990~1200℃，该区间失重明显加快，尤其是 1100℃ 之后，说明该过程氧脱除率加快，还原过程加快。上述氧脱除第一阶段失重 5.7%，结合表 3-1 所列的元江镁质镍矿铁和镍含量（Fe 10.9%，Ni 0.78%）可推断，该过程一定有部分铁、镍金属化，这一结论与上述铁、镍氧化物在较低温度下自身完成金属化还原的推论完全吻合。氧脱除第二阶段失重多达 7.6%，速度也明显加快，由发生迁移并聚集于硅酸盐裂隙的镍、铁氧化物脱氧及新生铁镍尖晶石脱氧引起；而研究结果（见图 3-125 和图 3-126）显示，温度高于 1000℃ 时铁镍尖晶石生成反应（见式（3-82））得到强化，由此可确定第二阶段失重主要归因于铁镍尖晶石金属化还原生成镍铁合金，与前述 XRD 分析结果完全一致。此外，还发现无定型硅酸盐重结晶放热峰明显减弱，说明还原气氛中促进剂 CaF_2 抑制了镁硅酸盐晶体化，1176℃ 放热峰的出现则与图 3-126 所示的 XRD 分析结果吻合，验证了式（3-85）的正确性。

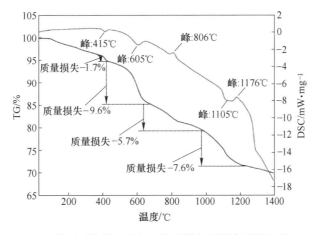

图 3-129 CaF_2 作用下蛇纹石型红土镍矿煤基金属化还原过程 TG-DSC 图

3.6.4.4 氟化钙与矿物的相互作用

图 3-128 还显示含镍较高的镍铁合金与 CaF_2 毗邻，可推断先金属化的镍在 CaF_2 作用下捕集，随后与金属化的铁结合生成镍铁合金。为更深入地了解促进剂 CaF_2 在镍铁合金生成过程与矿物的相互作用，结合前述 850℃ 以上铁氧化物和镍氧化物才会结合生成铁镍尖晶石及在促进剂 CaF_2 作用下得到强化的试验结果，研究了 850℃ 时蛇纹石型红土镍矿在氮气氛围中焙烧产物的微观形貌，结果如图 3-130 所示。由图可看出，850℃ 时促进剂

CaF$_2$填充进入红土镍矿矿物裂隙，铁氧化物相互聚集成链状并与促进剂 CaF$_2$ 紧密相依。通过以上观测结果可推断，850℃时促进剂 CaF$_2$ 可使红土镍矿中铁氧化物相互聚集并向硅酸盐矿物边缘或裂隙方向移动，矿物间这一迁移现象为之后镍、铁组元迁移、聚合创造了有利的先决条件。

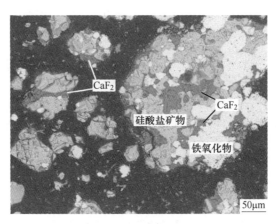

图 3-130   850℃下 CaF$_2$ 与蛇纹石型红土镍矿组成矿物相互融合微观形貌

为确定 CaF$_2$ 作用下镍、铁组元迁移行为，进一步借助 SEM/EDS 观测和分析了 850℃ 时金属化还原产物的微观形貌和特定区域的化学组分，结果如图 3-131 所示。由图可看出，试验条件下的金属化还原产物从矿物内部向边缘整体上有明显的渐变带，且从内向外各渐变带的镍含量不断增大，致使矿物边缘镍聚集程度提高。图 3-131 中微区 4 到微区 1 的镍含量分别为 0.57%、1.25%、2.18% 和 3.62%，对应 4 个微区的铁含量分别为 0%、0.62%、1.14% 和 3.79%。EDS 分析结果还表明微区 1 仍含有大量的氧，镍和铁仍以氧化态形式存在。由此可以判定，在还原气氛中 CaF$_2$ 可以促使镍以氧化态的形式从硅酸盐矿物内部向矿物边缘发生定向迁移，并在矿物边缘富集。结合图 3-130 得出的促进剂 CaF$_2$ 可使红土镍矿中铁氧化物相互聚集并向硅酸盐矿物边缘或裂隙方向移动的结论，可知在促进剂 CaF$_2$ 作用下，镍和铁氧化物在金属化还原前完成了聚集。结合图 3-124~图 3-126 对应的结果可得出已发生聚集的镍、铁氧化物在促进剂 CaF$_2$ 作用下按式（3-83）发生反应生成铁镍尖晶石。在还原气氛中进一步按式（3-84）和式（3-85）析出镍铁合金并聚合长大。

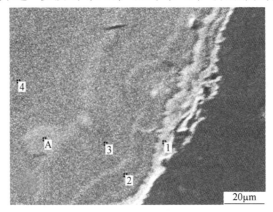

(a)

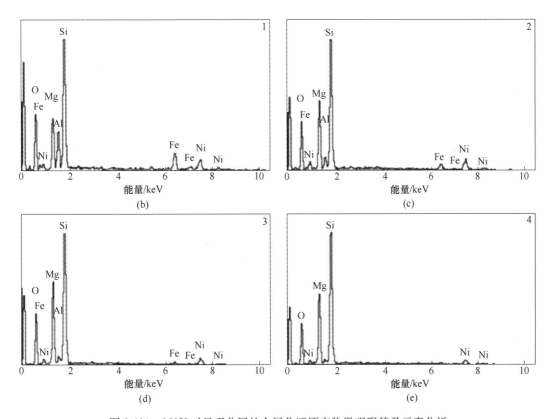

图 3-131　850℃时呈现分层的金属化还原产物微观形貌及元素分析

图 3-130 显示，即便在促进剂 CaF_2 作用下也并不是所有硅酸盐矿物周围都有铁氧化物聚集。结合图 3-128 观测到的结果，可知部分发生迁移的镍氧化物没有和铁氧化物反应生成铁镍尖晶石，而是在还原气氛下自身发生金属化还原。相关研究[48]表明，还原产生的金属镍本身对铁氧化物还原具有催化能力。在促进剂 CaF_2 作用下金属态镍成为金属态铁的捕收剂，聚合生成镍铁合金，这一结论很好地解释了图 3-128（c）镍含量高达 56.3%，铁则只有 43.7% 的高镍低铁镍铁合金相存在的现象。

该蛇纹石型红土镍矿的工艺矿物学研究表明，铁主要负载于铁氧化物。基于前述分析，还原气氛中部分铁氧化物和镍氧化物类似，未与镍氧化物充分接触的铁氧化物必然也会自身发生金属化还原，图 3-128 中微区 3 即是很好的证明。上述研究表明金属态镍会捕集金属态铁，反过来金属态铁是否会捕集金属态镍，需要进一步研究。鉴于此，研究了配煤量 8%、CaF_2 添加量 7%、温度 1200℃时不同保温时间产出的金属化还原产物微观形貌及对应镍和铁的 EDS 面扫描分布，重点考察独立铁矿物微区铁和镍的富集状况，结果如图 3-132 所示。由图 3-132 结果可看出：（1）随反应时间延长，金属化还原程度不断增加，表现为图 3-132（a）~（e）中亮白色产物量不断增加；（2）铁首先在亮白色产物中聚集，表现为 5min 金属化还原产物中铁明显聚集（见图 3-132（a））；（3）在有限反应时间内，镍未与铁聚合，表现为 5min 和 10min 金属化还原产物中镍基本呈分散状均匀分布（见图 3-132（a）和（b））；（4）随着时间延长，镍不断向亮白色铁富集区聚集，表现为 20min、30min 和 60min 金属化还原产物铁富集区内镍富集程度明显不断提高；（5）60min 金属化还原产物中镍在亮白色矿相密集分布，其他区域则基本没有检测到镍的存在；（6）同样观测到未捕集到镍的金属铁颗粒，同图 3-128 中微区 3 结果一致。

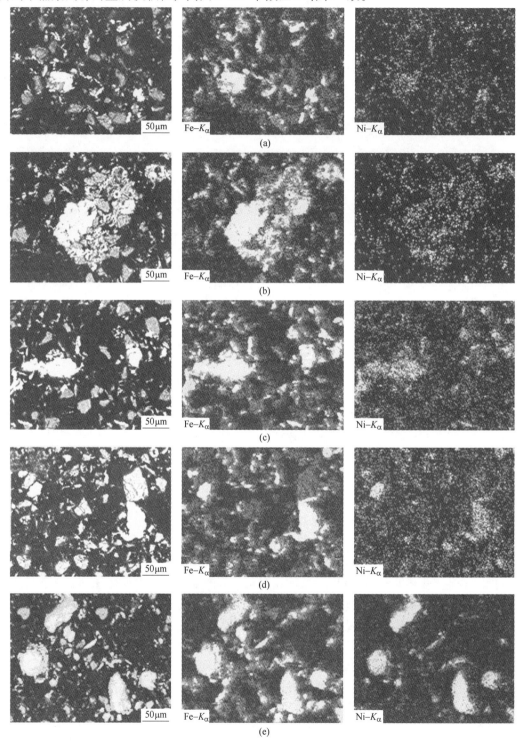

图 3-132   不同保温时间金属化还原产物的 SEM 图和镍、铁 EDS 面扫描图

（a）5min；（b）10min；（c）20min；（d）30min；（e）60min

从以上观测结果可得出，图 3-132 中较大的亮白色颗粒物应该是由独立铁氧化物演变而来，在还原气氛中独立铁氧化物自身发生金属化还原，表现出铁优先富集及铁单独富集；呈聚合态的金属铁成为金属态镍的捕收剂，不断聚合体系内金属化的镍生成镍铁合金，表现出随时间延长铁聚集区内镍富集程度逐渐增大；经过 60min 金属化还原反应，完成了镍和铁的迁移、聚合，这与上一章得到的蛇纹石型红土镍矿非熔融态金属化还原最优工艺条件完全吻合。

图 3-131 还显示，850℃时金属化还原产物的矿物基底出现了少数较周围颜色发白的微区（见图 3-131（b））。EDS 分析结果表明该区镍含量较高，为 3.28%，较红土镍矿的镍含量（0.78%）高，证明部分镍在硅酸盐矿物基底内完成了富集。

由此推断，随红土镍矿中蛇纹石脱水，赋存其中的氧化镍解离，在还原气氛中部分已解离的氧化镍原位金属化并完成了初步聚合导致了该微区颜色发白。随反应温度升高，完成初步聚合的金属态镍会成为金属态铁的捕收剂，不断捕集体系内金属化的铁生成镍铁合金，这一结论很好地解释了图 3-122（c）中促进剂 CaF_2 作用下金属化还原产物中仍有部分未迁移合金颗粒嵌布于硅酸盐矿物基底的观测结果。

3.6.4.5 矿物组分调控及优化

前述章节系统分析和研究了在促进剂 CaF_2 作用下镍、铁负载矿物矿相转化及镍、铁组元解离、迁移、转化和聚合行为，可看出，红土镍矿矿物组成的改变将会对反应进程产生影响，最终影响目标组元镍和铁的回收。在上述金属化还原机理研究的基础上，考察几种关键矿物组成改变对镍、铁富集效果的影响，并通过得到的试验结果检验前述机理分析的正确性。

A 结晶水脱除的影响

由图 3-11 可知，该蛇纹石型红土镍矿中硅酸盐矿物会随温度升高脱去结晶水形成无定型化合物同时解离出负载的氧化镍，对应吸热谷出现在 615℃。鉴于此，对红土镍矿进行了脱羟基处理，考察结晶水脱除对镍、铁富集的影响。该蛇纹石型红土镍矿 650℃ 焙烧 2h 后的 TG-DSC 曲线如图 3-133 所示。

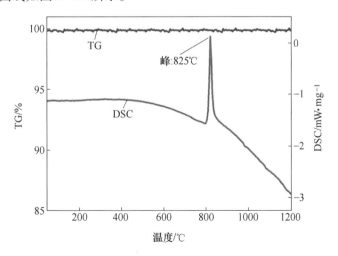

图 3-133 蛇纹石型红土镍矿经 650℃ 焙烧 2h 后的 TG-DSC 曲线

在图 3-133 中，TG 曲线基本维持水平状态，而 DSC 曲线上则只观测到一个放热峰，位于 825℃。对比图 3-11 得出，红土镍矿在 650℃ 焙烧 2h 后结晶水基本全部脱除。以脱去结晶水的矿样为原料，在第 3 章确定的最优条件下进行金属化还原—磁选试验，结果见表 3-28。结果显示，蛇纹石型红土镍矿脱除结晶水后再进行金属化还原—磁选，可提高镍和铁的回收率，尤其是铁回收率得到显著改善，从 84.8% 提高到 89.4%；与此同时，随金属回收率的增大，因受到进入磁选精矿更多的铁及夹带的硅酸盐稀释作用，精矿镍、铁品位均有所下降。脱水后红土镍矿镍、铁组元金属化仍可进行且取得了较好的镍铁富集效果，也证明前述提到的水解反应确实不存在。

表 3-28　蛇纹石型红土镍矿结晶水脱除前后镍、铁富集结果比对

试验	精矿品位/%		金属回收率/%	
	Ni	Fe	Ni	Fe
脱结晶水前	5.7	70.8	93.8	84.8
脱结晶水后	5.2	67.5	94.1	87.4

结晶水脱除过程，硅酸盐矿相结构发生了较大改变，原有晶体结构崩塌形成无定型硅酸盐矿物，会导致矿物本身形貌及比表面积发生较大改变，试验测定了 700℃ 以内该蛇纹石型红土镍矿经不同温度焙烧 2h 后的比表面积，结果见表 3-29。

表 3-29　原矿及不同温度焙烧后样品的比表面积

温度/℃	原矿	200	300	400	500	615	650	700
比表面积/g·m^{-2}	74.1	72.6	71.8	67.1	70.7	81.1	50.7	10.8

结果显示，随焙烧温度上升红土镍矿比表面积呈现先下降后上升，之后又迅速下降的变化趋势。工艺矿物学研究表明该蛇纹石型红土镍矿基本不含针铁矿，400℃ 以前焙烧过程颗粒物团聚造成比表面积小幅下降。图 3-11 显示温度达到 450℃ 时因蛇纹石脱羟基该红土镍矿便出现失重现象，硅酸盐矿物结晶水的逐步脱除导致温度超过 400℃ 时比表面积上升并在 615℃ 达到最大值。615℃ 之后矿样比表面积的迅速下降归因于无定型硅酸盐矿物重新晶体化，这与图 3-124 所示的红土镍矿组成矿物 600℃ 时基本处于无定型状态，700℃ 时则观测到晶体矿物相的结果完全一致。650℃ 时矿样比表面积较原矿小，但镍、铁回收率却仍有所提高，说明随硅酸盐矿物脱羟基解离出的镍氧化物处于不稳定状态，此时的氧化镍 [NiO] 反应活性更高。加入促进剂 CaF_2 可促使处于非稳态的氧化镍 [NiO] 向硅酸盐矿物边缘或裂隙迁移，并与铁氧化物反应生成铁镍尖晶石，进而金属化还原成镍铁合金。这一结论证明了前述 CaF_2 可促进蛇纹石型红土镍矿金属化还原的结论。

B　SiO_2 的影响

如前述分析，在促进剂 CaF_2 作用下，SiO_2 会和反应体系内结构致密的镁橄榄石进一步发生反应生成结构较松散的顽辉石。图 3-5 所示的 SiO_2-MgO-FeO 三元系相图也说明，通过控制反应体系三种氧化物摩尔比可改变产物的矿物相进而获得较高金属回收率。由表 3-1 中矿的化学成分计算知，该蛇纹石型红土镍矿的 SiO_2、MgO 和 FeO 摩尔比为 3∶4∶1，即原矿 SiO_2 与 MgO 摩尔比为 0.75，通过变化 SiO_2 加入量改变 SiO_2 与 MgO 摩尔比，在第

4章确定的最优条件下，考察不同 SiO_2 与 MgO 摩尔比对镍、铁富集效果的影响，结果如图 3-134 所示。

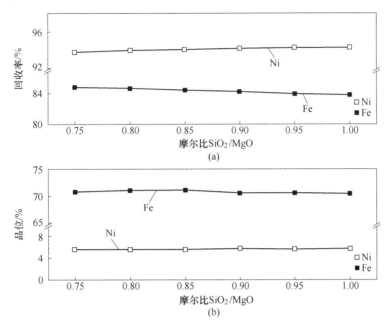

图 3-134　不同 SiO_2/MgO 摩尔比对镍、铁富集效果的影响

由图 3-134 可知，增加 SiO_2 后镍回收率提高，但提升幅度不大，铁回收率则略有下降；同时，磁选精矿镍和铁品位变化不明显。分析镍回收率小幅提升原因有二：一是在试验条件下 SiO_2 与 Mg_2SiO_4 反应程度有限；二是在促进剂 CaF_2 作用下随无定型硅酸盐重新晶体化进入 Mg_2SiO_4 的镍较少。铁回收率略有下降可归因于随 SiO_2 增加部分铁形成橄榄石。如前述分析，该蛇纹石型红土镍矿中 SiO_2、MgO 和 FeO 摩尔比为 3∶4∶1，位于图 3-5 所示的 SiO_2-MgO-FeO 三元系相图Ⅳ区且更靠近 Mg_2SiO_4 与 MgO 相界线。尽管添加 SiO_2 后镍和铁回收率改变不明显，但 SiO_2 的加入却改变了反应体系 SiO_2、MgO 和 FeO 三种氧化物的摩尔比，使反应向图 3-5 所示的 Mg_2SiO_4 与 $MgSiO_3$ 相界线及Ⅰ区方向移动，有利于镍的回收率。然而，添加 SiO_2 对镍回收率提升效果不明显，从另一方面也证明了促进剂 CaF_2 促使了随蛇纹石脱羟基解离出来的镍发生定向迁移并在矿物基底边缘和裂隙处聚集，阻碍了镍进入重结晶的镁橄榄石晶格。试验结果同样证实了前述蛇纹石型红土镍矿金属化还原机理的可靠性。

综上所述，结合图 3-11 中加入 CaF_2 后硅酸盐矿物脱羟基温度及相转变温度降低和加入 CaF_2 后物料熔点降低的试验结果，可归纳出蛇纹石型红土镍矿金属化还原过程促进剂 CaF_2 所起作用：（1）诱发硅酸盐矿物化学键断裂，加快负载镍氧化物解离；（2）促使铁氧化物和从硅酸盐矿物解离出的非稳态镍氧化物［NiO］向硅酸盐矿物裂隙和边缘迁移，为镍、铁组元富集创造有利条件；（3）抑制镍硅酸镁相生成或促使该矿相进一步快速转化，避免镍随硅酸盐矿物重结晶进入晶格而呈惰性；（4）激活镍氧化物和铁氧化物晶格活性，促进两者充分接触并生成更易还原的铁镍尖晶石，完成镍、铁组元金属化前的有效聚集；（5）促使无定型镁橄榄石提前产生，并和石英结合成结构较疏散的顽辉石，减少不利于镍还原的致密硅酸盐镍载体；（6）促进接触不好的镍、铁氧化物自身还原为金属态并相互捕集，生成/聚合成较大的镍铁合金颗粒。可见，促进剂 CaF_2 的加入改善了镍、铁金属化还原进程，对蛇纹石型红土镍矿煤基非熔融态金属化还原起到了极大的促进作用。氟化钙作用下蛇纹石型红土镍矿煤基非熔融态金属化还原过程示意图如图 3-135 所示。

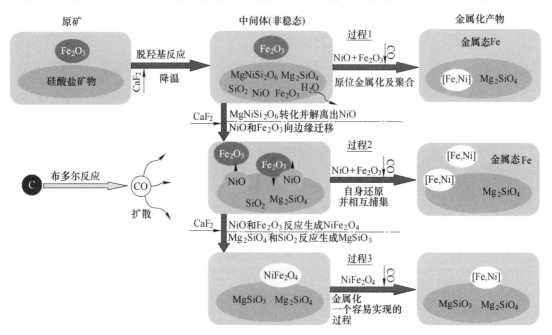

图 3-135   氟化钙作用下蛇纹石型红土镍矿煤基非熔融态金属化还原过程示意图

3.6.5   金属化还原过程动力学

3.6.5.1   动力学模型分析

前述分析表明，在促进剂 CaF_2 作用下蛇纹石型红土镍矿煤基非熔融态金属化还原过程十分复杂，包含：蛇纹石脱羟基、炭气化（Boudouard 反应）、无定型硅酸盐重结晶、镍硅酸镁逆向转化、镍/铁氧化物迁移、铁镍尖晶石生成、铁镍尖晶石金属化还原、镍/铁氧化物自身还原/聚合及镁橄榄石向顽辉石转化等，如此复杂的反应过程必然受多种动力学因素影响，很难从微观层面上明晰其反应动力学。为针对性地优化反应条件，强化金属化还原反应过程，提高有价金属回收率，本节将开展金属化还原过程宏观动力学研究。

基于前述试验结果和分析可知，1000℃以下镍、铁金属化程度很低；镍、铁不同赋存方式导致镍对 CaF_2 的促进作用表现更敏感；1200℃以后继续升高温度对金属回收影响很小。鉴于此，选择 1050~1200℃ 区间镍的金属化率进行动力学研究。固定 CaF_2 加入量 7%、煤加入量 8%进行金属化还原试验。测定还原产物中的金属镍，并计算不同反应条件下的镍金属化率，即转化率（α），结果如图 3-136 所示。图 3-136 表明，镍金属化率在 0~60min 随反应时间增加迅速上升，之后趋于平缓。动力学往往关注反应速率变化最快的区间，因此对于促进剂 CaF_2 作用下蛇纹石型红土镍矿煤基非熔融态金属化还原过程，将研究 0~60min 内的反应动力学。

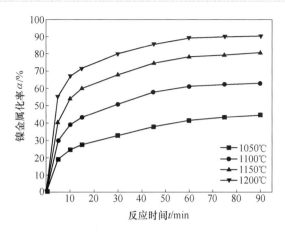

图 3-136 不同反应温度下的镍金属化率

如前所述，镍铁合金生成过程实质上是 Boudouard 反应生成的 CO 与镍、铁化合物间的气-固相非催化反应，通常符合未反应收缩核模型和晶相形成与生长模型。表 3-30 列出了基于上述两种模型不同条件下导出的动力学方程和其他几个常用的固相反应动力学方程[49~52]。为确定反应动力学模型，用图 3-136 中 1200℃镍金属化率 α 数据并参照表 3-30 中的动力学方程，得到反应时间 t 与 $g(\alpha)$ 的关系，拟合结果见表 3-31。拟合结果显示线性相关系数 $R_{AE0.5} = 0.99656$ 和 $R_{F2} = 0.99499$，说明动力学方程 AE0.5 和 F2 线形拟合效果较好，分别为晶相形成与生长模型（$n = 0.50$）和二级反应动力学模型。在上述分析的基础上，进一步采用 Hancock-Sharp 法[50]判定金属化还原反应适应的动力学模型。基于图 3-136 中 1200℃镍金属化率 α 数据，以 $\ln t$ 为自变量，$\ln[-\ln(1-\alpha)]$ 为因变量作图，结果如图 3-137 所示。结果显示线性相关系数 $R = 0.99817$，$n = 0.39666$，而表 3-30 显示 AE0.5 和 F2 模型的 n 值分别为 0.50 和 0.83，显然金属化还原过程更符合 AE0.5 模型。

表 3-30 常用气-固反应动力学方程表达式

序号	动力学模型	表达式（$g(\alpha) = kt$）	n
D1	1D 扩散	$\alpha^2 = kt$	0.62
D2	2D 扩散（Valensi 方程）	$(1-\alpha)\ln(1-\alpha) + \alpha = kt$	0.57
D3	3D 扩散（Jander 方程）	$[1 - (1-\alpha)^{1/3}]^2 = kt$	0.54
D4	3D 扩散（Ginstling-Brounshtein 方程）	$(1 - 2\alpha/3) - (1-\alpha)^{2/3} = kt$	0.57
R1	零级反应（Polany-Winger 方程）	$\alpha = kt$	1.24
R2	2D 相界面反应控制	$1 - (1-\alpha)^{1/2} = kt$	1.11
R3	3D 相界面反应控制	$1 - (1-\alpha)^{1/3} = kt$	1.07
AE0.5	Avrami-Erofe'ev（$n = 0.5$）	$[-\ln(1-\alpha)]^2 = kt$	0.50
AE1	Avrami-Erofe'ev 或零级反应（F1）（$n = 1$）	$-\ln(1-\alpha) = kt$	1
AE1.5	Avrami-Erofe'ev（$n = 1.5$）	$[-\ln(1-\alpha)]^{2/3} = kt$	1.5
AE2	Avrami-Erofe'ev（$n = 2$）	$[-\ln(1-\alpha)]^{1/2} = kt$	2
AE3	Avrami-Erofe'ev（$n = 3$）	$[-\ln(1-\alpha)]^{1/3} = kt$	3

序号	动力学模型	表达式 $(g(\alpha) = kt)$	n
AE4	Avrami-Erofe'ev $(n=4)$	$[-\ln(1-\alpha)]^{1/4} = kt$	4
F1.5	Three-halves order	$2[(1-\alpha)^{-1/2} - 1] = kt$	0.91
F2	二级反应	$1/(1-\alpha) - 1 = kt$	0.83
F3	三级反应	$(1/2)[(1-\alpha)^{-2} - 1] = kt$	0.70

表 3-31　不同动力学方程 $(g(\alpha)=kt)$ 拟合结果

反应模型	D1	D2	D3	D4	R1	R2	R3	AE0.5
R	0.88923	0.93856	0.97965	0.95565	0.74569	0.84067	0.87107	0.99656

反应模型	AE1	AE1.5	AE2	AE3	AE4	F1.5	F2	F3
R	0.92443	0.84123	0.77647	0.69225	0.64246	0.97682	0.99499	0.97197

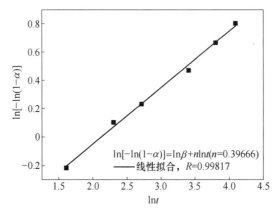

图 3-137　$\ln[-\ln(1-\alpha)]$ 对 $\ln t$ 拟合结果

对于晶相形成与生长模型（Avrami-Erofe'ev 模型），n 值与晶化方式的关系见表 3-32[53]。$n=0.5$ 时对应初始反应速率极大但反应速率随时间增长不断减小的反应类型，这与图 3-135 所示镍金属化行为完全吻合。同时，$n=0.5$ 的反应为受扩散控制的预存晶核生长模式，此时产生的合金相呈非常大的平板增厚，与图 3-122（d）呈现的镍铁合金生长形式一致。

表 3-32　Avrami-Erofe'ev 指数 n 值与晶化方式的关系

晶化方式	形核与长大条件	n
晶核生长受界面控制的多晶型晶化	形核速率随时间增加	>4
	形核速率随时间不变	4
	形核速率随时间减少	3~4
	形核速率为零	3
	形核速率饱和之后晶界台阶形核	2
	形核速率饱和之后晶饥饿形核	1

晶化方式	形核与长大条件	n
晶核生长受扩散控制的初晶型或共晶型晶化	形核速率随时间增加	>2.5
	形核速率随时间不变	2.5
	形核速率随时间减少	1.5~2.5
	形核速率为零	1.5
受扩散控制的预存晶核生长	有限长度的针状和板状相（其尺寸与晶体粒子间距相比较小）	1
	长的圆柱体增厚	1
	非常大的平板增厚	0.5

3.6.5.2 反应表观活化能计算

确定了蛇纹石型红土镍矿金属化还原过程动力学模型后，进一步用图 3-136 中镍金属化率 α 数据及 AE0.5 模型动力学方程式 $[-\ln(1-\alpha)]^2 = kt$，以反应时间 t 为自变量，$[-\ln(1-\alpha)]^2$ 为因变量，绘制两者 0~60min 关系曲线，如图 3-138 所示，具体拟合结果见表 3-33。结果显示线性拟合关系很好，线性相关系数 R 均大于 0.99，说明促进剂 CaF_2 作用下蛇纹石型红土镍矿煤基非熔融态金属化还原过程符合晶相形成与生长模型 AE0.5。

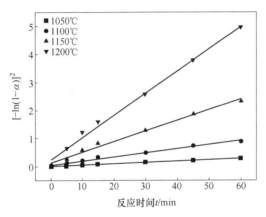

图 3-138 AE0.5 模型（$g(\alpha) = [-\ln(1-\alpha)]^2 = kt$）拟合结果

根据阿累尼乌斯方程：

$$k = A \cdot \exp\left(\frac{-E_a}{RT}\right) \tag{3-87}$$

变形后有：

$$\ln k = \ln A - \frac{E_a}{RT} \tag{3-88}$$

表 3-33 $[-\ln(1-\alpha)]^2$ 对反应时间拟合结果

温度/℃	k	拟合方程	R	$\ln k$
1050	0.00454	$[-\ln(1-\alpha)]^2 = 0.00454t$	0.99292	-5.39483
1100	0.01458	$[-\ln(1-\alpha)]^2 = 0.01458t$	0.99254	-4.22810
1150	0.03771	$[-\ln(1-\alpha)]^2 = 0.03771t$	0.99311	-3.27783

| 1200 | 0.07894 | $[-\ln(1-\alpha)]^2 = 0.07894t$ | 0.99656 | -2.53907 |

以 $1/T$ 为自变量，$\ln k$ 为因变量作图，如图 3-139 所示。拟合结果表明两者线性关系很好，线性相关系数 $R^2 = 0.99303$，由直线斜率可求出反应的表观活化能 E_a，由截距可求出指前因子 A，如下：

$$E_a = 37.18604 \times 1000 \times R = 309.16 (\text{kJ/mol}) \tag{3-89}$$

$$A = e^{22.78214} = 7.84 \times 10^9 \text{min}^{-1} \tag{3-90}$$

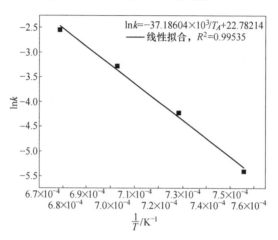

图 3-139 $\ln k$ 与 $1/T$ 的关系

此活化能包括本征化学反应活化能以及物质传递等的综合结果。如上所述，反应过程为受扩散控制的预存晶核生长模式，产生的合金相呈非常大的平板增厚，通过适当的提高反应温度有助于合金的生成和聚合，此外，本反应体系加入的促进剂 CaF_2 可以有效地降低矿相黏度，同样有利于合金的生成和聚合。上述两条途径都可以减小扩散控制对反应的影响，这一推论在 3.4 节单因素试验得到了证实。

$$k = 7.84 \times 10^9 \times \exp[-309.16 \times 10^3/(8.314 \times T)] \tag{3-91}$$

将式（3-91）代入式 AE0.5 模型动力学方程式 $g(\alpha) = [-\ln(1-\alpha)]^2 = kt$，整理后可得促进剂 CaF_2 作用下蛇纹石型红土镍矿煤基非熔融金属化还原过程宏观动力学方程，如下：

$$[-\ln(1-\alpha)]^2 = 7.84 \times 10^9 \times \exp[-3.09 \times 10^5/(RT)]t \tag{3-92}$$

3.7 半工业试验

前面以云南元江代表性蛇纹石型红土镍矿为研究对象，系统研究了氟化钙促进下较低温金属化还原—磁选制备镍铁精矿的新技术。本节在前述小型试验基础上，开展了相应半工业试验研究。本次半工业试验处理的红土镍矿来自缅甸，经工艺矿物学研究对比，该矿与元江蛇纹石型红土镍矿的矿物组成相似，仅含量略有差别。

3.7.1 试验前期准备

3.7.1.1 原料分析

半工业试验用缅甸蛇纹石型红土镍矿化学成分见表 3-34。数据显示，矿中氧化镁和二氧化硅含量较高，分别为 21.73% 和 39.52%，镍和铁的含量则分别为 1.42% 和 17.31%，与前述云南元江红土镍矿化学成分稍有差别。工艺矿物学研究表明，矿中蛇纹石占总矿物量的近 80%，其次可观测到一定量的石英、铁氧化物及白云母；超过 90% 的镍赋存于蛇纹石，大部分铁主要分布于铁氧化物，少量以类质同象方式赋存于硅酸盐矿物；此外，还发现蛇纹石矿物相颗粒较铁氧化物矿物相颗粒粗。由此可见，该缅甸红土镍矿与云南元江蛇纹石型红土镍矿的矿物组成及目标金属元素赋存状态类似，仅含量略有差别，也是典型的蛇纹石型红土镍矿。

表 3-34 半工业试验用蛇纹石型红土镍矿化学成分

化学成分	TFe	Ni	Co	Al$_2$O$_3$	MgO	CaO	SiO$_2$	Mn
含量/%	17.31	1.42	0.04	2.87	21.73	0.70	39.52	0.33

3.7.1.2 设备说明

半工业试验研究时，蛇纹石型红土镍矿金属化还原在回转窑内进行，窑内径 $\phi = 0.45m$，长度 $L = 7.5m$，采用油枪对物料进行加热。金属化还原反应系统试验设备连接图如图 3-140 所示，除装配油枪的回转窑外，还配置有圆盘给料机、旋风收尘器、换热器、布袋收尘器及吸收塔等设备，相应设备及物料照片如图 3-141 所示。半工业试验用于验证该新技术应用的可行性。

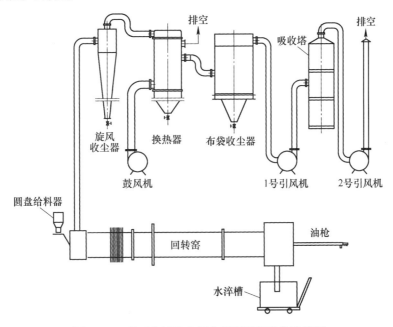

图 3-140 半工业试验金属化还原系统设备连接图

3.7.1.3 工序描述

半工业试验可划分为 4 个工序，包括：原料准备、非熔融态金属化还原、水淬/球磨及磁选分离。第一工序中，将已破磨、风干后的红土镍矿和一定量的煤及萤石在卧式搅拌混料机中均匀混合，然后经双辊挤压造粒机制成大小约 15mm 的小球；第二工序中，严格控制回转窑窑内温度低于原料熔融温度，完成红土镍矿非熔融金属化还原反应；第三工序

图 3-141　半工业试验系统部分设备和物料照片

（a）原料制粒；（b）φ0.45m×7.5m 配备油枪的回转窑；（c）给料系统；
（d）金属化还原产物；（e）旋风收尘器；（f）换热器；（g）布袋收尘器；（h）吸收塔

中，在系统试验室小型试验基础上，采用水淬急冷方式阻止已还原的金属化还原产物再氧化；最后工序，金属化还原产物磁选分离，磁选试验在试验室小型磁选机上进行。试验中从窑尾、旋风收尘及布袋收尘定期收集粉尘并返回加料系统。

与 RKEF 不同，本工艺取消了矿热电炉，以高品质镍铁精矿为最终产物，从而极大地降低了投资成本和能耗。此外，金属化还原温度（1200℃左右）远低于 RKEF 及大江山法，除降低能耗外还确保了原料处于非熔融态，避免回转窑结圈，保证了生产连续运行，提高了设备处理能力。

3.7.2 试验情况

3.7.2.1 结果与讨论

通过改变半工业试验操作参数来考量本书推荐的新技术在工业应用中的可行性和稳定性，待评估参数如下：

（1）回转窑窑尾压力；

（2）磁选尾矿中镍损失（假定所有粉尘均返回给料系统）；

（3）镍和铁的回收率（假定所有粉尘均返回给料系统）；

（4）镍铁精矿中镍和铁的品位（正常运转后产品金属品位的平均值）；

（5）物料停留时间，可由式（3-93）表示，受窑长、窑内径、物料安息角、窑转速及倾角影响，另进出料受下料量及回转窑挡料圈高度影响。

$$T = \frac{1}{\pi} \cdot \frac{L}{D} \cdot \frac{\sin\theta}{n\tan\alpha} \tag{3-93}$$

式中，L 为窑长，7.5m；D 为窑内径，0.45m；θ 为物料安息角，37.7°；n 为窑转速，r/min；α 为窑倾角，1°；

试验过程中，通过调节回转窑转速来调节物料停留时间。

A 负压试验

通过引风系统调节回转窑内压力以考察其对红土镍矿非熔融态金属化还原的影响，具体试验条件及结果见表 3-35。本节主要考察回转窑窑尾压力为负压时的金属化还原效果，控制窑尾压力并稳定维持在 -0.03 ~ -0.01MPa，共连续进行 5 天试验，处理红土镍矿 0.25t。试验过程中维持还原区温度为 1180~1230℃，并未出现回转窑结圈问题。然而，试验结果并不令人满意，磁选后镍、铁回收率分别仅为 52.6% 和 37.6%。生产的镍铁精矿镍和铁平均品位则只有 2.6% 和 25.6%。

表 3-35 半工业试验参数及数据

参　　数	负压试验	正压试验	连续试验
风干矿水分/%	10~15	10~15	10~15
原料进料配比（矿：煤：萤石）	100:10:7	100:10:7	100:10:7
进料粒度/mm	15	15	15
平均给料速率/kg·h⁻¹	20~25	20~25	20~25
总进矿量/t	0.25	0.35	18.5
回转窑窑尾气压/MPa	-0.03~-0.01	0.02~0.04	0.02~0.04
还原区温度/℃	1180~1230	1180~1230	1150~1200
平均反应周期/min	120	120	120

参　　数	负压试验	正压试验	连续试验
还原区平均停留时间/min	35	35	35
磁选进料粒度	80%<74μm	80%<74μm	80%<74μm
磁场强度/mT	150	150	150
磁选尾矿中残留镍含量平均值（质量分数）/%	1.22	0.19	0.16
磁选尾矿中镍损失率/%	47.4	9.5	8.7
镍铁精矿中镍品位平均值（质量分数）/%	2.9	7.8	7.4
镍的回收率/%	52.6	90.5	91.3
镍铁精矿中铁品位平均值（质量分数）/%	25.6	69.2	69.6
铁的回收率/%	37.6	65.0	73.8

B　正压试验

本试验考察窑尾压力为正压时镍、铁金属化还原效果，维持相同反应温度，控制窑尾压力，使其稳定维持在 0.02~0.04MPa，试验参数及结果也列于表 3-35。试验连续进行 7 天，处理红土镍矿 0.35t，同样没有出现明显地回转窑结圈现象。试验数据显示，镍、铁金属化率显著增加，镍回收率从 52.6% 增加到 90.5%，铁则从 37.6% 增加到 65.0%。此外，生产的镍铁精矿镍和铁品位平均值同样有所提高，分别从 2.9% 和 25.6% 提高到 7.8% 和 69.2%。另外，残留在磁选尾矿中的镍则显著降低，从 1.22% 变为 0.19%。

对比上述负压试验和正压试验结果，不难发现控制窑尾压力处于合适正压值有利于红土镍矿非熔融态金属化还原，可归因于负压条件下过多还原性气体被抽出，而前述研究表明与固定碳相比镍、铁氧化物更容易被 CO 还原。也就是说，负压条件下，体系还原气氛不足，金属氧化物还原不充分。此外，正压可以减少粉尘的产生，提高回转窑处理能力。

C　连续试验

在上述试验基础上，为验证工艺稳定性，进一步开展了连续试验研究。考虑到试验用回转窑配置的热电偶测量高温往往具有一定负偏差，降低连续试验温度，控制在 1150~1200℃，控制窑尾压力为 0.02~0.04MPa，试验持续运行 40 天，处理红土镍矿 18.5t，平均处理量 462.5t/d，所有粉尘均返回给料系统，试验结果同样列于表 3-35。结果显示，镍平均回收率为 91.3%，和上述正压试验接近（90.5%），铁平均回收率则增加了近 9 个百分点（从 65.0% 到 73.8%），和试验室结果相似。此时，磁选尾矿残留镍为 0.16%，磁选精矿镍和铁品位分别可达 7.4% 和 73.8%。

表 3-36 列出了镍铁精矿化学分析结果，表明生产的镍铁精矿可作为基料用于不锈钢生产。连续试验过程并未出现回转窑结圈现象，显示了良好的操作稳定性。可见，本书提出的新技术能够实现蛇纹石型红土镍矿在非熔融温度下充分金属化还原，达到富集镍和铁的目的。

表 3-36　半工业试验生产镍铁精矿的化学分析结果

成分	Fe	Ni	CaO	MgO	Al₂O₃	SiO₂	S	其他
含量/%	69.6	7.4	1.1	4.9	1.6	7.9	0.2	7.3

3.7.2.2 工艺评述

为体现萤石添加对红土镍矿非熔融态金属化还原的促进作用，对添加萤石前后试验结果进行了对比分析，结果见表3-37，其中未添加萤石试验结果为等同条件下试验室小型试验结果。结果显示，萤石的添加可极大地提高镍和铁的回收率并能够提升镍铁精矿中镍、铁品位，即萤石能够促进镍铁合金颗粒的生成和聚合。

表 3-37　添加萤石前后对比试验结果

试验	镍铁精矿中金属品位/%		精矿产率/%	金属回收率/%	
	Ni	Fe		Ni	Fe
未加萤石[①]	2.8	32.9	22.6	44.3	46.5
添加萤石	7.4	69.6	17.3	91.3	73.8

① 数据源于试验室小型试验。

对金属化还原产物中的镍和铁进行化学物相分析，结果列于表3-38和表3-39。结果显示，超过90%的镍和接近70%的铁分布于新生镍铁合金相，其余部分则基本分布于硅酸盐矿物，镍、铁金属元素富集效果好，便于磁选分离。金属化还原产物中镍和铁分布的不同造成了铁回收率低于镍回收率（见表3-37）。

表 3-38　半工业试验金属化还原产物中镍化学物相分析结果

相别	矿物量/%	矿物中镍含量/%	产物中镍金属量/%	镍分布率/%
镍铁合金	12.85	10.09	1.297	90.02
褐铁矿	0.09	2.64	0.002	0.16
硫化相	0.06	3.55	0.002	0.15
硅酸盐相	80.03	0.17	0.136	9.67
合计	93.03	1.44[①]	1.437[②]	100.00

① 实测值；② 计算值。

表 3-39　半工业试验金属化还原产物中铁化学物相分析结果

相别	矿物量/%	矿物中铁含量/%	产物中铁金属量/%	铁分布率/%
镍铁合金	12.85	89.42	11.49	67.39
褐铁矿	0.09	64.61	0.06	0.34
铬尖晶石	2.59	13.94	0.36	2.12
硫化相	0.06	60.00	0.04	0.21
硅酸盐相	80.03	6.38	5.11	29.94
合计	95.62	17.05[①]	17.05[②]	100.00

① 实测值；② 计算值。

半工业试验金属化还原产物XRD图谱及红土镍矿原矿XRD图谱如图3-142所示，结果表明红土镍矿在半工业试验非熔融金属化还原过程生成了镍铁合金相。同时，与原矿相比，蛇纹石相消失而镁橄榄石和顽辉石成为了金属化还原产物的主要矿相，说明蛇纹石完全转化成了镁橄榄石和顽辉石。如前所述，近90%的镍分布于蛇纹石，由此推断镍随着蛇

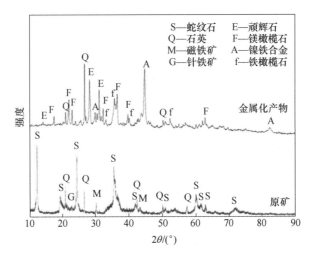

图 3-142　半工业试验用红土镍矿原矿及非熔融态金属化还原产物 XRD 图谱

纹石相转化发生解离。此外，金属化还原产物中还检测到了铁橄榄石，该矿相具有致密且稳定的矿物结构，不利于还原剂扩散到矿物内部，从而阻止了铁的进一步金属化，导致了铁较镍回收率低的结果，这与上述化学物相分析结果完全吻合。

　　半工业试验非熔融态金属化还原产物及试验用红土镍矿原矿微观形貌如图 3-143 所示。比较图 3-143 （a）和 （b）发现，金属化还原产物中有亮白色的镍铁合金颗粒生成，且新生合金颗粒几乎全部首尾相连，呈蠕虫状、带状，聚集效果良好；含镍蛇纹石结构明显被破坏，与 XRD 分析结果吻合；金属化还原产物中的硅酸盐矿物基底上出现许多孔洞，归因于蛇纹石矿物的快速相转化；大多数新生合金颗粒总是围绕着矿物基底孔洞的边缘或存在于矿物表面，表明矿物中镍、铁金属发生了迁移。聚合的镍铁合金大都在 100μm 以上，表明萤石能够促进金属态镍和铁的聚合，便于磁选分离、富集。

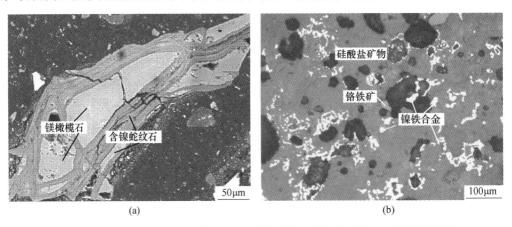

图 3-143　半工业试验用红土镍矿 （a）及金属化还原产物 （b）反射显微镜照片

　　通过物相研究发现，磁选精矿中以镍铁合金为主要矿相，杂质相主要为硅酸盐相。镍铁合金主要呈单体粒状产出，少部分与顽火辉石、玻璃相、石英等连生产出。顽火辉石等硅酸盐相及石英主要与镍铁合金连生产出，粒度一般小于 0.010mm。还有一部分顽火辉石等硅酸盐相及石英等呈细粒单体形式产出，在磁选过程中机械夹杂而进入磁选精矿。磁选精矿中镍铁合金及杂质相的产出特征如图 3-144 所示。磁选尾矿 SEM 图如图 3-145 所示，结果显示，磁选尾矿中损失的镍铁合金主要呈微粒与硅酸盐相连生或包裹于硅酸盐相中产出，粒度一般小于 0.005mm。

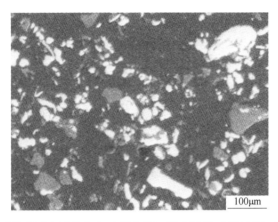

图 3-144 磁选精矿中镍铁合金（亮白色）及杂质相（暗灰色）扫描电镜图

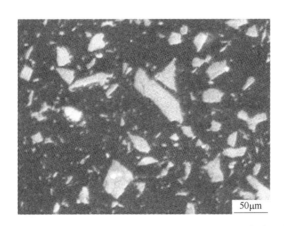

图 3-145 磁选尾矿中镍铁合金（亮白色）和硅酸盐相（暗灰色）扫描电镜图

基于上述连续试验数据，分析镍元素走向，以 1t 风干后红土镍矿原矿为计算单元，结果如图 3-146 所示。回转窑窑尾、旋风收尘器和布袋收尘器分别收集粉尘量为 26.49kg、13.36kg 和 41.89kg，合计约 80kg。按照工艺要求周期性地将所有粉尘返回给料系统，回转窑处理量按 20kg/h 计算，则返尘量约为 1.6kg/h，返尘率约为 8%。此外，还发现这些粉尘中的镍含量呈下降趋势，分别为 0.87%、0.52% 和 0.38%，这是因为较粗的粉尘颗粒比细颗粒粉尘更易沉降而优先被收集，并且如前所述细颗粒矿物中镍含量较粗颗粒矿物中的低。结合表 3-37 数据可知，镍铁精矿产率约为 18% 且有超过 90% 的镍分布于镍铁精矿，残留在磁选尾矿中的镍仅有 0.16%，占比不足 9%。此外，查阅相应氟化物物性数据[48]，可发现该反应体系可能产生的金属氟化物沸点大都很高，CaF_2、MgF_2、NiF_2、CoF_2、AlF_3 的沸点分别为 2500℃、2260℃、1750℃、1403℃、1534℃，在该试验条件下理论上不会有氟化物排出，半工业试验对氟的走向进行跟踪也并未发现氟进入尾气系统。

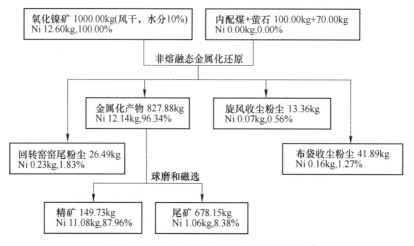

图 3-146　半工业试验镍走向平衡计算

　　基于半工业试验的初步计算（见图 3-146）表明，采用本书推荐的新技术处理蛇纹石型红土镍矿，每生产 1t 镍铁精矿，回转窑非熔融态金属化还原工序的电耗为 300kW·h，即折合红土镍矿电耗为 52.5kW·h/t。由此可见，该技术的灵活性及成本优势使其具有很强的竞争力。

　　综合试验室小型试验结果和半工业试验结果可知，在促进剂萤石的作用下采用非熔融态金属化还原—磁选新技术处理蛇纹石型红土镍矿分离、富集镍铁完全可行。然而，红土镍矿非熔融态金属化还原过程矿物转化规律复杂，需进行大量试验和表征，加之不同地区不同类别红土镍矿的工艺矿物学特性差别很大，完整理论体系仍需通过研究及后续进一步的半工业试验和工业试验研究逐步完善，最终为其工程化应用提供理论和数据支撑。尽管如此，目前已取得的试验结果对将来该新技术的发展和工业化应用具有很好的指导意义。非熔融态金属化还原—球磨—磁选生产镍铁精矿的新工艺很可能成为处理蛇纹石型红土镍矿的一种新的技术选择。

3.8　工业应用

　　在前述半工业试验的基础上，该新技术于 2014 年在山西某镍冶炼厂实现了工业应用，工业上采用 ϕ3.2m×72m 回转窑进行金属化还原，采用煤枪加热，如图 3-147 所示。

　　主要工艺参数为：风干矿水分约为 10%；物料配比为 10% 无烟煤，1.5% 萤石，88.5% 红土镍矿；进料粒度为 15mm；进料速度（干基）为 20t/h；日处理量为 500~550t/d；还原区温度为 1200℃；反应时间为 3h；高温区停留时间为 0.5h；磁选物料给料粒径为 80%<74μm；磁选磁场强度为 150mT。

　　工业应用连续运行 15 天，共处理了平均含镍约 1.7% 的菲律宾红土镍矿 8000t。生产过程中，即使有时回转窑局部温度高达 1280℃，也没有出现回转窑结圈问题，运行状况良好。产出的镍铁精矿含镍 8%~10%、含铁 60%（精矿产率 18%）；磁选尾矿含镍小于 0.3%，镍回收率约 85%；吨镍铁精矿电耗 300kW·h（吨干基矿电耗 55kW·h）。但由于镍铁精矿粉的含杂高，销售困难，后又增加了一台 9000kW 的矿热电炉，还原焙砂 700℃ 左右热装送入

图 3-147 工业放大系统部分设备和物料照片

（a）原料制粒；（b）φ3.2m×72m 回转窑；（c）燃烧室；（d）收尘系统

矿热电炉熔分，日产含镍 10%~11% 的镍铁 70~72t，吨镍铁电耗约 2900kW·h，炉渣含镍约 0.03%，镍回收率大于 95%。

东南亚是我国红土镍矿的主要供应地，但随着各国环保意识的增强和矿业政策收紧，低附加值原矿石的出口也会越发困难，中国矿冶企业远赴海外投资建厂也将会成为一种必然。东南亚国家的工业基础相对薄弱，交通条件较差，电力供应紧张，高素质员工短缺，生产所需的大宗化学品和电力只能依靠自身配套解决，这必将大幅增加建厂投资（配套火力发电厂的投资高于冶炼厂），延长建设周期。为降低企业的投资风险，采用对环境影响小、用电量低、综合利用回收好、投资省的红土镍矿处理技术，是必由之路。

非熔融态金属化还原—磁选镍铁新技术能够实现蛇纹石型红土镍矿在较低温度下的金属化还原，达到富集镍和铁的目的。该技术的规模灵活性及成本优势使其具有很强的竞争力，为处理蛇纹石型红土镍矿的处理和中国矿冶企业的海外投资建厂提供了一种新的技术选择。

参 考 文 献

[1] 国土资源部矿产开发管理司. 中国矿产资源主要矿种开发利用水平与政策建议 [M]. 北京：冶金工

业出版社，2002.

[2] 乔富贵，朱杰勇，田毓龙，等. 全球镍资源分布及云南镍矿床 [J]. 云南地质，2005，24（4）：395~401.

[3] 李谦. 云南镁质贫镍红土矿矿物学特性及其煤基还原—磁选工艺研究 [D]. 昆明：昆明理工大学，2015.

[4] 杨永强，王成彦，汤集刚，等. 云南元江高镁红土矿矿物组成及浸出热力学分析 [J]. 有色金属，2008，60（3）：84~87.

[5] 周世伟. 镁质贫镍氧化矿煤基还原—磁选工艺中氯化钠促进剂的作用行为 [D]. 昆明：昆明理工大学，2016.

[6] Büyükakinci E, Topkaya Y A. Extraction of nickel from lateritic ores at atmospheric pressure with agitation leaching [J]. Hydrometallurgy, 2009, 97（1~2）：33~38.

[7] Chander S. Atmosphere pressure leaching of nickeliferous laterites in acidic media [J]. Transactions of the Indian Institute of Metals, 1982, 35：366~371.

[8] Lu J, Li G H, Rao M J, et al. Atmospheric leaching characteristics of nickel and iron in limonitic laterite with sulfuric acid in the presence of sodium sulfite [J]. Minerals Engineering, 2015, 78：38~44.

[9] 王成彦，尹飞，陈永强，等. 国内外红土镍矿处理技术及进展 [J]. 中国有色金属学报，2008，18（1）：1~8.

[10] Zhu D Q, Cui Y, Vining K, et al. Upgrading low nickel content laterite ores using selective reduction followed by magnetic separation [J]. International Journal of Mineral Processing, 2012, 106~109：1~7.

[11] Lu J, Liu S J, Shangguan J, et al. The effect of sodium sulphate on the hydrogen reduction process of nickel laterite ore [J]. Minerals Engineering, 2013, 49：154~164.

[12] Jiang M, Sun T C, Liu Z G, et al. Mechanism of sodium sulfate in promoting selective reduction of nickel laterite ore during reduction roasting process [J]. International Journal of Mineral Processing, 2013, 123：32~38.

[13] Li G H, Shi T M, Rao M J, et al. Beneficiation of nickeliferous laterite by reduction roasting in the presence of sodium sulfate [J]. Minerals Engineering, 2012, 32：19~26.

[14] Pickles C A, Forster J, Elliott R. Thermodynamic analysis of the carbothermic reduction roasting of a nickeliferous limonitic laterite ore [J]. Minerals Engineering, 2014, 65：33~40.

[15] Ma B Z, Yang W J, Xing P, et al. Pilot-scale plant study on solid-state metalized reduction-magnetic separation for magnesium-rich nickel oxide ores [J]. International Journal of Mineral Processing, 2017, 169：99~105.

[16] Ma B Z, Xing P, Yang W J, et al. Solid-state metalized reduction of magnesium-rich low-nickel oxide ores using coal as the reductant based on thermodynamic analysis [J]. Metallurgical and Materials Transactions B, 2017, 48（1）：2037~2046.

[17] 马保中，王成彦，杨玮娇，等. 云南镁质氧化镍矿煤基金属化还原过程及优化 [J]. 稀有金属，2017，41（4）：429~436.

[18] 马保中. 镁质氧化镍矿煤基非熔融金属化还原工艺及基础理论研究 [D]. 昆明：昆明理工大学，2017.

[19] Zhou S W, Wei Y G, Li B, et al. Kinetics study on the dehydroxylation and phase transformation of $Mg_3Si_2O_5(OH)_4$ [J]. Journal of Alloys and Compounds, 2017, 713：180~186.

[20] Zhou S W, Wei Y G, Peng B, et al. Reduction kinetics for Fe_2O_3/NiO-doped compound in a methane atmosphere [J]. Journal of Alloys and Compounds, 2018, 735：365~371.

[21] Zhou S W, Wei Y G, Li B, et al. Mineralogical characterization and design of a treatment process for

Yunnan nickel laterite ore, China [J]. International Journal of Mineral Processing, 2017, 159: 51~59.

[22] Zhou S W, Wei Y G, Li B, et al. Mechanism of sodium chloride in promoting reduction of high-magnesium low nickel oxide ore [J]. Scientific Reports, 2016, 7: 1~12.

[23] Zhou S W, Wei Y G, Li B, et al. Chloridizing and reduction roasting of high-magnesium low-nickel oxide ore followed by magnetic separation to produce ferronickel concentrate [J]. Metallurgical and Materials Transactions B, 2016, 47 (1): 145~153.

[24] Zhou S W, Dong J C, Lu C, et al. Effect of sodium carbonate on phase transformation of high-magnesium laterite ore [J]. Materials Transactions, 2017, 58, 790~794.

[25] Dong J C, Wei Y G, Lu C, et al. Influence of calcium chloride addition on coal-based reduction roasting of low-nickel garnierite ore [J]. Materials Transactions, 2017, 58: 1~8.

[26] 董竞成. 氯化钙强化镁质贫镍红土矿煤基还原—磁选富集镍的研究 [D]. 昆明: 昆明理工大学, 2017.

[27] 赵剑波. 镁质红土矿金属化还原—磁选镍铁新技术初步研究 [D]. 北京: 北京矿冶研究总院, 2014.

[28] Barin I. Thermochemical Data of Pure Substances [M]. 3 ed. Weinheim: Wiley-VCH Verlag GmbH, 1995.

[29] 石文堂. 低品位镍红土矿硫酸浸出及浸出渣综合利用理论及工艺研究 [D]. 长沙: 中南大学, 2011.

[30] 阮书锋. 元石山低品位镍红土矿处理工艺及理论研究 [D]. 北京: 北京矿冶研究总院, 2007.

[31] 何焕华. 中国镍钴冶金 [M]. 北京: 冶金工业出版社, 2009.

[32] Valix M, Cheung W H. Study of phase transformation of laterite ores at high temperature [J]. Minerals Engineering, 2002, 15 (8): 607~612.

[33] Kawahara M, Toguri J M, Bergman R A. Reducibility of laterite ores [J]. Metallurgical and Materials Transactions B, 1988, 19 (2): 181~186.

[34] Rouquerol F, Rouquerol J, Sing K. Adsorption by Powders and Porous Solids [M]. San Diego: Academic Press, 1999.

[35] Kruk M, Jaroniec M, Sayari A. Application of large pore MCM-41 molecular sieves to improve pore size analysis using nitrogen adsorption measurements [J]. Langmuir, 1997, 13: 6267~6273.

[36] Brunauer S, Emmett P H, Teller E. Adsorption of gases in multimolecular layers [J]. Journal of the American Chemical Society, 1938, 60: 309~319.

[37] Barrett E P, Joyner L G, Halenda P P. The determination of pore volume and area distributions in porous substances: I. computations from nitrogen isotherms [J]. Journal of the American Chemical Society, 1951, 73: 373~380.

[38] Donskoi E, Mcelwain D L S. Estimation and modeling of parameters for direct reduction in iron ore/coal composites: Part I. physical parameters [J]. Metallurgical and Materials Transactions, 2003, 34 (1): 93~102.

[39] Apostolescu N, Geiger B, Hizbullah K, et al. Selective catalytic reduction of nitrogen oxides by ammonia on iron oxide catalysts [J]. Applied Catalysis B: Environmental, 2006, 62: 104~114.

[40] 晏冬霞, 王华, 李孔斋, 等. 铈铁锆三元复合氧化物上碳烟的催化燃烧 [J]. 燃料化学学报, 2011, 39 (3): 229~235.

[41] Zarzycki J, Prassas M, Phalippou J. Synthesis of glasses from gels: the problem of monolithic gels [J]. Journal of Materials Science, 1982, 17 (11): 3371~3379.

[42] Flavio T D S. Thermodynamic aspects of the roasting processes in the pretreatment of nickelferrous garnierites [J]. Mineral Processing and Extractive Metallurgy Review, 1992, 9: 97~106.

［43］中南矿冶学院研究室. 氯化冶金［M］. 北京：冶金工业出版社，1976：180~181.

［44］王成彦. 元江贫氧化镍矿的氯化离析［J］. 矿冶，1997，6（3）：55~59.

［45］Zhou S W, Wei Y G, Li B, et al. Mechanism of sodium chloride in promoting reduction of high-magnesium low-nickel oxide ore［J］. Scientific Reports，2016，7：1~12.

［46］刘光启，马连湘，刘杰. 化学化工物性数据手册［M］. 北京：化学工业出版社，2002.

［47］Abdel-Halima K S, Khedrb M H, Nasra M I. Carbothermic reduction kinetics of nanocrystallite Fe_2O_3/NiO composites for the production of Fe/Ni alloy［J］. Journal of Alloys and Compounds，2008，463（1~2）：585~590.

［48］Nasr M I, Omar A A, Khedr M H, et al. Effect of nickel oxide doping on the kinetics and mechanism of iron oxide reduction［J］. ISIJ International，1995，35（9）：1043~1049.

［49］孙康. 宏观反应动力学及其解析方法［M］. 北京：冶金工业出版社，1998.

［50］Zhou Z Q, Han L, Bollas G M. Kinetics of NiO reduction by H_2 and Ni oxidation at conditions relevant to chemical-looping combustion and reforming［J］. International Journal of Hydrogen Energy，2014：8535~8556.

［51］王洪，杨勇，吴宝山，等. 焙烧温度对费托合成铁基催化剂还原动力学的影响［J］. 催化学报，2009，30（11）：1101~1108.

［52］Levenspiel O. Chemical Engineering Kinetics［M］. 3ed. New York：Wiley，1972.

［53］李志勇. Fe-Cu-Nb-Si-B-Ni 铁基非晶合金的性能与晶化动力学研究［D］. 太原：太原科技大学，2009.

4 硝酸介质加压浸出

4.1 工艺介绍

4.1.1 工艺概述

硝酸加压浸出工艺[1~8]是以硝酸作为浸出介质，代替传统加压浸出工艺中的硫酸，对红土镍矿进行加压酸浸。该工艺主要特点是浸出温度和压力较低，且大部分硝酸可再生，从而降低了工艺酸耗。此外，采用此工艺可实现镍、钴与铁的选择性浸出，通过对浸出液分步处理，又可实现镍、钴与铝、钪的富集和分离，得到铁富集物（浸出渣）、铝钪富集物、镍钴富集物等多种产物，提高了有价金属的综合利用水平[7]。

硝酸介质中加压浸出时发生的反应见式（4-1）~式（4-5），Fe^{3+} 则按式（1-11）的反应转化为赤铁矿进入渣相。该工艺流程见图 1-10。

$$Fe_{(4-2x)}M_{3x}(OOH)_4 + 12H^+ \longrightarrow (4-2x)Fe^{3+} + 3xM^{2+} + 8H_2O \tag{4-1}$$

$$xMnO_2 \cdot yMO + (4x+2y)H^+ \longrightarrow xMn^{4+} + yM^{2+} + (2x+y)H_2O \tag{4-2}$$

$$Ni_{(2n-nx)}N_{2x}(SiO_4)_n + 4nH^+ \longrightarrow (2n-nx)Ni^{2+} + 2xN^{n+} + nSiO_2\downarrow + 2nH_2O \tag{4-3}$$

$$Co_{(n-nx)}N_{2x}(SO_4)_n + 2nH^+ \longrightarrow (n-nx)Co^{2+} + 2xN^{n+} + nSO_4^{2-} + 2nH^+ \tag{4-4}$$

$$3Fe_3O_4 + 28H^+ + NO_3^- \longrightarrow 9Fe^{3+} + NO\uparrow + 14H_2O \tag{4-5}$$

式中，M 为 Ni、Co 或 Ni+Co；N 为 Ni、Co 以外的其他金属。

较之硫酸介质加压浸出，硝酸介质加压浸出具有以下优点：

（1）反应条件温和，同样镍、钴浸出率下的浸出温度和压力相对较低。

（2）试剂消耗少，浸出剂硝酸和中和剂 MgO 可以再生循环使用。

（3）资源综合利用性好。

（4）消除了加压釜的结垢问题。

（5）无需配套建设尾矿设施。由于实现了多种资源的综合利用，基本不存在固体废弃物的外排，因而无需建设尾矿设施。

4.1.2 高镁镍矿的硝酸加压浸出

红土镍矿硝酸加压浸出技术的雏形最早见于作者 2005 年在《中国工程科学》期刊的增刊上发表的《云南中低品位氧化锌矿及元江镍矿的合理开发利用》一文中，源自 1995 年以来对元江镍矿高效开发利用的长期思考。

云南元江镍矿是金属镍储量 43 万吨、钴储量 4 万吨，平均含镍 0.83%、含钴 0.08%，镍、钴潜在价值超过 700 亿元的结合型贫红土镍矿。第 2 章的工艺矿物学研究表明，该矿床的矿化经过了母岩蛇纹石化和褐铁矿化两个过程，使镍在褐铁矿及硅酸盐矿物（蛇纹石、绿泥石等）中富集成矿。化学分析表明，该贫红土镍矿除含镍、钴外，还含有约 12%

的铁、约 28% 的 MgO、约 8% 的 Al_2O_3 和约 35% 的 SiO_2，CaO 含量小于 0.5%。

由于元江贫镍矿中的镍主要赋存在蛇纹石中，常规的提取工艺如还原焙烧—加压氨浸、中温氯化焙烧—加压氨浸、氯化离析—湿式磁选、氯化离析—氨浸等均不能有效提取；加之矿石镍含量低、MgO 含量很高，以及当地降雨量大气候特点，导致矿石含水量很高，因此经典的回转窑干燥预还原—电炉还原熔炼工艺也因为炉渣黏度大、熔点高、能耗大而不能经济处理；硫酸加压浸出工艺则因为酸耗高、硫酸镁的大量生成和污染等问题也不适宜处理元江贫镍矿。

总结 20 世纪 60 年代以来国内外所做的有关元江贫镍矿的研究工作，可以清楚地看出，所有的处理工艺均是以回收矿物中的镍和钴作为最基本的出发点，而把矿物中金属价值最高的镁作为一种有害杂质进行处理。按目前的金属价格计算，1t 元江贫镍矿的价值组成为：8.3kg 镍，价值约 830 元；0.8kg 钴，价值约 240 元；170kg 镁，价值约 2600 元。元江贫镍矿中金属镁的价值几乎为镍、钴价值的 2 倍。因此，从该矿的价值组成来看，与其说是一个贫氧化镍矿，倒不如说是一个高品位的氧化镁矿。因此，元江贫镍矿开发利用的关键不在于镍、钴的回收，而在于对镁的合理开发和利用，而镁的合理开发和利用的关键在于镁的产品结构。

在镁的产品中，应用最为广泛的是金属镁和 MgO 耐火材料，尤其是金属镁，在镁合金新材料领域需求量巨大。因此，在元江贫镍矿开发方案的选择中，对镁的产品结构，一定要以能生产出 MgO 为前提，在此条件下再开发镍、钴回收率高，试剂消耗少，经济可行的新工艺。只有实现了镁的合理开发和利用，才能实现高镁贫镍矿资源开发的源头减废和资源的高效与清洁利用。

基于对元江贫镍矿的全新认识和上述的构想，作者于 2004 年提出了硝酸加压浸出技术。初步试验表明，在 150℃、0.35MPa 和控制终点 pH = 2 的条件下，镍、钴、镁的浸出率均可以达到 95% 以上，铁、铝浸出率小于 2%，二氧化硅不浸出；浸出液经 MgO 中和除杂、MgO 沉淀镍钴后蒸发结晶，结晶物在 500℃ 左右热分解，镁可以再以纯度 97% 的轻质 MgO 产品产出，浸出剂硝酸大部分循环利用。该工艺不仅充分回收了镍、钴、镁，试剂消耗少，而且由于矿物中的镁以 MgO 的产品形态产出，可以进一步加工生产金属镁或 MgO 耐火材料，是一个比较有前途的处理元江贫红土镍矿的新工艺。但由于国内轻质 MgO 的市场容量较小，限制了该工艺的大规模应用，作者最后放弃了该项目的研究。

4.1.3 褐铁型镍矿的硝酸加压浸出

褐铁型红土镍矿约占红土镍矿总储量的 60%，通常含有 0.8% ~ 1.0% 的镍、约 0.1% 的钴、4% 的 Cr_2O_3 和 45% 以上的铁，原矿物理水含量 30% ~ 35%、化学水含量 10% ~ 12%。由于镍含量低，经济处理困难，目前大都作为"呆矿"被剥离后堆存，少数几家采用高压酸浸或还原焙烧—氨浸工艺处理褐铁型红土镍矿的企业也面临着极大的生存压力和环境压力。为实现褐铁型红土镍矿多组分的高效利用，作者于 2007 年和中国镍资源公司合作，针对印度尼西亚某含铁 48%、镍 0.8%、含 Cr_2O_3 4.5% 的褐铁型红土镍矿的处理，以铁的富集为重点，又开展了褐铁型红土镍矿硝酸加压浸出工艺的研究。在 180℃ 的浸出温度下，取得了镍、钴浸出率约 90%，铁浸出率小于 1%，浸出渣含铁富集至 57% 的研究结果。

下面分别重点介绍典型镁质红土镍矿和褐铁型红土镍矿的硝酸加压浸出研究所取得的相关结果。

4.2 蛇纹石型红土镍矿处理

以云南元江红土镍矿为例，原料的详细介绍见 2.2.4 节。图 4-1 所示为元江高镁红土镍矿硝酸介质加压浸出的原则工艺流程[4]。

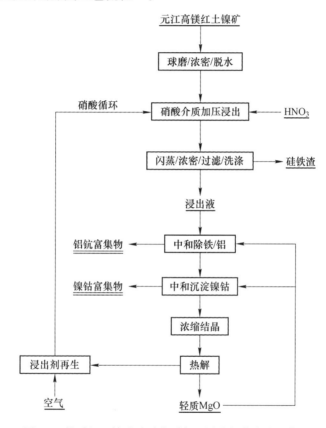

图 4-1 镁质红土镍矿硝酸介质加压浸出新技术流程简图

4.2.1 热力学分析

从热力学观点来看，云南元江红土镍矿的浸出过程比较复杂。因为矿物中不仅含有硅酸盐矿如蛇纹石、透闪石以及少量的滑石、顽火辉石、高岭石等，还含有氧化矿如针铁矿、磁铁矿等，并且与之反应的硝酸溶液是一种强电解质溶液，从而形成了一个复杂的多相体系。只有当矿石中各种矿物被完全溶解后，包裹和填充在其中的有价金属才会暴露在硝酸介质中被溶解提取出来。

为了便于分析研究，先假设矿石中只含有蛇纹石（$Mg_3[Si_2O_5](OH)_4$）、针铁矿（$FeOOH$）以及少量的硅酸镍（Ni_2SiO_4）三种主要矿物，以便于借助 $Mg_3[Si_2O_5](OH)_4$、$FeOOH$ 和 Ni_2SiO_4 的热力学数据进行相关反应的计算，探讨蛇纹石型红土镍矿浸出过程。

4.2.1.1 红土镍矿浸出热力学

根据热力学原理，对于一般的化学反应：

$$aA + bB \Longrightarrow cC + dD \tag{4-6}$$

有：$\Delta G_T^{\ominus} = \sum \nu_i G_{f, T, i}^{\ominus}$

$$\lg K_T^{\ominus} = \frac{-\Delta G_T^{\ominus}}{2.303RT}$$

$$\Delta G_T = \Delta G_T^{\ominus} + 2.303RT \lg Q_T = 2.303RT \lg(Q_T / K_T^{\ominus})$$

式中，$\Delta G_T^{\ominus}$ 为化学反应在温度 T 时的标准摩尔吉布斯自由能；$G_{f, T, i}^{\ominus}$ 为反应物或生成物在温度 T 时的标准摩尔吉布斯自由能；ν_i 为化学计量系数，反应物取 "−"，生成物取 "+"；Q_T 为温度 T 时反应的反应熵；$K_T^{\ominus}$ 为反应在温度 T 时的标准平衡常数；R 为气体常数，数值为 8.314J/(K·mol)。

蛇纹石、针铁矿和硅酸镍在硝酸介质中的浸出反应可概括如下：

$$Mg_3[Si_2O_5](OH)_4(s) + 6H^+(aq) \Longrightarrow 3Mg^{2+}(aq) + 2SiO_2(s) + 5H_2O(l) \tag{4-7}$$

$$FeOOH(s) + 3H^+(aq) \Longrightarrow Fe^{3+}(aq) + 2H_2O(l) \tag{4-8}$$

$$Ni_2SiO_4(s) + 4H^+(aq) \Longrightarrow 2Ni^{2+}(aq) + SiO_2(s) + 2H_2O(l) \tag{4-9}$$

根据热力学判据，只要 $\Delta G_T^{\ominus} < 0$，即 $Q_T < K_T^{\ominus}$，反应就能够正向自发进行直至平衡（$Q_T = K_T^{\ominus}$）。

对于反应式（4-7）有：

$$K_T^{\ominus} = \left[(c_{Mg^{2+}}/c^{\ominus})^3 / (c_{H^+}/c^{\ominus})^6 \right]_{eq} \tag{4-10}$$

$$Q_T = \left[(c_{Mg^{2+}}/c^{\ominus})^3 / (c_{H^+}/c^{\ominus})^6 \right] \tag{4-11}$$

对于反应式（4-8）有：

$$K_T^{\ominus} = \left[(c_{Fe^{3+}}/c^{\ominus}) / (c_{H^+}/c^{\ominus})^3 \right]_{eq} \tag{4-12}$$

$$Q_T = \left[(c_{Fe^{3+}}/c^{\ominus}) / (c_{H^+}/c^{\ominus})^3 \right] \tag{4-13}$$

对于反应式（4-9）有：

$$K_T^{\ominus} = \left[(c_{Ni^{2+}}/c^{\ominus})^2 / (c_{H^+}/c^{\ominus})^4 \right]_{eq} \tag{4-14}$$

$$Q_T = \left[(c_{Ni^{2+}}/c^{\ominus})^2 / (c_{H^+}/c^{\ominus})^4 \right] \tag{4-15}$$

根据式（4-10）~式（4-15），利用热力学数据进行计算，结果列在表 4-1~表 4-3 中。从表中的计算结果可以看出，此三种矿物的溶解浸出反应的 $\Delta G_T^{\ominus}$ 远小于零，由此计算的 $K_T^{\ominus}$ 都很大，说明浸出反应进行得很完全；$K_T^{\ominus}$ 随着温度的升高而减小，说明浸出反应属于放热反应。

表 4-1　蛇纹石溶解反应热力学计算

温度/K	$G_f^{\ominus}$/kJ·mol^{-1}					$\Delta G_T^{\ominus}$ /kJ·mol^{-1}	$\lg K_T^{\ominus}$	$c_{Mg^{2+}}^{eq}$ /mol·L^{-1} (pH=1)
	$Mg_3[Si_2O_5](OH)_4$	$H^+(aq)$	$Mg^{2+}(aq)$	$SiO_2(s)$	$H_2O(l)$			
323.15	−4436.170	6.64	−409.061	−924.133	−308.495	−221.594	35.81	$8.71×10^9$
348.15	−4442.554	6.795	−405.367	−925.308	−310.424	−217.053	32.56	$7.13×10^8$
373.15	−4449.500	6.707	−402.200	−926.572	−312.465	−212.811	29.79	$8.51×10^7$
398.15	−4461.148	6.372	−399.572	−927.920	−314.616	−204.720	26.85	$8.91×10^6$
423.15	−4464.943	5.795	−397.472	−929.354	−316.875	−205.326	25.34	$2.80×10^6$

表 4-2 针铁矿溶解反应热力学计算

温度/K	$G_f^{\ominus}/\mathrm{kJ \cdot mol^{-1}}$				$\Delta G_T^{\ominus}$	$\lg K_T^{\ominus}$	$c_{\mathrm{Fe}^{3+}}^{\mathrm{eq}}/\mathrm{mol \cdot L^{-1}}$
	FeOOH(s)[①]	H$^+$(aq)	Fe^{3+}(aq)	H$_2$O(l)	/kJ $\cdot$ mol^{-1}		(pH=1)
323.15	−488.602	6.640	73.458	−308.495	−74.86	12.10	1.26×10^9
348.15	−488.602	6.795	81.818	−310.424	−70.805	10.62	4.17×10^7
373.15	−488.602	6.707	89.441	−312.465	−67.018	9.38	2.40×10^6
398.15	−488.602	6.372	96.328	−314.616	−63.426	8.32	2.10×10^5
423.15	−488.602	5.795	102.475	−316.875	−60.068	7.41	2.57×10^4

[①] 因不同温度下固体物质标准摩尔生成焓相差不大,不同温度下针铁矿标准摩尔生成焓都取 323.15K 对应数据。

表 4-3 硅酸镍溶解反应热力学计算

温度/K	$G_f^{\ominus}/\mathrm{kJ \cdot mol^{-1}}$					$\Delta G_T^{\ominus}$	$\lg K_T^{\ominus}$	$c_{\mathrm{Ni}^{2+}}^{\mathrm{eq}}/\mathrm{mol \cdot L^{-1}}$
	Ni$_2$SiO$_4$(s)	H$^+$(aq)	Ni^{2+}(aq)	SiO$_2$(s)	H$_2$O(l)	/kJ $\cdot$ mol^{-1}		(pH=1)
323.15	−1465.80	6.640	0.929	−924.133	−308.495	−100.023	16.17	1.22×10^6
348.15	−1469.06	6.795	4.414	−925.308	−310.424	−95.4512	14.32	1.48×10^5
373.15	−1472.60	6.707	7.372	−926.572	−312.465	−90.9812	12.73	2.32×10^4
398.15	−1476.42	6.372	9.811	−927.920	−314.616	−86.5932	11.36	4.79×10^3
423.15	−1480.50	5.795	11.726	−929.354	−316.875	−82.3362	10.16	1.20×10^3

试验过程中,溶液的终点 pH 值始终保持在 1.0 左右,由此可假设反应结束后浸出体系中 $c_{\mathrm{H}^+}=1\times10^{-1}$mol/L(pH=1.0),欲使 $Q_{423}=K_{423}^{\ominus}$,溶液中的 c_{Mg}^{2+}、c_{Fe}^{3+}、c_{Ni}^{2+} 必须分别等于 2.80×10^{6}mol/L、2.57×10^{4}mol/L、1.20×10^{3}mol/L($T=423.15$K,见表 4-1~表 4-3)。然而即使是红土镍矿中的 Mg、Fe 和 Ni 全部浸出,体系中的 Mg^{2+}、Fe^{3+} 和 Ni^{2+} 也不可能达到如此高的浓度。这说明,从理论上讲,浸出反应很容易进行,试验过程中加入硝酸的量足以将红土镍矿中的 Mg、Fe 和 Ni 全部浸出。

4.2.1.2 金属-水系的 E-pH 图

金属-水系的反应可以分为两类:一类是氧化还原反应,另一类是水解中和反应。现将这两类反应在 25℃ 和 150℃ 下的 E-pH 计算公式总结如下,其中 $\varepsilon^{\ominus}$、ε 的单位均为 V,$\Delta G_T^{\ominus}$ 的单位都为 J,$S_{298}^{\ominus}$、c_p 的单位是 J/(mol·K)。

氧化还原反应: $\qquad aA + bB + ze = cC + dD \qquad (4-16)$

$T=298$K 时:

$$\varepsilon_{298}^{\ominus} = -\frac{\Delta G_{298}^{\ominus}}{96500z}$$

$$\varepsilon_{298} = \varepsilon_{298}^{\ominus} - \frac{0.0591}{z}\lg\frac{a_C^c a_D^d}{a_A^a a_B^b}$$

$T=423$K 时:

$$\Delta G_{423}^{\ominus} = \Delta G_{298}^{\ominus} - 125\Delta S_{298}^{\ominus} - 23.18\Delta c_p^{\ominus}\Big|_{298}^{423}$$

$$\varepsilon_{423}^{\ominus} = -\frac{\Delta G_{423}^{\ominus}}{96500z}$$

$$\varepsilon_{423} = \varepsilon_{423}^{\ominus} - \frac{0.0839}{z} \lg \frac{a_C^c a_D^d}{a_A^a a_B^b}$$

水解中和反应：
$$M^{n+} + \frac{n}{2}H_2O \Longrightarrow MO_{n/2} + nH^+ \tag{4-17}$$

$T = 298K$ 时：

$$\Delta G_{298}^{\ominus} = \sum (n_i G_{298,i}^{\ominus})_{\text{prod.}} - \sum (n_i G_{298,i}^{\ominus})_{\text{reac.}}$$

$$\lg K_{298} = -\frac{\Delta G_{298}^{\ominus}}{5707}$$

$$K_{298} = \frac{(c_{H^+})^n}{c_{M^{n+}}}$$

$T = 423K$ 时：

$$\Delta G_{423}^{\ominus} = \Delta G_{298}^{\ominus} - 125\Delta S_{298}^{\ominus} - 23.18\Delta c_p^{\ominus}\Big|_{298}^{423}$$

$$\lg K_{423} = -\frac{\Delta G_{423}^{\ominus}}{8100}$$

$$K_{423} = \frac{c_{H^+}^n}{c_{M^{n+}}}$$

其中一些离子的标准熵在手册上查不到，可以用经验公式来计算[9]：

(1) 对于 XO_n^{z-} 和 $H_pXO_m^{z-}$ 型阴离子在 298K 时的偏摩尔熵可以用 R. E. connick 公式计算：

$$S_{298}^{\ominus} = 182.0 - 194.56(z - 0.28n) \tag{4-18}$$

式中，$S_{298}^{\ominus}$ 为离子的标准偏摩尔熵，J/(mol·K)；z 为离子电荷数的绝对值；n 为氧原子数。

(2) 对于 $MeOH^+$、$Me(OH)_2$ 型的离子，R. Lowson 提出了一个计算公式：

$$S_{298}^{\ominus} = 71.13n + S_{Me^{2+}}^{\ominus} \tag{4-19}$$

式中，n 为 OH^- 的个数。

计算纯物质的摩尔定压热容，当今国际上公认的较好的计算方程如下：

$$c_p = A_1 + A_2 \times 10^{-3}T + A_3 \times 10^5 T^{-2} + A_4 \times 10^{-6} T^2 + A_5 \times 10^8 T^{-3} \tag{4-20}$$

式中，A_1、A_2、A_3、A_4、A_5 是常数，在文献中可以查到。

离子在 298K 与更高温度 T 之间的偏摩尔热容的平均值 $c_p^{\ominus}\big|_{298}^T$，是进行高温湿法冶金关于离子反应热力学的计算中不可缺少的数据。离子的定压热容平均值可按下列方程计算：

$$c_p^{\ominus}\Big|_{298}^T = \alpha_T + \beta_T \overline{\overline{S}}_{298}^{\ominus} \tag{4-21}$$

$$\overline{\overline{S}}_{298}^{\ominus} = S_{298}^{\ominus} - 20.92z \tag{4-22}$$

式中，$\overline{\overline{S}}_{298}^{\ominus}$ 为离子在 298K 的绝对熵，J/(mol·K)；$S_{298}^{\ominus}$ 为离子在 298K 的相对熵，J/(mol·K)；z 为离子电荷数，带正、负号。α_T，β_T 为热容常数。

现只将 373K 和 423K 温度下，离子的 α_T 和 β_T 数值列入表 4-4。

表 4-4 在不同温度下各类离子对应热容常数 α_T 和 β_T 值

温度 T/K	简单阳离子		简单阴离子及 OH⁻		XO_n^{m-} 型阴离子		$XO_n(OH)^{m-}$ 型离子	
	α_T	β_T	α_T	β_T	α_T	β_T	α_T	β_T
373	192.00	−0.55	−244.14	0.00	−577.73	2.12	−564.72	3.98
423	193.49	−0.59	−254.41	−0.02	−549.41	1.96	−599.60	3.94

A Ni-H$_2$O 系的 E-pH 图

在湿法冶金中，各种过程是在酸、碱或盐的水溶液中完成的。水溶液中存在的氢根离子和氢氧根离子以及水分子，能被还原和氧化，伴随析出气态的氢或氧。有水或有其电离出来的离子参与的各种氧化还原过程，与水溶液的 pH 值有密切关系。析出氢气和氧气的关系式表示如下：

$$2H^+ + 2e \Longrightarrow H_2 \qquad (4\text{-}23)$$
$$\varepsilon = -0.0839pH - 0.0420\lg(p_{H_2}/p^{\ominus})$$
$$O_2 + 4H^+ + 4e \Longrightarrow 2H_2O \qquad (4\text{-}24)$$
$$\varepsilon = 1.136 - 0.0839pH + 0.0210\lg(p_{O_2}/p^{\ominus})$$

凡是电极电位低于氢电极电位的还原剂，在酸性溶液中能使氢离子还原而析出氢气；凡是电极电位高于氧电极电位的氧化剂，都会使水分解而析出氧气；介于两者之间的区域就是水的热力学稳定区。

对 Ni-H$_2$O 系来说，体系可能发生的反应以及根据反应组分的热力学数据（见表 4-5）按上面 150℃ 以下的有关公式导出的 ε_{423} 和 pH 值的计算式，列举如下：

$$Ni^{2+} + 2e \Longrightarrow Ni \qquad (4\text{-}25)$$
$$\varepsilon_{423(4\text{-}25)} = -0.220 + 0.042\lg c_{Ni^{2+}}$$
$$NiO + 2H^+ + 2e \Longrightarrow Ni + H_2O \qquad (4\text{-}26)$$
$$\varepsilon_{423(4\text{-}26)} = 0.090 - 0.084pH$$
$$Ni^{2+} + H_2O \Longrightarrow NiO + 2H^+ \qquad (4\text{-}27)$$
$$pH_{(4\text{-}27)} = 3.70 - 0.5\lg c_{Ni^{2+}}$$
$$HNiO_2^- + 3H^+ + 2e \Longrightarrow Ni + 2H_2O \qquad (4\text{-}28)$$
$$\varepsilon_{423(4\text{-}28)} = 0.603 + 0.042\lg c_{HNiO_2^-} - 0.126pH$$
$$NiO + H_2O \Longrightarrow HNiO_2^- + H^+ \qquad (4\text{-}29)$$
$$pH_{(4\text{-}29)} = 12.22 + \lg c_{HNiO_2^-}$$
$$0.33Ni_3O_4 + 0.67H^+ + 0.67e \Longrightarrow NiO + 0.33H_2O \qquad (4\text{-}30)$$
$$\varepsilon_{423(4\text{-}30)} = 0.55 - 0.084pH$$
$$1.5Ni_2O_3 + H^+ + e \Longrightarrow Ni_3O_4 + 0.5H_2O \qquad (4\text{-}31)$$
$$\varepsilon_{423(4\text{-}31)} = 1.26 - 0.084pH$$
$$2NiO + O_2 + 2H^+ + 2e \Longrightarrow Ni_2O_3 + H_2O \qquad (4\text{-}32)$$
$$\varepsilon_{423(4\text{-}32)} = 1.62 - 0.084pH$$

$$3Ni^{2+} + 4H_2O - 2e \rightleftharpoons Ni_3O_4 + 8H^+ \tag{4-33}$$

$$\varepsilon_{423(4-33)} = 1.45 - 0.126\lg c_{Ni^{2+}} - 0.34pH$$

$$2Ni^{2+} + 3H_2O - 2e \rightleftharpoons Ni_2O_3 + 6H^+ \tag{4-34}$$

$$\varepsilon_{423(4-34)} = 1.39 - 0.084\lg c_{Ni^{2+}} - 0.252pH$$

$$Ni^{2+} + 2H_2O - 2e \rightleftharpoons NiO_2 + 4H^+ \tag{4-35}$$

$$\varepsilon_{423(4-35)} = 1.48 - 0.042\lg c_{Ni^{2+}} - 0.168pH$$

$$3HNiO_2^- + H^+ - 2e \rightleftharpoons Ni_3O_4 + 2H_2O \tag{4-36}$$

$$\varepsilon_{423(4-36)} = -1.01 - 0.126\lg c_{HNiO_2^-} + 0.042pH$$

表 4-5　M-H$_2$O 系中各反应组分的热力学数据[11~20]

反应组分的表示式	$\Delta G_{298}^{\ominus}/kJ \cdot mol^{-1}$	$S_{298}^{\ominus}/J \cdot (K \cdot mol)^{-1}$	$c_p \mid_{298}^{423}/J \cdot (K \cdot mol)^{-1}$
$H^+(aq)$	0	0	138.07
$H_2O(l)$	-237.19	69.94	75.9
$H_2(g)$	0	130.59	28.87
$O_2(g)$	0	205.03	34.73
$Ni(s)$	0	29.9	29.02
$Ni^{2+}(aq)$	-45.6	-128.9	*294.23*
$NiO(s)$	-211.7	38.07	*54.73*
$Ni_3O_4(s)$	-766.49	*102.5*①	*145.89*①
$Ni_2O_3(s)$	-503.94	*87.45*②	*122.90*②
$NiO_2(s)$	-212.53	*69.04*③	*63.43*③
$HNiO_2^-(aq)$	-367.91	*41.92*	*-426.24*
$Co(s)$	0	30.041	26.96
$Co^{2+}(aq)$	-54.4	-113	*284.85*
$Co^{3+}(aq)$	134	-305	*297.19*
$CoO(s)$	-214.2	52.93	*52.83*
$Co_3O_4(s)$	-774	102.51	*145.89*
$Co(OH)_2(s)$	-454.3	79	—
$HCoO_2^-(aq)$	-347.15	*41.92*	*-426.24*
$Mg(s)$	0	32.68	26.37
$Mg^{2+}(aq)$	-456.01	-138.1	*299.65*
$MgO(s)$	-569.43	26.95	*43.9*
$Mg(OH)_2(s)$	-953.491	63.18	*90.49*
$e(电子)$	0	65.3	-123.64

注：斜体数字均为计算得到的数据。

①参照 $Co_3O_4(s)$，②参照 $Fe_2O_3(s)$，③参照 $PtO_2(s)$；

　　根据上述反应方程式及其 ε_{423} 和 pH 值的计算式，可以作出如图 4-2 所示的 Ni-H$_2$O 系在 150℃（423K）下的 E-pH 图。

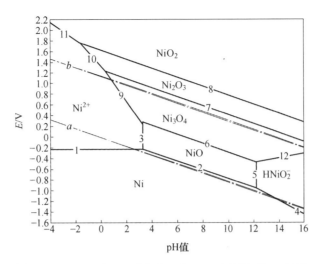

图 4-2 Ni-H$_2$O 系 E-pH 图（150℃，Ni 离子浓度 1mol/L）

1—式（4-25）；2—式（4-26）；3—式（4-27）；4—式（4-28）；5—式（4-29）；6—式（4-30）；7—式（4-31）；

8—式（4-32）；9—式（4-33）；10—式（4-34）；11—式（4-35）；12—式（4-36）

Ni 的热力学稳定区的一部分与水的稳定区重合。一般认为 Ni 是一种弱贵金属[10]。由图 4-2 可知：

（1）在无氧化剂的中性溶液中，Ni 在热力学上是稳定的；在强酸及强碱溶液中则不稳定。

（2）在中性溶液中，Ni 以 NiO 和 Ni 的较高价氧化物存在。

（3）在酸性溶液中，Ni 发生析氢反应，生成 Ni^{2+}；在强碱性溶液中，Ni 可以溶解生成 HNiO$_2^-$。

（4）在酸性溶液中，当电位高于-0.22V 及 pH<3.0 时，此区域处于 Ni^{2+} 生成优势区，对浸出有利。

B Co-H$_2$O 系的 E-pH 图

Co-H$_2$O 系的平衡反应：

$$Co(OH)_2 + 2H^+ + 2e === Co + 2H_2O \tag{4-37}$$

$$\varepsilon_{423(4-37)} = 0.10 - 0.084pH$$

$$HCoO_2^- + 3H^+ + 2e === Co + 2H_2O \tag{4-38}$$

$$\varepsilon_{423(4-38)} = 0.710 - 0.126pH + 0.042lgc_{HCoO_2^-}$$

$$Co^{2+} + 2e === Co \tag{4-39}$$

$$\varepsilon_{423(4-39)} = -0.275 + 0.042lgc_{Co^{2+}}$$

$$Co_3O_4 + 2H_2O + 2H^+ + 2e === 3Co(OH)_2 \tag{4-40}$$

$$\varepsilon_{423(4-40)} = 0.466 - 0.084pH$$

$$3Co^{3+} + 4H_2O + e === Co_3O_4 + 8H^+ \tag{4-41}$$

$$\varepsilon_{423(4-41)} = 3.27 + 0.25lgc_{Co^{3+}} + 0.67pH$$

$$Co_3O_4 + 2H_2O + 2e === 3HCoO_2^- + H^+ \tag{4-42}$$

$$\varepsilon_{423(4-42)} = -1.375 + 0.042pH - 0.126lgc_{HCoO_2^-}$$

$$Co_3O_4 + 8H^+ + 2e \Longrightarrow 3Co^{2+} + 4H_2O \tag{4-43}$$

$$\varepsilon_{423(4-43)} = 1.58 - 0.336pH - 0.126lgc_{Co^{2+}}$$

$$HCoO_2^- + H^+ \Longrightarrow Co(OH)_2 \tag{4-44}$$

$$pH_{(4-44)} = 14.63 + lgc_{HCoO_2^-}$$

$$Co^{2+} + 2H_2O \Longrightarrow Co(OH)_2 + 2H^+ \tag{4-45}$$

$$pH_{(4-45)} = 4.43 - 0.5lgc_{Co^{2+}}$$

$$Co^{3+} + e \Longrightarrow Co^{2+} \tag{4-46}$$

$$\varepsilon_{423(4-46)} = 2.15 + 0.084lg(c_{Co^{3+}}/c_{Co^{2+}})$$

根据上述反应方程式及其 ε_{423} 和 pH 值的计算式，可以作出如图 4-3 所示的 Co-H$_2$O 系在 150℃ (423K) 下的 E-pH 图。

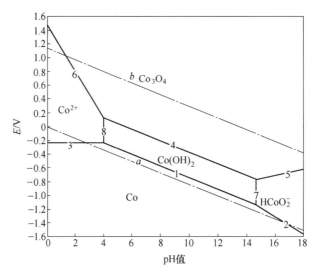

图 4-3　Co-H$_2$O 系的 E-pH 图（150℃，Co 离子浓度 1mol/L）

1—式（4-37）；2—式（4-38）；3—式（4-39）；4—式（4-40）；5—式（4-42）；

6—式（4-43）；7—式（4-44）；8—式（4-45）

同 Ni 相似，Co 的热力学稳定区的一部分也与水的稳定区重合。由图 4-3 可知：

（1）在无氧化剂的中性溶液中，Co 在热力学上也是稳定的；在强酸及强碱溶液中则不稳定。

（2）在中性溶液中，钴以 Co(OH)$_2$ 和 Co 的较高价氧化物存在。

（3）在酸性溶液中，当电位高于-0.24V 和 pH<4.0 时，处于 Co^{2+} 生成优势区，对浸出有利。

C　Mg-H$_2$O 系的 E-pH 图

Mg-H$_2$O 系的平衡反应：

$$Mg^{2+} + 2e \Longrightarrow Mg \tag{4-47}$$

$$\varepsilon_{423(4-47)} = -2.34 + 0.042lgc_{Mg^{2+}}$$

$$MgO + 2H^+ \Longrightarrow Mg^{2+} + H_2O \tag{4-48}$$

$$pH_{(4-48)} = 6.99 - 0.5lg c_{Mg^{2+}}$$

$$Mg + H_2O \Longrightarrow MgO + 2H^+ + 2e \tag{4-49}$$

$$\varepsilon_{423(4-49)} = -1.753 - 0.084pH$$

根据上述反应方程式及其 ε_{423} 和 pH 值的计算式，可以作出如图 4-4 所示的 Mg-H$_2$O 系在 150℃（423K）下的 E-pH 图。

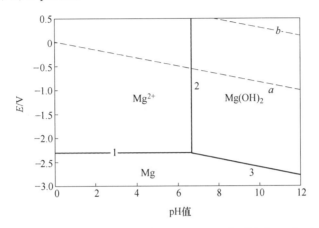

图 4-4　Mg-H$_2$O 系的 E-pH 图（150℃，Mg 离子浓度 1mol/L）

1—式（4-47）；2—式（4-48）；3—式（4-49）

由图 4-4 可知：

（1）Mg 的整个热力学稳定区都大大低于水的稳定区。Mg 是一种强还原剂，在所有的 pH 值下，都很容易与水反应，使水还原析出氢，本身则生成 Mg^{2+} 溶解。

（2）150℃时 Mg 在水中的稳定性随施加的电位和 pH 值的变化而不同。当电位高于-2.3V，pH<6.5 时，镁在这个范围内都是以 Mg^{2+} 的形式稳定存在的，此区域对浸出十分有利。

图 4-5 是图 4-2~图 4-4 的简单叠加。从图 4-5 中可以清楚地看出各种金属的相对稳定程度，即各种金属进行浸出反应的电势和 pH 值。在还原电位-0.20V 以上，pH<3 以下区域，Ni、Co 和 Mg 均能以离子形态存在。理论上凡是标准还原电位高于-0.20V 的物质均可作为 Ni、Co 和 Mg 的氧化剂。在硝酸介质浸出试验中，硝酸的标准氧化还原电位大于 0.5V，远超过发生浸出反应对氧化剂电位的要求，再加上浸出液的 pH 值始终小于 2，因此红土镍矿中的这三种有价金属均能很容易地被浸出，并且浸出比较完全。

4.2.2　浸出过程影响因素

通过探究硝酸用量、浸出温度、浸出时间、氧气分压、搅拌转速、矿物粒度和液固比等因素对有价金属浸出率的影响，找出了各个因素对浸出率的影响规律，确定最佳试验条件。

4.2.2.1　硝酸用量

浸出过程中硝酸的氧化性可以破坏矿物的结构，使矿物颗粒的内层暴露且不易钝化，能够加速矿物的溶解，硝酸的用量直接影响浸出效果。如果用量过低，红土镍矿中的有价金属得不到充分浸出，镍、钴浸出率就不会高；如果用量过高，虽然可以得到较高的浸出

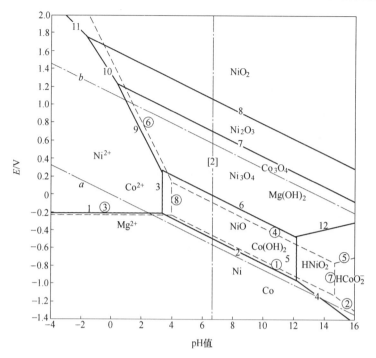

图 4-5 Ni、Co、Mg-H$_2$O 系的 E-pH 图（150℃，Ni、Co、Mg 离子浓度 1mol/L）

实线 1~12 代表 Ni 在水中的反应平衡线：1—式（4-25）；2—式（4-26）；3—式（4-27）；4—式（4-28）；
5—式（4-29）；6—式（4-30）；7—式（4-31）；8—式（4-32）；9—式（4-33）；10—式（4-34）；
11—式（4-35）；12—式（4-36）；虚线①~⑧代表 Co 在水中的反应平衡线：①—式（4-37）；
②—式（4-38）；③—式（4-39）；④—式（4-40）；⑤—式（4-42）；⑥—式（4-43）；⑦—式（4-44）；
⑧—式（4-45）；点划线 [2] 代表 Mg 在水中的反应平衡线：[2] —式（4-48）

率，但是会造成反应终点 pH 值过低，一些其他金属杂质也会随之浸出，同时还会增大成本和费用。

控制硝酸的用量，可以使红土镍矿中的有价金属尽可能多地浸出，并将杂质 Fe 抑制在渣中。鉴于浸出时会发生各种副反应，硝酸的用量选择以理论用量的 0.85 倍为起点，固定 50g 矿，浸出温度 150℃，时间 60min，氧分压 0.10MPa，液固比 10∶1mL/g，搅拌转速 500r/min，考察硝酸用量对金属浸出率的影响，试验结果如图 4-6 所示。

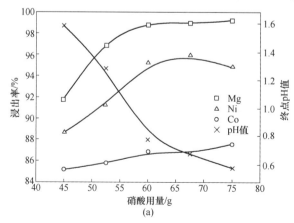

(a)

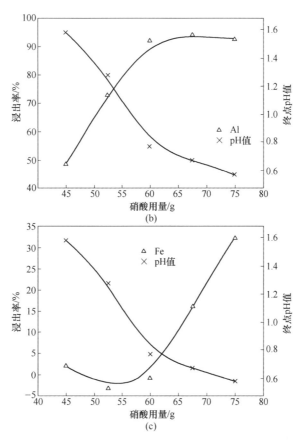

图 4-6 硝酸用量对各金属浸出率的影响

（a）Mg、Ni、Co；（b）Al；（c）Fe

图 4-6 表明，Ni 和 Mg 的浸出率随着硝酸用量的增加而增大。硝酸用量从 45g 增加到 60g 时，Ni 和 Mg 的浸出率增加比较快。当硝酸用量大于 67.5g 时，Ni 和 Mg 的浸出率基本上不再随着用量的增加而有所提高；Co 在原矿中含量比较低，浸出渣中的含量小于 0.005%，可以认为 Co 基本上被浸出。Al 的浸出率受硝酸加入量的影响很大。当硝酸加入量由 45g（理论消耗量的 0.85 倍）增加到 60g 时，Al 的浸出率上升趋势十分明显，由 50% 上升到 90%。随着硝酸用量继续增加时，Al 浸出率变化不大。但铁的浸出受硝酸用量的影响比较大。加入的硝酸的量小于 60g 时，铁基本不浸出；超过 60g 时，铁的浸出随硝酸用量的增加而急剧上升；加入 75g 硝酸时，浸出率高达 30% 以上。

红土镍矿中部分的镍和钴以类质同象存在于针铁矿中。为了得到镍和钴的高浸出率，必须使针铁矿全部溶解。铁的标准氧化还原电位（-0.41V）比镍、钴的标准氧化还原电位（分别为 -0.25V 和 -0.28V）要低很多，在硝酸浸出的过程中，针铁矿中的铁能够先于镍钴等有价金属溶解转化成铁离子而进入溶液。由于大部分铁的溶解造成针铁矿分子"骨架"分解，包裹在针铁矿中的 Ni 和 Co 等有价金属才能暴露在介质中而被浸出。生成的 Fe^{3+} 能够在高温高压下发生水解反应而生成新的赤铁矿沉淀。当加入硝酸的量过多时，浸出后液的酸度过高。酸度过高一方面会使新生成的赤铁矿发生溶解，另一方面也会影响

Fe^{3+}的水解沉淀。

4.2.2.2 浸出温度

在化学反应过程中，温度对化学反应速度以及化学反应进行的程度有着重大的影响。升高温度可以加快化学反应速度，缩短浸出时间，提高有价金属的浸出率。因为在相同的反应时间内，温度越高，参加反应的物质的扩散速率越快，红土镍矿中的有价金属与硝酸的反应速度加快，使反应在有限的时间内进行得更完全。但温度提高到一定程度时，金属的浸出率增加缓慢，热能消耗增大。对酸法浸出而言，温度升高设备的腐蚀随之加剧，因此温度的提高也宜适当。

固定每克矿 1.2g 硝酸，浸出时间 60min，氧分压 0.10MPa，液固比 10∶1mL/g，搅拌转速 500r/min，考察温度对金属浸出率的影响，结果如图 4-7 所示。由图 4-7（a）可知，温度对浸出率的影响很大，可以分为三个阶段。第一阶段从 90℃到 120℃，各有价金属浸出率随温度升高而增大的趋势比较缓和；第二阶段从 120℃到 150℃，此时随着温度的升高，镍和镁的浸出率都出现较快增大趋势，钴和铝的浸出率急剧增大；最后一阶段是150℃以上，镍、钴和镁的浸出率几乎不再随温度的升高而变化，铝的浸出率呈现下降趋势。主要是因为镍、钴和镁基本上已经浸出而使得浸出率不再变化。高温有助于铝离子水解反应的发生，温度高于 180℃时，部分铝离子发生了水解反应生成矾而沉淀在浸出渣中，使得铝的浸出率有所下降。

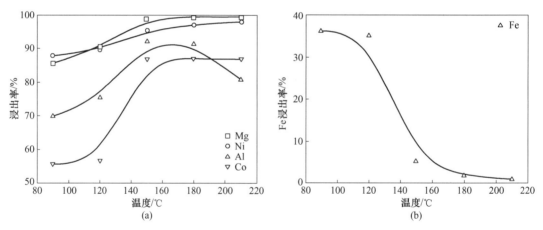

图 4-7　温度对各金属浸出率的影响

（a）Mg、Ni、Al、Co；（b）Fe

铁的浸出受温度的影响很大，如图 4-7（b）所示。当温度由 120℃上升到 180℃时，铁的浸出率急速变小，浸出液中 c_{Ni+Co}/c_{Fe} 比值随之提高。

有学者对三价铁的高温水解进行了广泛研究[21]。图 4-8 所示为 25~200℃时三价铁离子浓度的对数与 pH 值的关系，从图中可以得到，温度越高，越有利于在较高酸度条件下沉铁；在温度高于 150℃和高酸度条件下，Fe^{3+} 水解容易生成赤铁矿沉淀；当温度达到200℃时，铁的溶解就变得很小。提高温度还可以得到高的镍、钴浸出率和选择性。这一试验结果也和其他研究者所得结果相吻合[22]。

通过前面的热力学分析可知，浸出反应为放热反应。浸出反应刚开始时，反应体系必

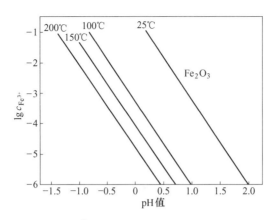

图 4-8 Fe^{3+} 水解平衡时 $\lg c_{Fe^{3+}}$-pH 值关系图

须要有足够的热量来保证初始反应所需的活化能。随着浸出反应的继续，反应自身放出的热量足够维持反应的正常进行。试验过程也证实了这一点：当釜内温度达到 140℃时，停止电加热，利用反应自身放出的热量，釜内的温度可以达到 150℃，并能够维持在 150℃约 40min；而当釜内温度达到 130℃时即停止电加热，釜内的温度最高能达到 144℃，维持几分钟后，釜内温度就会下降。从上述试验过程可以推断，当釜内矿浆温度达到 140℃左右时，反应自身的放热满足浸出反应所需要的活化能，能够保证反应的顺利进行。当反应进行了 40min 左右，大部分的主要矿物已经溶解，包含在其中的有价金属浸出。当剩余矿物溶解反应放出的热量低于反应所需的活化能时，反应就不会继续进行，釜内矿浆温度就会降低，必须重新电加热以满足反应所需的活化能。

试验证实，最适当的温度为 150℃，此时可以在硝酸消耗较低和时间较短的条件下达到 95%以上的镍、镁浸出率。

4.2.2.3 浸出时间

浸出的反应速度较快，固定每克矿 1.2g 硝酸，浸出温度 150℃，氧分压 0.10MPa，液固比 10∶1mL/g，搅拌转速 500r/min，考察浸出时间对金属浸出率的影响，如图 4-9 所示。在图 4-9（a）中，浸出时间 60min 时，各有价金属的浸出趋于平衡，镍和镁的浸出率可达 95%以上，铝浸出率超过 90%，钴在浸出渣中的含量小于 0.005%，可以认为完全浸出。浸出时间由 60min 增加到 90min 的过程中，Al 的浸出率略有下降，可能是因为矿浆中的 Fe 被氧化成 Fe^{3+}，而在 Fe^{3+} 的水解沉淀的过程中包裹吸附了很少的 Al^{3+} 而造成的。从图 4-9（b）可以看出，铁的浸出率随浸出时间的延长而降低。浸出过程中，一部分 Fe 先变成 Fe^{2+}，后被氧化成 Fe^{3+}，再水解生成赤铁矿沉淀。随着浸出时间的增长，Fe^{3+} 在高温高压下水解沉淀也越完全。再加上浸出过程中少量生成的 Al^{3+} 吸附到沉淀的表面，阻碍了赤铁矿沉淀的重新溶解，使得溶液中 Fe 浓度变低。综合以上因素考虑，浸出时间不宜太长，选取 60min 比较合适。

4.2.2.4 氧气分压

氧气是一种氧化剂。通入氧气的目的是使加压釜内呈现氧化氛围。固定每克矿 1.2g 硝酸，浸出温度 150℃，时间 60min，液固比 10∶1mL/g，搅拌转速 500r/min，考察氧气分压对金属浸出率的影响，结果如图 4-10 所示。从图 4-10（a）可以看出，氧气分压对

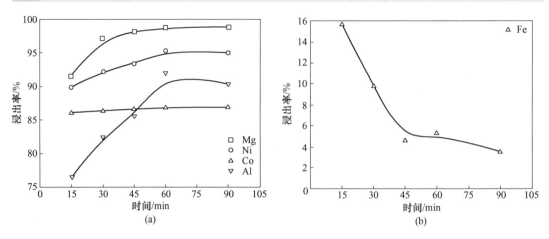

图 4-9　浸出时间对各金属浸出率的影响
（a）Mg、Ni、Co、Al；（b）Fe

Mg 和 Ni 的浸出率几乎没有影响，对钴和铝的浸出率影响也不大。图 4-10（b）表明，Fe 的溶解随着氧气分压的增大而逐渐减少。通入的氧气分压小于 0.10MPa 时，反应终点溶液的 pH 值可以认为没有变化。当通入氧气的量再逐渐增多时，反应终点溶液的酸度增大，pH 值变小。原因是通入的氧气可以氧化矿浆中的 Fe^{2+}。在浸出过程中，一部分 Fe 首先变成 Fe^{2+}，通入氧气后，Fe^{2+} 被氧气氧化成 Fe^{3+}，Fe^{3+} 水解释放出 H^+。释放出的 H^+ 又与未溶解的有价金属继续反应，直至红土镍矿中的有价金属绝大部分被浸出，Fe 基本上水解完全。浸出反应进行完后，溶液中还存在着剩余的 H^+，使得溶液酸度增大，以溶液 pH 值变小的形式表现出来。氧气分压以 0.10MPa 比较合适。

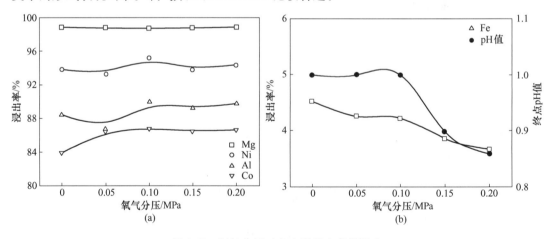

图 4-10　氧气分压对各金属浸出率的影响
（a）Mg、Ni、Al、Co；（b）Fe

4.2.2.5　搅拌转速

搅拌对反应速度有影响，因为搅拌能保证硝酸和红土镍矿有良好的接触，使得硝酸能够快速传递到固液相界面，反应产物也能很快地离开反应界面，促使矿物溶解加速进行。

固定每克矿 1.2g 硝酸，浸出温度 150℃，时间 60min，液固比 10∶1mL/g，氧分压

0.10MPa，考察搅拌转速对金属浸出率的影响，结果如图 4-11 所示。图中试验结果表明，搅拌转速对有价金属的浸出率影响不大（在 5 次试验中 Co 在浸出渣中的含量小于 0.005%，渣计浸出率均大于 85%，因此在图 4-11 中没有绘出 Co 浸出率曲线）。这说明在试验条件下，有价金属的浸出可能受化学反应控制。增加搅拌转速，可以提高反应速度，却对提高浸出率没有太大的帮助。综合考虑，搅拌转速应选取 300r/min 为宜。

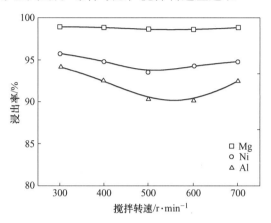

图 4-11　搅拌转速对金属浸出率的影响

4.2.2.6　原料粒度

原料粒度（磨矿时间）对浸出率的影响，主要在于磨矿能使不同的矿物相互分离。把矿石磨细可以破坏高分散物料的次生致密结构，充分暴露有用矿物，破坏矿粒之间的结合键，形成不饱和化合价游离基团，增大单位质量的表面积，缩短内扩散路程。但是，过细的矿物颗粒在矿浆中会形成大量的微粒泥，使得矿浆黏度增大，降低了细矿的分散性，阻碍浸出过程的进行，影响浸出率和增加搅拌动力，以及降低固液分离的过滤和沉降速率，给后续固液分离带来困难[23]。表 4-6 列出了球磨磨矿时间和矿物粒度的变化规律。

表 4-6　矿物粒度随磨矿时间的变化规律

磨矿时间 /min	粒度变化规律/%					
	>0.154mm	0.154~0.102mm	0.102~0.076mm	0.076~0.057mm	0.057~0.050mm	<0.050mm
10	4.12	5.34	12.18	7.45	3.21	67.69
20	2.17	1.14	6.29	5.14	2.05	83.21
30	0.85	0.35	2.71	3.62	1.92	90.54
40	0	0	1.58	2.13	2.51	93.78
50	0	0	0	0	2.14	97.86

红土镍矿与硝酸的反应是固液反应，反应在矿粉的表面进行。矿粉粒度越细，物料的表面积就越大，其反应进行得越快，反应越完全。原矿磨细后，增大了其反应接触面积，提高反应速率，同时也提高了浸出率。固定每克矿 1.2g 硝酸，浸出温度 150℃，时间 60min，液固比 10∶1mL/g，氧分压 0.10MPa，搅拌转速 300r/min，考察磨矿时间对金属浸出率的影响，结果如图 4-12 所示。结果显示，磨矿时间对镍钴浸出率有着很明显的影

响。浸出球磨时间少于 30min 的红土镍矿时，Ni 浸出率变化不大，维持在 93% 左右，当球磨时间大于 30min 时，Ni 的浸出率会升高 5 个百分点；浸出球磨 10min 的红土镍矿，Co 的浸出率小于 80%，而浸出球磨 30min 的红土镍矿时，浸出率达到 85% 以上，渣中的 Co 含量小于 0.005%。

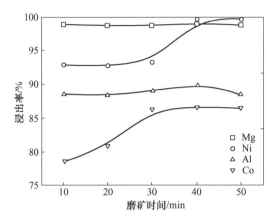

图 4-12   磨矿时间对金属浸出率的影响

结果表明，试验条件下，磨矿时间对 Mg、Al 的浸出率影响不大；对 Ni、Co 浸出率影响较大。磨矿时间长（大于 40min）的 Ni、Co 浸出率比磨矿时间短（小于 20min）的要高 5 个百分点。因此选择磨矿时间 40min 为宜，红土镍矿粒度小于 0.076mm。

4.2.2.7   液固比

浸出速率随矿浆液固比的增大而加快，是由于增大液固比使矿浆黏度减小，改善了反应物扩散条件。然而增大液固比会加大浸出设备的容积，增加设备的投资。降低液固比会使矿浆黏度增大，外扩散阻力增强，妨碍液固间的良好接触，导致浸出速率降低，对矿浆搅拌不利。

固定 50g 矿，浸出温度 150℃，时间 60min，120g/L 硝酸，氧分压 0.10MPa，搅拌转速 300r/min，考察液固比对金属浸出率的影响。为考察 150℃ 下液固比对浸出率的影响，进行了两组试验：一组是固定硝酸的初始浓度为 120g/L；另一组是固定硝酸的消耗量为每克矿 1.2g 硝酸。试验结果分别如图 4-13 和图 4-14 所示。

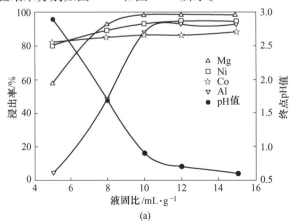

(a)

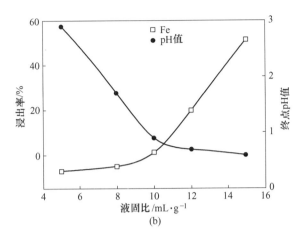

(b)

图 4-13　液固比对各金属浸出率的影响

（a）Mg、Ni、Co、Al；（b）Fe

　　第一组的各个试验中，硝酸的初始浓度固定（120g/L），增大液固比就是同比例的增大硝酸的添加量和浸出溶液的体积。从图 4-13（a）和（b）的影响曲线来看，在固定硝酸初始浓度的条件下，随着液固比的增大，各有价金属的浸出率均增大。液固比小于 10：1mL/g 时，浸出率随液固比的增大而增加的趋势比较明显。液固比大于 10：1mL/g 时，浸出率随之变化得比较平缓。综合有价金属和杂质铁的浸出效果来看，第一组试验最佳的液固比为 10：1mL/g。

　　第二组的各个试验中，在固定硝酸的消耗量（每克矿 1.2g 硝酸）的条件下，增大液固比就是将反应溶液进行稀释。由图 4-14（a）、（b）可以看出，随着液固比逐渐增大，有价金属的浸出率反而有下降的趋势。液固比太大，不但会使浸出率降低，而且还会加大浸出设备的容积，增加了母液处理难度；液固比太小，虽然可以增加设备的生产能力，降低材料消耗，但是浸完后的矿浆黏度较大，对矿浆搅拌不利，给后面的过滤带来一定的困难。在试验考察的范围内，第二组选取的最佳液固比为（4~8）：1mL/g。

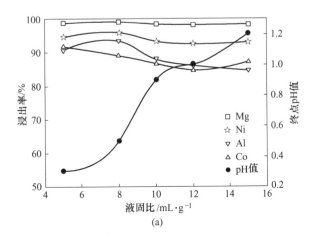

(a)

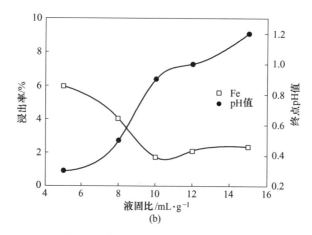

图 4-14 液固比对各金属浸出率的影响
（a）Mg、Ni、Al、Co；（b）Fe

4.2.2.8 最佳工艺参数确定

根据单因素试验，得到了最佳的反应条件：硝酸用量为每克矿 1.2g 硝酸，浸出温度 150℃，浸出时间 60min，氧气分压 0.10MPa，液固比 8：1mL/g，搅拌转速 300r/min。在最优条件下进行综合试验。

试验结果见表 4-7 和表 4-8。试验达到良好的指标：Mg 浸出率达到 99%，Ni 浸出率大于 95%，Co 在渣中含量小于 0.005%，认为完全浸出，Al 浸出率也达到 90% 以上。而原矿中的杂质 Fe、SiO_2 的浸出率比较低，基本上被抑制在渣中。

表 4-7 综合试验主要有价金属浸出结果

编号	渣中含量/%				渣计浸出率/%			
	Ni	Co	Mg	Al	Ni	Co	Mg	Al
1	0.080	0.004	0.26	0.16	95.86	89.15	99.16	93.35
2	0.082	<0.005	0.29	0.15	95.84	>86.71	99.03	93.89
3	0.078	<0.005	0.28	0.15	96.00	>86.60	99.11	89.05
平均	0.08	<0.005	0.28	0.15	95.90	>87.49	99.10	92.10

表 4-8 综合试验 Fe 和 SiO_2 的浸出结果

编号	液中含量/g·L^{-1}		液计浸出率/%	
	Fe	SiO_2	Fe	SiO_2
1	0.38	0.12	4.63	0.38
2	0.40	0.13	5.27	0.44
3	0.37	0.14	4.32	0.42
平均	0.38	0.13	4.74	0.41

4.2.2.9 扩大验证试验研究

扩大验证试验是在 10L 高压釜中进行的。参照综合试验浸出条件，进行扩大验证试验。验证试验参数：硝酸用量为每克矿 1.2g 硝酸，浸出温度 150℃，浸出时间 60min，氧气分压 0.10MPa，液固比 8∶1mL/g，搅拌转速 300r/min。试验结果见表 4-9。

表 4-9　扩大验证试验结果

试验编号	渣中含量/%				渣计浸出率/%			
	Ni	Co	Mg	Al	Ni	Co	Mg	Al
扩大试验 1	0.13	0.003	0.80	0.26	90.68	88.74	96.43	85.04
扩大试验 2	0.11	<0.005	0.76	0.23	91.67	>80.17	96.42	86.02
平均	0.12	<0.004	0.78	0.25	91.18	>84.46	96.43	85.53

10L 高压釜扩大验证试验中，Co 在渣中含量小于 0.005%，基本上浸出完全，Ni、Mg 浸出率达到 91% 以上，Al 的浸出率也高于 85%，与小型试验的结果基本一致。

4.2.2.10　浸出渣物相分析

从单因素试验情况可以看出，硝酸用量、浸出温度、浸出时间和液固比对有价金属的浸出率有较大的影响。分别取 5 组不同试验条件下的浸出渣，进行了考察。所用浸出渣的试验条件及结果列入表 4-10。

表 4-10　五组浸出渣的试验条件和分析结果

试验编号	每克矿硝酸用量/g	温度/℃	时间/min	氧压/MPa	液固比/mL·g⁻¹	搅拌转数/r·min⁻¹	渣率/%	渣含Ni/%	渣含Mg/%	渣含Fe/%
1	1.2	150	60	0.10	10∶1	500	55.20	0.095	0.40	17.15
2	1.2	120	60	0.10	10∶1	500	57.00	0.20	3.00	11.39
3	1.2	150	15	0.10	10∶1	500	58.48	0.19	2.53	14.41
4	0.9	150	60	0.10	10∶1	500	63.90	0.22	4.22	16.12
5	1.2	150	60	0.10	8∶1	300	55.80	0.082	0.29	16.40

5 号试验为最优化条件下的综合试验。1~4 号试验是在 5 号试验条件的基础上分别增大液固比、降低浸出温度、缩短浸出时间和减少硝酸用量取得的。

首先对各浸出渣进行扫描电镜能谱分析，结果如图 4-15 所示。结合浸出渣的化学分析结果和扫描电镜能谱可以看出，凡是含镍较高的渣，其化学组成中总是不同程度上有 Mg 的存在，Mg 是该矿石中 Ni 的载体矿物蛇纹石的标志性化学组成，因此它的出现可认为是蛇纹石分解不完全。后面的衍射分析结果也证实了这一点。

分别对 1 号浸出渣、3 号浸出渣和 5 号浸出渣做 X 射线衍射分析，结果如图 4-16~图 4-18 所示。从衍射谱图中可以看出，3 个浸出渣中均含有赤铁矿、石英和磁铁矿。不同的是 1 号浸出渣中含有极少量的蛇纹石，3 号浸出渣中剩余显著量的蛇纹石，而 5 号浸出渣中几乎没有检测到蛇纹石的存在。衍射分析结果也证明了含镍低的渣中蛇纹石基本被分解。

石英没有参与浸出反应，浸出后仍然留在渣中；磁铁矿性质比较稳定，没有发生溶解，浸出后仍以磁铁矿形态存在于浸出渣中。通过对比原矿和浸出渣的衍射谱图可以明确

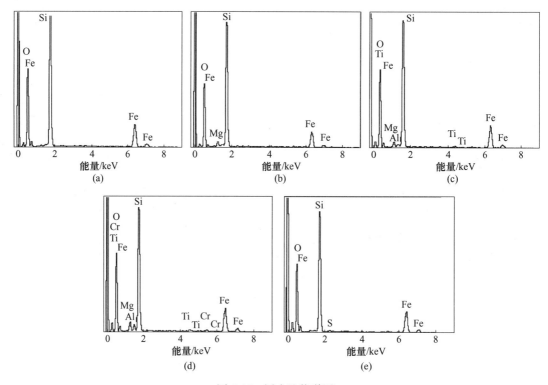

图 4-15　浸出渣能谱图

（a）1 号；（b）2 号；（c）3 号；（d）4 号；（e）5 号

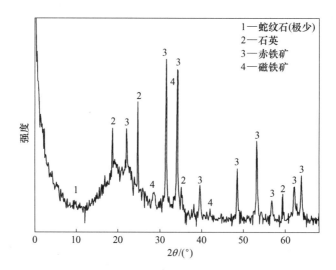

图 4-16　1 号浸出渣的 X 射线衍射谱图

看到，原矿射线谱线基本上未发现有赤铁矿的衍射线条，而浸出渣的衍射谱线却出现大量表征赤铁矿的衍射线条。这一现象证明，赤铁矿显然是针铁矿浸出溶解后的返沉产物。

因此，浸出渣中主要矿物为石英和新生成的赤铁矿，其次为磁铁矿、铬尖晶石和少量顽辉石等硅酸盐矿物。

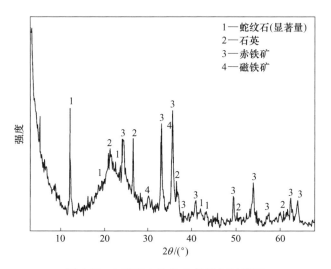

图 4-17　3 号浸出渣的 X 射线衍射谱图

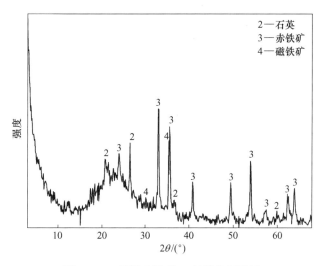

图 4-18　5 号浸出渣的 X 射线衍射谱图

4.2.3　浸出液净化及镍钴分离

4.2.3.1　概述

加压浸出液需做净化处理。在湿法冶金实践中，最常用的金属沉淀法是中和水解生成难溶氢氧化物沉淀，其原理是根据不同的金属氢氧化物在水中具有不同的溶解度，利用其在开始沉淀时 pH 值的差别选择性地沉淀析出，以达到有价金属离子与其他金属离子分离的目的[24]。

典型的金属氢氧化物沉淀反应为：

$$M^{n+} + nOH^- \Longrightarrow M(OH)_n \downarrow \tag{4-50}$$

相应的金属氢氧化物的溶度积为：

$$K_{sp} = c_{Mn^+} \cdot c_{OH^-}^n \tag{4-51}$$

式中，K_{sp} 为金属氢氧化物的溶度积。

表 4-11 列出了几种金属氢氧化物 25℃时的 pK_{sp}、开始沉淀和完全沉淀时的最低 pH 值。其中开始沉淀的最低 pH 值由金属-H_2O 系的 E-pH 图归纳得到的，完全沉淀的最低 pH 值由假设 $c_{M^{n+}} = 10^{-5} mol/L$ 时金属氢氧化物沉淀的溶度积计算得到的。

表 4-11　几种金属氢氧化物 25℃下的 pK_{sp} 及沉淀时的 pH 值

氢氧化物	pK_{sp}	开始沉淀最低 pH 值	完全沉淀最低 pH 值
$Co(OH)_3$	43.8	0.5	1.1
$Fe(OH)_3$	38.6	2.2	2.8
$Al(OH)_3$	32.7	3.8	4.8
$Ni(OH)_3$	—	4.0	—
$Cu(OH)_2$	19.3	5.0	6.9
$Fe(OH)_2$	15.3	5.8	8.9
$Ni(OH)_2$	15.2	7.4	8.9
$Co(OH)_2$	15.7	7.5	8.7
$Mg(OH)_2$	11.3	9.6	11.0

从水的解离平衡知：

$$K_w = c_{H^+} \cdot c_{OH^-} \tag{4-52}$$

由式 (4-51) 和式 (4-52) 可得：

$$lgc_{M^{n+}} = -npH + lgK_{sp} - nlgK_w \tag{4-53}$$

式 (4-53) 表明金属氢氧化物的溶解特征是 pH 值的函数：（1）金属离子浓度相同时，溶度积越小，开始析出氢氧化物沉淀的 pH 值越低；（2）同一金属离子，浓度越大，开始析出沉淀的 pH 值越低。

莫纳缪斯以溶液 pH 值为横坐标，溶液中金属离子活度的对数为纵坐标，得到如图 4-19 的曲线[25]。图中每一条线对应一种水解沉淀平衡，线的斜率的负数为被沉淀金属离子的价数。由图可以很直观地判断金属的溶解行为，线的左面区域为金属离子留在溶液中的条件，线的右边区域为金属离子沉淀为氢氧化物的条件。图中很明显地表示了各种金属离子的相对水解沉淀性能，即从左到右金属水解沉淀的趋势减弱。

结合表 4-11 和图 4-19 分析可知，氢氧化镁开始沉淀的最低 pH 值为 9.6，而 Mg^{2+} 与 Ni^{2+}、Co^{2+}、Fe^{3+} 等沉淀线相距较远，表明完全可以通过水解选择性沉淀 Ni、Co 和 Fe 化合物。原则上，当 pH 值略小于 9.6 时，溶液中的 Ni、Co、Fe 等离子均能被沉淀除去。

综上，添加固态 MgO 粉末作为中和剂调节溶液 pH 值，利用各金属离子在不同溶液 pH 值下的水解作用来沉淀 Fe 等杂质以及 Ni、Co 等有价金属。镍钴氢氧化物经酸溶后可利用萃取手段将其回收生产相应的镍钴产品[26]。由于除铁通常是溶液净化的第一项操作，也是最常见的，现以除铁为例说明一下原理。在低 pH 值（pH=3~5）条件下从这些金属的溶液中除去 Fe，Fe^{2+} 在中性条件下也不发生沉淀，因此要先把 Fe^{2+} 氧化成 Fe^{3+} 后才能有效地除去。

根据式 (4-51)，可以计算：

（1）当 M^{n+} 为 Fe^{2+} 时：

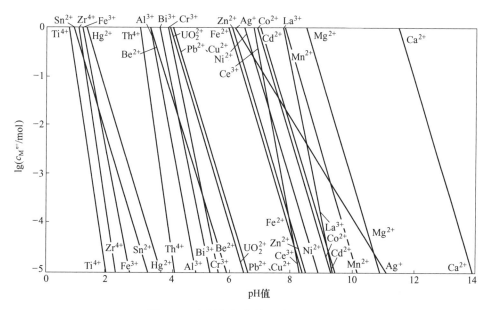

图 4-19　金属氢氧化物沉淀图（25℃）

$$K_{sp} = c_{Fe^{2+}} \cdot c_{OH^-}^2$$
$$pH = 1/2 \lg K_{sp} - \lg K_w - 1/2 \lg c_{Fe^{2+}}$$

$c_{Fe^{2+}} = 1 mol/L$ 时，$pH = 6.35$。

$c_{Fe^{2+}} = 10^{-5} mol/L$ 时，$pH = 8.85$。

（2）当 M^{n+} 为 Fe^{3+} 时：

$$K_{sp} = c_{Fe^{3+}} \cdot c_{OH^-}^3$$
$$pH = 1/3 \lg K_{sp} - \lg K_w - 1/3 \lg c_{Fe^{3+}}$$

$c_{Fe^{3+}} = 1 mol/L$ 时，$pH = 1.2$。

$c_{Fe^{3+}} = 10^{-5} mol/L$ 时，$pH = 2.8$。

假设 $pH = 3$ 时，则算得 $c_{Fe^{3+}} = 10^{-38.6}/(10^{-11})^3 = 10^{-5.6} mol/L = 2.5 \times 10^{-6} mol/L$。从理论计算出来的数值看，溶液中 $c_{Fe^{3+}}$ 很少，但实际上在 $pH = 3$ 时是不能把铁除尽的。因为溶液中二价镁离子和阴离子的浓度很大，使得溶液的离子强度很大，Fe^{3+} 的活度因子变小。并且三价铁的氢氧化物容易形成胶体而沉淀不完全。如果溶液的 pH 值偏低，胶体微粒又会重新溶解。因此在实际操作中应当把溶液的 pH 值适当调高。

4.2.3.2　水解沉淀除铁

研究用浸出混合溶液的成分列入表 4-12。溶液中 Fe 的含量较低，在 0.9~1.0g/L 之间。由于是加压氧化浸出，溶液中 Fe^{2+} 含量很低（0.037g/L），只占总铁含量的 4%。

表 4-12　浸出混合溶液的组成成分

元素	Mg	Ni	Co	Fe	Cu	Al	Fe^{2+}
含量/g·L⁻¹	16.66	0.86	0.018	0.94	0.012	1.85	0.037

A　试验过程

试验研究中直接添加 MgO 粉末中和浸出液，调节溶液的 pH 值，使 Fe^{3+} 发生水解沉淀而除去溶液中的杂质 Fe。通常条件下，水解沉淀除铁的温度应当控制在 80℃ 以上，pH 值控制在 3~5 之间。借鉴此条件，采用试验温度为 85℃，添加中和剂 MgO 调节溶液 pH 值进行试验，依此选择水解沉铁的合适 pH 值。

取一定量浸出液倒入 500mL 的烧杯中，加热到 85℃ 并开始缓慢加入 MgO 粉末调节溶液 pH 值，达到试验所需 pH 值，恒温一段时间后过滤。滤液取样送去分析 Fe、Ni、Mg 等的含量。

研究一：400mL 浸出液，加入 3.6g MgO 粉末，85℃ 恒温搅拌 10min，终点 pH = 3.2。

研究二：300mL 浸出液，加入 2.9g MgO 粉末，85℃ 恒温搅拌 10min，终点 pH = 4.1。

研究三：200mL 浸出液，加入 2.2g MgO 粉末，85℃ 恒温搅拌 10min，终点 pH = 5.3。

研究四：200mL 浸出液，加入 2.5g MgO 粉末，85℃ 恒温搅拌 10min，终点 pH = 6.5。

B 研究结果及讨论

研究结果见表 4-13、表 4-14 和图 4-20。pH 值由零增大到 3 时，溶液中的 Fe 含量急剧减少，约有 95% 的 Fe 被水解沉淀掉；少量的铝也相应地被沉淀析出。pH 值继续增大时，溶液中 Fe 的含量已经很少，变化不是很大，Ni 和 Al 的含量却是急速下降。Ni 和 Co 在 pH 值为 3 时有 5% 左右的损失，主要原因是 Fe 在沉淀过程中，吸附和夹带了少量的 Ni 和 Co。Al 在此时沉淀较多，一方面是因为有一部分的 Al 发生了水解沉淀，另一方面也是由于在沉 Fe 过程中，吸附和夹带少量的 Al。

表 4-13 不同 pH 值下溶液的组成成分

试验编号	Mg 含量 /g·L⁻¹	Ni 含量 /g·L⁻¹	Co 含量 /g·L⁻¹	Fe 含量 /g·L⁻¹	Al 含量 /g·L⁻¹	终点 pH 值
1	16.66	0.86	0.018	0.94	1.85	0
2	28.28	0.86	0.021	0.067	1.44	3.2
3	25.07	0.71	0.019	0.029	1.15	4.1
4	23.88	0.39	0.009	0.056	<0.01	5.3
5	20.58	0.026	<0.005	<0.005	<0.01	6.5

注：1 号溶液为原始浸出液。

表 4-14 各种金属的沉淀率

试验编号	终点 pH 值	Fe 沉淀率/%	Ni 沉淀率/%	Co 沉淀率/%	Al 沉淀率/%
1	3.2	95	6	5	37
2	4.1	97	17	-5	38
3	5.3	96	55	28	>99
4	6.5	99	97	>72	>99

由此可见，调节溶液 pH 值在 3 左右时，虽然除铁率比较低（95%），但是溶液中的 Ni、Co 绝大多数都留在溶液中；调节溶液 pH 值在 6 左右时，铁几乎完全被沉淀出，但是溶液中的 Ni、Co 也相应地被沉淀出，造成 Ni、Co 的损失。综合看来，加入 MgO 粉末调节浸出溶液终点 pH 值在 3 左右为佳，此时沉淀物也容易过滤。

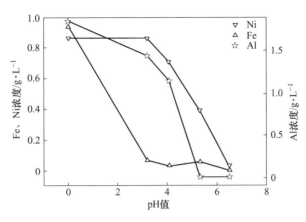

图 4-20 金属残余浓度与 pH 值关系

4.2.3.3 镍钴分离

除铁后溶液还要做进一步处理：继续添加 MgO 粉末，调节溶液 pH 值，使 Ni、Co 沉淀出来。将沉淀出来的 Ni(OH)$_2$ 和 Co(OH)$_2$ 收集起来，加酸溶解，然后萃取分离，生产相应的 Ni、Co 产品；而沉淀完 Ni 和 Co 后的溶液留着做下一步的处理。

A 研究过程

取一定量浸出液，按照 4.2.3.2 节确定的条件水解除铁。同水解沉淀除铁试验过程相似，用 500mL 烧杯取除铁后的溶液 200mL，加热到 85℃时逐渐添加 MgO 粉末，待 MgO 溶解后用精密 pH 试纸测其溶液 pH 值变化。当溶液 pH 值到达试验所需值后，恒温搅拌 20min。反应完毕后冷却过滤，滤液和沉淀物均送去分析 Ni、Co 和 Mg 的含量。

在 4.2.3.2 节的水解沉淀除铁试验中，当反应终点 pH 值为 6.5 时，有 95% 以上的 Ni 和大部分的 Co 损失掉。由此可见，在中和沉淀 Ni 和 Co 的试验中，溶液的 pH 值不需要调节得太高就可以将 Ni 和 Co 沉淀完全。

B 研究结果及讨论

试验结果列入表 4-15。当调节溶液 pH 值为 7.5 左右时，溶液中 Ni、Co 含量都很低，沉淀率都达到 98% 以上。当调节溶液 pH 值在 8 左右时，Ni 和 Co 的含量已低于 0.005g/L，基本上沉淀完全。

表 4-15 沉淀镍钴试验结果

编号	溶液体积/mL	加入 MgO 量/g	终点 pH 值	溶液中各元素含量/g·L^{-1}			沉淀中各元素含量/%		
				Ni	Co	Mg	Ni	Co	Mg
a	300	—	4.1	0.71	0.019	25.07	—	—	—
1	220	1.3	7.5	0.013	<0.005	21.48	4.30	0.099	18.46
b	500	—	3.4	0.96	0.021	24.65	—	—	—
2	225	2.3	7.8	<0.005	<0.005	29.33	5.39	0.11	15.54
3	200	2.0	8.2	<0.005	<0.005	23.95	3.98	0.087	18.92

注：1. a 号和 b 号溶液分别为 300mL 和 500mL 浸出液除铁后的溶液。

2. 1 号试验溶液取于 a 溶液；2 号和 3 号试验溶液取于 b 溶液。

添加 MgO 调节溶液 pH 值沉淀 Ni 和 Co 过程中，Mg 在反应过程中一部分进入溶液，另一部分则由于没有溶解而进入沉淀物中。现将 Mg 在溶液中和沉淀物中的大体走向列在表 4-16 中。结果表明，Mg 在沉淀反应前后，基本维持平衡。

表 4-16   Mg 在溶液和沉淀中的平衡 （g）

试验编号	沉淀前			沉淀后		
	溶液	加入	总和	溶液	沉淀	总和
1	5.52	0.78	6.30	5.37	0.90	6.27
2	5.55	1.38	6.93	6.16	0.74	6.90
3	4.93	1.20	6.13	5.15	1.00	6.15

由上述分析可知：（1）浸出溶液中 Fe 的含量很少（$c_{Fe^{3+}} < 1g/L$，$c_{Fe^{2+}} < 0.05g/L$），可选用直接中和沉淀法除掉溶液中的 Fe 杂质。温度在 85℃ 时，调节溶液 pH 值在 3 左右，恒温搅拌 10min 即可将 Fe 脱除，沉淀物也易于过滤；（2）中和沉淀 Ni 和 Co 完全的条件：温度 85℃，pH = 7.5~8，恒温搅拌 20min。

4.2.4   浸出剂/氧化镁再生

4.2.4.1   蒸发结晶

浸出液经中和除铁、MgO 沉淀镍钴后，进行蒸发结晶。中和沉淀 Ni 和 Co 后溶液的成分组成见表 4-17。

表 4-17   中和后溶液的成分组成

编号	溶液体积/mL	Mg 含量/g·L⁻¹	Ni 含量/g·L⁻¹	Co 含量/g·L⁻¹
1	160	29.33	<0.005	<0.005
2	155	23.95	<0.005	<0.005

由于红土镍矿中的镁与硝酸反应生成物硝酸镁的溶解度很大，直接结晶有困难[27]，需要蒸发大量的水才能使硝酸镁物质达到饱和状态。

分别取上述两种中和后液于 250mL 烧杯内，置于电炉上加热蒸发。当溶液水分蒸发掉 100mL 后，取下烧杯。待溶液冷却至室温后，放在恒温磁力搅拌器上于 30℃ 缓慢搅拌蒸发直至晶体析出。搅拌不宜太快，30r/min 为宜。当溶液中出现大量结晶后，减压抽滤。结晶后溶液中含有硝酸镁的浓度很高，接近饱和状态。经分析，试验制取的结晶体中的 Mg 含量和分析纯试剂硝酸镁中 Mg 含量并不能严格吻合，是因为结晶体在空气中容易风化失去结晶水造成的。

4.2.4.2   氧化镁生成与硝酸再生

将蒸发结晶得到的晶体硝酸镁加热分解。在得到 MgO 的同时，将生成的气体进行吸收，以制取硝酸返回浸出工序，循环利用。

A   晶体分解温度的确定

为了确定硝酸镁晶体的分解温度，可用分析纯试剂硝酸镁进行加热分解试验。取一定量分析纯试剂硝酸镁，置于马弗炉中在不同的温度下进行加热分解试验，选择最佳的热分

解温度。不同温度下，硝酸镁的热分解试验结果见表 4-18，硝酸镁的分解产物如图 4-21 ~
图 4-26 所示。

表 4-18　不同温度下硝酸镁的热分解试验结果

温度/℃	150	300	350	400	450	500
硝酸镁质量/g	20.0	20.0	15.3	20.0	10.0	10.0
加热时间/h	1.0	1.0	1.0	1.0	1.0	1.0
烧后质量/g	15.7	15.4	7.2	4.3	3.1	1.42
烧损率/%	21.5	23.0	52.9	78.5	69.3	85.8
MgO 含量/%	—	—	—	23.1	38.8	97.6

图 4-21　150℃下的分解产物

图 4-22　300℃下的分解产物

图 4-23　350℃下的分解产物

试验结果表明：加热温度到 200℃时，结晶体开始熔化，300℃时晶体完全熔化并开始
沸腾。400℃时保温 1h 后，测得分解产物中 MgO 含量只有 23% 左右。500℃保温 1h 后的
热分解产物中含 MgO 达到 97% 以上。选择结晶体热分解的条件为 500℃、保温 1h。此条

图 4-24 400℃下的分解产物

图 4-25 450℃下的分解产物

图 4-26 500℃下的分解产物

件下对蒸发结晶出的硝酸镁晶体进行试验，分解产物中 MgO 含量达 96% 以上。故 500℃ 作为热分解温度是可行的。

B　氧化镁的生成和硝酸的再生

a　研究过程

将一定量的硝酸镁晶体装入平底烧瓶中，置于井式炉内加热到 500℃ 保温 1h，生成的气体经过两级吸收后，再用碱液吸收残余气体。由于鼓入空气和抽真空的原因，整个试验装置处于负压状态，能够顺利地吸收热分解产生的气体。试验装置如图 4-27 所示。

按照 4.2.4.2 节中确定的试验条件即分解温度为 500℃，恒温加热 1h，进行了 3 组试验。这 3 组试验的区别在于试验过程中有无抽真空、有无鼓入空气以及鼓入空气的位置不同。试验 1，既没抽真空也没有鼓入空气，未设置缓冲瓶；试验 2，抽真空和在缓冲瓶内鼓入空气；试验 3，抽真空和在吸收瓶内鼓入空气。

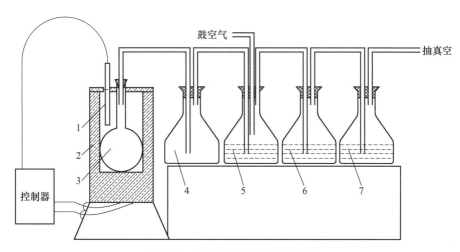

图 4-27 晶体分解试验装置示意图

1—热电偶；2—井式炉；3—平底烧瓶；4—缓冲瓶；5——级吸收瓶；6—二级吸收瓶；7—碱液吸收瓶

b 结果与讨论

试验结果列入表 4-19。试验 1 没有设置缓冲瓶也没有抽真空，使得试验后半段一级吸收瓶内的吸收液倒吸流入到平底烧瓶中。硝酸的回收率也不高，还没有达到 63%，主要原因是气体在吸收过程中没有氧气的氧化作用而导致吸收不充分，使得 1/3 的气体被碱液吸收掉。试验 2 和试验 3 中增设缓冲瓶，均有少量的一级吸收液倒流入缓冲瓶内。在后两个试验中分别于吸收装置的不同位置中鼓入空气，生成的气体大部分与空气中的氧气发生反应一起被吸收，硝酸的回收率分别达到 94% 和 92%。

表 4-19 晶体分解试验结果

试验编号	分解产物质量/g	产物中 MgO 含量/%	一级吸收液中 NO_3^- 离子含量/g·L^{-1}	二级吸收液中 NO_3^- 离子含量/g·L^{-1}	硝酸回收率/%
1	3.90	93.74	30.87	—	62.7
2	9.52	97.12	124.11/47.25①	9.45	94.5
3	4.98	97.13	68.04	—	92.2

① 两个数分别为缓冲瓶内和一级吸收瓶内硝酸根离子的含量。

硝酸镁晶体分解后的产物中，只有一个试验的 MgO 含量小于 94%，其余的均在 97% 以上。取试验制备的 MgO 进行检测，并与化工行业标准中（HG/T 2573—1994）工业氧化镁技术指标作比较，列入表 4-20。

表 4-20 试验产品检测结果与氧化镁技术指标对照表

项　目	HG/T 2573—1994（化工行标）			试验产品
	优等品	一等品	合格品	
氧化镁（以 MgO 计）/%	≥95.0	≥93.0	≥92.0	97.13
氧化钙（以 CaO 计）/%	≤1.0	≤1.5	≤2.0	0.16
盐酸不溶物含量/%	≤0.10	≤0.20	—	0

续表 4-20

项　目	HG/T 2573—1994（化工行标）			试验产品
	优等品	一等品	合格品	
硫酸盐（以 SO_4^{2-} 计）/%	≤0.2	—	—	0
筛余物（以 150μm 试验筛）/%	≤0.03	≤0.05	≤0.20	0.02
铁（Fe）含量/%	≤0.05	≤0.06	≤0.10	0.02
锰（Mn）含量/%	≤0.003	≤0.010	—	0.004
氯化物（以 Cl^- 计）含量/%	≤0.035	≤0.10	≤0.15	0.007
灼烧失重/%	≤3.5	≤5.0	≤5.5	1
堆积密度/g·mL^{-1}	≤0.20	≤0.20	≤0.25	0.23

由表 4-20 可知，试验产品氧化镁除堆积密度外，其他各项技术指标均优于工业轻质氧化镁化工行业标准（HG/T 2573—1994）中优等品要求。

4.3　褐铁型红土镍矿处理

本节原料来自印度尼西亚某红土镍矿，关于原料的详细介绍参考 2.1.1 节。图 4-28 和图 4-29 所示为褐铁型红土镍矿硝酸介质加压浸出[2,5]新工艺流程简图。

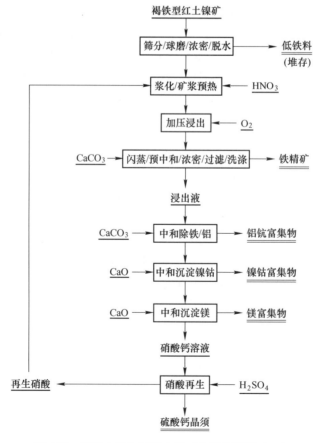

图 4-28　硝酸介质加压浸出新工艺流程简图（一）

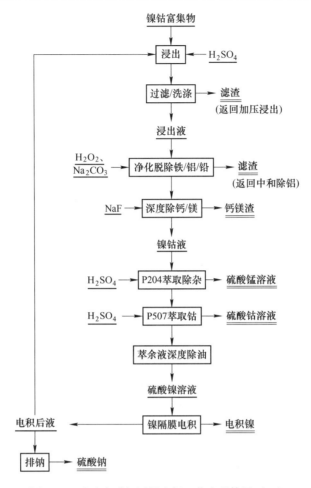

图 4-29　硝酸介质加压浸出新工艺流程简图（二）

4.3.1　浸出过程影响因素

4.3.1.1　预浸试验

预浸试验在 1000mL 烧杯中进行，预浸试验条件：矿量 400g，液固比（浸出液体积与矿量质量比）L/S＝1.5：1mL/g，酸度 220g/L（理论酸量 1 倍，按照 Ni、Co、Al、Mg 和 Ca 全部被浸出计算），预浸时间 2h，压力为常压，温度 90℃，试验结果见表 4-21。

表 4-21　预浸试验结果

成分	Fe	Ni	Co	Cr	Al$_2$O$_3$(Al)	MgO(Mg)	CaO(Ca)	SiO$_2$
原矿（质量分数）/%	47.19	0.618	0.03	2.06	6.69	1.89	0.43	5.3
浸出渣（质量分数）/%	51.03	0.43	0.02	1.95	4.81	0.55	—	6.2
浸出液/g·L^{-1}	22.6	1.28	0.1	0.6	4.34	6.2	3.63	—
浸出率/%	7.78	40.39	42.9	4.7	38.40	75.07	约100	约0

注：1. "—"表示所测元素含量为微量；

　　2. Ni、Co、Si、Ca 浸出率以渣计，Fe、Al、Mg、Cr 浸出率以液计。

试验得干渣342.7g，滤液650mL，渣率85.68%，渣含水38.43%，从浸出结果可以看出，90℃预浸2h，各种可以被浸出的金属基本上都有部分被浸出，但浸出率都不是很高。从表4-21中可以看出，酸体系中Ca很容易被全部浸出，Si基本上不被浸出，Cr浸出率很低。但由于Ca、Si、Cr不是本工艺主要考察对象，因此在下面试验数据分析中将不再列出Ca、Si、Cr的浸出情况，着重讨论Ni、Co、Fe、Al、Mg五种元素浸出情况。

4.3.1.2 温度的影响

固定试验：矿量400g，液固比L/S=1.5∶1mL/g，初始酸度220g/L，90℃预浸2h，设定浸出温度下保温1h，反应时充入0.1MPa的氧压，搅拌转速400r/min，考察反应温度对浸出效果的影响。对应试验结果见表4-22，温度对各元素浸出率的影响如图4-30所示。

表4-22 浸出温度对浸出效果的影响

编号	温度/℃	最终压力/MPa	浸出液/mL	浸出渣/g	渣率/%	浸出液成分/g·L⁻¹				
						Fe	Ni	Co	Al	Mg
1	140	0.38	880	346.1	86.53	12.2	1.12	0.132	5.65	4.04
2	160	0.62	765	349.0	87.25	4.09	1.67	0.155	9.08	4.52
3	170	0.80	680	346.8	86.70	3.46	1.91	0.164	12.09	4.95
4	180	1.02	850	350.0	87.50	1.53	1.29	0.12	10.12	4.20
5	190	1.30	690	349.2	87.30	2.28	1.64	0.14	12.62	4.57
6	200	1.60	880	346.7	86.68	1.66	1.45	0.699	9.84	3.82

编号	浸出渣成分（质量分数）/%					浸出率/%				
	Fe	Ni	Co	Al₂O₃	MgO	Fe	Ni	Co	Al	Mg
1	51.44	0.38	0.020	3.81	0.36	5.69	46.80	42.3	35.11	77.96
2	52.28	0.37	0.020	2.81	0.40	1.66	47.76	41.8	49.06	75.83
3	53.80	0.31	0.015	3.55	0.60	1.25	56.51	56.4	58.06	73.81
4	52.95	0.30	0.016	2.80	1.12	0.69	57.52	53.3	60.75	78.29
5	53.95	0.26	0.013	3.03	1.40	0.83	63.27	62.2	61.50	69.15
6	54.50	0.24	0.012	2.72	1.03	0.77	66.34	65.3	61.15	73.72

注：Ni、Co浸出率以渣计，Fe、Al、Mg浸出率以液计。

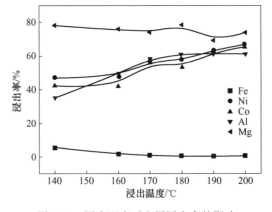

图4-30 浸出温度对金属浸出率的影响

从表 4-22 和图 4-30 数据可以看出，温度对 Ni、Co 的浸出率有明显影响，Ni、Co 浸出率均随着温度的升高而增大，直到 190℃增大趋势才减缓。考虑到压力釜中温度升高的同时，压力也会增大，这将会增加对高压设备的要求。因此，宜选用 190℃作为反应温度。图 4-30 和表 4-22 还表明：（1）Al 的浸出率在 180℃之前一直增大，但是到 180℃之后基本保持不变，最高浸出率约 60%；（2）Mg 的浸出率在 180℃之前基本保持不变，大约为 75%，180℃之后稍微有所下降，但基本上都能保证 70%；（3）Fe 的浸出率则随着温度的升高有所降低。这主要是因为 Fe 在低温高酸环境中与酸发生反应，生成 Fe^{2+}，随着反应温度的升高，釜内压力增大，在硝酸体系高压环境中 Fe^{2+} 被氧化成 Fe^{3+}，继而 Fe^{3+} 重新进入渣相。可见升高温度不仅使更多有价元素 Ni 和 Co 进入液相，也使更多的 Fe 继续留在铁渣中。结合表 4-22 数据可以发现，预浸时有 7.35% 的 Fe 被浸出，而当反应温度高于 180℃之后，铁的浸出率则降低到 1% 以下，这进一步证实了上述分析结论。综上所述，加压浸出的最佳浸出温度为 190℃。

4.3.1.3 保温时间的影响

固定试验：矿量 400g，液固比 L/S = 1.5∶1mL/g，酸度 220g/L，90℃预浸 2h，反应时充入 0.1MPa 的氧压，搅拌转速 400r/min。分别在保温温度 180℃和 200℃条件下考察保温时间对各组分浸出率的影响。180℃时对应试验结果见表 4-23 和图 4-31，200℃时对应试验结果见表 4-24 和图 4-32。

表 4-23　保温时间对浸出效果的影响（180℃保温）

编号	时间/min	最终压力/MPa	浸出液/mL	浸出渣/g	渣率/%	浸出液成分/g·L⁻¹				
						Fe	Ni	Co	Al	Mg
1	15	1.02	890	349.3	87.33	3.33	1.31	0.594	8.29	3.65
2	30	1.02	975	352.5	88.13	1.59	1.16	0.71	6.88	3.35
3	45	1.02	975	351.7	87.93	1.54	1.15	0.105	7.23	4.0
4	60	1.02	850	350.0	87.50	1.53	1.29	0.12	10.12	4.20

编号	浸出渣成分（质量分数）/%					浸出率/%				
	Fe	Ni	Co	Al₂O₃	MgO	Fe	Ni	Co	Al	Mg
1	53.12	0.33	0.016	3.73	0.18	1.57	53.37	53.4	52.11	71.24
2	52.49	0.31	0.016	3.74	0.19	0.82	55.79	53.0	47.37	71.63
3	53.33	0.33	0.017	3.8	0.2	0.80	53.05	50.8	49.78	81.22
4	52.95	0.30	0.016	2.80	1.12	0.69	57.52	53.3	60.75	78.29

注：Ni、Co 浸出率以渣计，Fe、Al、Mg 浸出率以液计。

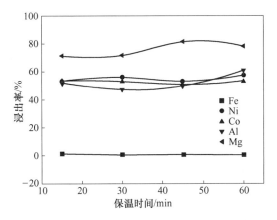

图 4-31　保温时间对金属浸出率的影响（180℃保温）

表4-24 保温时间对浸出效果的影响（200℃保温）

编号	时间/min	最终压力/MPa	浸出液/mL	浸出渣/g	渣率/%	浸出液成分/g·L⁻¹				
						Fe	Ni	Co	Al	Mg
1	15	1.60	890	349.3	87.33	3.06	1.82	0.152	12.09	4.81
2	30	1.60	975	352.5	88.13	1.36	1.39	0.134	10.55	3.73
3	45	1.60	975	351.7	87.93	1.72	1.27	0.108	9.81	3.47
4	60	1.60	880	346.7	86.68	1.66	1.45	0.699	9.84	3.82
5	90	1.60	950	348.2	87.05	1.59	1.35	0.650	9.11	3.54

编号	浸出渣成分（质量分数）/%					浸出率/%				
	Fe	Ni	Co	Al₂O₃	MgO	Fe	Ni	Co	Al	Mg
1	52.69	0.33	0.017	3.73	微量	0.93	53.69	51.7	49.09	60.65
2	53.02	0.36	0.015	2.81	1.31	0.55	49.00	55.1	57.37	62.98
3	53.95	0.32	0.014	3.06	1.96	0.77	55.61	61.1	58.89	64.68
4	54.50	0.24	0.012	2.72	1.03	0.77	66.34	65.3	61.15	73.72
5	54.61	0.24	0.012	2.68	1.00	0.80	66.30	65.2	61.12	73.75

注：Ni、Co浸出率以渣计，Fe、Al、Mg浸出率以液计。

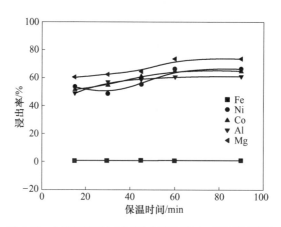

图4-32 保温时间对金属浸出率的影响（200℃保温）

从表4-23和图4-31中数据可以看出180℃时，随着保温时间的增加Ni、Co的浸出率变化不大，基本上保持在54%；Al和Mg的浸出率则随着保温时间的增加略有增大，其中Al的浸出率在45min后不再随保温时间而增加，Fe的浸出率则1.57%（15min）降至0.69%（60min）。

从表4-24和图4-32中数据可以看出200℃时，随着保温时间的延长，Ni、Co的浸出率均在增大，当保温时间达到60min后，再延长保温时间，Ni和Co的浸出率基本上保持不变，Ni的浸出率为66%以上，Co的浸出率为65%以上；Al、Mg的浸出率随着保温时间的延长也有所增加，但当保温时间达到60min后，Al、Mg的浸出率基本上分别保持在60%左右和78%左右；Fe的浸出率随着保温时间的增加逐步降低，浸出率保持在0.8%左右。综上所述，加压浸出的最佳保温时间为60min。

4.3.1.4 初始酸度的影响

固定试验：矿量 400g，L/S＝1.5∶1mL/g，90℃预浸 2h，200℃保温 1h，反应时充入 0.1MPa 的氧压，反应釜保温压力 1.60MPa，搅拌转速 400r/min，保证加入的酸量和矿量的理论比 1∶1。考察初始酸度对各元素浸出率的影响。对应试验结果见表 4-25 和图 4-33。

表 4-25　酸度对浸出效果的影响

编号	酸度 /g·L⁻¹	理论酸量倍数	浸出液 /mL	浸出渣 /g	渣率 /%	浸出液成分/g·L⁻¹				
						Fe	Ni	Co	Al	Mg
1	132	0.6	790	355.6	88.90	0.27	1.53	0.145	6.44	3.51
2	154	0.7	740	352.3	88.08	0.45	1.81	0.154	9.07	3.75
3	176	0.8	710	354.9	88.73	0.84	1.92	0.157	9.62	4.15
4	198	0.9	710	349.3	87.33	1.39	1.94	0.154	10.73	4.51
5	220	1.0	880	346.7	86.68	1.66	1.45	0.699	9.84	3.82
6	242	1.1	860	342.4	85.60	1.72	1.37	0.109	9.76	3.84
7	286	1.3	860	345.5	86.38	1.68	1.35	0.111	9.95	3.93

编号	浸出渣成分（质量分数）/%					浸出率/%				
	Fe	Ni	Co	Al₂O₃	MgO	Fe	Ni	Co	Al	Mg
1	52.04	0.37	0.017	9.38	2.20	0.11	46.78	49.6	35.93	60.81
2	52.88	0.35	0.015	7.53	2.18	0.18	50.12	55.9	47.40	60.86
3	54.17	0.29	0.015	3.28	2.33	0.32	58.36	55.6	48.24	64.62
4	53.90	0.26	0.014	3.35	2.14	0.52	63.25	59.3	53.80	70.22
5	54.50	0.24	0.012	2.72	1.03	0.77	66.34	65.3	61.15	73.72
6	53.78	0.22	0.011	3.07	2.57	0.78	69.53	68.6	59.28	72.42
7	54.43	0.21	0.010	3.00	2.45	0.77	70.12	71.1	60.43	74.12

注：Ni、Co 浸出率以渣计，Fe、Al、Mg 浸出率以液计。

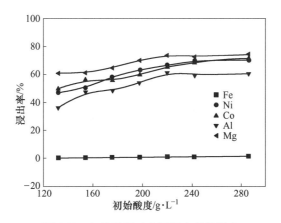

图 4-33　初始酸度对金属浸出率的影响

在初始酸度低于 220g/L 时，随着初始酸度的增加，矿中各组分的浸出率均有所增加。其中 Ni、Co 的浸出率在初始酸度达到 242g/L（理论酸量 1.1 倍）后基本不变，浸出率维持在约70%；而Al和Mg则在初始酸度达到220g/L后就基本不再增加，Al的浸出率约60%，Mg的浸出率约73%；矿中的Fe的浸出率随着酸度增加有所增大，但是浸出率都在1%以下。综上所述，加压浸出的最优初始酸度为242g/L，即理论酸量的1.1倍。

4.3.1.5　液固比的影响

固定试验：90℃预浸2h，200℃保温1h，反应时充入0.1MPa的氧压，反应釜保温压力1.60MPa，搅拌转速400r/min。因实验室所用加压釜的容积2L，为了使釜内搅拌能正常工作，要求釜内液体体积最好大于600mL，因此试验中固定硝酸溶液体积为600mL，通过改变矿量来实现液固比的改变，考察液固比对各元素浸出率的影响。对应试验结果见表4-26，对应组分的浸出率如图4-34所示。

表4-26　液固比对浸出效果的影响

编号	液固比 /mL·g^{-1}	酸度 /g·L^{-1}	浸出液 /mL	浸出渣 /g	渣率 /%	浸出液成分/g·L^{-1}				
						Fe	Ni	Co	Al	Mg
1	1:1	330	960	515.8	85.97	3.29	1.87	0.162	11.97	4.55
2	1.3:1	254	670	388.2	84.03	5.11	2.11	0.161	13.84	4.56
3	1.5:1	220	880	346.7	86.68	1.66	1.45	0.699	9.84	3.82
4	1.8:1	183	740	291.8	87.63	1.30	1.41	0.110	9.67	3.65
5	2:1	165	606	265.1	88.36	2.43	1.45	0.133	9.84	3.87

编号	浸出渣成分（质量分数）/%					浸出率/%				
	Fe	Ni	Co	Al$_2$O$_3$	MgO	Fe	Ni	Co	Al	Mg
1	51.58	0.33	0.0174	3.32	1.86	1.12	54.10	50.1	54.10	63.86
2	53.79	0.32	0.0167	3.04	3.17	1.57	56.49	53.2	56.70	58.01
3	54.50	0.24	0.012	2.72	1.03	0.77	66.34	65.3	61.15	73.72
4	52.41	0.32	0.0151	3.52	1.13	0.61	54.63	55.9	60.70	71.15
5	53.49	0.31	0.016	3.01	2.65	1.02	55.82	52.87	56.15	53.37

注：Ni、Co浸出率以渣计，Fe、Al、Mg浸出率以液计。

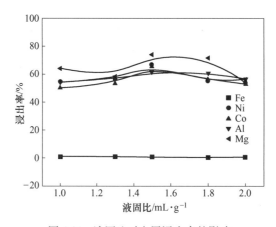

图4-34　液固比对金属浸出率的影响

从表 4-26 和图 4-34 中数据可以看出，矿中组分 Ni、Co、Al 和 Mg 的浸出率均随着液固比的增大先逐渐升高到一定值后又开始不同程度地降低。其中 Ni、Co 的浸出率在液固比 1.5∶1mL/g 时达到峰值，分别为 66.34% 和 65.3%，而 Mg 和 Al 的浸出率在液固比 1.6∶1mL/g 时达到峰值，分别约为 72% 和 61%。这是因为在试验过程中，固定酸溶液的体积为 600mL，改变液固比是通过改变加入的矿量来实现的。而反应中单位矿量所加入的酸量保证不变。这样一来，随着液固比的减小，矿量增大，加入的酸量随之增大，则初始酸度就会增大。换言之，液固比越大初始酸度越低。当液固比过小时，会导致矿浆浓度过高，在一定搅拌转速下由于矿浆浓度的增加，介质黏稠，不易混合均匀导致反应不充分。因此开始液固比较小，虽然酸度很高，但是此时矿浆太黏稠，酸度对矿中组分浸出的影响占次要因素。随着液固比的增大，矿浆浓度降低，矿浆混合逐渐充分，矿中各组分浸出率逐渐增大。当各组分浸出率增大到峰值以后，此时一定转速的搅拌可以保证矿浆充分混合，再增加液固比则由于酸度逐渐降低，矿中组分浸出率就会降低。矿中 Fe 的浸出率受矿浆浓度的影响较小，在本组试验中浸出率都很低，开始随着液固比减小，即酸度降低 Fe 浸出率降低，在液固比 1.8∶1mL/g 后随着液固比增大略微有所增加，但基本都保持在 1% 左右。综上所述，为减小因矿浆过稠的现象，加压浸出的最优液固比为（1.5~2）∶1mL/g。该液固比只适合本矿样，由于不同物料配成矿浆后黏稠度不一样，如果换物料，则液固比要根据实际物料的性质来定。

4.3.1.6 氧压的影响

固定试验：矿量 400g，90℃ 预浸 2h，L/S＝1.5∶1mL/g，反应时不充入氧气，反应釜保温压力 1.50MPa，搅拌转速 400r/min，分别考察不同酸度和不同温度条件下是否通氧对各元素浸出率的影响，对应试验结果见表 4-27。

表 4-27 氧压对浸出效果的影响

编号	温度/℃	酸度/g·L⁻¹	氧压/MPa	浸出液/mL	浸出渣/g	浸出液成分/g·L⁻¹				
						Fe	Ni	Co	Al	Mg
1	200	242	0	610	352.9	2.5	2.01	0.166	12.78	5.51
2	200	242	0.1	860	342.4	1.72	1.37	0.109	9.76	3.84
3	180	220	0	925	373.0	1.81	1.09	0.101	9.21	3.84
4	180	220	0.1	850	350.0	1.53	1.29	0.120	10.12	4.20
5	200	198	0	820	363.4	2.03	1.82	0.142	9.68	4.01
6	200	198	0.1	710	349.3	1.39	1.94	0.154	10.73	4.51

编号	浸出渣成分（质量分数）/%					浸出率/%				
	Fe	Ni	Co	Al₂O₃	MgO	Fe	Ni	Co	Al	Mg
1	53.48	0.22	0.011	2.94	2.30	0.81	68.69	67.7	55.06	73.70
2	53.38	0.22	0.011	3.07	2.57	0.78	69.53	68.6	59.28	72.42
3	51.23	0.29	0.015	3.22	1.31	0.89	56.24	53.4	60.14	77.89
4	52.95	0.30	0.016	2.80	1.12	0.69	57.52	53.3	60.75	78.29
5	51.23	0.24	0.013	3.56	2.32	0.88	64.72	60.63	56.22	72.10
6	53.90	0.26	0.014	3.35	2.14	0.52	63.25	59.3	53.80	70.22

注：Ni、Co 浸出率以渣计，Fe、Al、Mg 浸出率以液计。

从表4-27可以看出：充入氧气可以降低Fe的浸出率，这主要是由于充入氧气可以增加压力釜内的氧化气氛，被浸出来的Fe^{2+}更容易被氧化成Fe^{3+}，从而更易被压回渣相中；增加氧压对矿中组分Ni、Co、Mg、Al的浸出率影响不大。另外，高压反应釜中通入氧气一方面会增加加压釜内压力，对设备要求增高；另一方面纯氧的使用会增加车间管理工作，同时也存在一定程度的安全隐患。综上所述，本工艺最终选择不通入氧压。

4.3.1.7 最优条件下稳定试验

在上述试验中得出最优加压浸出试验条件为：矿400g，液固比L/S=1.5：1mL/g，初始酸度242g/L（理论酸量1.1倍），保温温度190℃，90℃预浸2h，反应时不通入氧气，反应釜保温压力1.50MPa，搅拌转速400r/min。固定在此试验条件下，平行3次试验，考察其稳定性。试验结果见表4-28和图4-35，结果表明最优条件下加压浸出稳定性很好。

表4-28 最优条件下稳定试验结果

编号	浸出液/mL	浸出渣/g	渣率/%	浸出液成分/g·L^{-1}				
				Fe	Ni	Co	Al	Mg
1	610	352.9	88.23	2.5	2.01	0.166	12.78	5.51
2	600	348.9	87.23	2.6	2.18	0.180	12.98	5.65
3	620	354.5	88.43	2.8	2.10	0.182	12.86	5.72

编号	浸出渣成分(质量分数)/%					浸出率/%				
	Fe	Ni	Co	Al_2O_3	MgO	Fe	Ni	Co	Al	Mg
1	53.48	0.23	0.012	2.94	2.30	0.81	67.17	64.7	55.06	73.70
2	53.10	0.24	0.012	2.96	2.14	0.83	66.12	65.11	55.00	74.34
3	53.46	0.24	0.013	2.96	1.89	0.91	65.66	61.68	56.31	77.77

注：Ni、Co浸出率以渣计，Fe、Al、Mg浸出率以液计。

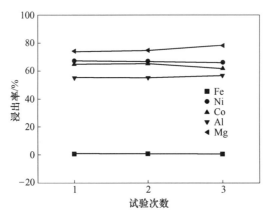

图4-35 最优化条件下稳定试验

4.3.2 浸出液净化及镍钴分离

4.3.2.1 中和沉铁

沉铁试验主要考察了两种沉铁方式中Fe的沉淀率和Ni、Co的夹带率：（1）加压浸出后滤液中和沉铁；（2）加压浸出矿浆直接中和沉铁。考察了沉铁时pH值、温度以及时间对沉淀效果的影响，沉淀剂分别采用了分析纯 CaO 乳、分析纯 CaCO₃ 乳和青石粉乳，考察了三种沉淀剂的沉淀效果。

A　加压浸出滤液中和沉铁

从表 4-29 中数据可以看出，在 60℃、80℃和 85℃时用 CaO 沉铁，从沉铁角度上来说只要保证 pH 值为 2.5 以上，陈化时间 0.5h 以上，都能使铁沉淀率达到 95% 以上，精滤液中的铁含量为 0.3g/L 以下。当沉铁温度为 80℃，沉铁 pH 值为 2.0 时，即使陈化 1h，铁的沉淀率只有 62.11%。此时，精滤液中的 Fe 含量还有 2.5g/L。从 Ni、Co 的夹带率上来考虑，当沉铁时温度太低，会使铁渣中的 Ni、Co 的夹带率增高，表 4-29 中 60℃时 Ni、Co 的夹带率比 80℃时 Ni、Co 夹带率高。同时，试验中发现用 CaO 沉铁后过滤速度很慢，基本上在抽滤压力 0.04MPa 时，过滤 2L 沉铁液至少需要 30min。这可能因为沉铁时，易生成铁的氢氧化物胶体，且铁的氢氧化物胶体易吸附液相中的 Ni 和 Co 从而导致 Ni、Co 损失。同时，铁的氢氧化物胶体颗粒较小，易造成穿滤现象，即使不穿滤也会导致过滤困难。

表 4-29　加压浸出滤液中和沉铁试验结果（CaO 作为沉淀剂）

编号	温度/℃	pH 值	时间/h	沉淀前液体积/mL	沉淀后液体积/mL	干渣重/g	沉铁前液/g·L⁻¹		
							Fe	Ni	Co
1	85	3.0	2	2000	2120	39.5	7.72	1.73	0.167
2	85	2.5	2	4000	4320	68.8	7.80	1.68	0.178
3	85	2.5	1	3000	3040	51.5	7.80	1.68	0.178
4	85	2.5	0.5	2000	2120	40.0	7.80	1.68	0.178
5	80	2.5	2	1000	1000	6.20	2.60	1.68	0.145
6	80	2.5	1.5	1000	1090	6.37	2.60	1.68	0.145
7	80	2.5	1	1000	1040	6.40	2.60	1.68	0.145
8	80	2.5	0.5	2000	2070	38.9	6.79	1.84	0.180
9	80	2.0	1	2000	2010	26.3	6.79	1.84	0.180
10	60	3.0	1	1000	1050	19.3	7.12	1.67	0.173
11	60	2.5	1	1000	1070	18.4	7.12	1.67	0.173
12	60	2.5	0.5	1000	1030	18.9	7.12	1.67	0.173

编号	沉铁后液/g·L⁻¹			铁渣（质量分数）/%			沉淀率（夹带率）/%		
	Fe	Ni	Co	Fe	Ni	Co	Fe	Ni	Co
1	0.041	1.52	0.134	35.42	0.015	0.013	99.44	0.17	1.54
2	0.062	1.46	0.170	40.30	0.016	0.013	99.14	0.16	1.26
3	0.043	1.63	0.141	40.13	0.015	0.013	99.44	0.15	1.25
4	0.051	1.50	0.158	40.28	0.016	0.014	99.31	0.19	1.57
5	0.039	1.53	0.130	37.81	0.015	0.012	98.50	0.06	0.51
6	0.045	1.50	0.129	38.21	0.017	0.013	98.11	0.06	0.57
7	0.040	1.52	0.136	38.46	0.015	0.012	98.40	0.06	0.53
8	0.062	1.68	0.167	35.37	0.017	0.014	99.05	0.18	1.51
9	2.56	1.75	0.172	33.53	0.018	0.021	62.11	0.13	1.53
10	0.137	1.51	0.142	35.67	0.201	0.038	97.98	2.32	4.24
11	0.145	1.59	0.147	34.76	0.192	0.026	97.82	2.12	2.77
12	0.278	1.57	0.145	34.56	0.199	0.028	95.98	2.25	3.06

注：Ni、Co 的夹带率以渣计，Fe 的沉淀率以液计。

从表 4-30 中数据可以看出，在 60℃、80℃和 85℃时用 $CaCO_3$ 沉铁，从沉铁角度上来说只要保证 pH 值为 2.5 以上，陈化时间 0.5h 以上，都能使铁沉淀率达到 90% 以上，使精滤液中的铁含量为 0.5g/L 以下。同样，沉铁时 pH 值为 2.0 时，不论 60℃还是 70℃下陈化 1h，铁的沉淀率都很低，此时精滤液中的 Fe 含量还有 3.5g/L 以上。和用 CaO 沉铁一样，当沉铁时温度太低时，会使铁渣中的 Ni、Co 夹带率增高。实验中发现，用 $CaCO_3$ 沉铁后过滤速度明显比 CaO 沉铁后过滤快，在抽滤压力 0.04MPa 时，过滤 2 L 沉铁液只需要 5~10min。可见，用碱性较弱的 $CaCO_3$ 作为沉铁时的沉淀剂可以减少铁的氢氧化物胶体的形成。

表 4-30　加压浸出滤液中和沉铁试验结果（$CaCO_3$ 作为沉淀剂）

编号	温度/℃	pH 值	时间/h	沉淀前液体积/mL	沉淀后液体积/mL	干渣重/g	沉铁前液/g·L⁻¹		
							Fe	Ni	Co
1	80	2.5	1	1000	1100	12.0	4.89	1.74	0.168
2	80	2.5	0.5	1000	1050	11.8	4.89	1.74	0.168
3	70	3.0	1	1000	1040	12.8	5.27	1.69	0.169
4	70	2.5	1	2000	2090	35.7	6.27	1.73	0.172
5	70	2.5	0.5	1000	1020	36.2	5.27	1.69	0.169
6	70	2.0	1	1000	1070	24.1	5.27	1.69	0.169
7	60	3.0	1	1000	1070	34.2	5.27	1.69	0.169
8	60	2.5	1	1000	1020	34.1	5.27	1.69	0.169
9	60	2.5	0.5	1000	1040	35.2	5.27	1.69	0.169
10	60	2.0	1	1000	1050	22.2	5.27	1.69	0.169

编号	沉铁后液/g·L⁻¹			铁渣（质量分数）/%			沉淀率（夹带率）/%		
	Fe	Ni	Co	Fe	Ni	Co	Fe	Ni	Co
1	0.089	1.58	0.149	38.91	0.018	0.011	98.00	0.12	0.79
2	0.106	1.54	0.152	39.10	0.020	0.015	97.72	0.14	1.05
3	0.121	1.50	0.151	38.10	0.019	0.013	97.61	0.14	0.98
4	0.091	1.58	0.157	37.87	0.018	0.012	98.48	0.19	1.25
5	0.111	1.54	0.150	38.01	0.018	0.014	97.85	0.39	3.00
6	3.68	1.56	0.153	35.21	0.021	0.015	25.28	0.30	2.00
7	0.312	1.49	0.150	37.19	0.121	0.016	93.67	2.45	3.24
8	0.343	1.52	0.152	37.25	0.119	0.016	93.36	2.40	3.23
9	0.421	1.52	0.152	37.14	0.160	0.015	91.69	3.33	3.12
10	3.89	1.54	0.154	34.25	0.095	0.015	22.50	1.25	1.97

注：Ni、Co 的夹带率以渣计，Fe 的沉淀率以液计。

表 4-31 所列为青石粉作为沉淀剂在加压滤液中沉铁试验结果。从表 4-31 中数据可以看出，青石粉沉铁规律和分析纯 $CaCO_3$ 沉铁规律接近。pH 值在 2.5 以上时，不论温度如何都能使铁的沉淀率达到 87% 以上，沉铁后液中的铁的含量为 0.9g/L 以下。由于工业用

青石粉碱性比分析纯 $CaCO_3$ 低，因此沉淀时效果稍微差些，但是仍能满足工业生产要求。与 $CaCO_3$ 沉铁相同，pH 值为 2.0 时，沉铁后液中铁含量都在 2.0g/L 以上，不能达到工业生产要求。试验中发现温度降为 30℃ 后，沉铁不好过滤，这可能是由于生成的固体在低温下容易板结，导致过滤时透水性变差的缘故。因此，综合考虑本工艺中沉铁，要求温度在 70℃ 以上进行，即反应釜出釜后立即进行沉铁过滤。

表 4-31 加压浸出滤液中和沉铁试验结果（青石粉作为沉淀剂）

编号	温度/℃	pH 值	时间/h	沉淀前液体积/mL	沉淀后液体积/mL	干渣重/g	沉铁前液/g·L⁻¹		
							Fe	Ni	Co
1	80	3.0	1	2000	2120	72.5	6.72	1.73	0.167
2	80	2.5	1	1000	1020	18.8	3.60	1.58	0.148
3	80	2.5	0.5	2000	2040	71.5	6.72	1.73	0.167
4	80	2.0	1	1000	1000	8.21	3.60	1.58	0.148
5	70	2.5	1	1000	1000	36.5	6.72	1.73	0.167
6	70	2.5	0.5	1000	1080	37.2	6.72	1.73	0.167
7	60	3.0	1	1000	1010	38.0	6.72	1.73	0.167
8	60	2.5	1	1000	1040	37.9	6.72	1.73	0.167
9	60	2.5	0.5	1000	1010	37.1	6.72	1.73	0.167
10	50	2.5	1	1000	1100	39.9	7.02	1.82	0.172
11	50	2.5	0.5	1000	1030	40.4	7.02	1.82	0.172
12	30	2.5	1	1000	1020	42.1	7.02	1.82	0.172
13	30	2.5	0.5	1000	1010	43.2	7.02	1.82	0.172

编号	沉铁后液/g·L⁻¹			铁渣（质量分数）/%			沉淀率（夹带率）/%		
	Fe	Ni	Co	Fe	Ni	Co	Fe	Ni	Co
1	0.098	1.49	0.146	38.72	0.019	0.016	98.45	0.40	3.47
2	0.081	1.35	0.139	38.21	0.019	0.011	97.71	0.23	1.40
3	0.101	1.50	0.144	38.10	0.021	0.016	98.47	0.43	3.43
4	2.102	1.33	0.133	39.23	0.033	0.012	41.61	0.17	0.67
5	0.092	1.49	0.143	37.98	0.032	0.013	98.63	0.68	2.84
6	0.123	1.49	0.142	38.08	0.030	0.020	98.02	0.65	4.46
7	0.213	1.52	0.140	38.35	0.030	0.019	96.80	0.66	4.32
8	0.321	1.51	0.141	38.33	0.031	0.018	95.03	0.68	4.09
9	0.332	1.56	0.145	38.21	0.030	0.018	95.01	0.64	4.00
10	0.672	1.42	0.132	36.23	0.040	0.019	89.47	0.88	4.41
11	0.688	1.41	0.130	36.01	0.032	0.021	89.91	0.71	4.93
12	0.862	1.42	0.140	28.25	0.039	0.027	87.48	0.90	6.61
13	0.880	1.40	0.129	29.10	0.042	0.025	87.34	1.00	6.28

注：Ni、Co 的夹带率以渣计，Fe 的沉淀率以液计。

B　加压浸出矿浆直接中和沉铁

考虑到加压矿浆不经过中和除铁直接进行过滤时酸度太高，且在70℃以上的较高温度下进行，对滤布的材质选型要求很高，且容易降低滤布的使用寿命，尤其是工业选用压滤机进行操作，过滤时正压进一步加速滤布的老化和破损。因此，开展了加压矿浆直接沉铁，然后再进行过滤的试验研究。

表4-32所列为加压矿浆直接进行中和沉铁的试验结果，从试验数据中可以看出不论是用分析纯CaO、分析纯$CaCO_3$还是青石粉，只要陈化时间0.5h以上，都能使沉铁后液中的Fe含量降低到0.8g/L以下，而且Ni、Co的夹带率也相差不大。试验过程中发现用CaO沉铁后的过滤速度小于青石粉沉铁后的过滤速度，但是由于加压矿浆中的铁渣起到晶种的作用，阻碍氢氧化铁胶体的形成，过滤难的现象并没有像在加压滤液中沉铁后过滤那么明显。表4-32中数据表明室温时沉铁虽然可以达到沉铁要求，但是过滤速度明显比70℃以上低。考虑到过滤速度，宜选择70℃以上沉铁。

表4-32　加压浸出矿浆直接中和沉铁试验结果

编号	沉淀剂	温度/℃	pH 值	陈化时间 /h	沉铁前液/g·L⁻¹		
					Fe	Ni	Co
1	CaO	85	2.5	1	2.95	1.65	0.117
2	CaO	80	2.5	1	2.95	1.65	0.117
3	CaO	80	3.0	1	2.95	1.65	0.117
4	$CaCO_3$	80	2.5	1	2.95	1.65	0.117
5	$CaCO_3$	80	2.5	0.5	6.12	1.76	0.182
6	$CaCO_3$	60	2.5	1	6.12	1.76	0.182
7	$CaCO_3$	40	2.5	1	6.12	1.76	0.182
8	青石粉	80	2.5	1	5.67	1.71	0.180
9	青石粉	80	2.5	0.5	5.67	1.71	0.180
10	青石粉	70	2.5	1	5.67	1.71	0.180
11	青石粉	70	2.5	0.5	5.67	1.71	0.180
12	青石粉	60	2.5	1	5.67	1.71	0.180
13	青石粉	40	2.5	1	5.67	1.71	0.180
14	青石粉	室温	2.5	1	5.67	1.71	0.180

编号	沉铁后液/g·L⁻¹			沉铁前渣（质量分数）/%			沉铁后渣（质量分数）/%		
	Fe	Ni	Co	Fe	Ni	Co	Fe	Ni	Co
1	0.023	1.48	0.087	53.38	0.33	0.012	53.38	0.38	0.018
2	0.031	1.50	0.088	53.38	0.33	0.012	53.20	0.36	0.018
3	0.030	1.47	0.090	53.38	0.33	0.012	53.41	0.38	0.020
4	0.101	1.49	0.082	53.38	0.33	0.012	52.98	0.32	0.011
5	0.143	1.46	0.178	52.18	0.30	0.011	52.00	0.32	0.010
6	0.378	1.49	0.168	52.18	0.30	0.011	51.65	0.38	0.015
7	0.772	1.56	0.172	52.18	0.30	0.011	51.29	0.42	0.016

编号	沉铁后液/g·L^{-1}			沉铁前渣（质量分数）/%			沉铁后渣（质量分数）/%		
	Fe	Ni	Co	Fe	Ni	Co	Fe	Ni	Co
8	0.323	1.52	0.162	51.78	0.32	0.010	50.90	0.33	0.009
9	0.354	1.55	0.161	51.78	0.32	0.010	51.00	0.33	0.009
10	0.412	1.49	0.165	51.78	0.32	0.010	50.99	0.33	0.011
11	0.387	1.49	0.166	51.78	0.32	0.010	51.21	0.34	0.012
12	0.434	1.53	0.160	51.78	0.32	0.010	50.43	0.39	0.008
13	0.732	1.52	0.158	51.78	0.32	0.010	50.44	0.42	0.009
14	0.821	1.58	0.159	51.78	0.32	0.010	50.02	0.40	0.007

注：当时室温在10℃以下。

综上，沉铁时选择青石粉作为沉淀剂，沉铁时的 pH 值控制在 2.5，陈化时间为 0.5h，沉铁及过滤温度保持在 70℃ 以上。

4.3.2.2 中和沉铝

沉铁后液中含有大量的 Al，沉淀 Ni 和 Co 之前必须将其除去。为了尽可能多地除去杂质 Al，而 Ni 和 Co 又较少地夹带在铝渣中，开展了沉铝试验研究。试验中采用 CaO、CaCO$_3$ 和青石粉作为沉淀铝时沉淀剂，分别考察了温度、pH 值和陈化时间对 Al 沉淀效果及 Ni、Co 夹带的影响，并且考察了加入 CaSO$_4$ 对沉铝后过滤速度的影响。

沉铝时加入方式为：先将精滤液（沉铝前液）加入到烧杯中，然后将沉铝用沉淀剂配成乳液，分批逐步加入到沉铝前液中，达到所需 pH 值后，经陈化、过滤得到沉铝后液和铝渣。

A 沉淀剂的选择

对沉铝所用的沉淀剂进行考察及选择，分别考察分析纯 CaO、分析纯 CaCO$_3$ 和青石粉作为沉铝用沉淀剂对沉铝的影响。

表 4-33 所列为分析纯 CaO 沉铝试验结果，从表中数据可以看出沉铝过程中随着 Al 被沉淀出去的同时，Ni、Co 被大部分夹带出去。在反应温度为 30℃，陈化前 pH 值为 4.0 的试验中，有 98% 的 Ni 和 Co 被夹带出去；在反应温度为 30℃，陈化前 pH 值为 3.8 的试验中，也有 45.27% 的 Ni 和 43.98% 的 Co 被夹带出去；在反应温度为 80℃，陈化前 pH 值为 3.5 的试验中，有 45.7% 的 Ni 和 36.6% 的 Co 被夹带出去，而此时沉铝后液中的 Al 含量还有 2g/L。这主要是因为 CaO 作为沉铝用沉淀剂时，由于其碱性太强，加入到母液中会导致局部过碱，Al 迅速沉淀，晶核没来得及长大，细小的 Al(OH)$_3$ 颗粒形成胶体，而局部过碱的区域由于 pH 值急剧升高达到 Ni 和 Co 沉淀所需的 pH 值，也会发生沉淀。沉淀下来的 Ni 和 Co 氢氧化物被生成的 Al(OH)$_3$ 胶体包裹而进入到渣相中。即使此后局部过碱区域的 pH 值随着陈化时间的增加而降低，但由于 Ni、Co 沉淀被 Al(OH)$_3$ 胶体包裹而无法全部反溶出来，从而造成大量 Ni 和 Co 被带入到铝渣中；另外形成的 Al(OH)$_3$ 胶体的比表面积较大，增加了对 Ni 和 Co 的吸附作用，也导致了铝渣中 Ni、Co 夹带增多，因此 CaO 不适合用来沉铝。

表 4-33   CaO 沉铝试验结果

编号	温度/℃	陈化前pH值	陈化后pH值	陈化时间/min	沉铝前液体积/mL	沉铝后液体积/mL
1	30	4.0	5.8	60	1000	890
2	30	3.8	4.7	60	500	485
3	80	3.5	4.5	120	500	480

编号	沉铝前液/g·L⁻¹				沉铝后液/g·L⁻¹				液计 Ni、Co 损失率/%	
	Al	Ni	Co	Ca	Al	Ni	Co	Ca	Ni	Co
1	8.93	3.14	0.339	50.9	0.01	0.07	0.007	50.8	98.02	98.16
2	9.70	3.35	0.337	31.7	0.01	1.89	0.196	33.0	45.27	43.58
3	8.98	1.98	0.156	8.23	2.00	1.12	0.103	9.61	45.70	36.61

表 4-34 所列为分析纯 $CaCO_3$ 沉铝试验结果，从表中数据可以看出改用 $CaCO_3$ 沉铝可以有效地解决 Ni 和 Co 的夹带。在反应温度为 50℃、陈化时间 1h、pH 值为 4.0~4.5 时，溶液中 Al 的沉淀率达到 98.66%，沉铝后液中 Al 含量为 0.06g/L，此时 Ni 和 Co 的夹带率为 5.44%和 5.71%。继续提高沉淀时的 pH 值，Al 的沉淀率可升高到 99.47%，但此时 Ni 和 Co 的夹带率增长到 19.71%和 14.73%。在反应温度为 40℃、陈化时间 1h、pH 值为 4.0 时，溶液中 Al 的沉淀率达到 99.9%，沉铝后液中 Al 含量为 0.01g/L，此时 Ni 和 Co 的夹带率为 1.58%和 3.37%；继续提高沉淀时的 pH 值到 4.0~4.5，Ni 和 Co 的夹带率增大到 9.53%和 5.75%；再提高沉淀时的 pH 值到 4.5~5.0，Ni 和 Co 的夹带率增大到 45.93%和 31.84%。可见，用分析纯 $CaCO_3$ 沉铝时，控制温度 40℃、pH 值 4.0 可以达到最佳沉铝效果。但是，由于用此种方式沉铝生成的 $Al(OH)_3$ 一般都是胶体，过滤速度很慢，在实验室抽滤压力 0.04MPa 时，抽滤 1L 的沉铝液需要 30min 以上。

表 4-34   CaCO₃ 沉铝试验结果

编号	温度/℃	pH值	陈化时间/h	前液体积/mL	后液体积/mL	干渣重/g	沉铝前液/g·L⁻¹			
							Al	Ni	Co	Ca
1	50	3.5	1	500	520	13.8	8.98	1.98	0.156	8.23
2	50	3.5~4	1	500	600	15.2	10.01	1.41	0.127	17.2
3	50	4	1	2000	2140	77.1	5.51	1.42	0.124	18.4
4	50	4~4.5	1	1910	1820	24.7	4.27	1.07	0.086	24.7
5	50	4.5~5	1	550	575	7.20	3.93	0.87	0.072	19.1
6	40	3.5	1	500	630	10.8	5.35	1.08	0.073	3.56
7	40	3.5~4	1	1000	1095	41.4	10.48	1.71	0.146	17.5
8	40	4.0	1	1000	1090	50.9	11.28	2.06	0.151	17.5
9	40	4~4.5	1	1000	1060	31.6	8.47	1.16	0.110	13.8
10	40	4.5~5	1	300	330	17.4	7.84	1.73	0.153	13.7

编号	沉铝后液/g·L^{-1}				铝渣（质量分数）/%			沉淀率（夹带率）/%		
	Al	Ni	Co	Ca	Al$_2$O$_3$	Ni	Co	Al	Ni	Co
1	2.81	1.510	0.132	24.2	33.03	0.080	0.002	67.46	1.11	0.61
2	1.93	0.911	0.075	21.6	45.80	0.040	0.010	76.86	0.86	2.39
3	0.77	0.917	0.085	30.2	42.06	0.060	0.010	85.02	1.63	3.11
4	0.06	1.010	0.08	29.1	26.43	0.450	0.038	98.66	5.44	5.71
5	0.02	0.612	0.056	20.9	27.51	1.310	0.081	99.47	19.71	14.73
6	0.57	0.561	0.051	10.6	47.59	0.041	0.016	86.58	0.82	4.73
7	0.68	1.170	0.102	26.5	41.43	0.035	0.010	92.90	0.85	2.84
8	0.01	1.260	0.094	31.0	38.52	0.064	0.010	99.90	1.58	3.37
9	0.01	0.847	0.079	25.9	47.68	0.350	0.020	99.87	9.53	5.75
10	0.01	0.662	0.069	27.1	38.27	1.370	0.084	99.86	45.93	31.84

注：Ni、Co 的夹带率以渣计，Al 的沉淀率以液计。

由于工业上沉铝用青石粉取代分析纯的 CaCO$_3$，因而有必要详细研究各种因素对青石粉沉铝的影响，主要考察了 pH 值、反应温度和陈化时间对沉铝效果的影响，同时考察了加入 CaSO$_4$ 对沉铝后过滤效果的影响。

B　pH 值的影响

表 4-35 和图 4-36 中数据为反应温度 60℃时 pH 值对沉铝效果的影响。从图 4-36 可以看出，随着 pH 值的升高，Al 的沉淀率逐步升高，到 pH 值 4.0 以后沉淀基本完全，沉淀率为 98.75% 以上。在 pH<3.75 时，Ni、Co 的夹带率则随着 pH 值的增大而增大；在 3.75<pH<4.1 时，Ni、Co 的夹带率则随着 pH 值的增大而减小；在 pH>4.1 时，Ni、Co 夹带率则又随着 pH 值的增大而增大。这主要是因为 pH<3.75 时生成的 Al(OH)$_3$ 胶体颗粒非常细、很黏且比表面积很大，导致 Ni 和 Co 的夹带率高，而随着 pH 值的增高，生成的胶体颗粒比低 pH 值时有所增大，此时 Ni 和 Co 的夹带率有所降低，但是随着 pH 值（pH>4.1）的增大，Ni 和 Co 开始有部分沉淀进入渣相，导致此时 Ni 和 Co 的夹带率又开始增大。表4-35 中数据显示沉铝后过滤速度都很慢，在抽滤压力 0.04MPa 时抽滤，基本过滤速度都在 33mL/min 以上，且过滤得到的渣含水都很高，为 85% 以上。综上所述，青石粉沉铝时的最佳 pH 值为 4.0~4.3。

表 4-35　pH 值对青石粉沉铝效果的影响

编号	温度/℃	陈化前 pH 值	陈化后 pH 值	青石粉加入量/g	理论倍数	陈化时间/min	沉铝前液体积/mL	沉铝后液体积/mL	洗水体积/mL	过滤速度/mL·min^{-1}
1	60	3.0	3.5	1.7	0.3	60	100	112	—	—
2	60	3.8	4.0	7.6	1	60	150	128	138	46.4
3	60	4.0	4.4	23.1	1.1	60	400	385	250	38.5

续表 4-35

编号	温度/℃	陈化前 pH 值	陈化后 pH 值	青石粉加入量/g	理论倍数	陈化时间/min	沉铝前液体积/mL	沉铝后液体积/mL	洗水体积/mL	过滤速度/mL·min⁻¹
4	60	4.5	5.1	25.2	1.2	60	400	300	300	33.4
5	60	5.0	5.7	10.6	1.4	60	150	200	275	40

编号	干渣重/g	渣含水/%	沉铝前液/g·L⁻¹				沉铝后液/g·L⁻¹			
			Al	Ni	Co	Ca	Al	Ni	Co	Ca
1	很少	—	9.14	1.56	0.135	13.6	6.79	1.2	0.098	8.61
2	10.4	85.12	8.46	1.51	0.121	11.8	0.88	1.13	0.092	33.2
3	17.2	87.35	9.14	1.56	0.135	13.6	0.08	1.13	0.091	27.6
4	23.5	87.29	9.14	1.56	0.135	13.6	0.03	1.29	0.102	32.6
5	11.1	87.24	8.46	1.51	0.121	11.8	<0.01	0.803	0.065	29.5

编号	洗水/g·L⁻¹				铝渣（质量分数）/%				沉淀率（夹带率）/%		
	Al	Ni	Co	Ca	Al₂O₃	Ni	Co	CaO	Al	Ni	Co
1	—	—	—	—	样少，未送分析				16.8	—	—
2	0.13	0.313	0.025	20.9	21.01	0.11	0.012	8.79	89.71	5.05	6.87
3	0.06	0.425	0.035	13	29.37	0.12	0.010	4.54	98.75	3.31	3.19
4	0.02	0.481	0.038	23.1	27.66	0.11	0.009	2.98	99.50	4.14	3.92
5	<0.01	0.157	0.012	16.3	22.77	0.12	0.012	11.78	99.63	5.88	7.34

注：Al 沉淀率以液计；Ni、Co 夹带率以渣计。

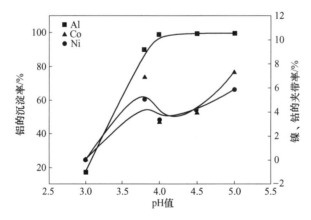

图 4-36　pH 值对沉铝效果的影响

C　温度的影响

表 4-36 和图 4-37 所示为陈化前 pH 值为 4.0 时，反应温度对沉铝效果的影响。从图 4-37 中可以看出，Ni 和 Co 的夹带率随着温度的升高有所降低，Al 的沉淀率基本上变化不大。在温度为 55~65℃时，Al 的沉淀率最高。在陈化前 pH 值为 4.0、不同温度条件下的试验中，沉铝后过滤速度仍然很慢，在抽滤压力 0.04MPa 下抽滤，过滤速度 35mL/min 以上，得到的铝渣含水 85.66% 以上。综上所述，青石粉沉铝时的最佳温度为 55~65℃。

表 4-36　反应温度对青石粉沉铝效果的影响

编号	温度/℃	陈化前pH值	陈化后pH值	青石粉加入量/g	理论倍数	陈化时间/min	沉铝前液体积/mL	沉铝后液体积/mL	洗水体积/mL	过滤速度/mL·min⁻¹
1	40	4.0	4.5	57.3	1.15	60	1000	750	340	40.0
2	50	4.0	4.5	56.8	1.14	60	1000	770	385	35.8
3	55	4.0	4.5	12.1	1.14	60	200	268	164	35.4
4	60	4.0	4.5	24.6	1.14	60	400	385	250	38.5
5	70	4.0	4.5	8.70	1.15	60	150	159	154	40.2

编号	干渣重/g	渣含水/%	沉铝前液/g·L⁻¹				沉铝后液/g·L⁻¹			
			Al	Ni	Co	Ca	Al	Ni	Co	Ca
1	41.0	85.66	8.46	1.51	0.121	11.8	0.5	1.22	0.104	23.5
2	38.1	84.06	8.46	1.51	0.121	11.8	0.66	1.3	0.111	27.8
3	7.90	86.15	9.14	1.56	0.135	13.6	0.28	0.94	0.08	41.4
4	17.2	87.35	9.14	1.56	0.135	13.6	0.08	1.13	0.091	27.6
5	5.10	86.34	8.46	1.51	0.121	11.8	0.42	1.02	0.084	31.75

编号	洗水/g·L⁻¹				铝渣（质量分数）/%				沉淀率（夹带率）/%		
	Al	Ni	Co	Ca	Al₂O₃	Ni	Co	CaO	Al	Ni	Co
1	0.38	0.657	0.058	12.4	33.65	0.17	0.015	3.32	94.04	4.62	5.08
2	0.52	0.602	0.052	11.7	27.22	0.17	0.015	2.42	91.63	4.29	4.72
3	0.09	0.245	0.021	5.93	38.68	0.14	0.014	4.23	95.09	3.54	4.10
4	0.06	0.425	0.035	13.0	29.37	0.12	0.010	4.54	98.75	3.31	3.19
5	0.06	0.284	0.024	11.2	22.36	0.085	0.006	6.58	94.01	1.91	1.69

注：Ni、Co 的夹带率以渣计，Al 的沉淀率以液计。

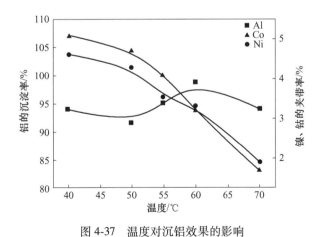

图 4-37　温度对沉铝效果的影响

D　陈化时间的影响

表 4-37 所列为陈化前 pH 值为 4.0、反应温度为 60℃时陈化时间对沉铝效果的影响结

果。从表中数据可以看出，只要保证沉淀时 pH 值调到位，即使陈化时间只有 5min，Al 的沉淀率也能达到 99% 以上，但是陈化时间太短，Ni、Co 的夹带率会增高，这主要是因为陈化时间短，生成的 Al(OH)₃ 胶体颗粒非常细导致包裹或者吸附的 Ni 和 Co 没有释放出来，随着时间的延长，部分被包裹和吸附的 Ni 和 Co 重新回到溶液中，降低 Ni 和 Co 的夹带率。过滤速度最快为：抽滤压力 0.04MPa 下，33.4mL/min，渣含水 84% 以上。

表 4-37   陈化时间对青石粉沉铝效果的影响

编号	温度/℃	陈化前pH值	陈化后pH值	青石粉加入量/g	理论倍数	陈化时间/min	沉铝前液体积/mL	沉铝后液体积/mL	洗水体积/mL	过滤速度/mL·min⁻¹
1	60	4.0	4.5	18.8	1.16	5	300	305	290	42.1
2	60	4.0	4.5	24.6	1.14	30	400	300	300	33.4
3	60	4.0	4.5	12.5	1.15	60	200	215	170	35.2

编号	干渣重/g	渣含水/%	沉铝前液/g·L⁻¹				沉铝后液/g·L⁻¹			
			Al	Ni	Co	Ca	Al	Ni	Co	Ca
1	20.7	84.27	9.14	1.56	0.135	13.6	<0.01	0.96	0.08	27
2	23.5	87.29	9.14	1.56	0.135	13.6	0.03	1.29	0.102	32.6
3	9.8	88.71	9.14	1.56	0.135	13.6	0.05	1.06	0.088	26.2

编号	洗水/g·L⁻¹				铝渣（质量分数）/%				沉淀率（夹带率）/%		
	Al	Ni	Co	Ca	Al₂O₃	Ni	Co	CaO	Al	Ni	Co
1	<0.01	0.317	0.027	11.9	25.13	0.17	0.016	8.99	99.78	7.52	8.18
2	0.02	0.481	0.038	23.1	27.66	0.11	0.009	2.98	99.59	4.14	3.92
3	0.01	0.35	0.027	10.6	34.35	0.1	0.008	4.87	99.32	3.14	2.90

注：Ni、Co 的夹带率以渣计，Al 的沉淀率以液计。

E   CaSO₄ 对过滤的影响

由于沉铝时过滤速度慢，如何加快过滤速度成为本工艺急需解决的问题。试验中考察了加入 CaSO₄ 对沉铝过滤效果的影响，试验中加入 CaSO₄ 的量为每 100mL 沉铝前液 1g CaSO₄。表 4-38 表明，加入 CaSO₄ 后沉铝后浆液进行过滤，速度明显得到改善，原来的 33.4mL/min 可增至 60.2mL/min；原来的 35.2mL/min 可增至 58.2mL/min。CaSO₄ 改善过滤速度，同时降低了铝渣中的 Ni 和 Co 的夹带率。但是铝渣中 Ca 的含量明显升高，分别从 3.32% 变为 5.39% 和从 5.91% 变为 7.87%，而加入 CaSO₄ 得到的铝渣含水基本为 76% 左右。加入 CaSO₄ 可以有效地提高过滤速度。

表 4-38   CaSO₄ 对青石粉沉铝效果的影响

编号	温度/℃	陈化前pH值	陈化后pH值	青石粉加入量/g	理论倍数	是否加CaSO₄	陈化时间/min	沉铝前液体积/mL	沉铝后液体积/mL	洗水体积/mL	过滤速度/mL·min⁻¹
1	40	4.0	4.5	57.3	1.15	否	60	1000	750	340	33.4
2	40	4.0	4.5	28.8	1.15	是	60	500	460	285	60.2
3	60	4.0	4.5	25.3	1.16	否	60	400	260	180	35.2
4	60	4.0	4.5	12.5	1.15	是	60	200	215	170	58.2

编号	干渣重 /g	渣含水 /%	沉铝前液/g·L⁻¹				沉铝后液/g·L⁻¹			
			Al	Ni	Co	Ca	Al	Ni	Co	Ca
1	51.0	85.66	8.46	1.51	0.121	11.8	0.5	1.22	0.104	23.5
2	25.7	75.92	8.46	1.51	0.121	11.8	0.12	1.09	0.089	33.1
3	19.7	85.13	9.14	1.56	0.135	13.6	0.19	1.42	0.112	39.3
4	9.80	78.71	9.14	1.56	0.135	13.6	0.05	1.06	0.088	26.2

编号	洗水/g·L⁻¹				铝渣（质量分数）/%				沉淀率（夹带率）/%		
	Al	Ni	Co	Ca	Al₂O₃	Ni	Co	CaO	Al	Ni	Co
1	0.38	0.657	0.058	12.4	33.65	0.17	0.015	3.32	94.04	5.74	6.32
2	0.01	0.403	0.031	17.9	31.14	0.11	0.01	5.39	98.63	3.74	4.25
3	0.12	0.708	0.057	18.3	29.34	0.21	0.017	5.91	98.06	6.63	6.2
4	0.01	0.35	0.027	10.6	34.35	0.1	0.008	7.87	99.32	3.14	2.9

注：Ni、Co 的夹带率以渣计，Al 的沉淀率以液计。

4.3.2.3 砂化沉铝

如 4.3.2.2 节所述，沉铝得到的浆液很难过滤，不易液固分离，这是因为上述方法生成的铝渣为胶状物而且很细，容易将滤布或者滤纸糊死，造成滤液难以透过而过滤缓慢，这必将成为以后生产的瓶颈，影响到整个工艺的连续性。为此开展了沉淀除铝的新工艺研究，以期改善过滤效果。当然，尽可能多地除去杂质 Al 的同时必须保证 Ni、Co 尽可能少地夹带在铝渣中。为了结合生产，试验中采用了青石粉作为沉铝沉淀剂，分别考察了温度、pH 值和陈化时间对 Al 沉淀效果及 Ni、Co 夹带的影响。

加入方式为：将青石粉配成乳后，把精滤液（沉铝前液）和青石粉乳同时加入到烧杯中，用 pH 计在线动态测量其中的 pH 值，保证 pH 值维持在规定值，直到加至所需体积后陈化规定时间进行过滤。

A　温度的影响

图 4-38 和表 4-39 所示为不同反应温度下砂化沉铝试验结果。从图 4-38 中可以看出，不同反应温度下 Al 的沉淀率基本上保持不变，维持在 99.75% 左右，而 Ni、Co 的夹带率

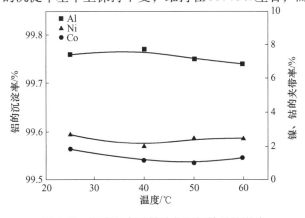

图 4-38　温度对青石粉砂化沉铝效果的影响

随温度升高稍微有所降低，当温度达到40℃后，Ni、Co夹带率基本不变。温度40℃时Al的沉淀率为99.77%，Ni和Co的夹带率分别为1.99%和1.14%。由表4-39中的过滤效果数据来看，提高反应温度过滤速度有所加快，与4.3.2.2节中所述的沉铝方法相比，过滤速度明显加快。以温度40℃、陈化前pH值4.0、陈化时间1h为例，4.3.2.2节中方法沉铝后过滤速度为：抽滤压力0.04MPa下，40mL/min；本节中砂化铝沉淀方法得到的料液过滤速度为：抽滤压力0.04MPa下，309mL/min。本方法沉铝的关键是，母液的pH值始终保持4.0以上。在这样的母液环境中，Al^{3+}进入母液就会快速沉淀，且早先生成的$Al(OH)_3$充当了后来的Al^{3+}继续沉淀的晶种，因此，得到的$Al(OH)_3$颗粒较大，过滤速度明显加快。表4-39中数据还显示，得到的铝渣含水也较4.3.2.2节中方法得到的铝渣有所降低，从原来的85%左右降到71%左右。不过，铝渣中的Ca含量较以前有所增加。砂化沉铝时的最佳温度为40℃。

表4-39 反应温度对青石粉砂化沉铝效果的影响

编号	温度/℃	陈化前pH值	陈化后pH值	碳酸钙乳（mL）与沉铝前液（mL）流速比	陈化时间/min	沉铝前液体积/mL	沉铝后液体积/mL	过滤速度/mL·min⁻¹
1	25	4.0	4.7	3/40	60	1000	950	294
2	40	4.0	4.8	3/40	60	1000	890	309
3	50	4.0	4.7	3/40	60	1000	980	411
4	60	4.0	4.6	3/40	60	1000	1000	500

编号	干渣重/g	渣含水/%	沉铝前液/g·L⁻¹					沉铝后液/g·L⁻¹				
			Al	Ni	Co	Ca	Fe	Al	Ni	Co	Ca	Fe
1	18.0	71.12	3.9	1.49	0.244	31.5	0.06	0.01	1.31	0.192	28.6	0.001
2	17.5	70.98	3.9	1.49	0.244	31.5	0.06	0.01	1.33	0.196	28.5	0.001
3	17.7	71.95	3.9	1.49	0.244	31.5	0.06	0.01	1.35	0.197	27.5	0.001
4	18.2	70.91	3.9	1.49	0.244	31.5	0.06	0.01	1.25	0.190	28.9	0.001

编号	铝渣（质量分数）/%					沉淀率（夹带率）/%		
	Al_2O_3	Ni	Co	CaO	Fe	Al	Ni	Co
1	25.7	0.22	0.025	12.78	0.53	99.76	2.66	1.84
2	28.2	0.17	0.016	12.59	0.53	99.77	1.99	1.14
3	25.9	0.21	0.014	13.49	0.53	99.75	2.49	1.02
4	25.2	0.20	0.018	11.51	0.53	99.74	2.44	1.34

注：Ni、Co的夹带率以渣计，Al的沉淀率以液计。

B pH值的影响

图4-39和表4-40所示为不同反应温度下砂化沉铝试验结果。从图4-39中可以看出，Al的沉淀率随着pH值的升高而增大。pH值为3.9以后Al的沉淀率基本保持不变，为99.5%以上；Ni、Co的夹带率则随着pH值的增大开始时逐渐增大，在pH值为3.75时达到最大值，而后又开始减小，大约到pH为4.1时降到最低然后随着pH值升高又开始增大。表4-40中数据显示，砂状氢氧化铝形成后很好过滤，过滤速度为：抽滤压力

0.04MPa 下，抽滤速度最低为 167mL/min，增加到 545mL/min，过滤速度随 pH 值升高而增大。铝渣含水最低为 63.38%。砂化沉铝时的最佳 pH 值为 4.0~4.3。

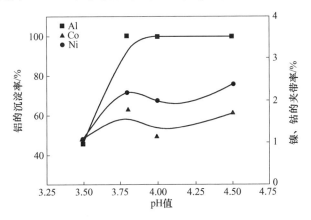

图 4-39　pH 值对青石粉砂化沉铝效果的影响

表 4-40　pH 值对青石粉砂化沉铝效果的影响

编号	温度/℃	陈化前pH 值	陈化后pH 值	碳酸钙乳（mL）与沉铝前液（mL）流速比	陈化时间/min	沉铝前液体积/mL	沉铝后液体积/mL	过滤速度/mL·min⁻¹
1	40	3.5	3.6	3/40	60	1000	950	167
2	40	3.8	4.7	3/40	60	1000	950	194
3	40	4.0	4.8	3/40	60	1000	890	309
4	40	4.5	5.8	3/40	60	1000	1000	545

编号	干渣重/g	渣含水/%	沉铝前液/g·L⁻¹					沉铝后液/g·L⁻¹				
			Al	Ni	Co	Ca	Fe	Al	Ni	Co	Ca	Fe
1	9.92	81.73	2.5	1.45	0.128	7.74	0.06	1.43	1.38	0.139	10.3	0.001
2	17.6	76.13	2.5	1.45	0.128	7.74	0.06	0.01	1.30	0.137	10.7	0.001
3	17.5	70.98	3.9	1.49	0.244	31.5	0.06	0.01	1.33	0.196	28.5	0.001
4	18.2	63.38	2.5	1.45	0.128	7.74	0.06	0.01	1.25	0.127	9.86	0.001

编号	铝渣（质量分数）/%					沉淀率（夹带率）/%		
	Al₂O₃	Ni	Co	CaO	Fe	Al	Ni	Co
1	43.46	0.16	0.014	0.12	0.31	45.66	1.09	1.09
2	27.92	0.18	0.013	7.23	0.22	99.62	2.18	1.78
3	28.2	0.17	0.016	12.59	0.53	99.77	1.99	1.14
4	28.47	0.19	0.012	15.43	0.19	99.60	2.38	1.71

注：Ni、Co 的夹带率以渣计，Al 的沉淀率以液计。

C　陈化时间的影响

图 4-40 和表 4-41 所示为不同陈化时间条件下砂化沉铝试验结果。从图 4-40 中可以看出，陈化 20min 后继续延长时间，Al 沉淀率基本保持不变，为 99.5%以上。而 Ni、Co 夹带率随着陈化时间的延长逐步升高，陈化 40min 后基本保持不变，分别为 0.76%和 0.83%。表 4-41

数据显示，砂状氧化铝形成后很好过滤，过滤速度为：抽滤压力 0.04MPa 下，抽滤速度最低 252mL/min，最高 480mL/min，过滤速度随陈化时间的延长逐渐加快，当陈化时间 30min 以后速度加快趋势变缓，此时对应过滤速度为：抽滤压力 0.04MPa 下，420mL/min。铝渣含水基本保持在 76%~79%。综上所述，砂化沉铝时的最佳陈化时间为 30min。

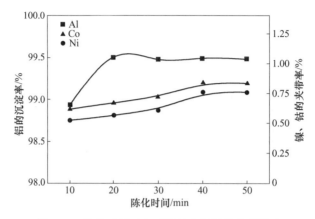

图 4-40 陈化时间对青石粉砂化沉铝效果的影响

表 4-41 陈化时间对青石粉砂化沉铝效果的影响

编号	温度 /℃	陈化前 pH 值	陈化后 pH 值	碳酸钙乳（mL）与沉铝前液（mL）流速比	陈化时间 /min	沉铝前液 体积/mL	沉铝后液 体积/mL	过滤速度 /mL·min⁻¹
1	40	4.0	4.39	5/75	10	500	540	270
2	40	4.0	4.49	5/75	20	500	500	252
3	40	4.0	4.55	5/75	30	500	525	420
4	40	4.0	4.66	5/75	40	500	515	444
5	40	4.0	4.73	5/75	50	500	520	480

编号	干渣重 /g	渣含水 /%	沉铝前液/g·L⁻¹					沉铝后液/g·L⁻¹				
			Al	Ni	Co	Ca	Fe	Al	Ni	Co	Ca	Fe
1	5.72	78.58	2.01	2.40	0.204	5.21	0.01	0.02	1.766	0.172	8.26	0.001
2	5.73	78.25	2.01	2.40	0.204	5.21	0.01	0.01	1.93	0.187	9.38	0.001
3	5.61	76.22	2.01	2.40	0.204	5.21	0.01	0.01	1.916	0.184	9.86	0.001
4	5.71	77.29	2.01	2.40	0.204	5.21	0.01	0.01	1.942	0.188	9.34	0.001
5	5.34	76.31	2.01	2.40	0.204	5.21	0.01	0.01	1.93	0.190	9.34	0.001

编号	铝渣（质量分数）/%					沉淀率（夹带率）/%		
	Al₂O₃	Ni	Co	CaO	Fe	Al	Ni	Co
1	30.4	0.11	0.011	10.28	0.03	98.93	0.52	0.62
2	30.9	0.12	0.012	10.36	0.03	99.50	0.57	0.67
3	31.2	0.13	0.013	10.14	0.03	99.48	0.61	0.72
4	31.6	0.16	0.015	10.04	0.03	99.49	0.76	0.84
5	31.1	0.17	0.014	10.14	0.03	99.48	0.76	0.83

注：Ni、Co 的夹带率以渣计，Al 的沉淀率以液计。

D 浆化洗涤结果

表 4-42 所列为考察浆化洗涤对沉铝效果影响的试验数据。浆化洗涤试验时用水如下：试验 2 中洗水体积为对应滤液体积的 0.5；试验 3 中洗水体积为对应滤液体积的 0.3。从表 4-42 数据可以看出，浆化洗涤可以洗出铝渣中约 50% 的 Ni 和 Co，具体为：试验 2 中，铝渣夹带 Ni、Co 分别从 0.54% 和 0.047% 降到 0.21% 和 0.018%；试验 3 中，铝渣夹带 Ni、Co 分别从 0.54% 和 0.047% 降到 0.29% 和 0.025%。综上所述，浆化洗涤可降低铝渣中的 Ni、Co 夹带。

表 4-42 浆化洗涤对青石粉砂化沉铝中铝渣夹带 Ni、Co 的影响

编号	温度 /℃	陈化前 pH 值	陈化后 pH 值	是否浆化洗涤	洗涤水（mL）与沉铝前液（mL）比值	渣含水 /%	铝渣（质量分数）/%		
							Ni	Co	Al_2O_3
1	40	4.0	4.8	是	0.5	65.47	0.21	0.018	17.02
2	40	4.0	4.8	否	—	64.28	0.54	0.047	15.48
3	40	4.0	4.8	是	0.3	65.44	0.29	0.025	19.95
4	40	4.0	4.8	否	—	65.24	0.54	0.047	14.71

E 两种铝渣形貌对比

图 4-41 和图 4-42 所示分别为 4.3.2.2 节中方法制得的铝渣 SEM 图和本节方法制得的铝渣 SEM 图。

图 4-41 普通沉铝方式得到的铝渣

图 4-42 砂化沉铝方式得到的铝渣

从两个图中可以看出两种铝渣均团聚很严重。但是图 4-41 中铝渣明显为胶体形成的团聚，呈团状黏在一起，而图 4-42 中的铝渣虽然是团聚体（可能是干燥方式导致的），但是可以看见一些还未长大的细小颗粒，原因可能是结晶时间不够。

中和沉铝一直是本工艺中的瓶颈，较为关键。经过系统研究发现采用砂化沉铝法可以很好地解决这一问题。

4.3.2.4 镍钴分离

沉铝后液中含有的金属元素主要有 Ni、Co、Mn、Mg 和 Ca 以及少量的 Fe 和 Al，通过调节 pH 值可以将液中的 Ni 和 Co 沉淀入渣相，从而与其他杂质分离。采用了两段沉镍钴的方案，其中二段镍钴渣作为一段沉镍钴的沉淀剂全部返回一段。二段镍钴渣中所含有的部分杂质元素（Mg、Mn 和 Ca）的氢氧化物和一段液相中的 Ni^{2+}、Co^{2+} 发生置换反应，从而使部分 Mg、Ca 和 Mn 重新进入液相，得到杂质含量较少的一段镍钴渣。为了结合生产试验中采用工业用石灰粉作为沉淀 Ni、Co 时沉淀剂，分别考察了 pH 值、温度、时间对 Ni、Co 沉淀效果及 Mg、Mn 夹带的影响。

为了寻找最佳 pH 值点作为一段沉镍钴和二段沉镍钴的分割点，以及二段沉镍钴的最佳 pH 值，试验中研究了不同 pH 值下 Ni 和 Co 的沉淀情况，具体结果见图 4-43 和表 4-43。

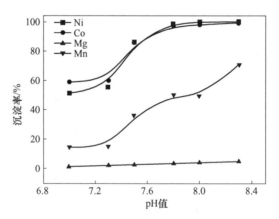

图 4-43 pH 值对沉淀 Ni、Co 的影响

表 4-43 pH 值对沉镍钴效果的影响

编号	温度 /℃	陈化前 pH 值	陈化后 pH 值	陈化时间 /min	沉镍前液 体积/mL	沉镍后液 体积/mL	过滤速度 /mL·min⁻¹	干渣重 /g	渣含水 /%
1	30	7.0	6.8	60	2000	2000	901	5.00	71.75
2	30	7.3	7.1	60	2000	2060	772	5.92	76.92
3	30	7.5	7.6	60	2000	2060	1073	10.09	74.94
4	30	7.8	7.9	60	2000	2100	1050	11.41	75.69
5	30	8.0	8.2	60	2000	1990	1032	11.51	72.19
6	30	8.3	8.4	60	2000	2020	1040	13.21	73.45

续表 4-43

编号	沉镍钴前液/g·L⁻¹					沉镍钴后液/g·L⁻¹				
	Ni	Co	Mg	Mn	Ca	Ni	Co	Mg	Mn	Ca
1	1.79	0.158	8.03	0.653	24.4	0.868	0.065	7.14	0.495	17.4
2	1.79	0.158	8.03	0.653	24.4	0.776	0.061	7.60	0.472	12.2
3	1.79	0.158	8.03	0.653	24.4	0.238	0.021	7.01	0.271	19.0
4	1.79	0.158	8.03	0.653	24.4	0.018	0.004	7.50	0.258	19.8
5	1.79	0.158	8.03	0.653	24.4	0.006	0.003	6.77	0.154	19.6
6	1.79	0.158	8.03	0.653	24.4	0.001	0.001	7.24	0.102	20.3

编号	镍钴渣（质量分数）/%				沉淀率（夹带率）/%			
	Ni	Co	MgO	Mn	Ni	Co	Mg	Mg
1	31.40	3.30	5.33	3.77	51.51	58.86	1.00	14.43
2	28.38	2.88	9.40	3.23	55.35	60.23	2.07	14.64
3	32.45	2.83	6.27	4.69	86.31	86.31	2.36	36.23
4	27.76	2.40	7.85	5.69	98.94	97.34	3.34	49.71
5	28.45	2.47	9.30	5.63	99.67	98.11	3.99	49.62
6	27.10	2.31	9.80	7.01	99.94	99.36	4.82	70.91

注：Mg、Mn 的夹带率以渣计，Ni、Co 的沉淀率以液计。

从图 4-43 可以看出，随着 pH 值的增大，Ni 和 Co 的沉淀率逐渐增加，当陈化前 pH 值达到 7.8 后，Ni、Co 的沉淀率增加趋势变缓。结合表 4-43 中数据得知：当陈化前 pH 值为 8.0 时，Ni 和 Co 的沉淀率分别为 99.67% 和 98.11%，对应镍钴后液中的 Ni 和 Co 含量分别为 0.006g/L 和 0.003g/L；当陈化前 pH 值为 8.3 时，Ni 和 Co 的沉淀率分别为 99.94% 和 99.36%，对应镍钴后液中的 Ni 和 Co 含量分别为 0.001g/L 和 0.001g/L。可见，pH 值为 8.3 时，可视为溶液中的 Ni 和 Co 全部沉淀，继续增加 pH 值将会增大杂质进入渣相的比例，因此，选定 pH 值为 8.3 为二段沉镍钴的最佳 pH 值。

从图 4-43 还可以看出，随着 pH 值的升高，Mn 和 Mg 的夹带率逐步增大。虽然 Mg 夹带率的增加趋势一直比较平缓，但是 pH 值大于 7.3 后，Mn 的夹带率开始急剧增大，趋势十分明显。结合表 4-43 中具体数据可以看出，Mn 的夹带率从 pH 值为 7.3 时的 14.64% 增加到 pH 值为 7.5 时的 36.23%，而与此同时 Mg 的夹带率也从 pH 值为 7.3 时的 2.07 增加到 pH 值为 7.8 时的 3.34%。当 pH 值为 7.3 时，Ni、Co 的沉淀率分别为 55.35% 和 60.23%，较低。当 pH 值为 7.5 时，Ni、Co 的沉淀率均为 86.31%。由于 pH 值为 7.3 时虽然杂质 Mn 和 Mg 的夹带率很低，但是此时的 Ni、Co 的浸出率也相对较低，因此此点不作为一段沉镍钴和二段沉镍钴的最佳分割点，鉴于 pH 值为 7.5 时 Ni、Co 沉淀率较高，均为 86.31%，而此时 Mn 的夹带率已经上升到 36.23% 的试验结果，试验选定 pH 值为 7.3~7.5 作为一段沉镍钴和二段沉镍钴的最佳分割点。试验所得镍钴渣的过滤速度很快，具体为：在抽滤压力为 0.04MPa 下，pH 值为 7.5 时过滤速度为 1073mL/min，pH 值为 8.3 时过滤速度为 1040mL/min，对应的镍钴渣含水分别为 74.94% 和 73.45%。综上所述，通过试验选定 pH 值为 7.3~7.5 作为一段沉镍钴和二段沉镍钴的最佳分割点；选定 pH 值为 8.3

作为二段沉镍钴的终点。

A　一段沉镍钴

确定了一段沉镍钴的 pH 值为 7.3~7.5，试验过程中固定沉淀时 pH 值为 7.5，研究了陈化时间对一段沉镍钴效果的影响。具体试验数据见表 4-44。

表 4-44　陈化时间对一段沉镍钴效果的影响

编号	温度/℃	陈化前 pH 值	陈化后 pH 值	陈化时间/min	沉镍前液体积/mL	沉镍后液体积/mL	过滤速度/mL·min⁻¹	干渣重/g	渣含水/%
1	30	7.5	7.5	15	2000	2030	921	9.00	72.75
2	30	7.5	7.5	30	2000	2060	872	9.92	73.92
3	30	7.5	7.6	60	2000	2060	1073	10.09	74.94

编号	沉镍钴前液/g·L⁻¹					沉镍钴后液/g·L⁻¹				
	Ni	Co	Mg	Mn	Ca	Ni	Co	Mg	Mn	Ca
1	1.79	0.158	8.03	0.653	24.4	0.568	0.045	7.24	0.295	17.4
2	1.79	0.158	8.03	0.653	24.4	0.276	0.027	7.30	0.272	18.2
3	1.79	0.158	8.03	0.653	24.4	0.238	0.021	7.01	0.271	19.0

编号	镍钴渣（质量分数）/%				沉淀率（夹带率）/%			
	Ni	Co	MgO	Mn	Ni	Co	Mg	Mg
1	30.40	3.10	5.23	3.27	67.79	71.09	1.76	22.53
2	29.28	2.89	6.20	2.23	84.12	82.40	2.30	16.94
3	32.45	2.83	6.27	4.69	86.31	86.31	2.36	36.23

注：Mg、Mn 的夹带率以渣计，Ni、Co 的沉淀率以液计。

试验表明，当陈化时间达到 30min 后，Ni 和 Co 的沉淀率分别达到 84.12% 和 82.40%，继续延长陈化时间，Ni、Co 的沉淀率变化不是很大，而 Mn 的夹带率却增加比较明显。因而，选定一段沉镍钴的时间为 30min。此时，过滤速度为：在抽滤压力为 0.04MPa 下，过滤速度为 872mL/min，对应一段镍钴渣含水为 73.92%。

由于 Ni、Co 沉淀步骤在沉铝操作之后，沉铝时温度选择 40℃，沉铝过后滤液温度会低于 40℃，为了减少工厂设备投资以及考虑工艺的连续性，我们没有研究高温下沉镍钴的效果。从试验数据中看出，30℃时的沉镍钴效果已经很好，可见沉镍钴时对温度要求不是很高，因此不推荐沉镍钴时进行加温，即工艺中选定一段沉镍钴的温度为室温。图 4-44 所示为一段镍钴渣 SEM 图，图中显示镍钴渣沉粒状，团聚在一起。

另外，一段镍钴渣之后的溶解、除杂、萃取、电解等工艺由于较为成熟，将不再详细研究和阐述。

综上所述，一段沉镍钴的最佳时间为 30min，反应温度为室温。

B　二段沉镍钴

上文中得出了二段沉镍钴的最佳 pH 值为 8.3，对一段沉镍钴后滤液进行二段沉镍钴的试验中，主要考察了陈化时间对二段沉镍钴的影响。具体数据见表 4-45。

图 4-44 一段镍钴渣 SEM 图

表 4-45 陈化时间对二段沉镍钴效果的影响

编号	温度/℃	陈化前 pH 值	陈化后 pH 值	陈化时间/min	沉镍前液体积/mL	沉镍后液体积/mL	过滤速度/mL·min⁻¹	干渣重/g	渣含水/%
1	30	8.3	8.4	15	2000	2050	1021	18.42	73.25
2	30	8.3	8.5	30	2000	2020	972	18.55	73.32
3	30	8.3	8.4	60	2000	2040	1063	18.48	72.84

编号	沉镍钴前液/g·L⁻¹					沉镍钴后液/g·L⁻¹				
	Ni	Co	Mg	Mn	Ca	Ni	Co	Mg	Mn	Ca
1	0.276	0.027	7.30	0.272	18.2	0.001	0.001	6.64	0.100	20.3
2	0.276	0.027	7.30	0.272	18.2	0.001	0.001	6.64	0.009	20.3
3	0.276	0.027	7.30	0.272	18.2	0.001	0.001	6.71	0.102	20.3

编号	镍钴渣（质量分数）/%				沉淀率（夹带率）/%			
	Ni	Co	MgO	Mn	Ni	Co	Mg	Mg
1	6.62	0.64	6.40	1.81	99.63	99.20	8.07	61.29
2	6.55	0.62	6.69	1.79	99.63	99.26	8.50	61.04
3	6.60	0.65	6.60	1.88	99.63	99.22	8.35	63.86

注：Mg、Mn 的夹带率以渣计，Ni、Co 的沉淀率以液计。

从表 4-45 中试验数据可以看出，二段沉镍钴时陈化时间为 15min，就可以将液中 99.63% 的 Ni 和 99.20% 的 Co 沉淀下来。此时，二段沉镍钴后液中的 Ni 和 Co 含量均为 0.001g/L。对应条件下的过滤速度为：在抽滤压力为 0.04MPa 下，抽滤速度 1021mL/min，对应的二段镍钴渣含水为 73.25%。

同一段沉镍钴一样，温度对二段沉镍钴的影响也不是很大，不再详细研究，选定二段沉镍钴的温度也为室温。

试验中还研究了二段镍钴渣返回一段沉淀一段镍钴的研究，按照一段沉镍钴时得出的一段沉镍钴时的最优条件，做三次平行试验验证结果。在温度为 30℃、陈化前 pH 值为 7.5、陈化时间为 30min 的试验条件下，用二段镍钴渣返回沉淀一段镍钴，具体试验数据见表 4-46。

表4-46   二段沉镍钴渣返回一段沉镍钴结果

编号	温度/℃	陈化前pH值	陈化后pH值	陈化时间/min	沉镍前液体积/mL	沉镍后液体积/mL	过滤速度/mL·min⁻¹	干渣重/g	渣含水/%
1	30	7.5	7.6	30	2000	2030	1010	11.48	73.55
2	30	7.5	7.5	30	2000	2040	1022	11.55	73.32
3	30	7.5	7.5	30	2000	2030	1033	11.58	72.98

编号	沉镍钴前液/g·L⁻¹					沉镍钴后液/g·L⁻¹				
	Ni	Co	Mg	Mn	Ca	Ni	Co	Mg	Mn	Ca
1	1.79	0.158	8.03	0.653	24.4	0.286	0.022	8.30	0.292	18.2
2	1.79	0.158	8.03	0.653	24.4	0.290	0.025	8.36	0.282	17.5
3	1.79	0.158	8.03	0.653	24.4	0.282	0.021	8.50	0.279	17.8

编号	镍钴渣（质量分数）/%				沉淀率（夹带率）/%			
	Ni	Co	MgO	Mn	Ni	Co	Mg	Mg
1	27.48	2.49	7.20	3.83	83.78	85.87	3.09	33.67
2	27.25	2.36	6.32	3.89	83.47	83.86	2.73	34.40
3	27.77	2.53	6.42	3.73	84.01	86.51	2.78	33.07

注：Mg、Mn的夹带率以渣计，Ni、Co的沉淀率以液计。

从表4-46中数据可以看出，三次平行试验不论是Ni、Co的沉淀率，Mg、Mn的夹带率，还是过滤速度和一段镍钴渣含水都非常吻合。试验结果与用石灰乳进行一段沉镍钴的数据非常接近。此时，过滤速度为：在抽滤压力为0.04MPa下，抽滤速度为1010mL/min以上，一段镍钴渣含水73%左右。

综上所述，二段沉镍钴的最佳陈化时间为15min，陈化温度为室温，用二段镍钴渣返回一段沉镍钴效果和用石灰乳相差不大。

4.3.2.5   沉镁

原矿中含有1%以上的Mg，镁渣为加压酸浸新工艺中的一种半成品，需要尽可能地降低其中杂质Ca的含量。另外，由于加压酸浸新工艺相对于传统加压浸出工艺及其他镍提炼工艺，优点之一是浸出剂硝酸可以再生利用，再生硝酸之前也需要对液中杂质进行处理。试验中用分析纯CaO和工业用石灰作为沉镁用沉淀剂，将其调为乳后，对溶液中Mg进行沉淀，分别考察了温度和pH值对沉镁效果的影响。具体试验结果见表4-47。得到的镁渣SEM图如图4-45所示，图中显示镁渣为粒状团聚体。

表4-47   沉镍钴后液除镁试验结果

编号	沉淀剂	温度/℃	陈化前pH值	陈化后pH值	时间/min	加入沉淀剂量/g	理论倍数
1	CaO	40	8.0	9.0	30	2.2	0.93
2	CaO	40	9.5	10.8	30	15.5	1.40
3	CaO	80	8.5	8.8	30	1.5	0.63
4	CaO	80	9.3	9.6	30	24.5	1.12

续表4-47

编号	沉淀剂	温度/℃	陈化前pH值	陈化后pH值	时间/min	加入沉淀剂量/g	理论倍数
5	CaO	80	9.6	10.0	30	13.7	1.15
6	石灰粉	25	8.5	8.5	30	7.75	0.26
7	石灰粉	25	9.5	10.5	30	14.8	1.50
8	石灰粉	40	9.0	9.7	30	11.0	1.12
9	石灰粉	40	9.5	10.7	30	14.0	1.42
10	石灰粉	60	9.0	9.6	30	10.1	1.02
11	石灰粉	60	9.5	10.3	30	12.6	1.28
12	石灰粉	80	9.5	10.0	30	11.3	1.15

编号	沉镁前液体积/mL	沉镁后液体积/mL	镁渣重/g	除镁前液/g·L^{-1}		除镁后液/g·L^{-1}		镁渣（质量分数)/%		沉淀率/%
				Mg	Ca	Mg	Ca	MgO	CaO	Mg
1	900	1000	3.1	1.13	21.6	0.089	20.7	45.30	8.52	91.25
2	2000	2020	14.0	2.37	24.3	0.017	28.15	58.53	8.01	99.28
3	900	1010	2.1	1.13	21.6	0.334	20.7	53.62	1.28	66.83
4	2000	2010	24.4	4.69	39.3	0.001	50.2	62.36	2.62	99.99
5	2000	2190	13.3	2.56	21.5	0.008	35.6	45.96	3.33	99.66
6	2000	2150	42.62	4.90	34.6	3.370	30.59	38.32	11.8	26.07
7	1000	1020	20.31	3.23	28.7	0.021	30.12	32.12	17.6	99.34
8	1000	1010	16.34	3.23	28.7	0.025	32.11	36.78	9.03	99.23
9	1000	1040	18.07	3.23	28.7	0.007	29.10	35.24	10.23	99.78
10	1000	1020	16.10	3.23	28.7	0.029	32.01	36.98	7.87	99.10
11	1000	1030	16.19	3.23	28.7	0.004	31.02	37.67	8.01	99.86
12	1000	1030	15.78	3.23	28.7	0.014	33.21	42.53	4.21	99.56

注：Mg沉淀率以液计。

图4-45　镁渣SEM图

从表4-47可以看出，在低温和高温条件下，分析纯CaO和工业用石灰均可以对Mg进行很好的沉淀，沉淀率可以达到99%以上。但是低温时沉镁得到的镁渣中的Ca含量比高温得到的镁渣要高。另外，相同条件下用工业石灰沉镁比用分析纯CaO沉镁得到的镁渣含Ca高。数据显示，陈化前pH值为9.5时即可将溶液中99%以上的Mg沉淀入渣相，此时所需的沉镁陈化时间为30min。此条件下得到的镁渣很好过滤。由于考虑高温沉镁会增加设备要求，且低温条件也能满足沉镁要求，因此工艺采用常温沉镁。

4.3.3 动力学分析

4.3.3.1 概述

A 湿法冶金常用的流-固反应动力学模型[28~32]

浸出反应的动力学模型属于流-固反应动力学的范畴，这种类型的反应一般可表示如下：

$$aA(g, aq) + bB(s) \rightleftharpoons cC(g, aq) + dD(s) \qquad (4-54)$$

针对固体颗粒表面有无固体产物层生成可分为两大类，对于有固体产物层生成的类型称为未反应收缩核模型（unreacted shrinking core model），在湿法冶金体系中应用较多；对于无固体产物层生成的类型称为收缩核模型（shrinking core model）。上述两种模型示意图如图4-46所示。针对球型颗粒反应物转化率与时间的数学表达式见表4-48。

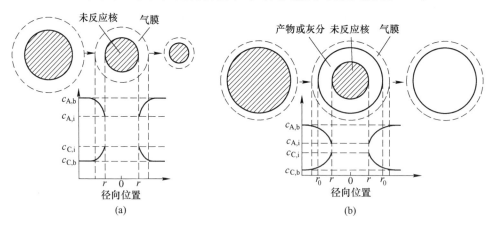

图4-46 浸出反应动力学模型

（a）收缩核模型；（b）未反应收缩核模型

$c_{A,b}$—反应物A在液相中的浓度；$c_{A,i}$—反应物A在球体外表面的浓度；

$c_{C,i}$—生成物C在球体外表面的浓度；$c_{C,b}$—生成物C在液相中的浓度；r—未反应核半径

表4-48 未反应收缩核模型与收缩核模型中转化率与时间的数学表达式

控制环节	未反应收缩核模型	收缩核模型
外扩散控制	$x = \dfrac{t}{\tau}$	$1 - (1 - x)^{2/3} = \dfrac{t}{\tau}$
内扩散控制	$1 + 2(1 - x) - 3(1 - x)^{2/3} = \dfrac{t}{\tau}$	—
化学反应控制	$1 - (1 - x)^{1/3} = \dfrac{t}{\tau}$	$1 - (1 - x)^{1/3} = \dfrac{t}{\tau}$

注：表中 x 为转化率，t 为反应时间，τ 为完全反应所需时间。

B 区域反应的动力学模型的发展及应用

冶金反应中很多反应属于区域反应。区域反应有一共同特点，就是反应过程在两个固相界面上进行[30]。这两个固相一个是反应物，一个是生成物。区域反应速率不能用体积浓度的变化率来表示，改用下面的定义：

$$r = \frac{\mathrm{d}\alpha}{\mathrm{d}t} \tag{4-55}$$

$$\alpha = \frac{V_0 - V}{V_0} \tag{4-56}$$

式中，V_0 为反应物初始量；V 为反应物的瞬时量；α 为反应程度。

典型的区域反应动力学曲线如图 4-47 所示。实线为反应物分解程度 α 与时间 t 的关系曲线。虚线为反应速率与时间 t 的关系。由 I 段进入 II 段后曲线变平，反应极慢几乎不反应，所以 II 段称为诱导期。III 段速率加快，为加速期，它到拐点（α_i，t_i）处结束。IV 段曲线表示反应变慢，反应受到阻碍，并接近完成。整条曲线呈"S"形。并非所有区域反应的标准曲线都有 4 个部分，很多情况是无 I 阶段，个别情况 I、II、III 段都不出现，有可能是 I、II、III 阶段时间很短，难以观测到的缘故。

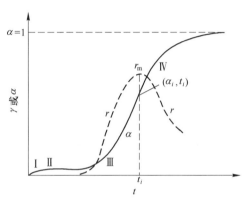

图 4-47 典型的区域反应动力学曲线

在多相化学反应过程中，伴随产物新相的生成，总要经历新晶核的形成与长大步骤。与其他步骤相比，有时新相晶核的形成与长大步骤速率很慢以致成为制约多相反应总速率的限制性环节。当反应受新相晶核的形成与长大步骤控制时，通常转化率与时间的关系呈现"S"形曲线。在反应初期，由于反应界面较小，反应速率较慢，随着反应进行，反应界面积逐渐增大，反应加速。当反应达到一定程度时，由于颗粒的各反应界面相互重叠，反应界面积减小，反应速率也相应地逐渐减慢。这种情况下的化学反应也是主要集中在两个结晶相的界面上，或集中在界面附近狭窄的区域内，因此这类反应也可视为区域化学反应[31]。

到目前为止，还没有找到能反映整条"S"形标准曲线的方程。对区域反应机理的研究还在发展阶段。区域反应动力学方程式中比较著名的是依洛菲也夫（Eroffev）方程：

$$x = 1 - \mathrm{e}^{-kt^n} \tag{4-57}$$

式中，k 为速率常数；n 为与反应机理有关的常数。

对式（4-57）取对数，得：

$$\ln[-\ln(1 - x)] = n\ln t + \ln k \tag{4-58}$$

通过实验测定的 t 与 x 的关系，可以求出 k 和 n。20 世纪 40 年代，Avrami 经分析得出如下动力学方程：

$$\ln \frac{1}{1 - x} = kt^n \tag{4-59}$$

式中, n 和 k 为常数, n 反映了新相晶核的形成与长大方式。

将式（4-59）取对数, 就可得与式（4-58）相同的形式, 根据实验数据即可求得 k 和 n。

常用的区域反应动力学方程见表4-49。

表4-49 区域反应的动力学方程式

动力学方程名称	数学表达式
奥斯汀-李琦特（Austin-Rickett）方程	$\ln[x/(1-x)] = k\ln t$
阿乌拉米（Avrami）方程	$-\ln(1-x) = kt^n$
依洛菲也夫（Erofeev）方程	$\ln[-\ln(1-x)] = \ln k + n\ln t$
哈尔伯特-克劳维特（Hulbert-Klawitter）方程	$[-\ln(1-x)]^{2/3} = k\ln t$
哈尔伯特-克劳维特（Hulbert-Klawitter）方程	$[-\ln(1-x)]^{2/3} = kt$
普劳特-汤姆金（Prout-Tompkins）方程	$\ln[x/(1-x)] = k\ln t + C$

孙康等人[33]利用普劳特-汤姆金（Prout-Tompkins）方程, 研究指出固态产物的晶核形成与长大为攀枝花钛铁矿还原反应的速度限制性环节。Avrami 方程最早应用于多相化学反应中晶核长大的动力学, 但之后被用于多种金属和金属氧化物的酸浸过程。Demirkiran 等人[34]即将 Avrami 方程应用于钠硼解石（$Na_2O \cdot 2CaO \cdot 5B_2O_3 \cdot 16H_2O$）的高氯酸溶解过程；Okur 等人[35]将 Avrami 方程应用于硼酸钙石（$2CaO \cdot 3B_2O_3 \cdot 5H_2O$）的硫酸浸出过程；此外, 畅永锋等人[36]鉴于还原焙烧红土矿中镍多以点状合金形式弥散于矿物中, Ni 浸出曲线不符合收缩未反应核模型, 也将 Avrami 方程成功应用于 Ni 浸出动力学研究。

4.3.3.2 各元素浸出行为规律

本节主要讨论红土镍矿中 Ni、Al、Fe 及 Co 等元素在硝酸介质中浸出行为规律, 研究不同温度对红土镍矿中各元素浸出率的影响, 浸出实验条件为：初始酸度 $c_{H^+} = 1.59$ mol/L, 液固比 30∶1mL/g, 搅拌速度 500r/min。

A Ni、Al、Fe 的浸出行为

a 403K

在浸出温度 403K 条件下, 镍红土矿中 Ni、Al、Fe 等元素的浸出结果如图 4-48（a）所示。在浸出时间 260min 以内, Ni 浸出率随时间延长而不断升高。当浸出 260min 时, Ni 浸出率达到最大值（58.6%）。再继续延长浸出时间, Ni 浸出率未见明显变化, 反而呈略微降低趋势。在浸出时间 220min 以内, Al 浸出率随时间延长而不断升高。当浸出 220min 时, Al 浸出率分别达到最大值 45.2%。随浸出时间进一步延长, Al 浸出明显受抑。

由图 4-48（a）进一步可知, Fe 浸出规律与 Ni、Al 相近。在浸出时间 220min 以内, Fe 浸出率随浸出时间延长而不断增大。当浸出 220min 时, Fe 浸出率达到 48.4%。此后, 再继续延长浸出时间, Fe 由于发生水解沉淀而导致浸出受抑。由 403K 各元素浸出率与时间的关系可见, Ni、Al、Fe 的浸出规律是相近的。

b 423K

在浸出温度 423K 条件下, 镍红土矿中 Ni、Al、Fe 等元素的浸出结果如图 4-48（b）所示。在浸出时间 180min 以内, Ni 浸出率随时间延长而不断升高。当浸出 180min 时,

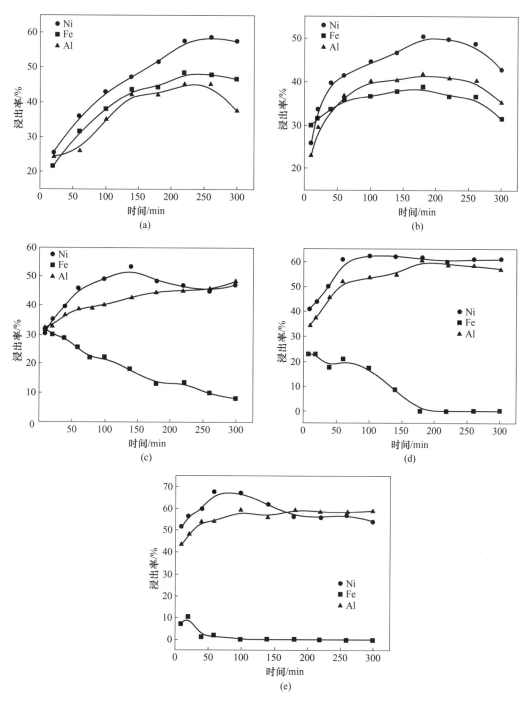

图 4-48　不同温度下各元素浸出率与时间的关系
（a）403K；（b）423K；（c）443K；（d）458K；（e）473K

Ni、Al 浸出率分别达到最大值，依次为 50.4% 和 41.8%。此后，再继续延长浸出时间，Ni、Al 浸出率反而呈降低趋势，Ni、Al 浸出明显受抑。

　　由图 4-48（b）进一步可知，Fe 浸出规律与 Ni、Al 相近。在浸出时间 180min 以内，

Fe 浸出率随浸出时间延长而不断增大。当浸出 180min，Fe 浸出率达到 38.7%。此后，随浸出时间进一步延长，Fe 浸出受抑。Fe 浸出率降低是由于在浸出后期 Fe 发生水解沉淀，而在 Fe 水解沉淀过程中，由于夹带导致 Ni、Al 浸出率也不断降低，Ni、Al 浸出速率明显放缓。

c 443K

在浸出温度 443K 条件下，镍红土矿中 Ni、Al、Fe 等元素的浸出结果如图 4-48（c）所示。在浸出时间 140min 以内，Ni 浸出率随时间延长而不断升高；当浸出 140min 时，Ni 浸出率达到最大值 52.9%。此后，再继续延长浸出时间，Ni 浸出率反而呈降低趋势。

相对而言，Fe 浸出是相当迅速的，由于在升温过程中 Fe 浸出就不可避免，当升温至 443K 并开始保温计时，Fe 浸出率就达到一个比较大的值，当浸出 20min 就达到 32.1%，此后由于 Fe 水解强烈，随着浸出时间延长，Fe 浸出率不断降低。由图 4-48（c）进一步可知，随着 Fe 不断水解沉淀，Ni、Al 浸出速率不断放缓。

d 458K

在浸出温度 458K 条件下，镍红土矿中 Ni、Fe、Al 等元素的浸出结果如图 4-48（d）所示。在浸出时间 100min 以内，Ni 浸出率随时间延长而不断升高；当浸出 100min 时，Ni 浸出率达到最大值 62.25%。此后，再继续延长浸出时间，Ni 浸出明显放缓并最终保持平衡。

Al 浸出情况与 Ni 相似。在浸出 100min 以内，Al 浸出率增长较快，当浸出 100min，Al 浸出率达到 60.4%，但随浸出时间进一步延长，Al 浸出明显放缓并最终保持平衡。Ni、Al 浸出速率放缓与 Fe 水解沉淀可能有着密切联系。

就 Fe 浸出而言，458K 浸出情况与 443K 时相同。由于在升温过程中 Fe 就有明显浸出，当开始保温计时，Fe 浸出率就达到 22.9%，此后由于 Fe 水解强烈，随浸出时间延长，Fe 浸出率反而不断降低。当浸出时间延长至 180min 以后，浸出进入溶液中的 Fe 几乎全部水解入渣，Fe 浸出率几近为零。

e 473K

在浸出温度 473K 条件下，镍红土矿中 Ni、Fe、Al 等元素的浸出结果如图 4-48（e）所示。在浸出时间 60min 以内，Ni 浸出率随时间延长而不断升高；当浸出 60min 时，Ni 浸出率达到最大值 67.6%。此后，随浸出时间进一步延长，Ni 浸出明显放缓并呈降低趋势。

Al 浸出情况与 Ni 相似。在 100min 以内，Al 浸出率增长较快，当浸出 100min，Al 浸出率达到 59.3%，但随浸出时间进一步延长，Al 浸出明显放缓并最终保持平衡。Ni、Al 浸出速率放缓与 Fe 水解沉淀应该有着密切联系。

473K 时 Fe 浸出情况与 443K、458K 时相同。由于在升温过程中 Fe 就有明显浸出，浸出 20min 时，Fe 浸出率达到 10.4%。此后，由于 Fe 水解强烈，随浸出时间延长，浸出进入溶液中的 Fe 几乎全部水解入渣，Fe 浸出率几近为零。

综上所述，红土镍矿中 Ni、Al、Fe 等元素在 403~473K 浸出温度范围内具有如下浸出行为规律：

（1）在浸出前期，Ni、Al 浸出率随浸出时间延长而不断增大，浸出率增长较快。当浸出进入到中后期，Ni、Al 浸出明显放缓。Ni、Al 浸出行为相似。

（2）随浸出温度升高，Fe 水解趋势不断增强。特别是当浸出温度高于 443K 后，Fe 的水解反应加剧，大量 Fe 水解沉淀入渣，Fe 浸出明显受抑。

（3）随着 Fe 水解反应加剧，由于 Fe 沉淀夹带作用，将不可避免地造成 Ni、Al 的夹带损失，这在一定程度上抑制了 Ni、Al 浸出率的提高，对有价金属 Ni 的浸出造成一定影响。

为保证有价金属 Ni 良好的浸出效果并抑制杂质 Fe 溶出，应选择适当高的温度和不宜过长的保温时间。

B　Co 的浸出行为

进一步考察了红土镍矿中 Co 在浸出温度 403~473K 范围内的浸出行为。试验结果如图 4-49 所示。

经与 Ni、Al 浸出行为比较可见，在浸出前期，Co 浸出率随浸出时间延长而不断增大，这与 Ni、Al 浸出行为是相似的，但当浸出进入中后期，Co 浸出行为表现出了很大的不同而且 Co 浸出明显受 Fe 行为影响。

图 4-49（a）所示为 403K 温度下 Co、Fe 浸出结果。当浸出时间延长至 220min 时，Fe 开始因水解沉淀而浸出受抑，而此时 Co 浸出也开始明显受抑，当浸出时间进一步延长至 300min，Co 浸出率由 220min 时的 76.54% 降至 58.58%。

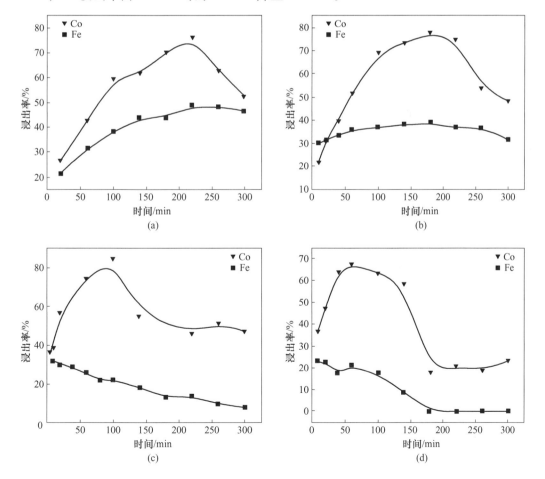

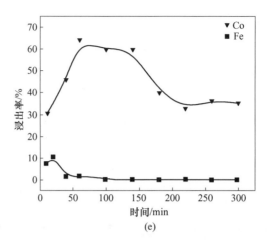

图 4-49　不同温度下 Co 浸出率与时间的关系

(a) 403K；(b) 423K；(c) 443K；(d) 458K；(e) 473K

当浸出温度升高至 423K 后，相较于 403K 而言，Co 浸出开始受抑的时间相较浸出温度 403K 情况而言提前至 180min。Co 浸出开始受抑的时间提前，是因为随着温度升高 Fe 水解趋势不断增强，在 Fe 大量水解入渣过程中，浸出进入溶液中的 Co 因共沉淀或夹带等原因也入渣，导致 Co 浸出率明显降低。

当浸出温度进一步升高至 443K 后，当浸出时间由 100min 进一步延长，随着 Fe 大量水解入渣，Co 浸出率显著降低。但当浸出时间由 220min 进一步延长时，Fe 浸出与水解趋于平衡（Fe 浸出率保持在 15% 左右），此时 Co 浸出率也保持在一个相对稳定的水平（50% 左右）。

当浸出温度提高至 458K 和 473K 后，Co 浸出行为也表现出与温度为 443K 时的相似性。当浸出进入溶液中的 Fe 完全水解入渣后（此时 Fe 浸出率表现为零），Co 浸出率保持稳定，但仅仅在一个较低的浸出率水平保持稳定（458K 时为 20% 左右，473K 时为 35% 左右）。

由上述可知，Co 浸出受 Fe 行为干扰明显，若要等到 Fe 完全水解入渣，浸出液保持一个最低 Fe 浓度水平时，有可能难以获得理想的 Co 浸出结果。为获得有价金属 Ni、Co 良好的浸出并兼顾浸出液杂质 Fe 浓度降低，可能采取的措施是选择一个适当高的浸出温度，浸出时间不宜过长。

C　金属浸出的选择性

由于红土镍矿中铁含量高达 50% 左右，而且之前的研究已经证实，杂质元素 Fe 将影响 Ni、Al、Co 的浸出行为，尤其对 Co 浸出产生明显干扰。在镍红土矿浸出过程中，我们希望有价金属 Ni、Co 浸出率尽可能大，而杂质 Fe 尽可能少地浸出，或者在不明显干扰 Ni、Co 有效浸出的前提下尽可能地控制 Fe 水解入渣。Fe 尽可能多地富集在浸出渣中，一方面有利于含 Fe 渣的进一步开发利用，另一方面，浸出液中 Fe 浓度低也有利于浸出液后续净化除杂。为表征 Ni、Co 浸出的选择性，在此引进 Ni/Fe 分离系数及 Co/Fe 分离系数，分别用有价金属 Ni、Co 的浸出率与杂质 Fe 浸出率之比（即 x_{Ni}/x_{Fe} 及 x_{Co}/x_{Fe} 比值）来表征。

Ni/Fe 分离系数（x_{Ni}/x_{Fe}）与浸出温度和浸出时间的关系如图 4-50 所示。由图 4-50 可见，在较低浸出温度时，浸出时间几乎对 Ni/Fe 分离系数没有影响，Ni/Fe 分离系数一直保持着较低水平，这主要是由于在低温浸出条件下，伴随 Ni 浸出过程的进行，Fe 也以较大浸出速率不断溶出，由此造成 Ni/Fe 分离系数较低。提高浸出温度，对于提高 Ni/Fe 分离系数，增大 Ni 浸出的选择性是极为有利的。这主要是由于在高温浸出条件下，Ni 大量浸出的同时，浸出进入溶液的杂质 Fe 大量水解入渣，Ni/Fe 分离性能增强。

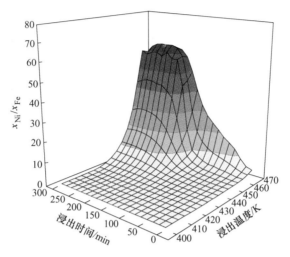

图 4-50　Ni/Fe 分离系数（x_{Ni}/x_{Fe}）与浸出温度及浸出时间的关系

不同浸出温度下 Ni 达到最大浸出率时所对应的 Ni/Fe 分离系数见表 4-50。由表 4-50可见，对于红土镍矿浸出而言，为实现理想的 Ni 选择性浸出效果，控制较高浸出温度和较短浸出时间为宜。

表 4-50　不同浸出温度条件下 Ni 浸出率最大时 Ni/Fe 分离系数

温度/K	时间/min	$x_{Ni}/\%$	$x_{Fe}/\%$	x_{Ni}/x_{Fe}
403	260	58.56	47.91	1.22
423	180	50.37	38.66	1.3
443	140	52.96	26.91	1.97
458	100	62.25	17.11	3.64
473	60	67.59	1.96	34.48

Co/Fe 分离系数与浸出温度和浸出时间的关系如图 4-51 所示。经与图 4-50 比较可见，浸出温度对 Co/Fe 分离系数的影响规律与 Ni/Fe 分离系数一致，即在较低浸出温度时，Co/Fe 分离系数也保持较低水平，提高浸出温度可以显著提高 Co/Fe 分离系数。但与 Ni/Fe 分离系数不同的是，在较高浸出温度下，在一定浸出时间范围内，Co/Fe 分离系数随浸出时间延长而不断增大并达到最大值，当浸出时间进一步延长时，由于 Fe 水解反应加剧，Fe 沉淀过程对 Co 的夹带作用明显，造成 Co/Fe 分离系数显著降低。由此初步判断，为保证 Co 选择性浸出，在高温下浸出时间不宜过长。

不同浸出温度下 Co 达到最大浸出率时所对应的 Co/Fe 分离系数见表 4-51。虽然在较高温度和较短浸出时间条件下，Co/Fe 分离系数较大，但此时 Co 实际浸出率相对较低。

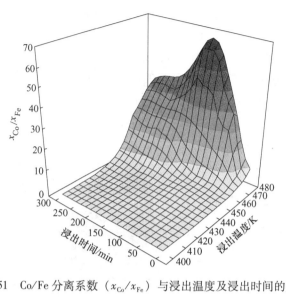

图 4-51 Co/Fe 分离系数 (x_{Co}/x_{Fe}) 与浸出温度及浸出时间的关系

因此，对于 Co 选择性高效浸出而言，应选择一适当高浸出温度（不宜过高）而且浸出时间不宜过长。因此，综合浸出效率及浸出选择性而言，要兼顾 Ni、Co 浸出可能有一定困难。

表 4-51　不同浸出温度条件下 Co 浸出率最大时 Co/Fe 分离系数

温度/K	时间/min	x_{Co}/%	x_{Fe}/%	x_{Co}/x_{Fe}
403	260	76.53	48.35	1.58
423	180	77.6	38.66	2.01
443	140	84.96	27.31	3.11
458	100	67.68	20.84	3.25
473	60	67.29	10.44	6.45

4.3.3.3　浸出过程动力学

A　常规动力学方程

按 4.3.3.1 节中所述界面化学反应控制的速率方程和内扩散控制的速率方程，分别对 Ni 浸出实验数据进行拟合，结果如图 4-52 所示。

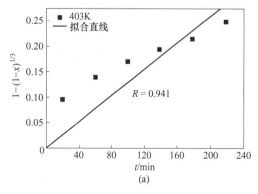

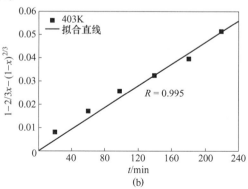

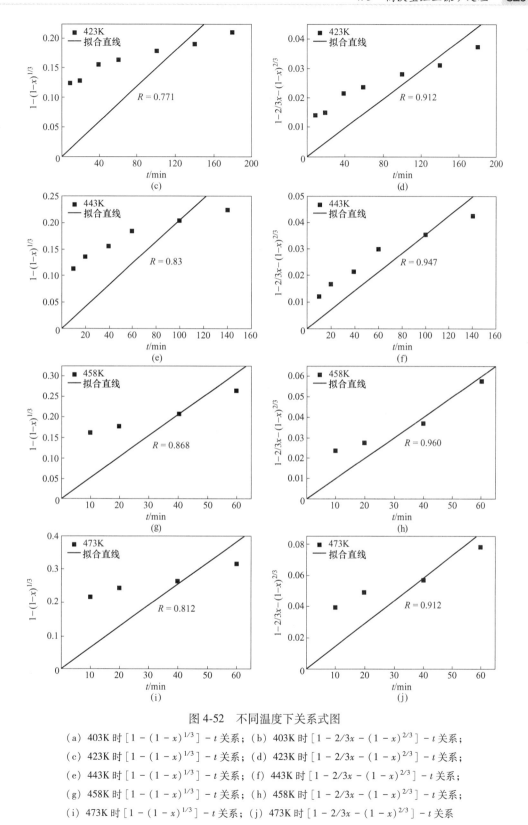

图 4-52　不同温度下关系式图

（a）403K 时 $[1-(1-x)^{1/3}]-t$ 关系；（b）403K 时 $[1-2/3x-(1-x)^{2/3}]-t$ 关系；

（c）423K 时 $[1-(1-x)^{1/3}]-t$ 关系；（d）423K 时 $[1-2/3x-(1-x)^{2/3}]-t$ 关系；

（e）443K 时 $[1-(1-x)^{1/3}]-t$ 关系；（f）443K 时 $[1-2/3x-(1-x)^{2/3}]-t$ 关系；

（g）458K 时 $[1-(1-x)^{1/3}]-t$ 关系；（h）458K 时 $[1-2/3x-(1-x)^{2/3}]-t$ 关系；

（i）473K 时 $[1-(1-x)^{1/3}]-t$ 关系；（j）473K 时 $[1-2/3x-(1-x)^{2/3}]-t$ 关系

在浸出温度 403~473K 范围内，$[1-(1-x)^{1/3}]-t$ 与 $[1-2/3x-(1-x)^{2/3}]-t$ 拟合所得的线性回归方程分别见表 4-52 和表 4-53。

表 4-52 403~473K 温度范围内 $[1-(1-x)^{1/3}]-t$ 关系

T/K	回归方程	相关系数 R
403	$1-(1-x)^{1/3}=1.29\times10^{-3}t$	0.941
423	$1-(1-x)^{1/3}=1.50\times10^{-3}t$	0.771
443	$1-(1-x)^{1/3}=2.05\times10^{-3}t$	0.830
458	$1-(1-x)^{1/3}=5.13\times10^{-3}t$	0.868
473	$1-(1-x)^{1/3}=6.36\times10^{-3}t$	0.812

表 4-53 403~473K 温度范围内 $[1-2/3x-(1-x)^{2/3}]-t$ 关系

T/K	回归方程	相关系数 R
403	$1-2/3x-(1-x)^{2/3}=2.33\times10^{-4}t$	0.995
423	$1-2/3x-(1-x)^{2/3}=2.45\times10^{-4}t$	0.912
443	$1-2/3x-(1-x)^{2/3}=3.55\times10^{-4}t$	0.947
458	$1-2/3x-(1-x)^{2/3}=1.0\times10^{-3}t$	0.960
473	$1-2/3x-(1-x)^{2/3}=1.45\times10^{-3}t$	0.912

由图 4-52、表 4-52 和表 4-53 可见，在低温（403K）条件下，$[1-2/3x-(1-x)^{2/3}]-t$ 之间具有良好的线性相关性（相关系数高达 0.995），镍浸出速率严格遵循扩散控制的动力学方程。此外，在 423~473K 温度范围内，Ni 浸出速率并不严格遵循未反应收缩核模型。

据上述可初步判断，在低温（403K）条件下，红土镍矿中镍浸出可能受内扩散控制，即浸出剂向褐铁矿晶体内部扩散。而在较高浸出温度下，镍浸出可能遵循其他动力学模型。

B　Avrami 方程

采用 Avrami 方程对红土镍矿硝酸介质浸出实验所得 Ni 浸出数据进行拟合，结果如图 4-53 所示。

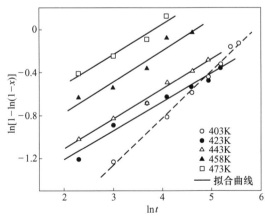

图 4-53　不同浸出温度条件下 $\ln[-\ln(1-x)]$ 与 $\ln t$ 之间的关系

各温度条件下，$\ln[-\ln(1-x)]$ 与 $\ln t$ 之间的线性方程见表 4-54。由图 4-53 及表 4-54 可见，各温度条件下 $\ln[-\ln(1-x)]$ 与 $\ln t$ 之间均呈现良好的线性相关性（$R \geqslant 0.97$）。

表 4-54 各温度条件下 $\ln[-\ln(1-x)]$ 均与 $\ln t$ 之间的线性方程

T/K	$\ln[-\ln(1-x)] = \ln k + n\ln t$	相关系数 R
403	$\ln[-\ln(1-x)] = -2.57 + 0.437\ln t$	0.996
423	$\ln[-\ln(1-x)] = -1.75 + 0.27\ln t$	0.982
443	$\ln[-\ln(1-x)] = -1.67 + 0.28\ln t$	0.995
458	$\ln[-\ln(1-x)] = -1.36 + 0.29\ln t$	0.970
473	$\ln[-\ln(1-x)] = -1.08 + 0.28\ln t$	0.983

当浸出温度较低（$T=403\mathrm{K}$）时，所得直线斜率（即 n 值）为 0.437，而其余各温度条件下 n 值均介于 $0.2\sim0.3$ 之间。403K 浸出温度条件下 $\ln[-\ln(1-x)] - \ln t$ 直线未与其他温度条件下所得直线呈现良好的平行关系，这不符合 n 值为常数且不随浸出条件变化的性质。由此判断，红土镍矿中镍浸出过程在较低温度（$T=403\mathrm{K}$）条件下可能与较高温度（$T=423\sim473\mathrm{K}$）条件下有所不同，表现在参数 n 不一致，不能统一于一个 Avrami 方程中。而在较高浸出温度（$T=423\sim473\mathrm{K}$）条件下，镍浸出过程遵循 Avrami 方程。

C 表观活化能计算

反应速率常数 k 与绝对温度之间的关系可用 Arrhenius 方程来表示，即：

$$k = A\exp\left(\frac{-E}{RT}\right) \tag{4-60}$$

式中，A 为频率因子，E 为反应的活化能。

对上式两边取对数，可得：

$$\ln k = -\frac{E}{RT} + \ln A \tag{4-61}$$

根据表 4-54 中的 $\ln[-\ln(1-x)] - \ln t$ 直线的截距（即 $\ln k$ 值）代表，并基于 Arrhenius 公式，以 $\ln k$ 对 $1/T$ 作图。$\ln k$ 对 $1/T$ 之间关系如图 4-54 所示。

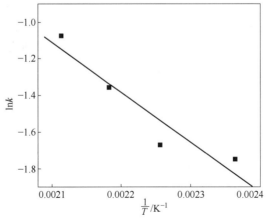

图 4-54 $\ln k$ 对 $1/T$ 之间关系

由所得直线的斜率（-2731.57）即可求解反应的表观活化能：

$$E = -(-2731.57) \times R = 2731.57 \times 8.314 = 22710.27(J/mol) = 22.71(kJ/mol)$$

计算所得活化能值与内扩散控制表观活化能（8~20kJ/mol）接近。而且，浸出温度对反应速率常数的影响并不明显（见表4-54）。综上所述，可初步判断镍浸出过程受内扩散控制。

4.3.4　半工业试验

4.3.4.1　生产原料

试生产所用的原料主要成分含量见表4-55。

表4-55　试生产原料的主要成分含量（质量分数）　　　　（%）

编号	Fe	Ni	Co	CaO	MgO	Cr	Al$_2$O$_3$	SiO$_2$	Mn
1	41.72	0.88	0.081	<0.5	3.62	1.95	5.58	9.29	0.41
2	41.30	0.82	0.075	<0.5	4.22	1.97	5.48	9.71	0.45
3	42.73	0.81	0.060	<0.5	2.90	1.54	5.77	7.43	0.60
4	40.11	0.76	0.064	<0.5	2.63	1.82	4.92	8.75	0.49
平均	41.47	0.82	0.070	<0.5	3.34	1.82	5.44	8.80	0.49

原矿中，自由水含量12%~15%，平均为13.44%；C含量2.4%~3.6%，平均为2.92%；P含量0.04%~0.05%；S含量0.03%~0.06%。原矿的振实密度为3.3×10^{3}kg/m^3。

4.3.4.2　球磨与粒度分级

原料按1t原矿配水0.7m^{3}的比例，经过湿式球磨机（见图4-55）湿磨后泵入水力旋流器（见图4-56）中进行粒度分级，分级后使用的原料粒度及矿浆浓度见表4-56。

图4-55　湿式球磨机

图4-56　水力旋流器

矿浆浓度大于42%，粒度小于0.074mm占80%以上的合格矿浆临时存储在原料场的合格矿浆槽中，生产需要时再经管道传输到综合车间。

表 4-56　原料球磨、旋流分级后的粒度及矿浆浓度

取样点	粒度范围/%			矿浆浓度/%
	<0.074mm	0.074~0.150mm	>0.150mm	
旋流槽溢流	84.38	11.76	3.86	42.78
合格矿浆槽	80.21	12.99	6.8	45.24

4.3.4.3　加压浸出

A　矿浆配酸

输送到综合车间的矿浆原料打入 $\phi3.5m\times3.5m$ 的浆化槽中，按试验预定的液固比和酸度配制矿浆。配酸时先添加适量的再生浸出剂，再补充一定量的新酸和水，浆化槽每槽配制矿浆约 $18m^3$。矿浆按预定的液固比和酸度配制好后再搅拌 30min，然后浆料直接打入待料的加压反应釜内。

在配硝酸过程中有棕红色二氧化氮气体逸出，因此，浆化槽设计为负压操作，在槽盖设置抽风管道，直接把二氧化氮气体抽到吸收塔（见图 4-57）进行处理，回收得到的再生浸出剂可以返回浆化槽循环利用。

B　反应釜加压浸出

综合车间安装有 6 台 $25m^3$ 立式加压反应釜设备，其操作容积为 $22m^3$，容器工作压力 2.0MPa，工作温度 200℃，电机功率 30kW，减速机转速 172r/min，浸出车间全景如图 4-58 所示，加压釜如图 4-59 所示。

图 4-57　吸收塔

图 4-58　浸出车间全景

图 4-59　25m³ 加压釜

反应釜内采用蒸汽盘管加热，加压浸出试验方法为先放空升温到 100℃时保温 30min，然后关闭排空阀，在不超压（小于 1.8MPa）条件下直接升温到预定的浸出温度保温，平均升温速度约为 1℃/min。保温结束后通水冷却，当釜内温度降到 95℃时关闭冷却水，缓

慢打开排空阀，压力降至常压时矿浆出釜。试验过程中排出的气体经抽风管道送吸收塔处理，得到再生浸出剂返回浆化槽循环利用。

C　硝酸加压浸出试验

由于生产设备和现场条件与实验室不同，根据实验室试验结果，结合现场生产条件，在生产线做了采用硝酸浸出红土镍矿的扩大条件试验，试验主要考察了生产工艺参数对 Ni 浸出率的影响。所用的硝酸为 98% 的工业级硝酸，密度为 1.505g/cm³。

a　硝酸浓度

固定液固比 2：1mL/g，浸出保温温度 185℃，保温时间 30min，浸出阶段搅拌转速 120r/min。考虑生产现场条件，硝酸浓度的试验范围选定在 110~190g/L 之间，试验结果见表 4-57 和图 4-60。

表 4-57　硝酸浓度对 Ni 浸出率的影响

编号	硝酸浓度/g·L⁻¹	加压浸出渣成分（质量分数）/%				Ni 浸出率/%
		Fe	Ni	Co	Al₂O₃	
1	110	47.7	0.28	0.026	4.19	69.7
2	120	48.3	0.28	0.029	2.30	71.2
3	150	51.5	0.23	0.023	2.92	77.4
4	170	46.1	0.19	0.013	2.42	85.2
5	190	45.8	0.18	0.024	3.26	87.6

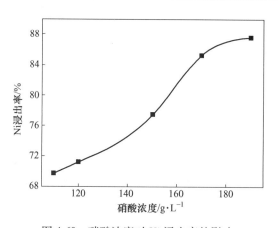

图 4-60　硝酸浓度对 Ni 浸出率的影响

可以看出，提高硝酸浓度能提高 Ni 的浸出率，尤其硝酸浓度在 120~170g/L 范围内，影响很显著，再继续提高硝酸浓度时影响程度有减小趋势，可能与硝酸的挥发量增大有关。

b　浸出温度

试验条件：浸出剂硝酸浓度 120g/L，液固比 2：1mL/g，搅拌转速固定在 120r/min。根据实验室试验结合反应釜设计工作温度，浸出温度试验范围选定在 175~190℃ 之间，保温时间 30min，试验结果见表 4-58 和图 4-61。

表 4-58　浸出温度对 Ni 浸出率的影响

编号	浸出温度/℃	加压浸出渣成分（质量分数）/%				Ni 浸出率/%
		Fe	Ni	Co	Al$_2$O$_3$	
1	175	48.6	0.29	0.026	2.15	68.9
2	180	47.2	0.29	0.024	3.13	69.5
3	185	48.3	0.28	0.029	2.30	71.2
4	190	47.6	0.23	0.027	3.32	72.5

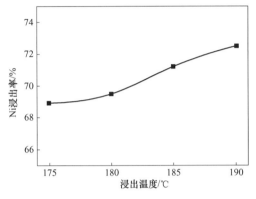

图 4-61　浸出温度对 Ni 浸出率的影响

由试验结果可以看出，升高浸出温度是有利于提高 Ni 的浸出率，但在考察范围内影响程度不是很显著，温度由 175℃ 升高到 190℃，Ni 浸出率仅提高 3.6%。

c　保温时间

固定硝酸浓度 120g/L，浸出保温温度 185℃，液固比 2∶1mL/g，浸出阶段搅拌转速固定在 120r/min，浸出保温时间试验范围选定 15~45min，试验结果见表 4-59 和图 4-62。

表 4-59　保温时间对 Ni 浸出率的影响

编号	保温时间/min	加压浸出渣成分（质量分数）/%				Ni 浸出率/%
		Fe	Ni	Co	Al$_2$O$_3$	
1	15	46.3	0.30	0.028	3.17	66.2
2	30	48.3	0.28	0.029	2.30	71.2
3	45	48.1	0.21	0.024	2.00	73.5

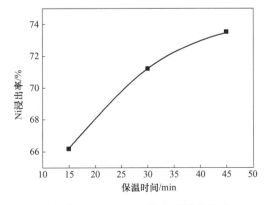

图 4-62　保温时间对 Ni 浸出率的影响

由图 4-62 可知，延长保温时间有利于提高 Ni 的浸出率，但在考察范围内影响的波动范围不如硝酸浓度影响的显著。

d 浸出保温阶段最高压力

由于原料加入量不同，原料中含碳量有波动，以及加热过程中排空时间长短不一等原因，在浸出保温阶段反应釜内达到的最高压力有一定变化，波动范围在 1.1~1.9MPa 之间，主要集中在 1.3~1.6MPa 区间。因此分析考察了在所有试验条件下浸出保温阶段反应釜内所达到的最高压力与 Ni 浸出率的关系，绘制了相应的散布图，如图 4-63 所示。

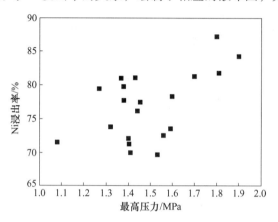

图 4-63 保温时最高压力对 Ni 浸出率的影响

从总体上看，提高浸出压力对提高 Ni 的浸出率是有利的，因此在保证生产安全的条件下应适当缩短加热的排空时间。

根据以上试验结果，结合生产现场操作条件，最后选定加压浸出阶段的工艺参数为浸出剂硝酸浓度 170g/L，液固比 2∶1mL/g，浸出保温温度 185℃，保温时间 30min，主要浸出阶段搅拌转速 120r/min。在优化条件下试验，试验结果见表 4-60。

表 4-60 硝酸浸出优化条件下试验结果

编号	加压浸出渣成分（质量分数）/%				Ni 浸出率/%
	Fe	Ni	Co	Al_2O_3	
1	47.7	0.18	0.015	2.56	85.4
2	46.2	0.19	0.014	2.44	85.1
3	45.8	0.19	0.015	2.53	84.8
平均	46.5	0.19	0.015	2.51	85.1

由表 4-60 可知，在优化条件下，渣计 Ni 的平均浸出率能达到 85.1%，镍浸出的效果较好。表 4-61 所列为优化条件下加压浸出液主要金属含量及浸出率。

表 4-61 硝酸加压浸出液主要金属含量

金属	Fe	Ni	Co	Al	Mn	Cr	Mg
含量/g·L^{-1}	2.45	3.87	0.33	6.87	3.13	0.19	7.97
浸出率/%	1.1	85.2	91.8	61.4	94.6	2.8	86.2

4.3.4.4 中和沉铁

以硝酸为浸出剂加压浸出后的矿浆液中含有 2~3g/L 的铁，以三价的 Fe^{3+} 为主，这部分铁必须尽量沉回渣中，以提高铁精粉中铁的品位，减小后续工艺除铁的压力。根据实验室研究结果，决定采用青石粉（$CaCO_3$）调整溶液 pH 值的方法中和沉淀分离 Fe^{3+}，沉铁的 pH 值设定在 2.5。

青石粉原料经球磨后粒度为小于 0.074mm 占 79.7%，其成分见表 4-62。在石灰料场（见图 4-64）配制成浓度为 30% 浆料（密度 1.25g/cm³），通过管道输送到综合车间使用。

表 4-62 青石粉原料主要成分

成分	$CaCO_3$	Al_2O_3	MgO	SiO_2	Fe
质量分数/%	93.13	1.09	1.01	1.93	0.35

图 4-64 石灰料场

浸出完毕的矿浆从反应釜打入 $\phi 5m \times 5m$ 的中和沉铁搅拌槽，矿浆温度在 85~90℃，待达到一定量后，开始逐渐添加含量 30% 青石粉浆调整矿浆酸度，直至矿浆 pH 值升高到 2.5，稳定保持 30min。

试验前在中和搅拌槽取样分析加压浸出液（中和沉铁前液），主要金属成分含量见表 4-63，溶液酸度为 pH = 0.07。

表 4-63 加压浸出液主要金属含量

金属	Fe	Ni	Co	Al	Mn	Cr	Mg
含量/g·L⁻¹	2.07	3.92	0.34	6.82	2.51	0.15	7.62

试验累计加入 30% 青石粉浆 6.87m³ 后，溶液 pH 值稳定保持在 2.51，青石粉消耗量为理论用量的 1.17 倍。搅拌 60min 后，中和后的矿浆用矿浆泵泵入 XMZF400/1600 型厢式压滤机过滤，如图 4-65 所示。

通过厢式压滤机一次过滤，精滤液流入 1 个 $\phi 5m \times 4m$ 的溶液中转储槽，待下一步沉铝，精滤液主要金属成分含量见表 4-64。

图 4-65   XMZF400/1600 厢式压滤机

表 4-64   中和沉铁精滤液主要金属含量

成分	Fe	Ni	Co	Al	Mn	Cr	Ca	Mg
含量/g·L⁻¹	0.05	3.54	0.53	8.39	3.89	0.38	18.82	9.90

浸出渣滤饼落到浆化洗涤槽中进行浆化洗涤，然后再用另一台 XMZF400/1600 厢式过滤机进行二次过滤，得到滤渣如图 4-66 所示，滤渣堆密度为 1.75g/cm³，成分见表 4-65，原矿中 99% 以上的铁仍然保留在铁精矿中，而超过 85% 镍从原矿中分离出来，进入后续的工艺流程。湿渣经干燥后，含水小于 12% 的沉铁滤渣可以作为铁精矿出售。洗涤后液自流到洗水中间槽，可以送浆化槽用来预浸调浆补液。

图 4-66   中和沉铁过滤渣

表 4-65   沉铁滤渣主要成分

成分	Fe	Ni	Co	Al₂O₃	CaO	MgO	自由水
质量分数/%	45.82	0.03	0.005	3.12	0.274	0.81	38.53

4.3.4.5   中和沉铝

经过沉铁处理的浸出液铝杂质含量还较高，在进入沉镍钴之前必须清除。根据实验室试验研究结果，沉铁后得到的精滤液仍然采用青石粉调整溶液 pH 值的方法来中和沉淀分离 Al^{3+}，沉铝的 pH 值设定在 4.0。氢氧化铝胶体过滤比较困难，沉铝过程中尽量减少铝胶的形成。

沉铁后液主要成分见表 4-66，泵入 ϕ5m×5m 中和沉铝搅拌槽（见图 4-67）后，向中和槽缓慢打入含量 30% 青石粉浆调整酸度，直至溶液 pH 值升高到 4.0。继续搅拌，陈化 30min 后泵入 100m^2 的 XMAJ1000-U 厢式压滤机过滤。青石粉消耗量为理论用量的 1.13 倍。沉铝后滤液主要成分见表 4-67。

表 4-66 沉铁后液的主要金属含量

成分	Fe	Ni	Co	Al	Mn	Cr	Ca	Mg
含量/g·L^{-1}	0.048	3.20	0.51	8.11	3.78	0.35	18.50	9.31

图 4-67 中和沉铝搅拌槽

表 4-67 沉铝后滤液的主要金属含量

成分	Fe	Ni	Co	Al	Mn	Cr	Ca	Mg
含量/g·L^{-1}	<0.001	2.82	0.43	0.07	2.15	<0.001	37.81	8.32

待铝渣压滤机滤室中渣满后，滤渣卸到铝渣洗涤槽内进行浆化洗涤。浆化洗涤后泵入隔膜压滤机进行二次压滤，洗涤后液自流到沉铝后液储槽中。压滤得到的铝渣如图 4-68 所示，渣密度为 1.25g/cm^3，其成分见表 4-68，干燥后铝渣作为氧化铝中间产品出售。

图 4-68 二次铝渣

表 4-68 铝渣主要成分

成分	Fe	Ni	Co	Al$_2$O$_3$	CaO	MgO	自由水
质量分数/%	0.18	0.15	0.019	22.61	1.36	1.03	74.11

4.3.4.6 一段沉镍钴

从沉铝后滤液中提取镍和钴采用不同的 pH 值，分两步进行，以便能减小电解前除杂的压力。目前使用碱性较强的石灰乳调整溶液 pH 值，在 pH 值为 7.3 ~ 7.5 时先进行一段沉镍钴，待正式投产后可以使用二段镍钴渣来替代石灰乳。

所用的石灰原料经过球磨后的粒度小于 0.074mm 比例约 80%，其主要成分见表 4-69，在石灰料场配制成浓度为 30% 石灰乳（密度为 1.26g/cm^3），通过管道输送到综合车间使用。

表 4-69 石灰粉原料的主要成分

成分	CaO	Al$_2$O$_3$	SiO$_2$	Fe
质量分数/%	76.68	3.52	5.83	0.78

从沉铝后液贮槽打入到 ϕ5m×5m 的一段沉淀镍钴搅拌槽溶液 37.3m^3，溶液 pH = 4.2，温度 35℃，主要成分见表 4-70。

表 4-70 一段沉镍钴前液主要金属含量

成分	Fe	Ni	Co	Al	Mn	Cr	Ca	Mg
含量/g·L^{-1}	<0.001	2.93	0.45	0.07	2.23	<0.001	38.94	8.45

添加 30% 石灰乳调溶液 pH 值，调到 pH = 6 时，消耗石灰乳 0.388m^3。继续搅拌，稳定 60min 后泵入 100m^2 的 XMAJ1000-U 厢式压滤机（见图 4-69）过滤，滤液流入一段镍钴沉淀后液贮槽，得到的一段镍钴渣密度为 1.21g/cm^3，可以作为配制镍电解液的原料，如图 4-70 所示。试验结果见表 4-71 和表 4-72。

图 4-69 XMAJ1000-U 厢式压滤机

图 4-70 一段镍钴渣

表 4-71 一段沉镍钴后液主要金属含量

成分	Ni	Co	Al	Mn	Ca	Mg
含量/g·L^{-1}	0.12	0.02	<0.001	1.51	41.96	7.67

表 4-72　一段沉镍钴渣主要成分

成分	Ni	Co	Al	Mn	Ca	Mg	自由水
质量分数/%	28.12	3.21	0.52	5.71	1.30	7.37	60.12

4.3.4.7　二段沉镍钴

一段沉镍钴的滤液送 $\phi5m \times 5m$ 镍钴二段沉淀槽中，使用浓度30%石灰乳继续调整溶液 pH 值，在 pH=8.3 左右再进行二段沉镍钴，中和沉淀后的矿浆经 $100m^2$ 的 XMAJ1000-U 厢式压滤机过滤后，二段镍钴渣滤饼可以返回镍钴一段沉淀槽作中和剂使用。二段镍钴渣如图 4-71 所示，其主要成分见表 4-73。

图 4-71　二段镍钴渣

表 4-73　二段沉镍钴渣主要成分

成分	Ni	Co	Mn	Ca	Mg	自由水
质量分数/%	2.84	0.45	3.32	7.65	11.89	62.67

4.3.4.8　电解镍

萃余液用果壳类活性炭除油，要求活性炭粒度小于 0.150mm，活性炭用量根据实际溶液中含油量进行调节，一般为 $5kg/m^3$，搅拌 1h，要求除油后溶液中有机物小于 $5 \times 10^{-4}\%$，除油后活性炭根据吸附能力决定是否重复使用。

表 4-74 列出电解生产所需的设备与材料。

表 4-74　电解槽设备与材料

设备材料	规格型号	设备材料	规格型号
镍电解液高位槽	$\phi2000mm \times 3000mm$，PP 材质	合金阳极	900mm×680mm×6mm，Pb-Ag-Sn-Sr
盘管加热器	$8m^2$ 不锈钢	阴极板	860mm×750mm×3mm，316L 钛板
电解槽	3050mm×1200mm×1300mm	硅整流设备	KGH6500A/135V
阴极隔膜框	1250mm×990mm×60mm	电解后液储槽	3250mm×2500mm×2000mm
阴极隔膜袋	1100mm×980mm×50mm，涤纶布		

　　充槽时由于 P507 萃余液中镍含量不能满足镍的电解要求，先用碳酸钠进行镍的沉淀，然后再用硫酸进行反溶，形成硫酸镍溶液进行镍的电解，充槽完成就进入正常生产。

　　控制硫酸镍溶液 pH 值为 3.0~3.5，镍浓度为 85~90g/L，Na_2SO_4 浓度为 50~100g/L，添加 20~25g/L H_3BO_3 做为缓冲剂。经活性炭深度脱油处理后的镍溶液泵送至镍电解车间的电解液高位槽，盘管加热至 60℃后，再自流入电解槽阴极区生产电镍，镍阳极液则返回浸出使用。

　　镍电积用 Pb-Ag-Sn-Sr 四元合金作阳极，用隔膜袋把阳极液和阴极液区分开。制取镍始极片的阴极为 3mm 厚不锈钢 316L 的钛种板，316L 板入槽前用硫酸处理，使种板表面由银白色变成浅灰色，用清水冲洗干净，再用粗砂纸将种板两边及底边打光约 30mm 宽，做绝缘处理，将始极片剪边、整平，安装挂耳。电解工艺参数为：同极中心距 120mm；电流密度初始为 150A/m^2，6h 后提升为 240A/m^2；槽电压 3.2V；电解液循环量阴极液镍浓度在 85~90g/L，阴阳极镍浓度差 25g/L。

　　阴极镍出槽后放入洗镍槽中，用热水浸泡，再用冷水将电镍表面的硫酸镍和游离硫酸冲洗干净、晾干、称重、检验后电解镍入库。图 4-72 所示为生产试验所得到的电解镍板产品，厚度为 4mm，检验分析结果见表 4-75。

图 4-72　电解镍板产品

表 4-75　电解镍板成分

成分	Ni	Co	C	Si	P	S	Fe	Cu	Zn
质量分数/%	>99.14	0.57	0.027	<0.0005	<0.0001	0.0042	0.23	0.0028	0.0022
成分	As	Cd	Sn	Sb	Pb	Bi	Al	Mn	Mg
质量分数/%	0.0003	0.0010	0.0020	0.0010	0.014	<0.0003	0.0027	0.0004	<0.001

4.4　碱预处理矿硝酸浸出

　　本节原料来自印度尼西亚某红土镍矿，关于原料的详细介绍参考 2.1.1 节。为进一步提高有价金属的浸出率，综合回收其他有用元素，对红土镍矿进行了碱预处理[1]。预处理红土镍矿的主要元素化学分析结果见表 4-76。相较于原矿而言，经预处理后铬的含量明显下降。

表 4-76　预处理红土镍矿化学组成

表 4-76　预处理红土镍矿化学组成

元素	Fe	Ni	Co	Cr	Al	Ca	Mg	Na	Mn	SiO$_2$
质量分数/%	49.62	0.59	0.051	0.36	1.27	0.34	0.36	1.03	0.18	4.97

4.4.1　浸出过程影响因素

4.4.1.1　概述

本节针对预处理红土镍矿硝酸介质温和提取工艺[1,6]进行研究。考察了温度、初始酸度、保温时间、液固比、搅拌转速对 Ni、Co、Al、Fe 浸出率的影响规律，确定最佳工艺条件，并在最佳实验条件下进行了工艺稳定性实验。

4.4.1.2　浸出工艺条件

A　浸出温度

首先在 433~478K 范围内考察了浸出温度对 Ni、Co、Fe、Al 等元素浸出率的影响，实验条件为：初酸浓度为 $c_{H^+}=1.62\text{mol/L}$，液固比为 3：1mL/g，保温时间 60min，搅拌速度 500r/min。浸出实验结果见表 4-77 及图 4-73。

表 4-77　浸出温度对各元素浸出率的影响

实验编号	温度/K	渣量/g	渣率/%	浸出渣成分（质量分数)/%				浸出率/%			
				Fe	Ni	Co	Al	Fe	Ni	Co	Al
1	433	125.5	83.67	56.87	0.65	0.05	0.3	8.62	13.68	16.33	77.18
2	443	123.2	82.13	59.21	0.5	0.039	0.7	6.60	34.81	35.94	47.73
3	458	121.3	80.87	60.53	0.13	0.015	0.57	5.99	83.31	75.74	58.51
4	468	123.8	82.53	60.85	0.083	0.027	0.69	3.55	89.13	55.43	48.23
5	478	124.2	82.8	61.39	0.042	0.05	0.66	2.38	94.48	68.54	50.32

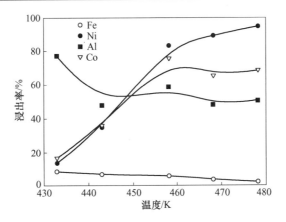

图 4-73　浸出温度对金属浸出率的影响

由表 4-77 及图 4-73 可知，在所考察浸出温度范围内，Fe 浸出率一直呈降低趋势。随浸出温度由 433K 升高至 478K，Fe 浸出率由 8.6% 下降至 2.4%。对于 Al 而言，当浸出温度为 433K 时浸出率保持在一较高水平（77.18%），随浸出温度由 433K 升高至 443K，Al

浸出率降至47.73%，随浸出温度进一步升高，其浸出率在50%上下波动并基本保持平衡。

当浸出温度由433K升高至458K时，Ni、Co浸出率均呈显著增大趋势，分别由13.68%和16.33%快速升高至83.31%和75.74%。随浸出温度进一步升高，Ni浸出率增长缓慢，而Co略有下降后基本保持平衡。综上所述，浸出温度选择458K左右为宜。

　　B　初始酸度

在液固比一定情况下，不同初始酸度将对应不同的酸比（即H$^+$与Ni、Co、Al金属完全浸出所需H$^+$总和的摩尔比，下同），而浸出过程酸比的改变将显著影响各元素的浸出率。在c_{H^+}=1.08~2.71mol/L范围内考察了初始酸度对Ni、Co、Fe、Al等元素浸出率的影响。实验条件为：浸出温度458K，液固比3∶1mL/g，保温时间60min，搅拌速度500r/min。浸出实验结果见表4-78及图4-74。在本实验所取液固比条件下，不同初始酸度对应的酸比见表4-79。

表4-78　初始酸度对金属浸出率的影响

实验编号	初始酸度/mol·L^{-1}	渣量/g	渣率/%	浸出渣成分（质量分数)/%				浸出率/%			
				Fe	Ni	Co	Al	Fe	Ni	Co	Al
1	1.08	131.4	87.60	59.64	0.61	0.039	0.73	-0.34	15.18	31.67	41.87
2	1.35	129.2	86.13	60.82	0.49	0.032	0.72	-0.61	33.01	44.87	43.62
3	1.62	121.3	80.87	60.53	0.13	0.015	0.65	5.99	83.31	75.74	52.22
4	1.92	126.8	84.53	61.91	0.028	0.014	0.6	-0.51	96.24	76.33	53.89
5	2.17	125.9	83.93	62.21	0.02	0.011	0.59	-0.28	97.34	81.53	54.98
6	2.44	126.4	84.27	61.75	0.016	0.011	0.55	0.07	97.86	81.46	57.87
7	2.71	124.4	82.93	61.78	0.015	0.012	0.59	1.60	98.03	80.10	55.52

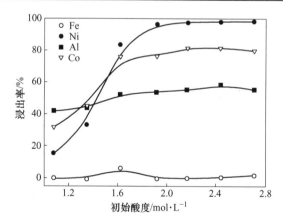

图4-74　初始酸度对金属浸出率的影响

表4-79　液固比3∶1mL/g时初始酸度与酸比对应关系

初始酸度/mol·L^{-1}	1.08	1.35	1.62	1.92	2.17	2.44	2.71
酸比	2.0	2.5	3.0	3.5	4.0	4.5	5.0

　　综合表4-78、图4-74及表4-79可知，在所考察的初始酸度（酸比）范围内，Fe浸出

率保持在一个很低的水平，可视为几乎未浸出。随初始酸度由 $c_{H^+} = 1.08\text{mol/L}$ 升高至 $c_{H^+} = 1.62\text{mol/L}$（即酸比由 2.0 增大至 3.0），Al 浸出率由 41.87% 逐渐增大至 52.22%，随初始酸度（酸比）进一步增大，Al 浸出率增幅不明显。随初始酸度由 $c_{H^+} = 1.08\text{mol/L}$ 升高至 $c_{H^+} = 1.92\text{mol/L}$（即酸比由 2.0 增大至 3.5），Ni、Co 浸出率分别由 15.18% 和 31.67% 显著增大至 96.24% 和 76.33%。随初始酸度由 $c_{H^+} = 1.92\text{mol/L}$（即酸比 3.5）进一步增大时，Ni 浸出率基本保持平衡，而 Co 浸出率略有升高并保持在 81% 左右。综上所述，浸出初始酸度初步可选定在 $c_{H^+} = 1.92\text{mol/L}$，即在液固比 3∶1mL/g 条件下酸比为 3.5。

C　保温时间

在 20~120min 范围内进一步考察了保温时间对 Ni、Al、Fe、Co 等元素浸出率的影响。实验条件为：浸出温度 458K，初始酸度 $c_{H^+} = 1.92\text{mol/L}$（酸比 3.5），液固比 3∶1mL/g，搅拌速度 500r/min。浸出实验结果见表 4-80 及图 4-75。

表 4-80　保温时间对金属浸出率的影响

实验编号	时间/min	渣量/g	渣率/%	浸出渣成分（质量分数）/%				浸出率/%			
				Fe	Ni	Co	Al	Fe	Ni	Co	Al
1	20	123.5	82.33	60.36	0.36	0.023	0.72	−1.55	49.94	59.70	42.66
2	40	126.5	84.33	61.54	0.08	0.012	0.67	−1.80	89.06	79.33	47.54
3	60	126.8	84.53	61.91	0.028	0.014	0.6	−0.51	96.24	76.33	53.89
4	80	127	84.67	61.94	0.044	0.009	0.55	−0.56	94.10	84.78	57.73
5	100	126.3	84.20	62.01	0.035	0.0075	0.49	0.04	95.34	87.41	62.61
6	120	126.8	84.53	61.86	0.031	0.0081	0.57	−0.11	95.85	86.35	56.33

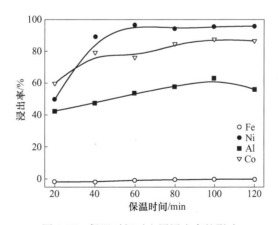

图 4-75　保温时间对金属浸出率的影响

由表 4-80 及图 4-75 可知，在所考察保温时间范围内，Fe 浸出率保持一个很低的水平，可视为几乎未浸出。随保温时间由 20min 延长至 100min，Al 浸出率由 42.66% 渐增至 62.61%。

当保温时间由 20min 延长至 60min 时，Ni 浸出率由 49.94% 明显增大至 96.24%，而 Co 浸出率也由 59.70% 快速增大至 76.33%。随保温时间进一步延长，Ni 浸出率基本保持平衡，Co 浸出率则略有升高并达到 87% 左右。综上所述，保温时间选择 60min 为宜。

D　液固比

在液固比（1.5~5）∶1mL/g 范围内进一步考察了液固比对 Ni、Al、Fe、Co 等元素浸出率的影响。实验条件为：浸出温度 458K，初始酸度 c_{H^+} = 1.92mol/L，保温时间 60min，搅拌速度 500r/min。浸出实验结果见表 4-81 及图 4-76。由表 4-81 及图 4-76 可知，在所考察液固比范围内，Fe 浸出率一直保持一个很低水平，可视为几乎未浸出。随液固比由 1.5∶1mL/g 增大至 3∶1mL/g，Al 浸出率由 45.08% 略增至 53.89%，随液固比进一步增大，Al 浸出率未见明显变化并基本保持平衡。

表 4-81　液固比对金属浸出率的影响

实验编号	液固比/mL·g⁻¹	渣量/g	渣率/%	浸出渣成分（质量分数）/%				浸出率/%			
				Fe	Ni	Co	Al	Fe	Ni	Co	Al
1	1.5∶1	258.9	86.30	59.92	0.4	0.028	0.7	0.69	45.21	51.67	45.08
2	2∶1	188.9	83.96	61.05	0.11	0.015	0.67	1.57	85.34	74.81	48.86
3	3∶1	126.8	84.53	61.91	0.028	0.014	0.6	-0.51	96.24	76.33	53.89
4	4∶1	93.8	83.38	61.24	0.029	0.012	0.62	1.94	96.16	79.99	53.01
5	5∶1	74.7	83.00	61.3	0.029	0.012	0.62	2.29	96.18	80.08	53.22

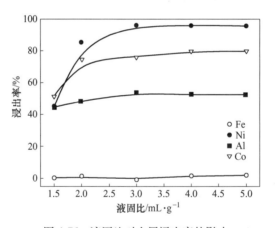

图 4-76　液固比对金属浸出率的影响

由表 4-81 及图 4-76 进一步可知，随液固比由 1.5∶1mL/g 增大至 3∶1mL/g，Ni、Co 浸出率分别由 45.21% 和 51.67% 显著增大至 96.24% 和 76.33%，随液固比进一步增大，Ni、Co 浸出率变化不明显并基本保持平衡。鉴于上述，在初始酸度 c_{H^+} = 1.92mol/L 时液固比取 3∶1mL/g 是比较合理的。

虽然本实验条件下初始酸度 c_{H^+} = 1.92mol/L 设定不变，但随着液固比改变，酸比实际上在发生变化（见表 4-82）。当液固比取 3∶1mL/g 时，酸比为 3.5，而液固比分别为 1.5∶1mL/g 与 2∶1mL/g 时，酸比远低于 3.5，仅分别为 2.4 和 1.8。鉴于上述，在较低液固比情况下，通过提高初始酸度即提高酸比，将有可能取得比较理想的有价金属 Ni、Co 浸出结果。以下，将进一步讨论液固比分别为 1.5∶1mL/g 与 2∶1mL/g 时，进一步提高酸比以实现有价金属理想浸出率的可能性。实验条件为：浸出温度 458K，保温时间 60min，搅拌速度 500r/min。浸出实验结果见表 4-83、图 4-77 及表 4-84、图 4-78。

表 4-82　在初始酸度 $c_{H^+} = 1.92\,mol/L$ 恒定情况下酸比随液固比变化情况

液固比	1.5:1	2:1	3:1	4:1	5:1
酸比	1.8	2.4	3.5	4.7	7.1

表 4-83　液固比 1.5:1mL/g 条件下初始酸度对金属浸出率的影响

实验编号	初始酸度/mol·L⁻¹	渣量/g	渣率/%	浸出渣成分（质量分数）/%				浸出率/%			
				Fe	Ni	Co	Al	Fe	Ni	Co	Al
1	1.62	253.4	84.47	59.46	0.58	0.035	0.68	3.55	22.24	40.87	47.78
2	1.92	258.9	86.30	59.92	0.4	0.028	0.7	0.69	45.21	51.67	45.08
3	2.17	247.2	82.40	61.06	0.069	0.015	0.62	3.37	90.98	75.28	53.56
4	2.71	248.6	82.87	60.87	0.04	0.01	0.59	3.13	94.74	83.43	55.55
5	3.25	250.8	83.60	61.02	0.031	0.012	0.59	2.03	95.89	79.94	55.16
6	3.79	249.3	83.10	60.3	0.049	0.013	0.63	3.77	93.54	78.39	52.41

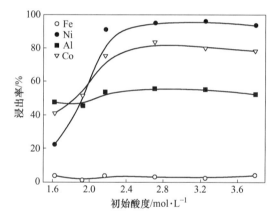

图 4-77　液固比 1.5:1mL/g 条件下初始酸度对金属浸出率的影响

表 4-84　液固比 2:1mL/g 条件下初始酸度对金属浸出率的影响

实验编号	初始酸度/mol·L⁻¹	渣量/g	渣率/%	浸出渣成分（质量分数）/%				浸出率/%			
				Fe	Ni	Co	Al	Fe	Ni	Co	Al
1	1.22	195.4	86.84	59.36	0.62	0.046	0.5	1.00	14.53	20.10	60.53
2	1.62	190.8	84.80	60.43	0.41	0.035	0.65	1.59	44.81	40.64	49.89
3	2.03	188.6	83.82	61.16	0.05	0.016	0.62	1.54	93.35	73.18	52.75
4	2.44	187.9	83.51	61.4	0.032	0.014	0.66	1.53	95.76	76.62	49.89
5	2.84	187	83.11	61.41	0.022	0.012	0.59	1.98	97.10	80.05	55.42
6	3.25	184.2	81.87	61.23	0.029	0.01	0.59	3.73	96.23	83.63	56.09
7	3.65	189.1	84.04	60.75	0.031	0.011	0.58	1.95	95.97	81.51	55.69

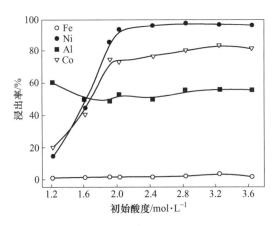

图 4-78   液固比 2：1mL/g 条件下初始酸度对金属浸出率的影响

由表 4-83、图 4-77 及表 4-84、图 4-78 可知，Fe 浸出率始终保持一个很低的水平，可视为几乎未浸出。对于杂质 Al 而言，无论是液固比为 1.5：1mL/g 还是 2：1mL/g，初始酸度对 Al 浸出率无明显影响，均保持在 50%~55%。

当液固比取 1.5：1mL/g 时，初始酸度 c_{H^+} = 2.17mol/L 即酸比为 2.0 时，Ni、Co 浸出率可分别达到 90.98% 和 75.28%；当液固比取 2：1mL/g 时，初始酸度 c_{H^+} = 2.03mol/L 即酸比为 2.5 时，Ni、Co 浸出率可分别达到 93.35% 和 73.18%。在上述两液固比条件下，进一步提高酸比无法达到明显提高 Ni、Co 浸出率的结果。

而且由实验操作还可知，在较低初始酸度条件下所得浸出矿浆黏度较低，流动性好而且易于过滤。在液固比 1.5：1mL/g、初始酸度高于 2.17mol/L 以及在液固比 2：1mL/g、初始酸度高于 2.03mol/L 之后，所得浸出矿浆的黏度明显增大，不仅浸出液量大大减少，而且釜壁结疤现象严重。

鉴于液固比为 3：1mL/g、初始酸度为 c_{H^+} = 1.92mol/L，即酸比为 3.5 时，Ni、Co 浸出率可分别达到 96.24% 和 76.33%，为进一步优化液固比条件，特考察了酸比分别取 3 和 3.5 情况下，液固比对 Ni、Al、Fe、Co 等元素浸出率的影响。实验条件为：浸出温度 458K，保温时间 60min，搅拌速度 500r/min。浸出实验结果见表 4-85、图 4-79 及表 4-86、图 4-80。

表 4-85   酸比为 3 条件下液固比对金属浸出率的影响

实验编号	液固比 /mL·g⁻¹	渣量 /g	渣率 /%	浸出渣成分（质量分数）/%				浸出率/%			
				Fe	Ni	Co	Al	Fe	Ni	Co	Al
1	1.5：1	250.8	83.60	61.02	0.031	0.012	0.59	2.03	95.89	79.94	55.16
2	2：1	187.9	83.51	61.4	0.032	0.014	0.66	1.53	95.76	76.62	49.89
3	3：1	121.3	80.87	60.53	0.13	0.015	0.45	5.99	83.31	75.74	0.59
4	4：1	94.1	83.64	60.16	0.47	0.035	0.63	3.36	37.60	41.45	52.09
5	5：1	75.6	84.00	60.08	0.61	0.041	0.64	3.08	18.67	31.12	51.13

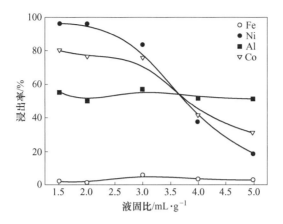

图 4-79　酸比为 3 条件下液固比对金属浸出率的影响

表 4-86　酸比为 3.5 条件下液固比对金属浸出率的影响

实验编号	液固比/mL·g⁻¹	渣量/g	渣率/%	浸出渣成分（质量分数）/%				浸出率/%			
				Fe	Ni	Co	Al	Fe	Ni	Co	Al
1	1.5∶1	249.3	83.10	60.3	0.049	0.013	0.63	3.77	93.54	78.39	52.41
2	2∶1	187	83.11	61.41	0.022	0.012	0.59	1.98	97.10	80.05	55.42
3	3∶1	126.8	84.53	61.91	0.028	0.014	0.6	−0.51	96.24	76.33	53.89
4	4∶1	91.5	81.33	61.32	0.18	0.022	0.68	4.22	76.76	64.21	49.72
5	5∶1	75.4	83.78	60.2	0.51	0.035	0.71	3.14	32.18	41.36	45.93

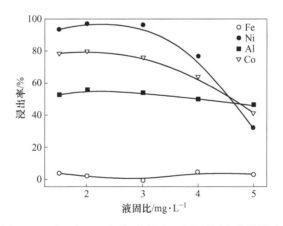

图 4-80　酸比为 3.5 条件下液固比对金属浸出率的影响

　　由表 4-85、图 4-79 及表 4-86、图 4-80 可知，Fe 浸出率始终保持一个很低的水平，可视为几乎未浸出。对于杂质 Al 而言，无论酸比取 3 或 3.5，液固比对 Al 浸出率无明显影响，均保持在 50%~55%。

　　由表 4-87 可知，当酸比固定时，随液固比不断增大，初始酸度实际上是在不断降低的。随初始酸度降低，有价金属 Ni、Co 浸出率也均呈明显降低趋势，这由图 4-79 及图 4-80 中 Ni、Co 浸出率变化规律清晰可见。

表 4-87　初始酸度随液固比变化情况

液固比/mL·g^{-1}	1.5:1	2:1	3:1	4:1	5:1
酸比为 3 时初始酸度/mol·L^{-1}	3.25	2.44	1.62	1.22	0.98
酸比为 3.5 时初始酸度/mol·L^{-1}	3.79	2.84	1.92	1.43	1.14

由表 4-85、图 4-79 及表 4-86、图 4-80 可见,当酸比为 3 时,液固比取 2:1mL/g,Ni、Co 浸出率即可分别达到 95.76% 和 76.62%;当酸比为 3.5 时,液固比取 3:1mL/g,Ni、Co 浸出率即可分别达到 96.24% 和 76.33%。虽然从产能的角度来看,液固比越小,高压釜单位容积的产能就越大,但随着液固比减小,矿浆黏度明显增大,釜壁结疤现象趋于严重,而且所得浸出液量大大减少。从实际操作来看,对于酸比为 3 时液固比不宜低于2:1mL/g;酸比为 3.5 时液固比不宜低于 3:1mL/g。

可见,液固比条件的优化应基于对酸比、初始酸度及实际操作的综合考虑。以 Ni 浸出率为例,由表 4-88 可得出以下结论:

(1) 由于浸出过程中其他杂质元素将消耗一定量的酸,因此,酸比过低(1.5~2)时,Ni 浸出结果不甚理想;当酸比大于 2,初始酸度大于 1.92mol/L 时,Ni 浸出率即可达到 90% 以上。

(2) 酸比过大不仅无益于 Ni 浸出率的进一步提高,而且还将导致杂质元素溶解过多、矿浆黏度过大等问题。

(3) 酸比为 2.5~4,当液固比为 (1.5~3):1mL/g,可以取得比较理想的 Ni 浸出率。液固比为 2:1mL/g 时,适宜的酸比为 2.5~3,即初始酸度 c_{H^+} = 2.03~2.44mol/L;液固比为 3:1mL/g 时,适宜的酸比为 3.5~4,即初始酸度 c_{H^+} = 1.92~2.17mol/L;虽然液固比为 1.5:1mL/g 时也能取得比较理想的 Ni 浸出率,但液固比取值过小,矿浆黏度大。

(4) 酸比分别为 3 和 3.5 时,液固比应分别取 2:1mL/g 和 3:1mL/g 为宜。对于本实验条件下红土镍矿硝酸介质浸出而言,酸比取 3,液固比为 2:1mL/g 是比较适宜的,此时浸出体系初始酸度 c_{H^+} = 2.44mol/L。

表 4-88　Ni 浸出率与液固比、酸比及初始酸度之间的关系

酸比	液 固 比									
	1.5:1		2:1		3:1		4:1		5:1	
	Ni 浸出率/%	初始酸度/mol·L^{-1}	Ni 浸出率/%	初始酸度/mol·L^{-1}	Ni 浸出率/%	初始酸度/mol·L^{-1}	Ni 浸出率/%	初始酸度/mol·L^{-1}	Ni 浸出率/%	初始酸度/mol·L^{-1}
1.5	22.24	1.62	14.53	1.22	—	—	—	—	—	—
2	90.98	2.17	44.81	1.62	15.18	1.08	—	—	—	—
2.5	94.74	2.71	93.35	2.03	33.01	1.35	—	—	—	—
3	95.89	3.25	95.76	2.44	83.31	1.62	37.60	1.22	18.67	0.98
3.5	93.54	3.79	97.10	2.84	96.24	1.92	76.76	1.43	32.18	1.14
4	—	—	96.23	3.25	97.34	2.17	—	—	—	—
4.5	—	—	95.97	3.65	97.86	2.44	96.16	1.92	—	—
5	—	—	—	—	98.03	2.71	—	—	—	—
7	—	—	—	—	—	—	—	—	96.18	1.92

E　搅拌转速

在 400~800r/min 范围内进一步考察了搅拌转速对 Ni、Al、Fe、Co 等元素浸出率的影响。在浸出温度 458K、保温时间 60min、初始酸度 $c_{H^+}=2.44$mol/L、液固比 2∶1mL/g 下的实验结果见表 4-89 及图 4-81。

表 4-89　搅拌转速对金属浸出率的影响

实验编号	搅拌转速 /r·min⁻¹	渣量 /g	渣率 /%	浸出渣成分（质量分数）/%				浸出率/%			
				Fe	Ni	Co	Al	Fe	Ni	Co	Al
1	400	187	83.11	61.05	0.036	0.016	0.62	0.58	95.15	72.86	52.20
2	500	187.9	83.51	61.4	0.032	0.014	0.66	1.53	95.76	76.62	49.89
3	600	187.1	83.16	61.16	0.032	0.013	0.5	1.54	95.74	78.21	61.90
4	700	187.4	83.29	61.24	0.034	0.013	0.57	2.25	95.51	78.39	56.93
5	800	186.6	82.93	61.44	0.029	0.013	0.49	3.40	96.23	78.71	63.53

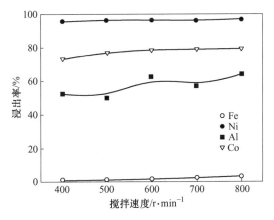

图 4-81　搅拌转速对金属浸出率的影响

由表 4-89 及图 4-81 可知，在所考察的搅拌转速范围内，Fe 浸出率始终保持一个较低的水平。随搅拌转速由 400r/min 增至 800r/min，Al 浸出率由 52.20% 渐增至 63.53%。虽然 Al 浸出率随搅拌转速提高增幅并不十分明显，但基于降低杂质浸出率，最终搅拌转速选择还是不宜过高。随搅拌转速在 400~800r/min 范围内变化，Ni、Co 浸出率均基本保持不变，分别为 96% 和近 80%。

鉴于所选液固比值为 2∶1mL/g，矿浆较黏稠，为充分搅拌矿浆，搅拌转速选择 500r/min 为宜。

F　工艺稳定性实验

在上述实验基础上，可得出预处理红土镍矿硝酸加压浸出较优工艺条件：浸出温度 458K，保温时间 60min，初始酸度 $c_{H^+}=2.44$mol/L，液固比 2∶1mL/g，搅拌转速 500r/min。为考查该工艺的稳定性，特进行了 4 次重复实验，实验结果见表 4-90 及图 4-82。

表 4-90 碱预处理镍红土矿硝酸加压浸出工艺稳定性实验结果

实验编号	渣量/g	渣率/%	浸出渣成分（质量分数）/%				浸出率/%			
			Fe	Ni	Co	Al	Fe	Ni	Co	Al
1	190.1	84.49	60.88	0.031	0.0083	0.53	1.22	95.84	85.97	59.29
2	189.3	84.13	61.44	0.026	0.0084	0.6	0.73	96.53	85.87	54.11
3	189.9	84.40	61.25	0.033	0.0071	0.49	0.72	95.58	88.02	62.40
4	187.9	83.51	61.40	0.035	0.014	0.57	1.53	95.25	76.62	49.89

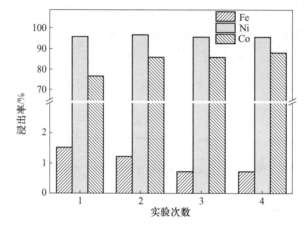

图 4-82 预处理红土镍矿硝酸介质温和提取工艺稳定性实验结果

结果表明，浸出工艺具有良好的稳定性。Ni 浸出率保持在 95% 以上，Co 浸出率大都保持在 85% 左右，杂质 Fe 浸出率低至 0.7%~1.5%，相对而言，杂质 Al 浸出略显波动，在 50%~62% 之间变化。有价金属 Ni、Co 浸出效果比较理想，杂质 Fe 能有效控制入渣。

4.4.1.3 浸出过程分析

借助显微镜下观察、XRD 及 SEM 等手段，分别考察了浸出渣中含 Ni 较高及含 Ni 较低，即 Ni 未完全浸出及完全浸出两种情况下浸出渣的物相组成。

A Ni 未完全浸出时浸出渣的物相

图 4-83 所示为 Ni 浸出率约 80% 的浸出渣的 XRD。该浸出渣主要物相为赤铁矿，其次为磁性铁，另有少量石英、绿高岭石、硅灰石、水硅酸铝钾石等硅酸盐矿物。浸出渣中 Fe 主要是以磁性铁和非磁性铁形式存在，磁性铁占 15.3%，非磁性铁占 84.7%。未溶解完全的磁性铁如图 4-84 (b) 所示。

进一步由浸出渣显微镜下观察可知，浸出渣中残余的 Ni 主要以非晶态铁氧化物包裹形式存在（见图 4-84 (c)），其次是未溶解完全的金属 Ni（见图 4-84 (d)），仅少量 Ni 保留在脉石矿物中。

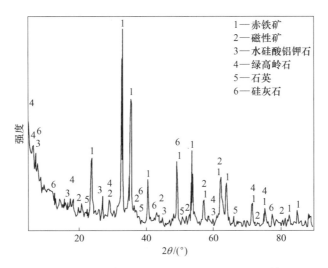

图 4-83　Ni 未完全浸出时某加压浸出渣 XRD 谱图

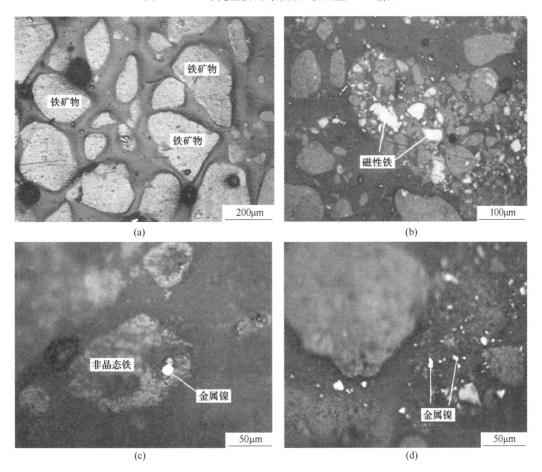

图 4-84　浸出渣显微镜图片

（a）浸出渣中铁矿物形态；（b）浸出渣中未溶解完全的磁性铁形态；

（c）浸出渣中存在非晶态铁中的金属镍；（d）浸出渣中未溶解的金属镍形态

进一步对浸出渣中铁矿物进行 X 射线能谱分析,结果见表 4-91。由表 4-91 可见,浸出渣中铁矿物含 Ni 较高,达 0.39%。对于该浸出渣而言,Ni 未能理想浸出,主要还是由于包裹于铁矿物中的 Ni 未能顺利浸出。为提高 Ni 浸出率,必须调整浸出工艺条件,以打开包裹了 Ni 的非晶态铁结构。

表 4-91　浸出渣中铁矿物的能谱分析结果

分析序号	分析结果(质量分数)/%						
	Fe	Ni	Si	Al	Na	S	O
1	68.39	0.29	1.15	—	1.15	0.47	28.55
2	68.53	0.34	2.54	—	—	—	28.59
3	63.69	0.35	4.90	—	—	—	31.06
4	67.38	0.43	3.23	—	—	—	28.96
5	66.74	—	3.10	—	—	—	30.16
6	67.85	0.39	3.55	—	—	—	28.21
7	68.35	0.29	3.45	—	—	—	27.91
8	63.12	0.56	3.22	—	—	—	33.10
9	64.28	0.36	4.05	—	—	—	31.31
10	65.21	0.40	4.48	—	—	0.47	29.91
11	67.70	—	3.68	1.02	—	—	27.60
12	63.79	1.18	3.55	—	—	0.52	30.96
13	62.84	0.74	3.71	—	—	—	32.71
14	67.19	0.53	3.42	—	—	—	28.86
15	67.10	—	—	0.66	3.09	—	29.15
平均	66.14	0.39	3.20	0.11	0.28	0.10	29.78

B　Ni 基本完全浸出时浸出渣的物相

工艺稳定性实验的浸出渣,其主要化学组成见表 4-92。由表 4-92 可见,浸出渣中 Ni、Co 含量极少,按渣计算 Ni 浸出率大于 95%,可视为基本完全浸出,Fe 含量有所富集提高。

表 4-92　浸出渣主要元素分析结果

成分	Ni	Co	Fe	Al
含量/%	<0.04	<0.015	约 60	<0.60

该浸出渣 XRD 谱图如图 4-85 所示。由图 4-85 可见,该浸出渣中主要为赤铁矿,微量的石英、滑石、透闪石等脉石矿物,可见在浸出过程中非晶态铁经历了溶解释放出所包裹的镍、钴,而溶解入浸出液的铁又经水解析出形成较稳定的晶体赤铁矿,从而实现了镍、钴和铁的分离。浸出渣中铁矿物形态如图 4-86 所示。

经 X 射线能谱分析可知(见表 4-93),浸出渣中铁矿物的主要成分为 Fe,另外还含有少量 Si 和 Cl,几乎不含 Ni。这说明,通过调整浸出工艺条件,使非晶态铁结构充分打开后,是可以使包裹其中的 Ni 顺利溶出,并达到 Ni 完全浸出的目的。

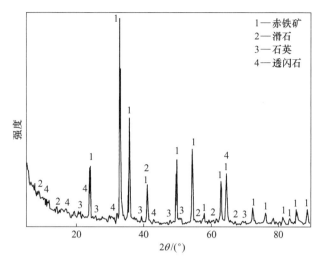

图 4-85　Ni 未完全浸出时某加压浸出渣 XRD 谱图

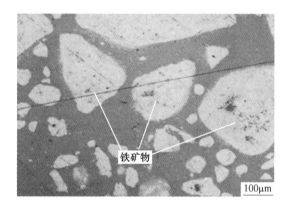

图 4-86　浸出渣中铁矿物形态

表 4-93　浸出渣中铁矿物的能谱分析结果

分析序号	分析结果（质量分数）/%			
	Fe	Si	Cl	O
1	70.82	2.93	—	26.24
2	68.72	4.80	—	26.48
3	71.26	1.91	0.45	26.37
4	71.24	1.74	—	27.01
5	71.13	1.69	—	27.18
平　均	70.63	2.62	0.09	26.66

4.4.2　动力学分析

4.4.2.1　预处理红土镍矿中各元素浸出行为

基于红土镍矿硝酸介质加压浸出动力学[1]研究结果，本节进一步研究预处理红土镍矿在 383~473K 温度范围内，在非常规介质中 Ni、Al、Fe 及 Co 等元素浸出行为规律及浸出过程动力学。

浸出实验条件为：初始酸度 $c_{H^+}=1.59mol/L$，液固比 30∶1mL/g，搅拌速度 500r/min。

A　Ni、Al、Fe、Co 的浸出行为

a　383K

在浸出温度383K 条件下，Ni、Al、Fe、Co 等元素的浸出结果如图 4-87 所示。由图 4-87可知，Ni、Fe、Co 的浸出规律是相近的。Ni、Fe、Co 的浸出率在较短时间（60min）内即可达到平衡。在保温时间 60min 以内，随保温时间延长，Ni、Fe、Co 浸出率均显著增大；当保温时间由 60min 进一步延长时，三者略有增长，增幅不明显。当保温时间为 60min 时，Ni、Fe、Co 浸出率分别达到80.80%、85.19%和83.01%。

对本试验而言，自温度升高至 383K 并开始保温，Al 浸出就可能已经达到了相对平衡，在保温 60min 内，Al 浸出率保持在 51%左右，不随保温时间延长而明显变化。

b　403K

在浸出温度403K 条件下，Ni、Al、Fe、Co 等元素的浸出结果如图 4-88 所示。由图 4-88 可见，Ni、Co 的浸出规律是相近的。当保温时间在 60min 以内，Ni、Co 浸出率均随保温时间延长而明显升高。随保温时间由 60min 进一步延长，Ni、Co 浸出率略有增长但不显著。

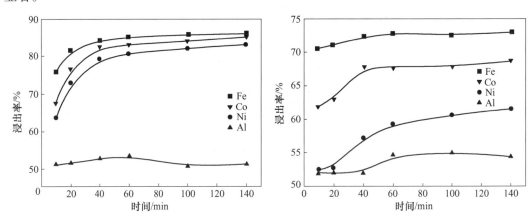

图 4-87　383K 时金属浸出率与时间的关系　　　图 4-88　403K 时金属浸出率与时间的关系

在本试验条件下，Fe、Al 浸出表现相对平稳。当升温至 403K 并开始保温时，Fe、Al 浸出率分别在71%和52%上下波动，两者浸出率未见明显变化。当保温 60min 时，Ni、Fe、Co 的浸出率分别为59.60%、72.87%和67.74%。相对于383K 温度条件下相同保温时间而言，Ni、Fe、Co 浸出率均有所降低。

c　413K

浸出温度413K 条件下，Ni、Al、Fe、Co 等元素的浸出结果如图 4-89 所示。由图 4-89可见，Ni、Co 的浸出规律是基本相近的。在保温 60min 以内，Ni、Co 浸出率均随保温时间延长而明显升高。随保温时间由 60min 进一步延长，Ni 浸出率略有增长，Co 浸出率总体上也略呈增长趋势，但变化不明显。

在本试验条件下，Fe、Al 浸出表现相对平稳。当升温至 413K 并开始保温，Fe、Al 浸出率分别在68%和48%上下波动，在所考察时间范围内，Fe、Al 浸出率未见明显变化。

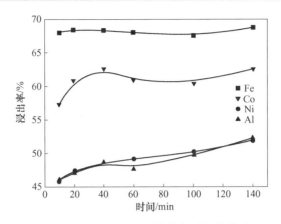

图 4-89　413K 时金属浸出率与时间的关系

当保温 60min 时，Ni、Fe、Co 的浸出率分别为 49.26%、68.02% 和 60.93%。相对于 403K 温度相同保温时间而言，三者浸出率进一步降低。

d　423K

浸出温度 423K 条件下，Ni、Al、Fe、Co 等元素的浸出结果如图 4-90 所示。由图 4-90 可见，Ni、Co 的浸出规律基本相同。在保温时间 60min 以内，Ni、Co 浸出率均随保温时间延长而明显升高，但随保温时间由 60min 进一步延长时，Ni、Co 浸出率略有变化，但不明显。

在 423K 温度条件下，Fe、Al 浸出也相对平缓。开始保温后，Fe、Al 浸出就保持相对平稳，Fe、Al 浸出率分别在 67% 和 51% 左右波动，并未随保温时间发生明显变化。

当保温 60min 时，Ni、Fe、Co 的浸出率分别为 49.94%、67.79% 和 63.21%。相对于 413K 温度相同保温时间而言，Ni、Fe 浸出率分别与之相近，不再明显降低，而且 Co 的浸出率略有增大。

e　433K

浸出温度 433K 条件下，Ni、Al、Fe、Co 等元素的浸出结果如图 4-91 所示。由图 4-91 可见，Ni、Co 的浸出规律基本相同。Ni、Co 浸出达到平衡的时间提前至 40min 左右，在保温 40min 以内，Ni、Co 浸出率随保温时间延长而不断升高，但随保温时间由 40min 进一步延长时，Ni、Co 浸出率不再发生明显变化。

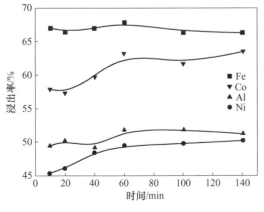

图 4-90　423K 时金属浸出率与时间的关系

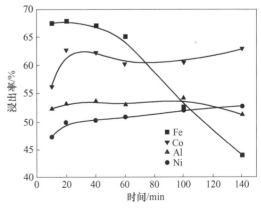

图 4-91　433K 时金属浸出率与时间的关系

与 403~423K 温度的试验结果相似，在 433K 温度条件下，Al 的浸出也保持相对平稳，浸出率在 53% 左右波动。但与之前试验结果很不同的是，在本试验条件下，Fe 浸出率随保温时间延长而快速降低，当保温时间由 10min 延长至 140min 时，Fe 浸出率由 67.47% 降至 44.05%。Fe 浸出率呈降低趋势，这可能是由于在 433K 温度下 Fe 开始发生明显的水解沉淀反应，即溶出进入溶液的 Fe 又水解沉淀入渣，而且 Fe 水解的趋势随保温时间延长趋于强烈。在 433K 温度条件下，Fe 发生水解沉淀时，未对 Ni、Co 浸出产生明显的干扰。

当保温 60min 时，Ni、Fe、Co 的浸出率分别为 49.71%、64.92% 和 60.32%，并与 423K 温度的试验结果相近。

f 443K

浸出温度 443K 条件下，Ni、Al、Fe、Co 等元素的浸出结果如图 4-92 所示。由图 4-92 可见，当浸出温度升高至 443K 后，相对于 403~433K 温度而言，Ni 浸出得以明显促进。在 443K 条件下，随保温时间延长，Ni 浸出率不断升高，当保温时间由 100min 进一步延长时，Ni 浸出率增长的速度相对放缓。而 Co 浸出在保温 60min 左右达到平衡，在保温 60min 以内，随保温时间延长，Co 浸出率明显升高，而当保温时间由 60min 进一步延长时，Co 浸出率不再发生明显变化。

与之前试验结果相似，在 443K 温度条件下，Al 的浸出也保持相对平稳，浸出率在 53% 左右波动。

Fe 的行为与 433K 温度的试验结果相似。在 443K 温度条件下，Fe 浸出率随保温时间延长也快速降低，当保温时间由 10min 延长至 140min 时，Fe 浸出率由 61.55% 降至 21.77%。经比较图 4-92 与图 4-91 可知，随浸出温度升高，Fe 浸出率降低的趋势更趋强烈。在 443K 温度条件下，Fe 发生水解沉淀时，未对 Ni、Co 浸出产生明显的干扰。

当保温 60min 时，Ni、Fe、Co 的浸出率分别为 78.97%、34.33% 和 72.40%。与 433K 温度的试验结果相比而言，除 Fe 浸出率有所降低外，Ni、Co 浸出率均有明显提高。

g 458K

浸出温度 458K 条件下，Ni、Al、Fe、Co 等元素的浸出结果如图 4-93 所示。由图 4-93 可见，随浸出温度进一步升高至 458K，Ni 浸出更得以明显促进。当升温至 458K 并保温仅 10min 时，Ni 浸出率就已高达 88.44%。随保温时间在 140min 范围内变化，Ni 浸出率变化不明显。而 Co 浸出率在升温至 458K 并开始保温时就达到一个相对较高的值，随保温时间

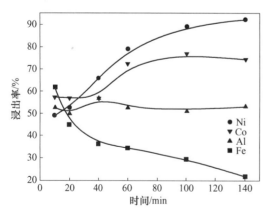

图 4-92 443K 时金属浸出率与时间的关系

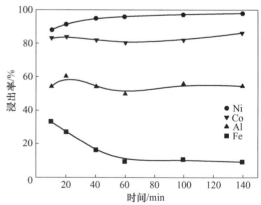

图 4-93 458K 时金属浸出率与时间的关系

延长，Co 浸出率变化不明显。

与之前试验结果相似，在 458K 温度条件下，Al 的浸出也保持相对平稳，浸出率在 55%左右波动。Fe 的行为与 443K 温度的试验结果相似。在 458K 温度条件下，Fe 浸出率也随保温时间延长而明显降低，当保温时间为 60min 并进一步延长时，Fe 浸出率就已保持在一较低水平（约 10%）。当保温时间同为 10min 时，随浸出温度由 443K 升高至 458K，Fe 浸出率由 61.55%降至 33.33%。由此可见，随浸出温度升高，Fe 浸出明显受抑。Fe 发生水解沉淀时，未对 Ni、Co 浸出产生明显的干扰。

当保温 60min 时，Ni、Fe、Co 的浸出率分别为 96.24%、9.59%和 80.76%。与 443K 温度的试验结果相比而言，除 Fe 浸出率进一步降低外，Ni、Co 浸出率进一步明显提高。

h 473K

浸出温度 473K 条件下，Ni、Al、Fe、Co 等元素的浸出结果如图 4-94 所示。由图 4-94 可见，Ni 浸出明显受浸出温度影响，随浸出温度升高至 473K，保温仅 10min 时，Ni 浸出率就已高达 95.03%，而且 Ni 浸出迅速达到相对平衡。随着浸出温度升高至 473K，Fe 浸出也明显受抑，当保温时间由 40min 并进一步延长时，Fe 浸出率就已保持在一较低水平（约 8%左右）。由于在 473K 温度条件下，Fe 水解反应加剧，受 Fe 行为影响，随保温时间由 10min 延长至 40min，Co 浸出率由 65.20%明显降低至 47.18%，当保温时间进一步延长时，Co 浸出率未见明显变化，保持在 50%左右。相对而言，Ni 浸出不会因 Fe 水解沉淀而受抑。

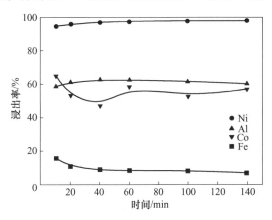

图 4-94 473K 时金属浸出率与时间的关系

与之前试验结果相似，在 473K 温度条件下，Al 的浸出也保持相对平稳，浸出率在 62%左右波动。

综上所述，为保证有价金属 Ni 良好的浸出效果并抑制杂质 Fe 溶出，预处理镍红土矿浸出也应选择适当高的温度（如 458K），但浸出温度不宜过高，特别是当浸出温度高达 473K 后，Co 浸出有可能因 Fe 发生剧烈的水解而出现一定程度的受抑现象。

B Ni、Co 浸出行为特性

进一步考察了预处理红土镍矿中 Ni、Co 在浸出温度 383~473K 范围内的浸出行为特性。鉴于 473K 温度条件下 Co 浸出受 Fe 干扰，因此在考察 Co 浸出行为特性时，将 473K 温度的试验结果排除在外。

Ni 浸出率与浸出温度及保温时间之间的关系如图 4-95 所示。由图 4-95 可见，随浸出温度在 383~473K 范围内变化，Ni 浸出存在"波谷"现象，即当浸出温度由 383K 升高至 423~433K，Ni 浸出率呈不断降低趋势，当浸出温度达到 423K 或 433K 时，Ni 浸出达到最低值，在此温度值之后，Ni 浸出率随浸出温度升高而不断增大。该变化规律对于不同保温时间而言是一致的。

进一步讨论了 Co 浸出率与浸出温度及保温时间之间的关系，结果如图 4-96 所示。由图 4-96 可见，Co 浸出行为表现出与 Ni 的相似性，即当浸出温度为 423K 或 433K 时，Co 浸出达到最低值，而且该变化规律对于不同保温时间而言也是一致的。

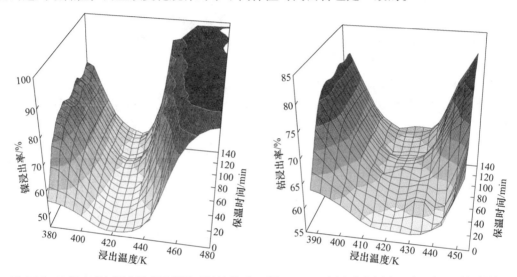

图 4-95 Ni 浸出率与浸出温度及保温时间的关系   图 4-96 Co 浸出率与浸出温度及保温时间的关系

上述 Ni、Co 浸出行为特性与预处理之前是很不一致的。

随浸出温度由 383K 升高至 423~433K，Ni、Co 浸出率均表现出不断降低趋势，这种反常现象与金属所赋存的矿物性质是有关系的。预处理红土镍矿中镍、铁的矿物形态均发生很大变化。其中，铁由褐铁矿转变为非晶态铁氧化物，并呈微细粒聚集体形态存在。以 Ni 为例，其物相主要为氧化镍和金属镍，除部分吸附在非晶态铁的表面（见图 4-97），大量 Ni 还是以包裹态形式存在于非晶态铁物相之中（见图 4-98）。

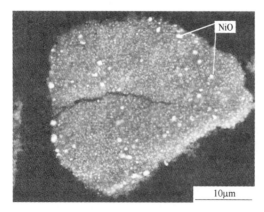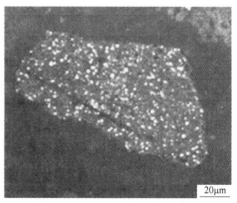

图 4-97 非晶态铁表面的微细粒氧化镍的   图 4-98 预处理红土镍矿中氧化镍（亮白
背散射图像（白色亮点）   小点）在氧化铁中的分布图（反光）

　　由此推测，非晶态铁的溶解性能将显著影响 Ni 浸出率，当非晶态铁溶解性能较差时，包裹其中的 Ni 将难以解离出来，降低了与浸出剂的接触概率，最终表现出 Ni 浸出率降低。为此，考察了硝酸介质体系中铁的溶解性能。

　　配制硝酸介质体系的含铁溶液，初始铁浓度为 $c_{Fe^{3+}} = 14.92g/L$，其他试验条件为：保温时间 60min，搅拌转速 500r/min。基于试验前后溶液中 Fe 浓度变化计算 Fe 沉淀率，进而用 Fe 沉淀率表征非常规介质体系中 Fe 的溶解性能，在该试验方案中铁在溶液中溶解量的减小是由于发生水解而导致的，因此也可以用做考察铁的水解性能。

　　不同温度条件下铁沉淀率按下式计算：

$$w_T = \frac{c_0 V_0 - c_T V_T}{c_0 V_0} \times 100\% \tag{4-62}$$

式中，w_T 为 T 温度试验条件下 Fe 沉淀率，%；c_0 为初始溶液中 Fe 的质量浓度，g/L；c_T 为 T 温度试验条件下溶液中 Fe 的质量浓度，g/L；V_0 为初始溶液的体积，L；V_T 为 T 温度试验条件下溶液体积，L。

　　在 403~473K 温度范围内，铁沉淀率结果如图 4-99 所示。由图 4-99 可见，温度由 403K 升高至 433K 时，Fe 沉淀率呈显著增大趋势并接近最大值。这也就说明了，在硝酸介质体系中 Fe 的溶解饱和度是随温度升高而不断降低的，但在 403~433K 温度范围内还未能达到最低值，只有当温度高于 433K 后，Fe 的溶解度才达到最低。

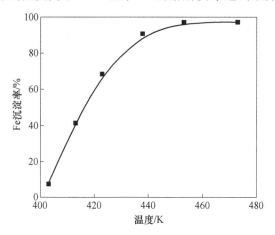

图 4-99　硝酸介质体系中铁沉淀率结果

　　就理论上而言，在 403~433K 温度范围内，非晶态铁的溶解性随温度升高应呈增强趋势，其表观浸出率应不断增大，但由于实际中部分非晶态铁溶解后，进入水溶液中的 Fe 很容易接近溶解饱和度，限制了非晶态铁的进一步溶出。由于非晶态铁难以溶解，包裹其中的 Ni 也难以解离出来，从而严重影响了 Ni 的浸出率。

　　随温度由 433K 进一步升高，Fe 溶解度达到最低，但此时，铁的水解性能加强，非晶态铁一经溶解，进入水溶液中的 Fe 就立即水解并沉淀入渣，因此促进了非晶态铁进一步溶解，使包裹其中的 Ni 不断得以解离出来。在宏观上，这就表现出 Ni 浸出率在历经了 433K 温度时的波谷之后随温度升高而不断增大。

　　在高温（$T > 433K$）下，水溶液中的 Fe 以赤铁矿形式水解入渣的趋势增强。经浸出渣 XRD 分析也可知，在浸出渣中 Fe 主要是以赤铁矿形式存在。Fe 基体物质形态的不同也将明显影响 Ni 浸出过程。

　　C　金属浸出的选择性

　　本节考察了预处理红土镍矿中有价金属 Ni、Co 浸出的选择性，仍然分别采用 Ni、Co 的浸出率与杂质 Fe 浸出率之比（即 x_{Ni}/x_{Fe} 及 x_{Co}/x_{Fe} 比值）来表征。

　　预处理红土镍在浸出过程中 Ni/Fe 分离系数（x_{Ni}/x_{Fe}）与浸出温度和保温时间的关系如图 4-100 所示。

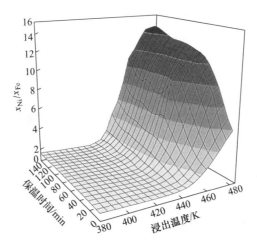

图 4-100　Ni/Fe 分离系数（x_{Ni}/x_{Fe}）与浸出温度及保温时间的关系

　　当浸出温度低于 423K 时，在 140min 内，保温时间延长几乎对 Ni/Fe 分离系数没有影响，Ni/Fe 分离系数一直保持着较低水平，这主要是由于较低温度条件下，伴随 Ni 浸出过程进行，Fe 也以较大浸出速率不断溶出，对本试验而言，低温下 Fe 浸出率明显高于 Ni 浸出率，由此造成 Ni/Fe 分离系数较低。提高浸出温度对于提高 Ni/Fe 分离系数是极为有利的，而且在高温下随保温时间延长，Ni/Fe 分离系数将进一步提高，这主要是由于在高温条件下，Ni 浸出得以极大促进，同时浸出的杂质 Fe 水解趋势增强，随着 Fe 大量入渣，宏观上表现 Fe 浸出率极大降低，从而导致 Ni/Fe 分离系数增大，Ni 浸出选择性增强。

　　由上述可见，对于预处理红土镍矿而言，为实现理想的 Ni 选择性浸出效果，可以控制较高浸出温度，而且保温时间也可以适当延长。而对于未经预处理的红土镍矿而言，为保证 Ni 浸出选择性，保温时间是不宜过长的。预处理前后，红土镍矿在浸出过程中在保温时间的控制上有所不同。

　　Co/Fe 分离系数与浸出温度和保温时间的关系如图 4-101 所示。与图 4-100 相比，浸出温度对 Co/Fe 分离系数的影响规律与 Ni/Fe 分离系数一致，即在较低浸出温度时，即使延长保温时间也无法提高 Co/Fe 分离系数，提高浸出温度则可以显著提高 Co/Fe 分离系数。但在高温下保温时间对 Co/Fe 分离系数的影响规律不同于 Ni/Fe 分离系数，较高浸出温度下，随保温时间延长至 60~70min，Co/Fe 分离系数不断增大；随保温时间进一步延长至 100min，Co/Fe 分离系数反而呈降低趋势；随保温时间由 100min 进一步延长至 140min，Co/Fe 分离系数又呈增高趋势。

　　鉴于此，为保证 Co 浸出选择性，可以控制适当高的浸出温度（458K 是相对适宜的），而且在高温条件下，应选择保温时间 60min 为宜。

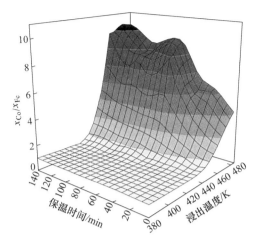

图 4-101　Co/Fe 分离系数（x_{Co}/x_{Fe}）与浸出温度及保温时间的关系

红土镍矿经预处理后，在保证有价金属 Ni、Co 浸出效率的前提下兼顾浸出选择性，该过程的实现要比未经预处理的原矿相对容易得多。

4.4.2.2　预处理红土镍矿浸出过程动力学

A　常规动力学方程

分别应用界面化学反应控制的速率方程和内扩散控制的速率方程对 Ni 浸出实验数据进行了拟合，结果如图 4-102 和图 4-103 所示。在 383~473K 范围内，$[1-(1-x)^{1/3}]-t$

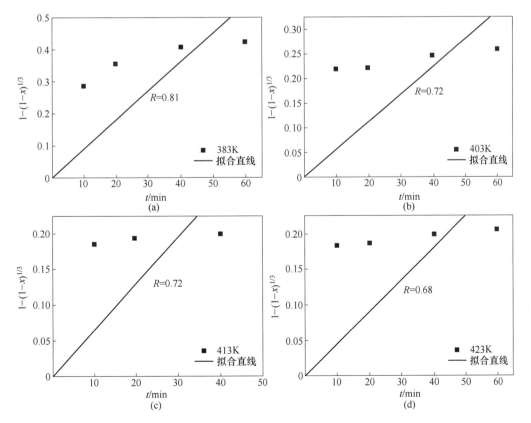

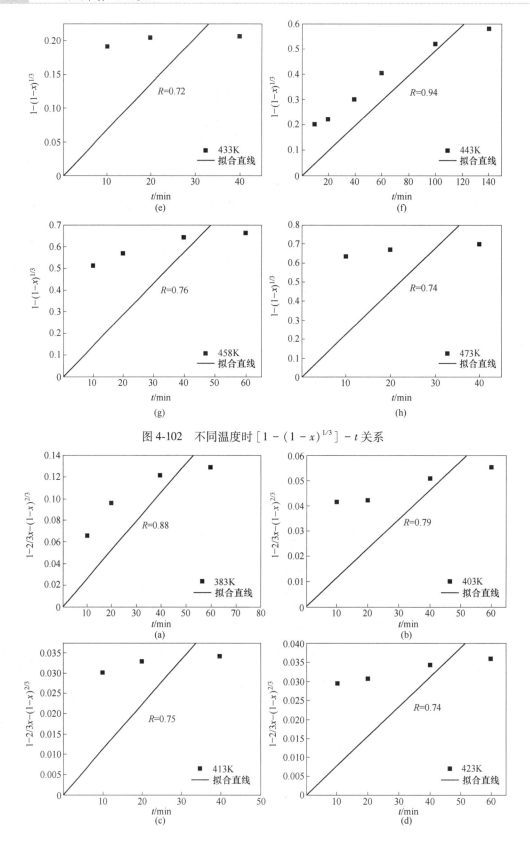

图 4-102 不同温度时 $[1-(1-x)^{1/3}]-t$ 关系

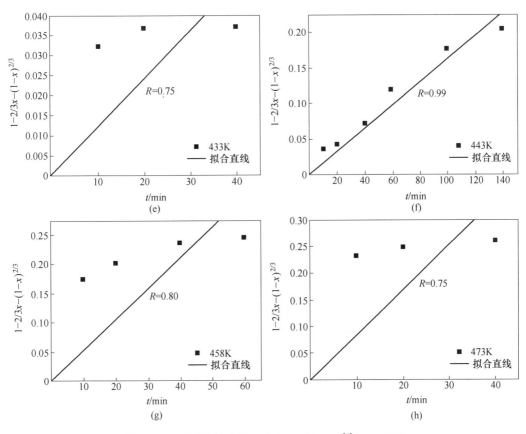

图 4-103　不同温度时 $[1-2/3x-(1-x)^{2/3}]-t$ 关系

与 $[1-2/3x-(1-x)^{2/3}]-t$ 拟合所得的线性回归方程详见表4-94和表4-95。表明，该温度下预处理红土镍矿中Ni的浸出既不严格遵循反应控制的动力学方程，也不遵循内扩散控制的动力学方程。

表 4-94　383~473K 温度范围内 $[1-(1-x)^{1/3}]-t$ 关系

T/K	回归方程	相关系数 R
383	$1-(1-x)^{1/3}=9.06\times10^{-3}t$	0.81
403	$1-(1-x)^{1/3}=5.61\times10^{-3}t$	0.72
413	$1-(1-x)^{1/3}=6.51\times10^{-3}t$	0.72
423	$1-(1-x)^{1/3}=4.52\times10^{-3}t$	0.68
433	$1-(1-x)^{1/3}=6.82\times10^{-3}t$	0.72
443	$1-(1-x)^{1/3}=4.96\times10^{-3}t$	0.94
458	$1-(1-x)^{1/3}=0.144t$	0.76
473	$1-(1-x)^{1/3}=0.0227t$	0.74

表 4-95 **383~473K 温度范围内 $1-2/3x-(1-x)^{2/3}$-t 关系**

T/K	回归方程	相关系数 R
383	$1 - 2/3x - (1-x)^{2/3} = 2.65 \times 10^{-3}t$	0.88
403	$1 - 2/3x - (1-x)^{2/3} = 1.16 \times 10^{-3}t$	0.79
413	$1 - 2/3x - (1-x)^{2/3} = 1.11 \times 10^{-3}t$	0.75
423	$1 - 2/3x - (1-x)^{2/3} = 7.77 \times 10^{-4}t$	0.74
433	$1 - 2/3x - (1-x)^{2/3} = 1.20 \times 10^{-3}t$	0.75
443	$1 - 2/3x - (1-x)^{2/3} = 1.63 \times 10^{-3}t$	0.99
458	$1 - 2/3x - (1-x)^{2/3} = 5.25 \times 10^{-3}t$	0.80
473	$1 - 2/3x - (1-x)^{2/3} = 8.44 \times 10^{-3}t$	0.75

B 区域反应的动力学方程

a Austin-Rickett 方程

根据不同温度条件下 Ni 浸出数据，采用区域反应模型 Austin-Rickett 动力学方程进行拟合，结果如图 4-104 所示。$\ln[x/(1-x)]$ - $\ln t$ 之间所得拟合直线方程见表 4-96。

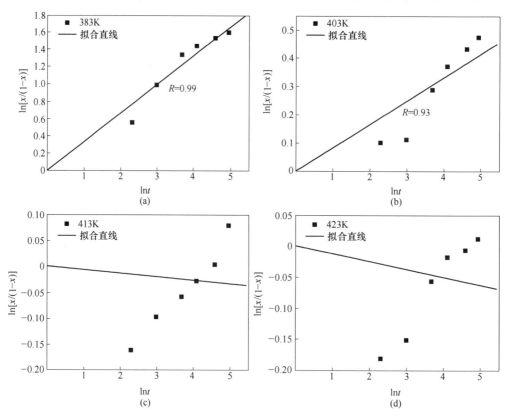

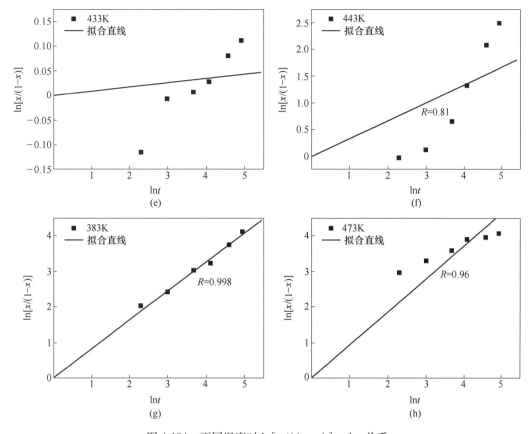

图 4-104 不同温度时 $\ln[x/(1-x)]$ – $\ln t$ 关系

表 4-96 不同温度条件下 $\ln[x/(1-x)]$–$\ln t$ 拟合直线方程

T/K	回归方程	相关系数 R
383	$\ln[x/(1-x)] = 0.3324\ln t$	0.99
403	$\ln[x/(1-x)] = 0.0828\ln t$	0.93
413	$\ln[x/(1-x)] = -0.0065\ln t$	0.33
423	$\ln[x/(1-x)] = -0.0126\ln t$	0.22
433	$\ln[x/(1-x)] = 0.0086\ln t$	0.60
443	$\ln[x/(1-x)] = 0.3317\ln t$	0.81
458	$\ln[x/(1-x)] = 0.8175\ln t$	0.998
473	$\ln[x/(1-x)] = 0.93\ln t$	0.96

由图 4-104 及表 4-96 结果可见，$\ln[x/(1-x)]$ – $\ln t$ 之间不具良好的线性拟合关系。因此，区域反应模型 Austin-Rickett 动力学方程并不适用于预处理红土镍矿中 Ni 浸出过程。

b Hulbert-Klawitter 方程

采用区域反应模型 Hulbert-Klawitter 动力学方程对不同温度条件下 Ni 浸出数据进行拟合，结果如图 4-105 所示。$[-\ln(1-x)]^{2/3}$ – $\ln t$ 之间所得拟合直线方程见表 4-97。

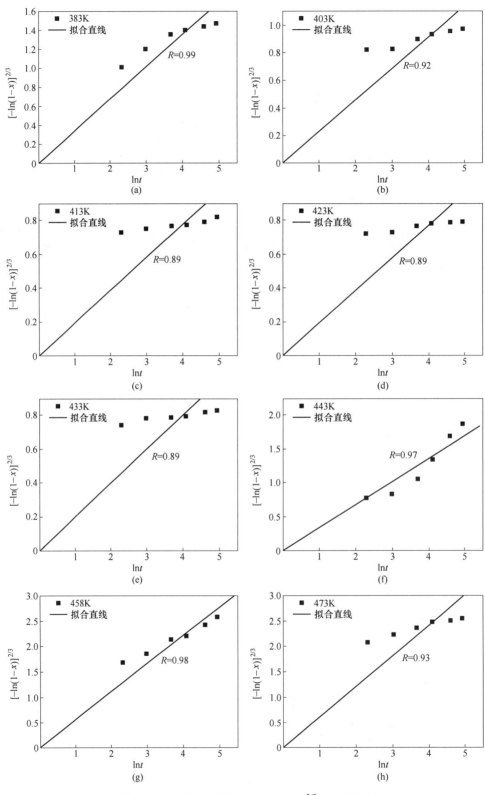

图 4-105 不同温度时 $[-\ln(1-x)]^{2/3} - \ln t$ 关系

表 4-97　不同温度条件下$[-\ln(1-x)]^{2/3}$-ln$t$拟合直线方程

T/K	回归方程	相关系数 R
383	$[-\ln(1-x)]^{2/3} = 0.3377\ln t$	0.96
403	$[-\ln(1-x)]^{2/3} = 0.2289\ln t$	0.92
413	$[-\ln(1-x)]^{2/3} = 0.1939\ln t$	0.89
423	$[-\ln(1-x)]^{2/3} = 0.1917\ln t$	0.89
433	$[-\ln(1-x)]^{2/3} = 0.1996\ln t$	0.89
443	$[-\ln(1-x)]^{2/3} = 0.3397\ln t$	0.97
458	$[-\ln(1-x)]^{2/3} = 0.5541\ln t$	0.98
473	$[-\ln(1-x)]^{2/3} = 0.6029\ln t$	0.93

　　因此，区域反应模型 Austin-Rickett 动力学方程（$[-\ln(1-x)]^{2/3}$-ln$t$方程形式）也并不完全适用于预处理红土镍矿中 Ni 浸出过程。

　　进一步采用 Hulbert-Klawitter 方程的另一形式（即$[-\ln(1-x)]^{2/3} = kt$）对不同温度条件下 Ni 浸出数据进行拟合，结果如图 4-106 所示。$[-\ln(1-x)]^{2/3}$-t之间所得拟合直线方程见表 4-98。因此，区域反应模型 Austin-Rickett 动力学方程（$[-\ln(1-x)]^{2/3}$-t方程形式）并不适用于预处理红土镍矿中 Ni 浸出过程。

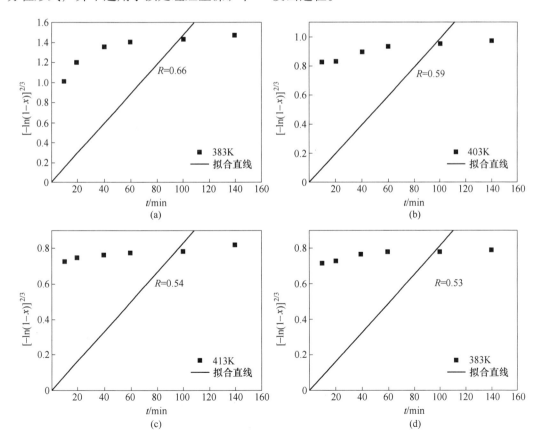

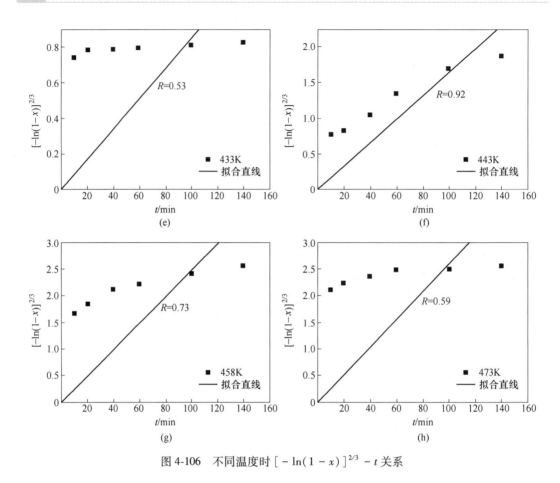

图 4-106 不同温度时 $[-\ln(1-x)]^{2/3} - t$ 关系

表 4-98 不同温度条件下 $[-\ln(1-x)]^{2/3}-t$ 拟合直线方程

T/K	回归方程	相关系数 R
383	$[-\ln(1-x)]^{2/3} = 1.477 \times 10^{-2}t$	0.66
403	$[-\ln(1-x)]^{2/3} = 0.985 \times 10^{-2}t$	0.59
413	$[-\ln(1-x)]^{2/3} = 0.825 \times 10^{-2}t$	0.54
423	$[-\ln(1-x)]^{2/3} = 0.813 \times 10^{-2}t$	0.53
433	$[-\ln(1-x)]^{2/3} = 0.847 \times 10^{-2}t$	0.53
443	$[-\ln(1-x)]^{2/3} = 1.638 \times 10^{-2}t$	0.92
458	$[-\ln(1-x)]^{2/3} = 2.468 \times 10^{-2}t$	0.73
473	$[-\ln(1-x)]^{2/3} = 2.594 \times 10^{-2}t$	0.59

c Avrami 方程及 Prout-Tompkins 方程

在 383~473K 温度范围内，区域反应模型 Avrami 方程在预处理红土镍矿浸出过程中的应用结果详见表 4-99 及图 4-107、图 4-108。由表 4-99 可见，Avrami 方程能对各浸出温度条件下 Ni 浸出过程进行很好的描述，而且各温度条件下 $\ln[-\ln(1-x)]$ 与 $\ln t$ 之间均呈现良好的线性相关性（$R \geqslant 0.96$）。在 $383 \sim 423K$ 温度范围内，拟合所得直线斜率（即 n 值）彼此接近，各拟合直线基本呈平行关系；但在 $433 \sim 473K$ 温度范围内，拟合所得直线斜率却相去甚远。由此判断，在 $433 \sim 473K$ 温度范围内，预处理红土镍矿中 Ni 浸出过程可能并不严格遵循 Avrami 方程，这可能与 Ni 浸出以 433K 温度为界并在 433K 温度出现"波谷"现象有关。

表 4-99　不同温度条件下 $\ln[-\ln(1-x)]$ 与 $\ln t$ 之间的线性方程

T/K	$\ln[-\ln(1-x)] = \ln k + n\ln t$	相关系数 R
383	$\ln[-\ln(1-x)] = -0.402 + 0.211\ln t$	0.96
403	$\ln[-\ln(1-x)] = -0.562 + 0.106\ln t$	0.98
413	$\ln[-\ln(1-x)] = -0.625 + 0.0599\ln t$	0.98
423	$\ln[-\ln(1-x)] = -0.636 + 0.0583\ln t$	0.97
433	$\ln[-\ln(1-x)] = -0.561 + 0.0548\ln t$	0.97
443	$\ln[-\ln(1-x)] = -1.80 + 0.546\ln t$	0.98
458	$\ln[-\ln(1-x)] = 0.201 + 0.244\ln t$	0.999
473	$\ln[-\ln(1-x)] = 0.845 + 0.117\ln t$	0.98

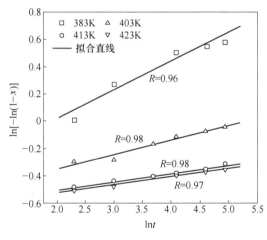 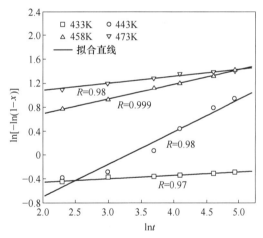

图 4-107　$383 \sim 423K$ 温度范围内 $\ln[-\ln(1-x)]$　图 4-108　$433 \sim 473K$ 温度范围内 $\ln[-\ln(1-x)]$
与 $\ln t$ 之间的关系　　　　　　　　与 $\ln t$ 之间的关系

进一步讨论了 Prout-Tompkins 方程的应用情况，结果如图 4-109 所示。由图 4-109 可见，在 $443 \sim 473K$ 温度范围内，$\ln[x/(1-x)]$ 与 $\ln t$ 之间呈现良好的线性相关性（$R \geqslant 0.99$），所得线性拟合方程详见表 4-100 由此可见，Prout-Tompkins 方程能够很好地描述 $443 \sim 473K$ 温度范围内预处理红土镍矿镍浸出过程动力学。因此，以温度 443K 为界，在不同的浸出温度段可以分别采用 Avrami 方程和 Prout-Tompkins 方程描述预处理红土镍矿浸出过程，这与 Ni 浸出行为特性也是相对应的。

借助于各温度条件下的浸出速率常数可进一步计算表观活化能，以判断浸出过程的控制环节。

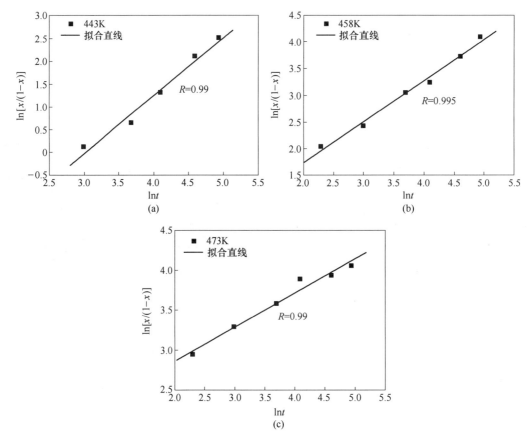

图 4-109　不同温度时 $\ln[x/(1-x)]$ 与 $\ln t$ 之间的关系

表 4-100　433~473K 温度范围内 $\ln[x/(1-x)]$ 与 $\ln t$ 之间的线性方程

T/K	$\ln[x/(1-x)] = k\ln t + C$	线性相关度 R
443	$\ln[x/(1-x)] = -3.83 + 1.27\ln t$	0.99
458	$\ln[x/(1-x)] = 0.171 + 0.775\ln t$	0.995
473	$\ln[x/(1-x)] = 2.00 + 0.428\ln t$	0.99

C　表观活化能计算

在 383~423K 温度范围内和 443~473K 温度范围内，浸出速率常数与温度的关系详见表 4-101。由表 4-101 可见，在上述温度范围内，浸出速率常数均表现出随温度升高而不断降低的趋势，这与我们通常所遇到的浸出速率随温度升高而增大，在应用 Arrhenius 方程时 $\ln k$ 对 $1/T$ 之间呈负相关性的情况是很不相同的。

表 4-101　不同浸出温度条件下的浸出速率常数

T/K	383	403	413	423	443	458	473
$1/T$	0.00261	0.00248	0.00242	0.00236	0.00226	0.00218	0.00211
k/min^{-1}	0.669	0.570	0.535	0.529	1.27	0.775	0.428
$\ln k$	-0.402	-0.562	-0.625	-0.636	0.239	-0.256	-0.849

　　鉴于本实验中浸出速率常数与温度之间的关系，为避免活化能计算时得出无意义的负值，我们在应用 Arrhenius 方程时忽略了 $\ln k$ 对 $1/T$ 之间的负号关系，即采用如下方程：

$$\ln k = \frac{E}{RT} + \ln A \tag{4-63}$$

　　进一步根据表 4-101 中数据，以 $\ln k$ 对 $1/T$ 作图，结果如图 4-110 所示。在 383~423K 温度范围和 443~473K 温度范围，拟合所得直线方程及根据斜率计算所得表观活化能值见表 4-102。

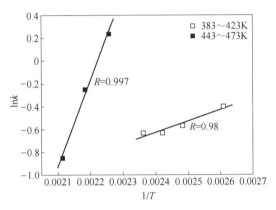

图 4-110　$\ln k$ 对 $1/T$ 之间关系

表 4-102　表观活化能计算结果

温度范围/K	$\ln k$ – $(1/T)$ 拟合直线	斜率	表观活化能计算值/kJ·mol^{-1}
383~423	$\ln k = \dfrac{996.47}{T} - 3.02(R = 0.98)$	996.47	8.28
443~473	$\ln k = \dfrac{7589.54}{T} - 16.87(R = 0.997)$	7589.54	63.10

　　由表 4-102 中计算结果可见，镍红土矿经碱预处理后，当浸出温度介于 383~423K 范围时，Ni 浸出过程受内扩散控制（表观活化能值介于 8~20kJ/mol）；而当浸出温度介于 443~473K 范围时，Ni 浸出过程则受化学反应控制（表观活化能值介于 40~300kJ/mol）。

　　D　浸出机理分析

　　预处理红土镍矿中 Ni 浸出过程的控制环节受浸出温度显著影响：当浸出温度介于 383~423K 范围时，Ni 浸出过程受内扩散控制；当浸出温度介于 443~473K 范围时，Ni 浸出过程则受化学反应控制。这与不同温度时 Fe 基体物质具有不同的形态是有关系的。

　　在浸出温度 $T<433K$ 时，由于非晶态铁溶解性能不好，矿物原料中的 Fe 主要是以非晶态铁氧化物形式存在，而赋存于非晶态铁基体中的 Ni 的浸出性能又受限于非晶态铁的溶解情况。只有当非晶态铁不断溶解，包裹于非晶态铁中的 Ni 才得以解离出来。在这种情况下，我们可以假设：浸出剂与 Ni 未能直接接触，随着非晶态铁基体不断溶蚀，形成毛细管状扩散通道（见图 4-111），浸出剂经扩散通道不断与 Ni 接触，才使 Ni 得以溶解。此时，Ni 溶解过程受限于浸出剂在矿物颗粒的扩散（即内扩散）。

　　当浸出温度高于 433K 后，特别是当浸出温度由 433K 进一步升高时，非晶态铁溶解趋势不断增强，而且随着溶出的 Fe 以赤铁矿形式水解入渣，原包裹于非晶态铁物相中的 Ni

将以解离态存在于赤铁矿颗粒间隙（见图 4-112）。此时，浸出剂在疏松多孔的赤铁矿颗粒间隙的扩散就不再成为 Ni 浸出过程的限制性环节，Ni 浸出主要受限于浸出剂与 Ni 颗粒的界面化学反应。

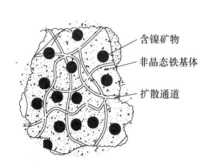

图 4-111 扩散控制情况下浸出颗粒示意图   图 4-112 化学反应控制情况下浸出颗粒示意图

4.5 硝酸再生及硫酸钙晶须耦合制备

4.5.1 概述

硝酸介质温和提取镍/钴是实现贫镍褐铁型红土矿清洁高效利用的重要新技术，硝酸的再生循环利用是该技术的关键。硝酸浸出液经碳酸钙中和除铁/铝、氧化钙分步沉淀镍/钴及镁后，得到的硝酸钙溶液用硫酸耦合实现硝酸的再生，钙则以高纯硫酸钙产出。

普通的高纯硫酸钙并不具有很高的附加值，而具有广泛用途的大长径比（大于 80∶1）无水硫酸钙晶须的市场售价则高达 8000~10000 元/吨。研究开发再生硝酸耦合制备大长径比硫酸钙晶须[37]的可控制备技术就尤为重要。

传统上，用普通硫酸钙生产大长径比的硫酸钙晶须，100℃以上的热压是必要条件。但在硝酸钙溶液硫酸耦合再生硝酸过程中却发现，低温下的均相耦合更有利于硫酸钙晶须的生长，而低温下产出的硫酸钙晶须在热处理脱水过程中却极易发生晶须的断裂和粉化。因此，如何控制硫酸钙晶须在热处理过程中的稳定性，是需要解决的关键问题。

4.5.2 晶须制备

4.5.2.1 稀硫酸沉淀制备硫酸钙晶须

A 硫酸用量

用硝酸钙配制钙离子浓度 30g/L 硝酸钙溶液，加入不同量的浓度 98% 的浓硫酸。图 4-113 所示为不同硫酸用量时硫酸钙沉淀的形貌。90℃高温下，快速向低浓度硝酸钙溶液中加入硫酸，其产物为条状或针状，较小的硫酸用量有利于针状产物的生成。当硫酸加入量为理论用量 1.1 倍（钙离子与硫酸用量摩尔比为 1∶1.1）时，产物的晶须结构 X 射线衍射图谱如图 4-114 所示，说明在 90℃的反应温度时，所得产物为半水硫酸钙。

B 温度变化

a 正加方式

以硫酸溶液加入硝酸钙溶液中合成硫酸钙为即正加方式，反之称为"反加"。

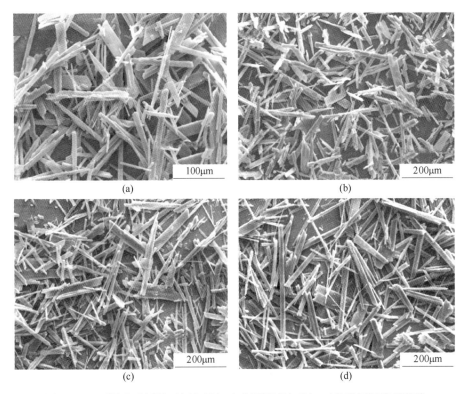

图 4-113　不同硫酸用量（钙离子与硫酸用量摩尔比）时硫酸钙沉淀的形貌
(a) 1∶1.1；(b) 1∶1.0；(c) 1∶0.95；(d) 1∶0.5

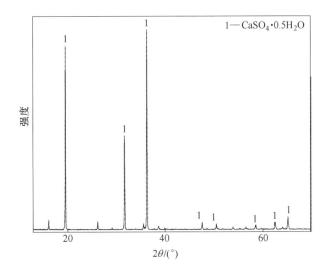

图 4-114　硫酸钙晶须的 X 射线衍射图谱

图 4-115 所示为不同反应温度时硫酸钙的形貌。低温时硫酸钙沉淀产物较细小，呈颗粒状、长条状等；30℃下合成产物主要呈片状和针状；50℃下合成产物中片状物消失，针状和长条状的比例增加；反应温度高于 70℃ 时，晶须开始长粗；至 90℃ 时，硫酸钙沉淀又开始变长，针状产物比例增大。因此，晶须生成温度选择在 60℃ 左右较为适宜。

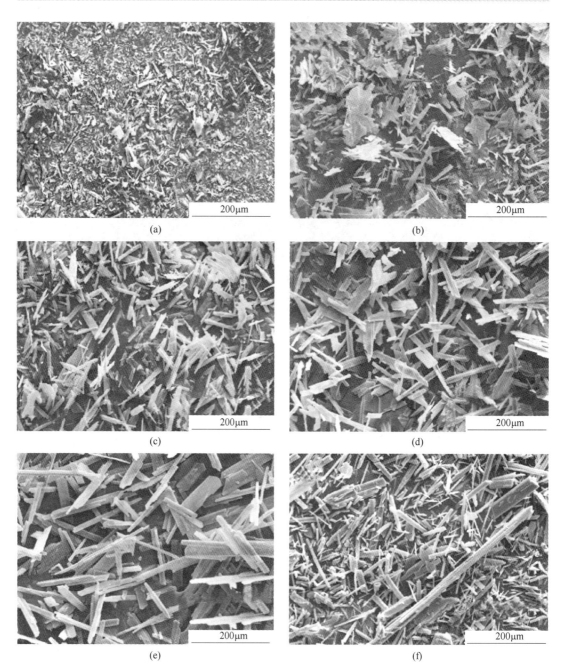

图 4-115　不同反应温度时硫酸钙的形貌（正加方式）
(a) 14℃；(b) 30℃；(c) 50℃；(d) 70℃；(e) 80℃；(f) 90℃

b　反加方式

反应产物形貌结果如图 4-116 所示。与正向加入反应方式不同，反向方式反应时，在低温下也能生成针状的硫酸钙沉淀产物。随反应温度升高，针状硫酸钙尺寸变大、变长，如图 4-116（c）中生成了长 406.3μm、直径 14.7μm 的晶须。当温度达到 80℃时，长成均匀的晶须；在 90℃的反应温度下，晶须变短、变细。

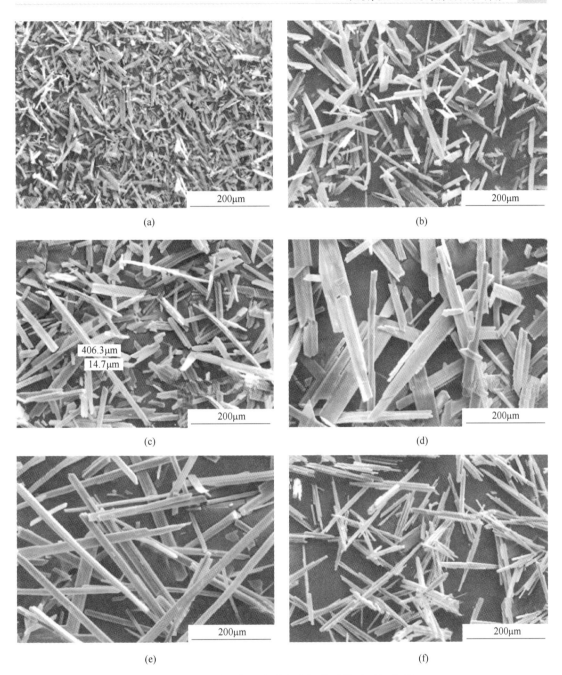

图 4-116 不同反应温度时硫酸钙的形貌（反加方式）

(a) 15℃；(b) 30℃；(c) 50℃；(d) 70℃；(e) 80℃；(f) 90℃

C 加料方式

采用快速加入硫酸的加料方式，硫酸钙产物的形貌如图 4-117 所示。图 4-117 (a) 表明，采用快速加料方式，当加入的硫酸浓度较高时，产物形貌不规则，包括片状、颗粒状和针状等；当浓硫酸与水体积比例为 1：(6~8) 时稀释后加入，产物为较规则的晶须，长度约 60~140μm；进一步降低硫酸浓度，产物晶须变细，但大部分转化为片状形貌。

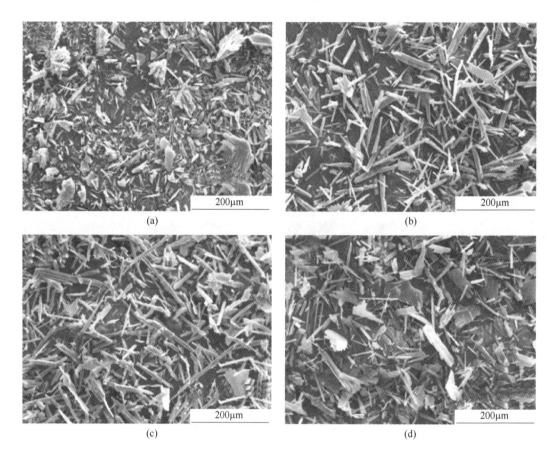

图 4-117　快速加料时不同酸浓度（浓硫酸与水体积比）对硫酸钙的形貌
(a) 1∶4；(b) 1∶6；(c) 1∶8；(d) 1∶12

D　酸浓度

在不同的酸浓度下合成的产物如图 4-118 所示。不同酸度下硫酸钙沉淀均能以晶须的方式生成。高硫酸浓度时产物直径较细，酸浓度降低时，产物直径明显增大。

E　分段沉淀试验

图 4-119 所示为不同沉淀时间阶段中硫酸钙的形貌。在前两个沉淀阶段，晶须细长，而最后一个阶段的产物尺寸形貌不均一，存在大量的细针状产物。

F　加料速度

作为对比，同时采用倒入方式将硝酸钙溶液与硫酸溶液混合（见图 4-120（d））。从图 4-120 中的硫酸钙形貌分析，当硝酸钙溶液加入速度很小时，主要是粗颗粒和短棒状的产物，随硝酸钙溶液加入提高，产物中长条状或针状产物增多，但以快速倒入的方式混合，硫酸钙沉淀产物主要为细小的针状以及短棒状产物。

取硫酸钙晶须在 180℃进行热处理，其形貌保持完整，如图 4-121 所示。

综上所述，以稀硫酸为沉淀剂从硝酸钙溶液中沉淀钙离子时，当硝酸钙溶液钙离子浓度 70g/L 时，为获得长径比较大的硫酸钙晶须，较优的反应温度为 60℃、硫酸溶液中硫酸

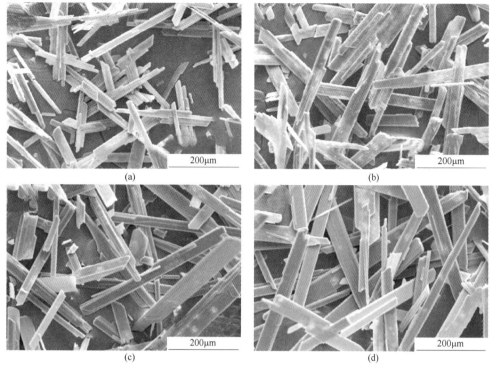

图 4-118 不同酸浓度（浓硫酸与水体积比）时硫酸钙的形貌

（a）1:4；（b）1:6；（c）1:8；（d）1:12

图 4-119 不同沉淀阶段中硫酸钙的形貌

（a）第一次；（b）第二次；（c）第三次

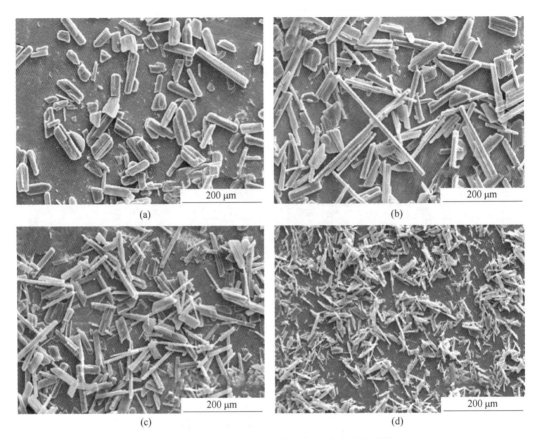

图 4-120 不同加料速度时硫酸钙沉淀产物的形貌

（a）0.8mL/min；（b）4.5mL/min；（c）18mL/min；（d）倒入

图 4-121 硫酸钙晶须 180℃热处理产物形貌

与水体积比 1∶4、搅拌转速 200~220r/min、硝酸钙滴定速度 8mL/min 为宜；采用硝酸钙溶液加入硫酸溶液的加料方式，能促进晶须的生长；低于 70℃反应温度时，产物为二水硫酸钙，当反应温度大于 90℃，可直接获得半水硫酸钙；二水硫酸钙通过热处理可转变为半水硫酸钙，经过 180℃处理后其形貌保持不变。

4.5.2.2 浓硫酸沉淀制备粒状硫酸钙

A 浓硫酸滴加时温度变化

图 4-122 所示为反应温度变化对硫酸钙沉淀形貌的影响,其中 60℃时的反应产物为片状和短针状;70℃时细小针状产物增多,但同时产生了一些尺寸较大的片状和少数颗粒状产物;80℃时为较短的细小针状产物及其团聚体,进一步提高温度至 90℃,针状产物直径变细。

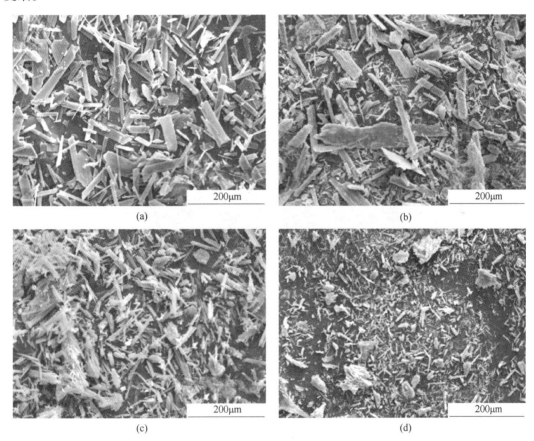

图 4-122 滴加浓硫酸时温度变化对硫酸钙沉淀形貌的影响
(a) 60℃;(b) 70℃;(c) 80℃;(d) 90℃

B 硫酸用量试验

a 70%浓硫酸用量

由图 4-123 可知,按 70%理论硫酸耗量加入浓硫酸时,随反应温度的增加,硫酸钙沉淀的尺寸变大,且片状物增加。图 4-124 所示为较高钙离子浓度时硫酸钙产物的形貌。钙离子 80g/L 时主要为片状和短针;而钙离子为 70g/L 时部分为短针状,大多数为短棒状。

b 80%浓硫酸用量

由图 4-125 可知,当浓硫酸用量增加到理论用量 80%时,硫酸钙沉淀的形貌的改变与温度的关系更为明显,温度较低时,颗粒状和短棒状多;随温度升高,出现了片状沉淀,

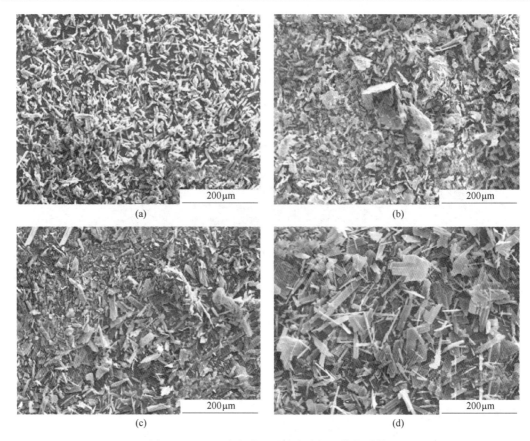

图 4-123　70%浓硫酸用量时硫酸钙沉淀的形貌

(a) 10℃；(b) 30℃；(c) 40℃；(d) 50℃

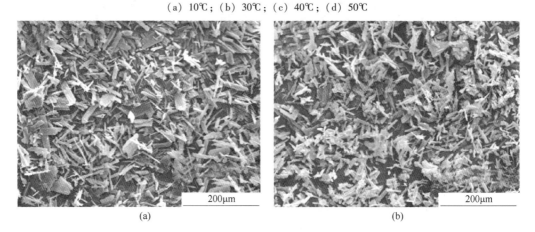

图 4-124　较高钙离子浓度时硫酸钙产物的形貌

(a) 70g/L；(b) 80g/L

但继续升高温度，转变长条状和针状产物。

　　c　90%浓硫酸用量

　　与硫酸用量较低时相比，90%理论用量浓硫酸沉淀产物尺寸明显增大（见图 4-126），其形貌与温度的变化关系未变，但产物多为短棒状。

图 4-125 80%浓硫酸用量时硫酸钙沉淀的形貌

（a）10℃；（b）30℃；（c）40℃

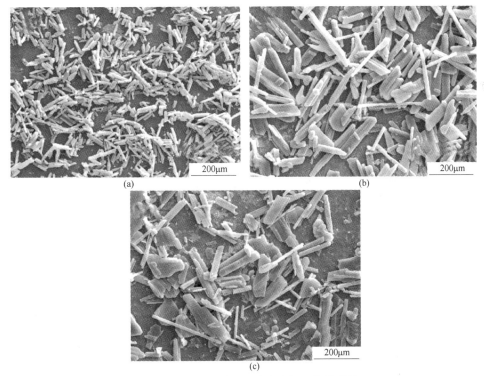

图 4-126 90%硫酸用量时硫酸钙沉淀的形貌

（a）10℃；（b）40℃；（c）50℃

综上所述，浓硫酸不经稀释，直接作为沉淀剂使用时，能够减小滤液体积，提高酸浓度，适合制备粒度较细的硫酸钙，较难获得长晶须产物；反应温度低于50℃为宜，低温硝酸钙溶液有利于微细硫酸钙的生成，且硫酸加入量按理论量70%，获得的滤液含硫酸根浓度较低。

4.5.3 半工业研究

二段沉镍钴渣的滤液中含有大量的硝酸根和钙离子，其成分见表4-103，硝酸的回收与钙的再利用对整个工艺意义重大，根据实验室研究，可以通过制备硫酸钙晶须产品来同时达到这两个目的。

表 4-103 二段沉镍钴后液主要成分

成分	Ni	Co	Ca	Mg	Mn	NO_3^-
含量/g·L^{-1}	<0.001	<0.001	41.67	7.15	0.25	175.7

在硫酸钙晶须制备槽（见图4-127）中配置400g/L硫酸溶液，控制槽内溶液温度60℃左右，搅拌转速15r/min。以喷雾形式按1m^3/min的流量从槽顶喷入除镁后的二段沉镍钴液进行硫酸钙晶须的合成和硝酸的再生。

生产制得的晶须为$CaSO_4 \cdot 2H_2O$，堆密度为1.45g/cm^3，含水43.9%。图4-128所示为硫酸钙晶须显微照片，观察表明晶须是以单晶形式生长的，长100~500μm，直径2~14μm，长径比10~200，可用于造纸、树脂、塑料、橡胶、涂料、油漆、沥青、摩擦和密封等材料中作补强增韧剂或功能型填料。制备晶须产品所得到的滤液主要是硝酸，可作为再生浸出剂，回到浆化槽循环利用。

图 4-127 硫酸钙晶须制备槽

图 4-128 硫酸钙晶须显微照片

4.6 硝酸加压浸出技术的发展与展望

褐铁型红土镍矿中通常含有0.8%~1.0%的镍、约0.1%的钴、4%的Cr_2O_3和45%以上的铁，除镍、钴外，伴生铁、铬的潜在回收价值很大，尤其是铬的回收，对我国极具战略意义。以巴布亚新几内亚Ramu红土镍矿为例，原矿含镍约1%、铁约45%、钴约0.09%、Cr_2O_3 4.8%。按目前的金属价格计算的吨矿价值组成见表4-104。因此，如果能实现伴生元素铁、铬的分离和高值利用，意义重大。

表 4-104　Ramu 红土镍矿（1t）的价值组成

元素	Ni	Co	Fe	Cr_2O_3	合计
含量/kg	10	0.9	450	48	
价格/元·kg^{-1}	100	250	3	25	
价值/元	1000	225	1350	1200	3775
比例/%	26.49	5.96	35.76	31.79	100.00

　　褐铁型红土镍矿的硝酸加压浸出，仅仅实现了镍、钴的浸出和铁的富集，且受硅、铬、铝等组分的影响，富集物的含铁量也无法超过 60%。为进一步提高浸出渣中的铁含量和实现伴生铬的回收利用，2008 年底，作者又联合中国科学院过程工程研究所的齐涛研究员，研发出了原创性的"褐铁型红土镍矿高效综合利用清洁生产新工艺"，在实现镍、钴、铬、铝等多组分综合利用的基础上，富集物含铁达到了 62% 以上。原则工艺流程如图 4-129 所示。

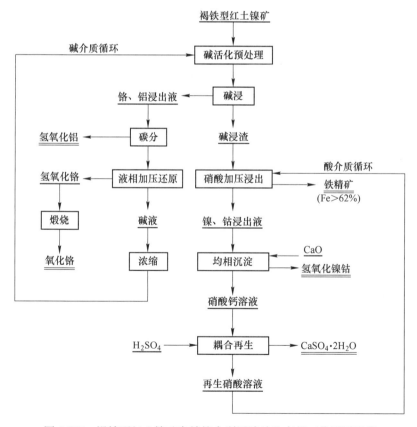

图 4-129　褐铁型红土镍矿高效综合利用清洁生产新工艺原则流程

　　但和"高压硫酸浸出工艺"相比较，"褐铁型红土镍矿高效综合利用清洁生产新工艺"却没能从根本上减少大宗化学品硫酸、氧化钙的消耗（硫酸再生硝酸，副产高纯硫酸钙晶须）。因此，如何从工艺源头上解决大宗化学品的消耗，是开发适用于东南亚国家的褐铁型红土镍矿高效利用与清洁生产新工艺的关键。

基于此，作者结合镁质氧化镍矿的硝酸浸出，进一步提出了如图 4-130 所示的"褐铁型红土镍矿多组分梯级分离及利用"的新构思：（1）硝酸介质加压浸出选择性提取镍/钴，同步富集铁/铬；（2）活性氧化镁分步均相沉淀富集铝/钪及镍/钴，硝酸镁浓缩结晶/低温热解再生硝酸和活性氧化镁并循环使用；（3）铁/铬渣煤基低温选择性还原—磁选分离铁/铬；（4）磁选尾矿碱法焙烧—铬酸钠溶液高效还原提铬。

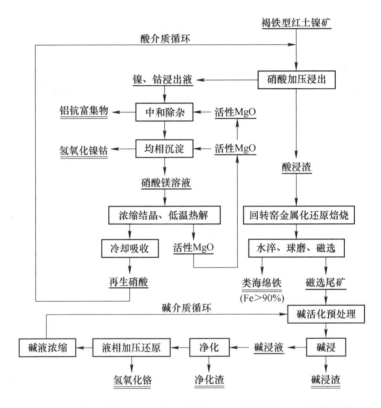

图 4-130 褐铁型红土镍矿多组分梯级分离及利用新工艺原则流程

"梯级分离及利用"方案在实现镍、钴、铬、铁、铝、钪分步富集和利用的前提下，还具有如下优点：（1）硝酸和 MgO 循环使用（仅需少量补充），从工艺源头解决了大宗化学品的消耗问题；（2）经硝酸介质加压处理和浓密洗涤后，铁/铬富集物的过滤性能明显改善，滤渣含水量显著降低。与原矿直接碱活化处理相比，金属化还原的煤耗也可以降低20%左右；（3）铬富集物（磁选尾矿）的产出率约为原矿的15%，碱活化提取铬的碱用量和消耗量也大幅降低；（4）活性氧化镁均相沉淀产出的氢氧化镍钴混合物为类球状，含水可以低至40%，运输成本低。

红土镍矿硝酸加压浸出过程中，耗酸矿物有 Al_2O_3、CaO、MgO、Cr_2O_3、Ni、Co、Mn 和 Fe，矿物中的硅不消耗硝酸。以菲律宾某褐铁型红土镍矿为例，上述各矿物的耗酸情况见表 4-105。

表 4-105　某褐铁型红土镍矿（1t）各矿物的理论酸耗

元素	Ni	Co	CaO	MgO	Fe	Mn	Cr$_2$O$_3$	Al$_2$O$_3$	合计
质量分数/%	1.2	0.1	1.5	2.5	48	0.8	4	6.5	
含量/kg	12	1	15	25	480	8	40	65	
计算浸出率/%	90	90	95	95	1	90	5	55	
耗硝酸量/kg	23.06	1.92	32.06	74.81	16.20	16.49	4.97	132.49	302.01
比例/%	7.64	0.64	10.62	24.77	5.36	5.46	1.65	43.87	100.00

表 4-105 表明，除 CaO、MgO 外，约 44% 的酸被回收价值不高的 Al$_2$O$_3$ 所消耗。因此，尽可能地降低物料中 Al$_2$O$_3$ 的含量就成了降低总酸耗关键。因此，选择低 Al$_2$O$_3$、SiO$_2$ 含量的原料，不仅有利于硝酸消耗的减少，也有利于提升渣中铁的含量。

理论酸耗也指出，若采用 2∶1mL/g 的浸出液固比，则浸出液硝酸浓度至少应保持在 150g/L 以上。

在图 4-130 所示的"褐铁型红土镍矿多组分梯级分离利用"方案中，酸浸渣、氢氧化铝渣、氢氧化镍钴渣是需要洗涤的三个主要固体产物。参考硝酸加压浸出工业试验的有关数据，每处理 1t 表 4-105 所列成分的干基红土镍矿，预期会产出 820kg 含铁 58% 的干基酸浸渣，110kg 含氧化铝 32% 的干基氢氧化铝渣和 36kg 含镍 30% 的干基氢氧化镍钴渣。

设计采用 2∶1mL/g 的液固比浸出，试验测定的浓密底流浓度可以达到 43% 左右，如果采用 5 级 CCD 在 1∶1 的洗涤比下洗涤酸浸渣，则计算的洗涤效率可以达到 80% 左右，最后再经压滤洗涤（滤饼含水 30%，三次风吹/洗涤，1∶1 的总洗水，可以达到约 80% 的效率），最终洗涤效率将会保持在 98% 左右。也就是说，按含硝酸 160g/L 的浸出液处理 1t 干基物料计算，在固液分离过程将会损失约 4kg 的硝酸，同时会引入 820kg 的新水进入系统。

氢氧化铝渣含有较高的水合物，采用均相沉淀技术，虽然可以较好地解决氢氧化铝渣的过滤问题，但由于铝渣密度小，颗粒细，只能采用压滤洗涤的办法。按滤饼含水 60%，三次吹干/洗涤，1∶1 的总洗水，可以达到约 70% 的洗涤效率，275kg 湿基氢氧化铝渣（110kg 干基氢氧化铝渣）夹带损失的硝酸量将达到约 8kg，同时会引入约 160kg 的新水进入系统。同样，52kg 湿基氢氧化镍钴渣也会夹带损失约 1kg 硝酸、引入约 40kg 新水进入系统。

综上所述，处理 1t 干基物料，产物洗涤过程会损失约 13kg 硝酸，需要新水 1020kg（扣减去产物带出系统的水量后，引入系统的总水量约为 500kg）。其中氢氧化铝渣夹带损失硝酸约 8kg，如果原料氧化铝含量或浸出率进一步提高，则硝酸的夹带损失会进一步加大。

按设计采用 160g/L 的硝酸浸出液在 2∶1 下加压浸出，扣除夹带损失的 13kg 硝酸，最终剩余的 307kg 硝酸按 93% 的循环回收率计算（浸出过程的硝酸挥发损失率设定为 2%），吨矿总的硝酸消耗约为 34kg（见表 4-106，该计算值和 10 万吨/年褐铁型红土镍矿硝酸加压浸出工业试验数据基本吻合）。也就是说，约占硝酸总消耗量的 27%（约 9kg）的硝酸，被氢氧化铝渣和镍钴渣带走了。

表 4-106　加压浸出过程的硝酸消耗及比例

项目	浸出渣	氢氧化铝渣	氢氧化镍钴渣	挥发损失	再生损失	合计
损失量/kg	4	8	1	6	15	34
占比/%	11.76	23.53	2.94	17.65	44.12	100.00

因此，如果取消氢氧化铝渣和镍钴渣的洗涤，以混合浸出液的直接浓缩和热解取代，就可以避免该部分硝酸的损失，同时也可以减少约 200kg 的新水进入系统。

为此，作者进一步提出了"硝酸加压浸出液直接浓缩热解"的新思路，原则工艺流程如图 4-131 所示。

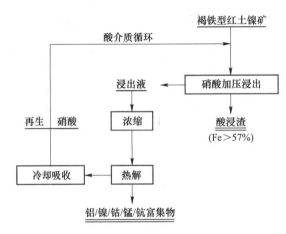

图 4-131　褐铁型红土镍矿硝酸加压浸出液直接浓缩热解原则工艺流程

和前面的工艺相比较，"硝酸加压浸出液直接浓缩热解"方案不仅保证了较高的硝酸回收率，其工艺流程也最为简洁。项目初期，可暂不考虑酸浸渣的后处理，直接以铁精矿或球团矿出售。综合考虑，"硝酸加压浸出液直接浓缩热解"有可能是适用于东南亚国家地区特点和资源特点的最优方案。

参 考 文 献

[1] 张永禄，王成彦，徐志峰. 低品位碱预处理红土镍矿加压浸出过程 [J]. 过程工程学报. 2010, 10 (2)：263~269.

[2] 王成彦，马保中. 镍提纯项目工艺方案试验研究总报告 [R]. 北京：北京矿冶研究总院, 2009.

[3] Ma B Z, Yang W J, Yang B, et al. Pilot-scale plant study on the innovative nitric acid pressure leaching technology for laterite ores [J]. Hydrometallurgy, 2015, 155：88~94.

[4] 杨永强，王成彦，汤集刚，等. 云南元江高镁红土矿矿物组成及浸出热力学分析 [J]. 有色金属, 2008：60 (3)：84~87.

[5] Ma B Z, Wang C Y, Yang W J, et al. Selective pressure leaching of Fe (Ⅱ)-rich limonitic laterite ores from Indonesia using nitric acid [J]. Minerals Engineering, 2013, 45 (3)：151~158.

[6] Zhang Y L, Wang C Y, Yang Y Q, et al. Pressure nitric acid leaching of alkali-pretreated low-grade limonitic laterite [J]. Rare Metals, 2015, 34 (1)：64~70.

[7] 马保中，王成彦，杨卜，等．硝酸加压浸出红土镍矿的中试研究［J］．过程工程学报，2011，11（4）：561~566.

[8] 王成彦，尹飞，陈永强，等．一种高镁红土镍矿的处理方法：中国，101289704A［P］．2008-10-22.

[9] 杨显万，邱定番．湿法冶金［M］．北京：冶金工业出版社，2001：4.

[10] 杨熙珍，杨武．金属腐蚀电化学热力学电位-pH 图及其应用［M］．北京：化学工业出版社，1991：117.

[11] 叶大伦．实用无机物热力学数据手册［M］．北京：冶金工业出版社，2002.

[12] 傅崇说．有色冶金原理［M］．北京：冶金工业出版社，2004：161.

[13] 天津大学物理化学教研室．物理化学［M］．北京：高等教育出版社，2001：316~317.

[14] 杨显万．高温水溶液热力学数据计算手册［M］．北京：冶金工业出版社，1983.

[15] Wendell M L. The Oxidation States of the Elements and their Potentials in Aqueous Solutions［M］. New York Prentice Hall，Inc. 1952.

[16] David R L. CRC Handbook of Chemistry and Physics［M］. CRC Press，2006~2007.

[17] 乐颂光，夏忠让．钴冶金［M］．北京：冶金工业出版社，1987.

[18] 迪安 J A. 兰氏化学手册［M］．北京：科学出版社，2003.

[19] 黎文献．镁及镁合金［M］．长沙：中南大学出版社，2005：19.

[20] 林传仙，白正华，张哲儒．矿物及有关化合物热力学数据手册［M］．北京：科学出版社，1985.

[21] 陈家镛，于淑秋，伍志春．湿法冶金中铁的分离与应用［M］．北京：冶金工业出版社，1991：166.

[22] 何焕华，蔡乔方．中国镍钴冶金［M］．北京：冶金工业出版社，2000：332~340.

[23]《浸矿技术》编委会．浸矿技术［M］．北京：原子能出版社，1994：113~115.

[24]《溶液中金属及其他有用成分的提取》编委会．溶液中金属及其他有用成分的提取［M］．北京：冶金工业出版社，1995：411~418.

[25] 陈家镛．湿法冶金手册［M］．北京：冶金工业出版社，2005：676.

[26] Karidakis T，Agatzini L S，Neou S P. Removal of magnesium from nickel laterite leach liquors by chemical precipitation using calcium hydroxide and the potential use of the precipitate［J］. Hydrometallurgy，2005，76：105~114.

[27] 刘光启．化学化工物性数据手册（无机卷）［M］．北京：化学工业出版社，2002.

[28] 孙康．宏观反应动力学及其解析方法［M］．北京：冶金工业出版社，1998.

[29] 肖兴国．冶金宏观动力学讲义［M］．沈阳：东北大学，2002.

[30] 莫鼎成．冶金动力学［M］．长沙：中南工业大学出版社，1987.

[31] 韩其勇．冶金过程动力学［M］．北京：冶金工业出版社，1983：49~54.

[32] 华一新．冶金过程动力学导论［M］．北京：冶金工业出版社. 2004.

[33] 孙康．攀枝花钛铁还反应动力学研究［J］．钢铁钒钛. 1996，17（3）：19~23.

[34] Nizamettin D，Asim K. Dissolution kinetics of ulexite in perchloric acid solutions［J］. International Journal of Mineral Processing，2007，83（1）：76~80.

[35] Okur H，Tekin T，Ozer A K，et al. Effect of ultrasound on the dissolution of colemanite in H_2SO_4［J］. Hydrometallurgy，2002，67（1~3）：79~86.

[36] 畅永锋，翟秀静，符岩，等．还原焙烧红土矿的硫酸浸出动力学［J］．分子科学学报. 2008，24（4）：241~245.

[37] Ma B，Xing P，Wang C，et al. A novel way to synthesize calcium sulfate whiskers with high aspect ratios from concentrated calcium nitrate solution［J］. Materials Letters，2018：219.

5 还原焙烧—氨浸—萃取工艺研究

5.1 工艺概述

5.1.1 工艺发展

还原焙烧—氨浸工艺（RRAL）最初由 Caron 教授提出，因此又被称为 Caron 流程[1,2]。还原焙烧的目的是使红土镍矿中呈氧化态的镍和钴最大限度地还原成金属，同时控制还原条件，使大部分的 FeOOH 还原成 Fe_3O_4，还原焙砂在氨-碳铵体系中及空气的氧化作用下使金属态的镍和钴转化为镍氨及钴氨配合物进入溶液。少量以金属态存在的铁也会以二价铁氨配合物的进入溶液，再被空气进一步氧化后最终以 $Fe(OH)_3$ 沉淀析出。

还原焙烧—氨浸工艺于 20 世纪 40 年代首先在古巴尼加罗冶炼厂得到工业应用，随后在此基础上稍作改进后，在印度苏金达厂、阿尔巴尼亚爱尔巴桑钢铁联合企业、斯洛伐克谢列德冶炼厂、菲律宾诺诺克镍厂、澳大利亚雅布鲁精炼厂及加拿大英可公司铜黄铁矿回收厂等也相继实现工业化。20 世纪 80 年代，美国矿务局提出了还原焙烧—氨浸新工艺（称为 USBM 法）[3,4]，以溶剂萃取代替以前的蒸氨沉淀法，并在焙烧过程中添加一定的添加剂（如黄铁矿等），镍钴的回收率和产品质量有了明显提高。

选择性还原对还原焙烧—氨浸工艺具有重要意义。所谓选择性还原，就是在最大限度地还原镍、钴的同时，尽量避免金属铁生成的一种控制性还原。选择性还原需要考虑的要素包括还原气氛、还原温度、还原时间、添加剂和还原设备等。铁质矿的还原焙烧条件一般比硅镁镍矿的严格，因为硅镁镍矿含铁低，还原成金属铁的趋势也相应较低。

Caron 教授曾经简略地论述了过还原的不利影响，指出过还原使镍铁合金量增加，在浸出时不仅需要消耗较多的空气，并且会有较多的氢氧化铁从溶液中析出，导致浸出渣的沉降速度变慢，并携带较多的溶液而不易过滤和洗涤，Ni、Co 的吸附夹带损失也会相应增高。

氨浸时，由于金属铁优先氧化浸出进入溶液，因此保证二价铁的氧化在溶液中发生，而不是在颗粒表面进行非常重要，否则在颗粒表面生成的 $Fe(OH)_3$ 或其他氧化物膜将阻碍 Ni、Co 的氧化浸出。浸出开始时，由于金属铁的迅速氧化溶解，在较强的氧化条件下，亚铁离子很容易在颗粒表面氧化，因此增加预浸过程，让溶出生成的亚铁离子在溶液中再氧化水解沉淀，就可以避免 $Fe(OH)_3$ 或氧化物膜对矿物微粒的包裹。预浸是一种防止焙砂钝化和焙砂钝化后的再活化的有效方法。但是，当焙砂还原选择性较好时，即可浸出的铁量很少时，预浸的活化作用就不明显了。

20 世纪 70 年代，在由方毅副总理主持的"援阿"项目中，针对阿尔巴尼亚爱尔巴桑镍铁矿的处理，我国的科研工作者采用二段沸腾炉还原焙烧—氨浸—氢还原生产镍粉工艺开展了系统的小型试验、半工业试验，并在上海完成了 100t/d 的工业试验，积累了丰富的褐铁型红土镍矿还原焙烧—氨浸的实践经验。

20 世纪 70 年代，针对青海元石山镍矿的处理，我国的科研工作者利用高炉煤气作还原剂和热源，采用二段回转窑还原焙烧—氨浸工艺完成了系统的小型试验、扩大试验和半工业试验。

5.1.2 青海元石山镍矿的还原焙烧—氨浸实践

青海元石山镍矿发现于 20 世纪 60 年代末，是一座矿石类型极为复杂的难处理贫氧化镍矿。矿石类型包含有铁质矿、硅质矿和镁质矿，其中以镍铁矿为主要矿物的含镍大于 0.8% 的金属镍预可采储量 78703t，铁矿石预可采储量 561 万吨，如果再加上含镍大于 0.5% 的镁质氧化镍矿，镍资源量约 15 万吨。但由于镍、铁品位低、赋存状态复杂，经济处理非常困难。同时，元石山地处青藏高原高寒地区，生态环境脆弱，自身修复能力差，如何在资源开发过程中避免对生态的破坏，是元石山镍矿开发利用必须解决的重大问题。

基于生态开发、经济综合利用和高值利用等关键问题，本书作者在充分借鉴国内外贫红土镍矿处理技术的成熟经验基础上，针对元石山镍铁矿的具体特点，进一步提出了"以煤作还原剂和热源的选择性还原焙烧—氨浸/萃取生产精制硫酸镍—氨浸渣磁选回收铁—磁选尾矿外售水泥厂"的无渣绿色冶炼新工艺方案，并开展了系统的研究。

2005 年，针对含 Ni 0.9%、含 Fe 38%、含 SiO_2 21% 的铁质矿的处理，项目组完成了系统的试验研究。取得了镍、钴平均浸出率 90.11% 和 62.99%，铁精矿含铁大于 59%、铁总回收率大于 80% 的优异指标。

2007 年，"低品位镍铁矿高效绿色提取关键技术研究及示范"项目被列入了国家"十一五"科技支撑计划（2007BAB19B00），并获得了国家重点基础研究发展计划（973计划）的经费资助（2007CB613505）。

2008 年 10 月，年处理 30 万吨低品位镍铁矿工程项目全部建成，2009 年 1 月生产出了合格的精制硫酸镍产品[5]。随后，针对试生产过程暴露出的有关问题进行了优化设计和改造，并于当年 6 月正式投料生产，原则工艺流程如图 5-1 所示。

该研究攻克并掌握了红土镍矿高效选择性还原焙烧—氨浸—萃取的工程化技术难题，解决了高含泥含水红土矿细碎、转运、还原气氛控制、强化浸出等系列工程技术难题，实现红土镍矿选择性还原焙烧—氨浸—萃取工艺在国内的首次工业应用。主要优点：（1）采用煤作为热源和还原剂，生产成本低；（2）采用选择性萃取/反萃技术，直接制备精制硫酸镍产品，萃余液循环使用，大幅降低蒸氨溶液量和蒸汽消耗量，能耗低，镍产品附加值高；（3）选铁尾矿作为水泥原料出售，实现无渣冶炼；（4）杜绝了生产废水外排，对环境友好。

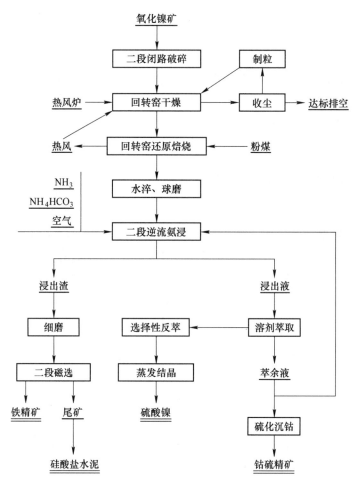

图 5-1   青海元石山红土镍矿还原焙烧—氨浸原则工艺流程图

5.2   还原焙烧—氨浸的理论基础

5.2.1   还原焙烧过程热力学分析

本部分热力学分析以煤作还原剂。煤有两部分均可以在还原过程中发挥作用，分别为固定碳和可燃性挥发分[6]，它们的还原热力学计算分别如下。

5.2.1.1   固定碳作还原剂

固定碳还原又称碳直接还原，其反应式分别为：

$$NiO(s) + C(s) \Longrightarrow Ni(s) + CO(g)$$
$$\Delta_r G_m^{\ominus} = 122207 - 172.83T \, (J/mol) \tag{5-1}$$

$$2NiO(s) + C(s) \Longrightarrow 2Ni(s) + CO_2(g)$$
$$\Delta_r G_m^{\ominus} = 73707 - 169.55T \, (J/mol) \tag{5-2}$$

$$CoO(s) + C(s) \Longrightarrow Co(s) + CO(g)$$
$$\Delta_r G_m^{\ominus} = 135357 - 167.9T \, (J/mol) \tag{5-3}$$

$$2CoO(s) +C(s) = 2Co(s) +CO_2(g)$$
$$\Delta_r G_m^{\ominus} = 100007-161.33T(J/mol) \tag{5-4}$$

$$3Fe_2O_3(s) +C(s) = 2Fe_3O_4(s) +CO(g)$$
$$\Delta_r G_m^{\ominus} = 237700-222T(J/mol) \tag{5-5}$$

$$3Fe_2O_3(s) +1/2C(s) = 2Fe_3O_4(s) +1/2CO_2(g)$$
$$\Delta_r G_m^{\ominus} = 36721-269.53T(J/mol) \tag{5-6}$$

$$Fe_3O_4(s) +C(s) = 3FeO(s) +CO(g)$$
$$\Delta_r G_m^{\ominus} = 262350-179.7T(J/mol) \tag{5-7}$$

$$Fe_3O_4(s) +1/2C(s) = 3FeO(s) +1/2CO_2(g)$$
$$\Delta_r G_m^{\ominus} = 353993-184.93T(J/mol) \tag{5-8}$$

$$FeO(s) +C(s) = Fe(s) +CO(g)$$
$$\Delta_r G_m^{\ominus} = 213800-122.2T(J/mol) \tag{5-9}$$

$$2FeO(s) +C(s) = 2Fe(s) +CO_2(g)$$
$$\Delta_r G_m^{\ominus} = 256893-69.93T(J/mol) \tag{5-10}$$

$$1/4Fe_3O_4(s) +C(s) = 3/4Fe(s) +CO(g)$$
$$\Delta_r G_m^{\ominus} = 225950-103.5T(J/mol) \tag{5-11}$$

$$1/4Fe_3O_4(s) +1/2C(s) = 3/4Fe(s) +1/2CO_2(g)$$
$$\Delta_r G_m^{\ominus} = 281193-32.53T(J/mol) \tag{5-12}$$

碳直接还原反应实际可视为碳间接还原反应（CO 作还原剂的还原反应）与布多尔反应的组合[7,8]，即：

$$
\begin{array}{c}
MeO +CO \longrightarrow Me +CO_2 \\
\downarrow \\
C +CO_2 \longrightarrow 2CO
\end{array}
\tag{5-13}
$$

当 MeO 间接还原反应生成的 CO_2 分压超过布多尔反应的 CO_2 平衡分压，则体系中的 CO_2 将与固定碳发生布多尔反应生成 CO，后者再进一步与 MeO 作用，如此反复循环，直到固定碳消耗完或所有金属氧化物被彻底还原。

系统中 Me、MeO、C 均为凝聚态，包括气相，总相数为 4，系统的独立组元数为 3，根据相律：

$$f = C - \varphi + 2 = 3 - 4 + 2 = 1$$

当温度和压力均不固定，系统的自由度为 1，即其温度、压力、气相成分中只有一个参数可自由变化，而不影响 Me-MeO-C 体系的平衡，平衡条件可用一条线表示。然而焙烧的过程中压力一般为常压条件下，则 Me-MeO-C 体系自由度 $f=0$，即仅在一个点上可保持上述平衡。

根据上述分析，要绘制红土镍矿碳直接还原的热力学平衡图就必须先绘制出布多尔反应平衡图和红土镍矿碳间接还原反应平衡图。下面分别就布多尔反应以及红土镍矿碳间接还原反应热力学分别计算分析如下。

A 布多尔反应热力学分析

布多尔反应[9,10]，也称碳的气化反应：

$$C(s) + CO_2(g) \Longrightarrow 2CO(g) \tag{5-14}$$

$$\Delta_r H_{m(5-14)}^{\ominus} = 170707 - 174.47T(J/mol)$$

根据相律,该反应体系的自由度为:

$$f = C - \varphi + 2 = 2 - 2 + 2 = 2$$

在影响反应平衡的变量(温度、总压和气相组成)中,有两个是独立变量。若总压一定,气相组成随温度而变化;若温度一定,气相组成随总压而变化。由于焙烧是在常压下进行,在此选择总压为常压 $p^{\ominus}$ 进行热力学分析。

根据 $\Delta_r H_{m(5-14)}^{\ominus}$ 为正,反应式(5-14)为吸热反应,因此温度升高其平衡常数增大,相应地温度升高,反应式(5-14)有利于向生成 CO 的方向进行,即在 $p_{CO} + p_{CO_2}$ 总压 p 总一定的条件下,气相 CO 的体积分数增加。反应式(5-14)的平衡常数为:

$$K_p^{\ominus} = \frac{(p_{CO}/p^{\ominus})^2}{(p_{CO_2}/p^{\ominus})}$$

由总压: $p_总 = p_{CO} + p_{CO_2}$, $p_{CO_2} = p_总 - p_{CO}$

代入上式得方程: $p_{CO}^2 + K_p^{\ominus} p_{CO} p^{\ominus} - K_p^{\ominus} p_总 p^{\ominus} = 0$

解方程得: $p_{CO}/p^{\ominus} = -\dfrac{K_p^{\ominus}}{2} + \sqrt{\dfrac{K_p^{\ominus 2}}{4} + K_p^{\ominus} \cdot p_总/p^{\ominus}}$

$$CO = \frac{p_{CO} \times 100}{p_总} = \frac{\left(-\dfrac{K_p^{\ominus}}{2} + \sqrt{\dfrac{K_p^{\ominus 2}}{4} + K_p^{\ominus} \cdot p_总/p^{\ominus}} \right) \cdot p^{\ominus} \times 100}{p_总} \tag{5-15}$$

式中 $K_p^{\ominus}$ 可由 $\Delta_r G_m^{\ominus}$ 求出,$K_p^{\ominus}$ 与 $\Delta_r G_{m(5-14)}^{\ominus}$ 的关系为:

$$\Delta_r G_{m(5-14)}^{\ominus} = -RT\ln K_p^{\ominus}$$

代入 $R = 8.31$ 有:

$$\lg K_p^{\ominus} = -\Delta_r G_{m(5-14)}^{\ominus}/19.147T \tag{5-16}$$

将式(5-16)代入式(5-15)可绘出总压为 101.325kPa 的布多尔反应 CO 的平衡浓度和温度的关系曲线图(见图 5-2)。从图中可以看出,平衡曲线将坐标平面划分为两个区域:左上部为 CO 分解区(即碳的稳定区),即低温条件下 CO 将分解析出 CO_2 和碳;右下部分为碳的气化区(即 CO 稳定区)。

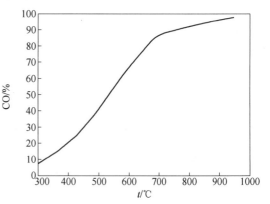

图 5-2   在总压 101325Pa 下布多尔反应
CO 的平衡浓度和温度关系曲线图

从图 5-2 可看出:

(1) $t < 400℃$ 时,CO 的平衡浓度约为零。反应基本上不能进行,且随温度的升高变化不明显。

(2) $t = 400 \sim 1000℃$ 时,CO 的平衡浓度随温度的升高而明显增大。

(3) $t > 1000℃$ 时,CO 的平衡浓度约为 100%。反应进行得很完全。即在密闭系统中,高温下,有碳存在时,气相中几乎全部为 CO。

B   红土镍矿间接还原热力学分析

红土镍矿的间接还原指 CO 作还原剂的还原反应，总反应式可以表示为：

$$Me + CO \Longrightarrow Me + CO_2 \ (Me = Fe, Ni, Co) \tag{5-17}$$

在试验还原温度下，MeO 和 Me 均为凝聚态，因此对此还原体系而言，当 MeO 和 Me 平衡共存，则系统中包括气相在内平衡相数为 3，则有：

$$f = C - \varphi + 2 = 3 - 3 + 2 = 2$$

因此，上述反应式（5-17）的自由度为 2，而根据反应式（5-17）可看出，反应两边气体物质的量相等，即反应前后气体体积不变，故总压力对反应的影响可忽略，在这种情况下，自由度为 1。影响反应平衡的只有温度或者是气相成分（体积分数 φ_{CO} 或 φ_{CO_2}），当温度改变时，平衡气成分将随之改变，因此平衡状态可用 φ_{CO}-T 曲线表示，以下为 φ_{CO}-T 的方程式：

对反应式（5-17）有：

$$\frac{1}{K_p^{\ominus}} = \frac{p_{CO}/p^{\ominus}}{p_{CO_2}/p^{\ominus}} = \frac{\varphi_{CO}}{\varphi_{CO_2}} = \frac{\varphi_{CO}}{100 - \varphi_{CO}}$$

解得：

$$\varphi_{CO} = \frac{100}{K_p^{\ominus} + 1}$$

又根据：

$$\lg K_p^{\ominus} = -\Delta_r G_m^{\ominus}/(19.147T)$$

根据以下热力学反应数据和以上计算式，绘得红土镍矿间接还原反应热力学平衡图（见图 5-3）。

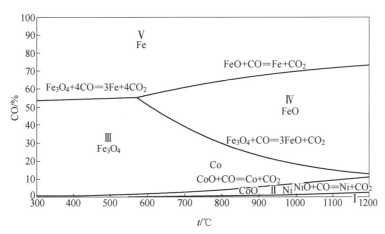

图 5-3   镍铁矿碳间接还原热力学平衡图

$$NiO(s) + CO(g) \Longrightarrow Ni(s) + CO_2(g)$$
$$\Delta_r G_m^{\ominus} = -37600 - 11.8T \ (J/mol) \tag{5-18}$$
$$CoO(s) + CO(g) \Longrightarrow Co(s) + CO_2(g)$$
$$\Delta_r G_m^{\ominus} = -35350 + 6.57T \ (J/mol) \tag{5-19}$$
$$Fe_2O_3(s) + CO(g) \Longrightarrow 2Fe_3O_4(s) + CO_2(g)$$

$$\Delta_r G_m^\ominus = -52130 - 41.0T (\text{J/mol}) \tag{5-20}$$

$$Fe_3O_4(s) + CO(g) = 3FeO(s) + CO_2(g)$$

$$\Delta_r G_m^\ominus = 35380 - 40.16T (\text{J/mol}) \tag{5-21}$$

$$FeO(s) + CO(g) = Fe(s) + CO_2(g)$$

$$\Delta_r G_m^\ominus = -13160 + 17.2T (\text{J/mol}) \tag{5-22}$$

$$1/4Fe_3O_4(s) + CO(g) = 3/4Fe(s) + CO_2(g)$$

$$\Delta_r G_m^\ominus = -1030 + 2.96T (\text{J/mol}) \tag{5-23}$$

对铁而言，图 5-3 中Ⅲ、Ⅳ、Ⅴ区分别为 Fe_3O_4、FeO 及 Fe 的稳定区，当系统的 φ_{CO} 值和温度处于Ⅲ区内，则最终产物为 Fe_3O_4，同理要想得到相应的产物就可以通过控制系统的 φ_{CO} 和温度来实现。对镍、钴而言，图中Ⅰ区为 NiO 稳定区，Ⅱ区为 Ni 和 CoO 稳定区，Ⅲ、Ⅳ、Ⅴ区均为金属 Ni、Co 稳定区。

在上述热力学分析的基础上将布多尔反应的平衡曲线与红土镍矿间接还原的平衡曲线结合，得其直接碳还原的热力学平衡曲线图，如图 5-4 所示。图 5-4 表明，当温度 $t <$ 370℃，布多尔反应的平衡 φ_{CO} 比 NiO、CoO 间接还原的 φ_{CO} 低，或者说布多尔反应的 φ_{CO_2} 比间接还原的大，因此 CO_2 将向 NiO、CoO 间接还原的逆反应方向进行。即使被还原的 Ni、Co 最终也将被 CO_2 氧化，产生的 CO 又进行布多尔反应的逆反应，Ni、Co 最终以氧化物形式稳定存在。即进行如下循环：

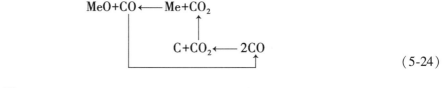

$$\tag{5-24}$$

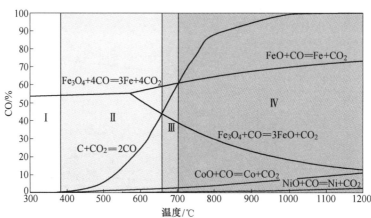

图 5-4　镍、钴、铁氧化物固体碳还原热力学平衡图

Ⅰ—Fe_3O_4、NiO、CoO 稳定区；Ⅱ—Fe_3O_4、Ni、Co 稳定区；

Ⅲ—FeO、Ni、Co 稳定区；Ⅳ—Fe、Ni、Co 稳定区

当温度 $t >$ 370℃，布多尔反应的平衡 φ_{CO} 比 NiO、CoO 间接还原的 φ_{CO} 高，因此布多尔反应产生的 CO 将使还原反应不断进行，即实现上述式（5-13）循环，直至系统中的 NiO、CoO 或 C 消耗完为止，因此在有碳过剩的情况下，系统中稳定存在的为金属 Ni、Co。

同理，铁在 $t<680℃$ 下最终以 Fe_3O_4 稳定存在，$680℃<t<710℃$ 铁最终以 FeO 稳定存在，$t>710℃$ 铁最终以金属 Fe 稳定存在。

根据对红土镍矿的选择性还原焙烧要求（最大限度还原镍、钴，铁主要还原为 Fe_3O_4），理想的还原温度应该控制在 $370\sim680℃$。温度过低（$<370℃$），镍、钴得不到还原，温度过高（$>680℃$），镍、钴虽然能够得到充分还原，但铁过多地被还原为可溶性（可溶于氨液）的浮氏铁（FeO）和金属铁，在后续的浸出过程中不但会增加空气的消耗量，而且由于氢氧化铁的析出和对镍、钴的吸附，导致镍、钴回收率的降低，另外也不利于后续铁的富集和磁选回收。

上述结论仅仅是热力学分析的结果。热力学上的平衡需要在较长的时间内才能达到，而试验和实际生产需要在较短的经济合理的时间内完成，因此，为加快反应的进程，试验过程需要适当地提高温度，少量铁的过还原就不可避免。

5.2.1.2 挥发分作还原剂

挥发分作为还原剂，起作用的主要物质是 CH_4。主要还原反应如下：

$$NiO+CH_4 = Ni+2H_2+CO$$

$$\Delta_r G_m^{\ominus}=192060-51.26T\lg T-107.1T(J/mol) \tag{5-25}$$

$$3Fe_2O_3+CH_4 = 2Fe_3O_4+2H_2+CO$$

$$\Delta_r G_m^{\ominus}=207225-51.26T\lg T-170.86T(J/mol) \tag{5-26}$$

$$CoO+CH_4 = Co+2H_2+CO$$

$$\Delta_r G_m^{\ominus}=226401-51.26T\lg T-278.57T(J/mol) \tag{5-27}$$

假设焙烧温度为 $750℃$，系统中 CH_4 分压相对反应式（5-25）~式（5-27）相等，将 $750℃$ 分别代入式（5-25）~式（5-27）得：

$$\Delta_r G_{m\ (5-25)}^{\ominus}=-754779.9(J/mol)$$

$$\Delta_r G_{m\ (5-26)}^{\ominus}=-125573.3(J/mol)$$

$$\Delta_r G_{m\ (5-27)}^{\ominus}=-216638.48(J/mol)$$

由上可知，式（5-25）~式（5-27）反应吉布斯自由能均小于零，故 CH_4 还原 NiO、CoO、Fe_2O_3 的反应在 $750℃$ 是可以进行的。由于 $0>\Delta_r G_{m\ (5-26)}^{\ominus}>\Delta_r G_{m\ (5-27)}^{\ominus}>\Delta_r G_{m\ (5-25)}^{\ominus}$，用 CH_4 作还原剂，红土镍矿中 NiO、CoO、Fe_2O_3 的还原难易顺序为：$Fe_2O_3>CoO>NiO$。

5.2.2 氨浸过程原理

氨浸指在氨性溶液中将焙砂中的金属镍、钴以氨配离子的形式氧化浸出[11]，而铁与脉石存在渣中，从而达到镍、钴与铁、脉石的分离。国内外在红土镍矿还原焙砂氨浸机理方面做过大量的系统研究工作[12]。Caron[13] 在分析 Ni-AAC（氨-碳铵溶液）溶液过程中提出了镍氨配离子的镍氨比；Ono 和 Matsushima[14] 在研究中提出溶液的 pH 值、温度、NH_4^+ 浓度、CO_3^{2-} 浓度与镍氨配合物的浓度之间有着复杂的关系。国内[15] 对氨浸电位变化有相应研究。下面仅就还原焙砂氨浸基本原理和电位-pH 图作相应分析。

5.2.2.1 焙砂氨浸原理

焙砂中镍、钴是以金属合金形态存在，在氨-碳酸铵溶液中，鼓空气氧化的条件下将主要发生以下浸出反应[16]：

$$Ni+1/2O_2+nNH_3+CO_2 \Longrightarrow Ni(NH_3)_n^{2+}+CO_3^{2-} \tag{5-28}$$

$$Co+1/2O_2+nNH_3+CO_2 \Longrightarrow Co(NH_3)_n^{2+}+CO_3^{2-} \tag{5-29}$$

$$2Co(NH_3)_n^{2+}+1/2O_2+CO_2 \Longrightarrow 2Co(NH_3)_n^{3+}+CO_3^{2-} \tag{5-30}$$

焙砂中的铁主要以 Fe_3O_4 形态存在，此外还有一部分以可溶性浮氏体（FeO）和金属铁的形态存在。可溶性铁的反应如下：

$$Fe+1/2O_2+nNH_3+CO_2 \Longrightarrow Fe(NH_3)_n^{2+}+CO_3^{2-} \tag{5-31}$$

$$FeO+nNH_3+CO_2 \Longrightarrow Fe(NH_3)_n^{2+}+CO_3^{2-} \tag{5-32}$$

进入溶液中的二价铁氨配离子在氧化气氛中极不稳定，会被再次氧化并最终以氢氧化铁的形式析出并沉淀入渣，反应如下：

$$4Fe(NH_3)_n^{2+}+10H_2O+O_2 \Longrightarrow 4Fe(OH)_3\downarrow+4(n-2)NH_3+8NH_4^+ \tag{5-33}$$

5.2.2.2 电位-pH 图分析

A   Ni-NH₃-H₂O 体系

计算绘制出了 25℃，溶液中 NH_3 总浓度 5.3mol/L，Ni、Co 离子浓度分别为 0.1mol/L 和 3.5×10^{-3}mol/L 的 Ni-NH₃-H₂O 系电位-pH 图[17]，如图 5-5 所示。主要平衡反应方程式如下：

$$Ni^{2+}+2e \Longrightarrow Ni$$

$$E=-0.241+0.0295\lg a_{Ni^{2+}} \tag{5-34}$$

$$Ni(OH)_2 \Longrightarrow Ni^{2+}+OH^-$$

$$pH=6.09-1/2\lg c_{Ni^{2+}} \tag{5-35}$$

$$Ni(OH)_2+2H^++2e \Longrightarrow Ni+2H_2O$$

$$E=0.11-0.0591pH \tag{5-36}$$

$$Ni(NH_3)_{n-1}^{2+}+2e \Longrightarrow Ni+nNH_3(n=1\sim6) \tag{5-37}$$

$$Ni(NH_3)_{n-1}^{2+}+NH_3 \Longrightarrow Ni(NH_3)_n^{2+}(n=1\sim6) \tag{5-38}$$

$$Ni(OH)_2+nNH_3+2H^+ \Longrightarrow Ni(NH_3)_n^{2+}+2H_2O(n=1\sim6) \tag{5-39}$$

$$O_2+4H^++4e \Longrightarrow 2H_2O$$

$$E=1.229-0.0591pH+0.0148\lg p_{O_2} \tag{5-40}$$

$$2H^++2e \Longrightarrow H_2$$

$$E=-0.0591pH-0.0295\lg p_{H_2} \tag{5-41}$$

如图 5-5 所示，在氨性溶液中，由于形成了镍氨配离子，因而扩大了镍离子的稳定区域。而在 Ni-H₂O 系中 Ni^{2+} 水解 pH 值为 6.6，而在氨性溶液中 $Ni(NH_3)_6^{2+}$ 水解 pH 值推移到了 12，$Ni\to Ni(NH_3)_n^{2+}$ 平衡电位线也位于 $Ni\to Ni^{2+}$ 平衡电位线以下[18]。由图还可看出，整个 $Ni\to Ni(NH_3)_n^{2+}$ 平衡线均位于氢线以上，因此可借助氧化剂使金属镍浸出。同时，$Ni\to Ni(NH_3)_n^{2+}$ 平衡线大大低于氧平衡线，这说明用氧气作氧化剂是可行的。若用空气中的氧气计算，将 $p_{O_2}=0.21$ 代入式（5-40），得到的是一条如下式所示的低于氧线 0.01V 的平行线。

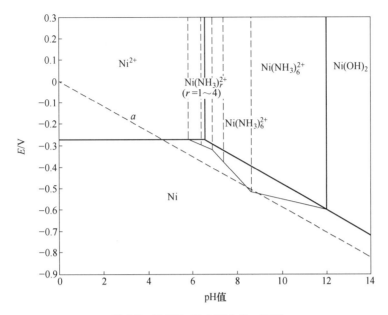

图 5-5 Ni-NH$_3$-H$_2$O 系电位-pH 图

$$E = 1.229 - 0.0591\text{pH} + 0.0148\lg0.21 = 1.219 - 0.0591\text{pH}$$

当溶液 pH 值取 10 时：$E = 0.628\text{V}$。

而根据图 5-5，取氨浸工艺条件浸出液 pH 值为 10，可知镍在浸出液中主要呈 Ni(NH$_3$)$_6^{2+}$ 状态存在，并且 Ni→Ni(NH$_3$)$_6^{2+}$ 的平衡电位为−0.52V。由此有：

$$E = 0.628 - (-0.52) = 1.148 \gg 0$$

因此在氨性溶液中镍的浸出用空气做氧化剂完全可行。

B Co-NH$_3$-H$_2$O 体系

Co-NH$_3$-H$_2$O 体系中钴有+2 和+3 价，故与氨配合有两种价态的配合物存在，电位-pH 图比 Ni-NH$_3$-H$_2$O 复杂，Co-NH$_3$-H$_2$O 系电位-pH 图如图 5-6 所示。主要反应式如下：

$$\text{Co}^{2+} + 2\text{e} = \text{Co}$$

$$E = -0.267 + 0.0295\lg a_{\text{Co}^{2+}} \tag{5-42}$$

$$\text{Co(OH)}_2 = \text{Co}^{2+} + 2\text{OH}^-$$

$$\text{pH} = 6.30 - 1/2\lg a_{\text{Co}^{2+}} \tag{5-43}$$

$$\text{Co}^{3+} + \text{e} = \text{Co}^{2+}$$

$$E = 1.84 + 0.0591\lg(a_{\text{Co}^{3+}}/a_{\text{Co}^{2+}}) \tag{5-44}$$

$$6\text{NH}_3 + \text{Co(OH)}_3 + 3\text{H}^+ = \text{Co(NH}_3)_6^{3+} + 3\text{H}_2\text{O}$$

$$\lg K = \lg a_{\text{Co(NH}_3)_6^{3+}} - 6\lg a_{\text{NH}_3} + 3\text{pH} \tag{5-45}$$

$$6\text{NH}_3 + \text{Co(OH)}_2 + 2\text{H}^+ = \text{Co(NH}_3)_6^{2+} + 4\text{H}_2\text{O}$$

$$\lg K = \lg a_{\text{Co(NH}_3)_5^{2+}} - 6\lg a_{\text{NH}_3} + 2\text{pH} \tag{5-46}$$

$$\text{Co(NH}_3)_{n-1}^{2+} + \text{NH}_3 = \text{Co(NH}_3)_n^{2+} (n = 1 \sim 6) \tag{5-47}$$

$$\text{Co(NH}_3)_{n-1}^{3+} + \text{NH}_3 = \text{Co(NH}_3)_n^{3+} (n = 1 \sim 6) \tag{5-48}$$

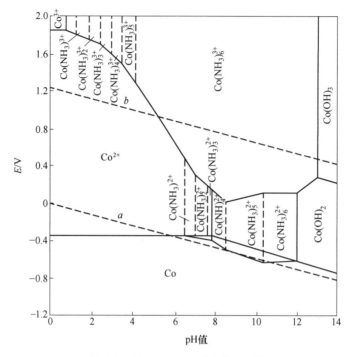

图 5-6　CO-NH$_3$-H$_2$O 系电位-pH 图

从图 5-6 可知，氨性溶液中溶解钴的稳定区域比水溶液中的稳定区域有所扩大。在 Co-H$_2$O 系中 Co^{2+} 和 Co^{3+} 水解 pH 值分别为 7.8 和 0.8，而形成配合物后它们的水解 pH 值分别增大到 12 和 13。根据氨浸工艺条件浸出液 pH 值取 10，此时钴的浸出平衡电位为 −0.51V，并且 Co(NH$_3$)$_5^{2+}$ 氧化成 Co(NH$_3$)$_6^{3+}$ 的平衡电位为 0.08V。而空气氧化电位为 0.628V，远远高于钴的浸出电位和 Co(NH$_3$)$_5^{2+}$ 氧化成 Co(NH$_3$)$_6^{3+}$ 的平衡电位，因此用空气氧化浸出钴是可行的，并且钴在浸出液中最终主要以 Co(NH$_3$)$_6^{3+}$ 形态存在。

C　Fe-NH$_3$-H$_2$O 体系

在现有的热力学数据中只有 Fe(NH$_3$)$_n^{2+}$，n = 1、2、4 时的稳定常数，所以 Fe-NH$_3$-H$_2$O 系电位-pH 图（见图 5-7）仅作参考。

如图 5-7 所示，Fe^{2+} 在水溶液中形成 Fe(NH$_3$)$_n^{2+}$ 后水解 pH 值从 7.15 推移到了 10.2，但是与 Ni-NH$_3$-H$_2$O 系和 Co-NH$_3$-H$_2$O 系相比，Fe-NH$_3$-H$_2$O 系的稳定区域较小。在溶液 pH 值取 10 处，Fe(NH$_3$)$_4^{2+}$ 氧化水解成 Fe(OH)$_3$ 沉淀的平衡电位为 −0.3V，空气的氧化电位为 0.628V，因此用空气就可以使二价铁氨配合物氧化水解为 Fe(OH)$_3$ 沉淀。由于 Fe(NH$_3$)$_4^{2+}$ 氧化水解成 Fe(OH)$_3$ 沉淀的电位比镍、钴的浸出电位高 0.2V 左右，因此，当铁溶出时控制溶液的电位在 −0.3V 以下时，则能避免 Fe(NH$_3$)$_4^{2+}$ 大量氧化水解，待镍、钴完全浸出后，快速升高电位又将溶出的铁氧化水解进入渣中，从而达到选择性浸出的效果。在氧化浸出之前需要一个不通空气的预浸过程，此过程矿浆电位在 −0.4~−0.7V，铁呈 Fe(NH$_3$)$_4^{2+}$ 稳定存于溶液中，以避免在焙砂表面生成 Fe(OH)$_3$ 薄膜[15]，引起 Ni-Fe 合金的钝化。

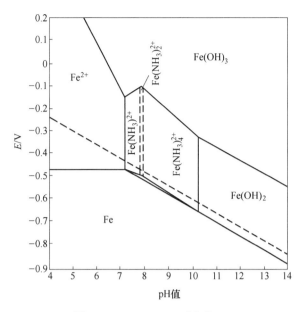

图 5-7 Fe-NH$_3$-H$_2$O 系电位-pH

通过对 Ni-NH$_3$-H$_2$O 系、Co-NH$_3$-H$_2$O 系和 Fe-NH$_3$-H$_2$O 系电位-pH 图分析得出如下结论：

（1）在氨性溶液中镍、钴形成氨配离子，大大提高了其在水溶液中的稳定区。在溶液 pH 值为 10 时，空气的氧化电位远远大于镍、钴的浸出电位和钴的氧化电位，用空气氧化浸出金属镍、钴完全可行，并且镍、钴最终分别以 Ni(NH$_3$)$_6^{2+}$ 和 Co(NH$_3$)$_6^{3+}$ 状态存在。

（2）三价铁离子在氨性溶液中不能稳定存在，极易水解沉淀。在溶液 pH 值为 10 时，二价铁氨配合物氧化水解成 Fe(OH)$_3$ 沉淀的电位（-0.3V）比镍、钴的浸出电位高 0.2V 左右，但远小于空气的氧化电位（0.628V）。可以通过控制溶液电势将铁氧化成三价进入渣中从而实现镍、钴的选择性浸出。在浸出初期还可以通过控制铁的氧化速度来避免焙砂中合金的钝化。

5.3 还原焙烧过程影响因素

5.3.1 试验原料

本试验原料为青海元石山红土镍矿[19,20]。元石山红土镍矿系氧化程度较深的地表矿，多为疏松多孔的深红色富铁矿石。其中主要含有铁、铬、镁、镍、钴、锰等金属元素，这些金属多以氧化物或水合氧化物的形式存在。元石山红土镍矿工艺矿物学研究见 2.1.4 节。

对从元石山红土镍矿矿床不同取样点取回的矿样经过破碎、磨矿、混样、缩分和取样后，进行了光谱定量化学分析和多元素化学分析。矿样 ICP 半定量化学分析结果见表 5-1，多元素化学分析结果见表 5-2。

表 5-1 元石山红土镍矿 ICP 半定量化学分析结果

元素	Al	As	Ba	Be	Bi	Ca	Cd
含量/%	0.14	0.03	0.14	<0.001	<0.01	0.24	<0.005
元素	Co	Cr	Cu	Fe	K	Li	Mg
含量/%	0.06	0.64	0.007	32.6	<0.005	<0.005	0.77
元素	Mn	Mo	Na	Ni	Pb	Sb	Se
含量/%	0.68	<0.005	0.009	0.86	0.006	<0.01	<0.01
元素	Sn	Sr	Ti	V	Zn	W	
含量/%	<0.01	<0.02	0.009	<0.005	0.026	<0.01	

表 5-2 元石山红土镍矿多元素化学分析结果

元素	Ni	Co	Fe	SiO_2	Al_2O_3	Mg
含量/%	0.90	0.072	38.24	21.27	0.26	1.63
元素	As	CaO	Cr	Mn	Zn	Pb
含量/%	0.03	1.04	3.09	0.72	0.026	0.006

研究发现用煤气和煤作还原剂对红土镍矿进行选择性还原焙烧均可获得优质的焙砂。从技术上考虑,虽然用煤气作还原剂更便于还原气氛的有效控制,但从经济上和生产安全方面考虑,本研究采用煤作还原剂进行还原焙烧,并分别考察了不同还原剂、还原剂用量、焙烧温度、焙烧时间和原矿粒度等主要影响因素对选择性还原焙烧的影响。

5.3.2 试验设备和方法

试验设备:还原焙烧在马弗炉中进行,用铂、铂铑热电偶测定炉温,用可控硅温控电源自动控温,用水密封冷却槽冷却。

试验方法:称取 100g 镍红土矿,用震动棒磨机磨细,并称取一定量粉煤混匀,装于刚玉坩埚中,加盖密封。待马弗炉内温度升到设定值,将盛料坩埚放置于马弗炉内焙烧至规定时间,然后切断电源,快速取出盛料坩埚,放入一密闭的器皿中通氮气保护冷却至室温,称重。综合扩大验证实验在 ϕ100mm 电加热回转窑中进行,连续进料,焙砂水淬急冷。

所得焙砂用碳-氨溶液浸出,以焙砂的镍、钴浸出率来检验还原焙烧的效果(简称氨检)。氨检在五口玻璃圆底烧瓶中进行,固定浸出条件:碳-氨溶液 $NH_3/CO_2 = 90(g/L)/60(g/L)$、液固比 10:1、浸出温度 50℃、预浸时间为 30min、通气量 0.8mL/(min·g)、搅拌浸出时间 180min,镍、钴浸出率以渣计,计算公式如下:

$$镍浸出率 = \left(1 - \frac{渣含镍量}{焙砂含镍量}\right) \times 100\%$$

$$钴浸出率 = \left(1 - \frac{渣含钴量}{焙砂含钴量}\right) \times 100\%$$

5.3.3 还原剂种类

煤主要由碳和氢两种元素组成，其中碳主要由固定碳和有机碳两种形式存在。在还原焙烧的过程中这两种形式的碳都能充当还原剂，但具体由哪种存在形式的碳起主导作用，尚有待证明。试验分别用木炭、无烟煤、烟煤和褐煤作还原剂开展了还原焙烧研究。

固定试验条件：还原焙烧温度820℃、焙烧时间90min、煤加入量为原矿质量的10%。氨检试验结果见表5-3。

表 5-3 不同还原剂焙烧所得结果　　　　（%）

还原剂种类	固定碳	挥发分	渣含镍	渣含钴	镍浸出率	钴浸出率
木炭	85.51	7.00	0.96	0.058	2.56	26.41
无烟煤	81.88	9.52	0.84	0.067	11.87	12.13
烟煤	58.58	25.44	0.26	0.043	73.48	45.17
褐煤	57.21	43.69	0.11	0.037	89.01	53.80

试验结果表明，用褐煤作还原剂的焙烧效果最好。虽然褐煤含碳量（57.21%）较其他还原剂低，但其挥发分含量（43.69%）高。据此推测固定碳在该还原焙烧温度下的作用可能不是很大，但挥发分在还原焙烧中的作用机理有待进一步研究。从试验结果看，选择成煤年代短、可燃性挥发分含量高、反应性和可燃性好（煤的反应性指煤的反应能力，即燃料中的碳与二氧化碳及水蒸气进行还原反应的速度；可燃性指燃料中的碳与氧发生氧化反应的速度，煤的碳化程度越低，则反应性和可燃性就越好）、着火点低的煤较好。

但是，在工业应用中存储和运输问题是煤作为燃料必须考虑的。褐煤[21]极易氧化和自燃，因而不适于远距离运输和长期储存，只能作为地方性燃料使用。烟煤与褐煤相比氧化速度较慢，不易自燃，适合于存储和运输。综合考虑煤的性质和使用性能，选择烟煤作还原剂更安全。研究用烟煤分析结果见表5-4。

表 5-4 烟煤组成

项目	灰分	挥发分	固定碳	全硫	氢
含量/%	15.76	25.07	57.71	0.67	3.98

根据煤的煤化程度和工业利用的特点，我国将烟煤按挥发分含量分为4个档次[22]，即 V_{daf} = 10%~20%、20%~28%、28%~37%和>37%，分为低、中、中高和高四种挥发分烟煤。根据此烟煤的特点，干燥无灰基挥发分含量为30.29%，属于中高挥发分烟煤。

5.3.4 还原剂加入量

还原剂加入量直接影响还原焙烧的气氛。此外，还原剂在还原焙烧过程中也不可能完全参与还原反应，因此还原剂的用量必须通过试验研究确定。若还原剂加入量过低，镍、钴还原不充分，氨浸浸出率自然会偏低；若还原剂加入量过多，不但增大了还原剂的消耗，而且会导致铁的过还原，达不到选择性还原的目的，镍、钴浸出率也会降低。

烟煤加入率指烟煤加入质量与原矿质量的百分比，计算公式为：

$$煤加入率 = \frac{加入烟煤质量}{原矿质量} \times 100\%$$

固定试验条件：焙烧温度820℃、焙烧时间90min。焙砂氨浸结果如图5-8所示。

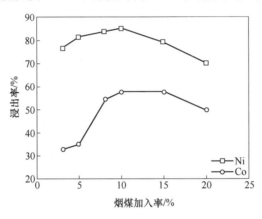

图5-8 烟煤加入量对焙砂Ni、Co浸出率的影响

图5-8的结果表明，煤加入率低于10%时，镍、钴的浸出率随着加入率的增加而提高。超过10%后再继续提高煤加入率，镍、钴浸出率反而开始降低。特别是当煤加入率达到20%时，镍浸出率更是降低到了69.3%。该研究结果也进一步验证了过还原的有害影响，因此在还原焙烧过程中必须控制还原剂的加入率来防止铁的过还原。在煤加入率10%的条件下，镍、钴的氨浸浸出率分别达到了85.2%和57.7%。

5.3.5 焙烧温度

温度对焙烧的影响主要表现在物料是否充分还原、是否过还原和是否烧结这三个现象上。

固定试验条件：焙烧时间90min、煤加入率10%，焙砂的氨浸结果如图5-9所示。图5-9表明，随着焙烧温度的提高，镍、钴氨浸浸出率分别在700℃左右和900℃左右出现了两个拐点。结合工艺矿物学的研究分析可知，650℃下的镍、钴浸出率低是由于镍、钴没能完全还原；950℃下镍、钴浸出率急剧降低，不但与铁的过还原有关，而且与物料烧结导致脉石对镍、钴的包裹也有很大的关系。800℃和900℃的焙烧温度下，虽然镍、钴浸出率较高，但浸出渣呈褐色，证明在此温度下发生了铁的过还原。因此，还原焙烧温度宜控制在700~750℃之间，这一现象也很好地验证了热力学分析结果。

5.3.6 焙烧时间

从宏观上看，焙烧时间反映的是还原反应的速度，反应速度越慢则所需焙烧时间越长。另外，针对选择性还原焙烧，焙烧时间过长容易造成铁的过还原。

固定试验条件：焙烧温度720℃、煤加入率10%，焙砂的氨浸结果如图5-10所示。试验表明，焙烧时间从15min延长到20min时，镍、钴浸出率明显增高，但超过30min后，镍、钴浸出率却随着焙烧时间的延长而逐渐降低，这可能是铁的过还原所致。

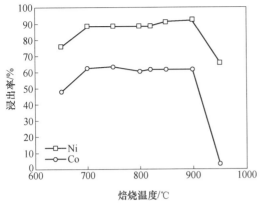
图 5-9 焙烧温度对 Ni、Co 浸出率的影响

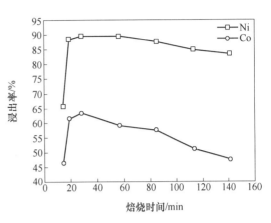
图 5-10 焙烧时间对 Ni、Co 浸出率的影响

试验过程中也发现，焙烧时间低于 60min 的焙砂经氨浸后呈黑色，超过 60min 后，随着焙烧时间延长，焙砂氨浸渣逐渐由褐色转变为黄褐色。从渣率的变化情况也能看出，随着焙烧时间的延长浸出渣率逐步增加。综合前述现象，最可能的原因是焙砂中浮氏铁和单质铁在氨浸过程先溶解而后再氧化转型为氢氧化铁沉淀。因此，从浸出渣颜色和渣率的变化情况也能看出焙砂还原的大体情况：渣率低于 100%，表明还原焙烧不彻底，不仅铁的还原程度低，而且镍、钴也没有被充分还原；渣率高于 110%，表明焙砂还原程度过高，有过多的铁被还原成浮氏铁和金属铁，此时虽然镍、钴的还原也非常充分，但在氨浸时由于大量可溶性浮氏铁和单质铁的再氧化转型，以及氢氧化铁胶体的对镍、钴氨配合离子的吸附共沉淀，导致镍、钴浸出率的逐渐降低和矿浆沉降性能的恶化。

综上所述，用烟煤作还原剂，控制 20～30min 的还原焙烧时间较适宜。图 5-10 也表明，控制焙烧时间在 20～120min，相较于钴，含量更高的镍浸出率的变化幅度并不很大，也就是说焙烧时间的选择范围较宽，易于工业控制。

5.3.7 原矿细度

红土镍矿的还原焙烧是气固反应体系，扩散作用会对反应有一定影响，故原料的细度大小会影响还原焙烧的效果。颗粒越大，还原气体向反应界面扩散所需时间越长，同样，生成物中气体通过产物层向外扩散也越慢。因此在相同的还原时间下，原料的细度对还原焙烧的效果会有一定影响。试验对此进行了研究，所用原料粒度范围为 0～3mm。

固定试验条件：焙烧温度 720℃、焙烧时间 60min、煤加入量均为原料质量的 10%，氨浸结果见表 5-5。

表 5-5 原矿粒度对焙烧的影响 （%）

原矿粒度小于 0.074mm 含量	渣含镍	渣含钴	镍浸出率	钴浸出率
25.13	0.11	0.031	88.50	59.49
78.46	0.12	0.033	87.71	57.74
87.13	0.11	0.034	88.77	56.60

表 5-5 的结果表明，粒度小于 0.074mm 占 25% 和占 87% 的原料经过焙烧后镍的浸出率的变化不大，而钴的浸出率却降低了约 3%，可能的原因仍然是铁的过还原所导致。氢氧化铁胶体虽然对镍、钴氨配合离子均有吸附性，但对钴氨配合离子的吸附更为显著。

5.4 氨浸过程的影响因素

还原焙烧后，焙砂中的镍钴主要以金属形式存在，铁大部分转型为四氧化三铁。在氨-碳铵体系中，金属态的镍和钴在空气的作用下会氧化为镍氨及钴氨配合离子被浸出进入溶液，而四氧化三铁与脉石依然留存在浸出渣中，从而实现镍、钴的选择性浸出以及与铁、脉石等的分离。影响镍、钴氨浸的主要影响因素包括：NH_3/CO_2 浓度、浸出温度、矿浆液固比、浸出时间、通空气速率、焙砂细度等，试验对此进行了研究。

5.4.1 NH_3/CO_2 浓度

焙砂的浸出过程主要是镍、钴的氧化及与氨配合的过程，CO_3^{2-} 在溶液中起缓冲剂、稳定剂和络合剂的作用，调节体系溶液 pH 值。

溶液中若只有 NH_4OH 存在时有：

$$NH_3 + H_2O \Longleftrightarrow NH_4OH \Longleftrightarrow NH_4^+ + OH^-$$

NH_4OH 的离解常数：

$$K_0 = \frac{c_{NH_4^+} c_{OH^-}}{c_{NH_4OH}}$$

当 50℃ 时，查得上式离解常数 $K_0 = 1.89 \times 10^{-5}$。

当 NH_4OH 浓度大于 0.1mol/L（NH_3 浓度 1.7g/L），由上式可计算出溶液 pH 值大于 12，根据图 5-5 的 $Ni-NH_3-H_2O$ 系的电位-pH 图，在此 pH 值下镍氨配合物不能稳定存在。为此要使镍形成稳定的镍氨配合物必须向溶液中加入铵盐，调节浸出液 pH 值在 9~11 之间，并形成缓冲溶液保证浸出过程中体系 pH 值不发生大幅度的变化。

研究中所用的铵盐为 NH_4HCO_3，其中的 CO_3^{2-} 在浸出过程中作缓冲剂。表 5-6 和表 5-7 分别列出了 NH_3 浓度为 90g/L 时不同 CO_2 浓度溶液对应的实测 pH 值和 CO_2 浓度为 60g/L 时不同 NH_3 浓度溶液对应的实测 pH 值，可以通过表中所列出的数据来配制一定 NH_3/CO_2 比的 AAC 溶液（氨-碳铵溶液）。

表 5-6 NH_3 浓度为 90g/L 时不同 CO_2 浓度对应溶液实测 pH 值

CO_2 浓度/g · L⁻¹	0	20	40	60	80	100	120
溶液 pH 值	11.55	10.75	10.48	10.25	10.14	9.96	9.69

表 5-7 CO_2 浓度为 60g/L 时不同 NH_3 浓度对应溶液实测 pH 值

NH_3 浓度/g · L⁻¹	23	40	60	80	90	100	120
溶液 pH 值	7.52	9.29	9.81	10.12	10.25	10.32	10.52

为保证 AAC 浸出前液 pH 值在 10.25 左右，NH_3(g/L)/CO_2(g/L) 分别可取 60/30、70/40、80/50、90/60、136/88。分别用上述配比溶液对相同焙砂的镍、钴浸出情况进行的研究，结果见表 5-8。

表 5-8　NH_3/CO_2 浓度对焙砂浸出的影响

溶液 $NH_3(g/L)/CO_2(g/L)$	渣中镍含量/%	渣中钴含量/%	镍浸出率/%	钴浸出率/%	渣率/%
60/30	0.14	0.048	86.50	40.32	103.2
70/40	0.12	0.042	88.41	47.71	103.3
80/50	0.12	0.040	88.42	50.44	104.1
90/60	0.11	0.037	89.35	53.82	103.6
136/88	0.022	0.022	97.89	72.79	102.7

表 5-8 的结果表明，在保证浸出过程中溶液 pH 值在 9~11 的条件下，增加氨和 CO_2 的浓度，焙砂镍、钴浸出率均有所增大。当氨浓度在 70~90g/L 时，镍的浸出率可达到 89% 左右，钴的浸出率在 50% 左右。特别是当氨浓度达到 136g/L 时，镍的浸出率高达 97.89%，钴的浸出率也高达 72.7%。但是氨浓度太高，在浸出过程中挥发损失严重，并且会增大蒸氨、吸收、洗涤等工序的负荷。还原焙烧—氨浸必须综合考虑 Ni、Co 的回收率和 NH_3、CO_2 浓度的经济合理性，在保证镍、钴回收率的前提下尽可能降低 NH_3、CO_2 浓度。根据上述研究结果，较为适宜的 NH_3、CO_2 浓度（g/L）为 $NH_3/CO_2 = 90/60$。

5.4.2　浸出温度

根据阿累尼乌斯定律：

$$\ln k = -\frac{E}{RT} + B$$

式中，k 为化学反应速度，mg/min；E 为活化能，J；T 为绝对温度，K；B 为常数。

温度越高，化学反应速度越快，同时还可以降低电化学溶解中的极化。但在 AAC 体系中，升高温度会增大溶液中游离 NH_3 的挥发损失，并使浸出液溶解氧的能力降低，此外，氧化氨浸为放热反应，温度升高也会对浸出反应造成不利影响。因此氨浸需要综合考虑化学反应速度、电化学极化、溶液含氧量以及热力学效应等因素来选择最佳浸出温度。

在温度 30℃、40℃、50℃、60℃ 下，化学反应速度的变化不是很大。根据前人[23] 所得镍的浸出速度与温度的关系推导出如下经验公式：

$$\lg k = -\frac{3400}{T} + 15.662$$

由此可分别求得温度为 30℃、40℃、50℃ 和 60℃ 的化学反应速度分别为：3.27×10^4 mg/min、7.38×10^4 mg/min、1.59×10^5 mg/min 和 3.26×10^5 mg/min。由此看出，在所选研究温度下，镍的溶出化学反应速度极快，浸出控制过程不属于化学反应控制。在 150min 的浸出时间已完全可以满足反应的充分进行。因此，从化学反应速度来考虑，通过提高浸出温度来提高浸出率并不科学。浸出温度对浸出的影响如下。

固定 AAC 液中 $NH_3(g/L)/CO_2(g/L)$ 为 90/60，液固比为 4:1mL/g，氧化浸出 150min，通气量 0.8mL/(min·g)。不同温度的氨浸结果如图 5-11 所示。随着温度升高，镍、钴浸出率逐渐降低，说明温度升高，氨挥发量增大，反而不利于镍、钴的浸出。在常温下浸出不但可以保证很高的浸出率，而且还可以降低氨的挥发，节省供热引起的能源浪费，简化浸出设备和工艺。

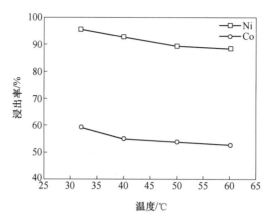

图 5-11 温度对 Ni、Co 浸出率的影响

此外，在固定条件：室温环境下，固定液固比为 4∶1mL/g，单位质量焙砂通空气速度为 0.5mL/(min·g)，对浸出体系的温度变化情况进行了简单考察，结果显示，在浸出过程中体系温度会逐渐升高，说明氧化氨浸过程中的放热较为强烈，详见表 5-9。

表 5-9 浸出体系温度随时间的变化情况

时间/min	0	12	21	33	43	50	100	130
温度/℃	24.2	25	27	27.5	28	29	29.5	29.5

5.4.3 矿浆液固比

浸出矿浆的液固比对镍、钴浸出的影响比较复杂。液固比（简称 L/S）越小，矿浆浓度越高，与单位质量焙砂接触的溶液量和氨量就相对越小，在单位溶液溶解的氧量一定的情况下，供给单位质量焙砂的氧量也就越少，因而不利于镍、钴的浸出。从理论上分析，液固比越大，对浸出越有利，但在浸出时间固定的情况下处理单位质量的物料需要的容积量越大，单位体积的处理能力降低，设备投资和运营费用会增高。因此，适宜的液固比必须通过试验来确定。

在固定浸出温度 25℃，$NH_3(g/L)/CO_2(g/L)$ 为 90/60，通气量 0.8mL/(min·g)，氧化浸出时间 150min 条件下，不同矿浆液固比的浸出结果见表 5-10。

表 5-10 不同液固比的浸出结果

液固比/mL·g⁻¹	渣中镍含量/%	渣中钴含量/%	镍浸出率/%	钴浸出率/%	渣率/%
2∶1	0.12	0.038	88.51	53.09	102.5
3∶1	0.12	0.039	88.36	51.23	103.8
4∶1	0.11	0.037	89.35	53.82	103.6
5∶1	0.094	0.032	90.78	59.52	105.0
20∶1	0.075	0.020	92.43	73.98	108.0

随着液固比的增大，镍、钴浸出率随之增加。液固比从 2∶1mL/g 增加到 4∶1mL/g，镍、钴浸出率增幅不大，分别提高了 0.8 个百分点和 0.5 个百分点。当液固比大于 4∶1mL/g

以后，随着液固比增大，镍的浸出率同样没有很大的增幅，但钴的浸出率却有明显的增大，从 53.82% 增加到 73.98%。

同时根据表 5-10 的渣率可以看出，随着液固比的增大，渣率增加，这主要是物料中铁的氧化转型所致。焙砂中的可溶性铁（金属 Fe 和 FeO）转型为 $Fe(OH)_3$ 和 $\alpha\text{-}Fe_2O_3$。这也说明液固比的增大也会导致可溶性铁的溶出率增加。由于可溶性铁被氧化沉淀后主要呈非磁性态存在，对后续铁的磁选回收也不利。

综上所述，为了保证生产中处理量和回收率双方面的因素，浸出液固比应控制在 $2:1\text{mL/g}$ 左右为佳。

5.4.4 浸出时间

浸出时间是浸出速度的宏观表现，浸出速度越快，所需的浸出时间应越短；浸出速度越慢，所需的浸出时间越长。试验研究了元石山红土镍矿还原焙砂的氨浸浸出速度，考察了不同浸出时间下渣中镍、钴的变化情况。

在固定浸出温度 25℃，$NH_3(g/L)/CO_2(g/L)$ 为 90/60，矿浆液固比 $2:1\text{mL/g}$，通气量 $0.8\text{mL}/(\text{min}\cdot g)$ 条件下，不同氨浸时间下的浸出结果如图 5-12 所示。

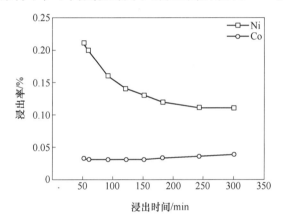

图 5-12 浸出时间对渣中 Ni、Co 浸出的影响

结果表明，浸出过程中的渣含钴量变化不明显，特别是在 60~150min 的浸出时间段，渣含钴基本不发生变化，但 150min 后渣含钴量却逐渐增加。这说明钴的浸出过程是：快速溶出→部分被氧化沉淀的铁吸附后而再沉淀进入渣中。

为了考察浸出过程中被吸附的钴是否能再溶出，将上述浸出渣在 $NH_3(g/L)/CO_2(g/L)$ 为 90/60 溶液中，按液固比 $L/S=2:1\text{mL/g}$，25℃条件下浸出 1h，渣中 60% 的钴又被溶出。

在浸出过程中，渣中的镍含量一直呈下降趋势。50~90min 之间时渣中镍含量几乎呈线性降低，从 0.21% 降到 0.16%。浸出 120min 后渣中镍含量降低的趋势减缓。综上所述，镍的浸出速度可以概述为："先快后慢"。针对此焙砂，最佳的浸出时间应为 150~180min。

5.4.5 通空气速率

红土镍矿还原焙砂的氧化氨浸速率受空气提供的氧在浸出液中的溶解和扩散控制，提高浸出体系的氧分压会提高浸出反应的速率，因此，短时间内的加压浸出效果会优于常压浸出。但在较长的浸出时间下，常压充气浸出最终也能达到和加压浸出相近的浸出结果。与加压浸出相比，常压浸出具有操作简单、设备成本低、安全性好、处理量大等优点。由于原料镍钴品位较低，从投资及经济角度考虑，红土镍矿还原焙砂的氧化氨浸常常采用常压浸出。

常压浸出过程中，向溶液中通空气的主要目的是补充消耗的溶解氧。图 5-13 列出了不同温度下氧在水中的溶解度，20~50℃ 下氧气在水中的溶解度约为 0.005g/L。

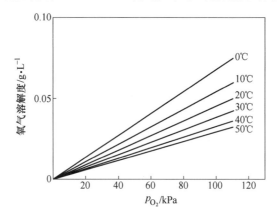

图 5-13   不同温度下氧气在水中的溶解度

在固定浸出温度 25℃，$NH_3(g/L)/CO_2(g/L)$ 为 90/60，矿浆液固比 2∶1mL/g，浸出时间 180min 条件下，不同通气量的浸出结果见表 5-11。

表 5-11   单位质量焙砂鼓空气速率对镍、钴浸出的影响

单位质量焙砂中鼓空气速率/mL·(min·g)$^{-1}$	渣中镍含量/%	渣中钴含量/%	镍浸出率/%	钴浸出率/%
0.47	0.12	0.036	88.43	55.24
0.80	0.11	0.035	89.35	56.31
1.0	0.11	0.029	89.29	63.62
2.0	0.11	0.028	89.2	64.8

单位质量焙砂中鼓空气速率从 0.47mL/(min·g) 增加到 2.0mL/(min·g)，Ni 浸出率稍有增加；钴浸出率在单位质量焙砂鼓空气速率在 0.47~0.80mL/(min·g) 时在 56% 左右，当鼓空气速率提高到 1.0~2.0mL/(min·g) 时为 64% 左右。

空气中含氧 21%，含氮 79%。鼓入的氮气会带走部分 NH_3，因此，鼓入空气速率越大，带走的 NH_3 量也越大，造成 NH_3 的损失也越大，同时大功率的空压机也会消耗更多的电能。

综上所述，最佳鼓空气速率应为 1.0mL/(min·g)。当然，研究过程中所采用的鼓空气装置是尖嘴细玻璃管，空气鼓入溶液中会形成较大的气泡，氧气不能得以充分利用。因此在鼓空气装置上进行一些改进，让鼓入的空气在溶液中"雾化"，就可以提升氧气的溶解速度，也就可以相应降低鼓入的空气量。

5.4.6　原矿细度

在还原焙砂的过程中，反应参与物和产物的扩散对镍、钴金属的浸出有较大影响，因此，金属的浸出速度与还原焙砂的有效表面积成正比，焙砂细度过大对金属的浸出不利。根据焙砂组成情况，细度越细，溶液就越容易通过焙烧过程形成的磁铁矿空隙扩散到镍铁合金表面，有利于镍、钴的浸出。

研究采用的还原焙砂粒度范围在 0～3mm 之间，用球磨机分别细磨至粒度小于 0.074mm 占 58%、86%、94% 后进行浸出。

固定浸出条件：浸出温度 25℃，$NH_3(g/L)/CO_2(g/L) = 90/60$，矿浆液固比 2∶1mL/g，浸出时间 150min，通气量 1mL/(min·g)，浸出结果见表 5-12 和表 5-13。

表 5-12　不同磨矿粒度的浸出结果　　　　　　　　　　　（%）

焙砂小于 0.074mm 含量	渣中镍含量	渣中钴含量	镍浸出率	钴浸出率
58	0.110	0.042	89.34	47.57
86	0.087	0.041	91.71	49.61
94	0.080	0.030	92.40	63.28

表 5-13　同一浸出渣中不同粒级 Ni、Co 分布

粒度/mm	渣中粒度分布/%	镍含量/%	各粒级镍分布率/%	钴含量/%	各粒级钴分布率/%
>0.074	26.3	0.16	37.78	0.041	37.86
<0.074	73.7	0.094	62.22	0.024	62.14

表 5-12 显示，焙砂粒度越细，Ni、Co 平均浸出率越高。焙砂小于 0.074mm 粒度含量从 58% 增加到 94%，镍浸出率才从 89.34% 增加到 92.40%；而钴浸出率有较大的提高，从 47.57% 提高到了 63.28%。

另外，还考察了同一浸出渣中不同粒级的 Ni、Co 含量也表现出较大的差异，结果见表 5-13。特别是钴含量，在大于 0.074mm 粒级中的含量比小于 0.074mm 粒级中的有明显的差异。小于 0.074mm 粒级中 Co 占渣中总钴含量的 62.14%。Ni 在渣中不同粒级的分布情况与钴的基本一样，这说明镍、钴在渣中是按一定比例以合金形式存在，没有单独分散的金属镍或金属钴存在于渣中。

5.4.7　浸出前液的镍、钴浓度

根据同离子效应，浸出前液中所含待浸金属离子浓度越高，此金属越难浸出。在浸出前液中预先添加不同浓度的镍或钴离子，以研究溶液中存在的镍或钴氨配合物对镍或钴浸出的影响，试验结果如图 5-14 和图 5-15 所示。

结果表明，溶液中存在 $Ni(NH_3)_n^{2+}$ 最终导致镍的浸出率降低，如图 5-14 所示。随着溶液中镍浓度的增加，镍的浸出率降低，并且镍的浸出率与原溶液中镍的浓度呈线性关系，可以用如下式表示：

$$\eta = -0.817c + 89.29$$

式中，η 为镍浸出率，%；c 为浸出前液镍浓度，0～16g/L。

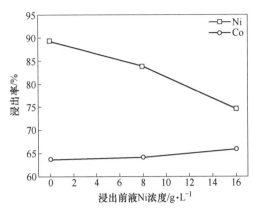

图 5-14 浸出前液镍氨配合物浓度对浸出的影响

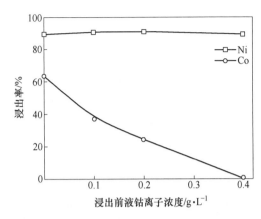

图 5-15 浸出前液钴氨配合物浓度对浸出的影响

原液中镍的浓度对钴的浸出略有影响，随着溶液中镍浓度的增加，钴的浸出率略有增长，但增幅不大。镍浓度从零增加到 16g/L，钴浸出率从 63.6% 增加到 65.8%。这一现象说明，溶液中镍氨配离子的存在可降低钴的吸附。

浸出液中预先添加一定浓度的钴离子，对焙砂中钴浸出的影响如图 5-15 所示。随着浸出液中钴浓度的升高，钴的浸出率显著下降，但对镍浸出没有影响。

总体来看，与浸出前液不存在镍、钴离子相比，镍、钴浸出率都随相应离子浓度的增大而降低。在焙砂浸出过程，可溶性铁在氨性溶液中浸出而后再氧化水解生成氢氧化铁沉淀。新生态氢氧化铁有很高的表面活性，具有吸附正离子的特性，同时铁、钴、镍的离子半径又非常接近，分别为 55pm、65pm 和 69pm，溶液中的镍、钴氨配离子较易被氢氧化铁吸附共沉淀，使镍、钴浸出率降低。因此，为了保证还原焙砂的镍、钴浸出率，浸出前液镍的浓度最好低于 4g/L，钴的浓度则越低越好。

5.4.8 氨浸过程分析

根据研究者针对金属镍粉、钴粉、铁粉、氧化亚铁粉以及 $Fe(NH_3)_n^{2+}$ 溶液和 $Co(NH_3)_n^{2+}$ 溶液的氧化还原电位变化及其相应离子浓度变化的研究结果，采用铂电极作指示电极测得的溶液电位并不能指示溶液中镍氨配离子浓度的变化，而只能指示浸出过程中铁氨配离子、钴氨配离子以及溶解氧浓度的混合电位变化，在不同的反应阶段，起主导作用的离子各不相同。

当焙砂预浸及电位小于 -350mV 时，电位变化主要由 $Fe(NH_3)_n^{2+}$ 浓度变化而定。$Fe(NH_3)_n^{2+}$ 浓度变化主要和鼓空气速度有关，因而可以通过电位测定来控制通空气速度，进而控制铁的溶解和氧化沉淀速度；若合金钝化，则铁不溶出，溶液电位就没有上升趋势。当电位大于 -350mV，电位变化则主要由溶液中溶解氧的浓度及 $Co(NH_3)_n^{2+}$ 氧化为 $Co(NH_3)_n^{3+}$ 的反应决定，因此可通过电位测定来判断反应进行的程度。

试验采用饱和甘汞-铂电极测量系统的电位变化情况，结果如图 5-16 所示。从图中的三条电位变化曲线可看出，不同焙砂如线 1 和线 3，出现的最低电位和最高电位都不相同，但是电位随时间的变化趋势是相同的。同一焙砂，鼓空气速度不同，如线 1 和线 2，出现的最高电位和最低电位也不相同，但是电位随时间的变化趋势也是相同的。由此分析，仅凭电位的大小来判断浸出进行的情况并不准确，最好是通过溶液电位随时间变化的整体趋势来判断浸出进行的情况，当溶液电位上升到-100mV以上，且上升趋势减缓时，可以认为镍钴的浸出反应基本结束。

以图5-16的曲线1为例。在预浸和通空气氧化浸出初期阶段（ABC段），溶液电位先下降后上升，最低降到-780mV后快速上升到-550mV。ABC段电位指示的主要是铁的浸出，溶液中所含$Fe(NH_3)_n^{2+}$浓度的变化引起的溶液电位的变化，镍、钴在此阶段虽然也大量浸出，但是镍、钴的浸出对溶液电位的影响并不显著。溶液电位在-550mV左右保持一段时间的稳定（CD段），然后又发生跃变（DE段），很快升到-100mV。结合图5-17的浸出渣含Ni的变化曲线，电位在-550mV左右时渣含Ni在0.12%附近，焙砂中约90%的镍已经被浸出，而之后Ni的浸出速度变得非常缓慢，Co的浸出率反而出现了负增长的现象。

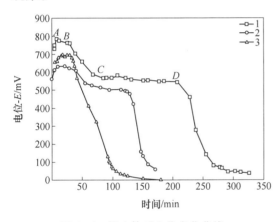

图5-16　浸出体系电位变化曲线

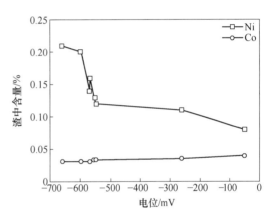

图5-17　渣中Ni、Co含量随系统电位变化的变化情况

5.4.9　综合试验

在条件研究的基础上，利用氨浸的最优条件，进行综合试验。$NH_3(g/L)/CO_2(g/L)$为90/60，焙砂细度小于0.074mm占80%，液固比2∶1mL/g，浸出温度25℃，浸出终止电位大于-100mV，结果见表5-14。

表5-14　综合条件试验结果　　　　　　　　　　（%）

编号	渣含镍	渣含钴	镍浸出率	钴浸出率	渣率
0704-1	0.11	0.029	89.33	63.73	103.8
0704-2	0.11	0.030	89.35	62.59	103.5
0704-3	0.094	0.032	90.95	60.29	103.0
平均	0.10	0.030	89.87	62.20	103.4

常温常压下用NH_3/CO_2溶液浸出红土镍矿还原焙砂，可以实现镍、钴的有效浸出，镍、钴

平均浸出率分别为 89.87% 和 62.20%，浸出渣镍、钴平均含量分别可降至 0.10% 和 0.030%。

渣的 X 射线衍射图如图 5-18 所示，渣中的铁主要以磁铁矿形态存在。

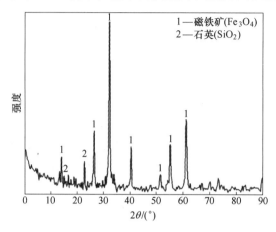

图 5-18　综合试验氨浸渣的 X 射线粉末衍射图

5.4.10　氨浸渣磁选

还原焙砂氨浸渣中 Fe 含量为 43.85%，是很好的铁矿资源。根据 XRD 图谱分析，氨浸渣中铁主要存在形态为磁铁矿，磁选就可以实现铁的富集。

磁选流程如图 5-19 所示，先强磁预选，所产出的精矿经二次球磨后再进行低磁场强度的精选。强磁预选的磁场强度1500Oe，弱磁精选的磁场强度 800Oe。

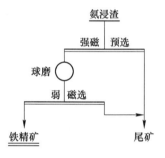

图 5-19　磁选流程研究

预选结果和粒度研究结果见表 5-15 和表 5-16。结果表明，弱磁精选的入矿粒度控制在小于 0.045mm 占 90% 左右为宜，铁精矿含铁可以达到 60% 以上，SiO_2 含量可以降至 9% 以下。

表 5-15　氨浸渣强磁预选结果

弱磁选给矿粒度小于 0.045mm 含量/%	磁场强度 /Oe	铁精矿 Fe 含量/%	铁精矿 SiO_2 含量/%	尾矿 Fe 含量/%	铁精矿产率/%	Fe 选出率/%
82.79	1500	57.5	11.00	23.97	59.37	77.80

表 5-16　氨浸渣弱磁精选结果

磁场强度/Oe	铁精矿 Fe 含量/%	铁精矿 SiO_2 含量/%	尾矿 Fe 含量/%	铁精矿产率/%	Fe 选出率/%	流程精矿总产率/%
800	60.44	8.7	54.04	54.29	57.05	50.49

5.5　还原焙烧过程的矿物变化

镍铁矿在还原焙烧过程中，不同的温度下会发生不同的相变反应，为了探讨该过程的机理。选择 650℃、750℃、820℃ 和 950℃ 几个温度点的焙砂进行了矿物学研究。

5.5.1　含铁矿物的相变

图 5-20～图 5-23 所示为不同温度焙烧所得焙砂的 X 射线粉末衍射图。在 650℃ 低温焙烧条件下，矿石中绝大部分氧化铁和它们的水合氧化物均被还原成磁铁矿。750℃ 的条件下焙烧，磁铁矿的量大大减少，并产出数量明显的铁浮氏体（FeO）和少量损铁浮氏体（$Fe_{1-x}O$）。

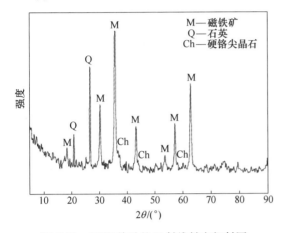

图 5-20　650℃焙砂的 X 射线粉末衍射图

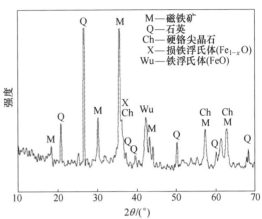

图 5-21　750℃焙砂的 X 射线粉末衍射图

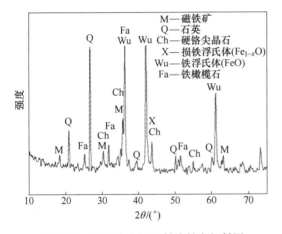

图 5-22　820℃焙砂的 X 射线粉末衍射图

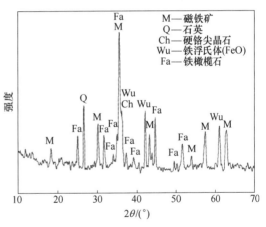

图 5-23　950℃焙砂的 X 射线粉末衍射图

在 820℃ 时铁浮氏体的含量明显大于 750℃ 时的焙砂，并比 950℃ 时的焙砂中的多，但看不到金属铁（可能是量太少 X 射线衍射不能反映）。另外，还可以看出，820℃ 有铁橄榄石的生成。

在 950℃ 的高温焙烧体系中，物料的整体构成发生了明显的改变。除大量的磁铁矿被进一步还原成铁浮氏体或损铁浮氏体之外，还有一部分铁浮氏体或损铁浮氏体同时被还原成金属铁。同时也有铁橄榄石（Fe_2SiO_4）生成。

为了进一步研究上述相变过程，分别对以上焙砂进行显微镜观察，结果如图 5-24～图 5-27 所示。

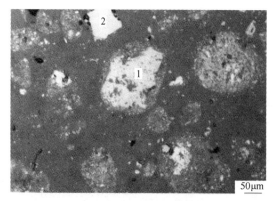

图 5-24　650℃焙砂显微结构

1—磁铁矿；2—硬铬尖晶石

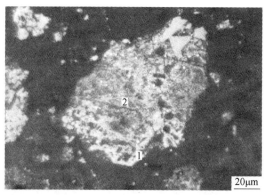

图 5-25　750℃焙砂中的金属微粒

1—金属；2—氧化铁

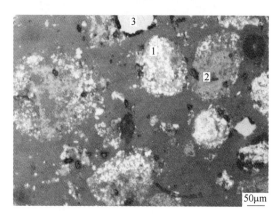

图 5-26　950℃焙砂成片金属微粒

1—金属铁；2—氧化铁；3—硬铬尖晶石

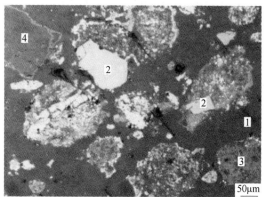

图 5-27　950℃焙砂中沿氧化铁
边界及内部析出的金属铁微粒

1—金属铁；2—硬铬尖晶石；3—氧化铁；4—石英

在 650℃的焙砂中，粗粒的赤铁矿在被还原成磁铁矿之后整体结构无明显改变，而细粒赤铁矿在还原焙烧过程中总是与石英微粒黏附在一起，或形成粗大的混合体结构，或附着在粗粒的石英、磁铁矿或硬铬尖晶石周围，形成结构疏松的磁铁矿球团或含杂极高的不规则单体。

在 750℃的焙砂中，细粒的磁铁矿-石英聚合体及结构疏松的针铁矿，水针铁矿相变产物与低温焙烧无明显区别，只是在高倍镜下可见到个别结构疏松的氧化铁颗粒内有少量粒度极细的合金生成，其平均粒径都在 1μm 以下。这也从另一个侧面表明，体系内的还原反应首先从结构疏松的氧化铁颗粒开始。

在 950℃的高温焙砂中，细粒氧化铁-石英的聚合体结构以及疏松多孔的针铁矿、水针铁矿相变结构中有大量细粒（<3μm）的金属铁产生。另外，在出现金属铁的颗粒周围总是出现新生成的铁橄榄石。这说明，硅酸盐的生成反应也大多在细粒氧化铁与石英间或疏松多孔的针铁矿、水针铁矿相变产物与石英间发生。

在实际的还原焙烧过程中，绝大多数相变反应都是围绕着铁的氧化物进行，而且还原反应首先从结构疏松的氧化铁颗粒开始。在较低温度 650℃焙烧时，几乎所有的赤铁矿、褐铁矿等铁的氧化物被还原成磁铁矿。在 750℃中温焙烧时，除所有的氧化物被还原成磁铁矿之外，部分磁铁矿又被还原成铁浮氏体或损铁浮氏体，并有少量金属铁出现。在820℃时，部分细粒铁浮氏体-石英聚合体形成铁橄榄石。当温度提高到950℃时，大量铁浮氏体或损铁浮氏体进一步被还原成金属铁。

5.5.2 镍、钴的相变行为

还原焙烧过程中镍的行为研究通过不同焙砂中镍的赋存状态的考查来完成。主要手段包括扫描电镜能谱分析以及选择性的化学物相分析。

5.5.2.1 650℃焙烧时镍、钴的相变

图 5-28 和图 5-29 所示分别为富锰矿物，含锰褐铁矿及不含锰褐铁矿经 650℃ 还原焙烧

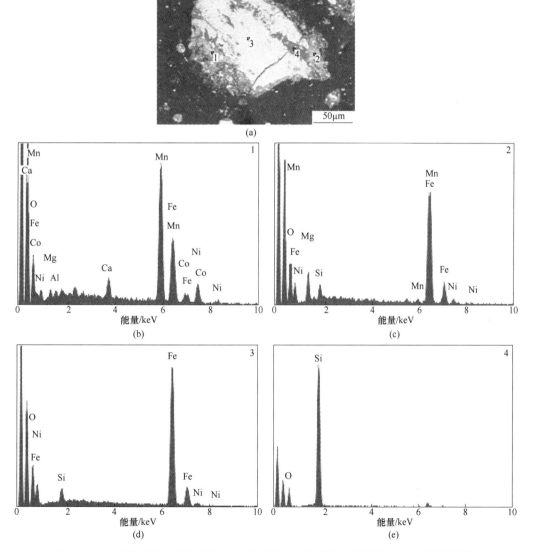

图 5-28　650℃焙砂中富锰氧化物、含镍磁铁矿的背散射电子像及对应 X 射线能谱图

1—含镍较高的富锰氧化物（方锰铁矿相变产物）；2，3—含镍磁铁矿（含镍褐铁矿的相变产物）；4—石英

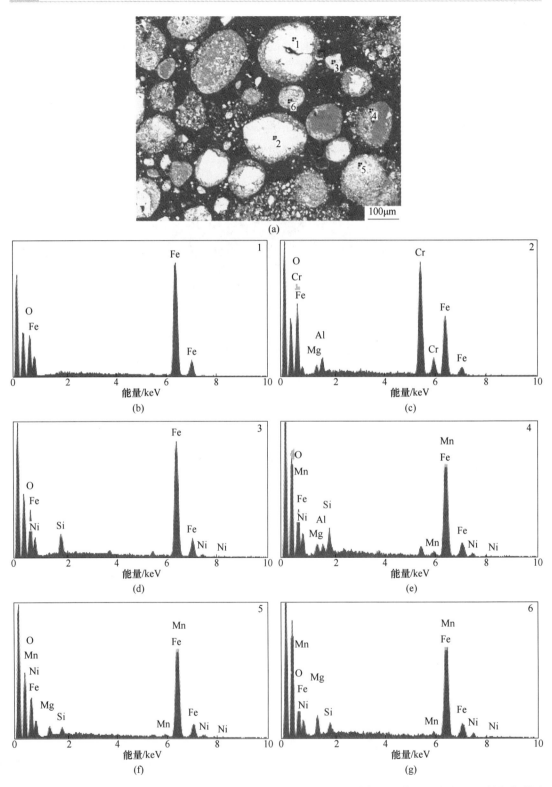

图 5-29 650℃焙砂中不含镍磁铁矿、硬铬尖晶石、含镍磁铁矿的背散射电子像及对应点的 X 射线能谱图
1—磁铁矿（赤铁矿的相变产物）；2—硬铬尖晶石；3~6—含杂磁铁矿（褐铁矿的相变产物）

后所得相变产物的 X 射线能谱图。从图中可以看出，含锰高的产物中含镍仍然较高，而含锰较低或不含锰的含杂磁铁矿中含镍仍然较低。另外，结构较致密的赤铁矿和硬铬尖晶石在低温还原焙烧过程中没有受到镍的浸染，颗粒内测不到镍。

表 5-17 和表 5-18 分别为 650℃焙砂中富锰氧化物及含镍磁铁矿的扫描电镜能谱分析数据。与原矿相比，各类含镍的磁铁矿及铁酸盐平均含镍量均较焙烧前都有明显的减少。其中含锰的针铁矿或水针铁矿的平均含镍量由 2.35%降到 1.37%，不含锰的针铁矿或水针铁矿平均含镍量由 1.85%降到了 1.14%。而含锰较高的黑镁铁锰矿和方锰铁矿中的镍则由焙

表 5-17 650℃焙砂中高锰相的扫描电镜能谱分析结果

矿物		元素含量/%								累计/%
		O	Mg	Si	Ca	Mn	Fe	Co	Ni	
高铁水锰矿的相变产物	1	30.54	—	2.62	—	41.25	23.73	—	1.86	100
	2	30.28	1.34	2.28	0.64	39.60	24.14	—	1.72	100
	3	30.04	—	2.76	0.48	42.23	22.32	—	2.17	100
	平均	30.29	0.45	2.55	0.37	41.03	23.39	—	1.92	100
方锰铁矿的相变产物	1	29.51	1.43	1.24	—	34.07	22.64	2.68	8.43	100
	2	29.84	1.18	1.03	0.85	34.66	21.28	2.67	8.49	100
	平均	29.67	1.31	1.13	0.43	34.37	21.96	2.67	8.46	100
黑镁铁锰矿的相变产物	1	29.69	1.30	1.45	0.36	20.93	37.22	2.22	5.83	100
	2	29.90	1.25	1.81	1.01	21.08	38.90	2.09	3.96	100
	3	29.71	1.63	1.89	1.63	20.29	40.37	1.15	3.33	100
	平均	29.77	1.39	1.72	1.33	20.77	38.83	1.82	4.37	100

表 5-18 650℃焙砂中富铁相的扫描电镜能谱分析结果

矿物		元素含量/%							累计/%
		O	Mg	Si	Ca	Mn	Fe	Ni	
不含锰的针铁矿或水针铁矿的相变产物	1	29.36	—	2.74	—	—	66.18	1.72	100
	2	29.22	0.95	1.78	0.57	—	66.87	0.61	100
	3	29.99	1.15	2.43	0.58	—	64.65	1.20	100
	4	29.39	—	2.58	—	—	67.35	0.68	100
	5	29.82	1.19	2.20	0.47	—	64.82	1.50	100
	平均	29.56	0.66	2.35	0.32	—	65.97	1.14	100
含锰的针铁矿或水针铁矿的相变产物	1	29.27	—	2.70	—	1.58	64.93	1.52	100
	2	29.42	—	3.08	—	1.74	65.19	0.57	100
	3	29.45	1.62	2.86	—	2.63	61.44	2.00	100
	4	29.31	1.77	2.56	0.36	2.38	62.65	0.97	100
	5	29.68	1.55	2.23	—	4.72	60.03	1.79	100
	6	29.51	2.34	2.21	0.47	2.01	62.11	1.35	100
	平均	29.44	1.21	2.60	0.14	2.51	62.73	1.37	100

烧前的 7.77% 和 9.61% 分别降到 4.37% 和 8.46%。这也从另外一个角度证实，在 650℃ 的低温焙烧过程中，尽管大量的镍仍滞留在原始晶格中，但也有部分镍出现迁移现象。按各矿物含镍的降低幅度计算，这些外迁镍的占有率依矿物性质的差异分别达到 11.96%～43.76% 之间。

利用扫描电镜能谱分析仪对含镍较高的富锰相和含镍略高的氧化铁相进行了相关元素的面扫描分析，研究还原焙烧过程中镍的富集过程。如图 5-30 和图 5-31 所示，无论是含镍较高的富锰相还是含镍稍低的富铁相，均未出现微粒金属镍的亮点，在两种不同氧化相

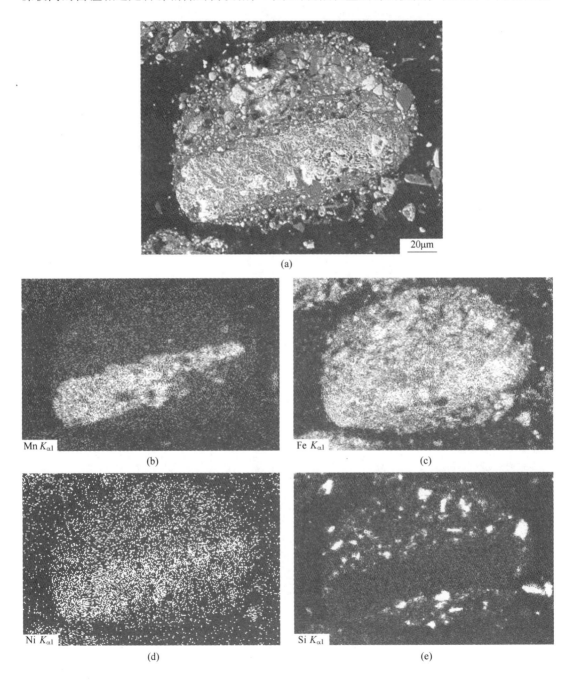

(a)

Mn $K_{\alpha 1}$

(b)

Fe $K_{\alpha 1}$

(c)

Ni $K_{\alpha 1}$

(d)

Si $K_{\alpha 1}$

(e)

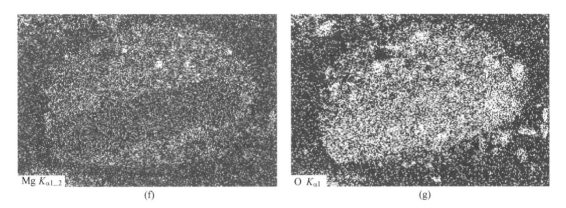

(f)   (g)

图 5-30   650℃焙砂中富锰相的背散射电子像及相关元素的面分布图

的结构中，镍始终均匀分布在其中。这说明，在低温条件下焙烧，镍迁移的量较少，还不足以形成可以观察到的金属镍微粒（大于 1μm）。

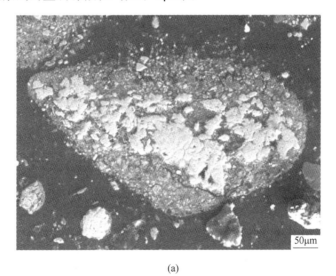

(a)

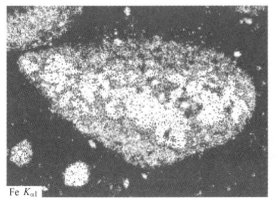
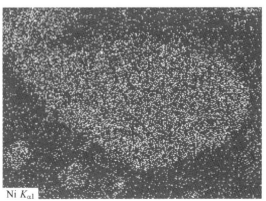

(b)   (c)

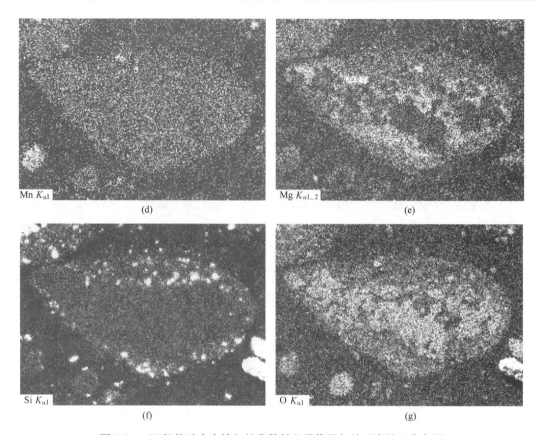

图 5-31   650℃焙砂中富铁相的背散射电子像及相关元素的面分布图

5.5.2.2   750℃焙烧时镍、钴的相变

高倍镜下观察证实，当焙烧温度提高到750℃时，焙砂中开始出现粒度极细的可见金属微粒。从图5-32可见，在合金微粒的富锰氧化铁相中，合金微粒不仅含镍极高，同时

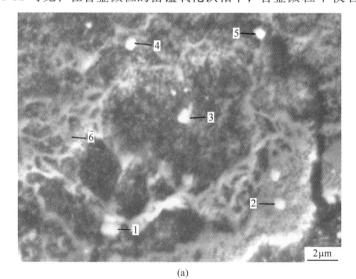

(a)

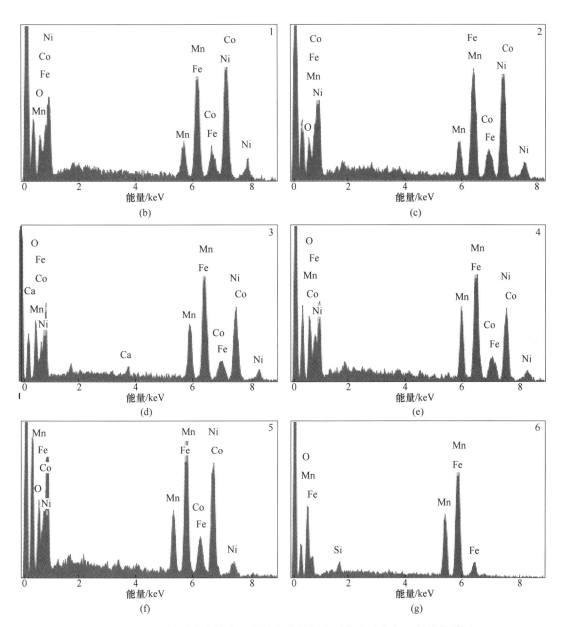

图 5-32　750℃焙砂中富镍合金微粒的背散射电子像及对应点 X 射线能谱图

1~5—富镍合金；6—富锰氧化铁

也含一定量钴。而能谱中出现的铁锰线条主要是由于电子束的光径已超过合金微粒的直径，从而使得基底矿物的元素大量混入所引起的。在此类结构的富锰氧化铁基体上，没有残余镍的存在，说明它们已完成了金属化迁移。

而从图 5-33 和图 5-34 中可以看出，此类金属化的迁移过程因矿物成分的不同表现出明显差异。含杂质较少的针铁矿中镍大多完成了金属化的迁移过程，而含杂质较多的水针铁矿和水锰矿在焙烧过后仍有少量镍的滞留。这表明在同一焙烧体系中，镍在不含水的针铁矿中的迁移速度要比在水针铁矿、水锰矿中的快，这可能与脱水的吸热反应有关。

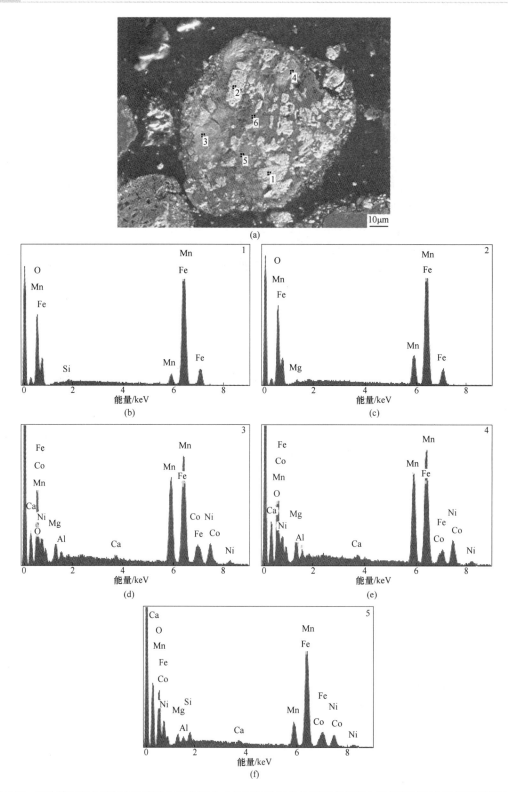

图 5-33　不含镍的氧化铁相和包裹次显微富镍合金的富锰铁氧化物相的背散射电子像及对应点的 X 射线能谱图

1，2—低含杂氧化铁；3~5—含杂富锰铁氧化物

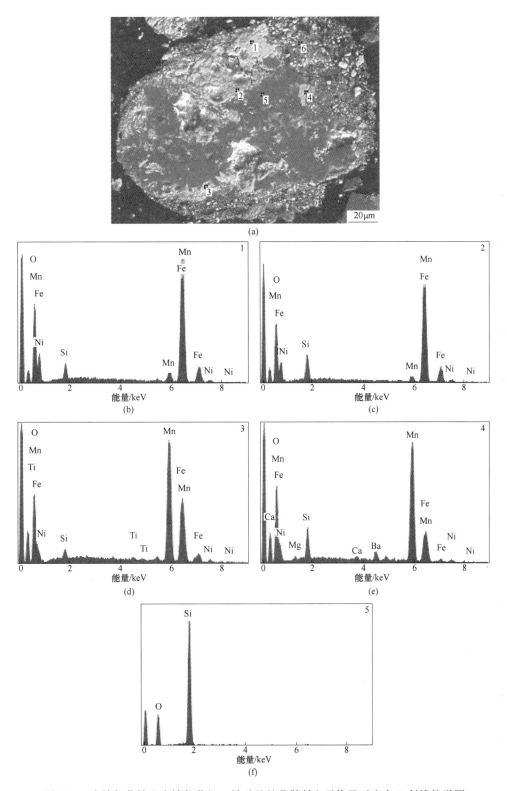

图 5-34　含镍氧化铁和含镍氧化锰、铁酸盐的背散射电子像及对应点 X 射线能谱图
1，2—含镍氧化铁；3—高锰铁氧化物；4—富铁氧化锰；5—石英

对比 2.1.4 节中的原矿矿相可以看出，部分富锰的铁氧化物内含有大量镍、钴，它们的能谱峰较原矿的黑镁铁锰矿和方锰铁矿还要高，鉴于该结构未出现明显的富镍合金微粒，而还原焙烧过程又不可能形成氧化镍的迁移。以此可认为，在 750℃的焙烧温度下，除形成了可见的富镍合金微粒之外，还出现了大量粒度极细的（小于 0.1μm）次显微富镍合金。由于生成粒度极细，采用常规的检测方法很难辨别它们。在显微镜的观察中可见的富镍合金微粒并不多，远远低于 1.03%的含镍量，而在实际的氨浸过程中，镍的浸出率在 88%以上的事实表明，此焙烧条件下生成的金属镍或富镍合金多为粒度极细的次显微颗粒。

从图 5-35 和图 5-36 所示的 750℃焙砂中各氧化铁产物的元素面分布图中可以看出，镍

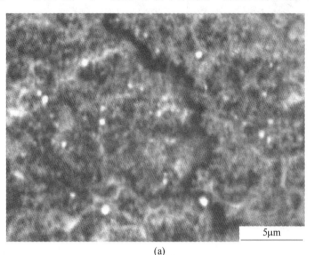

5μm

(a)

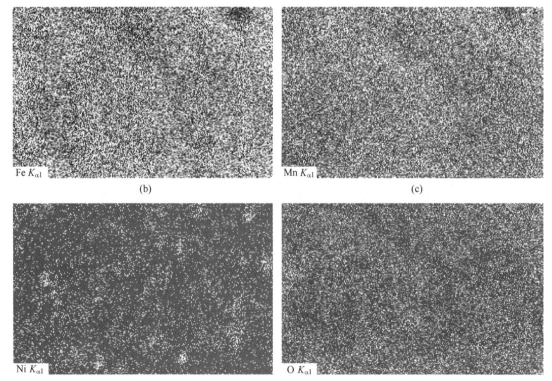

Fe $K_{\alpha 1}$

(b)

Mn $K_{\alpha 1}$

(c)

Ni $K_{\alpha 1}$

(d)

O $K_{\alpha 1}$

(e)

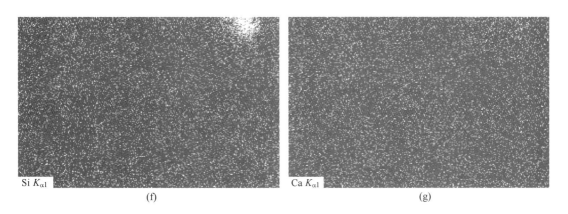

图 5-35　包裹镍合金微粒的富锰铁氧化物的背散射电子像及相应元素的面分布

的分布与 650℃ 低温焙砂不同，镍有明显的聚集，其中细小的白色亮点代表了细粒富镍合金，根据测微尺判断，它们均在 $0.5\mu m$ 以下，同时这些富镍点的产生也表明了它们在还原焙烧时出现了金属迁移现象，并逐渐聚合成富镍金属微粒。

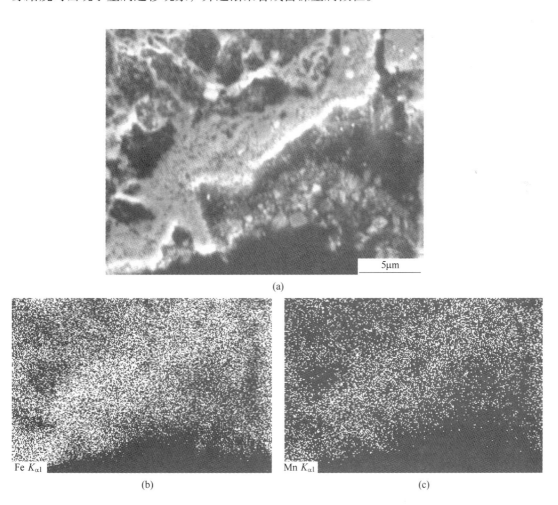

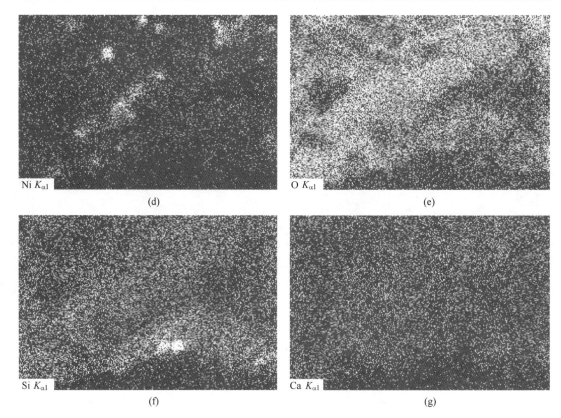

图 5-36   包裹镍合金微粒的含锰氧化铁的背散射电子像及相应元素的面分布

表 5-19 所列为富镍合金微粒的扫描电镜能谱分析结果，由于合金颗粒过细，电子束不可避免地打到它们的氧化铁载体上，因此该表数值仅供参考。但从表中可见，在大量镍被还原成金属的同时，钴也随之还原，形成镍钴合金。

表 5-19   750℃焙砂中合金微粒的扫描电镜能谱分析

元素	元素含量/%			累计/%
	Fe	Co	Ni	
1	32.79	8.98	58.23	100
2	32.58	9.95	54.47	100
3	32.55	8.37	59.08	100
4	34.86	9.34	55.80	100
5	37.19	12.66	50.15	100
平均	33.99	9.86	55.55	100

表 5-20 所列为含镍富锰相及富锰铁氧化物相的扫描电镜能谱分析结果，前者系水锰矿的相变产物，后者是黑镁铁锰矿或方锰铁矿的相变产物。尽管大多数镍、钴已还原成金属而发生迁移，但也有少量镍、钴仍滞留在各类富锰矿物的原始晶格内。根据镍、钴残留量的比例判断，钴的还原迁移能力要明显低于镍，在部分点的定量分析中，结构内的含钴量大于镍。比较各类富锰氧化物的能谱分析结果，由于水锰矿在焙烧时脱水吸热，它们中镍、钴的金属化还原迁移略滞后一些，残留在富锰氧化物内的镍、钴大多来源于此。黑镁

铁锰矿、方锰铁矿不含结晶水，且镍、钴的含量要远高于水锰矿，形成的可见富镍合金微粒大多产自此类氧化物。

表 5-20　含镍富锰相的扫描电镜能谱分析

产物类别		元素含量/%									累计/%
		O	Mg	Si	Ca	Mn	Fe	Co	Ni	Ba	
水锰矿的相变产物	1	29.71	0.29	3.58	0.48	53.08	9.19	—	0.62	3.05	100
	2	29.74	—	3.24	0.52	55.53	6.03	1.34	0.73	2.87	100
	3	29.43	—	2.13	—	50.24	14.58	1.56	0.66	1.40	100
	4	28.26	—	0.66	0.34	52.40	16.63	1.10	0.61	—	100
	平均	29.29	0.07	2.40	0.33	52.81	11.61	1.00	0.66	1.83	100
富锰铁氧化物相变产物	1	28.73	—	0.48	0.22	22.26	47.31	—	—	100	100
	2	28.56	1.20	0.67	0.38	15.84	47.53	1.80	1.92	2.10	100
	3	28.74	1.21	0.77	0.31	13.54	49.57	2.49	2.04	1.33	100
	平均	28.68	0.80	0.64	0.30	17.21	48.14	1.43	1.32	1.48	100

表 5-21 所列为焙砂中少数含镍富铁相的扫描电镜能谱分析结果。受原始赋存状态的影响，这些氧化铁颗粒中仅残留有镍，大多不含钴。其中不含锰的氧化铁残镍量要略低于

表 5-21　含镍富铁相的扫描电镜能谱分析

相别		元素含量/%							累计/%
		O	Mg	Si	Ca	Mn	Fe	Ni	
不含锰的氧化铁相	1	27.63	—	1.31	—	—	69.78	1.28	100
	2	27.84	—	1.34	—	—	69.48	1.34	100
	3	28.17	—	1.75	0.21	—	68.75	1.12	100
	4	27.85	—	1.79	—	—	69.15	1.21	100
	5	28.63	—	2.19	—	—	67.70	1.48	100
	6	28.71	—	2.80	—	—	66.90	1.59	100
	7	28.46	—	2.16	—	—	67.53	1.85	100
	8	28.03	0.34	1.50	—	—	69.10	1.03	100
	9	28.17	—	1.90	—	—	68.77	1.16	100
	10	28.11	—	1.93	0.23	0.68	67.96	1.09	100
	平均	28.16	0.03	1.87	0.04	0.07	68.91	1.32	100
含锰的氧化铁相	1	28.47	1.45	1.38	—	2.18	64.86	1.66	100
	2	28.27	1.69	1.49	—	2.25	64.75	1.55	100
	3	29.13	—	4.61	0.33	2.40	61.60	1.93	100
	4	28.12	—	1.64	—	2.75	66.21	1.28	100
	5	28.16	—	1.62	0.91	7.05	60.97	1.29	100
	平均	28.43	0.63	2.15	0.25	3.32	63.68	1.54	100

含锰氧化铁。同样，这些含少量镍的富铁氧化物多属水针铁矿和含锰水针铁矿的相变产物，而大量不含镍却含硅、镁等杂质的氧化铁多是针铁矿及含锰针铁矿的相变产物。在相同的焙烧制度下，由于水合物的存在，镍还原迁移稍显滞后，并最终导致少量镍仍分散在铁氧体杂相中。

为准确评估镍的金属转化率以及残留在富锰氧化物、富铁氧化物中镍的数量，特利用化学物相选择溶解的方法进行了定量分析。由于焙烧时富锰氧化物及富铁氧化物的成分变化较大，因此只能将其归成两大类分别测定。表 5-22 列出了 750℃ 焙砂中镍的分项测定结果。该温度下，约 88.99% 的镍被还原成金属，约 8.85% 的镍仍滞留在富锰氧化物相中，另有 2.66% 的镍分散在各类铁氧化物相内。

表 5-22   750℃焙砂中镍的化学物相分析

相别	还原成金属的 Ni	富锰氧化物中的 Ni[①]	富铁氧化物中的 Ni[②]	累计
含量/%	1.00	0.10	0.03	1.13
占有率/%	88.49	8.85	2.66	100

① 该相指水锰矿、黑镁铁锰矿、方锰铁矿等富锰矿物焙烧后残留的镍；

② 该相指针铁矿、水针铁矿等富铁矿物焙烧后残留的镍。

综上所述，750℃ 下绝大多数镍被还原成金属，并脱离原始晶格形成细小的富镍合金微粒，其中少数粒较粗者构成可见的细粒合金（0.2~1.0μm），并在合金微粒的周边区域，含锰较高的铁氧化物相中基本不含镍。但在可见合金微粒较远的富铁氧化物微粒中，仍可测到镍，在部分富锰的氧化物或铁氧化物中也能测到镍的存在，这说明大多数镍分散在富锰氧化物或富铁氧化物的松散颗粒内，形成显微镜下基本看不到的次显微微粒（小于 0.1μm）。在大量镍被还原的同时，钴也一起被还原成金属，镍的金属转化率为 88.49%，而钴的还原迁移能力要低于镍。由于水针铁矿、水锰矿等含水氧化物在脱水时吸收一部分热量，因此晶格内镍的还原迁移速度较不含水的氧化物慢，少数镍、钴在焙烧后仍残留在这类相变产物的原始晶格中。

5.5.2.3   950℃ 焙烧时镍、钴的相变

比较图 5-37 和图 5-38 可知，950℃ 下焙烧，产出的金属铁含镍变化较大，一般载体含

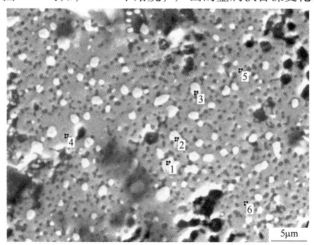

(a)

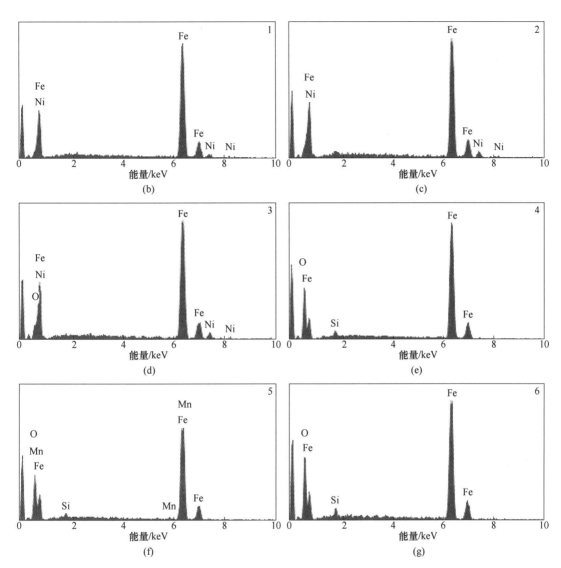

图 5-37 贫镍金属铁和其载体矿物的背散射电子像及对应点的 X 射线能谱图

1，2，3—贫镍金属铁；4，5，6—无镍基体-氧化铁

锰高的金属铁含镍也高。如表 5-23 所列，富锰铁氧化物内还原出的金属相不仅镍含量较高，而且还含有一定量的钴，镍、钴的平均含量分别可达 12.92% 和 5.62%。从富铁矿物中还原的金属含镍较低，平均仅为 6.76%，且其中基本不含钴。与原始矿物成分比较可知，焙烧时形成的金属合金组成主要取决于它们的原始矿物类别。同时，因大量镍被还原成金属，并迁移至金属铁内，基底的氧化铁矿物中已没有镍的能谱峰。图 5-38 还显示，在已经实现镍金属化还原的颗粒中心，另有一部分镍均匀地分布在氧化铁中，以富镍氧化铁的形式产出。

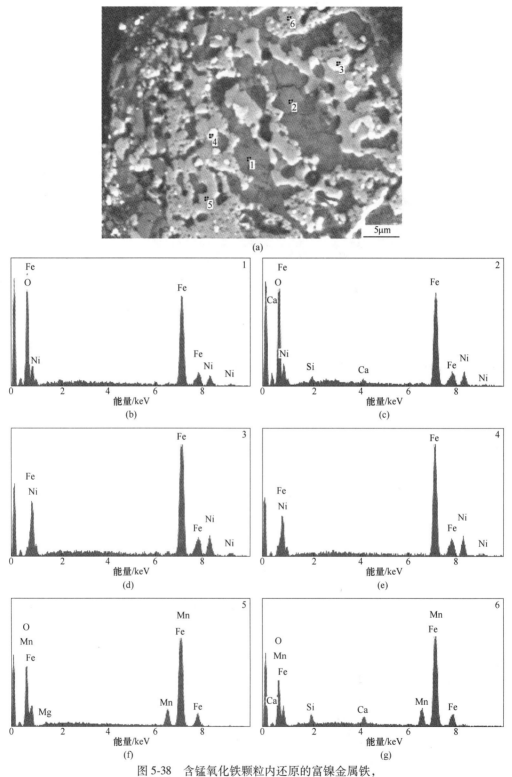

图 5-38 含锰氧化铁颗粒内还原的富镍金属铁,
中心区域的富镍氧化铁的背散射电子像及对应点的 X 射线能谱图
1, 2—中心区域的富镍氧化铁; 3, 4—还原出来的富镍金属铁; 5, 6—载体矿物-含锰氧化铁

表 5-23 各类金属铁的扫描电镜能谱分析结果

载体		元素含量/%				累计/%
		Mn	Fe	Co	Ni	
针铁矿相变产物	1	—	94.78	—	5.22	100
	2	—	90.67	—	9.33	100
	3	—	92.97	—	7.03	100
	4	—	93.30	—	6.70	100
	5	—	94.06	—	5.94	100
	6	—	93.27	—	6.73	100
	7	—	93.42	—	6.58	100
	8	—	93.92	—	6.08	100
	9	—	92.78	—	7.22	100
	平均	—	93.24	—	6.76	100
富锰铁氧化物类相变产物	1	1.00	81.50	5.08	12.42	100
	2	0.84	80.41	5.21	13.54	100
	3	1.20	79.44	6.58	12.78	100
	平均	1.01	80.45	5.62	12.92	100

图 5-39 所示为高温焙烧中比较典型的完整氧化铁颗粒以及对应各点的 X 射线能谱图。从图中可见，在实际的焙烧过程中，各类氧化铁相往往烧结在一起，形成疏松多孔且成分各异的杂相聚合体，其中大部分镍被还原，形成颗粒极细的富镍金属铁，少数镍滞留在氧化铁中，构成含镍磁铁矿或含镍铁浮氏体。

表 5-24 和表 5-25 分别为高温焙烧时颗粒中心形成的富镍氧化铁及低镍氧化铁的扫描电镜能谱分析结果。从表中可见，形成的富镍氧化铁不仅来源于含锰较高的黑镁铁锰矿和方锰铁矿的相变结构，而且还出现在不含钴的富铁氧化物的相变产物内，其中镍含量均明显大于原始矿物中的镍含量。根据分析，这种富镍氧化铁的形成是在镍、钴和铁完成了阶

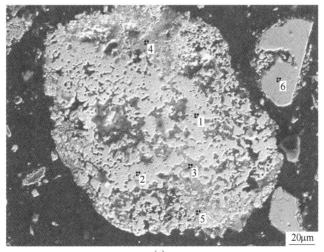

20μm

(a)

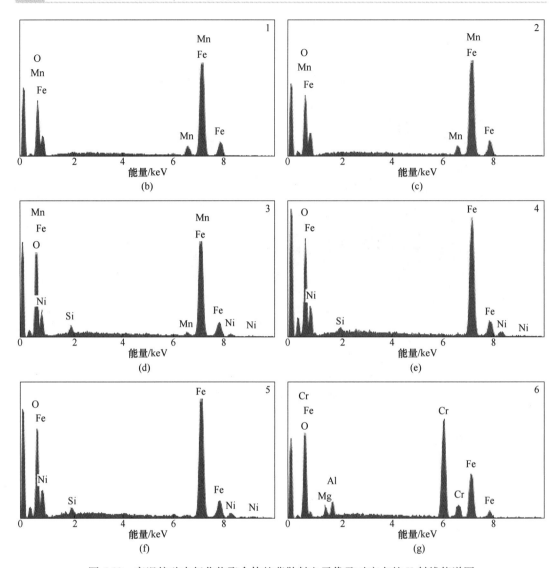

图 5-39   高温焙砂中氧化物聚合体的背散射电子像及对应点的 X 射线能谱图
1, 2—脱镍后的含锰氧化铁；3~5—含镍的氧化铁；6—硬铬尖晶石

段性还原迁移聚集之后，由于那些不含结晶水的氧化铁或铁氧化物在高温下开始烧结而将其包裹形成。另外，还有一少部分镍根本未来得及迁移就因烧结作用而滞留在原地，形成低镍氧化铁相。

表 5-24   富镍氧化铁的扫描电镜能谱分析结果

载体		元素含量/%							累计/%
		O	Si	Ca	Mn	Fe	Co	Ni	
针铁矿类相变产物	1	27.44	—	0.38	—	66.28	—	5.90	100
	2	27.53	0.72	0.48	—	62.97	—	8.30	100
	3	27.78	0.50	—	—	63.32	—	8.40	100
	平均	27.58	0.41	0.29	—	64.19	—	7.53	100

载体		元素含量/%							累计/%
		O	Si	Ca	Mn	Fe	Co	Ni	
富锰铁氧化物类相变产物	1	28.15	0.59	0.66	1.45	54.20	3.08	11.87	100
	2	28.06	0.46	0.57	0.65	54.42	3.51	12.33	100
	平均	28.11	0.52	0.62	1.05	54.31	3.29	12.10	100

表 5-25　低镍氧化铁的扫描电镜能谱分析结果

载体		元素含量/%							累计/%
		O	Mg	Si	Ca	Mn	Fe	Ni	
针铁矿类相变产物	1	28.73	0.77	2.84	—	—	65.31	2.35	100
	2	28.37	—	0.92	0.81	—	67.93	1.97	100
	3	27.72	—	0.62	—	—	69.70	1.96	100
	4	28.02	—	0.58	0.45	—	68.12	2.83	100
	平均	28.21	0.19	1.24	0.32	—	67.76	2.28	100
含锰氧化铁类相变产物	1	28.26	0.85	2.07	0.28	1.40	66.15	0.99	100
	2	28.05	—	1.36	—	1.42	66.19	2.98	100
	3	28.87	2.04	0.91	0.35	1.38	65.80	0.65	100
	4	28.37	0.73	2.95	0.28	1.21	65.86	0.60	100
	平均	28.39	0.91	1.82	0.23	1.35	66.00	1.30	100

综上所述，在 950℃ 高温条件下焙烧，绝大部分镍、钴以及部分铁被还原成金属。由于还原出的金属镍、钴量远小于金属铁，并被金属铁捕收，因此依载体矿物的不同形成了含镍量不同的铁合金，而不是形成中温（750℃）焙烧时产出的富镍合金。另外，在出现含镍金属铁的松散氧化物颗粒中几乎测不到镍、钴。在原含镍较高的富锰氧化物在焙烧过后剩下的残余氧化物中，也基本测不到镍。这表明，尽管在高温焙烧过程中镍、钴没有远距离的转移，但在近距离存在着金属的大量聚集和迁移现象。同时由于高温烧结作用的产生，部分超微的金属镍、钴来不及聚集而被遏制或包裹在致密的富铁氧化物原始晶格中形成富镍氧化铁或低镍氧化铁。

5.6　萃取

关于氨浸溶液中镍、钴分离的方法，工业应用的主要有：选择性化学沉淀法和溶剂萃取法。选择性化学沉淀法得到的 CoS 产品中 Ni 含量较高，镍、钴还必须进一步进行分离才能得到合格的产品。20 世纪 80 年代，美国矿务局提出了用溶剂萃取技术代替以前的化学沉淀法，用该技术镍、钴分离效果好，可制得纯度高的镍、钴产品，工艺简单，易于自动化控制。本研究采用溶剂萃取技术对氨浸溶液中镍、铜和钴的分离进行研究。

研究用溶液为 5.3.9 节中的综合试验浸出液，其 pH 值为 10.20，元素组成见表 5-26。

表 5-26   氨浸液主要元素成分

成分	Ni	Co	Cu	Mn	Fe
浓度/g·L⁻¹	4.45	0.18	0.08	<0.001	<0.001
成分	CaO	MgO	ΣNH_3	CO_3^{2-}	
浓度/g·L⁻¹	0.0025	0.0015	82.50	58.05	

5.6.1   萃取剂的选择

用于氨性介质中萃取镍的理想萃取剂是螯合类萃取剂，它含有的官能团能与 Ni^{2+}、Cu^{2+} 等金属离子生成双配位络合物，具有较强的萃取能力和较高的萃取选择性。

汉高公司生产的 LIX 系列产品是率先获得商业应用的螯合类萃取剂，已从以 LIX64N 为代表的第一代酮肟类萃取剂，到以 LIX84 为代表的第二代醛肟类萃取剂，发展到以 LIX984 为代表的酮肟-醛肟混合型萃取剂。其中 LIX64N 在氨性介质中萃取镍时，会发生降解而导致负荷能力的降低和分相的变缓。

LIX54 和 LIX84 是汉高公司生产的另外两种螯合萃取剂。LIX54 的活性基团为 β-双酮，具有负荷能力高、选择性好、萃取速度快、负荷有机相易反萃等优点，其对铜的萃取能力受氨浓度影响较大，不适合于氨浓度高的含铜溶液的萃取；LIX84 具有稳定性高，对铜、镍的萃取能力强，萃取平衡时间短，相分离快，分离系数高等优点，但对镍的萃取能力受氨浓度的影响较大，也不适合氨浓度高的含镍溶液的萃取。

LIX984 结合了酮肟类和醛肟类萃取剂的优点，是酮肟类（LIX84）和醛肟类（LIX860）萃取剂以 1:1 混合形成的具有协同萃取效果的萃取剂。LIX984 不但具有镍、铜萃取能力强，相分离快等优点，而且基本不受溶液氨浓度的影响。红土镍矿还原焙砂的氨浸溶液含氨浓度较高，溶液中同时含有镍、钴、铜等，选择 LIX984 作萃取剂较为适宜。

LIX984 物理化学性质见表 5-27。

表 5-27   LIX984 物理化学性质

性 质	参 数	性 质	参 数
萃取剂外观	清澈的琥珀色液体	萃取 Ni/Fe 选择	≥2000
密度（25℃）/g·cm⁻³	0.90~0.92	萃取相分离/s	≤60
闪点/℃	>90	反萃动力学/%	≥92（60s）
萃取动力学/%	≥92（60s）	反萃相分离/s	≤80

5.6.2   萃取饱和容量测定

萃取饱和容量是评价萃取剂性能的重要参数，是选择萃取剂、确定萃取剂使用浓度和萃取级数的重要依据。饱和容量越大，萃取剂的用量越小，需要的萃取级数就越少。萃取剂的饱和容量不受料液金属浓度及相比的影响，但与水相介质有关。试验测定了 LIX984 在氨性介质中萃取 Ni、Cu 的萃取饱和容量，结果见表 5-28。

由研究条件下测得的饱和容量和溶液的铜含量，计算得出的萃取剂浓度为 8.87%（体积分数）LIX984+260 号煤油。按操作容量 80%，相比 O/A = 1:1，可以求出实际需要的萃取剂浓度为 12%（体积分数）LIX984+260 号煤油。

表 5-28　LIX984 萃取饱和容量（温度 25℃）

元素	萃取剂	饱和容量/g·L⁻¹		
		1	2	平均
Ni	1%（体积分数）LIX984	0.509	0.512	0.51
Cu	1%（体积分数）LIX984	0.551	0.550	0.55

5.6.3　萃取平衡时间

固定温度 24℃，有机相 12%（体积分数）LIX984+260 号煤油，水相为综合浸出液，相比为 1∶1 下的研究结果如图 5-40 所示。研究结果表明，LIX984 从氨性介质中萃取镍的反应速度较快，2min 可以达到萃取平衡，镍的一级萃取率达 98% 以上。

5.6.4　萃取相比

研究测定了相比对 LIX984 萃取镍和铜的影响。固定温度为 24℃，有机相 12%（体积分数）LIX984+260 号煤油，混合时间 5min，控制平衡水相 pH 值为 10.4±0.2。根据研究结果绘制镍、铜共萃等温线，并在相比 O/A 取 1∶1 时，采用 McCable-Thiele 图解法求萃取级数，结果如图 5-41 所示。对于含（Ni+Cu）4.55g/L 的浸出液，用 12%LIX984+260 号煤油萃取，在 O/A 取 1∶1 时，求得理论级数为 1。

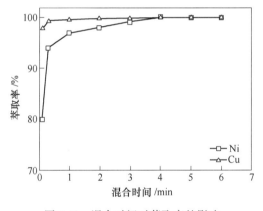

图 5-40　混合时间对萃取率的影响

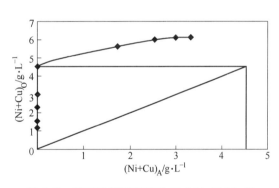

图 5-41　镍铜共萃等温线及 McCable-Thiele 图

5.6.5　镍钴铜的分离

5.6.5.1　洗氨

LIX984 从氨性介质中萃取金属时，有少量氨随金属离子一起进入有机相，除少量氨因夹带，大部分是被萃取进入有机相。若不经洗涤，这部分氨在反萃镍时会进入镍系统，不仅导致氨的损失，而且氨在硫酸镍系统中还会积累并形成 $NiSO_4 \cdot (NH_4)_2SO_4 \cdot 6H_2O$ 复盐[24]，影响后续工序作业和产品质量。因此，负载有机相在反萃镍前必须洗涤除氨。洗液可以采用水、稀硫酸等。研究采用两段洗涤，均用 pH 值为 4 的稀硫酸洗涤。试验条件：O/A=2∶1、混合时间 3min。洗涤结果列于表 5-29。采用两段洗涤，可以将氨彻底洗除，而 Ni、Cu 未损失。洗液酸化后可循环使用。

表 5-29　洗氨结果

项目	洗液	洗涤后液成分/g·L^{-1}			洗涤率/%	累积洗涤率/%
		pH 值	Ni	Cu		
第一段	pH=4 H$_2$SO$_4$	5.85	<0.001	<0.001	82.11	82.11
第二段	pH=4 H$_2$SO$_4$	5.53	<0.001	<0.001	17.21	99.32

5.6.5.2　选择性反萃镍

LIX984 从氨性介质中难以通过选择性萃取将镍、铜分离，但镍 LIX984 萃合物的稳定性比铜 LIX984 萃合物差，镍在低酸条件下即可被反萃，而铜则要求较高的酸反萃，因此可以通过控制反萃酸度选择性反萃镍，即先用低酸反萃镍，然后用较高的酸反萃铜，从而实现镍、铜分离[25]。

从 LIX984 对部分金属离子的萃取能力图（见图 5-42）可见，理想的镍反萃平衡 pH 值为 2~3.2。在研究中镍反萃平衡 pH 值控制在 2~2.5。

固定温度 24℃，负载有机相（洗氨后）含 Ni 4.43g/L、Cu 0.08g/L，反萃液为 7.5g/L 稀硫酸溶液，反萃相比为 O/A=1:1 条件下的研究结果如图 5-43 所示。

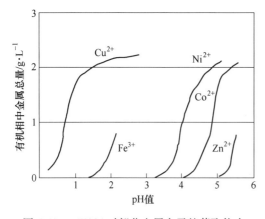

图 5-42　LIX984 对部分金属离子的萃取能力

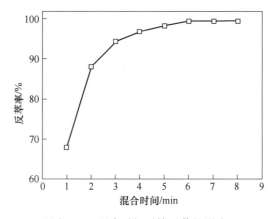

图 5-43　混合时间对镍反萃的影响

可见，采用稀硫酸选择性反萃镍，随混合时间延长，镍反萃率提高。混合时间超过 5min，镍的反萃率达到了 98% 以上。

为了提高镍反萃的选择性，要求在平衡水相 pH 值较高的条件下反萃，从而降低单级镍的反萃率，因此需要多级逆流反萃来提高镍的反萃率。

固定温度 24℃，反萃剂为 75g/L 的稀硫酸溶液，混合时间为 5min，负载有机相（洗氨后）含 Ni 4.43g/L、Cu 0.08g/L 条件下，根据试验结果作出反萃等温线，并在相比 O/A=10:1，采用图解法求解理论反萃级数，结果如图 5-44 所示。

在 O/A=10:1 时，镍反萃理论级数为 3 级，镍的理论反萃率不小于 98%，在实际操作上，为保证镍和铜的几乎完全分离，直接生产出高纯硫酸镍产品，一般采用 6 级逆流反萃，并保持排出系统的镍反萃液 pH 值在 6 左右。

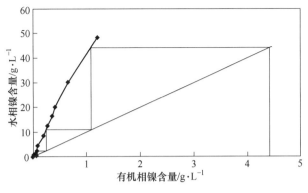

图 5-44　镍反萃等温线

5.6.5.3　选择性反萃铜

通过低酸反萃镍之后，负载有机相中含有的铜可以通过较高浓度的稀硫酸进行反萃[26]。固定温度 24℃，负载有机相中含铜 0.08g/L，反萃剂为 180g/L 稀硫酸，反萃相比 1∶1 条件下的研究结果如图 5-45 所示。

反萃率随混合时间延长而增加。混合时间 2min，一级反萃率就可以达到 98% 左右。

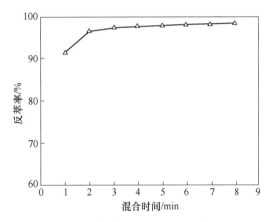

图 5-45　混合时间对铜反萃的影响

5.6.5.4　萃余液沉钴

用 LIX984 共萃镍、铜过程中，氨浸液中呈三价状态存在的钴络合离子不被萃取，全部留在萃余液中。工业生产中通常采用（NH_4）$_2$S 作还原剂和沉钴剂[27]，回收萃余液中的钴。实验对此进行了研究，典型研究结果见表 5-30。

表 5-30　硫化沉钴典型结果

沉淀剂用量（S/Co 摩尔比）	温度/℃	反应时间/min	沉钴后液含钴/g·L^{-1}	钴沉淀率/%
1	25	60	0.0896	60.20
2	25	60	0.0513	71.51
3	25	60	0.0042	97.66
4	25	60	0.0018	99.00

结果表明，采用硫化剂直接从萃余液中沉淀钴，常温下，沉淀剂用量 S/Co=3 时，钴沉淀率可达 97.66%。

5.7　半工业试验

小型试验表明，采用还原焙烧—氨浸—磁选方案处理元石山红土镍矿，用烟煤作还原剂在马弗炉中焙烧，镍浸出率可以达到 85% 以上，钴浸出率大于 50%，技术方案可行。但对于还原焙烧方式还须进行研究。在此分别采用沸腾炉和回转窑进行了还原焙烧的半工业试验研究，考察其可行性和可控性等问题，并为工业设计提供参考依据。

5.7.1 沸腾炉焙烧

沸腾炉作为焙烧设备在冶金和化工行业得到了广泛应用，其具有处理速度快，处理量大，易于自动化控制等优点。

5.7.1.1 原料性质

试验用氧化镍矿的主要化学成分、密度、安息角和粒度检测如下：

（1）物理性质。堆密度 $1.01g/cm^3$、真密度 $3.13g/cm^3$、安息角 $46.1°$。

（2）主要化学成分见表5-31。

表 5-31   试验用氧化镍矿化学成分

元素	Fe	Ni	Co	Al	As
含量/%	11.43	0.360	0.054	0.110	0.020
元素	Ca	Cr	Cu	Mg	Mn
含量/%	0.16	0.080	0.007	0.210	0.290

（3）粒度组成见表5-32。

表 5-32   第一批氧化红土镍矿粒度组成

粒度/mm	>0.150	0.150~0.104	0.104~0.074	0.074~0.063	0.063~0.053	0.053~0.043	<0.043
分布率/%	15.06	10.78	7.53	2.24	2.36	3.46	57.68

（4）研究用煤组成见表5-33。

表 5-33   研究用煤的组成

项目	灰分	挥发分	固定碳	S	H	水分	低发热量/MJ·kg^{-1}
含量/%	15.76	25.07	57.71	0.67	3.98	1.70	27.66

5.7.1.2 研究方法

沸腾焙烧半工业试验研究在 $\phi140mm$ 的沸腾炉（见图5-46）中进行，空气用热风炉预热，烟气经布袋收尘后经烟气吸收塔吸收后排空。

原矿经破碎、筛分和干燥后混入煤粉待用，加料前首先打开热风炉，来自空压机的空气经热风炉预热后，从分布板的风帽孔进入床层，当沸腾层温度升至约300℃后，加入燃煤并借助柴油将其点燃，随着炉温的提高，逐渐加入混有煤粉的氧化红土镍矿。焙烧过程中通过控制鼓入的空气量和加煤量，使沸腾炉内处于还原气氛状态，焙烧温度依靠混在氧化红土镍矿中的煤粉燃烧放热来维持（700~820℃）。焙砂溢流排出炉外，进入密闭的下料斗，冷却后人工排出。沸腾炉出口烟气（烟气温度约600℃）经冷却管降温冷却后，进入布袋收尘器（见图5-47）收尘，收尘后的烟气经过吸收塔后排空。焙烧所得焙砂采用氨浸方法进行检验。

图 5-46　扩大试验用 φ140mm 沸腾炉炉体　　　　　　　图 5-47　布袋收尘器

5.7.1.3　冷态试验

首先用 φ50mm×600mm 冷态沸腾炉模型进行了沸腾焙烧冷态试验，考察了物料流态化状况，为沸腾炉半工业试验操作线速度提供参考数据。研究确定的最佳操作线速度为 0.35~0.4m/s，该线速度下的烟尘率约 15%。

5.7.1.4　沸腾炉半工业试验

一段沸腾炉还原焙烧试验研究分两部分进行：

（1）采用含 Ni 0.38% 的矿进行条件研究。焙烧温度、时间等条件主要依据小试结果，研究重点考察了焙烧气氛对 Ni、Co 浸出率的影响以及设备的可操作性。

（2）根据第一部分研究结果，采用含 Ni 0.97% 的氧化镍矿进行验证研究。

A　不同还原剂加入量和通气量的影响

（1）还原剂加入量 20%。固定条件：通入热风温度 300℃、加料速度 3.2kg/h、通气量约 5.0m³/h、沸腾层温度 750~810℃、操作线速 0.35m/s、沸腾层高度 1.1m。

所产焙砂呈棕褐色，浸出效果不好，可能是沸腾炉内还原气氛不够所致。

（2）还原剂加入量 30%。固定条件：通入热风温度 300℃、加料速度 4.5kg/h、通气量约 4.0m³/h、沸腾层温度 750~810℃、操作线速 0.3m/s、沸腾层高度 1.1m。

在减少通气量和加大还原剂加入量的情况下，焙砂呈黑色微红，浸出效果仍然不好。

（3）还原剂加入量 50%。固定条件：通入热风温度 300℃、加料速度 4kg/h、通气量约 4.0m³/h、沸腾层温度 750~810℃、操作线速 0.3m/s、沸腾层高度 1.1m。

由于配煤量过多，还原气氛过强，铁的过还原严重，并且由于炉内局部温度过高，炉料出现烧结现象，床能力较低，床层沸腾状况不理想。

（4）还原剂加入量 40%。固定条件：通入热风温度 300℃、加料速度 3.5kg/h、通气量约 4.6m³/h、沸腾层温度 750~810℃、操作线速 0.33m/s、沸腾层高度 1.1m。

所产焙砂呈黑灰色，沸腾焙烧产物的化学分析结果见表 5-34。

表 5-34　沸腾焙烧产物的化学分析结果　　　　　（%）

焙砂			烟尘		
Co	Ni	Fe	Co	Ni	Fe
0.058	0.36	12.10	0.027	0.39	11.82

对所得焙砂进行 AAC 溶液浸出检验浸出结果见表 5-35。

表 5-35　还原剂加入量 40%焙砂浸出结果

焙砂			浸出渣			浸出率/%	
质量/g	Co/%	Ni/%	渣重/g	Co/%	Ni/%	Co	Ni
42.6	0.058	0.36	42.4	0.047	0.31	19.35	14.29

结果表明，渣含镍 0.31%、浸出率 14.29%，渣含钴 0.047%、浸出率 19.35%，浸出效果不好。

B　验证试验

根据上述研究结果，采用镍含量 0.97%的氧化镍矿进行了沸腾炉一段还原焙烧的验证试验。固定条件：还原剂加入量 40%、通入热风温度 300℃、加料速度 4kg/h、通气量约 5.0m³/h、沸腾层温度 750~810℃、操作线速 0.38m/s、沸腾层高度 1.1m。沸腾焙烧产物的化学分析结果见表 5-36。

表 5-36　沸腾焙烧产物的化学分析结果　　　　　（%）

焙砂			烟尘		
Co	Ni	Fe	Co	Ni	Fe
0.070	0.950	39.11	0.067	0.980	37.94

AAC 溶液浸出检验浸出结果见表 5-37，浸出效果很差。

表 5-37　第二部分沸腾焙烧焙砂浸出结果

焙砂			浸出渣			浸出率/%	
质量/g	Co/%	Ni/%	渣重/g	Co/%	Ni/%	Co	Ni
40	0.070	0.95	38.70	0.072	0.95	0.49	3.25

用煤作燃料和还原剂，采用一段沸腾炉还原焙烧技术处理元石山红土镍矿，存在许多问题：

（1）本工艺为还原焙烧，沸腾炉内的气氛控制是关键，为了保证较好的还原气氛，鼓空气线速度不可太大。

（2）一段沸腾炉为自供热，为了保证焙烧所需温度，需要一定的鼓空气量和加入一定的煤量。

（3）为了保证沸腾炉内物料流态化，需要一定的鼓空气线速度。

（4）采用煤作燃料，其燃烧持续时间较长，炉内温度控制不稳定。采用空气作为沸腾动力、以煤作为燃料和还原剂，既要保证炉料的焙烧温度，又要兼顾适宜的还原气氛和操作线速度，要想达到三者的统一，工程实现难度很大。

5.7.2　回转窑焙烧

回转窑作焙烧设备具有操作简单、处理量大、烟尘率低、生产稳定等优点。为了综合考察回转窑还原处理元石山镍铁矿的可行性和可控性，用连续式密闭回转窑（见图5-48）进行了焙烧扩大试验。

图 5-48　试验用连续式密闭回转窑装置

1—出料口；2—窑体传动装置；3—给料传动装置；4—窑体加热装置；5—窑体；6—加料斗；7—螺旋给料

5.7.2.1　原料性质

原料性质包括：

（1）物理性质。堆密度 1.22g/cm³、真密度 3.63g/cm³、安息角 42.61°。

（2）主要化学成分见表 5-38。

表 5-38　试验用氧化镍矿化学成分

元素	Fe	Ni	Co	Al	As
含量/%	38.240	0.970	0.069	0.120	<0.010
元素	Ca	Cr	Cu	Mg	Mn
含量/%	0.600	0.200	<0.005	0.670	1.29

5.7.2.2　焙烧温度

在回转窑中分别用 750℃、780℃ 和 820℃ 进行了温度试验，研究结果见表 5-39。

表 5-39　回转窑温度试验结果

温度/℃	矿量/g	煤添加率/%	浸出渣成分/%		浸出率/%	
			Ni	Co	Ni	Co
750	6000	8	0.21	0.044	79.95	43.48
780	6000	8	0.11	0.028	89.64	64.51
820	6000	8	0.11	0.029	89.29	63.62

结果显示，780℃ 的焙砂氨浸结果优于 750℃，因此，在回转窑半工业试验中把焙烧温度提高至 780℃。由于密闭回转窑的密闭性能较好，且为动态焙烧，因此考虑将烟煤添加

比率降低至 8%。

在还原剂加入量 8% 的条件下，回转窑焙烧半工业试验共进行了 3 次试验，分别处理镍铁矿 8kg、6kg 和 6kg。

5.7.2.3   焙砂氨浸

所得焙砂用氨-碳铵溶液氧化浸出。固定浸出温度 50℃，$NH_3(g/L)/CO_2(g/L)$ 为 90/60，液固比 10:1mL/g，预浸时间 30min，搅拌浸出时间 180min，镍、钴浸出率按渣计，结果见表 5-40，焙砂氨浸镍、钴平均浸出率分别为 90.11% 和 62.99%，渣中平均含镍 0.11%，含钴 0.034%，与小型试验结果基本一致。

表 5-40   回转窑半工业试验氨浸结果

试验编号	矿量/g	煤添加率/%	浸出渣成分/%		浸出率/%	
			Ni	Co	Ni	Co
1	8000	8	0.11	0.044	91.88	62.11
2	6000	8	0.11	0.028	89.64	64.51
3	6000	8	0.12	0.030	88.81	62.35
平均	—	8	0.11	0.034	90.11	62.99

5.8   筛分—还原焙烧—氨浸工艺

红土镍矿选择性还原焙烧—氨浸工艺的突出优点是可以控制铁的还原，使矿石中的大部分铁以非可溶性的 Fe_3O_4 产出并进一步磁选回收[28]。这对含铁较高的褐铁型红土镍矿的综合利用和污染的源头减排极具意义。

5.8.1   筛分的引入

菲律宾某褐铁型红土镍矿含铁 48%~50%，Ni 0.6%~0.9%，化学组成列于表 5-41，所含有价金属主要为 Ni、Co、Fe，潜在价值分布见表 5-42。

表 5-41   镍铁矿多元素分析

元素	Ni	Co	Fe	Al	Ca	Mg	Mn
含量/%	1.04	0.096	48.89	1.96	0.17	0.68	0.81
元素	Cr	SiO₂	C	S	P	H₂O（物理水）	
含量/%	2.58	3.19	0.47	0.21	0.01	17.2	

表 5-42   吨干基矿中的主要有价元素及价值组成

元素	Ni	Co	Fe	合计
含量/kg	10.4	0.96	488.9	
金属价格/元·kg⁻¹	150	280	3.5	
价值/元	1560	268.8	1711.15	3539.95
所占比例/%	44.07	7.59	48.34	100.00

因此，在冶炼工艺的选择方面，除镍、钴外，综合考虑 Fe 的回收很有必要。

表 5-43 列出了该矿的筛析结果，图 5-49 所示为该矿的矿物粒度分布情况。

表 5-43 菲律宾某褐铁型红土镍矿筛析结果

	粒度范围/mm	0.25	0.250~0.125	0.125~0.074	0.074~0.048	0.048~0.038	<0.038
	产率/%	5.97	6.34	6.29	6.22	4.84	70.34
化学分析结果	Fe 质量分数/%	29.08	42.36	46.31	51.46	48.22	50.52
	Fe 分布率/%	3.59	5.55	6.02	6.61	4.82	73.41
	Ni 质量分数/%	0.75	0.83	0.92	1	1.12	1.14
	Ni 分布率/%	4.17	4.9	5.39	5.79	5.05	74.69
	Co 质量分数/%	0.28	0.26	0.19	0.12	0.12	0.065
	Co 分布率/%	16.05	15.83	11.48	7.17	5.58	43.9
	Al 质量分数/%	2.02	1.96	1.92	1.82	1.75	1.81
	Al 分布率/%	6.57	6.77	6.58	6.16	4.61	69.32
	Cr 质量分数/%	3.8	6.91	6.49	4.89	3.28	1.57
	Cr 分布率/%	8.59	16.59	15.46	11.52	6.01	41.82
	Mg 质量分数/%	6.96	0.83	0.76	0.65	0.65	0.49
	Mg 分布率/%	44.56	5.64	5.13	4.34	3.37	36.96
	SiO₂ 质量分数/%	16.72	4.02	3.81	3.6	3.71	3.42
	SiO₂ 分布率/%	23.2	5.92	5.57	5.21	4.17	55.92

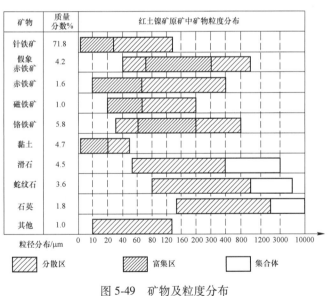

图 5-49　矿物及粒度分布

该褐铁型红土镍矿中的 Co、Mn、Mg、SiO₂ 主要富集在粗颗粒中，以石英、蛇纹石等脉石矿物为主，铁的氧化物和黏土矿物主要分布在细颗粒中，Ni、Fe 含量则随矿物细度的减小而逐渐增大[29]（见图 5-50），因此可采用筛析选矿的方法对红土镍矿进行预处理以提高铁的含量。研究采用 0.125mm 筛网分选，得出产率 15% 的粗粒富钴矿及 85% 的细粒镍铁矿，其成分含量见表 5-44。

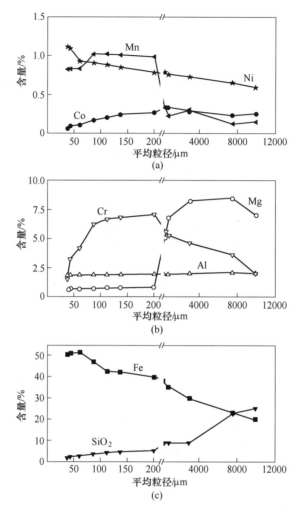

图 5-50   原矿中不同粒度下各主要化学元素含量分布

表 5-44   筛析料成分

物料	产率/%	成分含量/%							
		Fe	Ni	SiO$_2$	CaO	Al$_2$O$_3$	Cr	MgO	Co
<0.125mm	85	50.56	0.91	4.05	0.06	3.55	1.97	0.85	0.06
占比/%		89.56	86.42	61.15	22.22	86.17	74.26	36.28	62.96
>0.125mm	15	33.41	0.81	14.58	1.23	3.23	3.87	8.46	0.21
占比/%		10.44	13.58	38.85	77.78	13.83	25.74	63.72	37.04

试验针对选择性还原焙烧—氨浸—磁选和筛析—选择性还原焙烧—氨浸两种方案进行了研究，结果分述如下。

5.8.1.1   选择性焙烧—氨浸—磁选工艺

原矿经粗破至小于 10mm，800℃ 恒温还原焙烧 2h，水淬焙砂经球磨后用 NH$_3$(g/L)／CO$_2$(g/L) 为 90/60 的溶液常温浸出，浸出结果见表 5-45。

表 5-45　浸出结果　　　　　　　　　　　　　　　　（%）

考察对象	焙砂			浸出渣			渣计浸出率	
元素	Ni	Co	Fe	Ni	Co	Fe	Ni	Co
含量	1.17	0.10	57.54	0.18	0.07	56.11	86.59	35.50

　　焙烧后氨浸 Ni 浸出率 86.59%，Co 浸出率约 35.50%，浸出渣含 Fe 56.17%；氨浸渣的磁选效果很差，精矿含铁虽然可以超过 60%，但尾矿含铁也在 50% 左右，铁选出率很低。

5.8.1.2　筛析—还原焙烧—氨浸工艺

　　使用表 5-44 的小于 0.125mm 的筛析料，经 800℃ 恒温还原焙烧 2h，水淬焙砂球磨后用 $NH_3(g/L)/CO_2(g/L)$ 为 90/60 的溶液常温浸出，浸出结果见表 5-46。

表 5-46　筛析细料焙烧氨浸结果　　　　　　　　　　　（%）

考察对象	焙砂			浸出渣			渣计浸出率	
元素	Ni	Co	Fe	Ni	Co	Fe	Ni	Co
含量	1.33	0.09	61.49	0.17	0.04	61.25	86.32	47.69

　　筛析细料采用还原焙烧—氨浸工艺处理，Ni、Co 浸出率可以达到 86.32% 和 47.69%，浸出渣含铁可以直接富集至 60% 以上。

5.8.2　过程分析

　　原矿与筛分后的矿物在还原焙烧前后的 XRD 图谱如图 5-51 所示。和原矿的还原焙砂相比较，筛分后的物料的还原焙砂中没有铁橄榄石相的生成，因此可以初步判断：筛分去除了大部分硅酸盐矿物[30]。

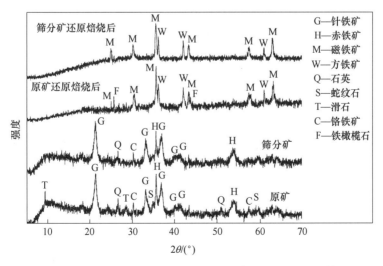

图 5-51　原矿与筛分后的矿物在还原焙烧后的 XRD 图谱

　　对原矿和筛分后的矿物所做的热重分析结果（见图 5-52）表明，在针铁矿脱羟基的吸收峰处，原矿与筛分后的矿物的 TG-DSC 曲线有一定偏移，筛分后的矿物比原矿失重高约 11.5%，进一步说明筛分去除的为硅酸盐，筛分后针铁矿含量提高，失重比例增加。

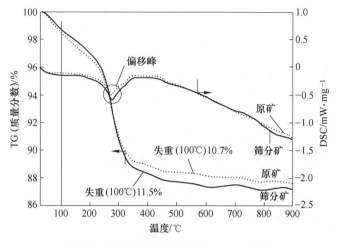

图 5-52　原矿与筛分矿物的 TG-DSC 曲线

　　筛分去除了大部分的硅酸盐，减少了还原焙烧过程中硅酸铁（镍、钴易进入其晶格）的生成，进而提高了镍、钴的浸出率；焙烧前提高铁含量、提高镍钴浸出率以及高的烧蚀量和降低硅含量都有助于提高最终浸出渣中铁的含量，使浸出渣中铁含量高于60%，可以作为铁精矿直接出售给钢铁企业。

5.8.3　还原焙烧

　　在红土镍矿选择性还原焙烧过程中，煤气和煤均可作为还原剂。从技术方面考虑，用煤气作还原剂便于有效控制还原气氛。而从经济方面考虑，采用煤作还原剂可以节省煤气发生炉的投资。本部分主要考察以煤为还原剂的还原焙烧效果，工业分析见表5-4。研究所用原料为表5-44 所列的筛析细料。

5.8.3.1　还原剂加入量

　　固定焙烧温度800℃，焙烧时间120min，调整烟煤加入率，所得焙砂氨浸结果见表5-47。

表 5-47　配煤量的影响

试验编号	配煤量/%	浸出渣成分/%			渣计浸出率/%	
		Ni	Co	Fe	Ni	Co
1	4	0.25	0.06	59.99	80.68	50.78
2	6	0.23	0.05	60.15	81.74	41.00
3	8	0.15	0.05	59.37	88.13	50.55
4	10	0.19	0.08	58.72	85.24	18.35
5	12	0.20	0.08	58.06	83.91	14.31

　　烟煤配入量4%~8%时，焙砂中 Ni、Co 浸出率随配煤量的升高而增大，且在8%时 Ni、Co 浸出率分别达到88.13%和50.55%。

研究过程中，当配煤量为12%时，该焙砂浸出过程浸出液泛浑，有较多的氢氧化铁沉淀析出，且该条件下浸出渣颜色为黄褐色，浸出渣含铁也偏低。

5.8.3.2 焙烧温度

温度对焙烧的影响主要表现在是否充分还原、是否过还原和是否烧结这三个现象上。固定焙烧时间120min，烟煤加入率8%，改变焙烧温度，所得焙砂氨浸结果见表5-48。

表 5-48　焙烧温度的影响

试验编号	焙烧温度/℃	渣成分/%		渣计浸出率/%	
		Ni	Co	Ni	Co
1	700	0.57	0.05	51.45	27.28
2	725	0.24	0.05	81.03	48.92
3	750	0.25	0.04	80.29	47.03
4	775	0.24	0.05	80.51	49.74
5	800	0.15	0.05	88.13	50.55
6	825	0.16	0.05	87.32	47.32
7	850	0.19	0.06	85.33	41.48

结果表明，700~800℃的还原焙烧温度下，焙砂浸出率随温度升高而升高，800~850℃下随温度升高，焙砂浸出率稍有下降。800℃下 Ni、Co 的浸出率分别为88.13% 和50.55%。

5.8.3.3 焙烧时间

固定焙烧温度800℃，烟煤加入率8%，不同还原焙烧时间下的焙砂氨浸结果见表 5-49。

表 5-49　还原焙烧时间影响

试验编号	恒温时间/min	浸出渣成分/%			渣计浸出率/%	
		Ni	Co	Fe	Ni	Co
1	30	0.42	0.06	56.58	64.18	29.32
2	60	0.17	0.05	58.26	85.67	47.01
3	90	0.17	0.04	58.23	87.43	57.52
4	120	0.15	0.05	59.37	88.13	50.55
5	150	0.15	0.05	59.24	88.32	50.32

焙烧时间从30min增加到90min，镍、钴浸出率明显提高。焙烧时间超过90min，随着焙烧时间的增加，镍、钴浸出率上升幅度极小。

焙烧时间低于90min得到的氨浸渣呈黑色。焙烧时间大于90min，随着时间增加，浸出渣颜色逐渐由褐色变为黄褐色，浸出渣的渣率也逐渐增加。渣率增加主要是浮氏铁或金属铁溶解后，再氧化生成 $Fe(OH)_3$ 沉淀的结果。

5.8.3.4 综合试验

采用最佳条件：烟煤加入率8%，控制还原焙烧温度800℃，焙烧时间90min。焙砂水淬后的氨浸结果见表5-50，Ni、Co 平均浸出率分别为87.01%和42.57%，浸出渣含 Fe 为59.80%。

表 5-50　焙烧综合试验表

试验编号	浸出渣成分/%			渣计浸出率/%	
	Ni	Co	Fe	Ni	Co
1	0.18	0.05	59.44	86.79	40.13
2	0.18	0.05	60.43	86.79	42.35
3	0.17	0.05	59.53	87.43	45.24
平均	0.18	0.05	59.80	87.01	42.57

5.8.4　氨浸

主要考察了氨浸过程中 NH_3/CO_2 浓度、液固比、浸出时间、通空气速率、磨矿粒度等因素对 Ni、Co 浸出率及浸出渣 Fe 品位的影响。

5.8.4.1　NH_3/CO_2 浓度

焙砂的浸出过程是镍、钴与氨络合的过程，CO_3^{2-} 在溶液中起缓冲剂和稳定剂作用，调节体系溶液 pH 值。

在本研究中所用的铵盐为 NH_4HCO_3，其中 CO_3^{2-} 的加入量只要能够维持浸出过程中溶液 pH 值在 9~11 即可。表 5-51 和表 5-52 分别为 NH_3 浓度为 90g/L 不同 CO_2 浓度对应的溶液实测 pH 值，和 CO_2 浓度为 60g/L 不同 NH_3 浓度对应的溶液实测 pH 值，可以通过表中数据 pH 值来配制一定 NH_3/CO_2 比的浸出液。

表 5-51　NH_3 浓度为 90g/L 时不同 CO_2 浓度对应的溶液实测 pH 值

CO_2 浓度/g·L^{-1}	0	20	40	60	80	100	120
溶液 pH 值	11.55	10.75	10.48	10.25	10.14	9.96	9.69

表 5-52　CO_2 浓度为 60g/L 时不同 NH_3 浓度对应的溶液实测 pH 值

NH_3 浓度/g·L^{-1}	23	40	60	80	90	100	120
溶液 pH 值	7.52	9.29	9.81	10.12	10.25	10.32	10.52

根据上述分析，研究配制 NH_3(g/L)/CO_2(g/L) 分别为 40/20、60/30、70/40、80/50、90/60、120/80，按液固比 5:1mL/g 对焙砂进行常温浸出，预浸 30min，空气鼓入量 1.0mL/(min·g)，搅拌浸出时间 150min，浸出结果见表 5-53。

表 5-53　浸出液浓度的影响

试验编号	NH_3(g/L)/CO_2(g/L)	pH 值	浸出渣成分/%			渣计浸出率/%	
			Ni	Co	Fe	Ni	Co
1	40/20	10.83	0.31	0.06	60.36	77.09	32.36
2	60/30	10.86	0.25	0.06	60.11	81.52	34.51
3	70/40	10.79	0.22	0.05	59.74	83.74	47.39
4	80/50	10.77	0.21	0.05	59.82	84.48	48.46
5	90/60	10.78	0.17	0.05	59.53	87.43	45.24
6	120/80	10.99	0.18	0.06	58.31	86.70	38.80

　　浸出结果表明，在保证浸出溶液 pH 值为 9~11 的条件下，增加氨浓度，焙砂 Ni、Co 浸出率逐渐增大，当氨浓度为 90g/L 时，Ni、Co 浸出率分别为 87.43% 和 45.24%，但氨浓度进一步提高至 120g/L 时，Ni、Co 浸出率却逐步下降，主要是因 pH 值偏高，络合物稳定性下降所致。且随氨浓度的增大，浸出渣含铁呈微下降趋势。

　　综合考虑氨浓度对 Ni、Co 浸出率的影响、操作环境及后续蒸氨、吸收、洗涤等工序的负荷问题，确定 NH_3、CO_2 浓度（g/L）为 $NH_3/CO_2 = 90/60$。

5.8.4.2　矿浆液固比

　　固定试验条件：常温氧化浸出时间 150min，焙砂球磨 4min，$NH_3(g/L)/CO_2(g/L)$ 为 90/60，预浸 30min，空气鼓入量（以焙砂计）1.0mL/(min·g)，不同矿浆液固比下的浸出结果见表 5-54。

表 5-54　液固比的影响

试验编号	浸出液固比 /mL·g^{-1}	浸出渣/%			渣计浸出率/%	
		Ni	Co	Fe	Ni	Co
1	1:1	0.35	0.084	60.93	75.21	7.87
2	2:1	0.27	0.077	60.91	80.88	15.55
3	3:1	0.22	0.059	60.85	83.34	22.93
4	4:1	0.2	0.057	59.45	84.55	35.40
5	5:1	0.12	0.049	59.33	90.73	44.47

　　焙砂 Ni、Co 浸出率随液固比的增大而增大，且在液固比为 5:1mL/g 时 Ni、Co 浸出率分别达到 90.73% 和 44.47%，但浸出渣含铁随液固比的升高缓慢降低。综合考虑液固比对 Ni、Co 浸出率及浸出渣 Fe 品位的影响，以及辅料消耗，选择浸出过程液固比为 3:1mL/g。

5.8.4.3　浸出时间

　　固定试验条件：焙砂球磨 4min，$NH_3(g/L)/CO_2(g/L)$ 为 90/60，预浸 30min，空气鼓入量（以焙砂计）1.0mL/(min·g)，液固比 3:1mL/g，对浸出渣连续取样分析，浸出结果见表 5-55。

表 5-55　浸出时间的影响

试验编号	浸出时间/min	浸出渣/%			渣计浸出率/%	
		Ni	Co	Fe	Ni	Co
1	30	0.41	0.062	59.14	69.70	33.43
2	60	0.28	0.056	58.54	79.30	39.87
3	90	0.23	0.061	59.13	83.00	34.51
4	120	0.22	0.068	58.74	83.74	26.99
5	150	0.21	0.070	58.72	84.48	26.32
6	180	0.22	0.077	59.98	83.74	17.33

　　Ni 的浸出过程，在前 90min 其浸出速率非常快，80% 以上的 Ni 已经溶出。之后，Ni 的浸出速率逐渐降低，超过 150min，基本不再溶出；Co 的浸出在前段时间速度较快，而之后的浸出过程中，渣中钴含量基本不变。当浸出时间超过 120min 渣中钴含量又逐渐增

加，此时部分被氧化沉淀的铁吸附进渣中。

5.8.4.4 通空气速率

固定试验条件：常温氧化浸出时间 150min，焙砂球磨 4min，$NH_3(g/L)/CO_2(g/L)$ 为 90/60，预浸 30min，液固比 3∶1mL/g，不同空气鼓入量下的浸出结果见表 5-56。

表 5-56 空气量的影响

试验编号	空气量（以焙砂计）/mL·(min·g)$^{-1}$	浸出渣/%			渣计浸出率/%	
		Ni	Co	Fe	Ni	Co
1	0.5	0.29	0.051	60.98	76.89	39.51
2	1	0.28	0.051	60.03	77.69	39.51
3	1.2	0.19	0.055	60.05	86.21	36.78
4	1.5	0.19	0.059	60.80	85.16	30.02
5	2	0.2	0.055	58.94	84.38	34.77

当鼓入空气量（以焙砂计）小于 1.0mL/(min·g) 时，浸出 150min 后焙砂 Ni、Co 浸出率偏低，浸出不完全，而空气量（以焙砂计）大于 1.5mL/(min·g) 时，Ni、Co 浸出率也出现下降，这可能是由鼓入的空气量过大致使氨损耗严重，浓度下降过快所致。综合考虑浸出率、过程速率以及氨的损耗，空气量（以焙砂计）控制 1.2~1.5mL/(min·g) 为佳。

5.8.4.5 磨矿粒度

本工艺采用筛析细料进行还原焙烧，但浓密过滤后滤饼会出现板结，焙烧水淬焙砂不能完全打散，因此进浸出前须对焙砂进行球磨处理。

考察磨矿粒度对浸出的影响，主要考察不同磨矿时间下粒度分布及其 Ni、Co 浸出率情况。

研究过程焙砂采用湿式球磨，球磨液固比 1∶1mL/g，浸出液 $NH_3(g/L)/CO_2(g/L)=90/60$，浸出液固比 3∶1mL/g，常温预浸 30min，浸出 150min，不同球磨时间下焙砂细度及 Ni、Co 浸出情况表 5-57。

表 5-57 磨矿时间影响

试验编号	球磨时间/min	小于 0.074mm 比例/%	浸出渣成分/%			渣计浸出率/%	
			Ni	Co	Fe	Ni	Co
1	1	83.33	0.26	0.05	61.01	80.92	43.46
2	2	88.07	0.22	0.07	59.59	83.86	24.61
3	4	96.12	0.18	0.05	59.44	86.79	40.13
4	8	98.62	0.18	0.05	60.43	86.79	42.35
5	10	99.21	0.26	0.06	59.28	80.92	29.04

随磨矿时间的延长，焙砂粒度逐步变细，0~4min 内焙砂 Ni、Co 浸出率随之升高。但随磨矿时间的进一步延长，焙砂 Ni、Co 浸出率不升反降，主要是因磨矿过程焙砂出现氧化所致，且浸出渣 Fe 品位总体呈随磨矿时间加长而降低的趋势，因此综合考虑 Ni、Co 浸出率及浸出渣 Fe 品位，控制焙砂球磨时间 4min 为佳。

5.8.4.6 综合试验

在条件研究的基础上，确定了氨浸的最佳工艺条件：焙砂球磨 4min，焙砂细度小于

0.074mm 的比例大于 90%，$NH_3(g/L)/CO_2(g/L) = 90/60$，液固比 3∶1mg/L，鼓空气速率（以焙砂计）1.2mL/(min·g)，常温浸出，浸出终止电位约 -300mV，在此条件下进行了 3 次平行试验以考察研究的稳定性和可靠性，结果见表 5-58。结果表明，常温常压下，用 NH_3/CO_2 溶液可以有效地浸出焙砂中的镍、钴。镍、钴平均浸出率分别为 86.92% 和 39.47%。

表 5-58 综合试验结果

试验编号	浸出渣成分/%			渣计浸出率/%	
	Ni	Co	Fe	Ni	Co
1	0.19	0.06	62.05	85.09	38.35
2	0.15	0.06	61.24	88.23	38.35
3	0.16	0.05	61.57	87.45	41.71
平均	0.17	0.05	61.62	86.92	39.47

5.8.5 铁精粉制备

由筛析细料的成分表 5-44 及其物理性质可知，经高温脱除化学水后，物料含铁可以达到 59.79%。在还原焙烧过程，由于需要加入一定量的还原剂煤，还原焙砂的 Fe 品位就会受到还原剂煤的加入量、还原焙烧温度及焙烧时间的影响，焙砂含 Fe 介于 58%~62% 之间。对氨浸渣来讲，由于不可避免地可溶性铁的氧化水解，渣含铁介于 59%~61% 之间。研究统计了不同焙砂和氨浸渣的含 Fe 量，见表 5-59。

表 5-59 焙砂及浸出渣 Fe 含量

编号	Fe 含量/%			
	焙砂	浸出渣		
1	59.68	61.01	59.74	59.87
2	60.00	59.59	59.82	62.05
3	60.36	59.44	59.53	61.24
4	60.18	60.43	58.31	61.57
5	58.44	59.28	60.93	61.19
6	59.79	59.14	60.91	62.66
7	60.61	58.54	59.64	60.49
8	62.44	59.13	59.37	60.35
9	61.25	58.74	58.89	61.13
10	61.25	58.72	60.98	60.45
11	60.49	59.98	60.03	59.97
12	60.35	60.36	60.8	60.78
13	61.13	60.11	58.94	
平均	60.46	60.13		

浸出渣主要成分含量见表 5-60。

表 5-60　浸出渣成分

元素	Fe	Ni	Co	Cr_2O_3	SiO_2	Al_2O_3
含量/%	约 60.10	约 0.20	约 0.055	约 3.30	约 4.50	约 4.1

考虑浸出渣含有部分化学水，将浸出渣在 200℃ 下烘干后，其 Fe 品位可以提高 0.5～1.0 个百分点。

5.9　还原焙烧—氨浸的工业应用

5.9.1　工程概况

元石山铁镍矿区位于青海省海东地区平安县古城乡。根据青海省国土资源厅 2000 年 7 月 5 日批准《平安县元石山铁镍矿区矿产资源储量套改结果批准书》（批准书号 630000038），批准的储量为：镍矿预可采储量镍为 78703t，基础储量镍为 98378t，资源量镍为 57748t；钴矿预可采储量镍为 4378t，基础储量镍为 5472t；铁矿预可采储矿石 5609kt，基础储量 7011kt，开发和利用价值很大。

在小型试验和扩大试验取得成功的基础上，以北京矿冶研究总院为技术支撑方和项目设计方，以平安鑫海资源开发有限公司为投资建设方，2006 年 10 月，青海元石山 30 万吨/年低品位镍铁矿综合利用工程项目开始了筹建，2008 年 10 月项目基本建成。厂区全貌如图 5-53 所示。

元石山低品位镍铁矿综合利用工程主要分为 6 个生产车间：备料车间、焙烧车间、浸出车间、萃取车间、浓缩结晶车间、磁选车间，同时配套有供电、供气、供水和污水处理等设施，以及相应的办公

图 5-53　元石山镍铁矿示范工程厂区全貌

和生活设施。至 2009 年 1 月，历经 3 个月的调试，全流程打通并生产出了合格的精制硫酸镍产品。随后，针对试生产过程暴露出的有关问题进行了优化设计和改造，并于 2009 年 6 月投料生产。

5.9.2　生产原料

生产原料来源于拉脊山脉中段主脊北麓的元石山矿区 V 矿带，矿带长约 2000m，地表最大出露宽度 120m，一般 40～50m，其中 1 号、3 号、5 号三个矿体规模大、品位高，构成占矿区总储备量 91% 以上的主要矿体。矿床待采的主矿体形态及延布较规整、厚度较大、顶板围岩覆盖不大、底板界面完整，以及矿体的主矿段分布在当地侵蚀基准面以上等赋存特点，适宜进行露天开采。图 5-54 所示为矿区 1 号矿体开采现场。

从矿区开采的矿石运送到厂区原料堆场存放，如图 5-55 所示，试生产期间在原料堆场取样分析原料，其中镍和铁含量见表 5-61。

图 5-54　元石山矿区 1 号矿体开采现场　　　　图 5-55　原料场

表 5-61　元石山镍铁矿原料的 Ni 和 Fe 质量分数　　　　（%）

样号	Ni	Fe	样号	Ni	Fe	样号	Ni	Fe
080324-1	0.87	34.70	080324-2	0.59	36.81	080324-3	0.63	18.99
080327-5	0.71	27.61	080424-1	0.54	18.56	080424-2	0.64	16.53
080430-1	0.64	28.31	080430-2	0.54	22.17	080501-1	0.50	22.69
080501-3	0.76	30.62	080502-2	0.65	23.87	080502-3	0.83	31.76
080504-5	0.61	31.52	080504-6	0.61	31.94	080509-3	0.57	30.68
080509-4	0.60	30.15	080510-1	1.02	25.84	080511-1	0.85	34.63
080511-2	1.10	37.47	080515-1	0.24	35.94	080516-2	0.36	38.14
080524-1	0.81	21.63	080524-2	0.56	27.19	080609-1	0.56	29.24
080609-2	0.68	27.88	080615-1	0.41	28.84	080615-2	0.64	34.22
080615-3	0.49	18.98	080615-4	0.38	15.68	080615-5	0.45	20.10
080617-1	0.68	21.34	080617-2	0.72	20.52	080619-1	0.86	30.26
080619-2	0.32	24.33	080630-1	0.51	24.08	080701-1	0.74	27.02
080705-1	0.69	33.38	080705-2	0.62	32.48	080726-1	0.69	24.58
080726-2	0.59	26.95	080805-1	0.24	27.70	080805-7	0.64	22.31
080810-1	0.52	18.46	080816-1	0.50	30.27	080816-2	0.32	16.42
080816-3	0.57	22.49	080816-4	1.09	26.26	090824-1	0.78	31.82
090829-1	0.70	31.34	090830-1	0.73	23.66	090830-1	0.67	27.37
090901-1	0.85	28.48	090902-1	0.67	26.84	090905-1	0.73	28.01
090906-1	0.72	29.28	090907-1	0.70	25.42	090908-1	0.81	26.38
090917-1	0.72	26.91	090918-1	0.73	27.21	090920-1	0.81	26.55
090921-1	0.93	27.02	090923-1	0.81	26.19	091023-1	0.91	40.90
091024-1	0.72	31.78	091030-1	0.84	35.57	091030-2	0.80	28.89
091103-1	0.63	26.31	091105-1	0.37	22.85	091107-1	0.46	27.40
091113-1	0.64	28.36	091115-1	0.47	29.66	091118-2	0.55	24.80
091120-1	0.61	26.68	091124-1	0.51	24.81	091205-1	0.56	31.24
091206-1	0.61	29.66	091218-1	0.65	30.42	091220-1	0.64	28.75
091225-1	0.52	24.89	100101-1	0.71	34.84	100102-1	0.78	37.22
100105-1	0.63	28.57	100111-1	0.65	28.27	100115-1	0.65	29.39
100117-1	0.75	30.96	100123-1	0.64	28.87	100224-1	0.76	33.12
100226-1	0.77	37.65	100227-1	0.76	22.47	100228-1	0.56	30.48
100319-1	0.73	33.93	100322-1	0.71	28.93	100323-1	0.72	34.91
100325-1	0.69	31.02	100326-1	0.47	22.33	100330-1	0.76	32.84
100401-1	0.68	33.02	100403-1	0.69	38.99	100405-1	0.62	24.33

元石山镍矿因风化程度不同，化学成分和矿物组成有较大差异，原料的镍、铁成分波动较大，镍含量波动范围为 0.2%~1.1%，平均 0.654%；铁含量波动范围为 15%~41%，平均 28.17%；钴含量波动在 0.03%~0.07% 之间；SiO_2 含量波动在 6%~52% 之间，平均 23.7%；MgO 含量波动在 1%~14% 之间，平均 4.2%。因此，进入还原焙烧的矿石一般要进行配料。

原料除有铁质红土矿外，还有大量的硅质矿和镁质矿，在试生产期间几种矿是搭配使用的，而且以硅质矿居多，原料镍和铁平均品位均低于试验室所使用的铁质矿矿样，钴含量很低，而 SiO_2、MgO 含量较高。

原料堆密度约 $2.2×10^3 kg/m^3$。原矿含水量受矿物粒度以及天气影响较大，块矿含水量波动范围在 2%~6%，粉矿含水量 10%~18%，部分粉矿在雨天时含水量甚至能达到 30%，总体上原矿含水量为 10%~15%。

5.9.3 备料

备料车间主要是将原矿进行破碎处理，试生产初期，采取先破碎磨矿后还原焙烧的工艺，但在试生产过程中发现存在回转窑粉尘大、供料不稳定、焙烧系统控制困难等问题。而后采取先破碎成粒矿进行还原焙烧，焙砂再进行球磨的工艺，很好地解决了上述问题。图 5-56 所示为备料车间。

备料工作由二段一闭路破碎系统实现，通过筛分控制最终备料产品的粒度至小于 20mm，备料车间的主要生产设备见表 5-62。

图 5-56   备料车间

表 5-62   备料车间主要生产设备

序号	设备名称	规格型号	数量
1	格筛	410×550	1
2	重型板式给矿机	HBGL1200mm×6m	1
3	颚式破碎机	PA750×1060	1
4	皮带机	宽 800mm	12
5	电磁除铁器	RCDB-8	1
6	振动筛	YA1536	2
7	中型圆锥破碎机	PYZ1750	1
8	圆锥破碎润滑装置	XYZ-6	2
9	斗式提升机	D450-X2J2-K2Z2-C	1
10	原料仓	ϕ9500mm×9500mm	1
11	振动给料机	GZG633	1

续表 5-62

序号	设备名称	规格型号	数量
12	电动单梁起重机	10t	2
13	电动葫芦	MD1-12	1
14	手动单轨小车	WA2Q-2.0t	1
15	手拉葫芦	SH-2AQ 2.0T	1
16	分级机	FC-30	1
17	布袋除尘离心通风机	G6-41-8.5A	2
18	悬梁天车	2t	1

原矿由经格筛进入板式给矿机，初始进料粒度为小于 400mm，采用 PA750×1060 型的外动颚式破碎机破碎至小于 150mm，再用振动筛进行筛分。原矿经电磁除铁后进入振动筛筛分，筛下粒度小于 20mm 的矿石为合格备料产品，筛上粒度大于 20mm 的矿石进入圆锥破碎机破碎，破碎后的矿石闭路循环皮带运输回到振动筛重新筛分，以控制原料供料粒度为小于 20mm。

5.9.4 还原焙烧

还原焙烧是整个工艺的关键流程，其焙烧质量直接影响到后续生产作业以及镍的回收率。焙烧车间由给料系统、干燥系统、还原系统、热风炉、水淬系统、破煤系统、收尘系统等组成，主体的干燥窑和还原窑配置如图 5-57 所示。焙烧车间的主要生产设备见表 5-63。

图 5-57 干燥窑（上）和还原窑（下）

表 5-63 焙烧车间主要生产设备

序号	设备名称	规格型号	数量	序号	设备名称	规格型号	数量
1	开炉烟囱	ϕ2500mm	1	6	埋刮板输送机	MSM40	1
2	电磁碟阀	D941W-JC-DN1400	1	7	斗式提升机	TH250	1
3	沉降仓		1	8	胶带运输机	D600	1
4	旋风收尘器	ϕ3200mm	1	9	圆盘给料机	JNYP-800	1
5	布袋收尘器	LLP3000-SM	1	10	中间刮板运输机	SMS40	1

序号	设备名称	规格型号	数量	序号	设备名称	规格型号	数量
11	干燥回转窑	$\phi4000mm×50m$	1	20	水淬液槽	300×5000×6000	1
12	干燥窑主减速机	BWY18	1	21	水淬液泵	100UFB-ZK-120-40	2
13	煤仓	$\phi2800mm$	1	22	电磁振动器	CZ-600	4
14	还原回转窑	$\phi4000mm×53.2m$	1	23	引风机	4-73-No. 11	2
15	还原窑主减速机	ZSY560-90-6	1	24	煤粉燃烧器	GD-Jet. flam 型四通道	1
16	螺旋给料机	D200 L3000	1	25	罗茨风机	ARG-500	2
17	污水泵	40YU-15-28	1	26	环状天平	LS-DD	1
18	中转楼葫芦	2t $H=21m$	1	27	捞渣机	300mm×1200mm×16m	1
19	给料楼葫芦	2t $H=27m$	1				

5.9.4.1　干燥系统

原矿经过破碎处理后，粒度为小于 20mm 的物料，由皮带输送至回转窑料仓，经圆盘给料机及下料溜槽将物料送入干燥窑内。返料量占总进料量的 7%～10%，其中沉降仓返料量（颗粒料）占总返料量的 60%～75%，粗颗粒物料沉降下来后，经埋刮板输送机、斗式提升机返回到回转窑料仓。

在干燥窑的窑头安装热交换器，利用还原窑尾气和热风炉管道提供热源，升温干燥物料。热风炉系统正常生产时使用较少，主要开炉烘窑、补中低温烟气干燥、粉煤枪出现故障需要对干燥窑物料补温时应用。窑温由热电偶测量，部分由红外线测温仪测量。正常生产时，干燥窑窑头温度约 350～500℃，窑尾 150～200℃，干燥窑内物料温度约 200～300℃。

回转窑转速控制在 0～1.0r/min 范围内，正常生产时，干燥窑转速约为 0.23r/min。由经验公式：

$$V_{\mathrm{m}} = \frac{Dn\beta}{1.77\sqrt{\alpha}}$$

式中，V_{m} 为物料移动速度，m/min；D 为窑有效直径，m，n 为窑转速，r/min；α 为物料自然堆角（静态安息角），(°)；β 为窑倾斜角，(°)。

取 $D=4m$，$n=0.23r/min$，$\alpha=44°$，$\beta=1.72°$，计算得 $V_{\mathrm{m}}=0.135m/min$。

理论上物料在 50m 干燥窑中所经历的时间为 6.17h，实际生产的情况也基本吻合。根据前期实验室试验，物料在 200～300℃ 的温度条件下经过 6h 多的翻转煅烧，物料中的物理水基本脱除，为后续的还原焙烧工艺做好了准备。

5.9.4.2　还原焙烧系统

还原焙烧的回转窑是三档直筒窑，规格为 $\phi4m×53.2m$，窑体支撑在 3 个托辊上，安装倾斜度 0.03。干燥窑窑头与还原窑窑尾之间通过下料溜槽连接，同时粒度为小于 10mm 的粒煤通过双螺旋给料机送入下料溜槽，与干燥的物料一起混合落入还原窑。

正常生产时，还原窑转速为 0.44r/min，转速略高于干燥窑，物料移动速度会有所增加，理论上物料在 53.2m 的还原窑中所经历的时间为 3.44h，但是考虑在还原窑窑头和窑尾分别增加高 700mm 和 500mm 挡料圈，因此估计物料还原窑中所经历的时间约 4h。

还原窑窑头配备一套燃烧能力为 4t 的粉煤枪，粉煤枪调整范围 0.5~5t，粉煤适合粒度为小于 0.15mm 占 95% 以上，配合煤枪增设风机。生产时，通过调整粉煤枪和风量来控制还原窑的温度。采用煤枪供热稳定性较强，但必须控制煤枪的火焰，温度容易偏高导致还原窑内物料出现烧结现象，更甚者会形成结焦和结圈，所以采用煤枪供热必须精心操作，控制好窑内温度。

在还原过程中，既要使原料中的镍充分还原，又要防止铁的过度还原，同时还要避免烧结。在还原窑内添加粉煤逆流还原焙烧，煤风机开启时，煤枪火焰长度约 7m，试生产过程中发现：

（1）焙烧过程窑尾不添加粒煤时，还原效果差；

（2）还原窑进粒煤后窑头烟气温度低于 600℃ 时，焙砂只有表皮为黑色，内部呈暗红色，还原不充分；

（3）窑头烟气温度为 600~850℃ 时，焙砂中心仍呈暗红色；

（4）窑头烟气温度在 850~1050℃、进料 10~15t/h 时，焙烧正常，焙砂基本还原，但较致密的硅质矿中心仍有红色；

（5）窑头烟气温度超过 1050℃ 时，物料表面开始出现烧结现象，此条件下焙砂的还原效果变差；

（6）窑头烟气温度超过 1150℃ 时，物料明显烧结，有大块烧结料生成，有些结在窑内高温段，有些在窑头堵住下料口。

通过实践观察，正常生产过程中，控制还原窑头温度在 900~1000℃，窑尾烟气温度在 300~500℃，此时物料还原温度 750~850℃，为较适宜的温度区间。但由于原矿是铁质矿和硅质矿的混配料，经焙烧后可能会出现疏松的铁质矿过还原而致密的硅质矿还原不好的现象。

在还原焙烧时，生产中常以焙砂的还原度 $[(Fe^{2+}+3Fe^0)/Fe]$ 作为焙砂质量的检验指标。还原度过低，镍和铁的回收率都会降低；还原度越高，镍还原越完全，氨浸的浸出率越高，但过高时，磁选的铁精矿品位会有所下降。还原度控制在 60%~70% 比较合适。

从还原窑窑头出来焙砂经溜槽迅速进入水淬槽内冷却至 100℃ 以下，以避免镍的重新氧化。表 5-64 列出了水淬后部分焙砂的成分分析数据。

表 5-64　还原焙砂成分分析（质量分数）　　　　　　　　　　（%）

编号	Ni	TFe	Fe²⁺	水分	固定碳
2009-12-31	0.71	32.12	24.31	9.00	1.00
2010-01-05	0.63	28.41	23.93	12.20	0.87
2010-01-09	0.81	31.86	12.26	8.50	0.90
2010-01-16	0.71	31.56	22.09	7.80	2.58
2010-01-23	0.62	34.96	18.88	6.00	3.67
2010-02-10	0.72	34.93	22.43	8.80	0.14
2010-02-17	0.70	34.04	20.53	12.40	0.64
2010-02-25	0.59	34.96	18.88	6.00	3.67
2010-02-28	0.61	25.49	22.02	10.00	1.82
2010-03-03	0.65	29.00	11.50	9.40	0.48
2010-03-16	0.62	31.60	19.91	11.00	1.01
2010-03-18	0.75	33.03	22.30	12.80	1.25

编号	Ni	TFe	Fe²⁺	水分	固定碳
2010-03-21	0.76	32.50	25.32	11.60	0.97
2010-03-23	0.73	31.57	19.88	11.10	1.50
2010-03-25	0.69	31.02	19.28	9.92	0.62
2010-03-30	0.79	32.02	18.58	13.00	0.48
2010-04-04	0.79	30.70	21.95	7.40	0.44
2010-04-07	0.68	24.93	14.54	14.80	0.42
2010-04-23	0.66	25.08	14.50	8.87	6.11
2010-04-26	0.65	29.52	27.46	14.10	1.54
平均	0.69	30.96	20.03	10.23	1.51

焙砂密度约 $2.74g/cm^3$，Ni 平均含量 0.69%，其中金属镍约占 60%~75%，Fe 平均含量 31.57%。焙砂的平均还原度为 60.6%（忽略单质铁含量），总体上还原焙烧质量较好。据此估算磁性铁成分占总铁的 59.1%，焙砂中大部分氧化铁均被还原成磁铁矿，并有少量铁浮氏体 [FeO] 和损铁浮氏体 [$Fe_{1-x}O$] 出现在焙砂中。但从表中也可以看出，Fe^{2+} 波动范围很大，还原度低的只有 24.4%，高的则达到 93.0%，说明还原焙烧生产情况还不是很稳定。

表 5-65 列出了抽测的还原窑尾气成分，平均 CO_2/CO 达到 7.1，可以看出在还原窑尾端的还原气氛已经比较弱了，还原气氛远低于最佳还原气氛 $CO_2/CO \approx 1$。

表 5-65 还原窑尾气成分 （%）

序号	CO₂	O₂	CO
1	5.52	13.08	0.20
2	4.04	18.18	0.91
3	2.00	22.20	0.40
4	3.92	13.81	1.01
5	6.92	19.55	0.61
平均	4.48	17.36	0.63

5.9.4.3 回转窑收尘系统

干燥窑和还原窑的烟尘通过烟气管道连接到干燥窑窑尾的沉降仓，在沉降仓下回收粒料，然后用斗提输送返回干燥窑料仓。

沉降仓内设有列管式换热器，以充分利用烟气余热。烟尘经过沉降仓及旋风收尘器后，烟气温度降低，达到进入布袋收尘的温度要求后，烟气进入布袋收尘器收尘净化。布袋回收的烟尘成分见表 5-66，烟尘经圆盘制粒，返回干燥窑。

表 5-66 烟尘的成分和粒度 （%）

编号	Ni	TFe	Fe²⁺	粒度小于 0.074mm
1 号	0.710	18.83	12.82	—
2 号	0.740	30.87	13.47	—
3 号	0.747	30.28	—	90.77
4 号	0.693	26.62	—	94.15

收尘后的尾气经氨水吸收 CO_2 后，气体达到环保排放标准，由烟囱排空。达到一定浓度的碳铵溶液回到浸出体系内循环使用。

5.9.5 氨浸

还原焙砂经过球磨处理后，矿浆送浸出车间进行常温常压富氧氨浸，采用两段逆流浸出工艺，表 5-67 所列为浸出车间的主要生产设备。

表 5-67 浸出车间主要生产设备

序号	设备名称	规格型号	数量	序号	设备名称	规格型号	数量
1	格子型球磨机	$\phi2700\times3600$	1	14	二级浸出槽	$\phi4500\times5500$	2
2	溢流型球磨机	$\phi2700\times3600$	1	15	二级浸出中间槽	$\phi2500\times2500$	1
3	卧式液氨罐	$100m^3$，$\phi3200\times13000$	3	16	二级浸出溢流槽	$\phi8000\times5500$	2
4	一级配液槽	$\phi4500\times5000$	1	17	絮凝剂搅拌槽	$\phi2000\times2000$	1
5	一级调浆槽	$\phi4500\times5500$	1	18	天车	3t	1
6	一级浸出槽	$\phi4500\times5500$	5	19	预磁器	LYC-214	2
7	一级浸出中间槽	$\phi2500\times2500$	1	20	常压二级氨吸收装置	$\phi2000\times6000$	1
8	浓密机	DLG-24	3	21	空压机	L5.5-80/z	2
9	一级浸出溢流槽	$\phi8000\times5500$	1	22	空压机	L-22/7（4L-20/8）	2
10	浸出压滤机	XMY-1000-60-U	2	23	水淬溢流槽	$\phi2500\times4000$	1
11	浸出滤液槽	$\phi8000\times5500$	1	24	螺杆压缩机	CTL-200-2	2
12	二级配液槽	$\phi4500\times5000$	1	25	水力旋流器	FX500J	1
13	二级调浆槽	$\phi4500\times5500$	1	26	水力旋流器	FX300J	2

5.9.5.1 球磨与预浸

原矿经还原焙烧后，除了镍钴从铁酸盐还原成金属或者合金状态并高度弥散于氧化亚铁相中外，大量的铁也被还原成亚铁或者金属状态，在氨浸时也能溶解于碳铵溶液。因此氨浸前应先溶去游离的氧化亚铁，使包含在其中的镍钴暴露出来，以便于在氨浸时被浸出。如果焙砂表面形成高价氧化铁，也将成为氨浸时颗粒表面的钝化膜，阻碍镍钴的浸出。因此，焙砂在氨浸前须进行球磨和预浸。

球磨处理的物料为还原焙砂，球磨处理采用两段一闭路系统。水淬后的焙砂用捞渣机从水淬槽捞出，经皮带输送进入 $\phi2700\times3600$ 格子型球磨机。球磨机加钢球 25t，钢球配比为 $\phi80:\phi60:\phi50=4:3:3$，球磨时添加的浓密机溢流液（含碳铵）湿磨。一段球磨的矿浆浓度在 30% 左右，矿浆经渣浆泵送往水力旋流器分级，粗粒连同返砂进入二段球磨机处理，溢流则进入浓密机。

二段球磨采用 $\phi2700\times3600$ 溢流型球磨机，矿浆浓度约 40%~45%，经水力旋流器分级，底流回二段球磨机，溢流则进入浓密机。

磨矿不均匀或粒度过粗均将导致后续的浸出车间管道堵塞和粗渣在浸出槽的淤积，浓密机耙齿也会由于粒度粗而出现压耙事故，造成浸出车间无法运转。但磨矿细度也不能过小，一方面磨矿细度过细将增大螺旋分级机的负荷，反料量增大；另一方面，将导致浸出系统胶带过滤机难过滤。因此必须严格控制磨矿生产的矿浆细度，要求小于 0.074mm 的比例占 85%~90%。粒度合格矿浆进浓密机浓密，溢流回一段球磨机，而底流进入浸出系统。

　　浓密机底流输送到一段预浸槽中，在配液槽按比例配制液氨和碳酸氢铵。考虑到现场生产条件，生产调浆时浸出剂按 NH_4^+ 30g/L，CO_2 20g/L 浓度配制，液固比 2：1，预浸搅拌约 30min，搅拌转速 60r/min，预浸结果见表 5-68。预浸溶液中镍的平均浓度 0.38g/L，钴的浓度也很低，不会影响后续的两段氨浸出。

表 5-68　预浸结果

序号	浸出液成分/g·L⁻¹					pH 值
	Ni	NH_4^+	CO_2	Fe	Co	
1	0.49	30.98	18.82	—	—	9.85
2	0.54	36.97	26.41	0.0112	0.0044	9.60
4	0.39	30.12	22.27	0.0061	0.0024	9.60
5	0.32	25.50	19.94	0.0029	—	9.65
6	0.29	25.42	20.91	0.0120	—	10.19
7	0.30	36.07	23.92	0.0118	0.0030	9.65
8	0.31	28.04	19.05	0.0073	0.0036	9.85
9	0.35	29.14	19.76	0.0012	0.0036	9.86
10	0.39	29.81	18.45	0.0061	0.0046	10.06
平均	0.38	30.23	21.06			9.81

5.9.5.2　一段氨浸

　　经过预浸的矿浆，由矿浆泵泵入浸出车间的一段浸出槽。一段浸出主要有 5 台 ϕ4500×5500 浸出槽和 1 台浸出浓密机。一段浸出分为 5 级，每一级浸出槽的高度差为 0.3m，最后一级浸出槽的浆液泵入浸出浓密机浓密。浓密机底流送二段浸出槽，浓密机溢流液则经过压滤机过滤后送萃取车间。一段浸出液成分见表 5-69。浸出时，每一级均通入 0.2~0.3MPa 的压缩空气，鼓入空气流量为 250~300m³/h，浸出搅拌转速 40~60r/min，因浸出反应释放热量使浸出温度达到 26~33℃。

表 5-69　一段浸出槽浸出液成分

序号	浸出液成分/g·L⁻¹					pH 值
	Ni	NH_4^+	CO_2	Fe	Co	
1	0.72	28.24	18.57	0.0008	—	9.73
2	0.64	30.81	18.93	0.0009	—	9.67
3	0.57	31.15	21.41	—	—	9.48
4	0.66	28.92	19.59	0.0021	—	9.72
5	0.55	30.12	19.26	0.0016	—	9.69
6	0.57	30.65	20.58	—	—	10.11
7	0.57	30.12	14.64	—	0.0050	10.46
8	0.44	28.21	16.00	0.0040	0.0024	10.46
9	0.49	36.94	20.48	—	—	10.35
10	0.50	26.47	17.01	0.0014	—	10.01
11	0.55	20.44	15.09	—	—	9.88
12	0.52	23.57	20.95	0.0014	0.0039	10.26

序号	浸出液成分/g·L⁻¹					pH 值
	Ni	NH₄⁺	CO₂	Fe	Co	
13	0.48	31.01	14.97	0.0088	0.0036	9.76
14	0.62	25.72	18.63	0.0010	0.0031	9.87
15	0.60	22.07	13.84	0.0006	0.0042	10.24
平均	0.57	28.30	18.00			9.98

5.9.5.3 二段氨浸

浓密机底流输送到二段浸出槽，补充浸出剂后进行二段浸出，浸出剂浓度、通空气量和搅拌转速与一段浸出基本相同，浸出温度为 22~26℃。

二段浸出完毕的浆液泵送浓密机，按 20g/t 的比例（以渣计）添加絮凝剂，浓密机溢流返回一段预浸槽，而底流送磁选车间密闭带式过滤机过滤，部分氨浸渣成分（质量分数）见表 5-70。

表 5-70　氨浸渣主要成分　　　　　　　　　（%）

序号	Ni	Fe	H₂O	NH₄⁺	序号	Ni	Fe	H₂O	NH₄⁺
1	0.336	23.50	17.5	0.380	11	0.302	25.14	20.9	0.552
2	0.279	21.61	20.9	0.428	12	0.317	23.07	14.7	0.634
3	0.284	23.24	22.6	0.445	13	0.342	24.20	22.3	0.342
4	0.325	25.17	17.1	0.479	14	0.346	24.77	24.0	0.34
5	0.321	24.28	17.4	0.472	15	0.306	23.72	19.3	0.439
6	0.386	28.53	16.4	0.477	16	0.337	24.10	25.6	0.348
7	0.342	24.94	21.8	0.582	17	0.299	20.67	22.0	0.621
8	0.308	23.79	20.5	0.579	18	0.319	22.93	15.0	0.697
9	0.294	23.01	17.8	0.453	平均	0.321	24.07	19.81	0.493
10	0.333	26.57	20.7	0.613					

氨浸干渣中平均镍含量 0.321%，平均渣率按 102% 计算，整个浸出过程镍的浸出率为 52.5%。表 5-71 为试生产期间浸出车间的生产情况，干矿对应的液氨消耗（以矿计）为 17.7kg/t，碳酸氢铵消耗（以矿计）为 25.9kg/t。

表 5-71　浸出车间生产情况

时间	处理矿浆/m³	产压滤液/m³	滤液 Ni 平均含量/g·L⁻¹	耗液氨/t	耗碳酸氢铵/t
2009.11	5905.2	13694	0.532	90.83	150
2009.12	3265.9	11156	0.482	86.99	159
2010.1	5504.8	11429	0.551	192.00	317
2010.2	8676.2	30384	0.320	160.13	234
2010.3	12954.5	19464	0.328	143.58	115
2010.4	5155.1	14294	0.403	97.67	155
合计	41461.7	100421	平均 0.436	771.2	1130

试生产期间镍的浸出率较低，尚未达到预期的目标，主要原因有：（1）铁质矿和硅质矿的混合原料镍品位较低；（2）还原焙烧生产状况不稳定，破碎后的物料粒度偏大，部分致密矿的镍还原不充分；（3）部分焙砂在出还原窑前，在窑头被氧化；（4）部分焙砂水淬后没有及时球磨，长时间露天堆放，重新被氧化；（5）球磨磨矿粒度未完全达到要求。

5.9.6　萃取

萃取系统主体设备由 15 台 5000×9000×1000 萃取箱组成，采取 3 级萃取，2 级洗涤，8 级反萃镍，2 级反萃铜。表 5-72 所列为萃取车间主要生产设备。

表 5-72　萃取车间主要生产设备

序号	设备名称	规格型号	数量	序号	设备名称	规格型号	数量
1	萃取箱混合室	2000×2000×2200	15	14	配酸槽	$\phi2000×3000$	2
2	萃取箱澄清室	5000×9000×1000	15	15	硫酸计量槽	$\phi1000×2000$	1
3	浸出滤液槽	$\phi8000×5500$	1	16	纯水装置	SOP-4001	1
4	有机相储槽	$\phi3000×4000$	1	17	纯水槽	$\phi5000×5000$	1
5	萃余液槽	$\phi8000×5500$	1	18	二次水槽	$\phi5000×5000$	1
6	应急槽	3000×10000×1500	1	19	沉钴槽	$\phi4000×5000$	3
7	萃余液缓冲槽	3000×11500×1000	1	20	沉钴浓密机	$\phi18000$	1
8	洗水槽	$\phi3000×4000$	1	21	沉钴后液槽	$\phi8000×5000$	1
9	洗水后液槽	$\phi3000×4000$	1	22	沉钴压滤机	XMY-1000-60-U	2
10	反萃镍前液槽	$\phi3000×4000$	1	23	天车	3t	2
11	超声波除油器	$8m^3/h$	1	24	硫化铵中间槽	$\phi1000×1000$	3
12	硫酸镍液槽	$\phi5000×5000$	1	25	冷凝水槽	$\phi1000×1500$	1
13	反萃铜液槽	$\phi3000×4000$	1	26	二级氨吸收装置	$\phi800×4000$	1

萃取设备采用 PVC 材质，混合室 2100mm×2100mm×2200mm，溶液溢流口高度为 2020mm。有效容积为 8.3m³。混合室搅拌采用半开式泵混叶轮结构。搅拌电机功率 7.5kW。澄清室尺寸 9000mm×5000mm×1000mm，有机相溢流堰高度为 850mm。有效澄清面积为 45m²。

混合时间按 2min、相比 O/A=1∶2 计算，溶液最大处理量为 166m³/h，澄清室最大澄清速率为 5.5m³/(m²·h)，单位体积料液功率消耗为 0.045kW。

由于进入萃取车间的浸出液中镍浓度远低于最初设定的 4g/L，因此试生产萃取时萃取剂浓度较前期试验也做了适当的调整。萃取生产条件见表 5-73。

表 5-73　萃取生产条件

有机相组成	5%（体积分数）LIX984+260 号磺化煤油	有机相组成	5%（体积分数）LIX984+260 号磺化煤油
萃取温度/℃	室温（8~15）	洗涤剂/g·L⁻¹	H_2SO_4 5
萃取相比（O/A）	1∶（2.5~3）	反萃镍剂/g·L⁻¹	H_2SO_4 100~110
洗涤相比（O/A）	20∶1	反萃铜剂/g·L⁻¹	H_2SO_4 200

萃取段水相按 40~60m³/h 的流量进料，有机相按 16~20m³/h 的流量循环。萃取过程非常迅速，只需混合 3~5min 就可以达到平衡，分相时间 20~30s，分相过程中没有乳化现

象。萃取结果见表 5-74。镍萃取率 99.8%，萃取效果很好。

表 5-74　萃取结果分析　　　　　　　　　　（g/L）

成分	Ni	NH$_4^+$	Fe	Zn	Co
浸出滤液	0.506	23.9	0.000814	0.00159	0.00328
萃余液	0.00098	23.6	<0.0001	0.00178	0.00471
反萃镍液	63.85	—	0.014	0.0032	—

控制外排的镍反萃液含 Ni 浓度约 90g/L、pH 值为 5.5~6，再经超声波除油器除油后，送蒸发结晶车间制硫酸镍产品。

5.9.7　蒸氨

从理论上来说，还原焙砂经氨浸—萃取后，萃余液可以直接返回氨浸工序，并不存在需要蒸氨处理的溶液。但由于氨浸时需要通入空气作氧化剂，导致部分氨随空气排出体系。为降低氨的损耗，设计了氨的水喷淋吸收装置，会产出少量稀氨溶液。另外，在氨浸渣洗涤工序，也会有洗涤水进入系统，导致系统的水膨胀。为保持系统的水平衡，这部分多余的洗涤水也需要通过蒸氨处理，才能排出系统。

经计算，需要蒸氨处理的溶液量约 40m³/h，表 5-75 所列为蒸氨车间的主要生产设备。

表 5-75　蒸氨车间主要生产设备

序号	设备名称	规格型号	数量	序号	设备名称	规格型号	数量
1	蒸氨前液储槽	DLG-24	1	6	残液冷却器	φ600×7300	1
2	蒸氨塔	φ1400×17000	1	7	废水贮槽	φ4000×4500	1
3	再沸器	φ730×4000	2	8	浓氨水贮槽	φ5500×4500	1
4	板式换热器	BRO42	2	9	凉水塔	GFN-200×2	1
5	塔顶冷凝器	φ800×6000	1	10	碳化塔	φ2200×17000	1

蒸氨塔以蒸汽为热源，对低浓度的氨水进行蒸氨处理，从而使 NH$_3$、CO$_2$ 从溶液中解析出来，NH$_3$、CO$_2$ 经冷凝吸收后返回浸出系统。蒸氨残液返回工艺流程中，用于水淬槽、磨矿、洗涤等需要补水的工序，不外排。

5.9.8　硫酸镍蒸发结晶

表 5-76 所列为蒸发结晶车间主要生产设备。

表 5-76　蒸发结晶车间主要生产设备

序号	设备名称	规格型号	数量	序号	设备名称	规格型号	数量
1	三效蒸发器	SJZ3000	1	6	硫酸铜结晶中间槽	φ1000×900	1
2	凉水塔	GBNL3-70T	1	7	硫酸铜离心机	SD1200	1
3	搪瓷结晶釜	5m³ 锚式	6	8	硫酸镍离心母液槽	14000×1000×600	1
4	结晶中间槽	φ1000×900	1	9	硫酸铜离心母液槽	1000×2000×600	1
5	硫酸镍离心机	SD1200	5				

硫酸镍溶液蒸发采用三效降膜蒸发器。加热蒸汽压力为 0.6~0.8MPa，处理物料量为 25m³。结晶母液密度控制在 1.4~1.5g/cm³，结晶母液温度为 90℃左右，三效蒸发器外排冷凝水温度约 40℃，通过喷射器来提高三效蒸发器内的真空度，要求真空度达到 -0.04MPa 以上。三效蒸发器产出母液泵入搪瓷结晶釜冷却结晶。搪瓷结晶釜采用锚式搅拌，搅拌转速约为 40~60r/min，冷却至 30℃左右放入中间槽内，并用渣浆泵泵入离心机进行液固分离，离心分离得到硫酸镍晶体，产品包装后即为成品出售。

图 5-58 所示为蒸发结晶所得到的硫酸镍产品，表 5-77 所列为抽查的部分硫酸镍产品成分。

10μm

图 5-58　生产出的结晶硫酸镍产品

表 5-77　硫酸镍产品成分分析（质量分数）　　　　　（%）

序号	Ni	Co	Cu	Fe	Zn	Ca	Mg	不溶物
1	21.84	0.00039	0.00014	0.0024	0.00215	0.00087	0.00716	0.033
2	21.89	0.00044	0.00016	0.00244	0.00169	0.00053	0.00454	0.024
3	21.77	0.00029	0.00015	0.00579	0.00258	0.00088	0.00757	0.014
4	21.91	0.00028	0.00016	0.0041	0.00280	0.00106	0.00690	0.039
5	21.67	0.00067	0.00016	0.00756	0.00175	0.00052	0.00418	0.052
6	21.88	0.00070	0.00010	0.0044	0.00969	0.00073	0.00704	0.048
7	21.55	0.00034	0.00019	0.00144	0.00194	0.00122	0.00094	0.027
8	21.83	0.00041	0.00021	0.00366	0.00196	0.00038	0.00482	0.024
9	20.86	0.00094	0.00006	0.0037	0.00216	0.00069	0.00701	0.016
10	21.82	0.00024	0.00020	0.00349	0.00177	0.00061	0.00704	0.033
11	21.63	0.00047	0.00010	0.00539	0.00229	0.00121	0.00494	0.018
12	21.86	0.00017	0.00052	0.0049	0.00201	0.00085	0.00696	0.043
平均	21.71	0.00045	0.00018	0.0041	0.00273	0.00080	0.00576	0.031

硫酸镍产品平均 Ni 含量达到 21.71%，对比表 5-78 所列的 HG/T 2824—2009（2015）标准，结晶硫酸镍产品达到并超过了国标Ⅰ类优等品的要求，尤其是钙、镁含量，远优于相关产品标准。

表 5-78　HG/T 2824—2009(2015) 工业硫酸镍产品质量标准　　　　(%)

标准等级	Ni	Co	Cu	Fe	Zn	Ca	Mg	不溶物
Ⅰ类优等品	21.5	0.2	0.002	0.002	0.003	—	—	0.03
Ⅰ类一等品	21.0	0.5	0.002	0.005	0.004	—	—	0.04
Ⅰ类合格品	20.5	0.5	0.003	0.005	0.008	—	—	0.05
Ⅱ类优等品	21.0	0.2	0.002	0.002	0.003	0.02	0.015	0.02
Ⅱ类一等品	20.8	—	0.005	0.005	0.004	0.03	0.02	0.03

5.9.9　磁选

磁选车间主要生产设备见表 5-79。

表 5-79　磁选车间主要生产设备

序号	设备名称	规格型号	数量	序号	设备名称	规格型号	数量
1	胶带过滤机	DU-80m²/3200	2	17	尾矿过滤机	TC-60	2 (一备)
2	真空泵循环水槽	ϕ2500×2500	1	18	二级磁选机	LCTJ-1015	1
3	滤液中间槽	ϕ3000×1500	2	19	预选筛分机	LK-MVS	2
4	滤布清洗后液槽	ϕ2000×1500	1	20	调浆槽	ϕ2000×2000	2
5	洗涤前液槽	ϕ3000×1500	1	21	预磁选机	LCTJ-1015	1
6	洗涤后液槽	ϕ3000×1500	1	22	脱磁器	LCT-100	1
7	皮带输送机	TD750	1	23	一级磁选机	120mT CTB-1024	1
8	精选浆液槽	4000×5000	1	24	电动葫芦	2t CD 2-9D	1
9	精磨机	MQJY2100×3000	1	25	天车	3t 跨距8.5m	2
10	钢球箱	1000×2000×1000	1	26	变频稳压给水设备	KBGL-3-100-32	1
11	磁选后液槽	7000×11000×3500	1	27	预选浆液中间槽	1m³	1
12	变频稳压给水设备	KBGL-3-100-32	1	28	尾矿浆中间槽	1m³	1
13	铁精矿皮带	D500	1	29	精矿浆液分配槽	1m³	1
14	尾矿皮带1	D800	1	30	硝酸储罐	5m³	1
15	磁力浓缩机	NCT-1018	1	31	磁选放浆槽	ϕ2500×2200	1
16	精矿过滤机	TC-30	2 (一备)				

从浸出车间浓密机底流泵输送来的浸出渣，经过带式过滤机过滤、洗涤后重新调浆，用矿浆泵送磁选车间。磁选过程的给矿粒度控制在 0.074~0.045mm 之间最佳。经磁选机预选—强磁粗选—弱磁精选后，磁选尾矿送磁选浓密机浓密，底流泵入陶瓷过滤机过滤脱水，再用皮带运输到尾矿场；磁选精矿经中间槽泵入浓缩机，浓缩后直接进入精矿陶瓷过滤机过滤脱水，再经皮带运输到精矿场。

表 5-80 的磁选结果显示，浸出渣平均含 Fe 20.38%，产出铁精矿平均含 Fe 44.93%，铁精矿产率约 13.5%，铁分选率为 29.7%；尾矿平均含 Fe 16.34%，可作为硅酸盐水泥原料出售，实现无渣冶炼。

表 5-80   磁选车间生产数据

序号	浸出渣 Fe/%	铁精矿 Fe/%	尾矿 Fe/%	序号	浸出渣 Fe/%	铁精矿 Fe/%	尾矿 Fe/%
1	21.18	48.32	14.86	13	20.16	45.31	19.16
2	21.60	44.27	13.48	14	20.30	42.59	19.45
3	21.38	43.36	14.80	15	20.44	42.73	19.35
4	20.04	43.06	13.66	16	20.24	44.96	17.62
5	19.66	44.18	15.63	17	19.18	45.96	18.45
6	20.03	44.96	16.78	18	20.14	45.44	17.66
7	18.57	43.58	14.91	19	20.58	44.51	14.38
8	19.63	44.09	15.90	20	20.29	45.30	16.00
9	23.82	46.36	16.14	21	19.66	44.71	17.48
10	21.42	47.19	14.70	22	20.97	44.90	17.33
11	19.09	44.71	16.77	23	20.25	46.07	17.00
12	20.06	46.81	14.17	平均	20.38	44.93	16.33

对进磁选系统的物料粒度进行的抽样检测表明，氨浸渣中，小于 0.074mm（200 目）的比例占 50%左右，取磁选车间产出的铁精矿进行细磨后磁选，磁选结果见表 5-81。细磨磁选结果显示，取粒度小于 0.050mm（300 目）的比例占 100%的物料磁选得到的铁精矿 Fe 含量也才 46.63%。磁选系统生产结果不理想、铁精矿含铁低于预期指标的主要原因有：（1）原料性质发生了改变，由小型试验时的铁质矿改变为生产时的硅质矿、镁质矿和铁质矿的混合矿，生产使用的原矿石以硅质矿居多，含铁量由设计时的 38%大幅降至 20%；（2）还原焙烧条件不稳定，Fe 没来得及发生迁移和晶型转变，磁铁矿与石英没有充分分离；（3）粒度偏粗，矿物没有充分解离，磁选过程中非磁性物质被大量夹带入精矿，从而降低了精矿的品位。

表 5-81   细磨后磁选结果

粒　度	原矿成分/%		铁精矿产率/%	铁精矿成分/%		尾矿成分/%	
	Fe	SiO$_2$		Fe	SiO$_2$	Fe	SiO$_2$
粒度小于 0.074mm 占 100%	41.02	29.83	53.23	43.91	26.18	37.74	33.98
粒度小于 0.074mm 占 100%	40.89	36.68	48.95	46.63	30.68	35.38	42.44

5.9.10   工业生产

5.9.10.1   概述

由于试生产期间使用的矿石是铁质矿、硅质矿、镁质矿的混合矿，矿石镍铁品位低于前期试验原料，以及装备完善、工艺优化、员工操作不熟练等原因，试生产期间还存在镍浸出率低于预期，磁选铁精矿品位不高等问题。

2010 年 7 月起开始工业生产，在巩固前期试生产成果的基础上，不断地对部分设备调整完善、生产工艺参数进行优化，工业生产期间镍浸出率、磁选铁精矿品位等生产技术指标逐步提升，产品质量也得到稳定提高。工业生产期间，主要采取的改进措施有：

（1）控制原料采矿过程，调整各矿种的配比，提高混合矿的镍、铁品位；

（2）新增一台破碎机以及相配套的传输系统，提高了日处理矿能力；

（3）干燥窑和还原窑工艺参数优化，在保障还原焙烧质量的同时，提高焙砂产量；

（4）控制焙砂球磨粒度和优化氨浸工艺，提高氨浸的镍浸出率；

（5）完善磁选装备、优化磁选工艺，提高磁选铁精矿品位。

在完善装备、优化工艺的同时，还加强备料车间、焙烧车间、浸出车间、萃取车间、结晶车间、磁选车间等各岗位操作人员的技能培训，提高业务水平，保证生产稳定运行，使硫酸镍产品质量稳中有升。

5.9.10.2　生产原料

试生产期间，原料品位较低，镍平均含量为0.654%，铁平均含量为28.17%。2010年7月后，在工业生产过程中加强了采矿预选，适当调整了铁质红土矿、硅质红土矿和镁质红土矿的搭配比例，使生产原料的镍和铁含量已有所提高。2011年期间，在原料堆场抽样分析原料，其中镍和铁含量见表5-82。

表5-82　元石山镍铁矿原料的 Ni 和 Fe 含量（质量分数）　　（%）

序号	1	2	3	4	5	6	7	8	9	10	平均
Ni	0.87	1.10	0.83	0.68	0.70	0.71	0.91	0.77	0.69	0.81	0.807
Fe	34.70	37.47	31.76	27.88	31.34	34.84	40.90	37.65	38.99	26.55	34.21

5.9.10.3　备料

为了提高原矿破碎的生产能力，新增了一台2N PG1210型齿辊式破碎机，同时新配套相应的皮带传输装备，与原PA750×1060型的外动颚式破碎机并线使用，将原矿石破碎至小于150mm，再用圆锥破碎机、振动筛进行破碎筛分，生产出粒度小于20mm的合格备料产品。

5.9.10.4　还原焙烧

生产时，通过调整粉煤枪和风量来严格控制还原窑窑头的温度在900~1000℃，此时还原窑中大部分物料的还原温度在750~850℃之间。

生产期间，焙砂产率平均为84.4%，焙砂平均密度约$2.74×10^3 kg/m^3$。表5-83列出了分析的部分批次的焙砂成分结果，Ni 平均含量为0.86%，其中金属镍占50%~75%。焙砂总 Fe 平均含量为38.14%，其中Fe^{2+}平均含量为23.78%，焙砂的平均还原度为62.3%（忽略单质铁含量），较前期的平均还原度提高了1.7%，总体上还原焙烧质量较好。据此估算磁性铁成分占总铁含量的56.6%，焙砂中大部分氧化铁均被还原成磁铁矿。

表5-83　还原焙砂成分分析（质量分数）　　（%）

序号	Ni	TFe	Fe^{2+}	水分	固定碳
1	0.845	32.62	18.11	10.02	1.07
2	0.867	34.68	21.34	14.80	0.73
3	0.908	36.10	30.15	21.09	2.14
4	0.805	37.43	19.01	15.26	0.88
5	0.856	38.81	22.76	6.92	0.97
6	0.882	39.73	24.71	8.50	0.62
7	0.963	37.81	31.94	8.21	2.65

序号	Ni	TFe	Fe^{2+}	水分	固定碳
8	0.824	34.83	30.34	7.98	3.96
9	0.843	43.81	32.68	6.05	3.75
10	0.849	44.43	30.63	9.08	3.14
11	0.913	39.76	26.15	12.24	0.64
12	0.880	43.72	26.22	11.98	0.55
13	0.861	39.53	24.50	6.06	1.67
14	0.859	39.80	21.96	10.06	2.01
15	0.894	40.45	27.80	9.46	0.58
16	0.786	35.01	8.50	12.03	0.78
17	0.883	38.83	19.80	11.80	1.05
18	0.834	31.75	19.30	11.54	0.99
19	0.794	34.94	20.24	10.10	1.52
20	0.855	38.77	19.48	9.95	0.67
平均	0.860	38.14	23.78	10.66	1.52

表 5-84 列出了生产期间焙烧车间的生产情况，焙烧过程煤耗（以矿计）为 112.5kg/t。

表 5-84　焙烧车间生产统计

时间	原矿处理量/t	焙砂产量/t	总耗煤量/t	吨矿耗煤量/kg
2010.7	6181.41	4697.87	562.66	91.02454
2010.8	2438.06	1852.93	242.04	99.27565
2010.9	5570.87	4233.81	784.01	140.7339
2010.10	10183.56	7899.5	1058.56	103.9479
2010.11	5125.23	4189.07	553.4	107.9756
2010.12	5788.59	4676.4	530.4	91.62853
2011.1	1939.67	1581.4	212.24	109.4207
2011.2	7040.34	5656.61	824.62	117.1279
2011.3	5007.97	4175.34	680.64	135.9114
2011.4	7175.49	6219.85	901.9	125.6918
总计	56451.19	45182.78	6350.47	112.4949

5.9.10.5　氨浸

生产期间，严格控制了磨矿的粒度，要求小于 0.074mm 占 85%~90%。其他条件和试生产期间保持一致。一段浸出液成分见表 5-85，浸出液中镍平均含量为 2.18g/L，铁平均含量为 0.0014g/L。

表 5-85 一段浸出液成分

| 序号 | 浸出液成分/g·L⁻¹ | | | | | pH 值 |
	Ni	NH₄⁺	CO₂	Fe	Co	
1	2.15	32.01	22.54	0.0012	—	9.71
2	2.27	31.49	17.62	0.0014	—	9.71
3	1.97	28.24	18.57	0.0008	—	9.73
4	2.21	30.81	18.93	0.0009	—	9.67
5	2.28	27.56	20.15	0.0018	—	9.48
6	2.07	28.92	19.59	0.0021	—	9.72
7	2.25	29.44	25.04	0.0030	—	9.69
8	2.16	28.92	19.59	0.0021	—	10.11
9	2.35	30.54	22.30	0.0004	0.0050	10.46
10	2.30	31.57	16.07	0.0009	0.0024	10.46
11	2.23	24.03	14.76	0.0013	—	10.35
12	2.16	26.29	16.93	0.0015	—	10.01
13	2.25	20.44	15.09	0.0014	—	9.88
14	2.09	22.32	14.09	0.0009	0.0039	9.98
15	2.13	24.20	18.93	0.0018	0.0088	9.83
16	2.02	25.72	18.63	0.0010	0.0031	9.87
17	2.16	22.07	13.84	0.0006	0.0042	10.24
平均	2.18	27.33	18.39	0.0014		9.94

二段氨浸渣成分见表 5-86, 干基氨浸渣中镍平均含量 0.252%, 铁平均含量 32.91%, 渣率平均按 102% 计, 因此浸出过程镍的浸出率为 70.2%, 较试生产期间的浸出率显著提升。

表 5-86 二段氨浸渣主要成分 (质量分数) (%)

序号	Ni	Fe	H₂O	NH₄⁺
1	0.236	33.23	18.5	0.380
2	0.279	34.21	21.3	0.428
3	0.264	29.76	20.5	0.445
4	0.225	35.34	19.2	0.479
5	0.217	32.88	17.5	0.472
6	0.306	35.65	18.5	0.477
7	0.246	29.87	20.9	0.582
8	0.238	31.65	21.5	0.579
9	0.274	33.98	21.2	0.453
10	0.233	32.52	19.7	0.613
平均	0.252	32.91	19.88	0.491

表 5-87 为浸出车间的生产情况, 液氨平均消耗 (以矿计) 为 15.25kg/t, 碳铵平均消耗 (以矿计) 为 14.29kg/t。

表5-87 浸出车间生产情况

时间	原矿处理量/t	液氨消耗/t	碳铵消耗/t	萃取车间硫酸消耗/t
2010.7	6181.41	101.38	104	58.543
2010.8	2438.06	40.27	66	22.931
2010.9	5570.87	104.19	138.5	53.768
2010.10	10183.56	111.66	100	90.083
2010.11	5125.23	83.08	122	48.625
2010.12	5788.59	58.61	38.5	52.618
2011.1	1939.67	33	11.5	18.105
2011.2	7040.34	115.93	54	63.377
2011.3	5007.97	113.94	56	49.434
2011.4	7175.49	98.75	116	69.539
合计	56451.19	860.81	806.5	527.023

5.9.10.6 萃取

萃取工艺比较成熟，生产稳定，前期试生产时萃取效果很好，镍萃取率达到99.8%。因此在工业生产期间萃取工艺没有进行调整，只是控制了硫酸等辅料质量，以保持萃取工序稳定连续。

在萃取生产过程中取样分析，萃取结果见表5-88。

表5-88 萃取结果分析 (g/L)

成分	Ni	NH_4^+	Fe	Zn	Co
浸出滤液	2.20	24.3	0.0005	0.00128	0.00397
萃余液	0.0032	23.2	<0.0001	0.00156	0.00451
反萃镍液	61.33	—	0.0034	0.0025	—

从萃取结果看，镍萃取率99.85%，萃取效果很好。生产期间萃取车间的LIX984萃取剂平均消耗（以硫酸镍计）为1.04kg/t，煤油平均消耗（以硫酸镍计）为4.32kg/t。硫酸平均消耗（以矿计）为9.34kg/t。

5.9.10.7 磁选

表5-89所列为磁选结果。经过一级预磁选、两级精选后，产出铁精矿平均铁含量为53.80%，铁精矿产率约36%，铁的磁选回收率为58.85%。磁选系统工业生产结果铁精矿中铁平均含量为53.80%，最高含量55.02%，较前期试生产的铁精矿含铁44.79%明显提高。磁选尾矿的平均铁含量为20.83%，平均镍含量为0.231%，尾矿产率约64%，尾矿可作为硅酸盐水泥原料出售，实现无渣冶炼。

综合整个工艺流程，镍的总回收利用率为84%，铁的回收利用率为58.85%。

表5-89 磁选车间的铁精矿和尾矿成分 (%)

序号	铁精矿 Fe	铁精矿 Ni	尾矿 Fe	尾矿 Ni
1	49.73	0.323	22.34	0.234
2	54.23	0.347	19.87	0.215
3	54.90	0.298	17.98	0.268

序号	铁精矿 Fe	铁精矿 Ni	尾矿 Fe	尾矿 Ni
4	54.21	0.239	23.06	0.219
5	52.98	0.356	21.13	0.276
6	54.77	0.276	19.33	0.213
7	55.02	0.305	20.51	0.209
8	54.52	0.328	22.39	0.213
平均	53.80	0.309	20.83	0.231

5.9.11 工程经济性

根据工业生产的生产消耗，结晶硫酸镍税前生产成本见表 5-90。

表 5-90 吨硫酸镍生产成本计算

序号	项目	单价/元	单位消耗（以吨矿计）	单位消耗（以吨硫酸镍计）	成本（以吨硫酸镍计）/元
1	矿石	50.00	1t	45.47t	2273.32
2	辅助材料				
	液氨	3000.00	15.25t	0.69t	2080.09
	碳酸氢铵	800.00	14.29t	0.65t	519.77
	硫酸（93%）	500.00	9.34t	0.42t	212.33
	耐火材料	4000.00	1.50t	0.07t	272.80
	煤油	8.00		4.32kg	34.56
	萃取剂	110.00		1.04kg	114.40
	絮凝剂	12.00	0.10kg	4.55kg	54.56
	钢球	7.00	0.40kg	18.19kg	127.31
	筛网	8.00		0.20kg	1.60
	机油	8.00		2.00kg	16.00
	黄油	8.00		2.00kg	16.00
	柴油	65.00		3.00kg	195.00
	衬板	7.00	0.30kg	13.64kg	95.48
	其他				5000.00
	小计				8739.89
3	燃料、动力费				
	煤	600.00	130.00t	5.91t	3546.38
	电	0.55	100.00kW·h	4546.65kW·h	2500.65
	水	1.00	0.10m³	4.55m³	4.55
	小计				6051.58

续表 5-90

序号	项目	单价/元	单位消耗 （以吨矿计）	单位消耗 （以吨硫酸镍计）	成本（以吨硫 酸镍计）/元
4	工资福利费				1500.00
5	制造费用				
	折旧				2000.00
	修理				1200.00
	其他制造费				800.00
	小计				4000.00
	合计				22564.80

生产实践表明，采用还原焙烧—氨浸—萃取技术处理含镍 0.8%、铁 34% 的元石山镍矿，精制硫酸镍的全生产成本不超过 22600 元/吨，是相对适宜的。不仅实现了低品位镍铁资源的综合利用和无渣冶炼的目标，而且使呆滞了 40 多年的元石山低品位复杂镍矿得到了合理利用，为我国高海拔、高寒、生态环境脆弱地区资源的经济开发和生态利用提供了示范。

2013 年，受全球经济的影响，世界镍价和生产成本严重背离，至 12 月底，元石山镍冶炼厂开始转产处理进口的氢氧化镍钴富集物。

参 考 文 献

[1] 陈家镛，杨守志，柯家骏，等. 湿法冶金的研究与发展 [M]. 北京：冶金工业出版社，1998：27~54.

[2] 蒋继穆. 重有色金属冶炼设计手册·铜镍卷 [M]. 北京：冶金工业出版社，1996：714~772.

[3] 李栋. 低品位镍红土矿湿法冶金提取基础理论及工艺研究 [D]. 长沙：中南大学，2011.

[4] 彭容秋. 镍冶金 [M]. 长沙：中南大学出版社，2005：165~173.

[5] 王涛，王成彦，陈胜利，等. 一种从低品位红土镍矿中强化氨浸取镍钴的工艺：中国，101956081A [P]. 2011-01-26.

[6] 阮书锋，王成彦，王振文，等. 镍铁矿选择性还原焙烧相变研究 [J]. 北京科技大学学报，2014 (6)：743~750.

[7] Chen S L, Guo X Y, Shi W T, et al. Extraction of valuable metals from low-grade nickeliferous laterite ore by reduction roasting-ammonia leaching method [J]. Journal of Central South University of Technology, 2010, 17 (1)：765~769.

[8] 阮书锋，江培海，王成彦，等. 低品位红土镍矿选择性还原焙烧试验研究 [J]. 矿冶，2007, 16 (2)：31~35.

[9] 傅崇说. 有色冶金原理 [M]. 北京：冶金工业出版社，2004, 7：51~75.

[10] 王成彦，尹飞，陈永强，等. 国内外红土镍矿处理技术及进展 [J]. 中国有色金属学报，2008, 18 (1)：s1~s8.

[11] Li B, Wang H, Wei Y G. The reduction of nickel from low-grade nickel laterite ore using a solid-state deoxidization method [J]. Minerals Engineering, 2011, 24 (14)：1556~1562.

[12] 李建华，程威，肖志海. 红土镍矿处理工艺综述 [J]. 湿法冶金，2004, 23 (4)：191~194.

[13] Caron M H. Recovering Values from Ni and Co：Ni Ores [P]. S. Afric. 397，1923.

[14] Ono K, Matsushima T. Ammonia-carbon dioxide leaching of iron-rich laterite [J]. Stud. Met.，1969：167~178.

[15] 阮书锋. 元石山低品位镍红土矿处理工艺及理论研究 [D]. 北京：北京矿冶研究总院，2007.

[16] Forward F A, Samis C S, Dudryk V A. A method for adapting the ammonia-leaching process to the recovery of copper and nickel from sulphide ore and concentrate [J]. The Can. Min. Met. Bull. June，1948：350~355.

[17] 马保中，杨玮娇，王成彦，等. 红土镍矿湿法浸出工艺及研究进展 [J]. 有色金属（冶炼部分），2013（7）：1~7.

[18] Illis A, Nowlan G G. Production of nickel oxide from ammoniacal process steams [J]. The Can. Min. Met. Bull. June，1948：352~361.

[19] 《青海省地质矿产志》编辑部. 青海地质矿产志 [M]. 西宁：青海人民出版社，1991：218~219.

[20] 聂树人. 平安县元石山低品位红土型铁镍（钴）矿的预处理-磁选富集 [J]. 青海地质，2001，1：45~50.

[21] 韩昭沧. 燃料及燃烧 [M]. 北京：冶金工业出版社，1994：4~5.

[22] GB/T 575—2009，中国煤炭分类 [S]. 北京：中国标准出版社，2009.

[23] 北京矿冶研究总院，北京有色设计院，科学院化冶所，等. 阿尔巴尼亚红土矿氨浸法提取镍钴工艺 [R]. 1974.

[24] 刘大星. 从镍红土矿中回收镍、钴的技术的进展 [J]. 有色金属（冶炼部分），2002（3）：6~10.

[25] Deepatana A, Tang J A, Valix M. Comparative study of chelating ion exchange resins for metal recovery from bioleaching of nickel laterite ores [J]. Minerals Engineering，2006，19（12）：1280~1289.

[26] 王成彦. 氨性溶液中铜镍钴的萃取分离 [J]. 有色金属，2002（1）：23~26.

[27] Weir D A, Kofluk R P. Separation of cobalt from nickel and cobalt bearing ammoniacal solutions：U S，3716618 [P]. 1973-02-13.

[28] 阮书锋，尹飞，陈永强，等. 青海元石山镍铁矿综合利用项目设计 [J]，有色金属工程，2015（1）：41~45.

[29] Ma B Z, Wang C Y, Yang W J, et al. Screening and reduction roasting of limonitic laterite and ammonia-carbonate leaching of nickel-cobalt to produce a high-grade iron concentrate [J]. Minerals Engineering，2013，50~51：106~113.

6 回转窑干燥/预还原—电炉熔分

6.1 工艺介绍

红土镍矿火法冶炼工艺可简单分为高炉冶炼和电炉冶炼。小高炉和小矿热炉直接还原工艺由于高能耗、高污染和高成本等原因，在激烈的市场竞争下已逐渐退出了历史舞台，取而代之的是更为经济的回转窑干燥—回转窑预还原—电炉熔分（RKEF）的火法冶炼镍铁工艺[1,2]，回转窑干燥/预还原—电炉熔分原则工艺流程如图6-1所示。

红土镍矿物理水含量一般在30%~35%之间，结晶水含量一般在8%~12%之间，直接送回转窑还原焙烧，会由于大量水汽的生成而导致还原窑处理能力的严重降低，物料的预先干燥脱水就成为必然[3,4]。但红土镍矿泥化严重，小于0.074mm（200目）物料占比一般超过了70%（见2.1.1.2节），为尽可能地降低干燥过程的烟尘率，通常控制干燥后的红土镍矿含水在20%~22%之间。

一般采用顺流干燥方式。干燥窑燃烧室采用煤粉作为燃料，燃烧室为立式结构，易于排出煤灰。燃烧室顶部设煤粉燃烧器，一次风机将煤粉输送到煤粉燃烧器中，二次风将煤粉完全燃烧，燃烧后烟气配入三次风，将烟气温度控制在950℃左右，和红土镍矿一起送干燥窑。为保证布袋收尘器的正常工作，防止结露导致的烟尘黏结，干燥窑的出口烟气温度一般控制在120℃左右。

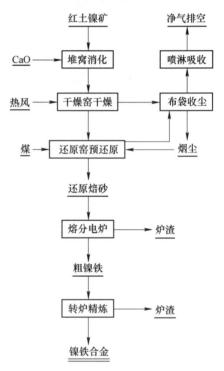

图6-1 回转窑干燥/预还原—电炉熔分原则工艺流程

预还原窑一般采用逆流操作。干燥后的矿石经胶带运输机送入还原回转窑焙烧。还原煤的粒度一般控制在5~15mm，与矿石一起加入还原窑，为防止低熔点物料的生成和由此而引起的还原窑结窑，通常控制还原窑高温段的温度在1000℃以内。还原窑主要有4个作用：（1）红土镍矿物理水的彻底蒸发；（2）控制结晶水低于0.5%；（3）预还原反应，实现矿石中铁、镍和钴氧化物的部分还原，降低熔分电炉的还原负荷；（4）还原焙砂热装（约700℃），降低电炉的熔化负荷[5~7]。

从还原窑排出的预还原焙砂，经保温料罐直接送入电炉熔分和深度还原。电炉操作采用高电压模式，控制熔化温度在1500℃左右，使焙砂在电炉内熔化成渣和合金两相，焙砂中残留的碳将镍和部分铁还原进一步还原成金属，形成高含碳的粗镍铁。还原过程中产生的一氧化碳在炉膛内燃烧，不仅提高焙砂温度，也能使电极上部的电极糊石墨化。炉膛内的烟气温度控制在 950℃ 左右，以防止还原焙砂烧结并减缓炉壳耐火材料的高温腐蚀[8,9]。

根据熔分电炉的大小，可以采用连续放渣和间断放渣的作业方式，高温炉渣水淬后运到渣场堆存；镍铁合金间断放出，经转炉进一步精炼后生产出合格的镍铁出售供生产不锈钢[4,10]。

世界首家采用 RKEF 技术的镍冶炼厂是法国投资的位于新喀里多尼亚 SLN 冶炼厂，于 1958 年建成，生产 25% 镍铁，出口欧盟、日本、韩国等地。自 2007 年以来，随着不锈钢用镍的高速增长，我国国内建成了近百条 RKEF 生产线，其中最常用的熔分电炉为 33000kW，最大的达到了 60000kW。

国内 RKEF 存在的主要问题是还原窑的气氛和温度控制不适宜。为避免还原窑结窑而采用了较低的预还原温度，红土镍矿中的镍、铁等氧化物的预还原程度较低，电炉熔分过程的电耗偏高[3,11,12]。

还原窑结窑的主要原因是还原焙砂中存在大量的铁橄榄石（$2FeO \cdot SiO_2$）低熔点物质，也就是说有大量的亚铁存在，也就意味着还原窑的还原气氛较低。因此，通过在还原窑上加装二次风机，分段控制还原窑的还原温度和还原气氛，使红土镍矿中的大部分铁在较低的温度下被还原为金属铁，而不是 FeO，就可以消除铁橄榄石相的产生，就可以从根本上解决还原窑的结窑问题[13~15]。

采用上述控制措施，国内某 RKEF 厂的电耗（以焙砂计）指标已经降到了 400kW/t，达到了日本日向镍冶炼厂的能耗指标。

回转窑干燥/预还原—电炉熔分工艺处理红土镍矿，金属镍的回收率可以达到 95% 以上，但矿石中的钴也进入镍铁合金而造成钴的损失，因此不适用于处理含钴较高的红土镍矿。由于工艺能耗高，从经济角度上考虑，RKEF 工艺适宜于处理镍含量大于 1.8%、钴含量小于 0.05% 的矿石，且要求当地要有充沛的电力供应[16]。

6.2　蛇纹石型红土镍矿处理

6.2.1　原材料和辅助材料

本节介绍的 RKEF 法生产的原料为缅甸达贡山的蛇纹石型红土镍矿，原料的详细介绍参考 2.2.2 节，其中试验过程中使用的主要辅助材料如下：

（1）无烟煤。试验用无烟煤的分析结果见表 6-1。

表 6-1　试验用无烟煤分析结果

名称	灰分/%	挥发分/%	水分/%	含硫量/%	含碳量/%	弹筒发热量/MJ·kg⁻¹
参数	20.41	9.67	0.30	0.70	71.27	27.30

（2）焦炭。试验用焦炭的分析结果见表 6-2。

表 6-2　试验用焦炭分析结果

名称	灰分/%	挥发分/%	水分/%	含硫量/%	含碳量/%	弹筒发热量/MJ·kg⁻¹
参数	12.68	1.06	0.38	0.70	85.88	28.91

（3）石灰。试验用石灰的分析结果见表6-3。

表6-3　试验用石灰分析结果

元素	Al_2O_3	CaO	SiO_2	Fe	MgO
含量/%	1.36	92.59	0.92	0.23	0.52

（4）坩埚。小型熔炼试验共使用了4种材质的坩埚：刚玉坩埚、氧化镁坩埚、石墨坩埚和氧化锆坩埚。试验考察了高温熔炼过程红土镍矿对不同坩埚材质的腐蚀情况。

6.2.2　干燥/预还原

缅甸达贡山镍矿含水约30%，不存在直接入炉冶炼的可能，必须预先进行干燥处理。

另外，由于镍铁氧化物的还原均是吸热反应，因而电炉还原熔炼时，焙砂入炉前矿物中铁、镍的还原度越高，电炉冶炼电耗就越低。根据20世纪60年代北京矿冶研究总院在400kW和1000kW电炉上进行的阿尔巴尼亚镍铁矿的半工业试验结果，原矿直接入炉熔炼的平均电耗（以原矿计）高达1300kW·h/t，冷焙砂入炉熔炼的平均电耗（以焙砂计）只有870kW·h/t(折合以原矿计约730kW·h/t) 几乎减小了1/2。根据他们的试验结果，在采用热焙砂直接入炉的情况下，焙砂中铁还原度（Fe^{2+}/TFe）对电耗的影响如图6-2所示。

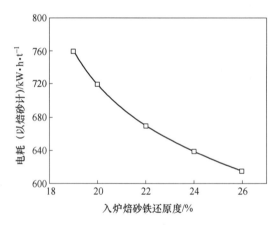

图6-2　入炉焙砂的铁还原度（Fe^{2+}/TFe）与其电耗的关系

因此，矿石在回转窑干燥过程中，通过控制一定的还原条件，尽可能提高焙砂的还原度，将对后续电炉还原熔炼过程电耗的降低极其有利。

为降低电炉还原熔炼的烟尘率，试验采取了泥矿制球团并预先在70℃下预干燥脱水的办法，所用还原剂为无烟煤，CaO为分析纯。

6.2.2.1　干燥预还原

预还原试验用自制的 ϕ50mm×100mm 和 ϕ150mm×300mm 不锈钢坩埚，加盖密闭后在700~900℃下进行预还原。试验选取了焙烧时间、焙烧温度、还原剂用量、CaO加入量、球团粒径等因素进行了干燥预还原条件试验研究。

首先称取定量细磨后的红土镍矿，配入定量的无烟煤和分析纯氧化钙，加水人工制球团，制得的球团矿放入烘箱于 70℃ 下干燥 12h。

再称取定量干燥后的球团矿，装入不锈钢坩埚，加盖后放入马弗炉中通电升温，至指定温度后开始保温还原并计时，至规定时间后断电，快速取出不锈钢坩埚，水淬急冷，以防止焙球中 Fe^{2+} 的再氧化。冷却至室温后取出坩埚内的焙球，称重计量后，任取 5 个球团进行抗压强度和落下强度测试，取其平均值作为该批球团的强度指标（kg/个）。焙球的落下强度指将焙球置于 0.5m 高处自由落至 15mm 厚的钢板上，反复落下直到球团产生裂纹或破裂时为止。按其破裂前落下的次数来计算（次/0.5m）。

焙球磨碎后取样分析全铁（TFe）和二价铁（Fe^{2+}），以 Fe^{2+}/TFe（铁还原度）、抗压强度和落下强度作为预还原指标。

A　焙烧时间的影响

固定还原剂用量 2.5%、CaO 用量 5%、球径约 10mm，焙烧温度 900℃，考察焙烧时间对球团铁还原度、抗压强度和落下强度的影响，实验结果见表 6-4 和图 6-3。

表 6-4　焙烧时间试验结果

序号	时间/min	焙砂产率/%	焙球化学成分		铁还原度（Fe^{2+}/TFe）	抗压强度/kg·个$^{-1}$	落下强度/次·（0.5m）$^{-1}$
			TFe	Fe^{2+}			
1	30	89.2	15.43	13.40	86.84	11.0	>10
2	45	86.0	15.35	13.12	85.47	11.5	>10
3	60	84.2	15.04	13.12	87.23	12.5	>10
4	75	85.8	15.27	13.57	88.86	13.0	>10
5	90	89.6	15.24	13.69	89.82	13.5	>10

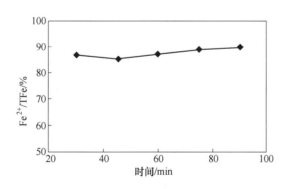

图 6-3　焙烧时间对铁还原度的影响规律

试验条件下，焙烧时间对球团铁还原度和落下强度的影响不大，对抗压强度有一定的影响。为保证焙球的强度，焙烧时间不应低于 45min。

B　焙烧温度的影响

固定还原剂用量 2.5%、CaO 用量 5%、球径约 10mm，焙烧时间 1h。考察焙烧温度对球团铁还原度、抗压强度和落下强度的影响，实验结果见表 6-5 和图 6-4。

表 6-5　焙烧温度试验结果

| 序号 | 温度/℃ | 焙砂产率/% | 焙球化学成分 | | 铁还原度
（Fe²⁺/TFe） | 抗压强度
/kg·个⁻¹ | 落下强度
/次·（0.5m）⁻¹ |
			TFe	Fe²⁺			
1	700	87.6	15.03	6.09	40.52	4.0	>10
2	750	87.0	14.88	8.00	53.76	6.5	>10
3	800	87.0	15.60	9.99	64.04	7.5	>10
4	850	86.6	15.02	11.99	79.83	10.5	>10
5	900	84.2	15.04	13.12	87.23	12.5	>10

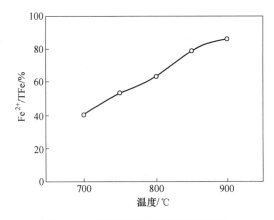

图 6-4　焙烧温度对铁还原度的影响

试验结果表明，焙烧温度对球团铁还原度、抗压强度均有明显影响。700℃下经 1h 的焙烧，焙球的铁还原度只有 40%，抗压强度只有 4kg/个。为保证球团铁还原度大于 60%，焙烧温度不能低于 800℃。

C　还原剂用量的影响

固定 CaO 用量 5%、球径约 10mm，焙烧温度 900℃，焙烧时间 1h。考察还原剂用量对球团铁还原度、抗压强度等的影响，实验结果见表 6-6 和图 6-5。

表 6-6　还原剂用量试验结果

| 序号 | 还原剂量
/% | 焙砂产率/% | 焙球化学成分 | | 铁还原度
（Fe²⁺/TFe） | 抗压强度
/kg·个⁻¹ | 落下强度
/次·（0.5m）⁻¹ |
			TFe	Fe²⁺			
1	1.5	87.8	15.56	13.26	85.22	13.0	>10
2	2.5	84.2	15.04	13.12	87.47	12.5	>10
3	3.5	87.0	15.39	14.26	92.65	12.5	>10
4	5	87.0	15.13	14.48	95.70	12.0	>10
5	7	87.2	14.90	13.70	91.74	12.5	>10

结果表明，试验条件下，还原剂用量对球团铁还原度有明显影响，对抗压强度和落下强度基本没有影响。配入原矿质量 1.5% 的无烟煤即可满足焙球对铁还原的要求。

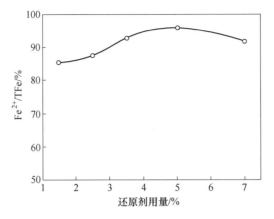

图 6-5 还原剂用量对铁还原度的影响

D CaO 用量的影响

固定还原剂用量 1.5%、球径约 10mm，焙烧温度 900℃，焙烧时间 1h。考察 CaO 用量对球团铁还原度、抗压强度和落下强度的影响，实验结果见表 6-7 和图 6-6。

表 6-7 CaO 用量试验结果

序号	CaO 量 /%	焙砂产率/%	焙球化学成分		铁还原度 (Fe^{2+}/TFe)	抗压强度 /kg·个$^{-1}$	落下强度 /次·(0.5m)$^{-1}$
			TFe	Fe^{2+}			
1	0	83.4	15.15	12.92	85.28	10.0	>10
2	2.5	85.4	15.45	13.11	84.85	12.5	>10
3	5	87.8	15.56	13.26	85.22	12.5	>10
4	10	90.57	15.40	13.26	86.10	13.5	>10
5	15	92.38	15.06	12.98	86.19	15.5	>10

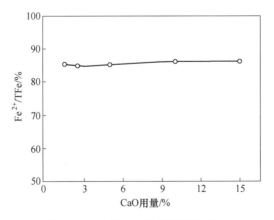

图 6-6 CaO 用量对铁还原度的影响

试验条件下，CaO 用量对球团铁还原度和落下强度基本没有影响，但对抗压强度有一定影响。随 CaO 用量的增加，焙球抗压强度增大。根据电炉熔炼要求，配入原矿质量 5% 的 CaO 即可。

E   球团粒径的影响

固定还原剂用量 1.5%、CaO 用量 5%，焙烧温度 900℃，焙烧时间 30min。考察球团粒径对球团铁还原度、抗压强度和落下强度的影响，实验结果见表 6-8。

表 6-8   球团粒径试验结果

序号	粒径/mm	焙砂产率/%	焙球化学成分		铁还原度 （Fe^{2+}/TFe）	抗压强度 /kg·个$^{-1}$	落下强度 /次·（0.5m）$^{-1}$
			TFe	Fe^{2+}			
1	6	87	15.29	11.35	74.23	8.5	>10
2	10	86.2	15.44	10.38	67.22	10.0	>10
3	12	86	15.07	10.95	72.66	11.0	>10

试验条件下，球团粒径对球团铁还原度和落下强度基本没有影响，对抗压强度有一定影响。

F   综合条件试验

上述条件试验结果表明，缅甸达贡山镍矿的干燥预还原是比较容易的，控制焙烧温度大于 800℃，焙烧时间大于 30min，加入原矿质量 1.5% 的无烟煤和 5% 的 CaO，球团粒径 10mm 左右，可以得到铁还原度大于 70%、抗压强度大于 10kg/个、落下强度大于 10 次的优质焙球，为进一步验证上述条件试验的研究结果，在 φ150mm×300mm 的不锈钢坩埚进行了如下的综合条件试验。

固定还原剂用量 1.5%、CaO 用量 5%、球团粒径约 10mm、加料量 1000g/次，焙烧温度 850℃，焙烧时间 30min。综合条件试验结果见表 6-9。

表 6-9   综合条件试验结果

序号	焙砂产率/%	焙球化学成分		铁还原度 （Fe^{2+}/TFe）	抗压强度 /kg·个$^{-1}$	落下强度 /次·（0.5m）$^{-1}$
		TFe	Fe^{2+}			
1	89.4	15.15	11.92	78.68	11.5	>10
2	89.0	15.48	11.64	75.19	12.5	>10
3	87.6	15.50	11.50	74.19	10.5	>10
4	88.7	15.38	11.65	75.75	10.0	>10
5	87.2	15.43	11.52	74.66	10.0	>10

综合试验很好地验证了条件试验的结果，在 850℃ 的焙烧温度下，经 30min 的焙烧，所得焙球的铁还原度均大于 70%，抗压强度大于 10kg/个，落下强度大于 10 次。

6.2.2.2   焙球工艺矿物学

A   还原焙烧过程的相变

图 6-7 所示为还原焙烧球的主要矿物组成。从图中可见，镍红土矿经还原焙烧后含水的蛇纹石、滑石、蒙脱石、伊利石等全部消失，代之以无水的辉石和橄榄石。其中含镁较高的蛇纹石转变成镁橄榄石，含镁略低的滑石转变成顽火辉石或斜顽辉石。同时含水的褐铁矿及硬锰矿转变成磁铁矿和黑镁铁锰矿。而硬铬尖晶石本不含水，因此还原焙烧时没有发生相变。

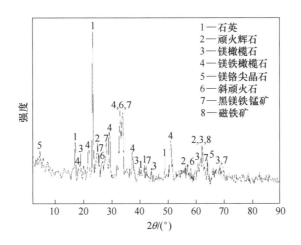

1—石英
2—顽火辉石
3—镁橄榄石
4—镁铁橄榄石
5—镁铬尖晶石
6—斜顽火石
7—黑镁铁锰矿
8—磁铁矿

图 6-7　还原焙烧球的 X 射线粉末衍射图

必须指出，从图 6-7 中还可以看到，焙烧球中的主要矿物为石英，比较镍红土矿原料中石英的衍射强度可以发现，它在焙烧过后明显富集，这主要是由于样品脱水后，不含水的矿物数量相对增加。硬铬尖晶石数量的明显增加也与此有关。另外，脱水后新生成的辉石及橄榄石结晶程度稍差也会使未发生相变的石英和尖晶石衍射线相对高一些。

显微镜观察发现，烧球中已看不到各类硫化物，说明它们在焙烧过程中已被氧化，并还原成磁铁矿或合金。图 6-8 和图 6-9 所示为还原球团的显微结构，从图中可见，未发生相变的磁铁矿、尖晶石及石英结晶完整，且粒度较粗。新生成的辉石、橄榄石等因原始矿物——蛇纹石、滑石、伊利石等比较易磨而在磁铁矿、尖晶石、石英周围填充，受烧结的影响，形成疏松多孔的聚合体结构。

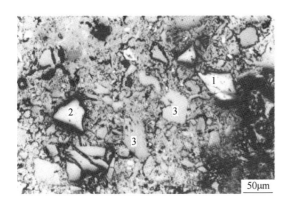

图 6-8　磁铁矿及铬镁尖晶石
1—磁铁矿；2—尖晶石；3—硅酸盐

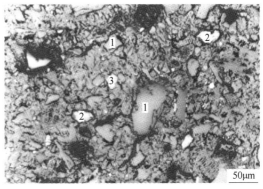

图 6-9　游离石英
1—石英；2—磁铁矿；3—富锰相

扫描电镜微区分析进一步验证了还原焙烧时，在脱水反应完成后而形成的辉石和橄榄石。并同时发现，镁铁闪石脱水后转变成紫苏辉石，铁闪石转变成铁橄榄石，而绿泥石中含镁高者形成镁铁橄榄石，含铝高者则形成铁铝石榴石。图 6-10 和图 6-11 所示为还原焙烧球中新生相的显微结构及对应的元素组成。从图中可以明显地看出，球团中橄榄石及辉

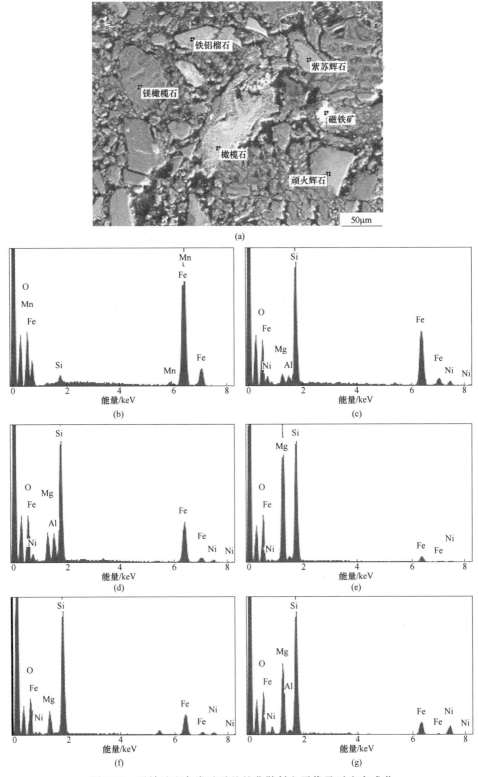

图 6-10　磁铁矿和各类硅酸盐的背散射电子像及对应点成分

（a）背散射电子像；（b）磁铁矿；（c）橄榄石；（d）铁铝榴石；（e）镁橄榄石；（f）紫苏辉石；（g）顽火辉石

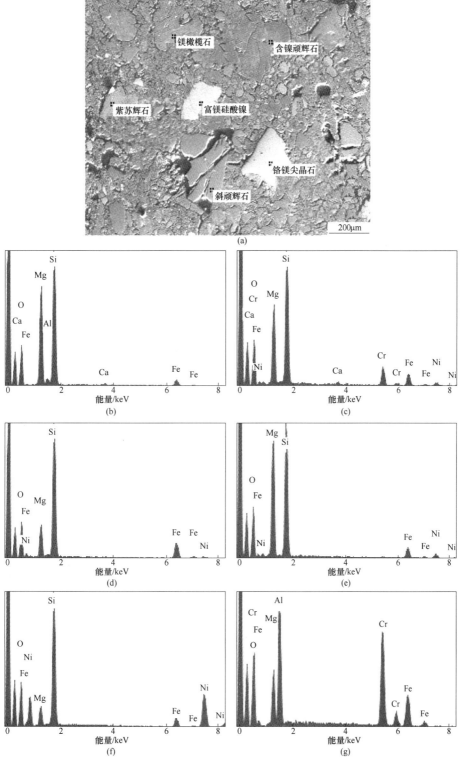

图 6-11 铬镁尖晶石、富镁硅酸镍及各类硅酸盐的背散射电子像及对应点成分

（a）背散射电子像；（b）斜顽辉石；（c）含镍顽辉石；（d）紫苏辉石；

（e）镁橄榄石；（f）富镁硅酸镍；（g）铬镁尖晶石

石的主要组成基本上与烧前的蛇纹石、滑石相同，为它们的相变产物。而部分磁铁矿中含有少量硅、锰等杂质，为褐铁矿的相变产物。另外，从图 6-11 中还可以看出，尖晶石成分没有明显改变，但却出现富含镍及部分镁的硅酸盐，可认为系镍蛇纹石的相变产物。

综上所述，在实际的还原焙烧中，除石英、磁铁矿、尖晶石、普通辉石等稳定矿物外，镍红土矿中的绝大多数矿物都发生了相变，但由于焙烧温度相对较低，球团中没有明显的液相产生，因此各矿物的相变大多是简单的脱水再结晶过程，矿石中大量游离石英的存在说明还原焙烧过程中没有过多的化学反应发生。

B　还原焙烧后镍的走向

扫描电镜能谱分析发现，还原焙烧后镍没有明显迁移的痕迹。对含镍较高的镍蛇纹石来讲，烧后变成无水的硅酸镍，含镁较高的镍蛇纹石则成为富镁硅酸镍。同时，对于另一种富镍矿物——镍硬锰矿而言，由于其中含有数量明显的铁、镁、硅等杂质，因此焙烧后形成富镍的黑镁铁锰矿。另外，原镍红土矿中存在大量的含镍蛇纹石、富镍滑石、镍绿泥石以及含镍铁闪石、镁铁闪石，在焙烧过后则形成了含镍的顽辉石、含镍镁橄榄石、含镍铁橄榄石以及含镍紫苏辉石。

图 6-12 和图 6-13 所示为还原球团矿中各含镍矿物及未含镍矿物的显微结构及相对应

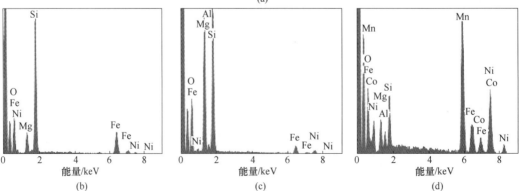

图 6-12　富镍黑镁铁锰矿及含镍硅酸盐背散射电子像及对应点成分
（a）背散射电子像；（b）含镍紫苏辉石；（c）含镍镁橄榄石；（d）富镍黑镁铁锰矿

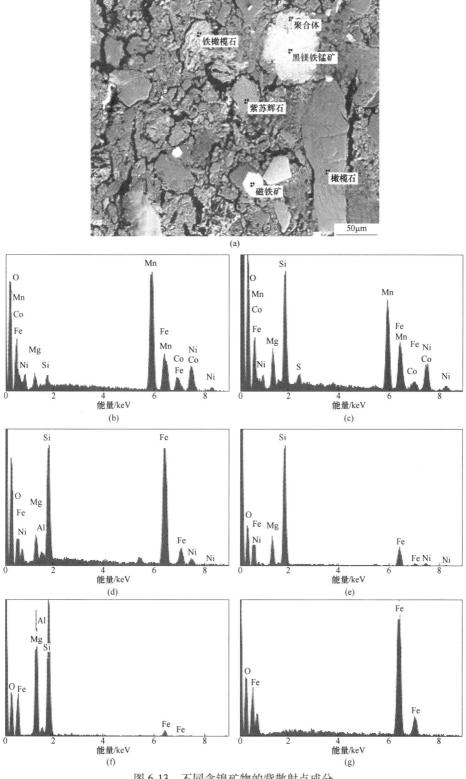

图 6-13 不同含镍矿物的背散射点成分

（a）背散射电子像；（b）黑镁铁锰矿；（c）聚合体；（d）铁橄榄石；（e）紫苏辉石；（f）橄榄石；（g）磁铁矿

的元素组成。从图中可以清楚地看出,镍硬锰矿转变成富镍黑镁铁锰矿后仍含有数量明显的钴,这说明钴在焙烧过程中也没有迁移,同时原蛇纹石、滑石及闪石中含有的少量镍在新形成的橄榄石及辉石中依然存在。而原不含镍的蛇纹石及磁铁矿在焙烧过后仍没有镍的浸入,这表明低温焙烧时镍的迁移是非常小的。

图 6-14 所示为磁铁矿中嵌布的红锑镍矿。该矿系含有少量砷、铁的锑、镍合金。在对原始镍红土矿进行的矿物学研究中没有发现镍的锑化物,因此有可能是硫锑镍矿在还原焙烧后形成的产物。在焙烧过程中褐铁矿中的氧首先将硫化物氧化,并形成局部高温,然后还原气体通过褐铁矿相变而产生的微气孔将这些氧化物还原成金属。

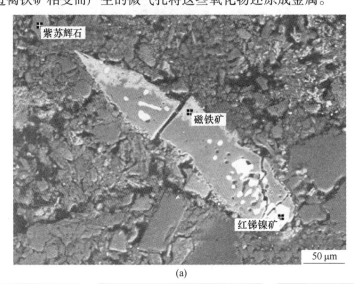

(a)

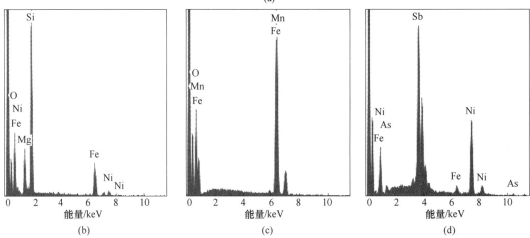

图 6-14 磁铁矿中形成的细粒红锑镍矿的背散射电子像及对应点成分
(a) 背散射电子像;(b) 紫苏辉石;(c) 磁铁矿;(d) 红锑镍矿

6.2.3 还原熔炼

6.2.3.1 渣型研究
炉渣渣型对电炉操作工艺条件的选择及冶炼技术经济指标的改善有重要影响。一般来讲，炉渣渣型应基于以下几方面的影响因素进行选择：

（1）合金相的熔点。炉渣熔点应根据合金相的熔点进行必要的调整，以保证金属相的过热温度和顺利放出。一般来说，炉渣熔点高于合金相熔点100℃左右比较适宜。在该条件下进行熔炼，不仅有利于能耗的降低，而且也可以保持炉渣和合金相的良好分离，对合金相的顺利放出、降低合金相在渣中的夹带、提高有价金属的回收率极其有利。

（2）炉渣的黏度、密度、界面张力等。熔炼过程金属回收率很大程度上取决于合金相在渣中的夹带情况，炉渣黏度高、密度大，将导致渣金分离和排渣困难，合金相夹带损失增大。炉渣界面张力小，弥散在渣中的合金相的聚合和沉降困难，合金相损失同样会增大，另外，界面张力大的炉渣还能减轻熔体对炉体耐火材料的浸蚀。

（3）炉渣的导电性和导热性。电炉还原熔炼过程中的高温是通过电能在炉料熔体中转变为热能而获得的，转变的途径有两条：一是电极与炉渣界面的微电弧热，二是电流通过熔渣时由炉渣电阻产生的焦耳热，随电极插入深度的增加，电阻热产生的比例随之增加，但电极的插入深度由受到炉渣导电性的制约。因此，炉渣的导电性和导热性就决定了电炉内的电场和温度场的分布，也决定了炉料的熔化速度。选择导电性和导热性比较适宜的炉渣，可以提高电炉的热效率，降低单位质量炉料的电能消耗。

（4）炉渣的浸蚀性。酸度过高的炉渣对炉衬的浸蚀作用较强。

缅甸达贡山镍矿的全分析结果表明，原矿中所含的用于造渣的酸性物料 SiO_2 含量（约44%）较高，而碱性物料 CaO（约0.5%）、MgO（约18%）和 FeO（约17%）含量较低。物料自然碱度 $R = [w(CaO) + w(MgO) + w(FeO)]/[w(SiO_2) + w(Al_2O_3)] = 0.777$，若考虑电炉还原熔炼过程中铁的还原，则炉渣的碱度将更低（假定90%的铁被还原进入合金相，则 $R = 0.44$）。同时，由于炉渣中 SiO_2 含量很高，黏度大，很不利于渣金的分离。

含镍15%~30%的镍铁合金，其熔点一般为1450~1500℃，而实验测得的缅甸达贡山镍矿自然碱度炉渣的熔点仅为1360℃，该种炉渣对电炉熔炼的顺利操作和镍铁的顺利放出将带来诸多困难。

由 Al_2O_3-MgO-SiO_2 系三元相图（见图6-15）可以看出，添加 Al_2O_3 可以提高炉渣的熔

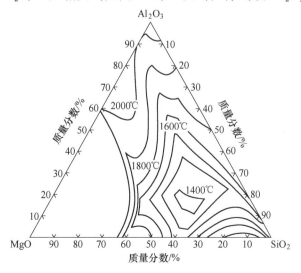

图6-15 Al_2O_3-MgO-SiO_2 系三元相图

点，但却将进一步导致炉渣碱度的降低和黏度的增大。因此，采用添加 Al_2O_3 来提高炉渣熔点并不适宜。

从炉渣的酸碱度和熔渣结构的离子理论角度来说，在 $MgO-SiO_2$ 渣中加入适量的 CaO 造渣，不仅可以适度调整炉渣的酸碱度（酸度降低），而且可以较好地改善炉渣的黏度（黏度降低），有利于熔渣和合金相的分离。

由 $CaO-MgO-SiO_2$ 系三元相图（见图 6-16）可以看出，添加少量 CaO 虽然可能导致炉渣熔点的进一步降低，但降低幅度不大，而炉渣黏度和浸蚀性能却可以有较大的改善。但配入量过多，对缅甸达贡山镍矿的还原熔炼是不可取的，不仅增大了物料的处理量，导致单位产品电耗增加，而且由于渣量增大，渣含镍的绝对数量也将增大。

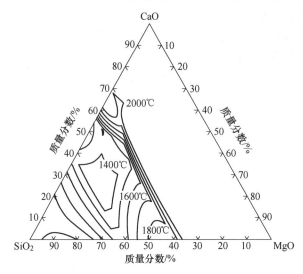

图 6-16 $CaO-MgO-SiO_2$ 系三元相图

20 世纪 60 年代，北京矿冶研究总院等在阿尔巴尼亚镍铁矿的半工业试验中，为解决炉渣熔点和合金相熔点的差异问题，采用泡沫渣过热法实现了镍铁合金的顺利放出。泡沫渣过热法的关键是控制加料速度：（1）维持泡沫渣层厚度在 100mm 左右；（2）电极微微插入渣层，增大微电弧热的产生比例；（3）保持电流稳定。控制得当，则能以 3.5mm/min 的速度熔化炉底凝固的合金相。虽然泡沫渣过热法不增加电耗和提高渣含镍，但操作复杂、劳动强度较高。在随后的联动试验中，在使用自然碱度的情况下，通过控制电极位置，改变熔池内电能的分布也实现了炉底镍铁的过热目的，实现了镍铁合金的顺利放出，并通过减少炉渣和炉衬的接触机会及降低炉衬温度，改善了炉渣对炉衬的侵蚀。

上述经验表明，采用添加少量 CaO 或直接采用缅甸达贡山镍矿的自然碱度炉渣，通过电炉操作工艺条件的改变来保证镍铁合金的顺利放出和改善炉衬的侵蚀是可能的。

在高温硅钼炉中进行的探索试验表明，在物料中配入 5% 的 CaO 和 8% 的焦粉（折合 $CaO-SiO_2-MgO$ 中的含量为 SiO_2 66%、CaO 8%、MgO 26%，炉渣熔点温度约为 1320℃），在 1550℃ 下保温 1h，所产出的炉渣含镍 0.004%、含铁 0.8%，金属镍回收率高达 99.88%，炉渣和合金相分离良好。而采用自然碱度炉渣（折合 $Al_2O_3-SiO_2-MgO$ 中的含量为 SiO_2 69%、Al_2O_3 3%、MgO 28%），在同样条件下，所产出的炉渣含镍 0.018%、含铁

1.23%，镍回收率虽然也达到了 99.48%，但从冷却后的炉渣中可以明显看出，炉渣和合金相的分离效果及合金相的聚合程度远不如前者。因此，缅甸达贡山镍矿采用添加少量 CaO 的 CaO-SiO₂-MgO 三元系炉渣进行电炉还原熔炼是比较合理的。

对电炉熔炼来说，炉渣的黏度特别重要，因为黏度决定熔池中炉渣的对流速度，影响炉渣导电性和输入电功率与加入炉料之间的平衡，从而最终影响电炉熔炼的技术经济指标。图 6-17 表示了 CaO-SiO₂-Al₂O₃ 系炉渣的黏度与电导率的关系，当黏度大于 0.3Pa·s 时，熔渣的导电性便急剧减小。为增大炉渣的导电性，炉渣黏度应小于 0.3Pa·s。从降低炉渣黏度的角度考虑，添加少量 CaO 也是合理的[6,7,14,17,18]。

另外，对于置换反应 Fe+NiO ═══ Ni+FeO 来讲，炉渣碱度和反应平衡常数 K 的关系如图 6-18 所示。随碱度增加，反应平衡常数降低，即炉渣碱度越高，镍的优先还原进行得越不充分。在原料品位不变时，碱度越高镍的回收率越低。因此，从提高镍回收率的角度考虑，CaO 的配入量也不宜过高。

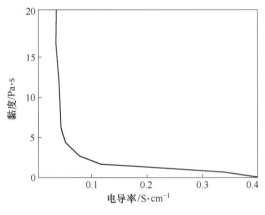

图 6-17　CaO-SiO₂-Al₂O₃ 系炉渣的黏度与电导率的关系

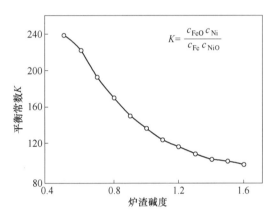

图 6-18　炉渣碱度和反应平衡常数的关系

试验研究并测试了不同 CaO 加入量下（不加、5%、10%、15%、20%），经还原熔炼后的达贡山镍矿炉渣的基本物理和化学性质，包括熔点、黏度、密度、比热容和电导率等。

（1）自然碱度炉渣。炉渣熔化性测试结果见表 6-10。黏度随温度的变化曲线如图 6-19 所示。

表 6-10　自然碱度炉渣的熔化性

参数	变形温度 T_1/℃		软化温度 T_2/℃		流动温度 T_3/℃		T_3-T_1/℃
实测	1339	1335	1355	1356	1358	1359	21.5
平均	1337		1355.5		1358.5		

自然碱度下炉渣碱度 $R=0.42$（分析结果见表 6-7），熔点约 1360℃，但黏度很大，1500℃时的黏度高达 3.374Pa·s，对于渣金分离和镍回收率的提高显然十分不利。

试验测得该炉渣的密度为 2.93g/cm³，在 1500℃、炉渣黏度为 3.4Pa·s 时的热含量为 2285kJ/kg，其 1500℃下的电导率为 0.37S/cm。

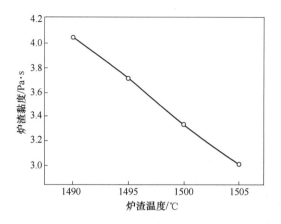

图 6-19　自然碱度炉渣的黏度-温度曲线

（2）添加 5% CaO 的炉渣。炉渣熔化性测试结果见表 6-11。黏度随温度的变化曲线如图 6-20 所示。

表 6-11　添加 5% CaO 炉渣的熔化性

参数	变形温度 T_1/℃		软化温度 T_2/℃		流动温度 T_3/℃		T_3-T_1/℃
实测	1282	1286	1313	1315	1317	1318	33.5
平均	1284		1314		1317.5		

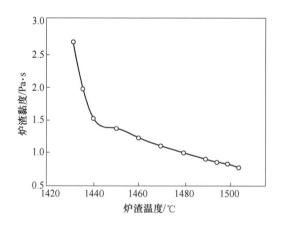

图 6-20　添加 5% CaO 炉渣的黏度-温度曲线

添加 5% CaO，炉渣的碱度 R 升高至 0.50，其熔点虽然降低至约 1320℃，但黏度却大幅降低，1500℃时的黏度为 0.82Pa·s，若再提高至 1550℃，其黏度完全有可能降至 0.5Pa·s 以下。对实现渣金的良好分离和提高镍回收率十分有利。

经测定，该炉渣的密度为 2.86g/cm³，在 1500℃、炉渣黏度为 0.8Pa·s 时的热含量为 1950kJ/kg，其 1500℃下的电导率为 0.64S/cm。

（3）添加 10% CaO 的炉渣，炉渣熔化性测试结果见表 6-12。黏度随温度的变化曲线如图 6-21 所示。

表 6-12 添加 10% CaO 炉渣的熔化性

参数	变形温度 T_1/℃		软化温度 T_2/℃		流动温度 T_3/℃		$T_3 - T_1$/℃
实测	1235	1238	1250	1253	1277	1278	41
平均	1236.5		1251.5		1277.5		

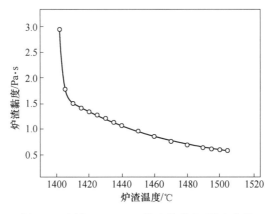

图 6-21 添加 10% CaO 炉渣的黏度-温度曲线

添加 10% CaO，炉渣的碱度 $R = 0.60$，熔点降至约 1280℃，较自然碱度炉渣和添加 5% CaO 炉渣分别降低了约 80℃ 和 40℃，和合金相熔点的差别更为显著。虽然 1500℃ 时其黏度仅为 0.6Pa·s，对渣金分离有利，但对合金相的过热不利。

经测定，该炉渣的密度为 2.90g/cm³，在 1500℃、炉渣黏度为 0.6Pa·s 时的热含量为 1880kJ/kg，其 1500℃ 下的电导率为 0.89S/cm。

（4）添加 15% CaO 的炉渣。炉渣熔化性测试结果见表 6-13。黏度随温度的变化曲线如图 6-22 所示。

表 6-13 添加 15% CaO 炉渣的熔化性

参数	变形温度 T_1/℃		软化温度 T_2/℃		流动温度 T_3/℃		$T_3 - T_1$/℃
实测	1239	1232	1249	1247	1257	1256	21
平均	1235.5		1248		1256.5		

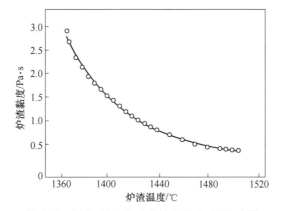

图 6-22 添加 15% CaO 炉渣的黏度-温度曲线

添加 15% CaO，炉渣的碱度升高至 0.74，熔点和黏度进一步降低，1500℃时其黏度为 0.36Pa·s。

经测定，该炉渣的密度为 2.82g/cm³，在 1500℃、炉渣黏度为 0.4Pa·s 时的热含量为 1720kJ/kg，其 1500℃下的电导率为 1.13S/cm。

（5）添加 20% CaO 的炉渣。炉渣熔化性测试结果见表 6-14。黏度随温度的变化曲线如图 6-23 所示。

表 6-14　添加 20% CaO 炉渣的熔化性

参数	变形温度 T_1/℃		软化温度 T_2/℃		流动温度 T_3/℃		$T_3 - T_1$/℃
实测	1229	1230	1235	1236	1242	1242	12.5
平均	1229.5		1235.5		1242		

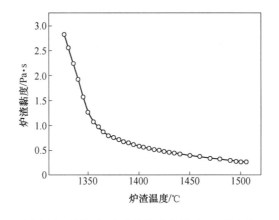

图 6-23　添加 20% CaO 炉渣的黏度-温度曲线

添加 20% CaO，炉渣的碱度升高至 0.87，熔点和黏度进一步降低，1500℃时其黏度为 0.27Pa·s。

经测定，该炉渣的密度为 2.99g/cm³，在 1500℃、炉渣黏度为 0.26Pa·s 时的热含量为 1730kJ/kg，其 1500℃下的电导率为 1.56S/cm。

6.2.3.2　小型试验

以达贡山镍矿为对象，在 12kW 硅钼炉中对 CaO 加入量、还原剂加入量、还原熔炼温度、还原熔炼时间和焙球还原度等影响因素进行了研究，还同时考察了熔渣对不同材质坩埚的侵蚀情况。

还原熔炼小型试验使用 ϕ80mm×170mm 的氧化锆坩埚，加盖在 1500~1550℃进行还原熔炼，未加任何气氛保护。称取定量的焙球，配入定量的焦炭粉后，装入氧化锆坩埚，加盖后放入硅钼炉中通电升温，至指定温度后开始保温熔炼并计时，至规定时间后，断电自然冷却。冷却至室温后取出坩埚，称重计量后砸碎坩埚，取出渣样和合金样。渣样磨碎后送分析，合金样用王水溶解后送溶液样分析，进而计算合金成分。

对 5 种材质坩埚的侵蚀情况进行了研究，包括高铝坩埚、刚玉坩埚、镁坩埚、石墨坩埚和氧化锆坩埚。研究发现，在加入 8% 焦炭、1550℃还原熔炼温度、保温时间 1h 的试验条件下，熔渣对高铝坩埚、刚玉坩埚、镁坩埚的侵蚀均十分严重，所用坩埚均发生了漏穿现象；石墨坩埚虽然没有被熔渣侵蚀，但由于高温下石墨坩埚内的还原气氛太强，熔体中的 SiO_2 也几乎被完全还原；氧化锆坩埚虽然略有侵蚀，但并不严重。为保证试验结果的准确性，不对炉渣的组分产生影响，试验选用了氧化锆坩埚。

A 不同 CaO 加入量的影响

添加少量 CaO 虽然导致了炉渣熔点的降低，但幅度不大，而炉渣的黏度和侵蚀性能却大大改善。但 CaO 配入量过多，对缅甸达贡山镍矿的还原熔炼并不可取，不仅炉渣熔点的降低幅度过大，而且增大了物料的处理量，导致单位产品电耗的增加和渣含镍绝对数量的增大。

固定试验条件：红土镍矿 150g、焦粉加入量 8%、还原熔炼温度 1550℃、保温时间 1h。试验结果见表 6-15。

表 6-15 不同 CaO 加入量试验研究结果

CaO 加入量/%	炉 渣							合金			渣计 Ni 回收率/%
	渣率/%	成分/%						质量/g	成分/%		
		CaO	MgO	SiO_2	Al_2O_3	Ni	Fe		Ni	Fe	
0	60.83	0.71	26.96	66.16	3.31	0.018	1.23	27.0	14.82	83.55	99.46
5	64.11	7.02	24.45	61.24	3.25	0.004	0.80	23.7	17.65	84.32	99.87
10	69.56	11.43	21.67	53.96	3.12	0.004	1.00	18.8	18.52	76.97	99.85
15	74.39	15.89	19.68	48.25	2.89	0.026	1.61	15.8	20.00	78.00	98.90
20	78.72	19.10	17.92	44.51	2.17	0.046	2.65	11.7	27.93	77.48	97.86

研究结果表明，缅甸达贡山镍矿的还原熔炼很容易进行，渣计镍回收率高达 98% 左右。试验过程发现，采用自然碱度的炉渣，合金相的聚合效果较差，渣金分离不好，可能是炉渣黏度较大所造成。

根据研究结果，渣含镍和镍铁合金含镍随炉渣碱度的变化规律如图 6-24 所示。

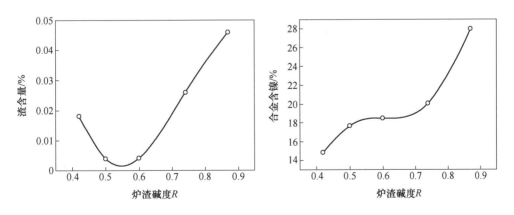

图 6-24 渣含镍和合金含镍随炉渣碱度的变化规律

炉渣碱度保持 0.5~0.6，渣含镍小于 0.01%，镍铁合金含镍约 18%。综合考虑，选择加入 CaO 5%、控制炉渣碱度 0.5 比较合理。

B　还原剂用量的影响

固定试验条件：红土镍矿 150g、CaO 加入量 5%、还原熔炼温度 1550℃、保温时间 1h。试验结果见表 6-16。

表 6-16　还原剂加入量试验研究结果

焦炭/%	炉渣							合金			渣计 Ni 回收率/%
	渣率/%	成分/%						质量 /g	成分/%		
		CaO	MgO	SiO$_2$	Al$_2$O$_3$	Ni	Fe		Ni	Fe	
4	78.10	5.96	20.77	51.97	2.98	0.17	6.46	6.8	41.30	60.42	93.17
5	72.67	6.57	21.76	54.89	3.17	0.071	3.41	13.6	23.85	72.58	97.32
6	67.75	6.88	22.62	57.95	3.13	0.022	1.41	18.0	18.79	76.03	99.22
7	64.11	6.93	24.64	60.22	2.98	0.009	0.45	22.3	18.05	81.20	99.70
8	64.11	7.02	24.45	61.24	3.25	0.004	0.80	23.7	17.65	84.32	99.87

试验结果表明，要保证镍的回收率，焦粉的加入量应保持在 5% 以上。另外，由于试验所用原料为没有经过预还原处理的红土镍矿，因此在采用预还原焙球作原料的情况下，焦炭用量将会更少。

根据试验结果，渣含镍、铁和镍铁合金含镍随还原剂用量的变化规律如图 6-25 和图 6-26 所示。

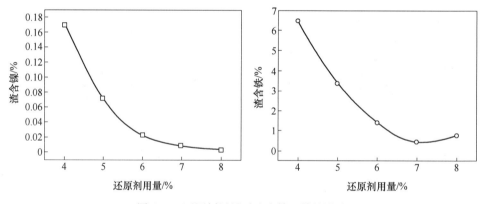

图 6-25　还原剂用量对渣含镍、铁的影响

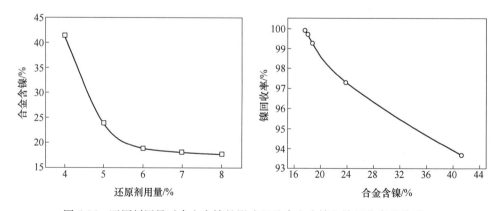

图 6-26　还原剂用量对合金含镍的影响以及合金含镍和镍回收率的关系

焦粉用量大于5%以后，渣含镍降低幅度趋于稳定，但渣含铁却随焦粉用量的增多而大幅降低，合金含镍量也随铁被大量还原而大幅降低。也就是说，红土镍矿中，镍较铁容易还原，随着镍还原接近完全，铁才开始被大量还原。从提高镍回收率和合金镍含量两方面综合考虑，选择一定的还原剂加入是合理的。

C　还原熔炼时间的影响

在适宜的熔炼温度下，延长还原熔炼时间，不仅可以保证矿物中有价金属的充分还原，而且有利于金属相在熔渣中的充分沉降，对金属回收有利。但熔炼时间过长，不仅能耗高，相应也降低了设备的处理量，加大了熔渣对炉体的浸蚀。因此，选择适宜的还原熔炼时间对提高生产效率、降低电耗有利。

固定试验条件：红土镍矿150g、CaO加入量5%、还原熔炼温度1550℃、焦炭加入量6%。试验结果见表6-17。

表 6-17　还原熔炼时间试验研究结果

熔炼时间/min	渣率/%	炉　渣						合金			渣计 Ni 回收率/%
		成分/%						质量 /g	成分/%		
		CaO	MgO	SiO$_2$	Al$_2$O$_3$	Ni	Fe		Ni	Fe	
30	67.93	6.75	22.15	57.13	3.09	0.011	0.061	24.3	14.72	82.31	99.61
45	67.38	6.94	22.87	57.95	3.45	0.007	0.15	23.2	15.96	83.62	99.75
60	67.75	6.88	22.62	57.95	3.13	0.022	1.41	18.0	18.79	76.03	99.22

在1550℃的还原熔炼温度下，熔炼保温时间对镍回收率没有大的影响，镍回收率均大于99%。综合考虑，选择30~45min的熔炼时间比较适宜。

D　还原熔炼温度的影响

还原熔炼温度的影响是多方面的。首先，温度升高，可以加速还原反应的进行，有利于金属氧化物的还原；其次，可降低炉渣黏度，加速金属相的聚集和沉降，有利于渣金分离和渣及合金相的排放。但熔炼温度过高，不仅能耗增大，加大熔渣对炉衬的侵蚀，同时也会增大合金相在熔渣中的溶解度，反而不利于金属回收率的提高。

鉴于红土镍矿电炉还原熔炼所产出的镍铁合金熔点较高，还原熔炼所需温度较高的特点，试验对1450℃、1500℃和1550℃下的熔炼情况进行了考察。

固定试验条件：红土镍矿150g、CaO加入量5%、还原熔炼时间45min、焦炭加入量6%。试验结果见表6-18。

表 6-18　还原熔炼温度试验研究结果

熔炼温度 /℃	渣率/%	炉　渣						合金			渣计 Ni 回收率/%
		成分/%						质量 /g	成分/%		
		CaO	MgO	SiO$_2$	Al$_2$O$_3$	Ni	Fe		Ni	Fe	
1450	68.41	6.75	25.76	56.31	3.41	0.071	2.26	16.3	19.71	75.91	97.46
1500	66.25	6.35	23.69	57.05	3.64	0.054	0.86	19.5	16.13	81.76	98.13
1550	67.38	6.94	22.87	57.95	3.45	0.007	0.15	23.2	15.96	83.62	99.75
1600[①]	63.02	6.13	32.79	51.20	3.73	0.013	0.88				99.57
1700[①]	62.98	6.39	32.45	48.53	4.82	0.011	0.92				99.64

①为电炉熔炼扩大试验结果。

试验结果表明，在1450℃的还原熔炼温度下，炉渣中镍的含量也可以降至0.1%以下，镍回收率大于97%。但在1450℃和1500℃的熔炼温度下，所得到的熔炼渣呈针状，渣中分布有部分镍铁合金颗粒，说明镍铁合金聚合不完全，这可能是由于炉渣黏度较高（约1.4Pa·s）所造成。温度大于1550℃时，镍铁合金聚合完全，渣金分离良好。因此，选取1550℃以上的还原熔炼温度比较适宜。

关于熔炼温度对电耗的影响，20世纪60年代北京矿冶研究总院在阿尔巴尼亚镍铁矿半工业试验中对此曾进行了研究。试验统计得到的炉渣出渣温度与电耗和渣含镍之间的关系如图6-27所示，由此得出的适宜的出渣温度为1440~1480℃（由于当时试验条件所限，没能测出所对应的炉体内的熔渣温度），当出渣温度低于1440℃时，随出渣温度的提高，渣含镍明显下降；当出渣温度高于1480℃时，提高渣温度对渣含镍没有明显影响。从降低能耗方面考虑，出渣温度不宜高于1480℃。

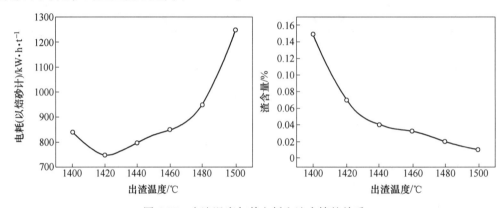

图6-27 出渣温度与其电耗和渣含镍的关系

因此，为兼顾顺利放出镍铁合金所需要的过热温度和降低能耗两者的矛盾，工业生产中可以采用高温出合金（1550℃）、低温出渣（1480℃）的办法。

E 焙球还原度的影响

由于镍铁氧化物的还原均是吸热反应，因而电炉还原熔炼时，焙砂入炉前，焙砂中铁、镍的还原度越高，则电炉冶炼电耗就越低。焙砂预还原的另一个优点是可以降低还原熔炼的焦炭使用量。

固定试验条件：还原熔炼温度1550℃、焦炭加入量5%、熔炼时间45min、预还原焙球加入量100g（预先加入CaO 5%）。试验结果见表6-19。使用预还原焙球，在焦炭加入量5%（折合原矿质量4.35%）的情况下，镍的回收率仍可以达到99%左右。

表6-19 焙球铁还原度试验研究结果

焙球			炉渣							合金			渣计回收率/%	
	成分/%		渣率/%	成分/%						质量/g	成分/%			
Fe²⁺/TFe	Ni	Fe		CaO	MgO	SiO₂	Al₂O₃	Ni	Fe		Ni	Fe	Ni	Fe
40.52	2.25	15.03	77.87	6.84	22.85	57.83	3.36	0.039	2.41	13.2	19.86	77.69	98.50	86.89
53.76	2.27	14.88	76.39	6.96	23.02	56.76	3.18	0.027	2.11	13.5	17.89	79.46	98.98	88.63

焙球			炉渣							合金			渣计回收率/%	
	成分/%		渣率/%	成分/%						质量/g	成分/%			
Fe^{2+}/TFe	Ni	Fe		CaO	MgO	SiO_2	Al_2O_3	Ni	Fe		Ni	Fe	Ni	Fe
64.04	2.27	15.60	72.78	6.46	22.68	57.42	3.53	0.017	1.29	13.9	16.77	81.26	99.39	93.68
79.83	2.28	15.02	73.98	7.02	22.57	58.45	3.48	0.016	1.22	13.9	15.14	83.22	99.41	93.69
87.23	2.34	15.04	69.44	6.92	23.79	56.68	3.27	0.014	0.72	14.0	14.92	84.64	99.52	96.51

熔炼过程中，在焦炭配入量固定的情况下，随焙球铁还原度的增大，炉渣含镍、含铁和合金镍含量均逐步下降，铁的还原率则显著上升。对比还原剂用量的影响规律，若控制焙球铁还原度在 80% 左右，还原熔炼过程焦炭的使用量将有可能降至 4%（折合原矿质量 3.5%）左右。

F　综合条件试验

固定试验条件：还原熔炼温度 1550℃、焦炭加入量（预还原焙球 4%、原矿 6%）、CaO 加入量 5%、熔炼时间 45min、原料用量 150g。试验结果见表 6-20。

表 6-20　还原熔炼综合条件试验研究结果

原料			炉渣							合金					渣计回收率/%	
	成分/%		渣率/%	成分/%						质量/g	成分/%					
Fe^{2+}/TFe	Ni	Fe		CaO	MgO	SiO_2	Al_2O_3	Ni	Fe		Ni	Fe	Co	P	Ni	Fe
0	2.12	13.38	65.65	6.73	24.42	59.72	3.18	0.017	1.68	20	16.36	83.08	0.0028	0.0004	99.42	90.85
0	2.12	13.38	66.07	6.88	25.11	61.12	2.99	0.019	0.65	20	15.78	81.95	—	—	99.34	96.44
0	2.12	13.38	65.59	6.18	28.0	63.35	3.16	0.014	0.98	19.8	15.30	81.09	—	—	99.52	94.67
0	2.12	13.38	65.41	6.77	24.97	58.57	3.63	0.012	0.67	20	15.28	82.12	—	—	99.59	96.36
78.68	2.23	15.15	74.53	6.79	24.46	60.67	3.03	0.009	1.11	20.5	15.69	82.08	0.058	0.001	99.69	94.32
75.19	2.24	15.48	73.68	7.13	24.57	61.45	3.23	0.017	1.82	20	16.22	81.06	—	—	99.42	90.99
74.19	2.27	15.50	72.23	6.62	27.64	58.71	3.59	0.018	1.62	20	15.26	80.98	—	—	99.40	92.15
75.75	2.24	15.38	73.11	6.97	25.47	62.14	3.05	0.018	2.08	19.6	15.68	79.76	—	—	99.39	89.72

综合条件试验很好地验证了条件试验的结果，渣含镍均小于 0.02%，镍回收率大于 99%。对于铁还原度 75% 左右的预还原焙球，配入焙球质量 4%（折合原矿质量 3.5%）的焦炭作还原剂进行还原熔炼是完全可行的。

6.2.3.3　炉渣及合金的矿物组成

图 6-28 所示为还原熔炼渣的主要矿物组成。从图中可见，该渣的主要矿物系各类辉石，其次是钙长石，少量橄榄石、硬铬尖晶石及斜锆石。其中透辉石、钙铁辉石为还原熔炼过程的新生产物，顽辉石、紫苏辉石及少量橄榄石、硬铬尖晶石为焙烧球团的固有产物，尽管在熔渣中保留下来，但同时也经历了熔融结晶过程。而斜锆石则是炉衬的混入物。

比较还原球团的主要矿物组成可知，还原熔炼过程中大量游离石英、镁橄榄石、磁铁矿、黑镁铁锰矿等大量硅酸盐及锰、铁氧化物相消失，代之以富钙灰石的生成。这表明在

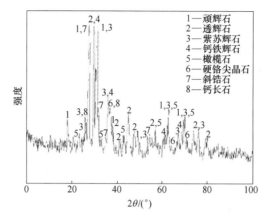

图 6-28　还原熔炼渣的 X 射线粉末衍射图

实际的冶炼过程中，添加的大量石灰与镁橄榄石反应，形成透闪石，同时也与石英及磁铁矿反应，生成钙铁辉石，而添加的氧化铝则与石灰一起构成钙长石[9,10]。

显微镜观察发现，还原熔炼渣中几乎没有任何金属矿物，也未见到细粒的镍铁合金存在。图 6-29 和图 6-30 表示了炉渣的显微结构。从中可见，除硬铬尖晶石外，炉渣主要是

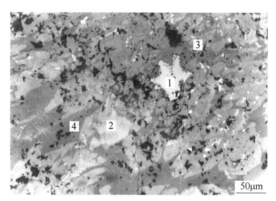

图 6-29　硬铬尖晶石的显微结构
1—硬铬尖晶石；2—透辉石；3—钙长石；4—顽辉石

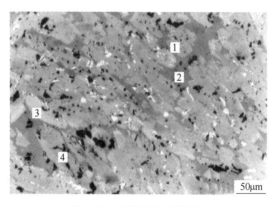

图 6-30　硅酸盐的显微结构
1—钙长石；2—顽辉石；3—透辉石；4—钙铁辉石

由反射率较低的各类硅酸盐构成。

　　扫描电镜能谱分析证实，在还原熔炼渣的各类硅酸盐相及氧化物相中，始终测不到镍的存在，这说明熔炼过程中镍已经从各相中最大程度地还原出来。图 6-31 和图 6-32 所示为炉渣中各氧化物及硅酸盐相的显微结构及相应的元素组成，从中可以清楚地看出，硬铬尖晶石及各辉石、长石中均不含镍。

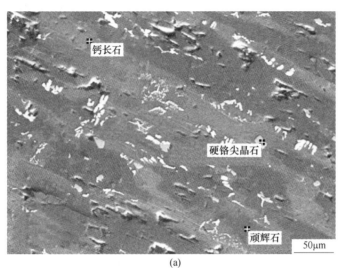

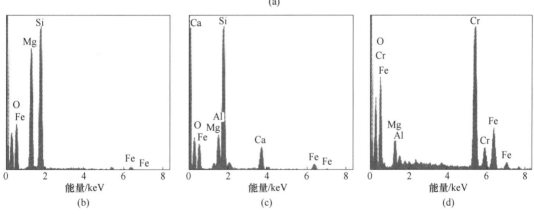

图 6-31　硬铬尖晶石、钙长石、顽辉石的背散射电子像及对应点成分

(a) 背散射电子像；(b) 顽辉石；(c) 钙长石；(d) 硬铬尖晶石

　　显微镜下观察发现，还原熔炼后的合金中晶出少量细粒硫化物以及数量更低的硅酸盐夹杂，硫化物夹杂大多呈球粒状、不规则块状或细条带状不均匀地分布在合金中。而硅酸盐夹杂多为柱状或不规则块状，零散地嵌布在合金中。图 6-33 和图 6-34 所示为合金中硫化物夹杂及硅酸盐夹杂的显微结构，从图中可见，这些硫化物夹杂粒度也不均匀，少数粒粗者可达约 0.070mm，细者仅为 0.010mm，硅酸盐夹杂粒度相对要粗一些，细粒几乎没有。

　　扫描电镜能谱分析证实，硫化物夹杂几乎全部是磁黄铁矿，硅酸盐夹杂则成分复杂。图 6-35 和图 6-36 分别所示为合金中硫化物夹杂及硅酸盐夹杂的元素组成。

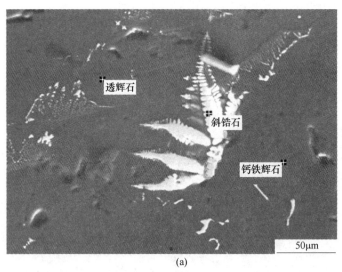

(a)

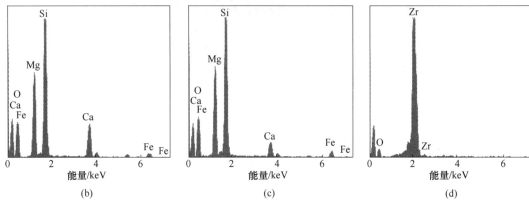

| (b) | (c) | (d) |

图 6-32 混入的斜锆石及各辉石的背散射电子像及对应点成分

（a）背散射电子像；（b）透辉石；（c）钙铁辉石；（d）斜锆石

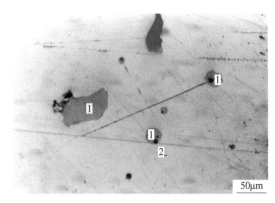

图 6-33 合金中的磁黄铁矿夹杂

1—磁黄铁矿；2—铁镍合金

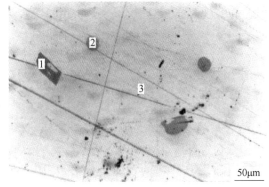

图 6-34 合金中的硅酸盐夹杂

1—硅酸盐；2—磁黄铁矿；3—铁镍合金

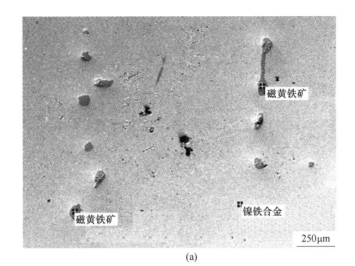

(a)

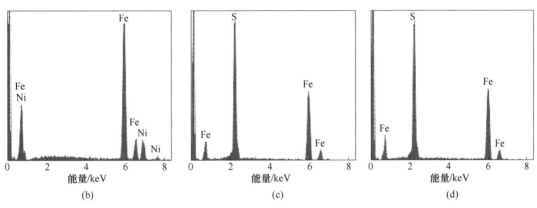

(b)　　　　　　　　(c)　　　　　　　　(d)

图 6-35　硫化物夹杂的背散射电子像及对应点成分
（a）背散射电子像；（b）镍铁合金；（c）（d）磁黄铁矿

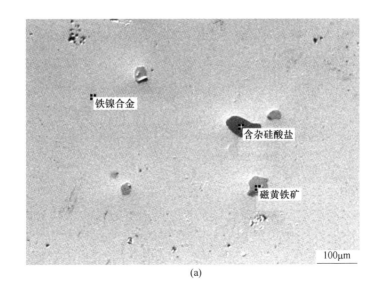

(a)

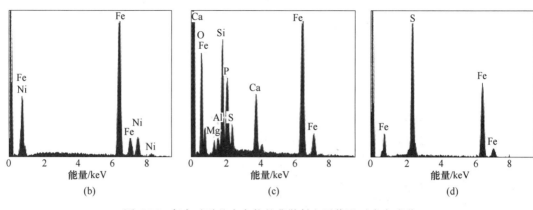

图 6-36 复杂硅酸盐夹杂物的背散射电子像及对应点成分
（a）背散射电子像；（b）铁镍合金；（c）含杂硅酸盐；（d）磁黄铁矿

6.2.3.4 问题讨论

试验表明，还原剂用量对镍铁合金的含镍量有很大影响，究其原因主要是铁的还原程度导致的，由于镍的优先还原，因此进入合金中的铁越多，镍铁合金的镍含量就越低。根据表 6-16 的研究结果，渣含铁与镍铁合金含镍的关系如图 6-37 所示，与其对应的渣含镍的关系如图 6-38 所示。

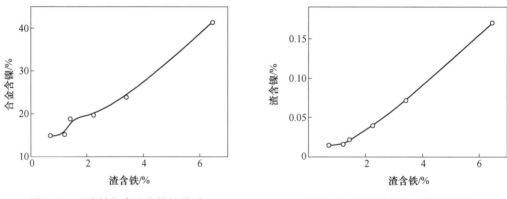

图 6-37 渣含铁与合金含镍的关系   图 6-38 渣含铁与渣含镍的关系

可见，在生产过程中，若能控制渣含铁在 3%~4%，就可以得到含镍大于 25% 的镍铁合金，此时的渣含镍约在 0.05%~0.1% 之间，镍回收率大于 97%[12~15]。

6.2.4 电炉熔炼

根据最优工艺条件，在 40kW 电炉内对缅甸达贡山镍矿进行了电炉还原熔炼的验证试验研究，试验同时还考察了熔体对不同耐火材料（镁砖、半再结合铬渣砖、电熔铬渣砖和石墨砖）的侵蚀情况。

由于试验用电弧炉炉体为重新砌筑的新炉，加之所处理的红土镍矿中镍、铁含量较低，所产出的镍铁合金部分附着在炉膛底部缝隙中不能放出，因此，试验中镍的回收率是以渣来计算的。由于存在炉渣挂壁及放渣不完全等因素，炉渣渣率以全部试验的平均渣率来计算。

6.2.4.1 单位面积功率对熔炼电耗的影响

20 世纪 60 年代在 1000kW 电炉上完成的阿尔巴尼亚镍铁矿半工业试验统计数据结果表明，电炉熔炼过程中，电炉熔池及极心圆面积功率的大小对熔炼过程的电耗有明显影响，如图 6-39 所示。在电炉功率固定的情况下，熔池及极心圆面积功率越小，炉料熔化速度越慢，镍铁合金所需要的过热时间越长，从而导致电炉的热效率降低和单位电耗的增高。由图 6-39 表明，电炉熔池单位面积功率保持在 215kW/m^2、极心圆单位面积功率保持在 2100kW/m^2，和熔池单位面积功率 185kW/m^2、极心圆单位面积功率 1840kW/m^2 相比较，焙砂单位电耗降低了约 10%。但熔池单位面积功率过高，熔体对炉壁的冲刷和腐蚀严重，对炉体寿命的延长不利。因此，电炉熔炼过程中，选择合理的设备条件及电气制度是很重要的。

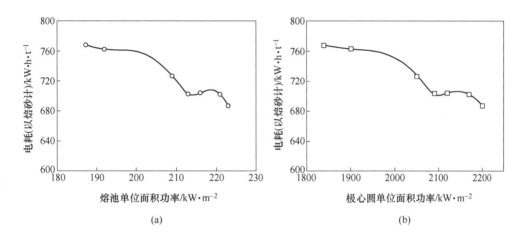

图 6-39　熔池单位面积功率（a）及极心圆单位面积功率（b）与其电耗的关系

6.2.4.2 电炉还原熔炼

电弧炉还原熔炼的冷炉引弧采用有焦引弧法，引弧电压 70V，电流 300A。热炉引弧采用无焦引弧法。熔炼时控制二次电压 70~90V，二次电流 250~350A。升温时控制二次电压 80~120V，二次电流 300~400A。用红外线温度计测定熔炼温度，控制熔炼温度 1500~1650℃。

电弧炉试验每炉加入 12kg 配制好的物料，分次间断加入。待炉料完全熔化并保温至规定时间后，用六角铁杆插放入炉内渣层深度 15~20mm，旋转两周采取渣样。然后加热 10min，再把熔体炉渣与合金一并倒入铁包中，自然冷却后进行渣金分离，并取样分析。

电炉熔炼试验共进行了 8 次，处理达贡山镍矿原矿 84kg，预还原焙球 11.65kg，共加入石灰 4.55kg，焦炭 5.04kg，物料量总计 105.24kg。共产出镍铁合金 13.75kg，炉渣 66.7kg，平均渣率 63.38%。试验结果见表 6-21。电炉熔炼产出的镍铁合金如图 6-40 所示。

表 6-21　电炉熔炼温度试验研究结果

序号	试验条件					产物										镍渣计回收率/%
						炉渣							合金			
	矿量/g	石灰/g	焦炭/g	温度/℃	时间/min	质量/g	主要化学成分/%						质量/g	主要成分/%		
							Ni	Fe	CaO	MgO	Al_2O_3	SiO_2		Ni	Fe	
1	12.00	1.30	0.72	约1550	60	8.83	0.015	0.82	9.53	25.18	4.29	53.15	1.68	15.28	83.12	99.48
2	12.00	0.65	0.72	约1700	70	8.42	0.011	0.92	6.39	32.45	4.82	48.53	1.67	14.97	83.42	99.64
3	12.00	—	0.72	约1550	70	8.01	0.004	1.10	2.28	29.02	4.44	54.68	1.81	16.12	81.09	99.87
4	12.00	0.65	0.62	约1550	70	8.19	0.011	0.80	4.09	28.97	4.39	57.37	1.66	20.69	77.09	99.65
5	12.00	0.65	0.60	约1550	70	8.35	0.012	1.03	3.94	29.04	3.94	56.18	1.75	14.89	84.02	99.61
6	11.65	—	0.46	约1550	70	8.20	0.011	1.21	4.12	30.39	4.10	54.31	1.65	16.32	81.16	99.66
7	12.00	0.65	0.60	约1600	80	8.35	0.013	0.88	6.13	32.79	3.73	51.20	1.82	14.78	82.98	99.53
8	12.00	0.65	0.60	约1600	80	8.35	0.023	0.92	5.60	30.61	4.00	54.78	1.71	15.68	80.67	99.31
合计	95.65	4.55	5.04	—	—	66.7	—	—	—	—	—	—	13.75	—	—	—
平均	物料平均含镍、铁为 2.136%和13.38%					—	0.0126	0.9581					—	16.06	81.72	

注：1. 由于存在着炉渣挂壁以及放渣不完全等因素，电炉熔炼的炉渣渣率取全部试验的平均渣率（63.44%）
计算。

2. 由于挥发损失的物料可以通过收尘回收，回收率的计算没有考虑该项损失。

3. 二次电压 70~90V，二次电流 250~350A，电炉熔池单位面积功率 265~450kW/m²。

4. 1号~5号镍矿含 Ni 2.12%、Fe 13.38%；6 号为预还原熔球，含 Ni 2.26%、Fe 14.28%；7 号镍矿含 Ni
1.92%、Fe 12.39%；8 号镍矿含 Ni 2.31%、Fe 13.48%。物料平均含镍、铁分别为 2.136%和13.38%。

　　8 次试验得到的渣含镍大都在 0.01%~0.02%之间，镍回收率均大于99%。焦炭加入量的高低对熔炼结果的影响不显著，这可能是由于引弧时加入了焦炭所致。

　　试验表明，采用自然碱度条件进行还原熔炼也可行。

　　试验过程发现，熔炼温度低于 1450℃时，熔体流动性很差，黏度较大，放渣困难；高于 1550℃时，熔体流动性很好，但对炉壁的冲刷较严重，尤其是电极附近的炉砖，受电弧产生的高温影响，腐蚀情况最为严重（见图 6-41）。

图 6-40　电炉熔炼产出的镍铁合金

图 6-41　熔炼 8 次后的电炉炉膛

对比原矿的熔炼，在预还原焙球的还原熔炼过程中可以明显地发现，炉料熔化速度较快。在加入相同物料的情况下，炉料熔化时间由原矿的约 70min 缩短为 50min，若再考虑预还原焙烧时的焙砂产率（约 87%），预还原焙球的冶炼电耗较之原矿约降低了 1/3。另外，采用预还原焙球进行熔炼，由于焦炭配入量小，水分含量低，炉气产生量较小，烟尘率也很低。

8 次熔炼后，电炉炉膛上部尺寸由原来的 330mm×200mm 变为 340mm×210mm。下部熔池部分的侵蚀最为严重，尺寸变为 410mm×270mm，炉膛底部也有一定的侵蚀，炉膛高度由原来的 230mm 变为 235mm（见图 6-41）。

6.2.4.3 不同耐火材料的侵蚀情况

不同耐火材料的侵蚀情况如下：

（1）镁砖的侵蚀情况。镁砖的侵蚀情况如图 6-42 所示，侵蚀最严重的部位由原来的 115mm×230mm 变为 60mm×230mm，几乎被侵蚀了一半。

（2）半再结合铬镁砖的侵蚀情况。半再结合铬镁砖的侵蚀情况如图 6-43 所示，侵蚀最严重的部位（靠近电极）由原来的 115mm×230mm 侵蚀为 65mm×230mm，同样也几乎被侵蚀了一半。

图 6-42　镁砖的侵蚀情况　　　　　　图 6-43　半再结合铬镁砖的侵蚀情况

（3）电熔铬镁砖的侵蚀情况。电熔铬镁砖的侵蚀情况如图 6-44 所示，和半再结合铬镁砖相比，耐侵蚀情况较好，只是在靠近电极的部位，受电弧影响侵蚀较严重。

（4）石墨砖的侵蚀情况。石墨砖的侵蚀情况如图 6-45 所示，侵蚀最严重的部位由原来的 115mm×230mm 侵蚀为 60mm×230mm。从图中可以明显看出，在靠近炉膛和熔渣接触的部位，石墨砖几乎没有被侵蚀，但在远离炉膛的另一端，由于氧化，存在一定程度的腐蚀。

对比熔渣对不同耐火材料的侵蚀情况，选用电熔铬镁砖作为电炉炉底的砌筑材料、石墨砖作为电炉炉膛的砌筑材料比较合理。

6.2.4.4 问题讨论

A 电炉熔炼烟尘率

本次电弧炉熔炼试验共进行了 8 次，平均渣率 63.38%，较小型试验的平均渣率（66.5%）低约 3 个百分点。如果假定小型试验不存在物料挥发损失，则电炉熔炼过程的烟尘率约为 3%。

图 6-44　电熔铬镁砖的侵蚀情况图

图 6-45　石墨砖的侵蚀情况

B　金属平衡

试验得到的镍铁合金综合样的 ICP 分析结果见表 6-22，主要杂质元素的化学分析结果见表 6-23。按得到的镍铁合金计算，镍总回收率为 108.08%；按渣计，8 次试验得到的镍平均回收率为 99.59%。两者虽然有一定的差距，但相差不大，说明试验过程金属的平衡较好。另外，镍铁合金中硫、磷的含量均较低，可以适用于不锈钢的生产。

表 6-22　镍铁合金的 ICP 分析结果

元素	Ni	Fe	Cu	Pb	Zn	Co	As	Ti	Sn
含量/%	17.5	>60	0.13	0.01	0.014	0.55	<0.01	<0.005	<0.01
元素	Cr	Mn	Mg	Al	Ca	Ba	Bi	Be	K
含量/%	0.05	0.02	0.05	0.09	0.045	0.009	<0.01	<0.001	0.03
元素	Cd	Mo	Li	Na	Sb	Se	Sr	W	V
含量/%	<0.005	<0.005	<0.005	0.079	<0.01	<0.01	0.001	<0.01	<0.005

表 6-23　镍铁合金主要杂质元素化学分析结果

元素	S	C	P	Co	Si	Au	Ag
含量/%	0.024	1.57	0.053	0.52	0.30	0.3g/t	<40g/t

电炉还原熔炼过程的镍、铁金属平衡见表 6-24 和表 6-25。

表 6-24　镍金属平衡

项目	物料名称	数量/kg	含量/%	金属镍量/kg	差值/kg
收入	红土镍矿	95.65	2.136	2.043	100.00
	合计			2.043	100.00
产出	合金	13.75	16.06	2.208	99.64
	炉渣	66.7	0.0126	0.008	0.36
	合计			2.216	100.00
差值				0.187	9.15%

表 6-25　铁金属平衡

项目	物料名称	数量/kg	含量/%	金属镍量/kg	差值/kg
收入	红土镍矿	95.65	13.38	12.80	100.00
	合计			12.80	100.00
产出	合金	13.75	81.72	11.24	94.61
	炉渣	66.7	0.9581	0.64	5.39
	合计			11.88	100.00
差值				-0.92	7.19%

C　熔炼电耗和石墨电极消耗

根据 20 世纪 60 年代在 1000kW 电炉上完成的阿尔巴尼亚镍铁矿半工业试验结果，电炉熔炼过程电耗的大小和所处理的物料性质关系极大：冷焙砂冶炼的平均电耗（以焙砂计）为 870kW·h/t，而同样条件下热焙砂冶炼的平均电耗（以焙砂计）只有 680kW·h/t（最低为 599kW·h/t）。石墨电极消耗也和所处理物料的不同而变化：冷焙砂冶炼的石墨电极消耗为 4.1kg/t，热焙砂冶炼的石墨电极消耗（以焙砂计）为 3.5kg/t。入炉焙砂温度与其电耗的关系如图 6-46 所示。

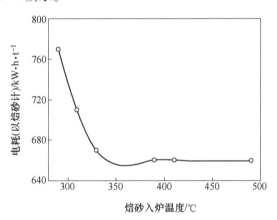

图 6-46　入炉焙砂温度与其电耗的关系

借鉴国外高镁质硅酸镍矿电炉还原熔炼生产厂家的有关数据，在采用预还原热焙砂直接入炉冶炼的情况下，取电炉能耗（以焙砂计）为 550kW·h/t、石墨电极消耗（以焙砂计）为 3.5kg/t 是较为合理的。

D　电炉熔池及极心圆面积功率

受试验设备及条件的限制，在 40kW 单相电弧炉上进行的试验中，所使用的熔池面积功率为 265~450kW/m²，电功率较大。借鉴阿尔巴尼亚镍铁的半工业试验和国外电炉还原熔炼生产厂家的有关数据，在工业电炉设计中，电炉熔池单位面积功率可设计为 220~280kW/m²、极心圆单位面积功率设计为 2000~2500kW/m²。

6.3　褐铁型红土镍矿处理

就红土镍矿的处理来说，RKEF 技术极少用于褐铁型红土镍矿的处理。但在某些特殊情况下，如褐铁型红土镍富含铂族贵金属，且所在地水电丰富，但煤炭及化工试剂供应困难等，采用 RKEF 技术实现镍和贵金属的预富集也就成为了一种可能[19~21]。

本研究以非洲某地富含铂族贵金属的褐铁型红土镍矿为对象，其 ICP 分析结果见表 6-26，多元素分析结果见表 6-27。矿物具有高铁低镁的特点，属典型的褐铁型红土镍矿。

表 6-26　非洲某红土镍矿 ICP 分析结果

元素	Ni	Fe	Cu	Pb	Zn	Co	As	Ti
含量/%	1.2	46	0.4	<0.05	<0.05	0.16	<0.05	0.24
元素	Sn	Ca	Mg	Al	Cr	Mn	Ba	Bi
含量/%	0.057	<0.05	0.84	2.95	0.34	0.75	<0.05	0.053
元素	Cd	V	Be	Sb	Li	Sr		
含量/%	<0.05	<0.05	<0.05	<0.05	<0.05	<0.05		

表 6-27　红土镍矿多元素分析表结果

元素	Fe	Ni	Cr	Co	Cu	CaO	MgO
含量/%	45.84	1.14	1.04	0.15	0.40	0.055	1.39
元素	Al_2O_3	SiO_2	TiO_2	Au	Ag	Pt	Pd
含量/%	5.95	12.77	0.3	0.16g/t	7.24g/t	0.38g/t	0.74g/t
元素	C	S	P	H_2O	灼减		
含量/%	0.084	0.037	0.016	4.44	11.6		

矿石物理性质为：松装密度为 $0.87g/cm^3$、振实密度为 $1.35g/cm^3$、真实密度为 $3.0g/cm^3$、松散系数为 1.55、安息角为 39.6°、物理水含量为 4.44%、灼减量为 11.6%。

由于矿石没有密封，加之经过长途运输和长时间放置，本次测定的矿石物理水含量较低。参考矿区的气候条件，估计矿石物理水含量应在 30% 以上。

原矿经颚式破碎机破碎后进行了筛析，结果见表 6-28。

表 6-28　褐铁矿型红土镍矿筛析结果

粒径/mm	质量比/%	Fe		Ni		Co		Cu	
		含量/%	分配比/%	含量/%	分配比/%	含量/%	分配比/%	含量/%	分配比/%
2~10	2.64	39.27	2.28	1.28	3.11	0.27	4.88	0.42	2.92
0.45~2	5.78	45.84	5.83	1.13	6.02	0.42	16.64	0.40	6.10
0.125~0.45	13.44	41.08	12.13	1.24	15.36	0.28	25.77	0.35	12.39
0.074~0.125	9.99	45.77	10.05	1.08	9.95	0.17	11.64	0.34	8.95
0.045~0.074	4.44	48.21	4.71	1.05	4.30	0.14	4.26	0.36	4.22
0.0385~0.045	2.36	49.86	2.59	1.11	2.42	0.12	1.94	0.38	2.36
0~0.0385	61.35	46.27	62.41	1.04	58.83	0.08	34.88	0.39	63.06

筛析试验结果表明，矿石中 Ni、Fe、Cu 的分布比较均匀，无明显偏析现象，Co 多存在粗粒矿物中，可适当考虑筛析分选回收钴，不能采用洗矿抛尾的办法来提高矿石的镍品位，只能全部入炉冶炼。

试验用烟煤的分析结果见表 6-29～表 6-31。

表 6-29   试验用煤分析结果

分析项目	空气干燥基	干燥基	干燥无灰基	收到基
全水/%	—	—	—	15.8
分析水/%	11.42	—	—	—
灰分/%	8.20	9.26	—	7.79
挥发分/%	28.32	31.97	35.23	26.92
固定碳/%	52.06	58.77	64.77	49.49
高位发热量/MJ·kg^{-1}	23.74	26.80	29.53	22.56
低位发热量/MJ·kg^{-1}	22.80	—	—	21.56
全硫/%	0.26	0.29	0.32	0.25
氢/%	3.26	3.68	5.48	3.10

表 6-30   试验用煤的煤灰成分分析结果

成分	SiO$_2$	Al$_2$O$_3$	Fe$_2$O$_3$	CaO	MgO	TiO$_2$	SO$_3$	P$_2$O$_5$	K$_2$O	Na$_2$O	其他
含量/%	36.96	16.29	4.48	19.64	3.38	0.78	7.35	0.92	0.47	2.77	6.96

表 6-31   试验用煤的煤灰熔点分析结果

分析项目	变形温度（DT）/℃	软化温度（ST）/℃	半球温度（HT）/℃	流动温度（FT）/℃
弱还原性气氛	1130	1140	1150	1170

6.3.1   干燥/预还原

6.3.1.1   干燥

A   热重分析

热重分析采用 TGA-Q600 型热重分析仪测定，为尽可能地模拟矿区原矿湿度，热重分析样采用浸泡、过滤，滤饼微烘干至不粘连时进行测定（含水大于 20%），褐铁矿型红土镍矿 DSC-TGA 分析结果如图 6-47 所示。

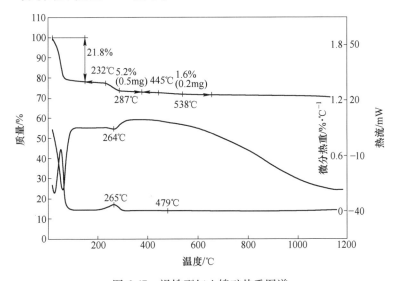

图 6-47   褐铁型红土镍矿热重图谱

在 0~150℃，约有 21.8%的物理水被脱除，232℃后结晶水开始脱除，至 287℃失重量趋于平缓，445~538℃有约 1.6%的失重，为部分化学水及碳酸盐的分解减重引起；差热曲线上看，在 265℃、479℃时附近有结晶水和化学水、碳酸盐分解的 2 个吸热峰。

B　干燥

将褐铁矿型红土镍矿浸泡 2h 后过滤，滤饼在干燥箱内恒温干燥，滤饼直径 φ190mm，厚度约 10mm，每 10min 称重，测定其脱水率。其在 100℃、150℃、200℃下脱水效果见表 6-32 及图 6-48。

表 6-32　褐铁矿型红土镍矿干燥脱水效果

干燥时间/min	100℃		150℃		200℃	
	总重/g	含水/g	总重/g	总重/g	含水/g	总重/g
0	361.80	44.61	354.80	43.52	365.50	45.17
10	354.60	43.49	344.20	41.78	338.60	40.82
20	349.30	42.63	327.60	38.83	305.80	34.47
30	344.80	41.88	303.90	34.06	274.70	27.05
40	335.30	40.23	282.70	29.11	243.30	17.63
50	327.30	38.77	260.80	23.16	220.90	9.28
60	316.10	36.60	240.30	16.60		
70	305.50	34.40	224.60	10.77		
80	294.70	32.00	213.10	5.96		
90	284.10	29.46	206.30	2.86		
100	275.30	27.21				
110	266.40	24.77				
120	257.50	22.17				
130	246.90	18.83				
140	239.60	16.36				
150	231.60	13.47				
160	225.90	11.29				
170	219.30	8.62				
180	209.00	4.11				
恒重	200.40		200.40		200.40	

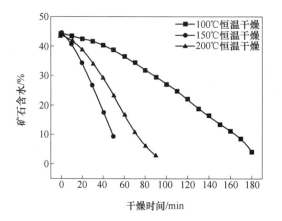

图 6-48　褐铁矿型红土镍矿干燥脱水速率曲线

100℃下恒温干燥50min，褐铁矿型红土镍矿含水32%的脱水至18.83%，脱水速度较慢；150℃下恒温干燥30min，矿石含水34.06%降至16.60%；200℃下恒温干燥仅20min，矿石含水34.47%将至17.63%，干燥效果较好。

6.3.1.2 预还原焙烧

预还原焙烧小型试验：将原矿与还原煤混匀后置于ϕ70mm×110mm氧化铝坩埚或150mm×150mm×130mm铁制坩埚内，加盖密闭后在马弗炉内750~950℃下进行恒温预还原焙烧。

称取定量颚式破碎后的红土镍矿，配入定量的烟煤混匀后装入坩埚中，加盖后放入马弗炉中通电升温，至指定温度后开始保温还原并计时，至规定时间后断电，快速取出坩埚，水淬急冷，以防止焙砂中的Fe^{2+}再氧化。冷却至室温后过滤、低温烘干（60~70℃）。

焙砂磨碎后取样分析全铁（TFe）和单质铁（Fe^0）、二价铁（Fe^{2+}），计算还原铁度$[(Fe^0+Fe^{2+})/TFe]$，并以铁还原度作为预还原的主要指标。

回转窑预还原半工业试验：采用柴油枪加热，在ϕ950/450mm×7000mm回转窑内进行连续还原焙烧试验，由圆盘给料机投料，投料量50kg/h；窑速1.5~2min/r；高温区温度（测温枪测料温）900~950℃；窑尾定期抽取烟气，用奥式气体分析仪分析烟气中CO_2、CO及O_2浓度；窑头还原焙砂经下料溜槽直接进入焙砂接料槽车。

预还原焙烧过程主要考察配煤量、焙烧温度及恒温时间对焙砂中Fe的还原度的影响。

A 配煤量的影响

依据原矿TFe含量，试验过程褐铁矿型红土镍矿配煤量5%~12%。固定条件：褐铁矿型原矿100g，900℃，1h，不同烟煤配比的试验结果如图6-49所示。

褐铁矿型红土镍矿随配煤量的升高，焙砂中Fe的还原度逐步上升，至配煤量9%时，焙砂中Fe的还原度可达98.29%，继续加大配煤量则变化不大。

B 温度的影响

在褐铁矿型原矿100g+9%烟煤、1h的固定条件下的试验结果如图6-50所示。

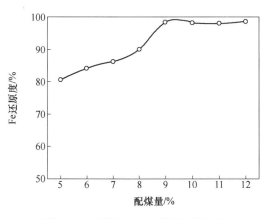

图6-49 配煤量对Fe还原度的影响

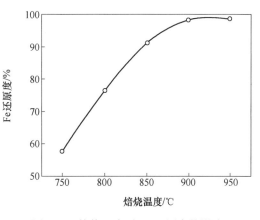

图6-50 焙烧温度对Fe还原度的影响

褐铁矿型红土镍矿随温度的升高，焙砂中Fe的还原度逐步上升，至900℃时，焙砂中

Fe 的还原度可达 98.29%，继续升高还原温度焙砂中 Fe 的还原度变化不大；焙砂残碳量随温度的升高逐步降低，表明较低温度下还原反应较慢。

C　恒温时间的影响

在褐铁矿型原矿 100g+9% 烟煤、900℃下的试验结果如图 6-51 所示。

恒温时间在 30~45min 时褐铁矿型红土镍矿随时间的延长，焙砂 Fe 还原度整体呈明显上升趋势，至 45min 时，焙砂中 Fe 的还原度可达 97.32%，60min 时焙砂中 Fe 的还原度达 98.29%。恒温时间 60~90min 焙砂中 Fe 的还原度影响不大；焙砂残碳量随时间的延长而降低。

D　综合试验

固定条件：褐铁矿型红土镍矿 1kg+9% 烟煤、900℃下恒温焙烧 60min，综合试验结果见表 6-33。

表 6-33　预还原焙烧综合试验结果　　　　　　　　　　（%）

编号	Fe^0+Fe^{2+}	TFe	还原度	残碳量
1	47.07	49.46	95.17	1.57
2	44.51	46.25	96.24	1.35
3	49.67	50.7	97.97	1.39
平均			96.46	1.44

优化工艺条件下焙砂平均还原度 96.46%，残碳量 1.44%，其中焙砂还原度较单因素试验结果稍低，是因综合试验矿量较大，采用自制铁坩埚缓冷，密封性稍差所致。

6.3.1.3　焙砂物相分析

经预还原焙烧后，原矿中的赤铁矿、磁铁矿、针铁矿及水针铁矿均以氧化亚铁（FeO）形式存在，氧化亚铁是镍、铜的主要载体，也是焙砂的主要矿相；硬锰矿、软锰矿经预还原后以二价氧化锰（MnO）形式存在，它是 Co 的主要载体；高岭石及绿泥石经预还原后脱水并重结晶为铁橄榄石及铁尖晶石；铬尖晶石在预还原条件下未发生改变，保持原来的成分及晶型。

焙砂的 X 射线衍射分析如图 6-52 所示。焙砂中氧化亚铁等矿物的产出状态如图 6-53 所示。

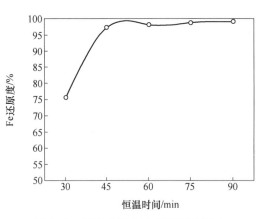

图 6-51　恒温时间对 Fe 还原度的影响

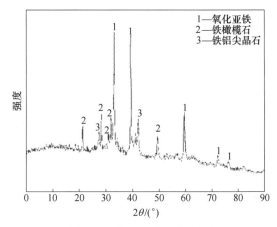

图 6-52　焙砂 X 射线衍射图

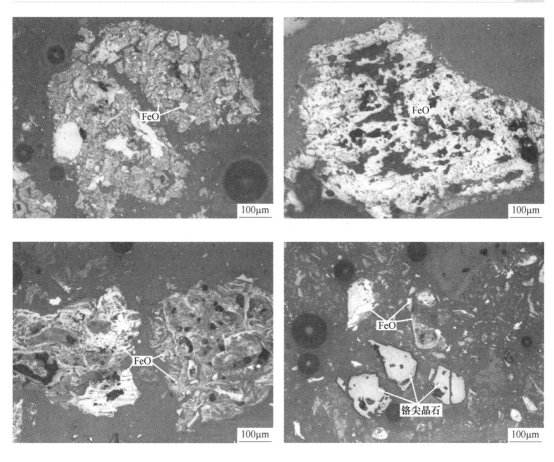

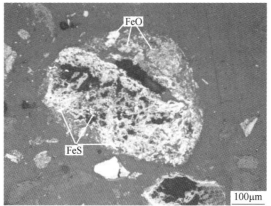

图 6-53　焙砂中 FeO、铬尖晶石 FeS 的产出状态

6.3.1.4　预还原半工业试验

依预还原焙烧小型试验结果，在 ϕ950/450mm×7500mm 回转窑内进行预还原半工业试验验证，设备连接简图如图 3-142 所示。焙烧过程主要操作参数为：投料量 50kg/h；窑转速 1.5~2min/r；高温区料温 900~950℃（因受油枪火焰位置的影响，高温区料温较热电偶温度低 50~100℃）；窑尾负压-0.03~-0.01kPa；油耗约 1.6kg/h。

回转窑预还原半工业试验总计处理物料1100kg（含物理水约5%），产出焙砂521kg，烟尘97kg，烧结块58kg，窑内残料66kg（未完全清出，残余约20kg为估计值），焙砂还原度分析结果见表6-34。

表6-34　焙砂还原度分析结果　　　　　　　　　　（%）

窑 头 取 样				焙砂收集箱样			
编号	Fe⁰+Fe²⁺	TFe	还原度	编号	Fe⁰+Fe²⁺	TFe	还原度
1	47.86	48.23	99.23	Fe-表面焙砂	40.51	54.25	74.67
2	50.21	50.43	99.56	Fe-底面焙砂	36.13	49.29	73.30
3	53.7	53.81	99.80	Fe-混匀焙砂	39.89	51.22	77.88
4	49.34	49.78	99.12	Fe-结球	41.44	53.31	77.73

从表6-34看出，回转窑预还原焙烧料至窑口时，还原度大于90%，但因焙砂采用料箱收集，自然冷却，焙砂二次氧化现象较严重，混匀后焙砂还原度仅为77.88%，混匀焙砂多元素分析见表6-35。

表6-35　焙砂多元素分析结果　　　　　　　　　　（%）

组分	Fe⁰+Fe²⁺	TFe	还原度	Ni	Cu	MgO	Al₂O₃	SiO₂	C
含量/%	39.89	51.22	77.88	1.28	0.41	2.67	7.15	16.37	0.56

6.3.1.5　预还原半工业试验物料平衡

A　物料平衡

物料平衡表见表6-36。

表6-36　预还原焙烧物料平衡表

收入/kg			产出/kg	
铁质原矿	干矿	836	焙砂	521
	含水	44	窑尾尘	59
还原煤		220	旋风尘	38
			烧结块	58
			窑内残料	66
			烧损	358
合计		1100	合计	1100

B　金属平衡

镍、铁金属平衡表见表6-37和表6-38。

表6-37　预还原焙烧镍金属平衡表

收入		kg	Ni/%	Ni 量/kg	产出	kg	Ni/%	Ni 量/kg
铁质原矿	干计	836	1.14	9.53	焙砂	521	1.28	6.67
	含水	44	0	0	窑尾尘	59	1.28	0.75
还原煤		220	0	0	旋风尘	38	1.34	0.51
					烧结块	58	1.20	0.70
					窑内残料	66	1.30	0.86
					烧损	358	0	0.00
					差值			0.04
合计		1100		9.53	合计	1100		9.53

表 6-38 预还原焙烧镍金属平衡表

收入		kg	Fe/%	Fe 量/kg	产出	kg	Fe/%	Fe 量/kg
铁质原矿	干计	836	45.84	383.22	焙砂	521	50.85	264.93
	含水	44	0	0	窑尾尘	59	52.17	30.78
还原煤		220	0.23	0.51	旋风尘	38	53.27	20.24
					烧结块	58	52.31	30.34
					窑内残料	66	50.68	33.45
					烧损	358	0	0
					差值			3.99
合计		1100		383.73	合计	1100		383.73

C 热平衡

平衡表见表 6-39。

表 6-39 预还原焙烧热平衡表

分类		质量/kg	热量/kcal	各物料比热容单位	比热容/kcal·(kg·℃)⁻¹	温度/℃
热收入	矿石显热	1000	4800	精矿比热容	0.16	30
	还原煤显热	190	1140	煤粉比热容	0.2	30
	还原煤带入燃烧热	60	372000	还原煤挥发率30%		
	水分显热	65.79	1974	水比热容	1	30
	加热煤显热	60	360	精矿比热容	0.2	30
	加热煤燃烧（90%）	60	372000	热值6200kcal/kg		
	柴油显热	40	600	煤粉比热容	0.5	30
	柴油燃烧（90%）	40	420000	热值10500kcal/kg		
	合计		1172874			
热支出	焙砂带热	771.5	137063	焙砂比热容	0.25	850
	烟尘带热	116	7275	热烟尘比热容	0.25	300
	物理水蒸发吸热	65.79	4737	蒸汽比热容	0.48	150
			35461	汽化热539kcal/kg		
	结晶水蒸发及气化热	100	97900	结晶水气化热979kcal/kg		
	烟气显热	1714.15	219411	热空气比热容（标态）/kcal·(m³·℃)⁻¹	0.32	400
	化学反应热	1000	120000			
	窑体散热/%	55	645081			
	差值		3847			
	合计		1172874			

注：1cal=4.184J。

半工业试验用 $\phi950/450mm×7500mm$ 回转窑窑体直径小，进料量偏低，相对漏风量大，窑体散热损失高达 55%，远大于工业生产用回转窑的 15%。

6.3.2 还原熔炼

还原熔炼小型试验使用 ϕ100mm×120mm 的氧化铝坩埚，加盖在 1475～1575℃ 进行还原熔炼。

称取定量的红土镍矿（或焙砂），配入定量的烟煤后，装入氧化铝坩埚，加盖后放入硅钼炉中通电升温，至指定温度后开始保温熔炼并计时，至规定时间后，断电自然冷却。冷却至室温后取出坩埚，称重计量后砸碎坩埚，取出渣样和合金样，渣样磨碎后送分析，合金样采用钻头取样分析。

电炉扩大试验每炉加入焙砂 3～5kg，分次间断加入。待焙砂完全熔化并保温至规定时间后，倒出部分炉渣，继续加入焙砂进行熔炼试验，至炉内合金量较多时，把炉渣与合金一并倒入铁包中，自然冷却后进行渣金分离，并取样分析。

6.3.2.1 小型实验研究

A 配煤量的影响

考虑矿区的辅料供应，选择自熔渣。不同烟煤配比下自熔渣熔点分析结果见表 6-40。在褐铁矿型红土镍矿 400g、还原熔炼温度 1550℃、保温时间 1h 条件下，不同配煤量的试验结果见表 6-41。

表 6-40　自熔渣熔点分析结果

烟煤配比/%	炉渣成分/%				熔点/℃		
	TFe	MgO	Al_2O_3	SiO_2	软化温度	半球温度	流动温度
12	45.26	2.23	12.79	19.74	1201	1224	1276
15	39.74	2.78	14.52	24.86	1156	1208	1252
17	31.21	3.58	17.95	30.67	1179	1203	1260
19	23.81	4.16	20.44	34.38	1307	1331	1372

表 6-41　配煤量试验研究结果

配煤量/%	合金			炉渣成分						渣率/%	渣计回收率/%	
	质量/g	Ni/%	Fe/%	质量/g	Ni/%	TFe/%	MgO/%	Al_2O_3/%	SiO_2/%		Ni	Fe
11	69.5	6.34	89.6	256.6	0.018	46.05	2.09	15.49	19.26	64.15	98.99	35.56
12	74.4	5.97	90.14	250.1	0.015	45.14	2.25	15.35	20.27	62.53	99.18	38.43
13	80.6	5.54	91.48	242.4	0.013	45.18	2.29	14.78	20.47	60.60	99.31	40.27
14	95.8	4.68	92.41	223.1	0.021	42.69	2.38	14.47	23.35	55.78	98.97	48.06
15	111.8	3.96	93.67	201.9	0.019	39.74	2.78	14.52	24.86	50.48	99.16	56.24
17	141.9	3.2	93.26	164.5	0.01	31.21	3.58	17.95	30.67	41.13	99.64	72.00
19	158.4	2.91	95.23	144.5	0.007	23.81	4.16	20.44	34.38	36.13	99.78	81.24
21	182.7	2.51	95.45	112	0.008	10.89	5.25	24.08	45.18	28.00	99.80	93.35

结果表明，配煤量 11%～21%，渣含镍均较低，镍铁合金中 Ni 的回收率均较高，渣含 Fe 随配煤量的增多而降低，合金中 Ni 品位也随配煤量的升高而降低，这主要是因为随配

煤量升高，渣中 Fe 逐步被还原进入合金；合金中 Fe 渣计的回收率由 35.56% 增至 93.35%。从优化自熔渣渣型及 Fe 的回收率考虑，选择配煤量 19%。

B 熔炼温度的影响

在褐铁矿型红土镍矿 400g、烟煤 19%、保温时间 1h 条件下，不同熔炼温度的试验结果见表6-42，渣金分离情况如图 6-54 所示。

表 6-42 熔炼温度试验研究结果

熔炼温度/℃	合金			炉渣成分						渣率/%	渣计回收率/%	
	质量/g	Ni/%	Fe/%	质量/g	Ni/%	TFe/%	MgO/%	Al$_2$O$_3$/%	SiO$_2$/%		Ni	Fe
1575	164.6	2.78	95.61	133.3	0.01	20.77	4.2	22.7	37.18	33.33	99.71	85.04
1550	156.56	2.87	94.92	142.34	0.012	24.4	4.18	20.3	36.46	35.59	99.62	81.06
1525	149.66	3	95.01	149.34	0.011	27.22	3.85	19.12	32.5	37.34	99.64	77.77
1500	153.28	2.9	94.88	148.92	0.053	28.8	3.52	18.23	32.17	37.23	98.26	77.23
1475	渣及合金未分离											

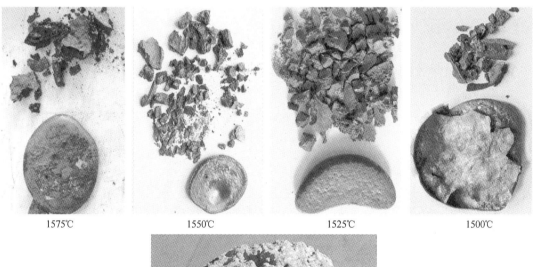

1575℃ 　　 1550℃ 　　 1525℃ 　　 1500℃

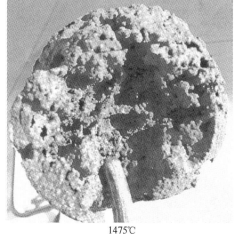

1475℃

图 6-54 不同熔炼温度下的渣金分离情况

熔炼温度大于 1500℃ 时，Ni 的回收率都较高，且渣金分离效果较好，但温度在 1475℃ 时渣金未分离，考虑其渣金分离效果及能耗，选择熔炼温度为 1525~1550℃。

C　保温时间的影响

在褐铁矿型红土镍矿 400g、烟煤 19%、还原熔炼温度 1525℃ 条件下，不同保温时间的试验结果见表 6-43。在 1525℃ 的还原熔炼温度下，熔炼保温时间对镍回收率影响较小。

表 6-43　保温时间试验研究结果

保温时间/min	合金			炉渣成分						渣率/%	渣计回收率/%	
	质量/g	Ni/%	Fe/%	质量/g	Ni/%	TFe/%	MgO/%	Al$_2$O$_3$/%	SiO$_2$/%		Ni	Fe
0	156.47	2.76	95.56	145.03	0.011	27.33	3.86	18.76	34.15	36.26	99.63	79.05
15	153.93	2.9	94.15	146.47	0.044	26.92	3.66	17.65	35.19	36.62	98.58	78.61
30	156.46	2.95	95.37	144.24	0.011	24.11	4.32	18.91	36.49	36.06	99.66	81.10
45	154.06	2.73	95.08	146.24	0.006	22.92	4.33	20.45	36.76	34.06	99.81	81.38
60	149.66	3	95.01	149.34	0.011	27.22	3.85	19.12	32.5	37.34	99.64	77.77

D　综合试验

在褐铁矿型红土镍矿 400g、烟煤 19%、还原熔炼温度 1525℃、保温时间 30min 下的综合试验结果见表 6-44。优化熔炼条件下，还原熔炼褐铁矿型红土镍矿，可产出含 Ni 约 3% 的镍铁合金，且 Ni、Fe 回收率分别达 99.42% 和 80.78%。

表 6-44　熔炼综合试验结果

编号	合金/%		炉渣/%						渣率/%	渣计回收率/%		
	Ni	Fe	Ni	TFe	Cu	MgO	Al$_2$O$_3$	SiO$_2$		Ni	Fe	Cu
1	2.96	95.56	0.016	24.13	0.023	3.86	18.78	35.85	36.09	99.49	81	97.92
2	2.98	95.15	0.024	24.92	0.037	3.96	18.65	36.17	36.25	99.24	80.29	96.65
3	2.95	95.37	0.015	24.11	0.025	3.92	18.91	36.49	36.06	99.53	81.03	97.75
平均	2.96	95.36	0.02	24.39	0.03	3.91	18.78	36.17	36.14	99.42	80.78	97.44

6.3.2.2　电炉还原熔炼研究

依小型试验结果，进行了电炉还原熔炼的扩大试验，扩大试验用原料为预还原焙烧产出的焙砂，同时配入 2% 烟煤。固定试验条件：熔炼温度 1500~1550℃，保温时间 15~20min，电炉二次电压约 36V，二次电流 250~600A。间断加料，间断倒渣。

由于熔渣含铁高，熔点偏低，熔化还原初期会产出大量的泡沫渣，渣液面上升较快，持续 10~15min 后渣液面逐步下降，保温 15~20min 后倒渣，再继续加焙砂熔样，重复操作，至最后焙砂加入完毕，熔化后升温至 1550℃ 左右，保温 15min，再将渣及合金全部倒入渣包。

电炉熔炼连续扩大试验共进行了 6 次，处理焙砂 227kg，产出合金 57.71kg，炉渣 132.29kg，试验结果列于表 6-45，产出的合金和炉渣如图 6-55 所示。

表 6-45 电炉熔炼扩大试验结果

编号	焙砂 /kg	合金			炉渣			合金产率/%	渣率 /%	渣计回收率/%	
		质量/g	Ni/%	Fe/%	质量/g	Ni/%	TFe/%			Ni	Fe
1	27	7.54	4.44	89.53	14.90	0.03	43.18	27.93	55.19	98.71	53.14
2	39	10.60	4.32	90.2	21.29	0.08	42.56	27.18	54.59	96.50	54.31
3	53.5	10.60	6.41	87.33	34.60	0.10	46.63	19.81	64.67	94.44	40.69
4	32	8.93	4.33	90.19	17.90	0.07	43.19	27.89	55.94	97.03	52.49
5	40.5	10.61	4.79	89.36	23.60	0.06	45.19	26.20	58.27	97.22	48.21
6	35	9.43	4.62	89.16	20.00	0.06	44.38	26.94	57.14	97.37	50.13
合计	227	57.71			132.29						
平均			4.85	89.26		0.074	44.52	25.42	58.28	96.62	48.97

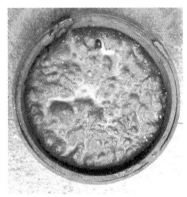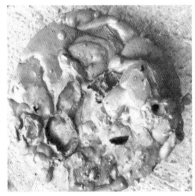

图 6-55 电炉熔炼渣及合金照片

电炉熔炼 Ni 平均回收率 96.62%，Fe 回收率 48.97%，有较好的回收效果。

6.3.2.3 贵金属及 Cu、Co 走向分析

由扩大试验结果可知，预还原焙烧产率约 89%，电炉熔炼合金产率 27.18%，渣率 54.49%，其 Cu、Co 及贵金属回收率见表 6-46。

表 6-46 金属走势分析

元素	Ni	TFe	Cu	Co	Au	Ag	Pt	Pd
原矿/%	1.14	45.84	0.4	0.15	0.16	7.24	0.38	0.74
合金/%	4.32	90.2	1.32	0.5	0.66	0.5	1.52	2.55
合金计回收率/%	91.67	47.60	79.83	80.63	99.78	1.67	96.76	83.36
炉渣/%	0.03	42.56	0.07	<0.005	0.04	5.45	0.03	0.03
渣计回收率/%	98.72	54.89	91.50	>98.38	87.85	63.43	96.16	98.03

考虑合金存在偏析，以渣计回收率计，Cu 回收率 91.5%，Co 回收率大于 98.38%，Au 回收率 87.85%，Ag 回收率 63.43%。Pt、Pd 的回收率分别为 96.16% 和 98.03%。

6.3.2.4 产品及炉渣分析

合金的多元素分析见表 6-47。

表 6-47　合金多元素分析　　（%）

编号	Ni	Fe	Cu	Co	C	S	Si	Au[①]	Ag[①]	Pt[①]	Pd[①]
1	4.44	89.53	1.21	0.5	4	0.13					
2	4.32	90.2	1.32	0.5	3.35	0.16	0.012	0.66	0.5	1.52	2.55
3	6.41	87.33	1.45	0.62	3.71	0.12	0.008	0.67	0.5	1.99	3.64
4	4.33	90.19	1.2	0.51	3.6	0.11					
5	4.79	89.36	1.39	0.56	3.5	0.11					
6	4.62	89.16	1.17	0.5	3.59	0.15	0.048				

①单位为 g/t。

分析结果表明，合金中除富集的 Ni、Fe、Cu、Co 及贵金属 Au、Pt、Pd 外，C 含量较高。

对合金进行多点 X 射线能谱分析，结果见表 6-48。合金中元素偏析现象较明显[10,22,23]。

表 6-48　合金的元素能谱分析结果

元素	Al	S	Cr	Fe	Co	Ni	Cu	合计
点 1	0.22			91.12	1.17	5.75	1.74	100.00
点 2				91.45	1.18	5.83	1.54	100.00
点 3				91.19	1.29	5.73	1.78	100.00
点 4	0.21		0.16	96.46	0.96	2.20		100.00
点 5	0.27			91.09	1.43	5.74	1.47	100.00
点 6	0.14	0.00	0.03	92.26	1.21	5.05	1.31	100.00

显微镜下考查与合金的能谱点分析结果相吻合，铁质合金中存在偏析现象，并常包裹一些硫化物包裹体（见图 6-56），扫描电镜对偏析现象及硫化物包裹体进行了详细分析，结果如图 6-57 所示。

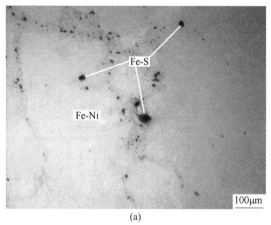
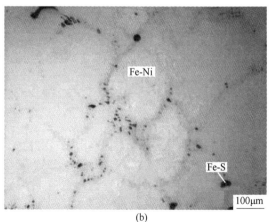

(a)　　　　　　　　　　　(b)

图 6-56　合金中的偏析现象及硫化物包裹体

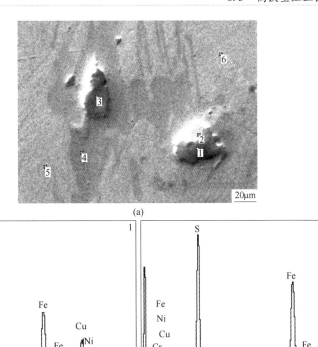

(a)

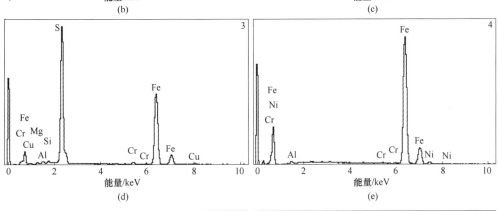

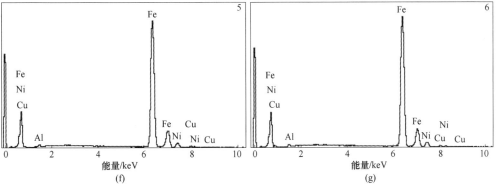

图 6-57 合金中的偏析现象及硫化物包裹体能谱图

（a）合金的显微镜图片；（b）~（d）以铁为主的硫化物；（e）镍铁合金（含 Ni 低）；（f），（g）镍铁合金（含 Ni 高）

空气中自然冷却降温的炉渣的矿相组成以铁橄榄石、铁尖晶石及玻璃质为主，其次为铬尖晶石及损失的铁合金，其 X 射线衍射分析如图 6-58 所示。

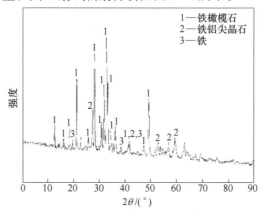

图 6-58   电炉渣的 X 射线衍射分析

损失于炉渣中的铁合金以铁为主，在铁合金中有时还可见铁、镍硫化物包裹体。铁合金粒度以细粒为主，大部分小于 0.038mm。电炉渣中铁合金的损失状态如图 6-59~图 6-61 所示。

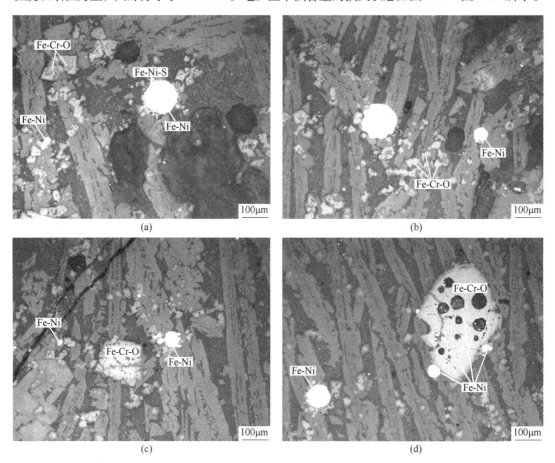

图 6-59   电炉渣中铁合金及铁硫化物的损失状态

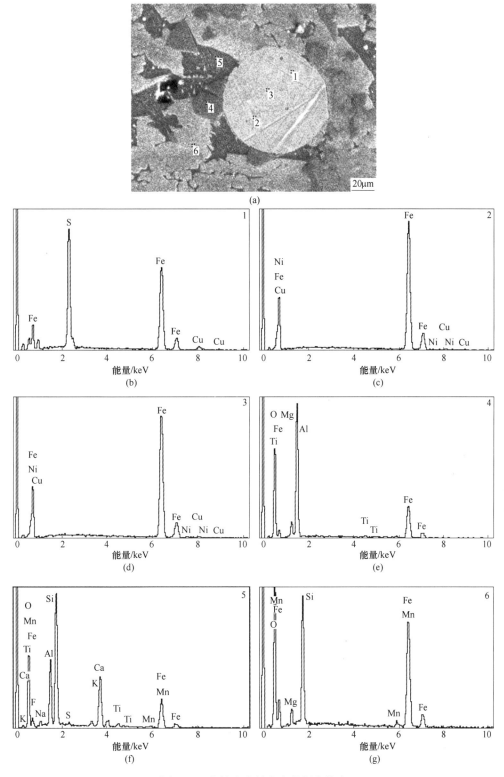

图 6-60　电炉渣中铁合金的损失状态

（a）电炉渣的显微镜图片；（b）铁铜硫化物；（c），（d）铁合金（含 Ni、Cu）；（e）铁尖晶石；（f）玻璃质；（g）铁橄榄石

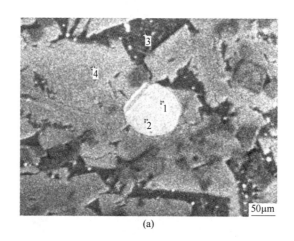

(a)

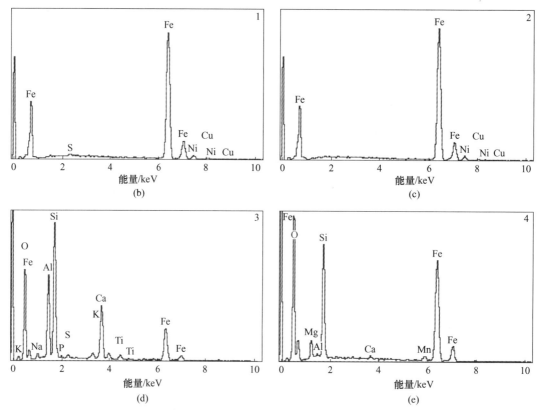

图 6-61　电炉渣中铁合金的损失状态

（a）电炉渣的显微镜图片；（b），（c）铁合金（含 Ni、Cu）；（d）玻璃质；（e）铁橄榄石

　　60min 内炉温由 1550℃降至 1400℃后再在炉内自然冷却的缓冷炉渣的矿相组成以斜方铁辉石为主，其次为铬铁尖晶石、单斜霓辉石及磁铁矿。其 X 射线衍射分析如图 6-62 所示。损失于缓冷炉渣中的铁合金以铁为主，粒度以细粒为主，大部分小于 0.038mm。缓冷炉渣中重要相的产出状态如图 6-63~图 6-65 所示。

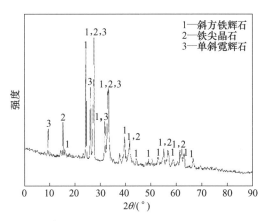

图 6-62 缓冷炉渣的 X 射线衍射分析

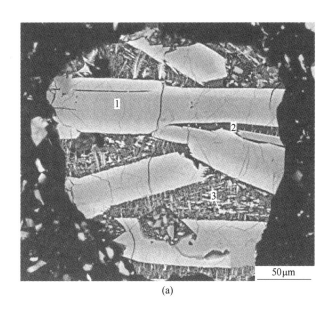

(a)

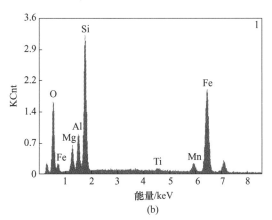

(b)

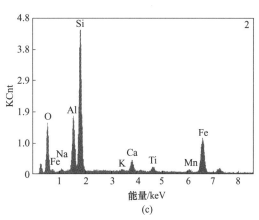

(c)

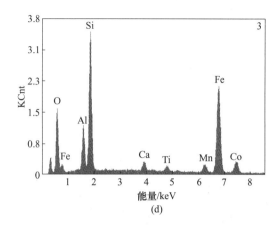

图 6-63   缓冷炉渣中斜方铁辉石呈板状晶体产出

（a）缓冷炉渣的显微镜图片；（b）斜方铁辉石（部分 Al 代替 Si）；
（c）霓辉石（部分 Al 代替 Fe）；（d）霓辉石中析出物

(a)

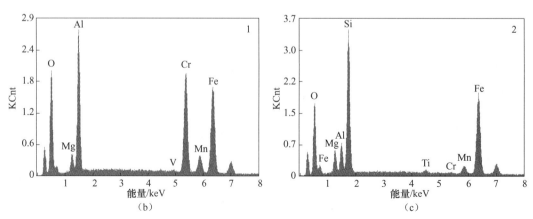

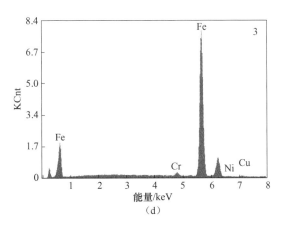

图 6-64 缓冷炉渣中铬铁尖晶石及铁合金的产出状态

(a) 缓冷炉渣的显微镜图片；(b) 铬铁尖晶石；(c) 斜方铁辉石；(d) 铁合金

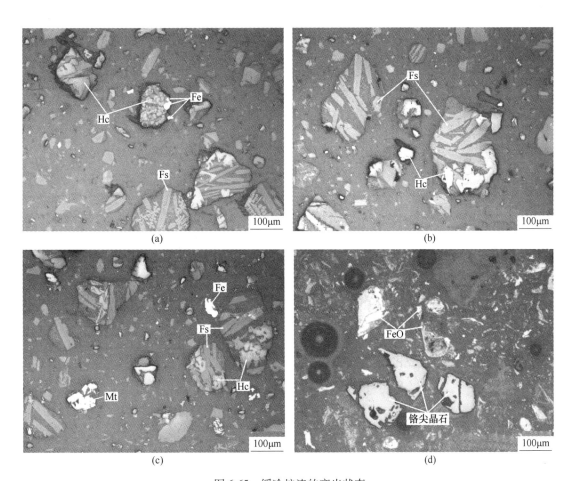

图 6-65 缓冷炉渣的产出状态

6.4   回转窑干燥/预还原—电炉熔分工艺设计实例

6.4.1   设计实例概述

6.4.1.1   生产规模及产品

工程设计规模为年生产 50 万吨镍铁合金，镍铁合金含镍约 10%。

6.4.1.2   冶炼工作制度选择

考虑到设备的定期维修和更换，年工作效率为 85%，年总工作时间 7446h，正常每天工作 24h。

6.4.1.3   生产原料

设计确定使用的镍矿主要成分见表 6-49，年消耗干基矿 2973500t。

表 6-49   干基镍矿主要成分

成分	Ni	Co	Fe	MgO	SiO_2	CaO	Al_2O_3	物理水	结晶水
含量/%	1.77	0.05	19.86	14.42	33.46	0.63	3.54	30	10

6.4.1.4   燃料及辅助材料

A   燃料供应

燃料供应包括：

（1）煤。项目使用的燃料主要为粉煤、块煤、柴油。粉煤主要用作干燥窑和还原窑的燃料，块煤作为还原窑的还原剂。本次设计使用的煤的成分和发热值见表 6-50，煤灰的成分见表 6-51，煤灰进入熔炼系统。设计煤消耗量见表 6-52，煤年总消耗量约 60 万吨。

表 6-50   煤成分及热值

成分	固定碳	挥发分	灰分	S	水分	热值/kJ·kg⁻¹
含量/%	57~60	25~30	约 15	约 0.6	约 10	25080

表 6-51   烟煤灰成分

成分	SiO_2	Fe_2O_3	CaO	其他
含量/%	约 43	约 19	约 12	约 26

表 6-52   煤消耗量

参　数	设计值（以湿基计）/t·h⁻¹	参　数	设计值（以湿基计）/t·h⁻¹
干燥窑	14.06	回转窑还原煤	30.50
回转窑燃料煤	35.30	煤总计	79.86

（2）柴油。柴油年生产用量 4800t，主要用于干燥窑、还原窑、矿热电炉的烘炉、开炉，或者非正常生产时电炉、回转窑的保温使用，柴油消耗量见表 6-53。

表 6-53   柴油消耗量

燃料	干燥	焙烧	熔炼	精炼	总量
柴油/t	1100	2200	300	1200	4800

B 辅助材料

辅助材料包括:

(1) 电极糊。电炉熔炼过程消耗电极糊和电极壳,其中电极糊的消耗量为7345t/a,电极壳为870t/a。电极糊的品质要求见表6-54。

表6-54 电极糊品质要求

参 数		数 值
湿电极糊	挥发分/%	13~15
	表面密度/t·m⁻³	>1.56
干电极糊	固定碳/%	>90
	挥发分含量/%	<8
	表观密度/t·m⁻³	>1.35
	气孔率/%	>23
	弯曲温度/N·mm⁻²	2.9~4.9
	电阻/μΩ·m	<80

(2) 耐火材料。耐火材料主要用于维修干燥窑、焙烧回转窑、电炉、精炼等,其消耗量见表6-55。

表6-55 耐火材料消耗

项目	消耗量/t·a⁻¹	备 注
干燥窑	600	包括煤粉制备燃料室消耗,主要为黏土砖
回转窑	1600	主要为黏土砖,高铝砖,高镁砖
电炉	400	主要为检修用(不包括大修)
镍铁包	1500	3kg/t NiFe,高铝制耐火泥,高铝砖
合计	4100	

(3) 氧气。氧气主要用于熔炼电炉放出口开口,氧气的消耗量见表6-56。

表6-56 氧气消耗量

项目	用气量(标态)/m³·h⁻¹	备 注
电炉	600	开渣口与出铁口(间断每天)
精炼	2500	精炼吹氧(间断每天)

(4) 氮气。氮气主要用于回转窑上的煤粉仓、阀门、分析器等设施,另外氮气作为煤粉制备、煤粉仓等消火剂,氮气消耗量见表6-57。

表6-57 氮气消耗量

项目	消耗量(标态)/m³·h⁻¹	备 注
粉煤车间	最大4000	事故时用
干燥以及焙烧窑	最大800	事故间断
精炼车间	1300	间断(每天)

配套建设一套氧气（标态）供应能力 3600m³/h、氮气（标态）供应能力 1500m³/h 的氧气站，以满足生产要求。其他辅助材料消耗见表 6-58。

表 6-58　冶炼厂辅助材料

材料名称	用量/t·a⁻¹	原料来源	备　注
原煤	607265	国内	10%水
柴油	6800	国内	包括运输 2000
石灰粉	45330	国内	精炼
电石粉	2696	国内	精炼
铝粉	7674	国内	精炼
耐火材料	4100	国内	
电极糊	7345	国内	电炉熔炼
钢板	870	国内	电炉熔炼
钢管	60	国内	用于开铁口
钢球	600	国内	粉煤制备使用
衬板	630	国内	矿物的破碎
皮带	200	国内	传动使用
机油	200	国内	传动使用
黄油	500	国内	传动使用
其他	2000	国内	机修配件等
合计	约 686270		

6.4.2　工艺过程描述

红土镍矿运至原矿堆场，先用轮式装载机进行预混料，混好的物料由装载机转运到给料斗，由皮带输送至干燥窑。

干燥后的矿石送临时矿仓储存，与经制粒处理的还原窑以及电炉烟尘一起送还原窑，在高温和还原气氛下完成矿物中部分镍和铁的还原。

还原焙砂从回转窑中间料仓排放到焙砂转运料罐。料罐在焙砂转运通道内移动，通过起重机提升到冶炼厂厂房内的电炉加料仓上部并加入指定的料仓。

在电炉内部，焙砂被进一步加热并还原，最终产出粗镍铁和渣。熔渣经水淬后由汽车运入临时渣场堆存；粗镍铁熔体间歇性地排放入镍铁罐中，再运送至精炼车间。

镍铁的精炼在 50t 的镍铁包中进行，包括脱硫、脱碳、脱硅等处理，处理后的镍铁采用链式浇注机浇铸成镍铁锭销售。

精炼炉渣经冷却后，经破碎、筛分、重选、磁选，回收残留的镍铁并送回精炼，尾渣送临时渣场堆存。

干燥窑烟气、回转窑烟气以及电炉烟气，经各自的烟气处理系统处理后排空，收集的烟尘送制粒工序处理，再返回到还原窑[2,6,7,22,23]。

6.4.2.1　矿石堆场

矿石堆场的主要目的是：（1）平衡矿山开采与运输，协调冶炼厂的矿石堆存量和生产周期和规模；（2）统筹运入的矿石，将矿石混配均匀，以保持生产稳定。

考虑红土镍矿的矿物特性，堆场设置挡雨棚，并采取适当的防渗措施。

6.4.2.2　干燥

表6-59概括了国内外多家红土镍矿干燥窑的生产数据，从中可以看出，大部分厂家的干矿含水均控制在18%~22%之间，水分蒸发效率控制在40~70kg/（h·m³）之间。本设计采用40kg/（h·m³）的蒸发效率，选用ϕ5m×40m大型干燥窑。

表6-59　不同生产厂家的干燥窑生产数据的比较

设备单位	规格/m×m	长径比	体积/m³	给料/t·h⁻¹	给料含水量/%	干矿含水/%	蒸发负荷/t·h⁻¹	水分蒸发率/kg·(h·m³)⁻¹	燃料类型
Pomalaa	3.2×30	9.4	241	50	39	22	7.3	30	煤
Hachinobe	4.75×35	7.4	620	106	30	24	11.8	19	炉气或燃油
Hyuga1	5×40	8.0	785	160	23~30	22~23	23.4	30	煤、炉气
Hyuga2	4×32	8.0	402	220	26	18	29.0	72	重燃油
Falcondo	4.27×24.4	5.7	349	285	23~28	18	32.4	93	石油
Loma de Niquel	4.8×34	7.1	615	234	25~30	15	36.7	60	天然气
Sorowako1	5×50	10.0	982	240	29~34	20	46.3	47	油
Sorowako2	5.5×50	9.1	1188	305	29~34	20	56.3	47	油
Sorowako3	6×65	10.8	1838	410	29~34	20	86.0	47	油

注：数据来源于A.E.M.Namer，C.M.Dfaz，A.D.Dalvi等所著《世界有色金属冶炼厂调查　第三部分：镍：红土矿》，2006年4月；R.A.Bergman所著《低碳红土矿的镍生产》，2003年7月。

设计采用顺流干燥方式，从而确保湿矿不会过热、过干燥，利用粉煤燃烧和电炉的尾气作热源。干燥窑的排料端设置圆筒筛和破碎机。干燥后的物料由皮带运输机、可逆皮带运输机分配到干矿仓，即干矿临时堆场。干燥的烟气旋风收尘、电收尘后达标排空，烟尘经过螺旋输送机和气力输送机送至制粒，再送干矿仓。

物料流量是指干燥窑每单位横截面可通过的烟气物料流量，这是回转干燥窑的关键设计参数。典型的工业干燥窑的物料流量一般在4~20t/（h·m²）。流量越高则送往烟气净化设备的烟尘率也就越高。本设计干燥窑的物料流量为5t/（h·m²）。烟气流速控制在2~3m/s。

大多数工业回转干燥窑的容积率为10%~20%，转速小于4r/min，坡度小于8cm/m。本设计按容积率约15%装料，操作转速2.5r/min，坡度5cm/m。

6.4.2.3　干矿贮存及配料

矿存储要求确保对回转窑加料和顺利操作的合理控制。干矿存储的合理选型有利于回转窑和干燥窑更独立，从而提高厂的稳定运行。

干燥后矿石通过皮带输送机从回转干燥窑运往12个干矿存储料仓，各料仓的干矿再通过皮带秤转运到还原窑给料皮带。电炉和还原窑的烟尘与干燥的烟尘一起制粒后，由运输机运至干矿仓与干矿一起进入回转窑。

干矿储存设计成相当于2h存储量或1000t干量。

6.4.2.4 还原回转窑

干燥后的矿石、烟尘制粒产生的粒料和还原煤经过加料皮带运输机送入还原窑焙烧，还原操作一般采用逆流方式[24~27]。

回转窑配有煤粉烧嘴，由风机鼓入一次风和二次风，控制烧嘴的风量使回转窑保持还原气氛。回转窑煤粉由煤粉制备车间通过气流稀相输送到回转窑煤粉仓，再通过转子秤定量输送到回转窑烧嘴内。

还原窑主要有4个作用：（1）红土矿表面水分彻底蒸发；（2）结晶水脱除到0.5%以下；（3）预还原反应，部分还原矿石中的铁、镍氧化物；（4）把焙砂加热到900℃。从而减少还原电炉的生产负荷，降低电耗。

回转窑窑头设有焙砂中间料仓，产生的焙砂进入焙砂缓冲仓进行储存，并通过焙砂料罐运到电炉熔炼车间进行熔炼。从回转窑排放出来的焙砂，其温度一般在850℃左右，进入到焙砂中间料仓。单个中间料仓的存储容量约40t，该中间料仓将热的焙砂排放到焙砂转运料罐，料罐位于转运车上（在轨道上），由运转车将料罐运到电炉熔炼车间。

物料在还原窑内的停留时间一般为2~3h，并依次通过三个区域：干燥区、加热区和还原焙烧区。

干燥区长度一般在30~35m，炉料被加热到400℃左右，使物料中的物理水进一步脱除；加热区长度一般在20~25m，物料被加热到800℃左右，脱除结晶水，部分镍、铁开始还原；还原焙烧区长度一般在50~55m，炉料被加热到900~950℃，大部分镍、铁被还原。

还原窑采用煤粉作燃料，块状烟煤（5~15mm）作为还原剂。块煤与物料一起由窑尾加入，通过窑上的风机控制供入的三次风量来调节还原窑的温度和还原气氛。还原窑的自动控制系统能够调整粉煤的流量、空气的流量、回转窑的转速、火焰的长度和刚度，满足生产要求。

还原窑烟气出口温度一般在200℃左右，经过旋风收尘和布袋收尘或电收尘后达标排空。

6.4.2.5 还原焙砂转运和电炉加料系统

焙砂转运系统和电炉加料系统设计的目的是：（1）保持较高的焙砂温度，降低热损失；（2）尽可能减少焙砂的二次氧化；（3）控制焙砂中残留碳的燃烧；（4）保证生产的连续进行和可靠操作。

850℃左右的热焙砂经中间料仓进入运转料罐，经运转车将料罐运到提升点后，再被起重机提升至电炉给料仓上部。至适宜位置后，料罐的底部排料阀被打开将热焙砂排出至电炉给料仓。料罐排空后再经起重机运转到提升井并下放到运转车返回还原窑中间料仓装料[7,28,29]。

每个电炉共有12个给料仓，每个料仓有3个加料溜管向电炉加料。

在焙砂运转和电炉给料系统区域会有烟气产生，需要一个烟气控制系统去收集这些烟气并在二次烟气系统中进行处理。

6.4.2.6 电炉熔炼

电炉熔炼的目的是：（1）进一步还原焙砂中的镍，同时控制铁的还原，得到熔点适宜的含碳3%左右的粗制镍铁；（2）升高到适合的温度使镍铁熔体与熔渣在电炉中澄清分离。

焙砂还原熔炼生产镍铁的过程实际是一个造渣过程，在此过程中，产出的炉渣量大约为加入的焙砂量的70%。渣和镍铁水通过出渣口和出铁口排出，渣通过高压水淬进入冲渣池，再通过捞渣机和汽车转运至临时渣场，粗制的镍铁水，通过铁水包精炼后转运至铸锭机铸锭销售。

电极在还原电炉内不起弧，电流主要在渣层内流动，以炉渣本身电阻产生热量来提供热源，电极在炉内升降幅度小，升降速度较慢，电极损耗速度低。电极消耗一般为200mm/d左右，一段1.2m高的电极壳，一般5~7天才接长一次，电极接长与下放周期长，操作简便。

自焙式电极的升降装置，主要有两种方式，一种是卷扬升降，一种是液压升降。液压升降式自动化程度高，卷扬升降式除电极压放需人工操作外，其他与液压升降式基本相同。卷扬升降方式特点是：投资为液压式的1/5~1/4；运行更为可靠，维修工作量小，节约成本；厂房高度可降低4~5m；虽然需人工压放电极，但一般5~7天压放一次，压放操作简单，能完全适应电炉区的工厂要求。

电炉炉顶设有进料口、电极孔、熔体深度检测孔等。在渣线区设置立式铜水套。在一侧墙上设置排烟口，在另一侧设置2个镍铁水口，1组2个放渣口。

还原电炉由电熔镁铬砖、半载结合镁铬砖、普通镁铬砖、黏土砖等砌筑。炉底采用反拱形式并设置2层工作层，在炉底砖内设置3个热电偶，炉墙设置9个热电偶，以监测炉底、炉墙的损坏情况。

电炉炉顶操作平台采用绝缘平台，炉体也进行有效的接地保护，以利于安全操作。在正常工作中，随着自焙电极的损耗，不断接长电极壳和添加电极糊。在停电事故状态下，设备用电源以便将电极提起。

6.4.2.7 镍铁精炼

精炼的目的是脱除粗镍铁中的杂质，以满足市场对产品质量的要求。

选用石灰粉+生石灰+电石+铝为脱硫剂，选用石灰粉、电石为脱硅造渣剂，采用顶吹氧气脱硅、碳等杂质。

设计的喷吹精炼站设有扒渣设施，以及喷粉枪、氧枪和加铝设施等。精炼车间使用容量为50t的镍铁罐，每天处理35~40炉。精炼后的镍铁采用链式浇注机浇铸成镍铁锭销售。

精炼炉渣冷却后，再经过破碎、筛分、重选、磁选处理，回收的镍铁送回精炼，尾渣与电炉渣送临时渣场[30,31]。

6.4.2.8 粉煤生产

大块度煤中夹杂的少量金属用磁铁在转运皮带上脱除。还原煤通过装载机和皮带输送机输送到破煤机，再通过振动筛筛分处理，粒度为5~25mm的煤通过板链输送机转运到位于配料车间的煤仓，小于5mm的煤送粉煤制备系统。

粉煤制备在风扫煤磨机中完成，产出的85%的小于74μm的煤直接干燥到含水1%后存储在煤粉仓内，再用压缩空气输送到干燥窑和回转窑车间。从收尘器出来的清洁空气通过排烟风机排放到煤磨机烟气烟囱。

6.4.3　车间组成

冶炼厂主要有原料堆场、干燥车间、还原车间、电炉熔炼车间、精炼车间、粉煤车间、辅助生产设施等组成。

6.4.3.1　备料车间

备料车间包括物料转运、破碎等设施设备。

6.4.3.2　干燥车间

干燥车间包括干燥物料的仓储给料系统、干燥窑、干燥物料的转运、收尘系统、粉煤储存和定量供给系统、供风排风系统等设施设备。

干燥车间共设计 6 台 ϕ5m×40m 的回转干燥窑，6 套加料系统，每台窑配置一台粉煤燃烧室在窑尾，采用顺流方式，干燥后的物料通过共同的密封运输皮带转运，2 台干燥窑配置一套烟气吸收系统。

6.4.3.3　预还原车间

预还原车间包括还原煤、干燥物料的仓储和定量给料系统、还原窑、还原焙砂转运系统、收尘系统、粉煤储存和定量供给系统、供风排风系统等设施设备。

预还原车间共设计 4 台 ϕ4.4m×100m、2 台 ϕ5.5m×125m 的还原窑，窑上设计二次风机，预还原窑与干燥窑一样，每台窑配置一台粉煤枪、加料系统，还原后的物料通过保温转运系统运至电炉，6 台预还原窑分别单独配置烟气吸收系统，还原窑与熔炼电炉一一对应。

分为两个独立的还原车间，一期为 4 台 ϕ4.4m×100m 的预还原车间，包括给料收尘系统。二期为 2 台 ϕ5.5m×125m 的回转窑。

6.4.3.4　熔炼车间

熔炼车间包括给料系统、矿热电炉、渣水淬系统、收尘、供风排风系统等设施设备。

熔炼车间配置 4 台 33MV·A 电炉和 2 台 72MV·A 的电炉，每台电炉由 6 根自焙电极组成，采用遮弧熔炼技术，每台电炉配置一套渣水淬系统。

熔炼车间分为两个独立的车间，一期为 4 台 33MV·A 电炉的熔炼车间，包括给料收尘系统。二期为 2 台 72MV·A 的熔炼车间，包括给料收尘系统。

6.4.3.5　精炼车间

精炼车间包括 20 个镍铁水包、精炼站、喷粉枪、氧枪以及收尘、供风排风系统等设施设备。

6.4.3.6　辅助车间

辅助车间包括空压站、氧气站、地磅房、化验室、冷却水系统、供水供电设施、软化水系统、汽修机修电修设施、备品配件库、成品库房、耐火材料库房等[32,33]。

6.4.4　各工序主要技术参数及物料平衡计算

6.4.4.1　各工序主要技术参数

考虑到设备检修以及事故，本设计年工作效率按 85% 计算，年有效工作时间 7446h。每天各生产车间主要技术参数见表 6-60～表 6-65。

表 6-60　各主要车间工作制度及生产能力

序号	车间名称	日工作班	班工作时	额定生产能力/t·h⁻¹
1	原料破碎	3	8	约 570.5（以湿矿计）
2	干燥	3	8	约 399.35（以干矿计）
3	预还原	3	8	约 399.35（以干矿计）
4	电炉熔炼	3	8	67.15（NiFe）
5	精炼	3	8	67.15（NiFe）

表 6-61　原料车间主要参数

序号	项目		数量	序号	项目		数量
一	红土镍矿			7	矿石成分/%	结晶水	10
1	矿石密度（t·m⁻³）		3.88			物理水	约 30
2	矿石松装密度（含水）/t·m⁻³		1.3	二	破碎		
3	设计矿石处理量（含水）/t·d⁻¹		13692	8	矿石设计处理量/t·h⁻¹		约 600
4	矿石存放时间/d		60	9	矿石实际处理量/t·h⁻¹		约 399.35
5	矿石堆高/m		3	10	进矿的最大粒度/mm		300
6	原料场占地面积/m²		200000	11	进矿小于 0.074mm 比例/%		约 35
7	矿石成分/%	Ni	1.77	12	产品最大粒度/mm		50
		Co	0.05	13	破碎机形式		泥质碎矿机
		Fe	19.86	14	单台处理能力/t·d⁻¹		150
		MgO	14.42				

表 6-62　干燥车间主要参数

序号	项目	数量	序号	项目	数量
一	物料性质		15	烟气温度/℃	150
1	粒度/mm	<50	16	烟气速度/m·s⁻¹	2.5
2	物料含物理水/%	约 30	17	干燥窑的漏风率/%	15
3	物料松装密度（以干矿计）/t·m⁻³	1.1	18	物料流量/t·(m²·h)⁻¹	5
4	物料处理量（以干矿计）/t·h⁻¹	399.35	19	窑体转速/r·min⁻¹	2.5
二	给料料仓		20	窑体倾度/cm·m⁻¹	5
5	储存时间/h	1	21	窑内换热器/个	2
6	给料仓数量/个	6（12）	22	烟尘率/%	1.5
7	给料仓容积率/%	85	23	物料与烟气运动方式	顺流
8	单个料仓出料口个数/个	3	24	出料的转运方式	皮带
三	干燥窑		四	烟气治理	
9	干燥窑的数量/台	4	25	每套收尘对应干燥窑数量/台	2
10	填充系数	0.15	26	收尘方式	电收尘
11	加热方式	粉煤燃烧室	27	收尘效率/%	>99.5
12	加热温度/℃	1100	28	烟气处理方式	烟囱排空
13	产品含水率/%	18	29	烟尘处理方式	制粒
14	产品温度/℃	80			

表 6-63 还原工序主要参数

序号	项目	数量	序号	项目	数量
一	物料性质		29	数量/台	6
	干矿		30	有效体积百分量/%	80
1	粒度/mm	<50	31	物料停留时间/h	8
2	含物理水/%	约18	32	矿仓主体形式	圆柱
3	松装密度(以干矿计)/t·m⁻³	1.1	33	排料口数量/个	1
4	处理量(以干矿计包括灰分)/t·h⁻¹	395.28	34	料仓是否收尘	是
	粒矿		35	是否设置振打	否
5	给料粒度/mm	10~40	36	物料的称量	皮带秤
6	含物理水/%	约3	三	还原窑	
7	松装密度(以干矿计)/t·m⁻³	1.1	37	数量/台	6
8	处理量(以干矿计)/t·h⁻¹	约80t	38	填充系数	0.2
	块煤		39	加热方式	粉煤煤枪
9	给料粒度/mm	5~20	40	加料方式	溜槽
10	含物理水/%	约10	41	物料与烟气运动方式	逆流
11	松装密度(以干矿计)/t·m⁻³	0.6	42	加热温度/℃	约1150
12	给入量(以湿矿计)(10% H₂O)/t·h⁻¹	约30.50	43	产品温度/℃	850
二	料仓		44	烟气温度/℃	300
	干矿仓		45	烟气速度/m·s⁻¹	3.0~3.5
13	数量/台	6	46	窑漏风率/%	15
14	有效体积百分量/%	85	47	物料流量/t·(m²·h)⁻¹	5
15	物料停留时间/h	2	48	窑体转速/r·min⁻¹	0.8
16	矿仓主体形式	圆柱	49	窑体倾度/cm·m⁻¹	5
17	单槽矩形排料口数量/个	3	50	烟尘率/%	30
18	料仓是否收尘	是	51	出料的转运方式	保温料罐
19	是否设置振打	是	四	烟气治理	
20	物料的称量	皮带秤		旋风收尘	
	粒矿仓		52	收尘数量/台	6
21	数量/台	6	53	收尘效率/%	30
22	有效体积百分量/%	80	54	烟气冷却方式	加入干矿
23	物料停留时间/h	8	55	烟尘处理方式	返回回转窑
24	矿仓主体形式	圆柱	56	出口烟气温度/℃	200
25	单槽矩形排料口数量/个	1		电收尘	
26	料仓是否收尘	否	57	收尘数量/台	6
27	是否设置振打	否	58	收尘效率/%	99.5
28	物料的称量	皮带秤	59	烟尘处理方式	与干燥烟尘制粒
	还原煤仓				

序号	项目	数量	序号	项目	数量
60	出口烟气温度/℃	150	67	料仓设置保温层厚度/mm	250
五	转运料罐			转运料罐	
	中间仓		68	每个回转窑对应个数/个	3
61	焙砂温度/℃	850	69	转运周期/min	10
62	数量/台	6	70	每次转移物料量/t·次$^{-1}$	约 7
63	有效体积百分量/%	85	71	料罐设置保温层厚度/mm	250
64	物料停留时间/h	0.7~1	72	转运方式	轨道+起重机
65	矿仓主体形式	圆柱	73	焙砂温度损失/℃	30
66	单槽矩形排料口数量/个	1	74	转运到电炉料仓焙砂温度/℃	820

表 6-64　电炉熔炼工序主要参数

序号	项目	数量	序号	项目	数量
一	物料性质		23	电极单耗/kg·(MW·h)$^{-1}$	5.0
	焙砂物料性质		24	电极糊消耗量/t·h^{-1}	0.2/0.5
1	粒度/mm	<50	25	电极直径/mm	1200/1600
2	松装密度(以干矿计)/t·m^{-3}	1.1	26	电极类型	自焙
3	焙砂温度/℃	820	27	单台电极根数/根	6
4	焙砂流量(包括灰分)/t·h^{-1}		28	电极中心间距/mm	3600/4500
二	电炉给料仓		29	电炉外形尺寸/mm×mm×mm	26×9.5×6.5/ 33.2×10.2×6.5
5	每个电炉对应个数/台	12			
6	储存时间/h	2	30	电炉的冷却方式(间接)	铜水套
7	设置保温层厚度/mm	250	31	合金温度/℃	1470
8	焙砂温度损失/℃	50	32	合金成分/%	Ni	约 10.1
9	转运进电炉焙砂温度/℃	770			Co	约 0.28
10	出料管/条·槽$^{-1}$	3			Fe	88
三	电炉				S	0.25
	变压器				C	0.5
11	单相变压器容量/kW	11000/24000			Si	0.5
	每台电炉对应变压器台数/台	3	33	炉渣温度/℃	1570
12	一次电压/kV	35	34	炉渣成分/%	Ni	0.11
13	二次电压/V	450~950			SiO$_2$	50.94
14	调节级数/级	33			MgO	21.65
	电炉				FeO	10.16
15	电炉形式	矩形		分配系数(Ni)	91
16	最大功率/MW	33/72		分配系数(Fe)	11
17	平均功率/MV	21.6/48	35	单炉出铁口/个	2
18	电炉渣线炉膛面积/m^2	180/288	36	单炉排渣口/个	2
19	电炉功率密度/kW·m^{-2}	120	37	水淬的水渣比/m^3·t^{-1}	16
20	每吨焙砂电耗(操作值)/kW·h	555	38	水淬渣的脱水方式	抓斗脱水
22	平均电压/V	约 550			

表 6-65 镍铁精炼工序主要参数

序号	项目		数量	序号	项目		数量
一	镍铁精炼				镍铁的铸造		
1	镍铁水的运输方式		钢包	14	镍铁水的运输方式		钢包
2	镍铁水包容量/t		50	15	钢包容量/t		50
3	脱硫			16	镍铁的铸造方式		铸铁机
4	脱硫温度/℃		1470	17	镍铁的冷却方式		水冷
5	脱硫剂成分/%	石灰粉	90	18	镍铁成分 （ISO 6501 标准）/%	Ni	约 10
		电石粉	8			Co	约 0.28
		铝粉	2			Fe	88
6	每吨镍铁脱硫剂加入量/kg		67.4			S	<0.03
7	每吨镍铁脱硫额外消耗铝粉/kg		15			C	<0.03
8	脱硫吹氧速度/m³·（min·包）⁻¹		20			P	<0.03
9	吹氧时间/min		70			Si	<0.03
10	脱硅、碳			二	尾渣回收处理		
11	每吨镍铁石灰粉/kg		30	19	一次破碎粒度/mm		150
12	氧气/m³·（min·包）⁻¹		30	20	二次破碎粒度/mm		50
13	吹氧时间/min		25	21	金属回收率/%		99

注：第8项脱硫吹氧速度单位为 $m^3 \cdot (min \cdot 包)^{-1}$，第12项氧气单位为 $m^3 \cdot (min \cdot 包)^{-1}$。

6.4.4.2 物料平衡计算

冶炼厂主要金属平衡见表 6-66~表 6-68。

表 6-66 金属镍平衡表

参数	物料名称	数量（干基）/t	含量/%	金属量/t	比例/%
收入	镍矿	2973500	1.77	52630.95	100
	煤（1% H₂O）	543822	0.00	0.00	0
	石灰粉	45330	0.00	0.00	0
	电石粉	2696	0.00	0.00	0
	铝粉	7674	0.00	0.00	0
	合计	3573022		52630.95	100
产出	镍铁	500000	10.00	50000.00	95.01
	电炉渣	1985003	0.12	2372.08	4.51
	精炼磁选尾渣	70000	0.34	238.00	0.45
	烟尘损失	1001	1.80	18.02	0.03
	气相损失	1043300	0.00	0.00	0.00
	合计	3599304		52628.10	100.00
	误差	-26282		2.85	
	误差率/%	-0.736		0.005	

表 6-67　金属钴平衡表

参数	物料名称	数量（干基）/t	含量/%	金属量/t	比例/%
收入	镍矿	2973500	0.05	1486.75	100
	煤（1%H$_2$O）	543822	0.00	0.00	0
	石灰粉	45330	0.00	0.00	0
	电石粉	2696	0.00	0.00	0
	铝粉	7674	0.00	0.00	0
	合计	3573022		1486.75	100
产出	镍铁	500000	0.277	1385.00	93.28
	电炉渣	1985003	0.0043	85.36	5.75
	精炼磁选尾渣	70000	0.02	14.00	0.94
	烟尘损失	1001	0.04	0.40	0.03
	气相损失	1043300	0.00	0.00	0.00
	合计	3599304		1484.76	100.00
误差		−26282		1.99	
误差率/%		−0.736		0.134	

表 6-68　金属铁平衡表

参数	物料名称	数量（干基）/t	含量/%	金属量/t	比例/%
收入	镍矿	2973500	19.86	590537.1	98.15
	煤（1%H$_2$O）	543822	2	10876.44	1.81
	石灰粉	45330	0.5	226.65	0.04
	电石粉	2696	0.5	13.48	0.00
	铝粉	7674	0.00	0	0.00
	合计	3573022		601653.7	100
产出	镍铁	500000	88.00	440000.00	73.12
	电炉渣	1985003	8.13	161297.37	26.81
	精炼磁选尾渣	70000	0.37	259.00	0.04
	烟尘损失	1001	17.40	174.17	0.03
	气相损失	1043300	0.00	0.00	0.00
	合计	3599304		601730.55	100.00
误差		−26282		−76.85	
误差率/%		−0.736		−0.013	

6.4.5　主要设备的计算

6.4.5.1　干燥窑

设计选用 6 台中型干燥窑，每台干燥窑的处理量为 66.56t/h（以干矿计），物料含水 30%，以湿矿计处理量为 95.07t/h。

回转干燥窑减少湿矿的水分从 30% 减到 18%。采用顺流干燥方式。工艺参数见表 6-69。

表 6-69　回转干燥窑选型参数（标态）

参　数	额定值	参　数	额定值
操作装置数量	6	回转窑漏风/%	15
湿矿流量（额定值）/t·(h·台)$^{-1}$	95.07	烟气流量	
湿矿流量（波动系数）	1.15	烟气流量（设计值）/m^3·h^{-1}	58460.93
单位物料流量（以干矿计）/t·(m^2·h)$^{-1}$	<5	烟气流量（最大值）/m^3·h^{-1}	62673.41
湿矿流量（最大值）/t·(h·台)$^{-1}$	109.33	烟气速度/m·s^{-1}	2.5
粉煤消耗量（以干矿计）/kg·t^{-1}	32	烟气温度	
气体流量（设计值）/m^3·(h·台)$^{-1}$	33519.17	温度（设计值）/℃	200
气体流量（最大值）/m^3·(h·台)$^{-1}$	38547.04	窑体转速/r·min^{-1}	2.5
干燥气体温度（设计范围）/℃	1100	窑体倾度/cm·m^{-1}	5
干燥后矿石流量（按18%水分）/t·(h·台)$^{-1}$	81.17	窑内换热器/个	2
干燥脱水量/t·(h·台)$^{-1}$	13.90	窑体长径比	8
干燥后矿石温度（设计值）/℃	80	干燥后的产品（包括灰分）/t·(h·台)$^{-1}$	65.88

A　窑体直径计算

按物料流量计算：

物料流量/单位物料流量 = 81.17/5 = 16.23（m^2）

所需窑体直径：4.55m。

按烟气流速计算：

烟气流量÷3600÷烟气速度 = 58460.93×(200+273)÷273÷3600÷2.5 = 11.25（m^2）

所需窑体直径：3.79m。

设计选用：窑体直径 4.6m，保温厚度 200mm，筒体直径 5000mm，筒体长度 5×8 = 40(m)，保温层选用黏土砖。

B　热平衡计算

热平衡计算结果见表 6-70。计算表明，每处理 1000kg，需要的粉煤量为 32kg，回转窑的热损失为 4.41%。

表 6-70　干燥热平衡（以 1000kg 干矿计）

热收入/kJ		热消耗/kJ	
粉煤燃烧热带入热	802560	干燥后物料	66198
物料显热	20900	干燥后物料水显热	73405
物料水显热	44786	烟气显热（不包括蒸发水）	122477
粉煤显热	1672	烟尘显热	1881
空气显热	16072	水蒸发热	582957
		热损失	39072
合计	885990	合计	885990

C 干燥窑燃烧器

回转干燥窑燃烧器向回转干燥窑提供热的气体从而除去湿矿的水分。燃烧器的燃料室煤粉。

粉煤精确称量装置：每台干燥窑 1 套计量装置，包括煤仓、煤仓收尘装置、收尘风机、称重仓、稳流给料装置、环形天平、气力输送装置，成套购入。

干燥窑风机配置：

（1）给煤风机，稀相输送，输送风煤比（标态）为 $2m^3/kg$，输送风量为 $5000m^3/h$。

（2）燃烧风机，向干燥窑燃烧器供风保证煤粉完全燃的空气，输送风量（标态）为 $10m^3/kg$，输送风量为 $25000m^3/h$。

（3）控温风机，向干燥窑燃烧器供风以获得适合的热风温度，设计输送风量为 $15000m^3/h$。

D 干燥窑收尘装置

选用电收尘方式，2 台干燥窑共用 1 台收尘装置，共计 3 台，烟气总量设计值为 $116921.82m^3/h$，电收尘器（单系列）各项参数见表 6-71。

表 6-71 电收尘器（单系列）各项参数

参　数	额定值	参　数	额定值
漏风系数/%	15	工况出口烟气量/$m^3 \cdot h^{-1}$	198488.72
烟气处理量(标态)/$m^3 \cdot h^{-1}$	116921.82	烟气出口含尘浓度/$g \cdot cm^{-3}$	<0.05
烟气入口温度/℃	150	电收尘效率/%	99.50
工况入口烟气量/$m^3 \cdot h^{-1}$	181164	烟气流速/$m \cdot s^{-1}$	0.35
电收尘器烟气入口含尘浓度/$g \cdot m^{-3}$	11.02	电收尘器断面积/m^2	150
电收尘出口烟气量(标态)/$m^3 \cdot h^{-1}$	134460.10	烟尘收集量/$kg \cdot (h \cdot 台)^{-1}$	1986.9
出口温度/℃	130	每小时排空/$kg \cdot (h \cdot 台)^{-1}$	9.9

选用断面积 $150m^2$ 的卧式单室 4 电场电收尘器，收尘极面积 $12000m^2$，共计选用 3 台。则共计排空：29.7kg/h，烟尘收集：5960.7kg/h。

风机选型：Y4-73-22F，离心风机，排风量设计值为 $257000m^3/h$，全压 4610Pa，设计温度 200℃。设备一用一备，共计 6 台风机，收尘后选用脱硫吸收后再排放。

6.4.5.2 还原窑

根据物料平衡计算并考虑设备的合理配置，熔炼车间配置 4 台 33MV·A 电炉和 2 台 72MV·A 的电炉，还原窑与干燥窑的对应关系，设计选用 4 台 $\phi4.4m \times 100m$ 还原窑对应 33MV·A 的电炉，选用 2 台 $\phi5.5m \times 125m$ 还原窑对应 72MV·A 的电炉。入炉物料含水 18%，粒矿返料为 239.5kg/t（以干矿计），粒矿含水 3%，还原煤 69.44kg/t（以干矿计），含水 10%，粒度 5~15mm，在还原过程中部分煤被碳化进入焙砂中，焙砂含碳量 2.5%。

还原窑焙砂的物理水和结晶水含量 0%，烟尘含物理水为 0%、结晶水 10%。还原方式为逆流还原，工艺参数见表 6-72。

表6-72   还原窑选型参数

参　　数	额定值	参　　数	额定值
操作装置数量	4	操作装置数量	4
内部流量		内部流量	
湿矿流量(额定值)/t·(h·台)$^{-1}$	72.55	湿矿流量(额定值)/t·(h·台)$^{-1}$	159.98
湿矿流量(波动系数)	1.15	湿矿流量(波动系数)	1.15
单位物料流量(以干矿计)/t·(m^2·h)$^{-1}$	<5	单位物料流量(以干矿计)/t·(m^3·h)$^{-1}$	<8
湿矿流量(最大值)/t·(h·台)$^{-1}$	83.43	物料流量/t·(h·台)$^{-1}$	134.7
物料流量/t·(h·台)$^{-1}$	61.09	湿矿流量(最大值)/t·(h·台)$^{-1}$	183.98
粉煤消耗量(以干矿计)/kg·t^{-1}	83	粉煤消耗量(以干矿计)/kg·t^{-1}	83
空气过剩系数	1.1	空气过剩系数	1.1
燃烧气体流量		燃烧气体流量	
气体流量(设计值)(标态)/m^3·(h·台)$^{-1}$	47823	气体流量(设计值)(标态)/m^3·(h·台)$^{-1}$	105454
气体流量(最大值)(标态)/m^3·(h·台)$^{-1}$	54996	气体流量(最大值)(标态)/m^3·(h·台)$^{-1}$	121273
焙砂流量(包括灰分和部分还原煤)/t·(h·台)$^{-1}$	43.78	焙砂流量(包括灰分和部分还原煤)/t·(h·台)$^{-1}$	96.55
脱水量/t·(h·台)$^{-1}$	15.87	脱水量/t·(h·台)$^{-1}$	34.99
干燥后矿石温度(设计值)/℃	850	焙砂温度(设计值)/℃	850
回转窑漏风/%	15	回转窑漏风/%	15
烟气流量		烟气流量	
烟气流量(设计值)(标态)/m^3·h^{-1}	67568	烟气流量(设计值)(标态)/m^3·h^{-1}	148995
烟气流量(最大值)(标态)/m^3·h^{-1}	77702	烟气流量(最大值)(标态)/m^3·h^{-1}	171344
烟气速度/m·s^{-1}	5	烟气速度/m·s^{-1}	<5
烟气温度		烟气温度	
温度(设计值)/℃	300	温度(设计值)/℃	300
出旋风收尘口温度/℃	200	出旋风收尘口温度/℃	200
窑体转速/r·min^{-1}	0.8	窑体转速/r·min^{-1}	0.8
窑体倾度/cm·m^{-1}	5	窑体倾度/cm·m^{-1}	5
窑体长径比	22.73	窑体长径比	22.73

注:左侧为33MV·A电炉,右侧为72MV·A电炉。

A   还原窑窑体计算

a   33MV·A电炉用还原窑

按物料流量计算:

物料流量/单位物料流量 = 61.09/5 = 12.21 (m^2)

所需窑体直径:3.94m。

按烟气流速计算:

烟气流量÷3600÷烟气速度 = 67568×(300+273)÷273÷3600÷5 = 7.88 (m^2)

所需窑体直径:3.16m。

设计选用:窑体直径4.4m,保温厚度250mm,筒体直径4900mm,筒体长度4.4×

22.73＝100（m），保温层选用黏土砖+高铝砖。

　　b　72MV·A 电炉用还原窑

　　按物料流量计算：

　　物料流量／单位物料流量＝134.7/8＝16.83（m²）

所需窑体直径：4.63m。

　　按烟气流速计算：

　　烟气流量÷3600÷烟气速度＝148995×（300+273）÷273÷3600÷5＝17.37（m²）

所需窑体直径：4.70m。

　　设计选用：窑体直径 5.0m，保温厚度 250mm，筒体直径 5.5mm，筒体长度 5.5×22.73＝125（m），保温层选用黏土砖+高铝砖。

　　B　热平衡计算

　　热平衡计算结果见表 6-73。每处理 1000kg 干矿料，要加入需要的粉煤量为 83kg，粒矿 239.5kg（以干矿计），69.44kg（以干矿计）还原煤，回转窑的热损失为 4.12%。

表 6-73　还原热平衡（以 1000kg 干矿计）

热收入/kJ		热消耗/kJ	
粉煤燃烧热带入热	2081640	焙砂	661961
干矿显热	20900	烟尘显热	35112
干矿物理水显热	22939	结晶水解离热	36031
粒矿显热	5005	结晶水汽化热	280239
粒矿物理水显热	774	物理水汽化热	638718
还原煤显热	3628	烟气显热	382908
还原煤物理水显热	806	铁镍还原化学热	459800
粉煤显热	4337	其他（4.12%）	661961
空气显热	26455		
还原煤燃烧热（25%）	435417		
合计	2601901	合计	2601901

　　C　还原窑燃烧器

　　回转还原窑燃烧器与干燥窑类似，但其火焰长度长，伸进窑体 15m 左右。

　　粉煤精确称量装置：每台还原窑 1 套计量装置，包括煤仓、煤仓收尘装置、收尘风机、称重仓、稳流给料装置、环形天平、气力输送装置，成套购入。

　　ϕ4.4m×100m 窑风机配置：（1）给煤风机，稀相输送，输送风煤比（标态）为 2m³/kg，输送风量（标态）为 10000m³/h；（2）燃烧风机，向干燥窑燃烧器供风保证煤粉完全燃烧的空气，输送风量为 6m³/kg，输送风量为 30000m³/h；（3）窑体风机，在窑体上设计 8 台风机，控制窑内温度以及还原度，设计输送风量为每台 3000m³/h。

　　ϕ5.5m×125m 窑风机配置：（1）给煤风机，稀相输送，输送风煤比（标态）为 2m³/kg，输送风量（标态）为 20000m³/h；（2）燃烧风机，向干燥窑燃烧器供风保证煤粉完全燃烧的空气，输送风量为 6m³/kg，输送风量为 60000m³/h；（3）窑体风机，在窑体上设计

8台风机,控制窑内温度以及还原度,设计输送风量为每台5000m³/h。

  D 收尘装置

  300℃热烟气经过旋风收尘后,在收尘器上喷入18%的干料,使烟气温度降到200℃,旋风收尘的烟尘与干矿一起进入还原窑。

  旋风收尘后的物料经过电收尘后排空。

  为了便于生产管理,每台还原回转窑配置1台电收尘以及风机,共配置6台。收尘后的烟气经排气烟道汇合,由1座65m的烟囱排出。

  ϕ4.4m×100m窑收尘配置:单台烟气总量(标态)设计值为67568m³/h,电收尘器(单系列)各项参数见表6-74。

表6-74 电收尘器(单系列)各项参数

参　数	额定值	参　数	额定值
漏风系数/%	15	出口工况烟气量/m³·h⁻¹	120397
烟气处理量(标态)/m³·h⁻¹	67568	烟气出口含尘浓度/g·m⁻³	<0.05
烟气入口温度/℃	200	电收尘效率/%	>99.5
工况入口烟气量/m³·h⁻¹	117068	烟气流速/m·s⁻¹	0.35
波动系数	1.5	电收尘器断面积/m²	120
电收尘器烟气入口含尘浓度/g·m⁻³	84.31	烟尘收集量/kg·(h·台)⁻¹	9863.98
出口烟气量(标态)/m³·h⁻¹	77703	每小时排空/kg·(h·台)⁻¹	6.02
烟气出口温度/℃	150		

  选用断面积120m²的卧式单室5电场电收尘器,收尘极面积12000m²。

  风机选型:Y4-73-20F,离心风机,排风量设计值为159100m³/h,全压3950Pa,设计温度200℃。设备一用一备。

  ϕ5.50m×125m窑收尘配置:单台烟气总量(标态)设计值为148995m³/h,电收尘器(单系列)各项参数见表6-75。

表6-75 电收尘器(单系列)各项参数

参　数	额定值	参　数	额定值
漏风系数/%	15	出口工况烟气量/m³·h⁻¹	265489
烟气处理量(标态)/m³·h⁻¹	148995	烟气出口含尘浓度/g·m⁻³	<0.05
烟气入口温度/℃	200	电收尘效率/%	>99.5
工况烟气量/m³·h⁻¹	258148	烟气流速/m·s⁻¹	0.35
波动系数	1.15	电收尘器断面积/m²	210
电收尘器烟气入口含尘浓度/g·m⁻³	84.31	烟尘收集量/kg·(h·台)⁻¹	21751.13
出口烟气量(标态)/m³·h⁻¹	171344	每小时排空/kg·(h·台)⁻¹	13.27
烟气出口温度/℃	150		

  选用断面积210m²的卧式双室5电场电收尘器,收尘极面积30000m²。

  风机选型:Y4-73-22F,离心风机,排风量设计值为302400m³/h,全压4316Pa,

650kW，设计温度200℃。设备一用一备，共4台。

6.4.5.3 熔炼电炉

设计选用的电炉与回转还原窑一一对应，平行放置，每台电炉处理的还原焙砂含碳约2.7%、温度770℃。（转运损失80℃），处理量为分别为43.78t/h、98.55t/h。

焙砂成分、产出的镍铁成分、渣成分分别见表6-76~表6-78，电炉设计参数见表6-79。

表 6-76　焙砂成分　　　　　　　　　　　　　　　（%）

组分	NiO	Ni	Fe$_2$O$_3$	FeO	Fe	Co
含量	1.46	0.62	9.63	18.36	1.10	0.055
组分	MgO	SiO$_2$	CaO	C	S	
含量	15.90	37.60	0.73	2.70	0.045	

表 6-77　粗镍铁成分　　　　　　　　　　　　　　（%）

组分	Ni	Fe	Co	C	S	Si
含量	10.1	88	0.28	0.3	0.25	0.5

表 6-78　电炉熔渣成分　　　　　　　　　　　　　（%）

组分	NiO	FeO	Co	MgO	SiO$_2$	CaO	其他
含量	0.14	10.14	0.037	21.65	50.94	0.99	16.12

表 6-79　电炉选型参数

参　数	数值	参　数	数值
33MV·A 电炉焙砂处理量/t·h^{-1}	43.78	炉渣温度/℃	1570
72MV·A 电炉焙砂处理量/t·h^{-1}	98.55	烟气温度/℃	950
焙砂温度/℃	770	单炉电极糊消耗量/kg·(MW·h)$^{-1}$	5
合金温度/℃	1470		

A　热平衡计算

热平衡计算结果见表6-80。计算表明，电炉的热损失为2.72%，1t焙砂需要的热量为1908000kJ，相当于530kW·h。处理43.78t/h，电炉的额定功率估计为23203.4kW；处理98.55t/h，电炉的额定功率为52231.5kW。

表 6-80　电炉热平衡（以1t焙砂计）

热收入/kJ		热消耗/kJ	
焙砂显热	643720.00	镍铁显热	224112.21
阳极糊显热	86.21	熔渣显热	1658850.04
空气显热	29249.55	还原化学热	547580.00
燃烧热	1308465.69	烟气显热	1343290.46
需要热	1908000.00	烟尘显热	12661.54
		热损失（2.72%）	103027.20
合计	3889521.45	合计	3889521.45

B 电炉设计参数

电炉设计参数见表6-81。

表6-81 电炉设计参数

参　数	处理 43.78t/h 焙砂的电炉	处理 98.55t/h 焙砂的电炉	参　数	处理 43.78t/h 焙砂的电炉	处理 98.55t/h 焙砂的电炉
最大功率/MW	33	72	电极类型	自焙	自焙
平均功率/MW	23.21	52.23	单台电极根数/根	3/6	6
电炉渣线炉膛面积/m²	180	288	电极中心间距/mm	3600	4500
电炉功率密度/kW·m⁻²	129	181	电极的升降方式	卷扬机	卷扬机
每吨焙砂电耗（操作值）/kW·h	530	530	电炉外形尺寸/mm×mm×mm	26×9.5×6.5	35.1×12.5×6.5
			电炉的冷却方式(间接)	铜水套	铜水套
单台额定能力/t·h⁻¹	43.78	98.55	合金温度/℃	1470	1470
最大能力/t·h⁻¹	50.35	113.3	炉渣温度/℃	1570	1570
平均电压/V	约550	约550	单炉出铁口/个	2	2
电极单耗/kg·(MW·h)⁻¹	5.0	5.0	单炉排渣口/个	1	2
单炉电极糊消耗量/t·h⁻¹	0.12	0.26	电炉形式	遮弧	遮弧
电极直径/mm	1200	1600	烟气温度/℃	950	950

C 收尘装置

电炉烟气收尘每台电炉配套烟气收尘，由于电炉烟气温度较高，950℃，同时烟气中含有 CO 浓度，不能采用电收尘，设计采用换热器—加表面冷却器—布袋收尘的方式收尘。

在生产过程中，充分考虑热源的利用以及生产的稳定，设计换热器加热空气到300℃左右，供给干燥窑以及还原窑，作为热空气，同时使烟气温度减低到400℃，再通过表冷器降温至160~180℃，再通过布袋收尘，通过烟气收集管汇合排入65m烟囱排空。

33MW 电炉的收尘装置：参数见表6-82和表6-83。

选用适合温度250℃，布袋面积为3000m²的布袋。

风机选型：Y4-73-11No14 离心风机，排风量设计值为113000m³/h，全压3900Pa，设计温度200℃，功率220kW。设备一用一备，共计8台。

表6-82 单台表冷器收尘的参数

参　数	额定值	参　数	额定值
漏风系数/%	10	烟气排出温度/℃	200
烟气处理量（标态）/m³·h⁻¹	47573	烟气排出量（标态）/m³·h⁻¹	52330
烟气入口温度/℃	400	烟气出口含尘浓度/g·m⁻³	<1.5
工况烟气量/m³·h⁻¹	117277	烟气流速/m·s⁻¹	6
波动系数	1.15	选择冷却面积/m²	450

表 6-83 带机械振打单台布袋收尘参数

参　数	额定值	参　数	额定值
漏风系数/%	10	烟气出口含尘浓度/g·m^{-3}	<0.05
进入烟气流量（标态)/m^3·h^{-1}	52330	支撑环材质	弹簧钢
烟气进入温度/℃	200	除尘器形式	正压、反吸、内过滤
工况烟气量/m^3·h^{-1}	90666	清灰方式	压差自控、烟气循环、三状态反吸
烟气流速/m·min^{-1}	0.8	袋室排列	双列4室
所需布袋面积/m^2	2077	烟尘总的收集量/kg·h^{-1}	744.31
烟气出口流速/m^3·h^{-1}	99732	每小时排空/kg·h^{-1}	4.99

72MW 电炉的收尘装置：参数见表 6-84 和表 6-85。

表 6-84 单台表冷器收尘参数

参　数	额定值	参　数	额定值
漏风系数/%	10	烟气排出温度/℃	200
烟气处理量（标态)/m^3·h^{-1}	104904	烟气排出量（标态)/m^3·h^{-1}	115394
烟气入口温度/℃	700	烟气出口含尘浓度/g·m^{-3}	<1.5
工况烟气量/m^3·h^{-1}	258609	烟气流速/m·s^{-1}	6
波动系数	1.15	选择冷却面积/m^2	1000

表 6-85 带机械振打单台布袋收尘参数

参　数	额定值	参　数	额定值
漏风系数/%	10	烟气出口含尘浓度/g·m^{-3}	<0.05
进入烟气流量（标态)/m^3·h^{-1}	115394	支撑环材质	弹簧钢
烟气进入温度/℃	200	除尘器形式	正压、反吸、内过滤
工况烟气量/m^3·h^{-1}	199932	清灰方式	压差自控、烟气循环、三状态反吸
烟气流速/m·min^{-1}	0.8	袋室排列	双列8室
所需布袋面积/m^2	4581	烟尘总的收集量/kg·h^{-1}	1641.28
烟气出口流速/m^3·h^{-1}	219925	每小时排空/kg·h^{-1}	11.00

选用适合温度 250℃，布袋面积为 6000m^2 的布袋。

风机选型：Y4-73-22F 离心风机，排风量设计值为 257000m^3/h，全压 4610Pa，功率 600kW，设计温度 200℃。设备一用一备，共 4 台。

电炉的出铁口和出渣口设计烟气集气罩，33MW 电炉每台的集气风量设计为 50000m^3/h，4 台 33MW 电炉设计一套收尘系统，72MW 电炉每台的集气风量设计为 100000m^3/h，2 台 72MW 电炉设计一套，收集得烟气经过袋式收尘器收尘后由环保烟囱汇总后排空。每套设计参数见表 6-86。

系统风机选型为 Y4-73-20F 离心风机，排风量设计值为 227000m^3/h，全压 3570Pa，设计温度 100℃。设备一用一备，共计 4 台。

表 6-86　烟尘收集设计参数

参数	额定值	参数	额定值
烟气流速/m·min^{-1}	0.8	支撑环材质	弹簧钢
所需布袋面积/m^2	4166	除尘器形式	正压、反吸、内过滤
设计选用/m^2	5000	清灰方式	压差自控
滤袋材质	热定型 729 涤纶	袋室排列	双列 6 室

6.4.5.4　软化水设备

干燥窑、还原窑以及电炉间接冷却水用水为软化水，最大用量 2116m^3/d，设计使用处理能力 2500m^3/d 的一次软化水设备。

软化水按常规水处理参数设计，先经多介质过滤、活性炭吸附、加阻垢剂系统、保安过滤，滤除水中的悬浮性物质、微粒、部分有机物及余氯等有害物质，使原水的 SDI 值小于 4.0；余氯小于 0.1mg/L，选用加阻垢剂的措施，可有效地防止易产生化学结垢的物质沉积在反渗透膜面上，延长 RO 膜的使用寿命，同时也大大降低运行费用。RO 水产率不小于 75%，RO 系统脱盐率不小于 99%。

6.4.5.5　粉煤制备设备

干燥窑以及还原窑的主要热量均来自粉煤燃烧，粉煤粒度要求为粒度小于 0.074mm 的占 85% 以上、粉煤含水小于 1%。本项目粉煤设计用粉煤量为 45.59t/h，最大用量 52.43t/h，选用 ϕ3.8m×7.9m 风扫煤磨机，电机功率 1600kW，10000V，单台处理能力 50t/h，设备一用一备。合格的粉煤用采用气力输送到各个粉煤仓。

6.4.5.6　制氧站设备

氧气站主要为冶炼工艺的电炉、精炼炉供给生产用氧气，以及为回转窑、精炼炉供给生产用氮气，同时还为煤粉制备车间供给事故用消防用氮气。

精炼车间精炼炉的用氧特点：每一炉操作周期约 150min，每一炉用氧气量约 1800m^3/h，每天 30~40 炉，高峰值需氧量为 3600m^3/h。电炉用氧特点：每次用氧量 150m^3/h，每天约 100 次，每次持续时间 5min。

焙烧车间回转窑用氮气特点：每次用量 802m^3/h，用气点 30 个，间断操作。

粉煤制备车间用氮气特点：用于消防灭火，事故情况时使用。使用量约为 4000m^3/h。

根据工艺要求氧气纯度大于 95%，变压吸附制氧最大纯度只能达到 93%，采用深冷空分法制氧。

本次设计新建一座 3600m^3/h 氧气站，其参数见表 6-87。

表 6-87　氧气站设计参数

参数	额定值	参数	额定值
氧气产量/m^3·h^{-1}	3600	氮气出冷箱压力/kPa	10
氧气纯度/%	99.6	加工空气量/m^3·h^{-1}	36000
氧气出冷箱压力/kPa	20	加工空气压力/MPa	0.6
氮气产量/m^3·h^{-1}	1000	启动时间/h	20
氮气纯度/%	99.99		

主要设备见表6-88。

表6-88 主要设备参数及数目

设备名称	参数	设备数目
空气压缩机/$m^3 \cdot h^{-1}$	约36000	1台
分馏塔系统	KDON3600/1000	1套
氧压机（标态）	$Q = 3600 m^3/h$，$p = 3.0MPa$	2台
氮压机（标态）	$Q = 1000 m^3/h$，$p = 3.0MPa$	1台
氧气球罐	$V = 400 m^3$，工作压力3.0MPa	1台
氮气球罐	$V = 200 m^3$，工作压力3.0MPa	1台

6.4.5.7 空压机

压缩空气主要用于烟尘输送、煤粉输送、气动设备、自动控制等。

本项目的压缩空气大部分用于烟尘和煤粉的气体输送，间断操作，压缩空气消耗量波动较大，设计选择活塞式或螺杆式空压机。

干燥的粉煤以及烟尘输送压缩空气消耗量约为$570m^3/min$，布袋收尘器清扫需要的压缩空气为$40m^3/min$，间断使用，其他用气量约$10m^3/min$，总用压缩空气量为$620m^3/min$。

选用螺杆空压机12台，一台备用。每台空压机的排气量为$58.2m^3/min$，根据烟尘输送距离，输送高度，空压机的压力为0.85MPa，每台空压机配套冷冻式干燥机。气体输送技术参数见表6-89。

表6-89 气体输送技术参数

输送物质	输送量/t·h^{-1}	设备规格/m³	数量	用气量/m³·min^{-1}	备注
干燥烟尘	1.99×6	1.5	3	10×3	间断
回转窑烟尘1	9.86×4	5	4	30×4	间断
回转窑烟尘2	21.7×2	5	2	30×3	间断
电炉烟尘1	0.744×4	1.5	4	10×4	间断
电炉烟尘2	1.6414×2	1.5	2	10×2	间断
粉煤输送干燥	2.13×6	1.5	6	10×6	间断
粉煤输送还原1	3.9×4	5	4	30×4	间断
粉煤输送还原2	8.6×2	5	2	30×2	间断
合计				570	

仪表用压缩空气量（标态）为$8m^3/min$，空压机备用系数1.2，则仪表用压缩空气量为：$8.0 \times 1.2 = 9.6m^3/min$，因为无热再生吸附式过滤器需消耗压缩空气，一般为15%左右，因此选用排气量为$12.3m^3/min$，压力为0.8MPa一台，同时用干燥压缩空气作为仪表用压缩空气的备用气源。

6.4.5.8 烟气脱硫

由于干燥窑和还原焙烧窑烟气含硫偏高，干燥窑烟气含硫$252mg/m^3$，还原焙烧窑含硫$738mg/m^3$，需要脱硫处理。

成熟的烟气脱硫方法很多，本设计采用成本相对低廉的石灰石（石灰）—石膏湿法脱硫工艺。

石灰石（石灰）—石膏湿法脱硫工艺采用石灰石或石灰作脱硫吸收剂，石灰石经破碎磨细成粉状与水混合搅拌制成吸收剂浆，也可以将石灰石直接湿磨成石灰石浆液。当采用石灰为吸收剂时，石灰粉经消化处理后加水搅拌制成吸收剂浆。在吸收塔内，吸收剂浆液与烟气接触混合，烟气中的 SO_2 与浆液中的吸收剂以及鼓入的氧化空气进行化学反应，最终反应产物为石膏。脱硫后的烟气经除雾器除去带出的细小液滴后排入烟囱。

烟气脱硫系统由以下三个系统组成：制浆及工艺水系统、SO_2 吸收系统、脱水系统。

（1）制浆系统。本流程使用的吸收剂为浓度 15% 的氢氧化钙浆液，石灰浆液由石灰粉调浆配制而成。脱硫系统消耗量为 0.916t/h（100% 负荷运行，脱硫率 90%）。脱硫装置不单独设石灰储存仓库，石灰储存于工厂主仓库中。石灰经卸料斗直接落料石灰消化机，加滤液配制成浓度约为 15% 的石灰浆液后进入配浆槽，经密度检验合格后送入浆液储槽，浆液储槽储存的石灰浆液可使用 8h。

（2）SO_2 吸收塔。石灰浆液经石灰浆液泵送至吸收塔。石灰供浆量将根据进入吸收塔的浆液 pH 值进行调节，吸收塔浆池的 pH 值一般控制在 5~6。SO_2 吸收塔是整个脱硫装置的核心部分。SO_2 将在吸收塔内被脱除和氧化，石膏也将在吸收塔内结晶和生成。该工程吸收塔为带就地强制氧化的喷淋塔，为空塔结构，同时通过对浆液浓度、pH 值的优化，可确保压力损失低，节省电耗。由于烟气温度过高，烟气进入吸收塔的烟道冷却喷头，温度降到 100℃ 以下。烟气进入吸收塔后 90° 折向朝上流动，与自喷淋层而下的浆液进行大液气比（L/G）接触，烟气中的 SO_2 被吸收浆液洗涤，并与浆液中的 $Ca(OH)_2$ 发生化学反应，脱硫后烟气从烟囱直接放空。

吸收塔循环系统包括循环泵、管道系统、喷淋组件及喷嘴，使吸收浆液及原烟气进行充分的接触。这一系统的设计要求是喷淋层的布置达到所要求的覆盖率，从而在适当的液气比（L/G）下可靠地实现 85% 以上的脱硫效率且在吸收塔的内表面不产生结垢。循环系统采用单元制设计，每个喷淋层都配有一台与喷淋层上升管道系统相连接的吸收塔循环泵，从而保证吸收塔内吸收浆液覆盖率。

吸收塔内喷淋层上部布置二级内置式除雾器。脱硫并除尘后的净烟气通过除雾器除去气流中夹带的雾滴后排出吸收塔。除雾器设有在线自动冲洗系统，除雾器冲洗水由工艺水泵供给。吸收塔浆液和喷淋到吸收塔中的除雾器清洗水流入吸收塔底部，即吸收塔浆液池。通过吸收塔浆液池上的 3 台侧进式搅拌器搅拌，浆液池中的固体颗粒保持悬浮状态。

在吸收塔底部设置的强制氧化喷枪将为吸收塔提供氧化空气，把脱硫反应中生成的亚硫酸钙（$CaSO_3$）氧化为硫酸钙（$CaSO_4$），并生成石膏晶体。每套系统配置 2 台 100% 容量的氧化风机（一用一备）。生成的石膏由石膏浆液排出泵排出至吸收塔，固含量约 15%，送至石膏给料槽。每套系统设 2 台石膏浆液排出泵（一用一备），连续运行。

（3）脱水系统。石膏给料槽可储存 4h 的吸收塔排出浆液，每套系统设 2 台压滤机（一用一备），连续生产。经压滤机脱水后的石膏含水约 15%，直接落料到石膏运输车，运转石膏临时堆场，临时存放约 30 天的副产品石膏。压滤后的滤液存放在滤液槽中，经滤液泵送至消化机和配浆槽配浆后剩余滤液返回吸收塔，每套系统配 2 台滤液泵（一用一备）。

脱硫系统主要技术经济指标见表 6-90~表 6-92。

表 6-90　干燥窑脱硫系统主要技术经济指标

序号	项目		数据	序号	项目		数据
1	烟气入口流量（标态）/m³·h⁻¹		268919	2	出口	H_2O/%	24
	脱硫效率/%		85			烟气温度/℃	50
	入口	SO_2/mg·m⁻³	372	3	Ca/S		1.03
		H_2O/%	26.93	4	石灰耗量（纯度90%）/t·h⁻¹		0.102
		烟气温度/℃	130	5	石膏产量（含外水10%）/t·h⁻¹		0.306
2	烟气出口流量（标态）/m³·h⁻¹		309256	6	除雾器出口液滴含量（标态）/mg·m⁻³		≤100
	出口	SO_2/mg·m⁻³	48.52	7	工艺水耗/t·h⁻¹		1.53

表 6-91　还原焙烧窑脱硫系统主要技术经济指标

序号	项目		数据	序号	项目		数据
1	烟气入口流量（标态）/m³·h⁻¹		310812	2	出口	H_2O/%	27
	脱硫效率/%		90			烟气温度/℃	72
	入口	SO_2/mg·m⁻³	1143.5	3	Ca/S		1.05
		H_2O/%	26.94	4	石灰耗量（纯度90%）/t·h⁻¹		0.363
		烟气温度/℃	150	5	石膏产量（含外水10%）/t·h⁻¹		1.089
2	烟气出口流量（标态）/m³·h⁻¹		357434	6	除雾器出口液滴含量（标态）/mg·m⁻³		≤100
	出口	SO_2/mg·m⁻³	99.43	7	工艺水耗/t·h⁻¹		1.96

表 6-92　混合烟气脱硫系统主要技术经济指标

序号	项目		数据	序号	项目		数据
1	烟气入口流量（标态）/m³·h⁻¹		476422	2	出口	H_2O/%	27
	脱硫效率/%		90			烟气温度/℃	73
	入口	SO_2/mg·m⁻³	927.9	3	Ca/S		1.05
		H_2O/%	26.94	4	石灰耗量（纯度90%）/t·h⁻¹		0.451
		烟气温度/℃	145	5	石膏产量（含外水10%）/t·h⁻¹		1.353
2	烟气出口流量（标态）/m³·h⁻¹		547884	6	除雾器出口液滴含量（标态）/mg·m⁻³		≤100
	出口	SO_2/mg·m⁻³	80.69	7	工艺水耗/t·h⁻¹		2.91

参 考 文 献

[1] 张邦胜，蒋开喜，王海北，等. 我国红土镍矿火法冶炼进展 [J]. 有色冶金设计与研究，2012，33
（5）：16~19.

[2] 潘料庭，李云峰，张秋艳. 红土镍矿直接还原镍铁粉的应用途径探讨 [J]. 铁合金，2018（2）.

[3] 罗红卫，姬鹤志，杨利忠. 红土矿焙烧窑皮问题的研究和控制 [J]. 铁合金，2017，48（7）：17~
20.

[4] 师晓辉. 72000kVA 矿热电炉冶炼镍铁生产工艺 [J]. 山西冶金，2014，37（2）：11~13.

[5] 赵景富. RKEF 工艺处理缅甸镍红土矿 [J]. 有色金属（冶炼部分），2013（1）：8~10.

[6] 潘料庭，罗会键，肖琦，等. 论红土镍矿 RKEF 生产工艺技术进步 [J]. 铁合金，2017，48（1）：17~20.

[7] 王成彦，尹飞，陈永强，等. 国内外红土镍矿处理技术及进展 [J]. 中国有色金属学报，2008，18（e01）：1~8.

[8] 王成彦，王忠. 镍铁电炉熔炼试验报告 [R]. 北京：北京矿冶研究总院，2006.

[9] 孙镇，赵景富，郑鹏. 红土镍矿 RKEF 工艺冶炼镍铁实践研究 [J]. 有色矿冶，2013，29（3）：35~39.

[10] 张大江，陈登福，徐楚韶，等. 低品位铁矿石煤基回转窑直接还原研究 [J]. 过程工程学报，2009，9（s1）：152~156.

[11] Li G H，Jia H，Luo J，et al. Ferronickel preparation from nickeliferous laterite by rotary kiln-electric furnace process [J]. Characterization of Minerals Metals & Materials，2016.

[12] 李博. 硅镁型红土镍矿干燥特性及预还原基础研究 [D]. 昆明：昆明理工大学，2012.

[13] 魏永刚，王华，邱在军，等. 一种红土镍矿干燥和预还原过程评价方法：中国，CN103343240A [P]. 2013.

[14] 孙丽丽. 低品位红土镍矿预还原—熔分粗镍铁过程的研究 [D]. 沈阳：东北大学，2012.

[15] 刘志宏，马小波，朱德庆，等. 红土镍矿还原熔炼制备镍铁的试验研究 [J]. 中南大学学报（自然科学版），2011，42（10）：2905~2910.

[16] 杨慧兰. 红土镍矿电炉还原熔炼镍铁合金的研究 [D]. 长沙：中南大学，2009.

[17] 卢红波. 红土镍矿电炉还原熔炼镍铁合金的热力学研究 [J]. 稀有金属，2012，36（5）：785~790.

[18] 庞建明，郭培民，赵沛. 火法冶炼红土镍矿技术分析 [J]. 钢铁研究学报，2011，23（6）：1~4.

[19] 揭晓武，王振文，尹飞. 褐铁矿型红土镍矿还原熔炼试验研究报告 [R]. 北京：北京矿冶研究总院，2014.

[20] Watanabe T，Ono S，Arai H，Matsumori T. Direct reduction of garnierite ore for production of ferro-nickel with a rotary kiln at Nippon Yakin Kogyo Co.，Ltd. oheyama works [J]. Intemational Journal of Mineral Proeessing，1987，19（1~4）：173~187.

[21] Chen Y Q，Zhao H L，Wang C Y. Two-stage reduction for the preparation of ferronickel alloy from nickel laterite ore with low Co and high MgO contents [J]. International Journal of Mineral Metallurgy and Materials，2017，24（5）：512~522.

[22] 赵景富. 镍红土矿火法冶金工艺现状及展望 [J]. 中国有色冶金，2017，46（1）：26~29.

[23] 冉登高. 采用 RKEF 技术生产镍铁合金的工艺 [J]. 中国科技信息，2017（19）：81~82.

[24] 王展. RKEF 工艺回转窑砌筑施工技术研究 [J]. 有色矿冶，2016，32（4）：38~42.

[25] Pan L，Luo H，Xiao Q，et al. Discussion of the improvement on the laterite nickel ore RKEF production technology [J]. Ferro-Alloys，2017.

[26] 姜海洪. 一种 RKEF 生产镍. 铬铁与 AOD 炉三联法冶炼不锈钢的工艺：中国，105219923A [P]. 2016.

[27] 李想，胡志清，蒋兴元，等. 采用回转窑直接还原-RKEF 联合法生产镍铁的方法：中国，106636625A [P]. 2017.

[28] 尹雪. 印尼某红土镍矿冶炼与渣的回收利用试验研究 [J]. 有色矿冶，2016，32（2）：44~48.

[29] 魏华. 红土镍矿烧结原料制备工艺研究 [J]. 矿山机械，2016（10）：78~80.

[30] 梁帅表，李曰荣. 粗镍铁精炼工艺应用探讨 [J]. 铁合金，2012，43（5）：7~11.

[31] 师晓辉. 镍铁精炼过程中的脱硫机理研究 [J]. 铸造设备与工艺，2014（2）：56~59.

[32] 侯俊京，贾彦忠，梁德兰，等. 红土镍矿回转窑—电炉熔炼生产镍铁的工艺研究 [J]. 中国有色冶金，2014，43（3）：70~73.

[33] 赵嘉琦，付小佼，王峥，等. 含硼铁精矿回转窑直接还原-电炉熔分工艺研究 [C]//第十届中国钢铁年会暨第六届宝钢学术年会论文集，2015.

7 硫酸介质浸出

红土镍矿硫酸介质湿法冶炼工艺使用硫酸溶液作为浸出剂，浸出红土镍矿中的镍和钴金属离子。常见的处理工艺有高压酸浸工艺（HPAL）、常压酸浸工艺（PAL）[1,2] 和常压—加压联合浸出工艺等。硫酸介质浸出液再经初步净化、沉淀富集、二次酸溶、深度净化等工序处理，也可制备电池级硫酸镍。

7.1 工艺简介

7.1.1 常压酸浸

7.1.1.1 常压酸浸工艺

一般来说，常压酸浸工艺处理的对象是易于浸出的镁质型红土镍矿。工艺过程为：红土镍矿首先进行磨矿、分级和浓密处理，浓密机底流再加入适量的硫酸进行反应，将矿石中的镍钴浸出进入溶液，经初步除杂和固液分离后，得到的浸出液再用 NaOH、Na_2CO_3 或 MgO 等沉淀镍钴，得到镍钴富集物后再进一步处理[3~6]。由于物料中的耗酸物质 MgO 含量较高，需要添加的硫酸量较大，硫酸的稀释热就可以使浸出过程的矿浆温度保持在近沸腾状态，从而实现自热浸出[7]。

为了提高镍钴的浸出率，浸出后液通常含有较高的残酸，因此，浸出后液除含有镍、钴、镁、铁、锰等硫酸盐外，也含有一定量的游离硫酸[7~9]。

以某红土镍矿的常压酸浸工艺为例[7]，其原则流程图如图 7-1 所示。红土镍矿按比例混合后进行洗矿分级，小于 0.154mm 的矿浆进入浓密机浓密，0.154~0.589mm 的部分进球磨机磨至小于 0.154mm 后，与浓密机底流混合进入一段常压浸出，并保持浸出后液的 pH<1，以尽可能提高镍钴的浸出率。浸出完成的矿浆送浓密机浓密。

土状矿大于 0.589mm 的粗粒部分与全部的岩质矿经破碎后送堆浸，用搅拌浸出浓密机的溢流液作为堆浸液，以充分利用搅拌浸出液中的残酸，并使大部分三价铁水解沉淀，从而尽可能降低浸出液的铁含量。

搅拌浸出浓密机的底流矿浆进入 7 级浓密逆流洗涤系统（即 CCD）。矿浆在进入各级浓密机时加入一定量的絮凝剂以改善矿浆沉降性能。洗涤水与第 6 级浓密机底流混合后进入浓密机的第 7 级，最后一级浓密机排出的底流尾浆泵送尾矿库。

第一级浓密机的溢流液和堆浸液混合进入溶液中和除铁铝工序。混合浸出液充入 SO_2-空气混合气体，在搅拌下用石灰石粉浆调节 pH 值至 4.0，反应一段时间后停止通入二氧化硫气体，再加入石灰石粉浆调节 pH 值至 4.5 左右后泵送浓密机进行液固分离、洗涤，底流矿浆经压滤洗涤送尾矿库，溢流液送镍钴沉淀系统。

采用二段沉淀。第一段镍钴沉淀工序通过加入氢氧化钠溶液调节 pH 值至 8.4~8.5，此时 97%~98% 的镍被沉淀，沉淀后液经浓密脱水后底流一部分返回作为镍钴沉淀晶种，

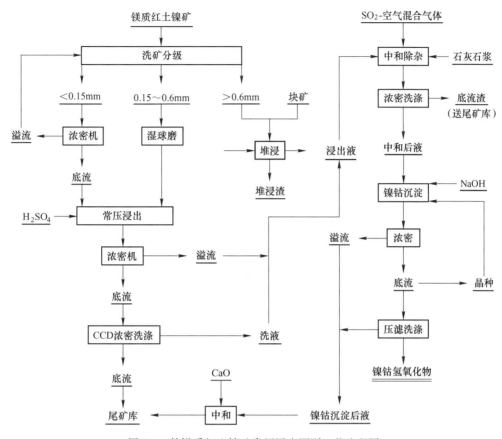

图 7-1 某镁质红土镍矿常压浸出原则工艺流程图

其余经压滤洗涤后得到氢氧化镍钴沉淀产品；浓密机溢流液进入第二段镍钴沉淀工序，加入石灰乳调 pH 值至 9.3~9.5 沉淀残余的镍钴，沉淀渣经浓密脱水后返回第一段沉淀，镍钴沉淀后液送往尾液处理系统。

常压浸出工艺浸出设备简单、能耗低、操作条件易于控制、投资相对加压浸出工艺小，适合处理高镁低铁、可浸性较好的红土镍矿。缺点是浸出液杂质金属含量较高，液固分离困难；由于铁和镁的过量浸出，使得酸耗偏高，及中和除铁铝过程夹带损失的镍钴量较多；镍钴沉淀后液中含有大量的硫酸镁难以经济处理；浸出洗涤后的尾矿矿浆需要建设大面积的尾矿坝，具有潜在威胁等[10,11]。

7.1.1.2 常压酸浸热力学

冶金提取过程是一个复杂的多元复相体系，一般不能直接观测到反应器内物料的相变化和化学变化，但如果对溶液的热力学性质以及有溶液参与的各种冶金反应随溶液成分和外界条件变化的规律进行研究，可预测反应进行的方向、限度以及难易程度[6]。本节将对红土镍矿常压硫酸浸出过程中主要发生的化学反应进行热力学计算与分析，热力学数据取自《矿物及有关化合物热力学数据手册》和《高温水溶液热力学数据计算手册》。

常压酸性体系提取红土镍矿成分中的镍钴涉及的主要化学反应以及反应的吉布斯自由能与温度的关系如下所示：

$$NiO \cdot Fe_2O_3(s) + 2H^+ === Ni^{2+} + Fe_2O_3(s) + H_2O(l)$$
$$\Delta_r G_T^{\ominus} = -78397.053 + 93.646T(J/mol) \tag{7-1}$$

$$CoO \cdot Fe_2O_3(s) + 2H^+ === Co^{2+} + Fe_2O_3(s) + H_2O(l)$$
$$\Delta_r G_T^{\ominus} = -74549.753 + 95.571T(J/mol) \tag{7-2}$$

$$MnO \cdot Fe_2O_3(s) + 2H^+ === Mn^{2+} + Fe_2O_3(s) + H_2O(l)$$
$$\Delta_r G_T^{\ominus} = -104062.687 + 62.001T(J/mol) \tag{7-3}$$

$$2NiO \cdot SiO_2(s) + 4H^+ === 2Ni^{2+} + SiO_2(s) + 2H_2O(l)$$
$$\Delta_r G_T^{\ominus} = -182392.398 + 177.597T(J/mol) \tag{7-4}$$

$$2CoO \cdot SiO_2(s) + 4H^+ === 2Co^{2+} + SiO_2(s) + 2H_2O(l)$$
$$\Delta_r G_T^{\ominus} = -189688.338 + 195.596T(J/mol) \tag{7-5}$$

$$MnO \cdot SiO_2(s) + 2H^+ === Mn^{2+} + SiO_2(s) + 2H_2O(l)$$
$$\Delta_r G_T^{\ominus} = -96273.453 + 63.776T(J/mol) \tag{7-6}$$

$$2MnO \cdot SiO_2(s) + 4H^+ === 2Mn^{2+} + SiO_2(s) + 2H_2O(l)$$
$$\Delta_r G_T^{\ominus} = -192759.213 + 106.731T(J/mol) \tag{7-7}$$

$$3MgO \cdot 2SiO_2 \cdot 2H_2O(s) + 6H^+ === 3Mg^{2+} + 2SiO_2(s) + 5H_2O(l)$$
$$\Delta_r G_T^{\ominus} = -278782.018 + 176.174T(J/mol) \tag{7-8}$$

$$NiO(s) + 2H^+ === Ni^{2+} + H_2O(l)$$
$$\Delta_r G_T^{\ominus} = -98513.453 + 91.955T(J/mol) \tag{7-9}$$

$$CoO(s) + 2H^+ === Co^{2+} + H_2O(l)$$
$$\Delta_r G_T^{\ominus} = -105079.849 + 93.395T(J/mol) \tag{7-10}$$

$$MnO(s) + 2H^+ === Mn^{2+} + H_2O(l)$$
$$\Delta_r G_T^{\ominus} = -120793.604 + 62.805T(J/mol) \tag{7-11}$$

$$MnO_2(s) + 4H^+ + 2Fe^{2+} === Mn^{2+} + 2Fe^{3+} + 2H_2O(l)$$
$$\Delta_r G_T^{\ominus} = -190405.693 + 341.733T(J/mol) \tag{7-12}$$

$$FeOOH(s) + 3H^+ === Fe^{3+} + 2H_2O(l)$$
$$\Delta_r G_T^{\ominus} = -125931.177 + 157.020T(J/mol) \tag{7-13}$$

$$Fe_2O_3(s) + 6H^+ === 2Fe^{3+} + 3H_2O(l)$$
$$\Delta_r G_T^{\ominus} = -126580.293 + 497.631T(J/mol) \tag{7-14}$$

用以上所阐述的热力学计算方法求出反应式 $\Delta_r G_T^{\ominus}$ 与 T 的关系，并绘制 $\Delta_r G_T^{\ominus}$-T 图，如图 7-2～图 7-4 所示[12]。

由图 7-2～图 7-4 可以得出如下结论[12]：

（1）反应式（7-1）～式（7-13）在研究的温度范围内 $\Delta_r G_T^{\ominus} < 0$，说明反应在热力学上是可行的，$\Delta_r G_T^{\ominus}$ 越负，反应进行的可能性越大，这是红土镍矿常压硫酸提取镍钴的理论基础。反应式（7-14）在研究的温度范围内 $\Delta_r G_T^{\ominus} > 0$，反应无法进行，富集在赤铁矿中的镍钴无法在常压硫酸搅拌体系中提取。

（2）在研究的温度范围内，反应式（7-11）～式（7-13）的 $\Delta_r G_T^{\ominus}$ 均为负值，并随温度的升高而增大，其中反应式（7-4）～式（7-8）和反应式（7-9）～式（7-13）的 $\Delta_r G_T^{\ominus}$ 值变

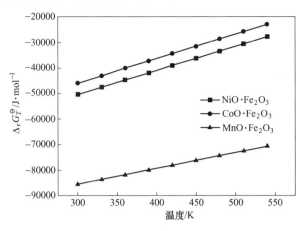

图 7-2 反应式（7-1）~式（7-3）的 $\Delta_r G_T^{\ominus}$-T 图

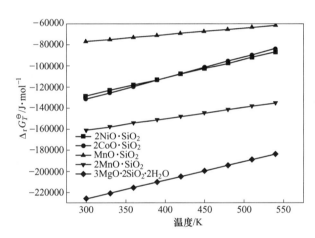

图 7-3 反应式（7-4）~式（7-8）的 $\Delta_r G_T^{\ominus}$-T 图

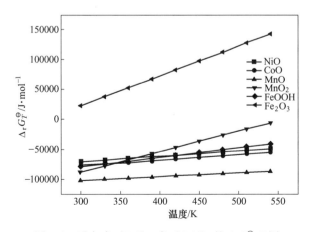

图 7-4 反应式（7-9）~式（7-14）的 $\Delta_r G_T^{\ominus}$-T 图

化并不明显，而反应式（7-1）~式（7-3）和式（7-8）的 $\Delta_r G_T^{\ominus}$ 值变化较大，同时考虑到反应式（7-3）和式（7-8）的 $\Delta_r G_T^{\ominus}$ 值很负，且镍、钴在铁酸盐相中的分配率很低，因此，常压硫酸搅拌浸出红土镍矿可尽可能选择较高的浸出温度以提高其反应速率。

（3）结合计算结果可知，在同等试验条件下，镍、钴、锰铁酸盐的浸出反应进行的趋势为 $MnO \cdot Fe_2O_3 > NiO \cdot Fe_2O_3 > CoO \cdot Fe_2O_3$；镍、钴、锰、镁的硅酸盐浸出反应进行的趋势为 $3MgO \cdot 2SiO_2 \cdot 2H_2O > 2MnO \cdot SiO_2 > 2CoO \cdot SiO_2/2NiO \cdot SiO_2 > MnO \cdot SiO_2$；镍、钴、锰、铁的氧化物浸出反应进行的趋势为 $MnO > MnO_2/FeOOH/CoO/NiO > Fe_2O_3$；镍钴氧化物、铁酸盐、硅酸盐浸出反应进行的趋势为硅酸盐>氧化物>铁酸盐。

7.1.2　高压酸浸

红土镍矿的硫酸加压浸出工艺是继还原焙烧—氨浸工艺后的又一种处理红土镍矿的湿法浸出工艺，因其取消了物料干燥、还原焙烧等高能耗工序，且镍、钴浸出率高，而受了更多关注[13]。

高压酸浸工艺可追溯到 20 世纪 50 年代的古巴毛阿湾（MOA）冶炼厂，使用的加压浸出设备为帕丘卡槽，产品为镍钴混合硫化物。原则工艺流程如图 7-5 所示。

20 世纪 90 年代，随着大型卧式加压釜装备的日趋成熟，澳大利亚的 Murrin Murrin、Bulong 和 Cawse 三个镍冶炼厂对该法进行改进，并于 1998 年下半年相继投产。其中 Murrin Murrin 厂采用 H_2S 沉淀的办法处理镍钴浸出液，得到镍钴硫化物，然后再进一步提炼镍钴；Bulong 厂采用萃取和加氨氢还原技术生产电积钴和镍粉；Cawse 厂采用浸出液净化—中和沉淀 Ni、Co—再氨浸萃镍技术生产镍盐和钴盐技术。虽因局部问题导致 Murrin Murrin、Bulong 和 Cawse 三个冶炼厂未取得预期目标，但主体的加压浸出工艺非常成功。此外，澳大利亚必和必拓公司、巴西国有矿业公司、加拿大鹰桥公司和中国五矿等几家大公司也都进行了加压硫酸浸出的技术开发[14,15]。

硫酸加压浸出适合处理含 MgO 小于 10%，特别是小于 5%，含 Ni 大于 1.3% 的红土镍矿。该法在高温（230~260℃）和高压（4~5MPa）下用硫酸作浸出剂，控制浸出条件，使镍、钴浸出进入溶液，大部分铁、铝、硅等则水解入渣，实现选择性浸出；之后将浸出液中杂质（Fe、Al）除去得高品质镍、钴溶液；经硫化沉镍或中和沉镍等得镍、钴含量较高的中间产品；中间产品经再溶解、纯化后生产电解镍或硫酸镍[1,16~18]。

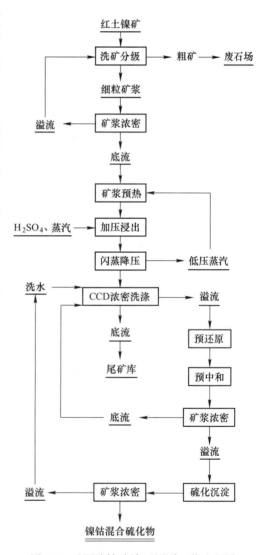

图 7-5　毛阿湾镍冶炼厂原则工艺流程图

红土镍矿中镍主要存在于针铁矿（$FeO(OH)$）和蛇纹石（$Mg_3Si_2O_5(OH)_4$）中，硫酸加压浸出时发生的主要反应如下：

$$FeO(OH)(s)+3H^+(aq) = Fe^{3+}(aq)+2H_2O(l) \tag{7-15}$$

$$Mg_3Si_2O_5(OH)_4(s)+6H^+(aq) = 3Mg^{2+}(aq)+2SiO_2(s)+5H_2O(l) \tag{7-16}$$

$$4Fe_3O_4(s)+36H^+(aq)+O_2 = 12Fe^{3+}(aq)+18H_2O(l) \tag{7-17}$$

当体系酸度降低后，会发生如下反应，并在160℃以上尤为明显：

$$2Fe^{3+}(aq)+3H_2O(l) = Fe_2O_3(s)+6H^+(aq) \tag{7-18}$$

此外，在褐铁矿中还含其他耗酸物质，如 Al、Zn、Cu、Ca、Cr 等元素的氧化物，它们与酸的反应可视为副反应，在这里不作讨论。

浸出过程中为了提高镍钴的浸出率，溶液中需维持较低的 pH 值以保证较高的游离酸浓度。浸出终了时，浸出液主要含镍、钴、铁、镁、铝、锰的硫酸盐和游离酸，以及极少量以硅胶形式存在的 SiO_2。

硫酸加压浸出可获得较高的镍、钴浸出率，通常为 90%（Ni）、95%（Co）。然而，式（7-18）显示体系酸度升高会导致浸出液中铁含量的升高，不利于后续除杂并影响镍、钴的最终回收率；式（7-17）则显示若红土镍矿中含有大量的二价铁时，浸出过程需鼓入氧气以保证浸出液中的 Fe^{2+} 氧化为 Fe^{3+}，实现镍、钴选择性浸出。可见，采用硫酸加压处理红土镍矿的操作条件较苛刻，需严格控制以达到最佳浸出效果[19,20]。

目前，虽然加压酸浸工艺处理红土镍矿已经得到了推广和应用，但工业实践证明，该工艺运转并不理想，主要存在的问题有[17,21]：

（1）浸出在高温、高压下进行，对设备要求较高，投资较大；

（2）处理硅镁镍矿型红土镍矿和过渡层红土镍矿时，硫酸消耗量大，不经济；

（3）浸出渣含硫量高，难以综合利用，需配套尾矿处理设施；

（4）硫酸钙结垢严重，需定期对高压釜进行除垢，每年因除垢需要浪费 2~3 个月的时间；

（5）技术难度大，运营费用和生产成本较高。

影响加压酸浸工艺的矿物因素有矿石品位、镁铝含量、矿石泥质含量等。只有镍品位高、镁铝含量小、泥质少的红土镍矿采用加压酸浸工艺才能保证一定的技术指标。

7.1.2.1　反应机理

加压条件下，$Fe_2(SO_4)_3$ 和 $Al_2(SO_4)_3$ 首先水解为盐基性硫酸盐如 $Fe(OH)SO_4$，最后再水解为氧化物如 Fe_2O_3 及 Al_2O_3，同时释放出酸（H^+）浸出红土镍矿中的镍、钴等其他杂质金属，从而使体系中的游离酸浓度降低，促进铁的水解，当 c_{TFe}/c_{H^+} 为某一定值时反应达到了平衡，整个过程中 Fe^{3+}、Al^{3+} 最终以 Fe_2O_3 及 Al_2O_3 的形式沉淀，因此酸耗很少[12,22~24]。

高压酸浸过程主要发生以下化学反应。

Fe^{3+} 水解生成赤铁矿沉淀，并释放出酸：

$$2Fe^{3+}+3H_2O(l) = Fe_2O_3(s)+6H^+ \tag{7-19}$$

蛇纹石在酸性体系中被分解：

$$3MgO \cdot 2SiO_2 \cdot 2H_2O(s)+6H^+ = 3Mg^{2+}+2SiO_2(s)+5H_2O(l) \tag{7-20}$$

针铁矿的分解：

$$FeOOH(s)+3H^+ \xrightarrow{\quad} Fe^{3+}+2H_2O(l) \tag{7-21}$$

针铁矿及蛇纹石中含有部分 FeO 被溶出：

$$FeO(s)+H^+ \xrightarrow{\quad} Fe^{2+}+H_2O(l) \tag{7-22}$$

镍钴氧化物、针铁矿以及蛇纹石中的 Ni、Co 被浸出：

$$NiO(s)+2H^+ \xrightarrow{\quad} Ni^{2+}+H_2O(l) \tag{7-23}$$

$$CoO(s)+2H^+ \xrightarrow{\quad} Co^{2+}+H_2O(l) \tag{7-24}$$

$$Co_2O_3(s)+2Fe^{2+}+6H^+ \xrightarrow{\quad} 2Co^{2+}+2Fe^{3+}+3H_2O(l) \tag{7-25}$$

富钴锰矿中的 Co^{3+}、Mn^{4+} 被 Fe^{2+} 还原硫酸浸出：

$$Co_2O_3 \cdot MnO_2(s)+4Fe^{2+}+10H^+ \xrightarrow{\quad} 2Co^{2+}+Mn^{2+}+4Fe^{3+}+5H_2O(l) \tag{7-26}$$

部分高岭石中的 Al_2O_3 被溶出：

$$Al_2O_3(s)+6H^+ \xrightarrow{\quad} 2Al^{3+}+3H_2O(l) \tag{7-27}$$

少量的 $CaCO_3$ 被分解：

$$CaCO_3(s)+2H^+ \xrightarrow{\quad} Ca^{2+}+CO_2(g)+H_2O(l) \tag{7-28}$$

铬尖晶石少量被分解溶出：

$$Cr_2O_3(s)+6H^+ \xrightarrow{\quad} 2Cr^{3+}+3H_2O(l) \tag{7-29}$$

微量的 ZnO、CuO 被浸出：

$$ZnO(s)+2H^+ \xrightarrow{\quad} Zn^{2+}+H_2O(l) \tag{7-30}$$

$$CuO(s)+2H^+ \xrightarrow{\quad} Cu^{2+}+H_2O(l) \tag{7-31}$$

不排除微量的 PbO 被溶出：

$$PbO(s)+2H^+ \xrightarrow{\quad} Pb^{2+}+H_2O(l) \tag{7-32}$$

以上是在无氧浸出条件下的化学反应，若向加压釜通入适量的空气或氧气时，Fe^{2+} 将被氧化生成 Fe^{3+}，使溶液中的 Fe^{2+} 含量大幅度降低，反应如下：

$$4Fe^{2+}+O_2(aq)+4H^+ \xrightarrow{\quad} 4Fe^{3+}+H_2O(l) \tag{7-33}$$

Fe^{3+} 在低温加压和氧分压的条件下发生水解：

$$2Fe^{3+}+3H_2O(l) \xrightarrow{\quad} Fe_2O_3(s)+6H^+ \tag{7-34}$$

与此同时部分可溶性 SiO_2 与之共沉淀，从而使溶液中硅的含量降低。除此之外，还可能发生如下化学反应：

$$2Al^{3+}+3H_2O(l) \xrightarrow{\quad} Al_2O_3(s)+6H^+ \tag{7-35}$$

$$Fe^{3+}+3H_2O(l) \xrightarrow{\quad} Fe(OH)_3(s)+3H^+ \tag{7-36}$$

$$Fe^{3+}+2H_2O(l) \xrightarrow{\quad} FeOOH(s)+3H^+ \tag{7-37}$$

$$2Fe(OH)_3(s) \xrightarrow{\quad} Fe_2O_3(s)+3H_2O(l) \tag{7-38}$$

$$Fe(OH)_3(s) \xrightarrow{\quad} FeOOH(s)+H_2O(l) \tag{7-39}$$

$$Fe_2O_3(s)+H_2O(l) \xrightarrow{\quad} 2FeOOH(s) \tag{7-40}$$

7.1.2.2　热力学计算

在酸性体系中提取红土镍矿中的镍钴所涉及的化学反应的热力学分析在 7.1.1 节已经做了详细的研究，在这里不再赘述。加压条件下 Fe^{3+} 和 Al^{3+} 水解沉淀可能发生的化学反应以及反应的吉布斯自由能与温度的关系如下所示：

$$2Fe^{3+}+3H_2O(l) \Longrightarrow Fe_2O_3(s)+6H^+$$

$$\Delta_r G_T^{\ominus} = 120059.104-537.205T(J/mol) \tag{7-41}$$

$$Fe^{3+}+3H_2O(l) \Longrightarrow Fe(OH)_3(s)+3H^+$$

$$\Delta_r G_T^{\ominus} = 72824.629-212.211T(J/mol) \tag{7-42}$$

$$2Fe(OH)_3(s) \Longrightarrow Fe_2O_3(s)+3H_2O(l)$$

$$\Delta_r G_T^{\ominus} = -25590.155-112.784T(J/mol) \tag{7-43}$$

$$Fe^{3+}+2H_2O(l) \Longrightarrow FeOOH(s)+3H^+$$

$$\Delta_r G_T^{\ominus} = -495647.585-330.905T(J/mol) \tag{7-44}$$

$$Fe(OH)_3(s) \Longrightarrow FeOOH(s)+H_2O(l)$$

$$\Delta_r G_T^{\ominus} = -574923.030-101.951T(J/mol) \tag{7-45}$$

$$Fe_2O_3(s)+H_2O(l) \Longrightarrow 2FeOOH(s)$$

$$\Delta_r G_T^{\ominus} = -1117875.464-107.677T(J/mol) \tag{7-46}$$

$$2Al^{3+}+3H_2O(l) \Longrightarrow Al_2O_3(s)+6H^+$$

$$\Delta_r G_T^{\ominus} = 230227.861-459.954T(J/mol) \tag{7-47}$$

上述反应的 $\Delta_r G_T^{\ominus}$ 与 T 的关系如图 7-6 和图 7-7 所示[12]，并可以得出如下结论。

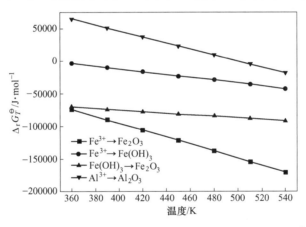

图 7-6 反应式（7-41）~式（7-43）以及反应式（7-47）的 $\Delta_r G_T^{\ominus}$-T 图

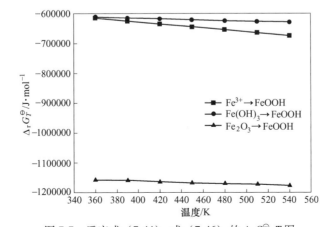

图 7-7 反应式（7-44）~式（7-46）的 $\Delta_r G_T^{\ominus}$-T 图

（1）反应式（7-41）~式（7-45）在研究的温度范围内 $\Delta_r G_T^{\ominus} < 0$，说明反应在热力学上是可行的，$\Delta_r G_T^{\ominus}$ 越负，反应进行的可能性越大。反应式（7-62）在研究的温度范围内 $\Delta_r G_T^{\ominus} > 0$，反应无法进行，即 Al^{3+} 在低温加压条件下无法水解生成 Al_2O_3 沉淀，铝仍然是主要的耗酸元素之一。

（2）在研究的温度范围内，反应式（7-42）和式（7-44）的 $\Delta_r G_T^{\ominus}$ 均很负，说明反应很容易进行，且反应生成的针铁矿和赤铁矿均是非常稳定的化合物。从图 7-6 和图 7-7 还可以看出，Fe^{3+} 水解生成针铁矿的反应的 $\Delta_r G_T^{\ominus}$ 比生成赤铁矿的反应的 $\Delta_r G_T^{\ominus}$ 更负，可以推测在高温下赤铁矿有可能转化生成针铁矿（见式（7-46）），但根据反应的动力学和矿物晶体结构等方面的研究表明这种情况几乎不可能发生，即反应式（7-46）并不存在，纯物质的针铁矿（FeOOH）和赤铁矿（Fe_2O_3）在高温下可以互相独立存在，不存在转化关系。

（3）反应式（7-44）的 $\Delta_r G_T^{\ominus} < 0$，那么它的逆反应针铁矿与酸的反应的 $\Delta_r G_T^{\ominus} > 0$，反应不能进行，但大量的试验研究表明，针铁矿是可以被酸解浸出的，出现这种情况的原因是纯物质的针铁矿和矿物类型的针铁矿的 $\Delta_f G_m^{\ominus}$ 不同，矿物类型的针铁矿中的一部分铁被其他金属，如镍、钴等以类质同象的方式所替代，破坏了矿物晶体结构，增强了矿物的反应活性。

7.2 常压酸浸工艺

7.2.1 实验原料

本节介绍常压酸浸法的原料来自某蛇纹石型红土镍矿矿区，关于原料的详细介绍参考 2.2.1 节，本次试样分土状矿 1、土状矿 2，其中土状矿中粒度小于 0.589mm 的矿石磨至小于 0.154mm 后进行常压搅拌浸出试验，大于 0.589mm 矿石进行堆浸实验[7]。

两种土状矿原矿样的湿筛分级结果列于表 7-1。

表 7-1   矿体土状矿筛分产率

粒级/mm	土状矿 1		土状矿 2	
	矿石产率/%	镍分配/%	矿石产率/%	镍分配/%
>0.589	64.45	44.6	47.36	38.71
<0.589	35.55	55.2	52.64	61.29

两种土状矿镍资源地质储量之比和矿石量之比均接近 1，常压搅拌浸出所用的混合矿选取小于 0.589mm 部分，堆浸采用大于 0.589mm 部分，常压浸出占土状矿量约 44%，占其中的镍量约 58.3%。

两种土状矿小于 0.589mm 部分及混合矿的多元素分析见表 7-2。

表 7-2   各样品多元素分析   （%）

编号	Ni	Co	Fe	Al	Ca	Mg	Mn	Cr	Zn	SiO$_2$	Cu
M1-土	1.79	0.038	17.54	1.62	0.44	8.23	0.297	0.357	0.016	40.33	0.007
M2-土	1.52	0.040	18.54	2.55	0.74	8.13	0.290	0.370	0.022	38.70	0.008
M 土混	1.63	0.039	18.14	2.18	0.62	8.17	0.293	0.365	0.020	39.26	0.008

注：M 土混为 M1-土、M2-土按 4:6 的比例混合计算。

7.2.2 浸出过程影响因素

7.2.2.1 理论耗酸量计算

在影响镍、钴等有价组元浸出效率的因素中，浸出剂硫酸用量的多少是一个非常关键的指标。一般来说，在浸出试验前期，根据矿物组成计算出硫酸的理论消耗量，对后续实验的把控有很大意义。

本次试验样品 M 土混的理论硫酸消耗量见表 7-3。

表 7-3 设定浸出率下吨矿的理论硫酸消耗量

元素	Ni	Co	Mg	Fe	Al	Ca	Mn	合计
含量/%	1.63	0.039	8.17	18.14	2.18	0.62	0.29	—
含量/kg	16.3	0.39	81.7	181.4	21.8	6.2	2.9	—
计算浸出率/%	95	95	95	50	50	95	90	—
理论耗酸量/kg	25.72	0.62	316.93	158.73	118.69	14.43	4.65	639.76
酸耗占比/%	4.02	0.10	49.54	24.81	18.55	2.26	0.73	100.00

表 7-3 表明，要保证镍、钴的高效浸出，一般情况下每处理 1t M 土混的硫酸用量不应低于 640kg。由于矿物中的镁、镍、钴、钙氧化物对酸的消耗必不可少，因此，降低酸耗的关键在于控制铁、铝的浸出（超过了全部酸耗的 40%）。铁浸出率每降低 1%，就可以减少 3.17kg 硫酸的消耗；铝浸出率每降低 1%，就可以减少 2.37kg 硫酸的消耗。

7.2.2.2 矿浆浓度

初始矿浆浓度是影响浸出动力学的主要因素之一。若初始矿浆浓度过高，矿浆黏度大，不利于浸出剂与矿物接触，导致金属浸出率的降低；若初始矿浆浓度过低，浸出剂的浓度降低，浸出剂体积增大，浸出液中有价金属的离子浓度降低，设备利用率低[12]。综合考虑，固定磨矿细度小于 0.154mm 占 95.6%，水 500mL，反应温度 95℃，考察初始矿浆浓度为 32%、36%、40% 对金属浸出率的影响，见表 7-4。

表 7-4 矿浆浓度对浸出结果的影响

编号	酸矿比/kg·t⁻¹	矿浆浓度/%	反应时间/h	浸出液成分/g·L⁻¹ Ni	Co	Fe	Mg	Mn	终点 pH 值
1	600	32	6	5.70	0.14	30.46	28.76	1.03	0.50
2	600	36	4	7.42	0.19	43.13	35.96	1.38	0.47
3	600	40	4	7.35	0.19	43.99	34.84	1.28	0.63
4	700	32	6	5.63	0.12	30.01	23.68	0.88	0.24
5	700	36	6	6.84	0.17	48.72	33.66	1.22	0.45
6	700	40	6	7.94	0.18	59.72	38.11	1.40	0.06

编号	浸出渣成分/% Ni	Co	Fe	Mg	Mn	渣率/%	渣计浸出率/% Ni	Co
1	0.44	0.0037	15.34	1.97	0.055	68.9	81.4	93.4
2	0.41	0.0064	14.97	2.11	0.058	70.3	82.3	88.4

续表7-4

编号	浸出渣成分/%					渣率%	渣计浸出率%	
	Ni	Co	Fe	Mg	Mn		Ni	Co
3	0.40	0.0058	13.55	1.85	0.050	66.0	83.8	90.2
4	0.41	0.0059	14.55	2.18	0.063	69.2	82.5	89.5
5	0.29	0.0058	12.08	1.90	0.047	64.8	88.4	90.3
6	0.25	0.0021	10.59	1.66	0.043	63.5	90.2	96.5

当酸矿比为600kg/t，矿浆浓度从32%提高到40%，镍浸出率从81.4%提高到83.8%；当酸矿比为700kg/t，矿浆浓度从32%提高到40%，则镍浸出率从82.5%提高到90.2%；考虑到硫酸镁在溶液中的饱和溶解度，为避免硫酸镁的结晶，试验选取36%的矿浆浓度。在该浓度下，若镁的浸出率达到95%，则浸出液的镁含量约为40g/L，已经接近常温下的硫酸镁饱和溶解度。

7.2.2.3　反应温度

浓硫酸加入矿浆时可产生大量的稀释热，在生产中利用浓硫酸的稀释热达到合适的浸出温度后采取保温措施，以保持浸出温度稳定，可以使浸出在自热的条件下进行。因此，固定磨矿细度小于0.154mm占95.6%，水500mL，反应过程保持硫酸加入后矿浆升到的最高温度，考察在不同起始水温时加入硫酸后所达到的不同浸出温度对镍浸出率的影响，见表7-5。

表7-5　反应温度对浸出结果的影响

编号	酸矿比/kg·t^{-1}	矿浆浓度/%	反应时间/h	起始温度/℃	加酸后温度/℃	浸出液成分/g·L^{-1}				
						Ni	Co	Fe	Mg	Mn
1	500	32	6	25	52	5.00	—	20.36	—	—
2	600	32	6	25	58	5.13	0.12	24.11	23.15	0.86
3	700	32	6	25	61	5.63	0.12	30.01	23.68	0.88
4	650	36	4	25	72	6.00	0.15	36.93	30.63	1.10
5	650	36	4	35	84	6.71	0.17	44.82	33.44	1.19
6	650	36	4	45	95	7.30	0.17	49.14	33.74	1.26
7	600	40	6	25	78	7.70	0.20	43.68	38.39	1.40
8	700	40	6	25	90	7.94	0.18	59.72	38.11	1.40

编号	终点pH值	浸出渣成分/%					渣率/%	渣计浸出率/%	
		Ni	Co	Fe	Mg	Mn		Ni	Co
1	0.51	0.64	0.0110	17.10	3.39	0.10	77.1	69.2	78.2
2	0.37	0.53	0.0074	16.11	2.67	0.078	71.8	76.6	86.4
3	0.24	0.41	0.0059	14.55	2.18	0.063	69.1	82.5	89.5
4	0.42	0.41	0.0057	14.64	2.33	0.062	65.0	83.6	90.5
5	0.36	0.37	0.0060	13.46	1.93	0.050	65.1	85.2	90.0
6	0.52	0.33	0.0051	12.07	1.83	0.005	62.6	87.3	91.8
7	0.28	7.70	0.20	43.68	38.39	1.40	68.6	82.2	91.5
8	0.06	7.94	0.18	59.72	38.11	1.40	63.4	90.2	96.5

由结果可看出，适当地提高浸出温度，可使浸出在较高温度下进行。当酸矿比为650kg/t，矿浆浓度为36%时，入浸矿浆温度45℃左右，则浸出矿浆可达90℃以上，此时镍浸出率为87.3%。

7.2.2.4 酸矿比

浸出过程中酸的作用是为了满足镍、钴等有价金属的溶解浸出，同时维持溶液的pH值以防止金属离子发生水解沉淀，因此，酸矿比越大，浸出效果越好。为了尽可能详细地研究不同酸矿比下镍、钴、铁、镁、锰的浸出变化规律，固定磨矿细度小于0.154mm占95.6%，矿浆浓度36%，反应温度95℃，考察了酸矿比从600kg/t增大到750kg/t对金属浸出率的影响，见表7-6。

表7-6 酸矿比对浸出结果的影响

编号	酸矿比 /kg·t^{-1}	反应时间 /h	终点 pH值	浸出液成分/g·L^{-1}				
				Ni	Co	Fe	Mg	Mn
1	600	6	0.79	5.81	0.16	32.80	29.78	1.09
2	650	4	0.44	6.69	0.17	45.38	33.59	1.23
3	700	6	0.45	6.84	0.17	48.72	33.66	1.22
4	750	4	0.21	6.74	0.17	53.82	32.65	1.19

编号	浸出渣成分/%					渣率 /%	浸出率/%	
	Ni	Co	Fe	Mg	Mn		Ni	Co
1	0.44	0.0068	15.19	2.07	0.056	72.0	80.6	87.5
2	0.33	0.0051	13.03	2.03	0.050	65.1	86.8	91.5
3	0.29	0.0058	12.08	1.90	0.047	64.8	88.5	90.4
4	0.22	0.0035	10.25	1.91	0.042	62.7	91.5	94.4

试验表明，随硫酸用量提高，镍钴浸出率均明显增加。从600kg/t提高到650kg/t，镍浸出率提高6.26个百分点，但铁的浸出率也快速增加。溶液含铁量的增高会增加后续溶液处理的难度，因此工业生产中需根据生产成本及技术指标确定合适的酸矿比。试验推荐酸矿比为650kg/t。

7.2.2.5 浸出时间

红土镍矿属于泥质类矿石，主要矿物组成通常被黏土矿物所包裹，因此，为了获得较高的金属浸出率，需要保证一定的浸出时间使矿物与浸出剂充分有效地接触。固定磨矿细度小于0.154mm占95.6%，矿浆浓度36%，反应温度95℃，硫酸用量650kg/t，考察了浸出时间对镍、钴浸出率的影响，见表7-7。

表7-7 反应时间对浸出结果的影响

编号	酸矿比 /kg·t^{-1}	反应时间 /h	终点 pH值	浸出液成分/g·L^{-1}				
				Ni	Co	Fe	Mg	Mn
1	650	2	0.46	6.69	0.17	45.38	33.59	1.23
2	650	3	0.20	6.55	0.16	43.59	32.96	1.18
3	650	4	0.44	6.69	0.17	45.38	33.59	1.23

编号	浸出渣成分/%					渣率 /%	浸出率/%	
	Ni	Co	Fe	Mg	Mn		Ni	Co
1	0.33	0.0051	13.03	2.03	0.050	66.4	84.9	89.2
2	0.36	0.0054	13.82	2.03	0.053	64.9	85.6	91.0
3	0.33	0.0051	13.03	2.03	0.050	65.0	86.5	91.5

从表7-7中可以看出，镍浸出率随时间增加而提高，但反应时间3h后增加较为平缓，浸出时间可取4h。

7.2.2.6　浸出综合条件

综合以上结果，综合浸出条件为：磨矿细度小于0.154mm占95.6%，硫酸用量650kg/t，矿浆浓度36%，反应时间4h，反应温度95℃。结果见表7-8。

表7-8　综合条件试验

编号	反应后pH值	尾渣含量/%		渣计浸出率/%	
		Ni	Co	Ni	Co
1	0.42	0.35	0.0057	86.02	90.52
2	0.43	0.35	0.0057	86.02	90.52
3	0.42	0.35	0.0057	86.02	90.52
4	0.56	0.38	0.0058	84.82	90.35
5	0.51	0.35	0.0055	86.02	90.85
平均	—	0.36	0.0057	85.78	90.55

经测定，浸出后的矿浆密度为$1.461g/cm^3$，液体密度为$1.343g/cm^3$，浸出渣密度为$2.2786g/cm^3$。计算得到的浸出后矿浆浓度为19.67%，渣率为65.06%。

浸出液、浸出渣成分及各元素浸出率见表7-9。

表7-9　混合矿浸出液及浸出渣成分、浸出率

成分	Ni	Co	Fe	Fe^{2+}	Al	Ca	Mg	Mn	Cr	Zn	Si	Cu
浸出液/g·L^{-1}	6.48	0.17	45.40	0.65	6.17	0.59	33.6	1.24	0.84	0.082	0.07	0.59
浸出渣/%	0.35	0.006	13.03	—	1.44	0.38	2.03	0.05	0.28	0.007	63.62	0.004
渣计浸出率/%	86.02	90.52	53.27	—	56.97	60.12	83.83	88.90	50.09	76.76	0.04[①]	65.76

①为液计浸出率。

综合上述研究结果，得到的主要参数如下：

(1) 细度。保持物料细度在小于0.154mm，就可以保证镍钴的浸出效果。

(2) 酸矿比。选择650kg/t较为合理。实际生产中可根据硫酸的价格及金属镍的价格调整酸用量。

(3) 液固比。液固比降低，即矿浆浓度提高，在相同的酸矿比条件下可提高镍的浸出率。但对镁质红土镍矿的浸出，首要需要考虑的是硫酸镁的饱和溶解度以及由此导致的浸出液结晶，本次试验根据镁的含量和浸出情况，选择矿浆浓度36%，即液固比1.8。

（4）浸出温度。提高浸出温度可加快镍钴的浸出，对于镁质红土镍矿的浸出，由于耗酸量较大，可以实现近沸腾状态下的自热浸出。

（5）浸出时间。选择 4h 的浸出时间较为适宜。

（6）镍浸出率。由于添加使用的酸量较少，加之矿物的细度较粗，小型试验镍浸出率主要在 86%~88% 范围波动。

7.2.3　矿浆中和

7.2.3.1　中和除铁概述

浸出矿浆与堆浸液混合后液成分见表 7-10。和表 7-9 相比较，溶液铁含量显著降低。

表 7-10　混合后液成分

物质	Ni	Fe	Fe^{2+}	Al	Mg	Mn
含量/g·L^{-1}	5~6	20~25	0.7~0.8	2.5~3.0	30~35	0.6~0.7
物质	Cr	SiO$_2$	Zn	Cu	H$_2$SO$_4$	pH 值
含量/g·L^{-1}	约 0.39	约 0.11	约 0.09	约 0.01	约 18	约 1

矿浆中和的目的是中和游离酸和初步除铁、铝等杂质。中和是在自然温度 50~60℃ 下进行，用石灰石粉浆为中和剂。当加入石灰石粉浆后与硫酸反应生成石（$CaSO_4 \cdot 2H_2O$）沉淀[12,25]：

$$CaCO_3 + H_2SO_4 =\!=\!= CaSO_4 \downarrow + H_2O + CO_2 \uparrow \tag{7-48}$$

随着反应的进行，溶液的 pH 值上升，引起部分 Fe^{3+}、Al、Cr 水解沉淀。

$$Fe_2(SO_4)_3 + 3H_2O =\!=\!= Fe_2O_3 \downarrow + 3H_2SO_4 \tag{7-49}$$

$$Al_2(SO_4)_3 + 6H_2O =\!=\!= 2Al_2O_3 \downarrow + 3H_2SO_4 \tag{7-50}$$

$$Cr_2(SO_4)_3 + 3H_2O =\!=\!= Cr_2O_3 \downarrow + 3H_2SO_4 \tag{7-51}$$

水解所生成的酸与石灰石粉浆反应又生成石膏，反应终点 pH 值约 2.5。

经过矿浆中和除铁工序，溶液中游离酸约 0.5g/L，Fe 约 1g/L，并主要是 Fe^{2+}。

7.2.3.2　中和除铁

常压搅拌浸出反应温度为 95℃，考虑到反应过程温度的降低，矿浆中和除铁温度条件试验取 50℃、60℃ 和 70℃。

研究使用的溶液为含镍 6.3g/L、含钴 0.1g/L、含铁 23.65g/L 的浸出液。中和除铁试验条件为：通空气时空气流量为 60L/h，用石灰石粉浆调节矿浆 pH 值，石灰石粉浆浓度为 30%，粒度为小于 0.154mm。试验结果见表 7-11。

表 7-11　中和除铁试验结果（一）

编号	原浆质量/g	石灰石量/g	温度/℃	时间/h	通空气	pH 值	溶液成分/g·L^{-1}			渣成分/%		
							Ni	Co	Fe	Ni	Co	Fe
1	1373	48.5	60	4	是	2.12	4.82	0.08	1.35	0.13	0.0021	13.55
2	1414	62.7	60	4	是	2.28	4.61	0.075	1.01	0.13	0.0022	13.06
3	1006	52.2	60	6	是	2.63	5.8	0.1	0.92	0.15	0.0078	13.27

编号	原浆质量/g	石灰石量/g	温度/℃	时间/h	通空气	pH 值	溶液成分/g·L⁻¹			渣成分/%		
							Ni	Co	Fe	Ni	Co	Fe
4	1051	54.1	50	4	是	2.17	4.08	0.065	1.28	0.14	0.0017	13.93
5	1411	72.1	70	4	是	2.55	5.53	0.09	0.90	0.13	0.0019	13.53
6	3060	111.0	60	3	否	2.20	4.62	—	1.56	0.13	—	13.44
7	3845	132.7	60	3	否	2.22	5.63	—	1.82	0.15	—	13.01

矿浆中加入石灰石粉浆中和除铁时，溶液中的酸迅速被中和，约 0.5h 混合矿浆 pH 值上升至 2.0~2.5 时，矿浆变稠，流动性突然变差，近于"凝胶"状，不能正常搅拌分散。再经 0.5h "凝胶"逐步由底部向上化解，恢复正常搅拌分散。这种现象可能是游离酸中和后 Fe^{3+} 生成胶状 $Fe(OH)_3$，其后脱水生成 Fe_2O_3 而化解。

反应温度对中和除铁影响较小，但保持 60℃ 左右的中和除铁温度是适宜的。值得注意的是，在中和除铁初期会有大量的氢氧化铁沉淀生成，矿浆成凝胶状，此阶段约持续 30min。

在相同的条件下，提高终点的 pH 值可降低溶液中铁的浓度，当终点 pH 值从 2.12 提高到 2.63 时，溶液中的残铁也从 1.35g/L 降低到 0.92g/L。另外，通空气中和除铁虽比不通空气中和除铁的效果好，但不通空气也能满足要求。

在不通空气下，对含镍 5.87g/L、含钴 0.1g/L、含铁 22.68g/L 的浸出液也开展了中和除铁的研究。试验条件：用浓度为 30%，粒度小于 0.589mm 的石灰石粉浆调节 pH 值。试验结果见表 7-12。

表 7-12　中和除铁试验结果（二）

编号	原浆质量/g	石灰石量/g	温度/℃	时间/h	通空气	pH 值	溶液成分/g·L⁻¹		渣成分/%		液计铁沉淀率/%
							Ni	Fe	Ni	Fe	
1	3900	186	60	4	否	2.20	5	1.39	0.15	14.68	93.26
2	3490	146	60	3	否	2.38	5.55	1.14	0.16	15.1	94.84
3	3655	147	60	3	否	2.38	4.8	0.87	0.15	14.4	96.06
4	3580	144	60	3	否	2.44	—	0.85	0.16	—	96.26
5	1505	66	60	3	否	2.47	—	0.84	0.16	—	95.92
6	3520	132	60	3	否	2.49	6.5	1.2	0.18	14.18	94.54
7	2740	114	60	3	否	2.50	5.27	0.8	0.15	14.9	96.19
8	3545	144	60	3	否	2.50	5.77	1.16	0.16	15.1	94.73
9	3555	144	60	3	否	2.50	5.39	0.91	0.14	14.4	95.91
10	3655	150	60	3	否	2.52	—	0.82	0.17	—	96.34
11	3480	142	60	3	否	2.52	—	0.97	0.15	—	95.75
12	2820	117	60	3	否	3.03	—	0.68	0.15	—	96.93
13	3565	159	60	3	否	3.04	—	0.72	0.15	—	96.83

表 7-12 表明，随终点 pH 值升高，溶液中铁的含量呈下降趋势，且弃渣中的镍含量波动不大。控制 pH 值在 2.5 左右时得到的典型溶液成分、渣成分见表 7-13。

表 7-13　中和除铁后溶液和渣的典型成分

成分	Ni	Co	Fe	Fe^{2+}	Al	Mg	Mn	Cr	Zn	SiO$_2$	Cu
中和后液/g·L^{-1}	6.02	0.10	0.81	0.78	1.84	33.40	0.70	0.03	0.08	0.16	0.012
中和后渣/%	0.15	0.0027	14.65	—	1.10	0.74	0.02	0.25	<0.05	27.41	<0.05

中和后矿浆密度为 1.283g/cm^3，溶液密度 $\rho_L = 1.192$g/cm^3，中和后渣密度 $\rho_S = 2.1031$g/cm^3，中和后矿浆浓度为 15.6%。

从矿浆中和后液分析结果可知，溶液中总铁为 0.81g/L，而二价铁为 0.78g/L，因此，溶液除铁应先将二价铁全部氧化为三价铁后才能除去。

7.2.4　浸出液深度净化

7.2.4.1　模拟 CCD 絮凝沉降—洗涤

试验用离心过滤机模拟工业生产的 CCD 洗涤对中和后矿浆进行固液分离、洗涤。假设浓密机底流矿浆浓度为 30%，选择洗涤比为 4.5，计算得到的洗涤效率为 99.6%，CCD1 溢流液的镍浓度为 3.88g/L。

试验时中和矿浆用自身的清液或滤液将矿浆分批稀释至浓度为 3%~8%，加入絮凝剂进行絮凝沉降，用离心过滤机固液分离，最后用计算量的洗水对滤饼进行喷淋洗涤。

在矿浆絮凝沉降试验中对比了 FAS-ⅢY、CN-6、FO4190SSH 及 M338 四种絮凝剂。为了减少带入的水量，先将絮凝剂配制成 1%，然后用滤液将 1% 絮凝稀释至 1‰ 使用。用稀释至约 6% 矿浆 250mL，在量筒中做筛选试验。结果表明 FAS-ⅢY 效果较好。

模拟得到的 CCD1 溢流液多元素分析见表 7-14。

表 7-14　CCD1 溢流液多元素分析

成分	Ni	Co	Fe	Fe^{2+}	Al	Mg	Mn	Cr	Zn	SiO$_2$	Cu
CCD1 溢流液/g·L^{-1}	3.88	0.066	0.48	0.47	1.12	21.50	0.45	0.007	0.08	0.092	0.007

为了保证氢氧化钠沉淀镍钴中镍钴产品质量，需要将溶液中的铁含量降到 0.01g/L 以下，铝含量降到 0.05g/L 以下，同时尽可能降低锰与二氧化硅的含量。

CCD1 溢流液含 Fe 0.48g/L，且基本上以二价铁的形式存在。试验研究对比了 SO$_2$/空气混合气催化氧化中和除铁铝、一段空气氧化中和除铁铝和两段空气氧化中和除铁铝三种工艺[7,26]。

7.2.4.2　SO$_2$/空气混合气催化氧化中和除铁铝

SO$_2$/空气混合气催化氧化中和除铁铝试验在 2L 玻璃烧杯中进行。空气由气泵经空气转子流量计计量后和用蠕动泵定量输送来的 SO$_2$ 气体混合充入料液中。石灰石粉浆浓度为 30%，其中粒级小于 0.074mm 的大于 95%，通过蠕动泵连续定量加到烧杯中。氧化除铁铝反应过程中的 pH 值由 pH 计和高温复合电极进行测定。试验过程的石灰石粉浆、空气、SO$_2$ 气体、温度和 pH 值全部采用连续在线控制。试验数据列于表 7-15。

表 7-15 SO₂/空气混合气催化氧化中和除铁铝试验数据

编号	原液体积/mL	通SO₂时间/h	空气时间/h	反应时间/h	石灰石用量/g	渣量/g	pH 值	溶液成分/g·L⁻¹			渣中含Ni/%	沉淀率/%			
								Fe	Al	Mn		Fe	Al	Mn	Ni
1	1176	2.5	3	3	8.82	12.7	4.22	0.007	0.43	0.32	0.06	98.54	61.61	28.89	0.16
2	1195	3	3	3	9.15	15.8	4.15	0.004	0.23	—	0.09	99.17	79.46	—	0.30
3	1197	5	5	5	13.2	18.9	4.23	0.005	0.14	0.1	0.1	98.96	87.50	77.78	0.41
4	1167	2	4	4	10.68	20.5	4.39	0.005	0.04	0.01	0.1	98.96	96.34	97.78	0.45
5	1194	2	4	4	17.61	22	4.5	0.005	0.04	0.02	0.09	98.96	96.43	95.56	0.44
6	1081	2	3	3	10.83	19.4	4.81	0.005	0.006	0.03	0.13	98.96	99.46	93.33	0.60

注：试验固定条件为温度50℃，二氧化硫浓度1%，空气流量40L/h，石灰石粉浆浓度30%。

由表 7-15 的数据可以看出，当 pH 值为 4.1~4.3 时，1~3 号净化后液含 Fe 已经合格，但 Al 含量未能达到要求。采取充 SO₂ 混合气 2h 后停止充 SO₂，用石灰石粉浆将 pH 值提至 4.4~4.8，4~6 号净化后溶液含 Fe、Al 均达到要求，铁沉淀率约99%，铝大于90%，锰大于90%，镍在渣中的损失率约0.5%。石灰石耗量约 11.4kg/m³，渣量约 18kg/m³。

7.2.4.3 一段空气氧化中和除铁铝

由于 CCD1 液中含铁 0.48g/L，试验也考察了一段氧化中和除铁铝工艺的适用性，试验结果列于表 7-16。

表 7-16 一段空气氧化中和除铁铝试验数据

编号	原液体积/mL	反应温度/℃	反应时间/h	石灰石用量/g	pH 值	渣量/g	溶液成分/g·L⁻¹			渣中含Ni/%	沉淀率/%			
							Fe	Al	Mn		Fe	Al	Mn	Ni
1	1226	55	3	34.3	4.7	16.3	0.28	0.024	—	0.11	41.67	97.86	—	0.38
2	1259	70	3	28.3	4.6	17.3	0.078	0.017	—	0.91	83.75	98.48	—	3.22
3	1182	80	4	44.5	4.96	17.1	0.009	0.004	0.46	3.5	98.13	99.64	-2.22	13.05
4	1193	80	4	49.3	4.62	17.9	0.027	0.011	0.45	2.89	94.38	99.02	0.00	11.17

注：试验固定条件为空气流量40L/h，石灰石粉浆浓度30%。

表 7-16 的数据表明，3 号采用温度 80℃，pH 值控制在 5.0 左右，时间 4h，用空气氧化中和除铁铝方案可将溶液 Fe、Al 除至合格。

7.2.4.4 两段氧化中和除铁铝

一段氧化中和除铁铝，镍的沉淀损失率较高。为此开展了二段氧化中和除铁铝的试验研究，设想在第一段铁沉淀率为 60%~80%，并获得弃渣，第二段渣返回循环浸出。试验结果见表 7-17。

表 7-17 两段氧化中和除铁铝试验数据

编号	反应温度/℃	反应时间/h	石灰石用量/g	终点pH 值	渣量/g	溶液成分/g·L⁻¹		渣中含Ni/%	沉淀率/%			
						Fe	Al		Fe	Al	Mn	Ni
1	70	5	5.85	3.98	6.4	0.43	0.6	0.069	10.42	46.43	0.00	0.10

注：试验固定条件为空气流量100L/h，石灰石粉浆浓度30%。

研究表明，第一段氧化中和除铁铝的温度 70℃，反应时间 5h，中和后液铁的含量为 0.43g/L，铁的沉淀率仅为 10.96%，铝的含量为 0.6g/L，铝的沉淀率仅为 46.76%，铁和铝的去除效果都较差。

试验表明，SO_2/空气混合气催化氧化中和除铁铝方案为最优，反应时间仅需 3h，溶液中铁、铝和锰的脱除效果好：铁含量小于 0.005g/L，沉淀率大于 98%；铝含量小于 0.05g/L，铝沉淀率大于 96%；锰含量约为 0.01g/L，锰沉淀率大于 97%。镍沉淀损失率 0.5%左右时。原理如下。

首先 Fe^{2+}、Mn^{2+} 与 SO_2 生成配位物：

$$Fe^{2+}+x_1SO_2 === (Fe \cdot x_1SO_2)^{2+} \tag{7-52}$$

$$Mn^{2+}+x_2SO_2 === (Mn \cdot x_2SO_2)^{2+} \tag{7-53}$$

配位物被氧化生成 SO_3 和 Fe^{3+}、Mn^{3+}

$$4(Fe \cdot x_1SO_2)^{2+}+(1+2x_1)O_2+4H^+ === 4Fe^{3+}+4x_1SO_3+2H_2O \tag{7-54}$$

$$4(Mn \cdot x_2SO_2)^{2+}+(1+2x_2)O_2+4H^+ === 4Mn^{3+}+4x_2SO_3+2H_2O \tag{7-55}$$

Fe^{3+}、Mn^{3+} 水解，SO_3 与水化合成硫酸：

$$2Fe^{3+}+6OH^- === 2Fe(OH)_3 \tag{7-56}$$
$$\quad\quad\quad \searrow Fe_2O_3+3H_2O$$

$$Mn^{3+}+3OH^- === Mn(OH)_3 \tag{7-57}$$

$Mn(OH)_3$ 被进一步氧化水解沉淀：

$$4Mn(OH)_3+O_2 === 4MnO_2+6H_2O \tag{7-58}$$

SO_2/空气在除铁铝过程中对 Fe^{2+}、Mn^{2+} 起着催化氧化作用，使 Fe^{2+}、Mn^{2+} 加速氧化水解，从溶液中沉淀除去。

用 SO_2/空气混合气氧化脱除 Fe^{2+}、Mn^{2+}，以下情况值得参考：

（1）Fe^{2+} 氧化电位低于 Mn^{2+}，只有在 Fe^{2+} 完全氧化后，Mn^{2+} 才开始被氧化；

（2）催化氧化 Fe^{2+}、Mn^{2+} 较适宜的 SO_2 浓度范围为 0.5%~2%；

（3）低 Mn^{2+} 浓度（0.01M）在 pH<3 时，Mn^{2+} 很少被氧化，pH 值提高至 4.5 以上时，其氧化速度加快；而 Fe^{2+} 在 pH 值约为 3 时已迅速被氧化沉淀；

（4）温度对 Mn^{2+} 的氧化有重要影响，pH>3 时，40~45℃锰的氧化沉淀率达到 90%以上，但温度提高至 70℃，经 90~180min 其沉淀率仅 15%左右；

（5）在含 Fe、Mn 的镍钴溶液中，pH 值为 3~3.5 时铁沉淀率约 100%，而镍沉淀率小于 0.2%、钴沉淀率 0.7%~1%。

7.2.5 镍钴沉淀

7.2.5.1 镍钴沉淀料液的制备

料液制备在烧杯中进行，控制溶液温度 50℃，SO_2 浓度 1%，空气流量 40L/h，石灰石浆浓度 30%。通 SO_2/空气的混合气，同时加入石灰石粉浆调 pH 值至 3.9~4.0 之间，氧化 2h 后停止通 SO_2 气体，继续通空气，同时加入石灰石粉浆调 pH 值在 4.7~4.8 之间，继续氧化 1h。试验的结果见表 7-18。产出的镍钴料液和沉淀渣的典型成分列于表 7-19。

表 7-18   氢氧化钠沉镍钴试验料液制备的数据

编号	原液体积 /mL	通SO₂ 时间/h	空气时间 /h	反应时间 /h	石灰石 用量/g	终点 pH值	溶液成分/g·L⁻¹			渣中含 Ni/%	沉淀率/%			
							Fe	Al	Mn		Fe	Al	Mn	Ni
1	2500	2	3	3	23.85	4.73	0.005	0.01	0.01	0.12	98.96	99.11	97.78	0.68
2	2500	2	3	3	21.57	4.8	0.005	0.007	0.01	0.11	98.96	99.38	97.78	0.59
3	2500	2	3	3	23.76	4.77	0.002	0.012	0.01	0.12	99.68	98.89	97.64	0.68

表 7-19   SO₂/空气混合气催化氧化中和除铁铝液、渣的典型成分

名称	Ni	Co	Fe	Al	Mg	Mn	Cr	Zn	SiO₂	Cu	密度 /g·cm⁻³
一段沉镍钴 料液/g·L	3.71	0.06	0.005	0.018	21.13	0.01	0.005	0.047	0.032	0.005	1.111
铁铝渣/%	0.11	0.017	2.58	5.6	0.096	2.3	0.02	0.006	0.96	0.029	2.239

中和后溶液中铁的含量为 0.005g/L,铁沉淀率大于 98%;铝的含量小于 0.05g/L,铝沉淀率大于 96%;锰的含量约为 0.01g/L,锰沉淀率大于 97%;镍的沉淀损失率小于 0.7%。铁铝渣平均粒度为 1.39μm。

7.2.5.2   一段氢氧化钠沉淀镍钴

为了提高沉淀物中镍钴含量,首先进行了一段沉淀镍钴的研究。

试验在烧杯中进行,采用 100g/L 的氢氧化钠溶液为沉淀剂,用滴定管滴加到料液中。氢氧化镍钴沉淀过程中的 pH 值由 PHS-3D 型 pH 计和 6503 高温复合电极测定。在温度 45℃ 条件下的试验结果见表 7-20。

表 7-20   一段氢氧化钠沉镍钴试验数据

编号	原液体积 /mL	返晶比	反应时间 /h	NaOH用量 /kg·m⁻³	终点 pH值	溶液成分/g·L⁻¹		渣成分/%		沉淀率/%	
						Ni	Co	Ni	Co	Ni	Co
1	1200	0	3	4.72	8.52	0.072	<0.005	43.07	—	98.06	>91.67
2	600	0	2	5.37	8.82	0.037	—	39.82	0.69	99.00	—
3	600	1	2	5.25	8.82	0.035	0.00011	39.68	0.57	99.05	99.82
4	600	2	2	5.47	8.89	0.039	0.00021	42.15	—	98.95	99.65
5	600	3	2	5.68	8.86	0.033	0.00021	43.02	—	99.12	99.65
6	600	4	2	5.27	8.84	0.033	0.00021	42.48	—	99.10	99.65
7	600	5	2	8.92	9.08	0.0165	0.00033	38.99	0.63	99.56	99.45

当氢氧化钠耗量为 5.25kg/m³ 时,镍钴沉淀率分别达 99% 及 99.6% 以上,但沉淀后液含镍仍在 0.03g/L 以上。将 pH 值提高到 9 以上,镍、钴沉淀率分别可达 99.56% 和 99.45%,但相应的氢氧化钠消耗量也增大至 8.92kg/m³。此时溶液中的 Mg 也随着镍钴沉淀,产品含 Ni 由 42% 下降至 39%。

一段氢氧化钠沉淀镍钴的产出物典型数据,见表 7-21。

表 7-21　典型镍钴富集物的化学成分　　　　　　　　（%）

名称	Ni	Co	Fe	Al	Mg	Mn
一段沉淀富集物	43.02	0.51	0.08	0.23	2.3	0.11

7.2.5.3　两段镍钴沉淀

由于镍钴料液中含镁量较高，用 NaOH 难以使镍沉淀率达到 99% 以上。为减少碱耗并提高镍钴沉淀效果，开展了两段沉淀镍钴的研究。

$$(1+a)NiSO_4+2NaOH === Na_2SO_4+Ni(OH)_2 \cdot aNiSO_4 \downarrow \qquad (7-59)$$

$$(1+b)CoSO_4+2NaOH === Na_2SO_4+Co(OH)_2 \cdot bCoSO_4 \downarrow \qquad (7-60)$$

沉淀过程的碱耗低于按生成 $Ni(OH)_2$ 计算所需的理论量。在反应条件下残余的铁铝锰在 pH=8.4 时进一步水解沉淀，第一段镍沉淀率控制在 97%～98%。

第一段镍钴沉淀后液含 Ni 约 0.1g/L、Co 0.0002g/L、Mg 约 20g/L。第二段镍钴沉淀采用石灰乳为沉淀剂，将溶液中残余的镍钴尽可能沉淀入渣中。沉淀 pH 值约 9.5，此时 Ni、Co 与 Mg 同处于沉淀区中，即在 Ni、Co 沉淀时相当数量的 Mg^{2+} 将以 $Mg(OH)_2$ 形式随镍钴沉入渣中。由于料液中镁镍含量比达 200∶1，镁沉淀趋势大，因此要控制合理的石灰乳加入量。过程主要化学反应如下：

$$NiSO_4+Ca(OH)_2 === Ni(OH)_2 \downarrow +CaSO_4 \downarrow \qquad (7-61)$$

$$CoSO_4+Ca(OH)_2 === Co(OH)_2 \downarrow +CaSO_4 \downarrow \qquad (7-62)$$

$$MgSO_4+Ca(OH)_2 === Mg(OH)_2 \downarrow +CaSO_4 \downarrow \qquad (7-63)$$

第二次沉淀产出的镍钴渣与常压浸出后的矿浆混合，使镍钴重新溶出返回系统。

A　第一段镍钴沉淀研究

在 45℃ 条件下的沉淀试验结果见表 7-22。

表 7-22　第一段氢氧化钠沉淀镍钴试验数据

编号	原液体积/mL	返晶比	反应时间/h	NaOH用量/g	终点pH值	溶液成分/g·L⁻¹		沉淀产品/%					沉淀率/%	
						Ni	Co	Ni	Co	Fe	Al	Mn	Ni	Co
1	1200	0	2	5.5	8.46	0.095	<0.005	45.15	0.75	—	—	—	97.46	>91.67
2	1200	1	2	5.5	8.45	0.096	<0.005	46.25	0.55	0.05	0.09	0.14	97.43	>91.67
3	600	2	2	2.75	8.43	0.11	0.0032	47.00	0.8	0.03	0.11	0.14	97.06	94.67
4	600	3	2	2.75	8.45	0.11	0.0029	47.15	0.8	0.021	0.11	0.14	97.06	95.17
5	600	4	2	2.75	8.42	0.093	<0.005	47.4	0.8	0.021	0.12	0.15	97.51	>91.67
6	600	5	2	2.75	8.43	0.09	<0.005	48.00	0.8	0.017	0.12	0.15	97.59	>91.67
7	600	6	2	2.94	8.44	0.085	<0.005	47.65	0.8	0.013	0.12	0.15	97.73	>91.67

试验表明，第一段氢氧化钠沉淀镍钴，当氢氧化钠用量为 4.58kg/m³ 时，镍的沉淀率在 97%～98% 之间。沉淀物的镍含量随着返晶比的增加而升高，含镍量高于前述一段沉淀镍钴的指标，且杂质铁、铝、锰含量较低。

第一段镍钴沉淀后液及沉淀物的全分析结果见表 7-23，产品密度 2.60g/cm³。产品平均粒度 9.93μm。

表 7-23   第一段氢氧化钠沉淀镍钴后溶液成分

名称	Ni	Co	Fe	Al	Mg	Mn	Cr	S	Zn	SiO$_2$	Cu
第一段沉淀后液/g·L^{-1}	0.085	0.005	<0.005	<0.005	22.2	<0.005	<0.005	—	0.001	0.006	<0.005
氢氧化镍钴沉淀/%	48.00	0.8	0.017	0.12	1.01	0.15	0.02	3.21	0.49	0.73	0.026

B   第二段镍钴沉淀研究

第二段镍钴沉淀用石灰乳作中和剂，使残余的镍钴基本完全沉淀。探索性试验用料液成分：镍 0.11g/L、钴 0.00012g/L。

试验在烧杯中进行，采用 18%Ca(OH)$_2$ 的石灰乳（合 CaO 含量为 13.6%）为沉淀剂。沉淀过程中的 pH 值由 PHS-3D 型 pH 计和 6503 高温复合电极测定。试验结果见表 7-24。

表 7-24   配制溶液第二段石灰乳沉淀镍钴试验数据

编号	体积/mL	温度/℃	时间/h	CaO/g	终点 pH 值	渣量/g	渣/CaO	溶液成分/g·L^{-1}		渣含量/%			累计沉淀率/%	
								Ni	Co	Ni	Co	Mg	Ni	Co
2Mhy-1	600	45	2	0.24	9.32	0.3	1.25	0.0133	<0.0001	21.27	0.23	—	99.64	99.9
2Mhy-2	600	60	2	0.31	9.24	0.6	1.94	0.00771	<0.0001	7.04	0.072	13.75	99.89	99.9
2Mhy-3	600	45	3	0.67	9.51	1.3	1.94	0.00303	0.00016	3.44	0.048	12.15	99.92	99.73
2Mhy-4	600	60	3	1.12	9.36	4.2	3.75	0.00116	0.00015	1.37	0.016	11.4	99.97	99.75

试验结果表明：（1）随着 CaO 用量的增加，pH 值升高，镍沉淀率提高；（2）45℃下即可获得很高的镍钴沉淀率；（3）随着 CaO 的增加，渣量大幅增加，大量的镁随镍钴一起沉淀。

探索试验结果表明，氧化钙用量为 0.4~1kg/m³，镍钴累计沉淀率分别达 99.7% 和 99.9%，沉淀物含镍 7%~21%。

C   真实溶液第二段镍钴沉淀试验

在配制液试验的基础上，取第一段镍钴沉淀的母液进行试验，其成分为：Ni 0.085g/L，Co <0.005g/L，Mg 17.7g/L，SiO$_2$<0.005g/L。在温度 45℃条件下的实验结果见表 7-25 和表 7-26。

表 7-25   氧化钙用量的影响

编号	原液体积/mL	反应时间/h	CaO 用量/g	终点 pH 值	渣重/g	液中含 Ni /g·L^{-1}	渣含量/%		Ni 累计沉淀率/%
							Ni	Mg	
1	600	2	0.25	9.24	0.4	0.019	17.76	11.12	99.5
2	600	2	0.45	9.32	0.3	0.017	14.7	14.96	99.5
3	600	2	0.66	9.33	1	0.007	4.4	15.24	99.8
4	600	2	0.8	9.37	1.48	0.005	3.66	16.08	99.9

和探索性试验结果相似，随氧化钙用量增加，尾液镍浓度降低，镍累计回收率提高，但沉淀渣中的镍含量也随之下降，综合考虑可选取氧化钙用量为 1.1kg/m³。

在相同的氧化钙用量条件下，反应时间从 120min 减少到 15min，尾液镍含量在 0.007~0.015g/L 波动，镍累计沉淀率为 99.6%~99.8%。

表 7-26　反应时间的影响

编号	原液体积/mL	反应时间/h	CaO用量/g	终点pH值	渣重/g	液中含Ni/g·L⁻¹	渣含量/% Ni	渣含量/% Mg	Ni累计沉淀率/%
1	600	120	0.66	9.33	1	0.007	4.4	15.24	99.8
2	600	60	0.66	9.54	0.5	0.0085	5.82	8.99	99.8
3	600	30	0.66	9.48	0.7	0.015	6.5	14.5	99.6
4	600	15	0.66	9.43	0.4	0.0098	7.69	15.35	99.7

第二段镍钴沉淀后溶液的密度为 $1.086g/cm^3$，渣的全分析结果见表7-27。

表 7-27　第二段石灰沉淀镍钴后溶液和渣的成分

名称	Ni	Co	Fe	Al	Mg	Mn	Cr	Zn	Cu
二段沉淀后液/mg·L⁻¹	7	<0.05	1.4	0.5	17700	0.3	0.08	3.7	1.8
二段富集物/%	4.40	<0.005	—	—	15.24	—	—	—	—

7.2.6　镁沉淀

常压酸浸过程中镁浸出率约85%。镍钴沉淀后液中镁含量约为17.7g/L，Ni、Co、Al、Fe、Zn、Cu、Cr、Mn 含量都很低。试验采用 CaO 浆作镁的沉淀剂，在 CaO 浆液浓度 20% 下，考察了不同添加量下（1倍、1.1倍和1.3倍理论量）镁的沉淀情况，结果见表7-28。

表 7-28　沉镁后液分析

编　号	原液体积/mL	反应时间/h	CaO用量/g	终点pH值	渣重/g	液中含Mg/g·L⁻¹	Mg沉淀率/%
2Mhy-11	500	3	20.65	10.31	68.5	0.58	96.7
2Mhy-12	500	3	22.72	10.52	75.3	0.15	99.2
2Mhy-13	500	3	26.85	10.68	85.2	0.002	99.9

当添加 CaO 量为 1.1 倍理论量时，Mg 沉淀率达到 99.2%，继续添加至 1.3 倍理论量，沉淀率可达 99.9%。

7.2.7　CCD 洗涤效率计算

红土镍矿的湿法浸出渣，通常采用 CCD 逆流洗涤的办法处理。关于 CCD 逆流洗涤的效率，可以通过底流浓度和洗涤比预先计算确定。

设：（1）中和后渣量为 1t、中和后矿浆浓度为 c_s（%）、溶液密度为 ρ_L、镍浓度为 c_0。

（2）洗涤参数：假定洗涤比为 $4.5m^3/t$，各级浓密机底流为 30%，折合液固比 $2.33m^3/t$，洗水含镍设为零，各级浓密机溶液的镍浓度分别为 c_1、c_2、c_3、…、c_7。

列式，按镍的物料平衡方程式各级浓密机有下列组合方程：

$$\frac{1 \times (1 - c_S)}{c_S \times \rho_L} \times c_0 + 2.17c_2 = \left[\frac{1 \times (1 - c_S)}{c_S \times \rho_L} + 2.17 \right] \times c_1$$

$$2.33c_1 + 2.17c_3 = 4.5c_2$$

$$2.33c_2 + 2.17c_4 = 4.5c_3$$

$$2.33c_3 + 2.17c_5 = 4.5c_4$$

$$2.33c_4 + 2.17c_6 = 4.5c_5$$

$$2.33c_5 + 2.17c_7 = 4.5c_6$$

$$2.33c_6 = 4.5c_7$$

从以上 7 个方程式可解得 c_1、c_2、$\cdots$、c_7，则洗涤效率（定义为洗涤回收率，且假设洗涤过程中无损失）：

$$\eta = \left[1 - \frac{2.33c_7}{\dfrac{1 \times (1 - c_S) \times c_0}{c_S \times \rho_0}} \right] \times 100\%$$

根据检测计算，该镍矿中和后矿浆浓度 $c_S = 16.37\%$，溶液密度 $\rho_L = 1.192 \text{g/L}$，镍浓度 $c_0 = 6.02 \text{g/L}$，则计算得到镍在各级中的浓度：$c_1 = 3.88 \text{g/L}$，$c_2 = 1.99 \text{g/L}$，$c_3 = 1.01 \text{g/L}$，$c_4 = 0.51 \text{g/L}$，$c_5 = 0.24 \text{g/L}$，$c_6 = 0.11 \text{g/L}$，$c_7 = 0.037 \text{g/L}$。洗涤效率 η 为 99.6%。

7.3 高压酸浸工艺

高压酸浸用褐铁型红土镍矿的全分析结果见表 7-29，矿石平均含水 33.3%。真密度为 3.16g/cm^3，粒度分析结果见表 7-30，小于 0.075mm 部分占总样的 81.6%。

表 7-29 矿样多元素分析结果   （%）

元素	Ni	Co	Fe	Cu	Pb	Zn	Mn	Si	F
原矿	1.42	0.15	40.15	0.031	<0.005	<0.005	0.85	6.92	<0.005
元素	Al	Ca	Mg	Cr	As	P	S	Cd	Cl
原矿	6.24	0.34	0.37	1.04	<0.005	<0.005	<0.005	<0.005	<0.005

表 7-30 原矿磨矿后粒度分析

粒级/mm	>0.15	0.15~0.106	0.106~0.074	0.074~0.048	0.048~0.038	<0.038	总计
质量分数/%	12.27	2.86	3.27	31.84	3.85	45.91	100

7.3.1 浸出过程影响因素

7.3.1.1 矿浆浓度的影响

固定试验条件：原矿量 200g，硫酸加入量 260g/kg，浸出温度（245±2）℃，浸出时间 60min，搅拌转速 580~620r/min（桨叶端线速度约 3m/s），考察了高压酸浸不同初始矿浆浓度对原矿浸出效果的影响。试验结果见表 7-31。

在 260kg/t 的酸耗条件下，高压酸浸浸出效果并不理想，在矿浆浓度为 33.3% 时，镍、钴浸出率分别约为 84%、89%，而矿浆浓度小于 30% 时，Ni、Co 浸出率低于 77%、78%。提高硫酸加入量至 320g/kg 的试验结果见表 7-32，其他条件同上。

表7-31　初始矿浆浓度条件试验结果

编号	矿浆浓度 /%	温度 /℃	浸出液/g·L⁻¹				浸出渣/%				浸出率/%		
			H_2SO_4	Ni	Co	Fe	Ni	Co	Fe	渣率	Ni	Co	Fe
1	33.3	245	21.02	5.61	0.52	0.94	0.26	0.019	45.83	86.25	84.21	89.08	1.55
2	30	250	—	5.35	0.60	1.04	0.3	0.023	46.51	85.25	81.99	86.93	1.25
3	30	245	—	4.90	0.56	1.33	0.38	0.038	46.16	86.05	76.97	78.20	1.07
4	27	245	—	4.86	0.52	1.12	0.6	0.040	45.81	86.45	63.47	76.95	1.36

表7-32　初始矿浆浓度条件试验结果

编号	矿浆浓度 /%	浸出液/g·L⁻¹				浸出渣/%				浸出率/%		
		H_2SO_4	Ni	Co	Fe	Ni	Co	Fe	渣率	Ni	Co	Fe
1	32	21.25	6.71	0.68	1.17	0.059	0.005	44.43	85.60	96.4	97.1	0.89
2	30	20.60	6.38	0.61	1.84	0.070	0.006	44.80	85.20	95.8	96.6	1.25
3	28	21.49	5.92	0.54	0.97	0.083	0.018	45.07	85.90	95.0	93.1	1.19
4	26	20.85	5.73	0.48	0.72	0.130	0.021	43.81	86.95	94.1	90.7	1.68

在320kg/t的酸耗条件下，高压酸浸浸出效果较好，在矿浆浓度为30%~32%时镍、钴浸出率均在96%左右，在此酸度下初始矿浆浓度对Ni浸出率影响不明显，考虑原矿的絮凝沉降、加压釜的设备利用率、以及后续工艺的要求，推荐浸出初始矿浆浓度30%左右。

7.3.1.2 酸耗的影响

从红土镍矿的硫酸加压浸出反应机理上看，浸出过程中酸的作用是为了满足褐铁矿中有价金属的溶解浸出，同时维持溶液较低的pH值以防止金属离子发生水解沉淀，因此，酸矿比越大，浸出效果越好[27]。为了尽可能详细地研究褐铁矿在不同酸耗下镍、钴、铁、镁、锰的浸出变化规律，在固定条件：原矿量200g，初始矿浆浓度30%，浸出温度(245±2)℃，浸出时间60min，搅拌转速580~620r/min（桨叶端线速度约3m/s），考察了不同酸用量对原矿浸出效果的影响。试验结果见表7-33、表7-34和图7-8。研究表明，320kg的吨矿酸耗较为适宜。

表7-33　浸出酸耗条件试验结果

酸耗 /kg·t⁻¹	渣含水 /%	渣量/g	渣率 /%	浸出渣成分/%							浸出率/%					
				Ni	Co	Mn	Mg	Al	Fe	S	Ni	Co	Mn	Mg	Al	Fe
340	34.7	167.3	83.7	0.080	0.005	0.09	0.12	4.65	44.6	3.31	95.3	97.2	91.3	72.9	24.3	1.0
320	31.6	170.4	85.2	0.070	0.006	0.08	0.13	4.70	44.8	3.33	95.6	96.6	92.1	70.1	23.2	1.1
310	33.8	168.3	84.2	0.100	0.008	0.09	0.15	5.08	43.3	3.27	94.1	95.5	91.2	65.9	18.7	0.9
300	40.8	176.6	88.3	0.074	0.006	0.11	0.16	5.48	41.8	3.72	95.4	96.5	88.6	61.8	10.5	0.7
290	32.9	173.6	86.8	0.096	0.008	0.09	0.14	5.33	42.8	3.54	93.9	95.2	90.5	65.8	15.3	0.8
280	32.5	173.8	86.9	0.140	0.012	0.15	0.17	5.26	43.4	3.45	91.4	93.0	84.7	60.1	16.6	1.0

注：浸出率中Ni、Co、Mn、Mg以渣计，Al、Fe以液计。

表 7-34　浸出酸耗条件试验结果

酸耗 /kg·t⁻¹	体积/mL 浸出	体积/mL 洗涤	浸出液成分/g·L⁻¹ Ni	Co	TFe	Fe²⁺	Mn	Al	Mg	Cr	Si	残酸	洗液成分/g·L⁻¹ Ni	Co	Fe	Mn	Al	Mg	Cr	Si	残酸
340	367	387	6.18	0.56	1.72	0.05	2.90	6.47	11.21	0.24	0.40	19.8	1.65	0.15	0.52	0.78	1.70	2.31	0.07	0.09	5.8
320	378	384	6.38	0.61	1.84	0.07	3.12	6.42	11.38	0.28	0.38	20.6	1.21	0.12	0.43	0.62	1.22	2.11	0.06	0.06	4.3
310	365	365	5.52	0.53	1.63	0.04	2.78	5.16	11.40	0.18	0.42	16.3	1.20	0.11	0.43	0.61	1.16	2.09	0.04	0.08	3.6
300	351	351	5.54	0.56	1.41	0.08	2.09	2.89	10.56	0.09	0.30	23.0	1.15	0.10	0.49	0.57	0.76	2.12	0.02	0.07	5.8
290	380	380	5.55	0.62	1.93	0.16	3.21	5.21	10.20	0.17	0.32	21.4	1.37	0.12	0.54	0.63	1.04	1.89	0.04	0.06	6.5
280	320	391	4.91	0.48	1.27	0.05	2.56	4.05	10.23	0.11	0.39	19.9	1.13	0.11	0.38	0.60	0.93	1.98	0.03	0.08	4.3

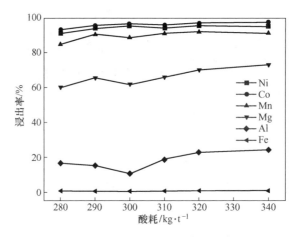

图 7-8　酸耗对高压酸浸主要元素浸出率的影响

7.3.1.3　浸出温度的影响

固定试验条件：原矿量 200g，初始矿浆浓度 30%，每千克矿的硫酸加入量 320g，浸出时间 60min，搅拌转速 580~620r/min（桨叶端线速度约 3m/s），浸出温度对浸出率的影响试验结果见表 7-35、表 7-36 和图 7-9。各温度下浸出渣 X 射线衍射图谱如图 7-10 所示。220℃以下时，温度较低，矿石结构未能完全破坏，浸出渣中还有针铁矿矿相存在，导致部分镍钴未能浸出，随着温度升高，浸出渣矿相发生转变，Fe^{3+}高温下水解沉淀生成赤铁矿，镍钴浸出率提高。研究表明浸出温度在 255℃较为合适。

表 7-35　浸出温度条件试验结果

温度 /℃	渣含水 /%	渣率 /%	浸出渣成分/% Ni	Co	Mn	Mg	Al	Fe	S	浸出率/% Ni	Co	Mn	Mg	Al	Fe
255	30.2	84.3	0.005	0.005	0.11	0.13	5.30	43.5	3.53	96.1	97.7	89.1	70.4	12.9	0.6
245	40.8	88.3	0.074	0.006	0.11	0.16	5.48	41.8	3.72	95.4	96.5	88.6	61.8	10.5	0.7
235	39.7	88.5	0.075	0.005	0.11	0.18	5.76	42.2	3.73	95.3	97.1	88.5	56.9	19.3	0.9
220	38.3	85.3	0.44	0.01	0.16	0.21	4.30	43.1	2.61	73.6	94.3	84.0	51.6	23.4	1.1
200	35.7	79.2	0.92	0.023	0.22	0.23	3.99	46.6	2.13	48.7	87.9	79.5	50.8	29.1	1.5
180	34.5	87.9	1.02	0.036	0.28	0.24	4.21	40.9	2.74	36.9	78.9	71.1	43.0	37.0	2.3

注：浸出率中 Ni、Co、Mn、Mg 以渣计，Al、Fe 以液计。

表7-36　浸出温度条件试验结果

温度 /℃	体积/mL		浸出液成分/g·L⁻¹										洗液成分/g·L⁻¹							
	浸出	洗涤	Ni	Co	TFe	Fe²⁺	Mn	Al	Mg	Cr	Si	残酸	Ni	Co	Fe	Mn	Al	Mg	Cr	Si	残酸
255	356	390	5.83	0.56	1.12	0.05	2.84	3.75	12.35	0.16	0.43	21.5	1.08	0.10	0.23	0.53	0.70	2.61	0.03	0.07	4.0
245	351	393	5.54	0.56	1.41	0.08	2.09	2.89	12.28	0.09	0.30	23.0	1.15	0.10	0.49	0.57	0.76	2.35	0.02	0.07	5.8
235	311	403	5.07	0.49	1.65	0.08	2.52	5.81	12.12	0.20	0.30	24.5	1.38	0.13	0.50	0.68	1.50	2.48	0.05	0.08	6.1
220	349	398	4.20	0.50	2.08	0.07	2.47	7.68	11.58	0.23	0.31	14.7	0.89	0.08	0.41	0.41	0.59	2.21	0.06	0.07	4.8
200	300	382	2.85	0.57	3.33	0.07	2.66	10.41	10.36	0.66	0.39	15.5	0.39	0.07	0.54	0.37	1.35	1.88	0.08	0.03	2.4
180	276	369	2.91	0.70	5.73	0.12	3.28	14.31	9.85	1.25	0.36	18.5	0.37	0.09	0.79	0.44	1.79	1.59	0.15	0.04	2.4

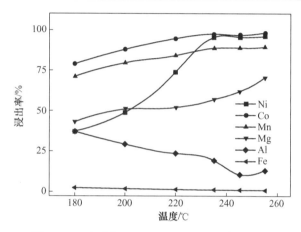

图7-9　温度对高压酸浸主要元素浸出率的影响

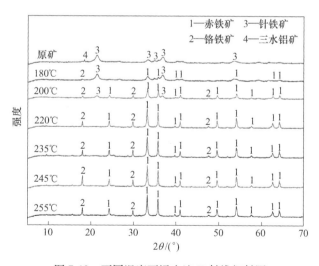

图7-10　不同温度下浸出渣X射线衍射图

7.3.1.4　浸出时间的影响

固定试验条件：原矿量200g，初始矿浆浓度30%，硫酸加入量（以矿计）320g/kg，浸出温度（245±2）℃，搅拌转速580～620r/min（桨叶端线速度约3m/s），浸出时间对浸出率的影响试验结果见表7-37、表7-38和图7-11。由图表可知，保温时间为30min时，赋存在铁矿物中的镍钴绝大部分已被浸出，镍钴浸出率在90%左右，说明铁矿物在高温高压条件下被硫酸分解的速度较快；60min时，镍钴浸出率可达95%以上，继续延长反应时间，镍钴浸出率基本不变。为保证浸出质量，选择反应时间60min。

表7-37   浸出时间条件试验结果

浸出时间/min	渣含水/%	渣率/%	浸出渣成分/%							浸出率/%					
			Ni	Co	Mn	Mg	Al	Fe	S	Ni	Co	Mn	Mg	Al	Fe
90	48.9	83.1	0.099	0.005	0.067	0.14	5.16	45.4	3.37	94.1	97.2	93.3	67.8	15.7	0.7
60	40.8	88.3	0.074	0.006	0.11	0.16	5.48	41.8	3.72	95.4	96.5	88.6	61.8	10.5	0.7
30	48.5	77.7	0.2	0.016	0.17	0.15	5.07	43.6	3.04	88.0	90.9	82.9	65.4	14.9	0.9

注：浸出率中Ni、Co、Mn、Mg以渣计，Al、Fe以液计。

表7-38   浸出时间条件试验结果

浸出时间/min	体积/mL		浸出液成分/g·L⁻¹									洗液成分/g·L⁻¹							
	浸出	洗涤	Ni	Co	TFe	Fe²⁺	Mn	Al	Mg	Cr	Si	残酸	Ni	Co	Fe	Mn	Al	Mg	Cr	Si	残酸
90	371	393	5.91	0.56	1.24	0.07	2.92	4.60	1.08	0.17	0.45	20.7	0.85	0.08	0.21	0.43	0.65	0.15	0.02	0.06	3.2
60	351	393	5.54	0.56	1.41	0.08	2.09	2.89	1.09	0.09	0.30	23.0	1.15	0.10	0.49	0.57	0.76	0.33	0.02	0.07	5.8
30	365	394	5.41	0.50	1.67	0.06	2.50	4.45	0.82	0.17	0.42	15.7	0.77	0.07	0.26	0.36	0.60	0.12	0.02	0.06	2.9

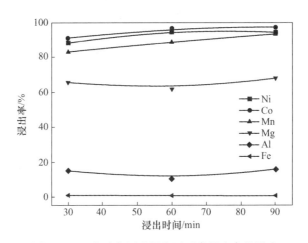

图7-11   温度对高压酸浸主要元素浸出率的影响

7.3.1.5   综合试验

在条件试验基础上，综合考虑各种因素，在10L立式加压釜中进行了优化条件下的综合实验。固定条件：原矿量2000g，初始矿浆浓度30%，每千克矿的硫酸加入量320g，浸出温度255℃，浸出时间60min，搅拌转速580～620r/min（桨叶端线速度约3m/s），试验结果见表7-39和表7-40，原矿样和浸出渣XRD对比图如图7-12所示，与原矿图谱相对比，铁矿相从褐铁矿转化为赤铁矿，镍钴赋存矿物基本被全部破坏，实现了镍钴的高效浸出。扫描电子显微镜分析结果如图 7-13 所示，从图中可看出原矿样微观形貌成絮状或不规则状，浸出后渣中铁相成颗粒状，粒度较细且均匀。

表 7-39 优化条件试验结果

实验编号	渣率/%	浸出渣成分/%							浸出率/%					
		Ni	Co	Mn	Mg	Al	Fe	S	Ni	Co	Mn	Mg	Al	Fe
1	90.6	0.052	<0.005	0.1	0.11	4.92	43.6	3.67	96.7	97.0	89.3	73.1	27.9	0.7
2	89.9	0.061	<0.005	0.091	0.12	5.09	43.8	3.78	96.1	97.0	90.4	70.8	26.8	0.7
3	89.9	0.061	<0.005	0.12	0.14	5.26	43.8	3.64	96.1	97.0	87.3	66.0	27.4	0.6
平均	90.1	0.058	<0.005	0.104	0.123	5.09	44.7	3.70	96.3	97.0	89.0	70.0	27.4	0.7

表 7-40 优化条件试验结果

实验编号	浸出液成分/g·L^{-1}									
	Ni	Co	TFe	Fe^{2+}	Mn	Al	Mg	Cr	Si	残酸
1	6.82	0.66	1.15	0.16	3.25	7.43	11.35	0.32	0.35	18.5
2	6.69	0.65	1.10	0.15	3.23	7.14	11.32	0.28	0.34	20.6
3	7.20	0.81	1.05	0.18	3.76	7.42	11.43	0.34	0.38	19.7
平均	6.90	0.71	1.10	0.16	3.41	7.33	11.37	0.31	0.36	19.6

实验编号	洗液成分/g·L^{-1}								
	Ni	Co	Fe	Mn	Al	Mg	Cr	Si	残酸
1	1.58	0.15	0.29	0.76	1.66	2.41	0.07	0.07	4.1
2	1.60	0.15	0.29	0.76	1.68	2.38	0.07	0.07	4.8
3	1.85	0.20	0.30	0.96	1.87	2.42	0.09	0.09	4.5
平均	1.68	0.17	0.29	0.83	1.74	2.40	0.08	0.08	4.5

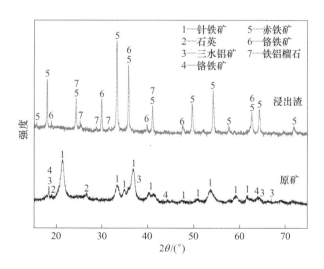

图 7-12 原矿和浸出渣 XRD 对比图

(a)　　　　　　　　　　　　　　(b)

图 7-13　原矿（a）和浸出渣（b）SEM 对比图

在优化条件下红土镍矿高压酸浸效果比较理想，Ni 浸出率大于 96%，浸出后液 Fe 浓度小于 2g/L，试验结果重现性较好。优化条件试验所得浸出矿浆的相关物理性质见表 7-41。

表 7-41　浸出矿浆相关物理参数

参数名称	浸出后液密度 /$g \cdot cm^{-3}$	浸出渣密度 /$g \cdot cm^{-3}$	浸出矿浆密度 /$g \cdot cm^{-3}$	浸出矿浆浓度/%	残余 H_2SO_4 浓度/$g \cdot L^{-1}$
实测数据	1.132	3.362	1.356	24.90	19.60

原矿中铝是最主要的耗酸物质，其耗酸量约占总酸耗的 30%，其次是溶液中的残酸，约占总酸耗的 16%，两者之和占总酸耗的将近 1/2。

7.3.2　矿浆预中和及浓密

7.3.2.1　矿浆预中和

以高压酸浸优化条件试验所得矿浆作为原料，进行了预中和试验研究。试验在 1L 烧杯中进行，中和剂为 30% 的石灰石乳浆，中和剂通过恒流泵稳定加入烧杯中。固定条件：浸出液体积 600mL，中和温度 90℃，中和时间 4h，搅拌转速 300r/min，考察了终点 pH 值对矿浆预中和的影响，试验结果见表 7-42。

表 7-42　预中和条件试验结果

实验编号	吨矿 $CaCO_3$ 量 /kg	pH 值	溶液成分/$g \cdot L^{-1}$							损失率/%	
			Ni	Co	Fe	Mn	Al	Mg	Cr	Ni	Co
矿浆	—	—	6.99	0.67	1.56	3.37	6.58	1.01	0.25	—	—
1	28.5	1.95	5.92	0.57	1.27	2.88	5.76	1.01	0.21	1.19	0.75
2	27.5	1.88	6.04	0.55	1.35	2.96	5.86	1.01	0.22	0.58	0.34
3	26.5	1.80	6.57	0.67	1.05	3.28	6.89	1.09	0.29	0.06	0.54

在预中和终点 pH 值约为 1.8 时，吨矿石灰石用量折合 26.5kg，Ni、Co 损失率小于

0.2%。达到预中和目的。预中和后所得到的矿浆混合均匀后经浓密沉降，所得上清液为后续深度净化工序的原料。中和后混合矿浆相关物理性质见表7-43。

表 7-43 中和后矿浆相关物理参数

参数名称	中和后液密度/g·cm⁻³	中和渣密度/g·cm⁻³	中和矿浆密度/g·cm⁻³	中和矿浆浓度/%	中和渣率/%
实测数据	1.082	1.269	1.124	22.41	118.4

7.3.2.2 矿浆浓密

对预中和所得的矿浆，加水稀释至一定浓度作为浓密洗涤试验的料浆。浓密洗涤试验分为絮凝沉降试验和上清液含固量和底流浓度测试试验。絮凝沉降试验在250mL带塞量筒中进行，原料为稀释后的预中和矿浆[27]。

絮凝剂采用某公司提供的聚丙烯酰胺絮凝剂，阳离子型型号CN-1、CN-3、CN-4、CN-5、CN-6，相对分子质量约为800万；阴离子型型号AM6025、AM7025、AM8025，相对分子质量1600万左右；非离子型型号FAM4000、XTM9020，相对分子质量1000万左右。

在矿浆浓度5%的情况下进行的初步目测试验表明，CN-6絮凝剂絮凝效果明显强于其他絮凝剂，颗粒沉降速度快，上清液清亮。因此选择CN-6絮凝剂作为此次试验的絮凝剂。目测试验同时观察到当矿浆浓度大于12%时，无论采用何种絮凝剂，颗粒沉降速度均比较缓慢，絮凝沉降效果不明显，因此初步确定矿浆浓度范围小于12%。

A 5%矿浆浓度下絮凝剂用量研究

试验用矿浆物理性质见表7-44。

表 7-44 絮凝沉降试验原料矿浆相关物理参数

参数名称	矿浆浓度/%	矿浆密度/g·cm⁻³	絮凝剂浓度/‰	浸出渣率/%	中和渣率/%	总渣率/%
实测数据	1.082	1.269	1	86	118.4	101.8

试验考察了CN-6絮凝剂在5%矿浆浓度条件下不同用量对矿浆絮凝自由沉降速度的影响。固定试验条件：矿浆体积200mL，絮凝剂浓度1‰。试验结果见图7-14～图7-17。

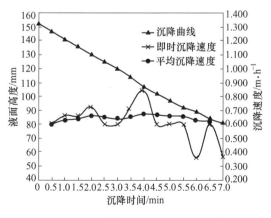

图 7-14 70g/t 絮凝剂下颗粒的絮凝沉降曲线

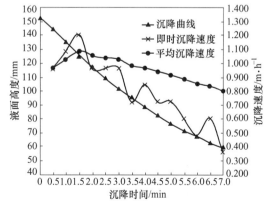

图 7-15 80g/t 絮凝剂下颗粒的絮凝沉降曲线

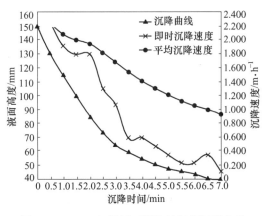

图 7-16   90g/t 絮凝剂下颗粒的絮凝沉降曲线

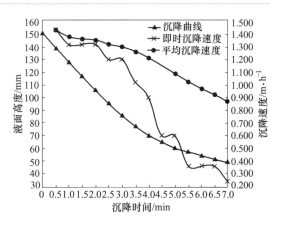

图 7-17   100g/t 絮凝剂下颗粒的絮凝沉降曲线

5% 矿浆浓度下，CN-6 絮凝剂的添加量达到 80g/t 后，颗粒的沉降速率可以达到 1m/h 以上，完全满足工业化生产要求。

B   6% 矿浆浓度下絮凝剂用量条件探究

固定试验条件：矿浆体积 200mL，絮凝剂浓度 1‰。试验结果见图 7-18~图 7-22。

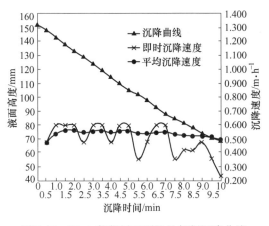

图 7-18   70g/t 絮凝剂下颗粒的絮凝沉降曲线

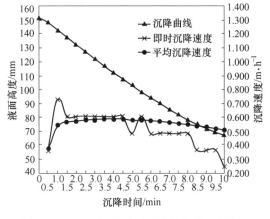

图 7-19   80g/t 絮凝剂下颗粒的絮凝沉降曲线

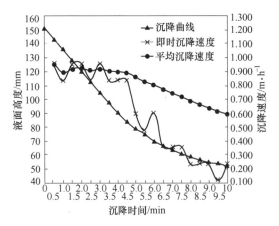

图 7-20   90g/t 絮凝剂下颗粒的絮凝沉降曲线

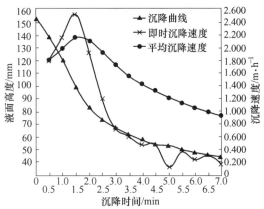

图 7-21   100g/t 絮凝剂下颗粒的絮凝沉降曲线

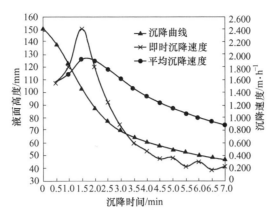

图 7-22　110g/t 絮凝剂下颗粒的絮凝沉降曲线

当中和矿浆浓度为 6% 时，需增加絮凝剂用量才能达到与 5% 矿浆浓度时的自由沉降速度；当絮凝剂添加量为 100g/t 时，6% 浓度矿浆的颗粒自由沉降速度达到 2m/h，沉降效果良好。

C　7% 与 8% 矿浆浓度下絮凝剂用量条件探究

固定试验条件：矿浆体积 200mL，絮凝剂浓度 1‰。试验结果见图 7-23~图 7-26。

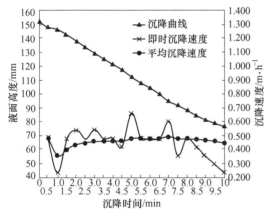

图 7-23　7% 矿浆 90g/t 絮凝剂下的絮凝曲线

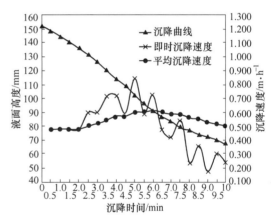

图 7-24　7% 矿浆 100g/t 絮凝剂下的絮凝曲线

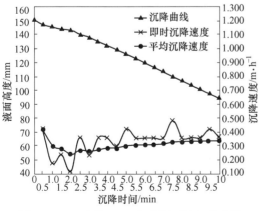

图 7-25　8% 矿浆 90g/t 絮凝剂下的絮凝曲线

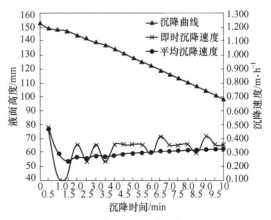

图 7-26　8% 矿浆 100g/t 絮凝剂下的絮凝曲线

当矿浆浓度不小于7%，絮凝沉降效果显著变差，絮凝剂添加量达到100g/t时，颗粒的自由沉降速度仍然小于1m/h，因此推荐絮凝沉降矿浆浓度5%~6%。

综合考虑矿浆浓度、沉降速度、絮凝剂用量等因素，选择絮凝沉降矿浆浓度5%，絮凝剂添加量80g/t。试验过程中也发现，新制备出的中和矿浆（48h以内）的絮凝沉降效果在同等条件下要明显好于放置几天后的矿浆。

D　5%矿浆浓度下絮凝沉降放大试验

根据上述絮凝沉降条件选择确定优化条件，选用CN-6絮凝剂在1.2m高的沉降柱中进行了放大试验，试验结果见表7-45和图7-27。

表7-45　絮凝沉降放大试验结果

沉降时间/min	界面高度/mm	上清液高度/mm	即时沉降速度/m·h⁻¹	平均沉降速度/m·h⁻¹
0	797.6	—	—	—
5	692.3	105.3	1.264	1.264
10	526.5	271.1	1.989	1.626
15	475.8	321.8	0.608	1.287
20	429.0	368.6	0.562	1.106
25	384.2	413.4	0.538	0.992
30	341.3	456.3	0.515	0.913
35	304.2	493.4	0.445	0.846
40	278.9	518.7	0.304	0.778
45	249.6	548.0	0.351	0.731
50	226.2	571.4	0.281	0.686
55	206.7	590.9	0.234	0.645
60	187.2	610.4	0.234	0.610

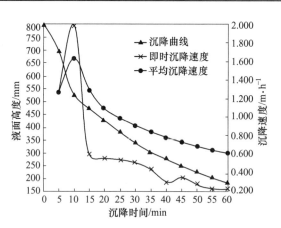

图7-27　5%矿浆80g/t絮凝剂下放大试验的絮凝效果

矿浆在沉降柱中沉降24h后测得上清液含固量0.0015g/L，底流浓度42.2%。

放大试验表明，矿浆的絮凝沉降效果理想，在矿浆浓度5%，絮凝剂（CN-6）添加量80g/t条件下，颗粒的自由沉降速度在前10min内可以达到1.6m/h以上，完全满足逆流浓密洗涤的工业化生产要求[27]。

若逆流浓密洗涤时新加入与中和后液（不含中和渣）同等体积的洗水，底流浓度取40%，根据计算可知，六级逆流浓密洗涤镍的理论回收率可以达到99.9%以上。洗涤后的上清液密度为1.04g/cm³，主要元素分析结果见表7-46。

表7-46 洗涤后上清液主要元素分析结果

元素	Ni	Co	Fe	Mn	Al	Mg	Cr
含量/g·L⁻¹	6.518	0.655	1.032	3.218	6.844	1.084	0.285

7.3.3 中和除铁铝

溶液中和除Fe、Al的探究在1L烧杯中进行，中和剂为30%的石灰石乳浆，通过恒流泵稳定加入反应烧杯中。固定试验条件：浓密上清液体积500mL，中和反应温度75℃，中和时间4h，搅拌转速300r/min。试验主要考察了终点pH值对上清液中和除铁铝的影响。试验结果见表7-47和表7-48。

表7-47 中和除铁铝条件试验结果

实验编号	吨矿CaCO₃ 用量/kg	pH值	溶液成分/g·L⁻¹							主要金属沉淀率/%		
			Ni	Co	Fe	Mn	Al	Mg	Cr	Fe	Al	Cr
1	81.5	4.84	5.501	0.628	0.0001	3.198	0.006	1.025	0.024	99.99	99.91	92.31
2	76.2	4.31	5.881	0.635	0.0003	3.192	0.047	1.036	0.027	99.97	99.33	91.43
3	72.7	4.02	6.004	0.648	0.003	3.204	0.509	1.067	0.034	99.71	92.86	89.37
4	63.5	3.82	6.283	0.651	0.016	3216	2.158	1.082	0.080	98.46	70.71	75.81

表7-48 中和除铁铝条件试验结果

吨矿CaCO₃ 用量/kg	渣含水 /%	滤渣成分/%								损失率/%			
		Ni	Co	Fe	Mn	Al	Mg	Ca	SiO₂	Ni	Co	Mn	Mg
81.5	43.1	0.88	0.029	0.90	0.019	5.95	<0.005	15.86	0.77	13.11	4.23	0.56	0.47
76.2	48.7	0.099	<0.005	0.88	0.023	6.13	<0.005	16.36	0.92	1.39	0.69	0.64	0.44
72.7	49.8	0.058	<0.005	0.94	0.018	6.40	<0.005	16.16	0.79	0.77	0.65	0.48	0.42
63.5	44.9	0.028	<0.005	1.02	0.011	5.24	<0.005	17.06	1.07	0.31	0.55	0.24	0.35

基于以上试验结果，认为调节pH值为4.3左右，即吨矿CaCO₃耗量为76.2kg时可以得到较优试验结果，此时除铁铝后液含Fe约0.0003g/L，Al<0.05g/L，Fe和Al的沉淀率均大于99%，渣含Ni<0.1%，含Co<0.005%，Ni和Co的损失率均小于1.4%。继续提升pH值，镍钴损失增大。

7.3.4 镍钴沉淀

7.3.4.1 第一段沉淀镍钴

以中和除铁铝后液作为镍钴沉淀试验原料，进行两段沉氢氧化镍钴试验[27]。固定条件：浸出液体积450mL，反应温度70℃，中和时间4h，搅拌转速300r/min。第一段用采用浓度为20%的CaO浆作中和沉镍钴试剂，通过恒流泵稳定加入烧杯中。在一定pH值下得到杂质含量尽可能低的氢氧化镍钴沉淀，此工序镍钴沉淀率约96%以上，洗涤压滤后作为中间产品进入后续工序；第一段沉淀后液再用15%石灰乳沉淀回收溶液中剩余的Ni、Co，将所得杂质含量较高的镍钴沉淀返回矿浆中和工序循环浸出以回收其中的Ni、Co。

试验在1L烧杯中进行，以表7-49的中和除铁铝后液作为镍钴沉淀的试验原料。主要考察了终点pH值对镍钴沉淀的影响，试验结果见表7-50和表7-51。

表7-49　中和除铁铝后液主要元素分析结果

元素	Ni	Co	Mn	Mg	pH值
含量/g·L^{-1}	5.58	0.64	3.19	1.04	4.31

表7-50　一段镍钴沉淀试验结果

实验编号	CaO质量/g	pH值	溶液成分/g·L^{-1}				渣含水/%	主要金属沉淀率/%			
			Ni	Co	Mn	Mg		Ni	Co	Mn	Mg
1	1.9	7.03	0.537	0.096	1.682	1.113	49.5	90.2	80.6	28.3	3.5
2	2.4	7.32	0.365	0.084	1.586	1.029	48.3	92.8	82.6	31.5	5.9
3	2.7	7.53	0.224	0.054	1.362	0.851	46.1	95.4	88.7	41.7	7.5
4	3.3	7.71	0.084	0.044	1.051	0.887	54.4	98.4	91.2	57.6	8.9

表7-51　一段镍钴沉淀渣成分分析结果

CaO质量/g	渣成分/%										
	Ni	Co	Fe	Mn	Al	Mg	Ca	Si	Zn	Cu	SO$_4^{2-}$
1.9	18.95	1.52	0.018	2.76	0.078	0.18	13.42	0.13	0.12	0.013	31.25
2.4	18.42	1.45	0.022	2.84	0.081	0.19	13.68	0.15	0.14	0.015	31.83
2.7	16.20	1.36	0.025	3.16	0.082	0.21	14.88	0.11	0.17	0.012	32.64
3.3	14.48	1.28	0.060	4.00	0.086	0.22	14.48	0.04	0.15	0.012	34.71

试验结果表明：控制终点pH值在7.7左右时，第一段镍钴沉淀的Ni沉淀率大于98%，Co沉淀率大于91%，镍钴富集物含Ni 14.48%、Co 1.28%、Mn 4.00%、Fe 0.060%、Cu <0.005%、Zn <0.005%、Al 0.086%。

7.3.4.2　第二段镍钴沉淀

为使Ni、Co充分沉淀，第二段镍钴沉淀采用石灰乳作为沉淀剂，得到的杂质含量较高的氢氧化镍钴富集物返回矿浆中和工序作为中和剂使用。第二段镍钴沉淀的溶液成分见表7-52。

表7-52　二段镍钴沉淀料液主要元素分析结果　　　　　　（g/L）

编号	Ni	Co	Mn	Mg	Fe	Al
1	0.537	0.096	1.682	1.113	<0.005	<0.005
2	0.365	0.084	1.586	1.029	<0.005	<0.005
3	0.224	0.054	1.362	0.851	<0.005	<0.005
4	0.084	0.044	1.051	0.887	<0.005	<0.005

第二段镍钴沉淀试验在 1L 和 5L 烧杯中进行，固定条件：终点 pH 值为 8.5~9.0，沉淀温度为 35~40℃，石灰乳浓度为 15%，试验结果见表 7-53。

表 7-53　第二段镍钴沉淀结果

编号	料液体积 /mL	CaO 用量/g	温度 /℃	时间 /min	沉淀后液成分/g·L⁻¹				液计沉淀率/%			
					Ni	Co	Mn	Mg	Ni	Co	Mn	Mg
1	600	0.95	40	20	<0.005	<0.005	0.258	0.709	>99.5	>99.4	83.7	27.8
2	600	0.95	40	30	<0.005	<0.005	0.206	0.679	>99.5	>99.4	82.5	28.6
3	600	0.95	40	40	<0.005	<0.005	0.251	0.652	>99.5	>99.4	85.6	27.4
4	600	0.95	40	50	<0.005	<0.005	0.230	0.635	>99.5	>99.4	81.9	29.3
5	600	0.95	40	60	<0.005	<0.005	0.202	0.625	>99.5	>99.4	87.3	28.5
6	4000	6.30	35	30	<0.005	<0.005	0.184	0.614	>99.5	>99.4	84.6	29.1
7	4000	6.30	35	30	<0.005	<0.005	0.201	0.601	>99.5	>99.4	88.3	29.4

编号	料液体积 /mL	CaO 用量/g	温度 /℃	时间 /min	渣成分/%							
					Ni	Co	Mn	Mg	Fe	Al	Zn	Cu
1	600	0.95	40	20	6.45	0.52	19.33	8.26	<0.005	<0.005	<0.005	<0.005
2	600	0.95	40	30	6.50	0.52	19.27	8.16	<0.005	<0.005	<0.005	<0.005
3	600	0.95	40	40	6.43	0.55	19.54	8.46	<0.005	<0.005	<0.005	<0.005
4	600	0.95	40	50	6.53	0.51	19.24	8.29	<0.005	<0.005	<0.005	<0.005
5	600	0.95	40	60	7.06	0.68	20.18	9.68	<0.005	<0.005	<0.005	<0.005
6	4000	6.30	35	30	6.53	0.52	19.34	8.36	<0.005	<0.005	<0.005	<0.005
7	4000	6.30	35	30	6.32	0.61	19.86	8.59	<0.005	<0.005	<0.005	<0.005

第二段镍钴沉淀的反应较为迅速，反应时间大于 20min，Ni 沉淀率大于 99.5%。经过两段沉淀，沉淀后液中主要金属杂质含量除 Mn、Mg 外均小于 0.005g/L。

7.3.5　锰镁沉淀

7.3.5.1　锰沉淀

以镍钴沉淀后液作为锰沉淀试验原料，进行沉锰试验研究。试验在 2L 烧杯中进行，中和剂为 20% 的石灰石乳浆，中和剂通过恒流泵稳定加入反应烧杯中。固定条件：镍钴沉淀后液体积 1000mL，反应温度 60℃，反应时间 2h，搅拌转速 300r/min，实验结果见表 7-54。

表 7-54　锰沉淀结果

实验编号	CaO 质量 /g	渣含水 /%	pH 值	溶液成分/g·L⁻¹		沉淀率/%		滤渣成分/%		
				Mn	Mg	Mn	Mg	Mn	Mg	Ca
沉镍钴后液	—	—	8.05	0.206	0.635	—	—	—	—	–
1	0.21	73.3	8.21	0.0085	0.6198	95.9	3.9	32.02	2.4	5.38
2	0.26	68.0	8.35	0.0005	0.6332	99.8	0.3	26.48	3.33	9.64
3	0.3	72.7	8.46	0.0003	0.6325	99.9	2.4	25.56	4.14	9.22

基于上述试验结果，调节 pH 值为 8.35 左右时，可得到较优实验结果，此时 Mn 的沉淀率达到 99.8%。

7.3.5.2 镁沉淀

以锰沉淀后液作为镁沉淀试验原料，进行沉镁试验研究。试验在 1L 烧杯中进行，中和剂为 20% 的石灰石乳浆，中和剂通过恒流泵稳定加入反应烧杯中。固定条件：镍钴沉淀后液体积 500mL，反应温度 60℃，反应时间 2h，搅拌转速 300r/min，实验结果见表 7-55。

表 7-55   镁沉淀结果

实验编号	CaO 质量/g	渣含水/%	pH 值	溶液成分/g·L⁻¹	沉淀率/%	滤渣成分/%	
				Mg	Mg	Mg	Ca
沉锰后液	—	—	8.35	0.67	—	—	—
1	0.77	60.9	8.77	0.0258	96.1	15.72	14.36
2	1.00	62.1	8.92	0.0042	99.4	16.01	16.26
3	1.16	67.1	9.06	0.0004	99.9	15.57	16.36

调节 pH 值为 9.0 左右时，可得到较优实验结果，此时 Mg 沉淀率达到 99.9%。

7.3.6 全流程实验

综合上述各环节最优条件，进行全流程实验。

7.3.6.1 高压酸浸

实验条件见表 7-56。

表 7-56   实验条件

原矿/g	500	矿浆浓度/%	30
反应温度/℃	255	吨矿硫酸酸耗/kg	320
反应时间/min	60	搅拌转速/r·min⁻¹	500

实验结果见表 7-57。

表 7-57   高压酸浸实验结果

实验编号	渣含水/%	渣率/%	浸出渣成分/%							浸出率/%					
			Ni	Co	Mn	Mg	Al	Fe	S	Ni	Co	Mn	Mg	Al	Fe
1	36.4	90.9	0.058	<0.005	0.078	0.14	5.30	42.3	3.67	96.7	97.0	89.3	73.1	27.9	0.7

项目	体积/mL	溶液成分/g·L⁻¹									
		Ni	Co	Fe	Fe²⁺	Mn	Al	Mg	Cr	Si	残酸
浸出液	923	6.34	0.59	0.93	0.18	3.08	6.20	1.06	0.22	0.32	21.4

7.3.6.2 矿浆预中和及浓密

以 7.3.6.1 节高压酸浸试验所得矿浆作为试验原料，进行了预中和试验和絮凝实验。实验条件见表 7-58。

表 7-58　实验条件

反应温度/℃	90	吨矿 $CaCO_3$ 加入量/kg	21.3
反应时间/h	3	搅拌转速/$r \cdot min^{-1}$	300
絮凝时矿浆浓度/%	5	絮凝剂（CN-6）加入量/$g \cdot t^{-1}$	80
洗水用量（$V_{洗水}:V_{上清液}$）	1:1		

实验结果见表 7-59。

表 7-59　预中和及浓密实验结果

项目	体积 /mL	吨矿 $CaCO_3$ 用量/kg	pH 值	过滤速度 /$kg \cdot (h \cdot m^2)^{-1}$	溶液成分/$g \cdot L^{-1}$							损失率/%	
					Ni	Co	Fe	Mn	Al	Mg	Cr	Ni	Co
浸出矿浆	885	—	0.60	—	6.34	0.59	0.93	3.08	6.20	1.06	0.22	—	—
浓密上清液	900	21.3	1.58	90.1	6.22	0.58	0.90	3.02	6.19	1.04	0.21	0.35	0.005
洗液	900	—	—	—	1.86	0.16	0.30	0.92	1.84	0.32	0.07	—	—

7.3.6.3　中和除铁铝

以 7.3.6.2 节预中和试验所得矿浆经浓密洗涤取上清液作试验原料，进行了中和除铁铝试验。实验条件见表 7-60。

表 7-60　实验条件

反应温度/℃	75	吨矿 $CaCO_3$ 加入量/kg	78.3
反应时间/h	4	搅拌转速/$r \cdot min^{-1}$	300

实验结果见表 7-61。

表 7-61　中和除铁铝实验结果

实验编号	体积/mL	pH 值	溶液成分/$g \cdot L^{-1}$							主要金属沉淀率/%		
			Ni	Co	Fe	Mn	Al	Mg	Cr	Fe	Al	Cr
浓密上清液	860	1.58	6.22	0.58	0.90	3.02	6.19	1.04	0.21	—	—	—
除铁铝后液	895	4.25	5.84	0.56	0.006	2.90	0.022	1.07	<0.005	99.3	99.6	97.8

项目	渣湿重 /g	渣含水 /%	过滤速度 /$kg \cdot (h \cdot m^2)^{-1}$	滤渣成分/%								损失率/%			
				Ni	Co	Fe	Mn	Al	Mg	Ca	SiO_2	Ni	Co	Mn	Mg
铁铝渣	136.5	37.6	417.6	0.12	0.017	0.94	0.01	5.91	<0.005	17.06	0.73	1.90	2.1	0.32	0.46

7.3.6.4　镍钴沉淀

以 7.3.6.3 节除铁铝试验所得滤液作为两段沉镍钴试验原料，进行试验。实验条件见表 7-62。

表 7-62　实验条件

反应温度/℃	70	吨矿 CaO 加入量/kg	17.8
反应时间/h	4	搅拌转速/r·min^{-1}	300

实验结果见表 7-63。

表 7-63　镍钴沉淀实验结果

项目	pH 值	渣含水/%	过滤速度/kg·(h·m²)$^{-1}$	溶液成分/g·L^{-1}				主要金属沉淀率/%			
				Ni	Co	Mn	Mg	Ni	Co	Mn	Mg
原液	4.25	—	—	5.84	0.56	2.90	1.07	—	—	—	—
一段沉淀	7.75	55.3	115.8	0.35	0.06	1.25	0.98	94.56	91.35	56.9	8.4
二段沉淀	8.06	59.0	112.8	0.002	0.001	0.24	0.82	99.97	99.82	91.6	22.3

项目	滤渣成分/%											
	Ni	Co	Fe	Mn	Al	Mg	Ca	SiO$_2$	Zn	Cu	Cr	SO$_4^{2-}$
一段沉淀	12.94	1.37	0.04	5.97	0.06	0.54	13.47	0.41	0.24	0.05	0.007	35.34
二段沉淀	6.32	0.82	<0.005	18.55	<0.005	8.62	15.36	0.76	<0.005	<0.005	<0.005	36.86

7.3.6.5　锰沉淀

以 7.3.6.4 节沉镍钴试验所得滤液作原料，进行沉锰试验。实验条件见表 7-64。

表 7-64　实验条件

反应温度/℃	60	吨矿 CaO 加入量/kg	0.6
反应时间/h	2	搅拌转速/r·min^{-1}	300

实验结果见表 7-65。

表 7-65　锰沉淀实验结果

项目	体积/mL	渣湿重/g	渣含水/%	过滤速度/kg·(h·m²)$^{-1}$	pH 值	溶液成分/g·L^{-1}		滤渣成分/%					沉淀率/%	
						Mn	Mg	Mn	Mg	Ca	Ni	Co	Mn	Mg
沉镍钴后液	800	—	—	—	8.06	0.24	0.82	—	—	—	—	—	—	—
沉锰	800	2.3	73.3	2.5	8.38	0.0003	0.805	25.8	3.58	9.54	0.26	0.17	99.9	1.83

7.3.6.6　镁沉淀

以 7.3.6.5 节沉锰试验所得滤液作原料，进行沉镁试验。实验条件见表 7-66。

表 7-66　实验条件

反应温度/℃	55	吨矿 CaO 加入量/kg	5.47
反应时间/h	2	搅拌转速/r·min^{-1}	300

实验结果见表 7-67。

表 7-67　沉镁实验结果

项目	原液体积/mL	滤液体积/mL	滤渣湿重/g	渣含水/%	过滤速度/kg·(h·m²)⁻¹	pH 值	溶液成分/g·L⁻¹ Mg	沉淀率/% Mg
沉锰后液	790	—	—	—	—	8.38	0.805	—
沉镁后液	790	790	10.2	63.1	14.7	9.03	0.0007	99.9

项目	滤渣成分/%							
镁渣	Ca	Ni	Co	Fe	Mn	SiO₂	Al	Mg
	16.26	<0.005	<0.005	<0.005	0.021	0.589	<0.005	15.84

7.3.7　主金属平衡

主要考察 Ni、Co 的综合回收，依全流程实验结果，其高压浸出—预中和—深度净化—沉镍钴—沉锰镁过程简易金属平衡图（以干矿计）如图 7-28 和图 7-29 所示。

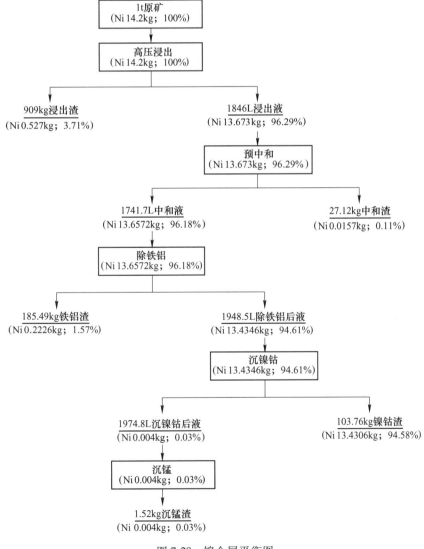

图 7-28　镍金属平衡图

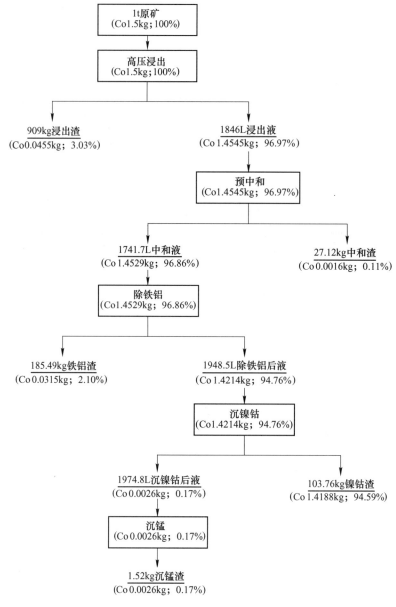

图 7-29　钴金属平衡图

参 考 文 献

[1] 王成彦，尹飞，陈永强，等. 国内外红土镍矿处理技术及进展 [J]. 中国有色金属学报，2008，18
　　（e01）：1~8.

[2] 马保中，杨玮娇，王成彦，等. 红土镍矿湿法浸出工艺的进展 [J]. 有色金属（冶炼部分），2013
　　（7）：1~8.

[3] 龙艳. 红土镍矿湿法处理现状及研究 [J]. 湖南有色金属, 2009, 25 (6): 24~27.

[4] 李建华, 程威, 肖志海. 红土镍矿处理工艺综述 [J]. 湿法冶金, 2004, 23 (4): 191~194.

[5] 郭学益, 吴展, 李栋. 镍红土矿处理工艺的现状和展望 [J]. 金属材料与冶金工程, 2009, 37 (2): 3~9.

[6] 蔡文. 褐铁矿型红土镍矿中镍和铁的常压酸浸行为研究 [D]. 长沙: 中南大学, 2013.

[7] 黄振华, 刘三平. 缅甸莫苇塘镍矿常压硫酸浸出制取氢氧化镍、钴工艺的研究 [R]. 北京: 北京矿冶研究总院, 2008.

[8] 刘艳. 印度尼西亚红土镍矿常压浸出前后的矿物学特性 [J]. 湿法冶金, 2013 (3): 150.

[9] 蒋开喜, 文森特·康贝莫·西蒙斯, 王海北, 等. 一种红土镍矿联合浸出的工艺: CN 103614571 A [P]. 2014.

[10] 刘三平, 蒋开喜, 王海北, 等. 红土镍矿常压—加压两段联合浸出新工艺研究 [J]. 有色金属 (冶炼部分), 2014 (11): 12~15.

[11] 伍耀明. 硫酸常压强化浸出红土镍矿新工艺研究 [J]. 有色金属 (冶炼部分), 2014 (1): 19~23.

[12] 蒋飞. 红土镍矿浸出新工艺及铁行为研究 [D]. 北京: 北京矿冶研究总院, 2013.

[13] 林传仙. 矿物及有关化合物热力学数据手册 [M]. 北京: 科学出版社, 1985.

[14] 傅崇说. 冶金溶液热力学原理与计算 [M]. 北京: 冶金工业出版社, 1989.

[15] 杨显万. 高温水溶液热力学数据计算手册 [M]. 北京: 冶金工业出版社, 1983.

[16] 肖振民. 世界红土型镍矿开发和高压酸浸技术应用 [J]. 中国矿业, 2002, 11 (1): 56~59.

[17] 李栋. 低品位镍红土矿湿法冶金提取基础理论及工艺研究 [D]. 长沙: 中南大学, 2011.

[18] Crundwell F K, Moats M S, Ramachandran V, et al. Extractive Metallurgy of Nickel, Cobalt and Platinum Group Metals [M]. Oxford: Elsevier, 2011: 117~122.

[19] 王玲, 鲁安怀, 王宁. 某蛇纹石型红土镍矿常压硫酸溶解浸出实验研究 [J]. 岩石矿物学杂志, 2015, 34 (6): 860~864.

[20] Loveday B K. The use of oxygen in high pressure acid leaching of nickel laterites [J]. Minerals Engineering, 2008, 21 (7): 533~538.

[21] Ma B Z, Wang C Y, Yang W J, et al. Screening and reduction roasting of limonitic laterite and ammonia-carbonate leaching of nickel-cobalt to produce a high-grade iron concentrate [J]. Minerals Engineering, 2013, 51 (9): 106~113.

[22] 伍鸿九, 王立川. 有色金属提取手册 (铜镍卷) [M]. 北京: 冶金工业出版社, 2000: 512~514.

[23] Johnson J A, Cashmore B C, Hockridge R J. Optimisation of nickel extraction from laterite ores by high pressure acid leaching with addition of sodium sulphate [J]. Minerals Engineering, 2005, 18 (13~14): 1297~1303.

[24] 王成彦, 江培海. 云南中低品位氧化锌矿及元江镍矿的合理开发利用 [J]. 中国工程科学, 2005 (s1): 147~150.

[25] 陈光云. 铁质红土镍矿常压硫酸浸出—镁质矿中和沉铁试验研究 [D]. 昆明: 昆明理工大学, 2015.

[26] 马保中, 杨玮娇, 杨卜, 等. 红土镍矿硝酸浸出液中铝的净化与分离 [J]. 有色金属 (冶炼部分), 2015 (5): 14~17.

[27] 刘三平. 山东中腾红土镍矿高压酸浸工艺小型试验研究报告 [R]. 北京: 北京矿冶研究总院, 2011.

8 电池级硫酸镍制备

8.1 试验原料

试验用原料为某红土镍矿加压浸出液的镍钴沉淀富集物，经硫酸溶解后产出的硫酸镍溶液，成分见表 8-1。

表 8-1 溶液成分   (g/L)

元素	Ni	Co	Mn	Fe	Cu	Zn	Al
含量	104.50	9.40	16.19	0.0018	0.11	0.85	0.053
元素	Si	Ca	Mg	Na	Cd	pH 值	
含量	0.045	0.42	0.45	0.32	0.0001	3~4	

溶液中除了含有大量的镍、钴、锰外，其他元素的含量均小于1g/L。

萃取是现代含镍溶液净化提纯的常用技术，包括萃取除杂和镍钴萃取分离两个主要步骤。从经济性考虑，广泛应用的适用于萃取除杂的萃取剂主要是 P204，适用于镍钴分离的萃取剂则主要有 P507、Cyanex272 以及 DDPA 等。上述萃取剂的主要区别在于分子中 P—C 数，它对空间位阻及其他因素有影响，从而对钴/镍选择性有显著的影响[1]。P204、P507 和 Cyanex272 的主要性质见表 8-2。

表 8-2 P204、P507 和 Cyanex272 的主要性质

项目	P204	P507	Cyanex272
相对分子质量	322.43	306.43	290.43
pK_a（75%乙醇溶液中）	3.42	4.51	6.02
外观	浅黄	浅黄或无色	浅黄或无色
密度/g·cm^{-3}	0.9699	0.9475	0.92
黏度/Pa·s	34.79×10^{-3}	34×10^{-3}	142×10^{-3}
水中溶解度/g·m^{-3}	11.8	10（pH=4）	38（pH=3.7）
沸点/℃	—	—	>300
闪点/℃	206（开口）	198（开口）	>108（闭口）
燃点/℃	233	235	—
折射率	1.4417	1.449	1.4596
毒性（小白鼠口服）LD30/g·kg^{-1}	—	2.526	4.9

这三种萃取剂萃取各种金属能力的萃取率 E 与 pH 值（E-pH）的关系如图 8-1 所示。

P204 是一种膦酸型萃取剂，在有色金属提取领域的应用，主要是从镍、钴的硫酸溶液中萃取脱除锌、锰、铜、铁等杂质，也用于镍、钴分离及稀土元素的分离。P204 的平衡 pH 值与金属萃取率的关系如图 8-1（a）所示，从图中可以看出，P204 从硫酸介质中萃取各种金属的顺序是：Fe^{3+}>Zn^{2+}>Mn^{2+}≈Cu^{2+}>Ca^{2+}>Co^{2+}>Mg^{2+}>Ni^{2+}。因此，Cu、Fe、Zn、Mn 等杂质可以先于镍、钴而被萃取除去，而镁不能使之分离，Ni、Co、Mg 存留于萃余液中。

P507 萃取剂对不同金属的萃取性能如图 8-1（b）所示。其对钴、镁的萃取性能要远

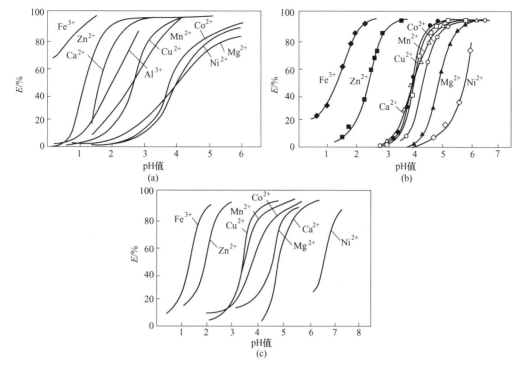

图 8-1　硫酸介质中不同有机磷酸萃取剂对不同金属的萃取性能
（a）P204；（b）P507；（c）Cyanex272

优于镍，也就是说，P507 具有较高的镍钴分离系数，可以通过控制适宜的 pH 值而很好地实现钴、镁的优先萃取，从而实现和镍的分离；P507 对铜、钙、锰、钴的萃取能力很接近，很难实现铜、锰、钙、钴的分离，这也就是为什么在镍、钴分离之前必须要用 P204 萃取脱除铜、锰、钙等杂质的原因。P507 对某些金属的萃取顺序为：$Fe^{3+} > Zn^{2+} > Ca^{2+} > Cu^{2+} > Mn^{2+} > Co^{2+} > Mg^{2+} > Ni^{2+}$。

　　Cyanex272 萃取剂对某些金属的萃取能力如图 8-1（c）所示。从图中可以看出，钴、镁、镍离得相对较远，说明 Cyanex272 具有较高的镁钴、镁镍、钴镍分离系数；铜、锰与钴靠得最近，Cyanex272 较难实现铜、锰与钴的分离，因此，和 P507 类似，在用 Cyanex272 萃取分离镍钴之前，也必须用 P204 萃取脱除铜、锰等杂质元素。Cyanex272 对某些金属的萃取顺序为：$Fe^{3+} > Zn^{2+} > Cu^{2+} > Mn^{2+} > Pb^{2+} > Co^{2+} > Mg^{2+} > Ca^{2+} > Ni^{2+}$。与 P507 萃取剂相比较，Cyanex272 的特点是钴在钙、镁之前，因而萃取时控制适宜的条件，可使钙、镁很少进入有机相，这对提高钴产品质量及改善萃取操作有重要意义。

　　料液中的钴镍比是选择萃取剂的关键。如果料液中的钴镍比为 1∶5 左右时，由于 P204 价格低廉，一般选择 P204 进行除杂，而选择 P507 进行钴镍的分离；如果料液中的钴镍比为 1∶10 甚至更小，为实现钴的高效提取，一般选择 Cyanex272 进行钴镍分离。采用 Cyanex272 实现高镍低钴溶液中钴的提取，从而取代黑镍除钴工艺用于镍电解液的净化或制备高纯硫酸镍也是可行的，但不能完全除镁，同时比较图 8-1（b）和（c），萃取得到的负载有机分馏提取钴、镁时，需要的级数 P507 较 Cyanex272 要少，但使用 P507 进行钴镍分离时需要的级数却较高[2,3]。

硫酸镍溶液的萃取净化分离原则流程如图 8-2 所示。为控制精制硫酸镍溶液的钠含量

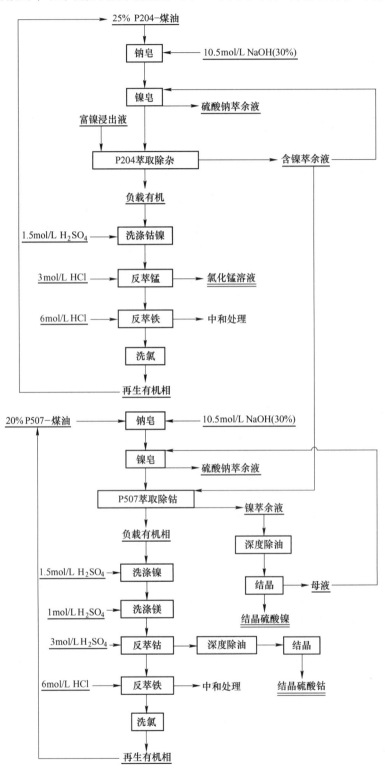

图 8-2　萃取系统工艺流程图

在 1g/L 以下，在 P204 萃取除杂和 P507 萃取分离镍钴过程均设置了镍皂制备工序，同时，在镍皂制备萃取箱与萃取除杂萃取箱，以及萃取分离镍钴萃取箱之间设置 1 级镍皂有机澄清槽。盐酸反铁后，为了尽可能地降低反铁后的有机相夹带氯离子，设置 3 级洗酸槽，保证酸水及氯离子不进入钠皂系统。

P204 萃取除杂包括钠皂—镍皂—澄清—萃取—洗涤—反萃—反萃铁—洗氯；P507 萃取包括钠皂—澄清—镍皂—澄清—萃取—洗镍—洗镁—反萃钴—反萃铁—洗氯；其中镍皂、洗涤、反萃、洗氯设置水相回流控制，维持混合室相比在 1∶1 的水平[1,4,5]。

8.2 P204 萃取除杂

8.2.1 试验条件

P204 萃取试验条件（在试验过程中有少许变化）如下所示：

（1）皂化试验参数见表 8-3。

表 8-3 皂化试验参数

有机相组成	25%P204+75%煤油	皂化率/%	50~60
级数	3 级逆流	温度/℃	室温（10~15）
混合时间/min	>5		

（2）镍皂试验参数见表 8-4。

表 8-4 镍皂试验参数

硫酸镍溶液/g·L⁻¹	Ni 约 45	澄清级数	1 级
皂化流比（O/A）	(3~4)∶1	混合时间/min	>5
混合室相比（O/A）	约 1（控制回流）	皂化萃余液 pH 值	约 5
皂化级数	4 级逆流	温度/℃	室温（10~15）

（3）萃取试验参数见表 8-5。

表 8-5 萃取试验参数

萃取流比（O/A）	(1.5~2)∶1	混合时间/min	>5
混合室相比（O/A）	约 1（控制回流）	萃取萃余液 pH 值	4~4.5
萃取级数	11 级逆流		

（4）洗涤试验参数见表 8-6。

表 8-6 洗涤试验参数

洗涤酸及浓度/mol·L⁻¹	H₂SO₄ 0.6 或 1	混合时间/min	>5
洗涤流比（O/A）	(15~20)∶1	洗涤 1 级 pH 值	约 3.0
混合室相比（O/A）	约 1（控制回流）	洗涤液处理	进入萃取 1 级
洗涤级数	6 级逆流		

（5）反萃试验参数见表 8-7。

表 8-7   反萃试验参数

反萃酸及浓度/mol·L⁻¹	HCl（约 3）	反萃级数	6 级逆流
反萃流比（O/A）	（15~10）∶1	混合时间/min	<5
混合室相比（O/A）	约 1（控制回流）	反萃 6 级 pH 值	约 3.0

（6）反铁试验参数见表 8-8。

表 8-8   反铁试验参数

反铁酸始酸浓度/mol·L⁻¹	HCl（4.5~6）	混合时间/min	<5
反铁流比（O/A）	1	反铁液循环方式	自身循环
反铁级数	5 级逆流		

（7）洗氯试验参数见表 8-9。

表 8-9   洗氯试验参数

洗氯液	纯水	级数	3 级逆流
流比（O/A）	15∶1	混合时间/min	<5

8.2.2　试验结果与讨论

P204 萃取运行 14 天，共处理 2712L 原液（88L 为开始冲槽放入的原液）；产出萃余液 2850L（其余 99L 留存在萃取箱中，配成镍皂用液约 600L）；采用结晶硫酸镍配制镍皂硫酸镍（45g/L）溶液 249L；产出镍皂余液 1644L（停车槽内留存 44L）；洗涤液 471L（停车槽内留存 77L）；反萃液 540L（停车槽内留存 55L）。试验表明，萃取过程各相运行基本平稳，萃取设备运转正常，相界面第三相污物较少，没有出现两相分离困难影响萃取操作的情况。

试验过程发现，洗涤级 1、2 级的混合室搅拌和槽壁上有硫酸钙的结晶物。在工业应用的直接萃钙体系中，其洗涤工序每 3 个月左右需要清理一次，对生产不会有大的影响。但项目设计时必须考虑洗涤级硫酸钙的结晶析出和清理。

8.2.2.1　P204 试验萃取系统物料全分析

P204 试验萃取系统物料全分析结果见表 8-10。

表 8-10   P204 萃取系统典型物料全分析

名称	体积/L	成分/g·L⁻¹											pH 值
		Ni	Co	Mn	Fe	Cu	Zn	Al	Si	Ca	Mg	Na	
硫酸镍原液	2712	104.50	9.4095	16.1952	0.0018	0.1086	0.8505	0.0525	0.0452	0.4162	0.4524	0.3167	4.00
结晶镍配 NiSO₄ 溶液	249	45	—	—	—	—	—	—	—	—	—	—	4.00
萃余配制 NiSO₄ 溶液	600	43.04	2.58	—	—	—	—	—	—	—	—	—	4.20
反萃余液	540	0.0094	2.6255	75.5200	0.0000	0.4663	0.1561	0.0039	0.0000	1.5900	0.0605	—	2.5~3

名称	体积 /L	成分/g·L^{-1}											pH 值
		Ni	Co	Mn	Fe	Cu	Zn	Al	Si	Ca	Mg	Na	
反铁溶液	约100	—	—	0.1502	—	—	—	—	—	—	—	—	—
洗氯水	约300	—	—	—	—	—	—	—	—	—	—	—	1.5~2
镍皂萃余液	1644	1.27	0.0115	0.0016	0.00013	0.0017	0.00043	0.0009		0.0017	0.25		5.00
P204萃余液	2850	102.89	6.37	0.00145	0.000143	0.00065	0.000382	0.00116	0.0255	0.000288	0.3	0.8314	4.20

采用 P204 可以除去原液中的 Cu、Fe、Pb、Zn、Mn、Ca，萃余液中的含量均小于 2mg/L，对比原液与萃余液，溶液中的钠含量增加了 0.51g/L，增加的钠是由镍皂有机夹带或镍皂置换不完全，而使钠皂进入萃取系统造成的；原液中大部分的硅、镁和钴基本保留在萃余液中，需要进一步分离才能得到合格的硫酸镍溶液。

8.2.2.2　P204 系统运行典型数据

P204 系统连续运行，典型数据见表 8-11。

表 8-11　P204 连续 4 天运行萃取情况表

项目	物料名称	流量平均 /mL·min^{-1}	分析结果/mg·L^{-1}						
			Ni	Co	Mn	Cu	H$_2$SO$_4$	HCl	NaOH
收入	原液	182	104.50	9.4095	16.1952	0.1086	—	—	—
	液碱	13.5	—	—	—	—	—	—	10.5mol/L
	镍皂原液（萃余液配制）	(95)	约45	约3	—	—	—	—	—
	洗涤酸	19	—	—	—	—	1mol/L	—	—
	反萃酸	31	—	—	—	—	—	3mol/L	—
	反铁酸	循环	—	—	—	—	—	6mol/L	—
	洗氯水	20	—	—	—	—	—	—	—
产出	P204萃余液	约170	103.57	5.67	0.0011	0.0012	pH=4.2	—	—
	镍皂萃余液	95	2.32	0.061	—	—	pH=5.0	—	—
	反萃余液	31	0.0059	3.734	78.82	—	pH=3.5~4.0	—	—
	反铁后液	循环	—	—	—	—	—	—	—
	洗氯水	20	—	—	—	—	pH=2.0	—	—

在萃取流程中，钴、镍以 P204 萃余液形式开路，锰、铜、锌、钙等杂质以反萃余液形式开路，大部分镁和钴几乎全部进入到 P204 萃余液中，少量进入到反萃余液中。

P204 段萃取回收率：Ni 98.80%，Co 93.24%。

镍的损失主要为镍皂跑镍产生的损失，在 P507 萃取试验和大量的工业试验证明，其皂化后液的含镍量小于 0.1g/L。按此计算镍皂损失为 0.05%，反萃余液损失为 0.01%，总损失率为 0.06%；钴的损失主要为反萃余液带走的，本次试验主要由于洗涤级数偏少，导致洗涤效率仅为 77% 左右，因此导致钴的损失较大，当洗涤级数增加到十级，操作控制严格时，钴的洗涤率将达到 95% 以上，钴的损失率应小于 1%。

具体消耗：NaOH(32%)74L/m^3，硫酸（98%)5.8L/m^3，HCl(31%)52L/m^3。

8.2.2.3 P204 萃取操作技术指标

产品指标：P204 萃取产品指标要求见表 8-12。

表 8-12 P204 萃取产品指标要求

名称	成分/g·L^{-1}										pH 值
	Ni	Co	Mn	Fe	Cu	Zn	Al	Ca	Mg	Na	
镍皂萃余液	≤0.1	≤0.001	—	—	—	—	—	—	—	—	5.00
P204 萃余液	约100	随原液变化	<0.001	<0.001	<0.001	<0.001	<0.001	0.001	随原液变化	<1	4.20
反萃余液	≤0.01	≤0.5	约75	—	随原液变化				1~5	<1	2.5~3

金属回收率：Ni 99.5%，Co 99%。

消耗指标（按溶液含 Ni 104g/L 计算）：NaOH（32%）99.53kg/m³，硫酸（98%）10.7kg/m³，HCl（31%）59.80kg/m³，纯水 0.5m³/m³。

8.3 P507 萃取分离镍钴

8.3.1 试验原料及试剂

P507 萃取原料为 P204 萃取试验的萃余液的混合，其成分见表 8-13。原液中的 Mn、Fe、Cu、Zn、Al、Ca 含量均小于 1mg/L，而仅有 Mg、Co 含量较高。没有达到精制硫酸镍溶液的成分要求。

表 8-13 P204 萃余液混合后分析结果

成分	Ni	Co	Mn	Fe	Cu	Zn	Al	Si	Ca	Mg	Na
含量/g·L^{-1}	102.89	6.37	0.0015	0.00014	0.00065	0.00038	0.0012	0.0255	0.00029	0.3	0.8314

试剂及用量如下：

(1) 有机浓度：P507 20%（体积分数，稀释剂为磺化煤油）；

(2) 钠皂化用碱：30%左右的液碱（测定 NaOH 浓度为 10.5mol/L）；

(3) 镍皂用硫酸镍：用结晶硫酸镍配制，浓度为 60g/L；

(4) 洗镍用酸：H$_2$SO$_4$ 0.5mol/L 或 1.0mol/L；

(5) 洗镁用酸：H$_2$SO$_4$ 0.5mol/L；

(6) 反萃钴用酸：H$_2$SO$_4$ 1.5mol/L；

(7) 反萃铁用酸：始酸 HCl 6mol/L；

(8) 洗氯用水：纯水。

8.3.2 试验结果与讨论

8.3.2.1 P507 连续萃取试验

萃取试验的萃取级数 14 级，洗涤级数 8 级。萃取试验连续运行稳定，分相较好，试验主要检测萃余液中镁的含量（要求不大于 7mg/L），试验结果见表 8-14。

从表中可以看出，萃取过程稳定运行，最后一级萃余液中的镁稳定控制在 0.005mg/L。说明在试验条件下萃取脱除溶液中的钴和镁是可行的。

表 8-14 **P507 萃取最后一级的分析结果**

级数	有机流量/mL·min⁻¹	加碱量/mL·min⁻¹	皂化率/%	原液/mL·min⁻¹	萃余液成分/g·L⁻¹	
					Co	Mg
14	255	7.5	49.81	200	0.00177	0.00303
14	260	7.2	46.90	200	0.0012	0.00231
14	260	7.2	46.90	200	—	0.00167
14	260	7.2	46.90	250	—	0.00911
14	260	7.5	48.85	250	—	0.01749
14	260	7.5	48.85	0	—	0.01114
14	260	7.5	48.85	0	—	0.0027
14	260	7.5	48.85	0	—	0.00087
14	265	7.5	47.93	200	0.00114	0.00103
14	268	7.5	47.39	200	—	0.00055
14	268	7	44.23	200	—	0.00124
14	260	7.3	47.55	210	—	0.00107
14	260	7.5	48.85	200	—	0.00144
14	255	8	53.13	210	—	0.00226
14	300	7.1	40.08	230	—	0.00101
14	300	7.1	40.08	235	—	0.00154
14	310	7.5	40.97	235	—	0.00383
14	310	7	38.24	230	—	0.00355
14	310	7.5	40.97	0	—	0.00405
14	310	7	38.24	0	—	0.00241
14	300	7.5	42.34	200	—	0.00106
14	300	7.5	42.34	200	—	0.00104
14	300	7.5	42.34	200	—	0.00166
14	350	6.5	31.45	200	—	0.00217
14	350	6.5	31.45	205	—	0.00339
14	350	6.5	31.45	205	—	0.00122
14	350	6.5	31.45	205	—	0.00106
14	350	6.5	31.45	205	—	0.00173
14	350	6.5	31.45	205	—	0.00314
14	345	6.5	31.91	205	—	0.0037
14	345	6.8	33.38	200	—	0.00287
14	345	7	34.36	200	—	0.00281
14	350	7	33.87	200	—	0.00103
14	350	6.33	30.63	200	—	0.0014
14	350	7	33.87	200	—	0.00108

级数	有机流量/mL·min⁻¹	加碱量/mL·min⁻¹	皂化率/%	原液/mL·min⁻¹	萃余液成分/g·L⁻¹ Co	萃余液成分/g·L⁻¹ Mg
14	350	6.33	30.63	200	—	0.00133
14	350	6.33	30.63	200	—	0.00204
14	350	6.33	30.63	205	—	0.0011
14	350	6	29.03	205	—	0.0015
14	350	6.67	32.27	205	—	0.0011
14	350	7	33.87	210	—	0.00281
14	350	6.17	29.85	210	—	0.00228
12	300	4	22.58	150	—	0.0028
12	280	4	24.19	150	—	0.00152
12	280	3.83	23.17	150	—	0.00097
12	290	3.73	21.78	150	—	0.00097
12	290	3.93	22.95	150	—	0.0016
12	300	4.02	22.69	150	—	0.0016
12	300	4.17	23.54	145	—	0.00149
12	300	4.03	22.75	151	—	0.00163
12	300	4	22.58	150	—	0.00097
12	300	4	22.58	150	—	0.00211
12	300	4	22.58	150	—	0.0023
12	300	4	22.58	150	0.00232	0.00532
12	300	4	22.58	150	—	0.00201
12	300	4	22.58	150	—	0.00105
12	300	4	22.58	150	—	0.00082
12	272	4	24.91	150	—	0.00109
12	250	4	27.10	150	—	0.00158
12	230	4	29.45	150	—	0.00113
12	210	4	32.26	150	—	0.00402
12	200	4.4	37.26	150	—	0.00203
12	200	4.3	36.41	150	—	0.00396
12	200	4.2	35.56	150	—	0.00413
12	200	4.3	36.41	150	—	0.00226
12	200	4.2	35.56	150	—	0.00334
12	200	4.3	36.41	150	—	0.00229
12	200	4.2	35.56	150	—	0.00352
12	200	4	33.87	150	—	0.00478
12	200	4.2	35.56	150	—	0.00295
12	200	4	33.87	150	—	0.00267

比较整个试验数据发现,皂化率对镁的萃取有一定的影响,在处理原液基本相同的情况下,皂化率越低,流比越大,越利于镁的萃取,碱耗相对降低。皂化率与有机流量以及碱耗对比见表 8-15。

表 8-15　皂化率与有机流量以及碱耗对比

有机流量 /mL·min⁻¹	原液流量 /mL·min⁻¹	流比	碱液流量 /mL·min⁻¹	皂化率 /%	镁是否合格 (<5mg/L)	单位原液消耗 皂化碱量/L·L⁻¹	碱量与溶液中钴、镁所需要的碱量比
260	200	1.3	7.2	46.90	合格	0.036	1.65
260	250	1.0	7.5	48.85	不合格	0.030	1.38
200	150	1.3	4.2	35.56	合格	0.028	1.53
350	200	1.8	6.33	30.63	合格	0.032	1.45
300	150	2.0	4	22.58	合格	0.027	1.22

注：流比为 200∶150 的试验为原液 Co 5.03g/L、Mg 0.259g/L，其他为 Co 6.00g/L，Mg 0.3g/L。

对比可以看出，当皂化率为 48.85% 时，碱量与溶液中钴、镁所需要的碱量比为 1.38，经过一天的运行，萃余液中的镁含量达到 0.01g/L 以上。而当皂化率为 22.58% 时，碱量与溶液中钴、镁所需要的碱量比仅为 1.22，稳定运行了 3 天，萃余液中镁含量均小于 0.005g/L。说明皂化率降低有利于镁的萃取。

皂化率降低，则萃取流比增加，要保证萃取混合室的相比 O/A=1，则需要萃取设备将增大，动力需要也将有所增加。

比较试验结果，确定控制萃取的流比控制在 1.5~2.0，碱量与溶液中钴、镁所需要的碱量比控制在 1.5 左右，皂化率控制在 22%~35% 之间。

试验条件下，经过四级萃取萃余液钴浓度降低到 0.01g/L，而镁的萃取需要 10~11 级才可以到达要求，设计建议萃取选择 12 级。

8.3.2.2　硫酸钴产品分析

反萃钴系统分析连续洗钴试验结果见表 8-16。

表 8-16　反萃钴系统分析连续洗钴试验结果

时间	反萃级数	成分/g·L⁻¹		
		Ni	Co	Mg
1	5	—	93.33	0.097
2	5	0.0049	—	0.07387
3	5	0.00314	84.88	0.04187
4	5	—	—	0.04998
5	5	0.00376	85.45	0.04159
6	6		45.7	0.00131
7	6		71.15	0.00108
8	6		77.05	0.00254
9	6	0.00555	72.79	0.00257
10	6	—	87.22	0.009

从表 8-16 看出，通过硫酸反萃得到的硫酸钴溶液中的镍含量小于 5mg/L，5 级之前，由于洗镁有机相含镁约为 1mg/L，含钴 2g/L，钴镁比小于 5000，因此导致钴反萃液中的镁含量大于 40mg/L。提高皂化率，提高有机相中含钴浓度至 5g/L，当洗镁有机相含镁约

0.6mg/L 时，洗镁有机相的钴镁比大于 7000，其反萃钴溶液中的钴镁比也大于 7000。因此，在保证萃取的前提下，尽量提高皂化率，从而提高有机相中的钴浓度，保证洗镁有机相的钴镁比大于 7000。同时建议设计生产结晶硫酸钴，这样可以降低洗镁的难度，结晶母液的镁富集稀释后再作为洗镁液返回使用。

整体考虑 P507 萃取需要控制萃取的皂化率在 20%~40% 之间，而洗镁段要求有机相中含有的钴量大于 5g/L，这样才能保证得到合格的硫酸钴溶液，所以确定 P507 萃取控制的皂化率控制在 35%~40% 之间。

8.3.2.3　P507 萃取系统物料全分析

P507 试验萃取系统物料全分析结果见表 8-17。

表 8-17　P507 萃取系统典型物料全分析

| 名称 | 成分/g·L^{-1} | | | | | | | | | | | pH 值 |
	Ni	Co	Mn	Fe	Cu	Zn	Al	Si	Ca	Mg	Na	
P204 萃余液	102.89	6.00	0.00145	0.000143	0.00065	0.000382	0.00116	0.0255	0.000288	0.3	0.8314	4.20
NiSO₄ 溶液（配制）	60	—										4.00
洗镁余液	3.01	10.46								1.84		2.5~3
反钴余液	—	87.22	0.004	0.001	0.0007	0.003			0.043	0.009		
反铁溶液	—											
洗氯水												1.5~2
镍皂萃余液	0.0486	—										5.00
硫酸镍溶液	91.64		0.003	0.001	0.0007	0.002	0.004		0.007	0.006	0.73	5.00

结果表明，P204 萃余液经过 P507 萃取分离，可以得到合格的硫酸镍溶液和硫酸钴溶液。镍皂萃余液中含有一定的镍（小于 0.1g/L）需要回收，洗镁余液含有一定的镍和钴需要回收。

8.3.2.4　P507 系统运行典型数据

系统连续运行试验数据见表 8-18。

表 8-18　P507 萃取运行情况表

| 编号 | 物料名称 | 表流量 /mL·min^{-1} | 分析结果/mg·L^{-1} | | | | | |
			Ni	Co	Mg	NaOH	H₂SO₄	HCl
收入	P204 萃余液	150~155	102.89	5.03	259	—	—	—
	液碱	4	—	—	—	10.5mol/L		
	硫酸镍	21	60	—	—			
	洗镍酸	3.5	—	—	—		1mol/L	
	洗镁酸	18	—	—	—		0.5mol/L	
	反钴酸	14L（内循环）	—	—	—		1.5mol/L	
	反铁酸	63（循环）	—	—	—			4~6mol/L
	洗氯水	17						

编号	物料名称	表流量 /mL·min⁻¹	分析结果/mg·L⁻¹					
			Ni	Co	Mg	NaOH	H₂SO₄	HCl
产出	P507萃余液	155~160	—	0.003	0.004	—	pH=4.5	—
	镍皂萃余液	21	0.04861	—	—	—	—	—
	洗镁后液	18~20	3.31	11.85	1.32	—	pH=4.5	—
	硫酸钴溶液	14L（循环）	0.00555	72.79	0.00257	—	—	—
	反铁溶液	—	—	—	—	—	—	没有补加酸
	洗氯水	17	—	—	—	—	—	—

从萃取试验运行流程中可以看出，镍以 P507 萃余液开路，钴主要以硫酸反萃钴得到的硫酸钴溶液开路，镁以洗镁后液开路，但由于洗镁后液含钴较高，因此大部分钴随之损失到洗镁后液中，按洗镁后液损失的钴计算，钴的损失率约为30%。这主要是由于洗镁过程没有控制好操作条件及洗镁级数少，实际生产中估计可以控制在小于5%。

萃取回收率：Ni 99.57%，Co 70.16%（按洗镁后液溶液计算）。

消耗指标：液碱（10.5mol/L）27L/m³，硫酸（98%）8.0L/m³，HCl（30%）0.1L/m³。

8.3.2.5　P507 萃取操作技术参数

萃取系统工艺条件如下：P507 有机相浓度：20%（体积分数）P507+260 号煤油。

（1）钠皂化试验参数见表 8-19。

表 8-19　钠皂化试验参数

皂化混合级数	3 级（试验为 2 级）	皂化用液/g·L⁻¹	Ni 45~60（P507 萃余液配置）
皂化率/%	35~40	皂化余液/g·L⁻¹	Ni <0.1（试验需要回收）
皂化用碱/%	工业级液碱（约31）	混合室相比	1:1
镍皂化　皂化级数	4 级	是否需要回流控制	需要
镍皂化　澄清级数	1 级	皂化流比	5~10
镍皂化　皂化率/%	35~40		

（2）萃取试验参数见表 8-20。

表 8-20　萃取试验参数

萃取级数	12 级	是否需要回流控制	需要
萃取流比（O/A）	(1~2):1	萃余液 pH 值	>5.0
混合室相比	1:1		

（3）洗涤镍试验参数见表 8-21。

表 8-21　洗涤镍试验参数

洗涤级数	10 级	混合室相比	1:1
洗涤酸/mol·L⁻¹	硫酸 0.5~1.0	是否需要回流控制	需要
萃取流比（O/A）	(30~40):1	洗涤 1 级溶液 pH 值	3.8~4.0

（4）洗涤镁试验参数见表 8-22。

表 8-22 洗涤镁试验参数

洗涤级数	10 级	是否需要回流控制	需要
洗涤酸/mol·L⁻¹	硫酸 0.5	洗涤 1 级溶液 pH 值	4.5~5.0
萃取流比（O/A）	（10~15）∶1	洗镁液处理	中和沉淀回收钴、镍
混合室相比	1∶1		

（5）反萃钴试验参数见表 8-23。

表 8-23 反萃钴试验参数

级数	5 级	混合室相比	1∶1
洗涤酸/mol·L⁻¹	硫酸 1.5	是否需要回流控制	需要
洗涤流比（O/A）	约 15∶1	萃余液 pH 值	4.0

（6）反萃铁试验参数见表 8-24。

表 8-24 反萃铁试验参数

萃取级数	3 级	洗涤流比（O/A）	约 1∶1
洗涤酸/mol·L⁻¹	盐酸 4.5~6	洗涤后液处理	部分循环返回，少量排出中和

（7）洗氯试验参数见表 8-25。

表 8-25 洗氯试验参数

级数	3 级	洗涤流比（O/A）	（50~60）∶1
洗涤试剂	纯水	洗涤后液处理	排出

金属回收率：Ni 99.50%，Co 95.00%。

消耗指标：液碱（32%）36.2kg/m³，硫酸（98%）15kg/m³，盐酸（31%）0.1kg/m³，纯水 0.5m³/m³。

产品指标：精制硫酸镍产品指标见表 8-26，硫酸钴产品见表 8-27，洗镁溶液见表 8-28。

表 8-26 精制硫酸镍溶液产品（P507 萃余液）

成分	Ni	Co	Mn	Fe	Cu	Zn	Al	Si	Ca	Mg	Na
含量/mg·L⁻¹	>90g/L	≤5	≤7	≤3	≤1.5	≤2	≤4	0.05	≤7	≤7	≤1000

表 8-27 精制硫酸钴溶液产品（反萃钴余液）

成分	Ni	Co	Mn	Fe	Cu	Zn	Al	Ca	Mg	Na
含量/mg·L⁻¹	≤50	>70g/L	≤10	≤6	≤2	≤3	≤5	≤10	≤10	≤5

表 8-28 洗镁溶液产品（洗镁后液）

成分	Ni	Co	Mg
含量/g·L⁻¹	约 5.0	约 5.0	约 5.0

8.4 DDPA 萃取分离镍钴

8.4.1 DDPA 萃取实验研究

由于 P204 和 P507 结构中酯氧原子的吸电子效应，使得 P204 和 P507 的 pK_a 值较小，在对钴、镍离子进行萃取分离时需要较高的水相酸度，反萃酸度高，这样不仅对设备要求高，流程复杂，而且会产生大量的酸性废水；此外，P204 和 P507 结构中的非极性基（2—乙基己基）的空间效应也不足以对钴、镍离子之间提供很高的分离系数，因而在实际生产中，需要经过多级萃取，才能取得较好的分离效果。P204 对镍钴的分离效果低于 P507，但其对锰的选择性较好，且具有价格优势。Cyanex272 分离镍钴效果较好，但其合成过程步骤烦琐且使用有毒原料，导致价格昂贵。

清华大学的成昌梅教授和徐盛明教授[6]以石化行业副产品——混合癸烯为原料，采用自由基加成法合成了一种新型的萃取剂——二癸基次膦酸（DDPA），并研究了自由基引发剂种类、反应温度、反应时间对 DDPA 产率的影响，获得了 DDPA 的最佳合成条件；通过碱洗、离心分离等手段除去产物中的单烷基次膦酸、烯烃聚合物等杂质，得到了较纯的DDPA。由于 DDPA 可由工业副产品混合稀烃与廉价无毒的 NaH_2PO_2 经一步反应制得，避免了有毒原料的使用及烦琐的操作步骤，因此成本远低于同类进口产品——Cyanex272，具有较高的研究和推广价值。作者[7~9]分别以 P204 和 DDPA 为萃取剂，对镍钴锰的萃取分离及萃取动力学进行了研究，取得了较好的分离有价金属的效果。

8.4.1.1 DDPA 的萃取性能

以含 Co 3.82g/L、Ni 84.34g/L、pH=4.21 的硫酸盐溶液为初始溶液，有机相组成为20%萃取剂+磺化煤油，在皂化率70%、混合时间4min、相比（O/A）为1、萃取级数2的条件下，进行了 DDPA 与 P507 分离镍钴效果的比较，研究结果见表8-29。在相同的萃取条件下，DDPA 与 P507 相比，萃取分离系数高出一个数量级，因此可以用较少的萃取级数分离镍钴，而且 DDPA 对钴的萃取率也高于 P507。也就是说，在相同的萃取条件下，DDPA 的萃取性能要优于 P507。

表 8-29　DDPA 与 P507 镍钴分离效果的比较

萃取剂	萃余液成分/g·L^{-1}		分配比 D		$\beta_{Co/Ni}$	萃取率 E_{Co}/%
	Ni	Co	Ni	Co		
P507	57.26	0.076	0.473	49.26	104.14	98.01
DDPA	65.85	0.007	0.281	544.7	1938.5	99.82

8.4.1.2 DDPA 的溶解损失

分别研究了 DDPA、P204、P507 以及 Cyanex272 在相同试验条件下的溶解损失。等体积的有机相和纯水于30℃混合振荡5min。分相完毕后，静置20h。取水相分析磷含量，换算为萃取剂在水中的溶解度。有机相萃取剂含量均固定为20%。试验结果见表 8-30。

表 8-30   DDPA 与其他萃取剂溶解性能的比较

萃取剂	水相 pH 值	水相 P 含量/g·L⁻¹	溶解度/g·L⁻¹	溶解损失/%
P204	2.53	0.18	1.869	0.963
P507	3.12	0.07	0.6918	0.365
Cyanex272	3.83	0.029	0.2716	0.147
DDPA	4.01	0.0035	0.0391	0.022

由表 8-30 可见，DDPA 的溶解度小于同类型的其他萃取剂，也就意味着其在萃取过程中的溶解损失远小于其他萃取剂，这可以降低生产成本并有利于萃取及后续产品制备工序的顺利进行。

8.4.1.3   DDPA 对材料的适应性

试验研究了 DDPA 对 PVC 材料和 PP 材料的适应性能。

实验条件：15%（体积分数）DDPA+磺化煤油；25mm×14mm×7mm PVC 块，质量为 5.21g；27mm×14mm×10mm PP 块，质量为 3.39g。

实验方法：将 PVC 块和 PP 块浸没在有机相中，在一定温度下保存一定时间。每次需要将 PVC 块和 PP 块取出观察时先将其用无水乙醇浸泡 30min，然后晾干。

经 75 天的浸泡，对 PVC 块和 PP 块的观测结果列于表 8-31。

表 8-31   DDPA 对材料的适应性研究结果

累计时间/d	温度/℃	PVC 块	PP 块
6	13	质量 5.20g，无膨胀或变软现象，切面毛边没有变化	质量 3.39g，无膨胀或变软现象，切面毛边略有起毛
11	13	质量 5.20g，无膨胀或变软现象，切面毛边没有变化	质量 3.39g，无膨胀或变软现象，切面毛边没有变化
19	14	质量 5.20g，无膨胀或变软现象，切面毛边没有变化	质量 3.39g，无膨胀或变软现象，切面毛边没有明显变化
34	13	质量 5.19g，无膨胀或变软现象，切面毛边没有变化	质量 3.39g，无膨胀或变软现象，切面毛边没有明显变化
42	16	质量 5.19g，无膨胀或变软现象，切面毛边没有变化	质量 3.39g，无膨胀或变软现象，切面毛边没有明显变化
55	20	质量 5.19g，无膨胀或变软现象，切面毛边没有变化	质量 3.40g，无膨胀或变软现象，切面毛边没有明显变化
75	26	质量 5.19g，无膨胀或变软现象，切面毛边没有变化	质量 3.40g，无膨胀或变软现象，切面毛边没有明显变化

观测表明，在 75 天里，PVC 块质量几乎没有变化，也没有膨胀或变软，切面毛边也无变化；而 PP 块除了质量有略微的增加外，也无膨胀或变软，切面毛边也没有明显变化。这说明，DDPA 适用于 PVC 和 PP 材质。

8.4.1.4   DDPA 的饱和容量

以含 Co 4.12g/L、Ni 41.08g/L、pH=3.88 的硫酸盐溶液为初始溶液，有机相组成为

15%萃取剂+85%磺化煤油，在皂化率70%、温度20℃、混合时间5min、相比（O/A）为
1的条件下测定了DDPA萃取钴的饱和容量。将皂化后的有机相和等体积的料液加入分液
漏斗，置于振荡器上震荡5min，静置分相，排出萃余液。再往分液漏斗加入等体积的新鲜
料液与负载有机再次振荡、分相。反复多次，直至萃余液金属浓度与料液相同为止。将萃
余液放出，加入等体积纯水与负载有机相一起摇动洗涤夹带的料液。洗涤完毕后，分相放
出洗水。在分液漏斗中加入等体积的硫酸反萃液（H_2SO_4 200g/L）反萃有机相，反萃两
次。将两次反萃液合并，测得反萃液钴浓度为2.60g/L，因此1%（体积分数）的DDPA
萃取钴的饱和容量为0.346g/L。

8.4.1.5　DDPA 萃取分离镍钴影响因素

A　混合时间

分别在混合时间为2min、3min、4min条件下研究了混合时间对DDPA分离镍钴的影
响，试验结果见表8-32。可见当混合时间为4min时，Co的萃取率就可达92%以上。

表 8-32　不同混合时间下 DDPA 分离镍钴试验结果

混合时间/min	萃余液成分/g·L⁻¹		萃取率 E/%	
	Ni	Co	Ni	Co
2	37.66	0.51	6.01	87.31
3	38.08	0.38	4.96	90.55
4	37.95	0.32	5.29	92.04

B　平衡 pH 值

研究了平衡pH值对DDPA分离镍钴的影响，试验结果见表8-33。由表8-33可见，
E_{Co} 随平衡pH值的升高而增大，当pH值高于5.63后，其值增加很小。镍钴分离系数β在
pH值低于5.63时，随pH值的升高，其值也增大，当pH值高于5.63后，其值反而减小。
其原因是因为当pH值高于5.63后，随着pH值的继续升高，镍的萃取也增加，而钴的萃
取增加并不明显，这使得分离系数反而减小。过高的平衡pH值不仅不能增大分离系数，
还会增加分相时间。据此可以认为，在平衡pH值为5.6左右时，镍钴萃取分离的效果
最好。

表 8-33　不同平衡 pH 值下 DDPA 分离镍钴试验结果

平衡 pH 值	萃余液成分/g·L⁻¹		分配比 D		萃取率 E/%		$\beta_{Co/Ni}$
	Ni	Co	Ni	Co	Ni	Co	
4.15	39.97	3.07	0.0277	0.343	2.70	25.57	12.38
5.05	40.61	1.33	0.0115	2.101	1.14	67.75	182.69
5.63	40.87	0.44	0.0051	8.375	0.51	89.33	1642.15
6.23	40.7	0.42	0.0093	8.821	0.92	89.81	948.49
6.4	39.42	0.36	0.0421	10.45	4.04	91.27	248.21

C　温度

研究了温度对DDPA分离镍钴的影响，试验结果见表8-34。由表8-34可见，E_{Co} 随温

度的升高而增大，当温度高于36℃时，E_{Co} 的变化很小。温度对分离系数的影响非常明显，当温度高于28℃时，分离系数随温度的升高迅速增大。由此可见，在一定的温度范围内，升高温度对于 DDPA 萃取分离镍钴是有利的，另外，升高温度也有利于分相。但是较高的温度也会增加有机相的挥发，这是不利的。

表 8-34 不同温度条件下 DDPA 分离镍钴试验结果

温度/℃	萃余液成分/g·L⁻¹		分配比 D		$\beta_{Co/Ni}$	$E_{Co}/\%$
	Ni	Co	Ni	Co		
16	41.21	0.11	0.076	23.18	305	95.86
28	40.00	0.079	0.108	32.67	302.5	97.03
36	40.58	0.049	0.093	53.28	572.9	98.16
42	40.90	0.039	0.084	67.20	800	98.53

D Co(II) 浓度

研究了 Co(II) 浓度对 DDPA 分离镍钴的影响，试验结果见表 8-35。在原液中的镍离子浓度基本一定的条件下，分离系数随原液中 Co(II) 浓度的增大而减小。说明 DDPA 适于从 Co/Ni 比较低的溶液中萃取分离镍钴，体现了该萃取剂的优异性能。

表 8-35 不同 Co(II) 浓度条件下 DDPA 分离镍钴试验结果

料液成分/g·L⁻¹		萃余液成分/g·L⁻¹		分配比 D		$\beta_{Co/Ni}$	料液 pH 值
Ni	Co	Ni	Co	Ni	Co		
80.57	0.55	75.35	0.038	0.069	13.47	195.2	4.15
80.46	1.78	74.79	0.13	0.076	12.69	166.9	4.16
81.32	3.59	75.72	0.39	0.074	8.2	110.8	4.18
80.01	5.88	77.07	1.31	0.038	3.49	91.8	4.20

E 皂化率的影响

研究了皂化率对 DDPA 分离镍钴的影响，试验结果见表 8-36。结果表明，Co 的萃取率随皂化率的增大而增大，当皂化率在 60% 时，钴的萃取率达到 95.86%，分离系数也在皂化率 60% 处有最大值，为 248.73。当皂化率较低时，萃取剂的利用效率比较低。但当采用过高的皂化率时，萃取后两相分相变得困难。

表 8-36 不同皂化率条件下 DDPA 分离镍钴试验结果

皂化率/%	萃余液成分/g·L⁻¹		分配比 D		$\beta_{Co/Ni}$	$E_{Co}/\%$	分相时间/min
	Ni	Co	Ni	Co			
30	42.49	0.70	0.0435	2.8	64.36	73.68	2.5
50	40.99	0.17	0.0817	14.65	179.28	93.61	2.5
60	40.56	0.11	0.0932	23.18	248.73	95.86	2.5
70	40.08	0.099	0.1063	25.87	243.36	96.28	6

F NO_3^- 和 Cl^- 浓度

分别研究了 NO_3^-、Cl^- 浓度对 DDPA 分离镍钴的影响，试验结果见表 8-37 和表 8-38。

由表 8-37 可见，NO_3^- 浓度对钴的萃取率几乎没有影响，当 NO_3^- 高达 93.62g/L 时，E_{Co} 仍高达 95.35%，而分离系数 $\beta_{Co/Ni}$ 则为 140.8。由表 8-38 可见，在 Cl^- 存在的情况下得到的 E_{Co} 和 β 要比单一的硫酸盐体系中大，而且随着料液中 Cl^- 浓度的增大，E_{Co} 和 β 均增大，特别是当 Cl^- 浓度大于 50g/L 后，分离系数的增加非常明显，表明料液中有 Cl^- 存在时对 DDPA 分离镍钴是有利的。

表 8-37 不同 NO_3^- 浓度条件下 DDPA 分离镍钴研究结果

NO_3^- 浓度 /g·L^{-1}	萃余液成分/g·L^{-1}		萃取率 E/%		分配比 D		$\beta_{Co/Ni}$
	Ni	Co	Ni	Co	Ni	Co	
24.18	37.51	0.19	10.49	95.35	0.1173	20.52	174.9
52.7	37.84	0.26	9.71	93.64	0.1075	14.73	137.0
66.96	37.03	0.24	11.64	94.13	0.1164	16.04	137.8
93.62	36.58	0.19	12.71	95.35	0.1457	20.52	140.8

表 8-38 不同 Cl^- 浓度条件下 DDPA 分离镍钴试验结果

Cl^- 浓度 /g·L^{-1}	萃余液成分/g·L^{-1}		萃取率 E/%		分配比 D		$\beta_{Co/Ni}$
	Ni	Co	Ni	Co	Ni	Co	
0	36.34	0.17	11.52	95.78	22.71	0.130	174.69
10	36.16	0.15	11.95	96.28	25.87	0.136	190.22
50	35.37	0.12	13.88	97.02	32.58	0.161	202.36
100	34.96	0.073	14.88	98.19	54.21	0.175	309.77

8.4.2 DDPA 萃取钴动力学

8.4.2.1 萃取动力学研究方法

萃取一般都是伴有化学反应的传质过程。总的萃取速率取决于最慢的环节，这一环节称为控制步骤。据此，可将萃取过程分为三种类型，即化学反应控制过程、扩散控制过程和混合控制过程。当萃取过程属于化学反应控制过程时，萃取速率取决于化学反应速率；当萃取过程属于扩散控制过程时，萃取速率取决于扩散传质速率；当萃取过程属于混合控制时，化学反应速率与扩散传质速率相近。

要得到萃取速率方程，首先就要确定萃取过程的类型。通常的判别方法有搅拌转速判别法、温度判别法、界面面积判别法。在确定控制步骤时须将这三种方法联合使用，综合分析，才能准确地确定萃取过程的类型。

（1）搅拌速度判别法。若萃取过程是扩散控制过程，则萃取速率通常随搅拌速度的增大而增大，化学反应控制的萃取速率虽然也会随搅拌速度增大而增大，但当搅拌速度增大到一定程度后，就会出现一段与搅拌速度无关的区域（称为坪区）。这种判别方法不一定充分，如在高搅拌速度时，萃取速率与搅拌速度无关的过程并不一定都是化学反应控制过程，另外也有其他因素可以使扩散控制过程的萃取速率对搅拌速度变得不敏感。

（2）温度判别法。温度对化学反应控制过程的速率影响很敏感，而温度对扩散控制过程的萃取速度虽有影响，但不明显，所以活化能一般较小（<20kJ/mol）。低活化能值并不一定表明该过程一定就是扩散控制过程，因为化学反应控制的萃取过程的活化能也有可能很低，因此这种判别方法也不是十分严格。

（3）界面面积判别法。通过研究萃取速率与界面面积大小的关系，即改变界面面积的大小，观察萃取速率的变化，以此作为确定动力学过程类型的判据。在界面面积法中，对两相的搅拌速度必须限制在避免涡流形成的范围内，即保持两相间界面稳定。

如果萃取速率随搅拌速度的增大而增大，则萃取过程属于扩散控制过程。如果萃取过程的活化能较高，且萃取速率与搅拌速度无关，则萃取过程属于化学反应控制过程。如果化学反应控制过程同时满足萃取速率随界面面积增大而增大，则该萃取过程属于界面化学反应控制过程。

8.4.2.2 界面化学反应控制过程萃取速率方程

用恒界面池可测出萃取速率，建立速率方程。采用微分法中的起始速率法可确定萃取反应级数。

A 起始速率法

以不同起始浓度的反应物进行实验，得到生成物浓度对时间的关系曲线。求出起始浓度的初始反应速率 r_0，即各曲线在 $t=0$ 时的切线斜率。然后以 $\lg r_0$ 对 $\lg c$ 作图得直线，直线斜率即为反应级数 n。这样求得的反应级数最可靠，因为起始速率不受其他复杂因素的影响。

若两种物质参加反应，各物质的起始浓度不同，其速率方程为

$$r = kc_A^\alpha c_B^\beta \tag{8-1}$$

也可用微分法求得级数 α、β。先保持物质 B 浓度不变，只改变 A 物质的起始浓度，求出起始速率 r_0 与起始浓度 $c_{A,0}$ 的关系。

$$r = k' c_{A,0}^\alpha \tag{8-2}$$

这里 $k' = kc_B^\beta$，以 $\lg r_0$ 对 $\lg c_{A,0}$ 作图得直线，直线斜率即为反应级数 α。然后保持物质 A 浓度不变，改变物质 B 的起始浓度可求得反应级数 β。

B 界面化学反应控制过程萃取速率方程

有机磷酸或膦酸钠皂萃取二价金属的反应可表示如下：

$$2NaA_{(O)} + Me^{2+} \longrightarrow MeA_{2(O)} + 2Na^+ \tag{8-3}$$

在萃取条件下以及起始接触时间内，当有机相中萃合物浓度很低时逆反应可以忽略[10]，因为此时所研究的萃取反应远离于萃取平衡。金属萃取过程的动力学决定于反应区反应物的浓度[11]。其萃取速率方程为

$$r = kc_{NaA(O)}^x c_{Me^{2+}}^y \tag{8-4}$$

式中，k 为萃取速率常数；x 和 y 为反应级数，可用起始速率法求得。

8.4.2.3 DDPA 萃取 Co(Ⅱ) 动力学研究

A 搅拌速度对萃取速率的影响

在界面面积为 21.19cm² 、料液 Co(Ⅱ) 起始浓度为 0.006mol/L、料液 pH=3.5、温度为 25℃的条件下研究了搅拌速度对萃取速率的影响。不同搅拌速度下有机相 Co(Ⅱ) 浓度与时间的关系如图 8-3 所示，得到的不同搅拌速度下的初始萃取速率如图 8-4 所示。由图

8-4 可见，当搅拌速度增大到一定程度后，出现一段与搅拌无关的区域（称为坪区），即搅拌速度继续增大时，萃取速率不再变化，与搅拌速度无关，因此可以假设传质的影响已消除。在本研究中，为使两相界面稳定，搅拌速度不大于 120r/min。

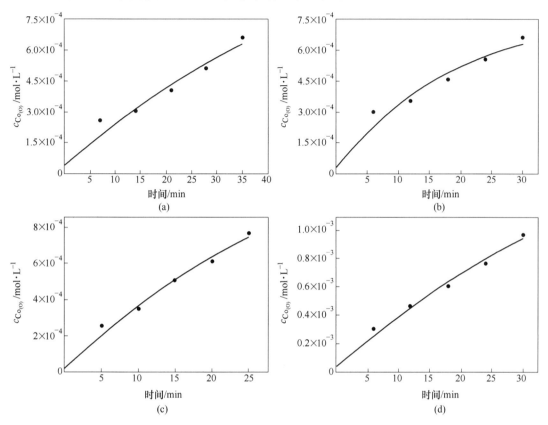

图 8-3　不同搅拌速度下有机相 Co(Ⅱ) 浓度对时间的关系

（a）70r/min；（b）95r/min；（c）104r/min；（d）110r/min

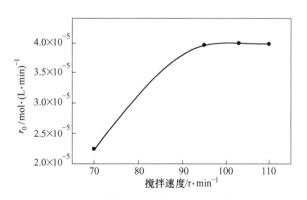

图 8-4　搅拌速度对萃取速率的影响

B　温度对萃取速率的影响

在界面面积为 21.19cm^2、料液 Co(Ⅱ) 的起始浓度为 0.006mol/L、料液 pH = 3.5、搅拌

速度为 109r/min 的条件下研究了温度对萃取速率的影响，如图 8-5 所示。由不同温度下的初始萃取速率，可得到萃取速率与温度的关系，如图 8-6 所示。拟合得到的直线方程为：

$$\ln r_0 = -\frac{3915}{T} + 3.010 \tag{8-5}$$

$$\ln r_0 = \ln kA = -\frac{E}{RT} + B \tag{8-6}$$

根据式（8-6）得表观活化能 $E = 3915 R = 3915 \times 8.314/1000 = 32.55$（kJ/mol）。

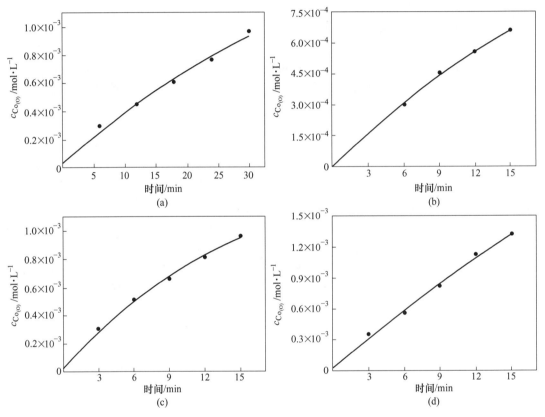

图 8-5 不同温度下有机相 Co(Ⅱ) 浓度对时间的关系

(a) 26℃；(b) 34℃；(c) 41℃；(d) 50℃

C 界面面积对萃取速率的影响

在料液 Co(Ⅱ) 起始浓度为 0.006mol/L、料液 pH = 3.6、搅拌转速 106r/min、温度为 27℃条件下研究了界面面积对萃取速率的影响，如图 8-7 所示。从图中可以看到，增大两相界面面积，萃取速率随之增大。据此可判定 DDPA 萃取 Co(Ⅱ) 为界面化学反应控制过程。DDPA 钠皂萃取钴的反应可表示如下：

$$2\,NaA_{(O)} + Co^{2+} \longrightarrow CoA_{2(O)} + 2Na^+ \tag{8-7}$$

其萃取速率方程为 $\qquad r = kc_{NaA(O)}^{x} c_{Co^{2+}}^{y} \tag{8-8}$

式中，k 为萃取速率常数；x 和 y 为反应级数，可用起始速率法求得。

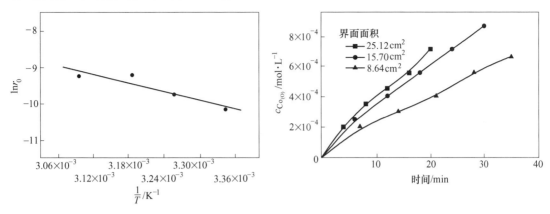

图 8-6　温度对萃取速率的影响　　　图 8-7　不同界面面积试验条件下有机相
Co(Ⅱ) 浓度对时间的关系

D　DDPA 浓度对萃取速率的影响

在界面面积为 21.19cm², 料液 Co(Ⅱ) 的起始浓度为 0.006mol/L、料液 pH=3.4、温度为 26℃、搅拌速度为 110r/min 的条件下研究了 DDPA 浓度对萃取速率的影响。不同浓度下有机相 Co(Ⅱ) 浓度与时间的关系如图 8-8 所示, 从而得到的不同浓度下的初始萃取

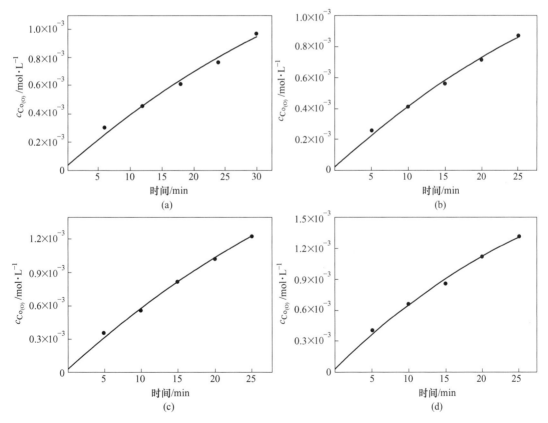

图 8-8　不同 DDPA 浓度下有机相 Co(Ⅱ) 浓度对时间的关系
(a) 0.078mol/L; (b) 0.117mol/L; (c) 0.156mol/L; (d) 0.195mol/L

速率。以各条件下的 $\ln c_{NaA(O)}$ 为横坐标，$\ln r_0$ 为纵坐标作图，如图8-9所示。线性拟合得到的方程为：

$$\ln r_0 = 0.71 \ln c_{NaA(O)} - 8.38 \tag{8-9}$$

由此得反应级数 $x = 0.71$。

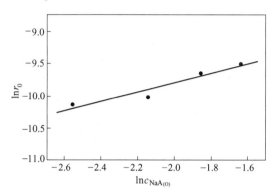

图8-9 $c_{NaA(O)}$ 对萃取速率的影响

E   Co(Ⅱ) 浓度对萃取速率的影响

在界面面积为 21.19cm², DDPA 钠皂浓度为 0.117mol/L、搅拌速度为 104r/min、温度为 26℃的条件下研究了 Co(Ⅱ) 浓度对萃取速率的影响（见图8-10）。以各条件下的

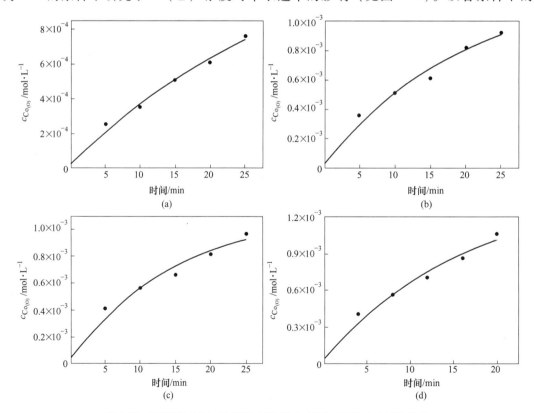

图8-10   不同 Co(Ⅱ) 浓度下有机相 Co(Ⅱ) 浓度对时间的关系

（a）0.00628mol/L；（b）0.00832mol/L；（c）0.01086mol/L；（d）0.01324mol/L

$\ln c_{Co^{2+}}$为横坐标，$\ln r_0$为纵坐标作图，如图 8-11 所示。线性拟合得到的方程为：

$$\ln r_0 = 0.96\ln c_{Co^{2+}} - 5.18 \tag{8-10}$$

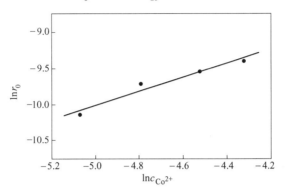

图 8-11 Co(Ⅱ) 浓度对萃取速率的影响

由此得反应级数 $y = 0.96$。由此可得 DDPA 钠皂萃取 Co(Ⅱ) 的界面反应动力学速率方程为：

$$r = 2.75 \times 10^{-2} c_{NaA_{(O)}}^{0.71} c_{Co^{2+}}^{0.96} \tag{8-11}$$

8.4.3 P204 萃取锰动力学

8.4.3.1 搅拌速度对萃取速率的影响

在界面面积为 21.19cm^2、料液 Mn(Ⅱ) 起始浓度为 0.01mol/L、料液 pH = 3.5、温度为 18℃的条件下，研究了搅拌速度对萃取速率的影响（见图 8-12）。由不同搅拌速度下的初始反应速率，可得到萃取速率与搅拌速度之间的关系，如图 8-13 所示。由图 8-13 可见，与 DDPA 钠皂萃取 Co(Ⅱ) 一样，当搅拌速度增大到一定程度后，P204 钠皂萃取 Mn(Ⅱ) 也出现一段与搅拌无关的区域（坪区）。为使两相界面稳定，搅拌速度不大于 120r/min。

8.4.3.2 温度对萃取速率的影响

在界面面积为 21.19cm^2、料液中 Mn(Ⅱ) 起始浓度为 0.01mol/L、料液 pH = 3.5、有机相浓度为 0.084mol/L、搅拌速度为 114r/min 的条件下研究了温度对萃取速率的影响。不同温度下有机相中 Mn(Ⅱ) 浓度与时间的关系如图 8-14 所示，从而可计算出各温度下

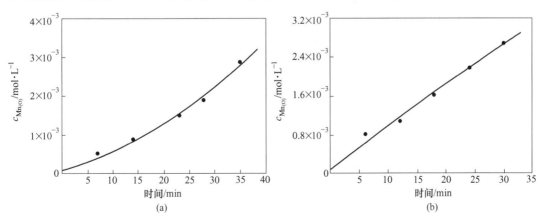

(a) (b)

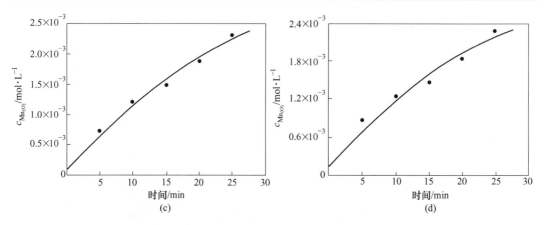

图 8-12   不同搅拌速度下有机相 Mn(Ⅱ) 浓度对时间的关系

(a) 85r/min；(b) 95r/min；(c) 104r/min；(d) 114r/min

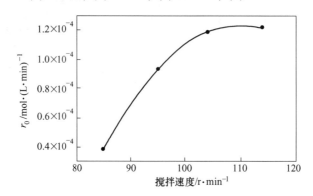

图 8-13   搅拌速度对萃取速率的影响

萃取的初始反应速率。以 $\ln r_0$ 为纵坐标，$1/T$ 为横坐标作图（见图 8-15），并拟合出相应的直线方程为：

$$\ln r_0 = -\frac{2827}{T} + 0.616 \tag{8-12}$$

由于

$$\ln r_0 = \ln kA = -\frac{E}{RT} + B \tag{8-13}$$

故表观活化能 $E = 2827.1R = 2827.1 \times 8.314/1000 = 23.50 (\text{kJ/mol})$。

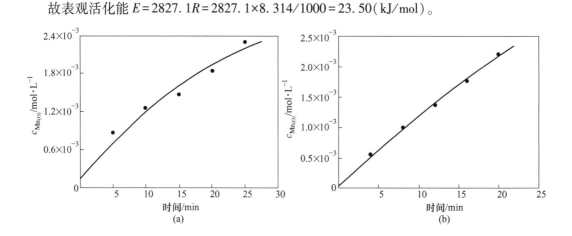

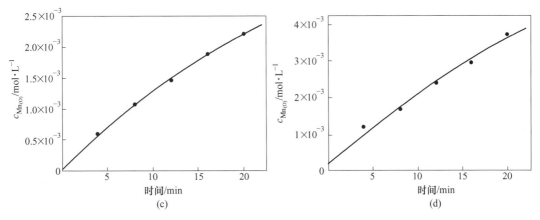

图 8-14　不同温度下有机相 Mn(Ⅱ) 浓度对时间的关系
(a) 18℃；(b) 24℃；(c) 30℃；(d) 36℃

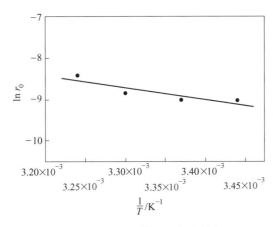

图 8-15　温度对萃取速率的影响

8.4.3.3　界面面积对萃取速率的影响

在料液 Mn(Ⅱ) 起始浓度为 0.01mol/L、料液 pH = 3.5、有机相浓度为 0.084mol/L、搅拌转速为 114r/min、温度 18℃的条件下研究了界面面积对萃取速率的影响（见图8-16）。由不同界面面积条件下的有机相 Mn(Ⅱ) 浓度对时间的曲线图可知，增大两相界面面积，萃取速率随之也增大。据此可判定 P204 钠皂萃取 Mn(Ⅱ) 为界面化学反应控制过程。P204 萃取锰的反应可表示如下：

$$2\,NaA_{(O)} + Mn^{2+} \longrightarrow MnA_{2(O)} + 2Na^+ \tag{8-14}$$

其萃取速率方程为
$$r = kc_{NaA_{(O)}}^x c_{Mn^{2+}}^y \tag{8-15}$$

式中，k 为萃取速率常数；x 和 y 为反应级数，可用起始速率法求得。

8.4.3.4　萃取剂浓度对萃取速率的影响

在界面面积为 21.19cm² 、料液中 Mn(Ⅱ) 起始浓度为 0.01mol/L、料液 pH = 3.5、搅拌速度为 114r/min、温度为 18℃的条件下研究了 P204 浓度对萃取速率的影响（见图8-17）。以各条件下的 $\ln c_{NaA_{(O)}}$ 为横坐标，$\ln r_0$ 为纵坐标作图，如图8-18 所示。可以看到

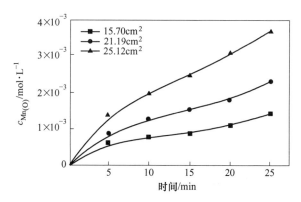

图 8-16 界面面积对萃取速率的影响

$\ln c_{NaA_{(O)}}$ 与 $\ln r_0$ 成较好的线性关系，通过线性拟合得到的直线方程为：

$$\ln r_0 = 1.35\ln c_{NaA_{(O)}} - 5.77 \tag{8-16}$$

由此得反应级数 $x = 1.35$。

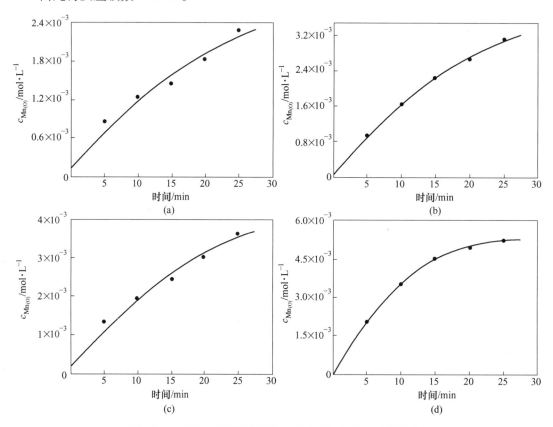

图 8-17 不同 P204 浓度下有机相 Mn(Ⅱ) 浓度对时间的关系

（a）0.084mol/L；（b）0.126mol/L；（c）0.168mol/L；（d）0.210mol/L

8.4.3.5 Mn(Ⅱ) 浓度对萃取速率的影响

在界面面积为 21.19cm²、P204 浓度为 0.126mol/L、搅拌速度为 114r/min、温度为

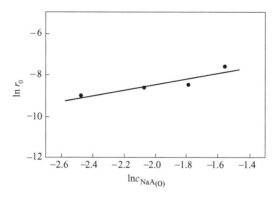

图 8-18 $c_{NaA_{(O)}}$ 对萃取速率的影响

18℃的条件下研究了料液中 Mn(Ⅱ) 浓度对萃取速率的影响，如图 8-19 所示。以各条件下的 $\ln c_{Mn^{2+}}$ 为横坐标，$\ln r_0$ 为纵坐标作图，如图 8-20 所示。线性拟合得到的方程为：

$$\ln r_0 = 0.41\ln c_{Mn^{2+}} - 6.71 \tag{8-17}$$

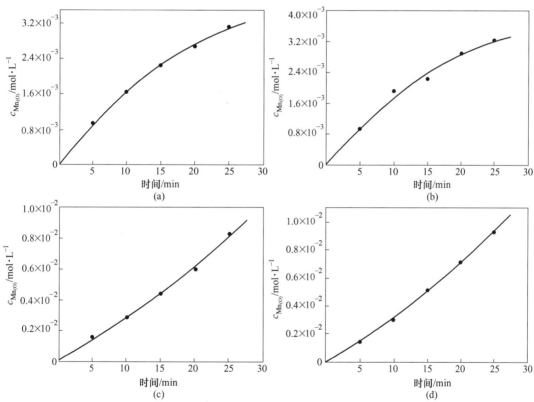

图 8-19 不同 Mn(Ⅱ) 浓度下有机相 Mn(Ⅱ) 浓度对时间的关系
（a）0.010mol/L；（b）0.015mol/L；（c）0.020mol/L；（d）0.025mol/L

反应级数 $y=0.41$，因此 P204 萃取 Mn(Ⅱ) 的界面反应动力学速率方程为：

$$r = 2.06 \times 10^{-2}c_{NaA_{(O)}}^{1.35}c_{Mn^{2+}}^{0.41} \tag{8-18}$$

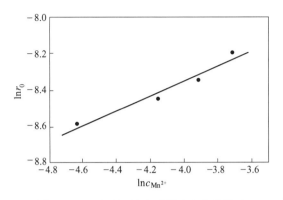

图 8-20   Mn(Ⅱ) 浓度对萃取速率的影响

由 DDPA 萃取 Co(Ⅱ) 与 P204 萃取 Mn(Ⅱ) 的动力学研究结果可知，两者均为界面化学反应控制过程，萃取速率均随温度、萃取剂浓度、金属离子浓度的增大而增大。由两者的萃取速率方程可知，对于 Co(Ⅱ) 的萃取，溶液中 $c_{Co^{2+}}$ 的变化对萃取速率的影响大于 $c_{NaA(O)}$ 的影响；而对于 Mn(Ⅱ) 的萃取，$c_{NaA(O)}$ 的变化对萃取速率的影响大于 $c_{Mn^{2+}}$ 的影响。Co(Ⅱ) 萃取的活化能大于 Mn(Ⅱ) 萃取的活化能，其萃取速率也小于 Mn(Ⅱ) 的萃取速率。

8.4.4   酸浸液中锰钴镍萃取分离

8.4.4.1   氟化钠除钙镁

由表 8-1 可知，硫酸镍溶液除含镍、钴以外，锰含量较高，且含有一定量的钙、镁，因此在采用 DDPA 分离镍钴前还需将溶液中钙、镁、锰脱除，因此采用氟化钠除钙镁—P204 萃取锰的工艺净化镍钴溶液。

控制溶液的 pH 值为 3.0，按沉淀溶液中钙、镁含量所需氟化钠的理论量分批加入氟化钠，在 80℃ 条件下反应 2h，除钙镁后的硫酸镍溶液中的钙镁含量均可以降低至 0.01g/L 以下，这些微量的钙、镁在 P204 萃取除锰的过程中可以一并除去，不会对镍钴分离产生影响。

8.4.4.2   P204 萃取锰

A   P204 萃取锰的饱和容量

采用有机相为 20% P204+80% 磺化煤油，在温度为 20℃、混合时间 5min、相比（O/A）为 5 的条件下对含 Mn 8.5g/L，pH＝3.5 的溶液进行锰饱和容量的测定实验。将皂化后的有机相和等体积的料液加入分液漏斗，置于振荡器上震荡 5min，静置分相，排出萃余液。再往分液漏斗加入等体积的新鲜料液与负载有机再次振荡、分相。反复多次，直至萃余液金属浓度与料液相同为止。将萃余液放出，加入等体积纯水与负载有机一起摇动洗涤夹带的料液。洗涤完毕后，分相放出洗水。在分液漏斗中加入等体积的硫酸反萃液（H_2SO_4，200g/L）反萃有机相，反萃两次。将两次反萃液合并，分析反萃液锰浓度。测得反萃液锰浓度为 5.8g/L，故 20%P204 萃锰的饱和容量为 11.6g/L。

B   P204 萃锰分馏萃取模拟试验

用 P204 萃锰选择的工艺参数见表 8-39。

表 8-39   P204 萃锰分馏萃取试验参数

	有机相组成	20%P204+磺化煤油
萃取段	皂化率	70%
	相比	O/A=1.5∶1
	级数	4 级
洗涤段	洗水	H_2SO_4 50g/L
	相比	O/A=7.5∶1
	级数	3 级

多级萃取模拟试验能够真实反映实际流程中各金属逐级的浓度变化和实际分离效果，也可以测得每一级的平衡数据，因此实际应用十分广泛。多级模拟试验只需分液漏斗和振荡器，设备简单。按上述条件用分液漏斗进行多级模拟试验，图 8-21 所示为 4 级萃取、3 级洗涤的分馏萃取模拟试验示意图，试验用 4 支分液漏斗进行。

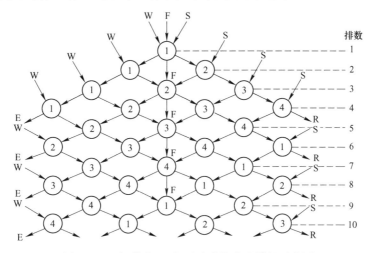

图 8-21   4 级萃取、3 级洗涤分馏萃取模拟示意图
F—料液；W—洗水；S—有机相；E—洗涤后有机相；R—萃余液

按图中箭头所示方向逐排进行试验，当萃余液 pH 值保持稳定，说明已经平衡，取萃余液进行分析，有机相先经反萃再分析。试验结果见表 8-40。结果表明按照所选择的工艺条件可从镍、钴溶液中选择性的萃取锰，锰萃取率达 99% 以上，负载有机相中的锰经硫酸反萃后可得到硫酸锰产品。

表 8-40   P204 萃取锰分馏萃取模拟试验结果

溶液	金属含量/g·L^{-1}			pH 值
	Ni	Co	Mn	
萃余液	41.75	4.14	0.05	4.1
洗涤后有机相	<0.005	<0.005	5.62	—

8.4.4.3   DDPA 从镍钴溶液中萃取钴

A   钴萃取等温线的绘制

采用有机相 15%DDPA+85%磺化煤油，在温度 14℃、混合时间 5min、平衡 pH=5.6

的条件下考察了不同相比下钴在有机相和水相的分配。以各相比下的有机相钴含量对水相钴含量作图,得到萃取等温线如图8-22所示。由萃取等温线可知,用15%(体积分数)DDPA在相比O/A=1∶1的条件下,通过2级萃取就可以使溶液中Co由4.1g/L降至0.01g/L以下,可得理论萃取级数为2级。在实际操作中,实际萃取级数应在理论萃取级数基础上适当增加2~3级。选择实际萃取级数为5级。

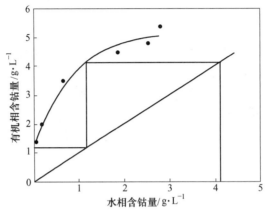

图 8-22 钴萃取等温线

B DDPA 分离镍钴 5 级逆流萃取模拟试验

在相比 O/A=1∶1 的条件下进行了 DDPA 分离镍钴 5 级逆流萃取模拟试验。图 8-23 所示为 5 级连续逆流试验图。逆流萃取模拟试验结果见表8-41。经过 5 级逆流萃取后,萃余液含钴 0.007g/L、镍 39.56g/L,钴的萃取率达 99.8%,镍萃取率仅为 5%,镍钴分离系数 $\beta_{Co/Ni}$ 达 9.5×10^3。说明 DDPA 是一种优良的分离镍钴的萃取剂。负载钴的有机相经洗涤

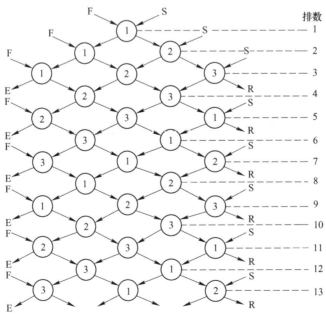

图 8-23 五级逆流萃取模拟示意图

反萃后可用于生产钴盐产品，而含镍的萃余液除油后经蒸发结晶可得到镍盐产品。

表 8-41　五级逆流萃取模拟试验结果

萃取剂	有机相成分/g·L⁻¹		水相成分/g·L⁻¹		分配比 D		萃取率 E/%		$\beta_{Co/Ni}$
	Ni	Co	Ni	Co	Ni	Co	Ni	Co	
15%DDPA	0.85	4.16	39.56	0.007	0.0453	439.91	5.85	99.8	9.5×10^3

8.5　萃余液除油

前述的 P507 和 DDPA 萃余液为有机相与水溶液混合萃取除杂分离得到的，溶液中还夹带了少量水溶性有机物，用此溶液生产镍产品，必然影响产品的质量，因此有必要进行除油试验，把溶液中的油含量控制在小于 1mg/L。

溶液脱除有机的常规方法是用活性炭吸附、树脂脱油法等。本次以 P507 萃余液为研究对象，采用活性炭吸附法与萃取法进行试验。

将 P507 萃余液装入烧杯，加入一定量的活性炭或有机试剂搅拌一定时间，然后静置分离，分析水溶液中油含量。不同方法的试验结果见表 8-42。

表 8-42　P507 萃余液直接处理试验结果

除油方法	原液 /mL	原液含油 /mg·L⁻¹	时间 /h	活性炭 /g	四氯化碳 /mL	温度 /℃	后液含油 /mg·L⁻¹	除油率 /%
喷射除油	约 3m³	4.9184	5	—	—	20	4.1297	16.04
活性炭吸附法	1500	4.9184	1	10	—	20	0.8488	82.74
萃取法	1000	4.9184	1	—	500	30	1.2103	75.39
喷射除油+活性炭吸附	1500	4.9184	1	10	—	20	0.7521	81.79

喷射除油主要是采用文丘里喷射原理，使溶液与空气充分混合，冲入澄清溶液槽中，空气从溶液中浮出，将油从溶液中带出。从试验结果看，喷射除油仅能将溶液含油量降低到 4.1297mg/L，除油率仅为 16.04%。

相比喷射除油，活性炭吸附法和萃取法除油效果更好，活性炭吸附法可将水溶液中的油除到 1mg/L，除油效率为 82.74%；萃取法采用的是四氯化碳作为萃取剂，后液油含量为 1.2103mg/L，除油效率为 75.39%；在试验条件下活性炭除油比四氯化碳除油效果更好。

一般溶液中脱油时，需要将水溶液氧化处理，使部分油氧化降解而更易于吸附。喷射除油虽然除油效果不好，但使溶液的氧势增加，有利于有机物的氧化，相当于将溶液氧化，所以更有利于溶液的吸附；比较喷射除油+活性炭吸附的效果，喷射除油后更有利于活性炭吸附除油，溶液中的油成分降低了 0.09mg/L。

由于试验用硫酸镍溶液中油含量较低，正常生产过程的油含量在几十毫克每升，可以采用两种工艺结合的方式进行除油。

将除油后的硫酸镍溶液浓缩，结晶得到电池级精制硫酸镍。产品外观为翠绿色颗粒状晶体，正方晶型，符合 HG/T 2824—2009 标准[12,13]。

参 考 文 献

[1] 王振文. 粗制氢氧化镍制备电池级硫酸镍溶液扩大试验研究报告 [R]. 北京：北京矿冶研究总院，2014.

[2] 王成彦，王含渊，江培海，等. P204萃取分离钴锰铁试验研究 [J]. 有色金属（冶炼部分），2006 (5)：2~5.

[3] 王成彦，胡福成. Cyanex272在镍钴分离中的应用 [J]. 有色金属工程，2001，53 (3)：1~4.

[4] Xing P, Wang C Y, Ju Z J, et al. Cobalt separation from nickel in sulfate aqueous solution by a new extractant: Di-decylphosphinic acid (DDPA) [J]. Hydrometallurgy, 2012, 113~114 (3): 86~90.

[5] 邢鹏，王成彦. P204钠皂萃取 Mn (Ⅱ) 动力学 [J]. 过程工程学报，2011，11 (1)：61~64.

[6] 居中军，李林艳，徐盛明，等. 二癸基次膦酸的合成与萃取性能 [J]. 中国有色金属学报，2010，11：2254~2259.

[7] 邢鹏. 硫酸盐溶液中锰、钴、镍的萃取分离及萃取动力学研究 [D]. 北京：北京矿冶研究总院，2011.

[8] 邢鹏，王成彦. P204钠皂萃取 Mn (Ⅱ) 动力学 [J]. 过程工程学报，2011，1：61~64.

[9] Xing P, Wang C Y, Xu S M, et al. Kinetics of cobalt (Ⅱ) extraction from sulfate aqueous solution by sodium salt of di-decylphosphinic acid (DDPA) [J]. Transactions of Nonferrous Metals Society of China, 2013, 23: 517~523.

[10] Irabien A, Ortiz I, Ortiz E S P D. Kinetics of metal extraction: Model discrimination and parameter estimation [J]. Chemical Engineering and Processing, 1990, 27 (1): 13~18.

[11] Gaonkar A G, Neuman R D. Interfacial activity, extraction selectivity, and reversed micellization in hydrometallurgical liquid/liquid extraction systems [J]. Journal of Colloid and Interface Science, 1986, 119: 251~261.

[12] 李伟. 铜冶炼过程产粗硫酸镍精制及电池级硫酸镍制备研究 [D]. 长沙：中南大学，2014.

[13] 欧阳准，贾荣. 电池工业用精制硫酸镍的生产 [J]. 有色金属（冶炼部分），2004 (4)：23~25.

9 展　　望

　　镍红土矿的开发需要根据矿石类型和成分的差异，综合考虑当地燃料、水、电、化学试剂等的供应。

　　红土镍矿的湿法处理，一定要关注浸出渣的堆存和生产废水的无害化处置，以避免对环境的严重破坏。

　　红土镍矿中伴生有价元素的综合利用难度很大，高铁低镍类红土镍矿依旧作为呆矿被暂时废弃。虽然红土镍矿中伴生元素的综合利用意义重大，但忽略工艺简洁性必会导致较差的可实施性。

　　在现阶段，红土镍矿的处理以 RKEF 为主流，处理的对象主要是含镍较高的镁质型氧化镍矿。但褐铁型红土镍矿约占红土镍矿总储量的 60%，随着高品质镁质氧化镍矿资源的逐步耗竭，含镍 0.8%~1.0%、含铁大于 40%的褐铁型红土镍矿的经济和生态提取已日益为人们所关注。

　　如果能实现窑外分解和闪速磁化焙烧技术及装备的完美嫁接，红土镍矿还原焙烧—氨浸—萃取/反萃生产高纯硫酸镍或电积镍的工艺应该是湿法处理褐铁型红土镍矿的较优选择。

　　随着窑外分解技术在水泥行业的推广，世界水泥生产实现了技术和装备的飞跃（见图9-1）。借鉴窑外分解和闪速磁化焙烧二项成熟的技术和装备，必将会极大地促进红土镍矿还原焙烧技术的进步，这也是还原焙烧的必然方向。

图 9-1　现代窑外分解水泥生产线

　　如果能嫁接窑外分解—窑外闪速还原—闪速熔炼技术与装备，直接生产含铬低镍铁，应该是火法处理褐铁型红土镍矿的终极解决方案。

索　引